DIE WISSENSCHAFTLICHE UND ANGEWANDTE PHOTOGRAPHIE

ERNEUERUNG UND FORTFÜHRUNG
DES HAY - v. ROHRSCHEN HANDBUCHS DER
WISSENSCHAFTLICHEN UND ANGEWANDTEN PHOTOGRAPHIE

HERAUSGEGEBEN VON

KURT MICHEL
AALEN / WÜRTTEMBERG

ERSTER BAND

DAS PHOTOGRAPHISCHE OBJEKTIV

WIEN
SPRINGER-VERLAG
1955

DAS PHOTOGRAPHISCHE OBJEKTIV

VON

JOHANNES FLÜGGE
GÖTTINGEN

MIT 196 TEILS FARBIGEN TEXTABBILDUNGEN

WIEN
SPRINGER-VERLAG
1955

ISBN 978-3-7091-8026-6 ISBN 978-3-7091-8025-9 (eBook)
DOI 10.1007/978-3-7091-8025-9

Softcover reprint of the hardcover 1st edition 1955

Vorwort des Herausgebers

Das von A. HAY begründete, später von M. von ROHR weitergeführte und zum Abschluß gebrachte „Handbuch der wissenschaftlichen und angewandten Photographie" erfreute sich in interessierten Kreisen größter Beliebtheit. Um es auf dem neuesten Stand der Wissenschaft zu halten, bestand zunächst die Absicht, es durch je nach dem auftretenden Bedürfnis herauszugebende Ergänzungsbände zu erweitern. Diese Aufgabe hatte seinerzeit der Unterzeichnete als Herausgeber übernommen. Der erste dieser Ergänzungsbände erschien im Frühjahr 1943. Er war rasch vergriffen. Da inzwischen nun auch die Bestände des ursprünglichen Handbuches restlos ausgegangen sind, trat an Verlag und Herausgeber die Frage heran, ob eine Neuauflage durchführbar sei oder nicht, bzw. in welcher Form sich das Werk weiterführen oder erneuern ließe.

Dabei war zu berücksichtigen, daß ein Handbuch in der seinerzeit aufgebauten Form verschiedene Nachteile hat: Der Hauptnachteil ist der, daß im allgemeinen mindestens ein Teil der Beiträge bereits veraltet ist, wenn ein solches Handbuch abgeschlossen vorliegt. Eine Erneuerung kann nur in der Form einer Ergänzung gebracht werden, da sie wohl meist durch eine Neuauflage des betreffenden Bandes nicht oder erst nach längerer Zeit ermöglicht werden kann.

Der Herausgeber hat deshalb vorgeschlagen, das Handbuch in der alten Form nicht wieder aufleben zu lassen, sondern eine neue Form zu finden, welche die erwähnten Nachteile vermeidet. Es wurde dabei daran gedacht, statt eines aus mehreren Bänden bestehenden Handbuches eine Reihe von in sich abgeschlossenen, selbständigen Einzeldarstellungen herauszugeben. Diese Form hat den Vorteil, daß jedes Thema unabhängig von den anderen bearbeitet und verlegt werden kann, daß der Käufer nur das ihn besonders Interessierende zu kaufen braucht und daß ein noch im Fluß befindliches Gebiet schneller und leichter durch eine Neuauflage auf den neuesten Stand gebracht werden kann.

Dieser Vorschlag wurde vom Verlag begrüßt und es wurde demgemäß beschlossen, an Stelle des „Handbuches der wissenschaftlichen und angewandten Photographie" eine Reihe von Einzeldarstellungen unter dem zusammenfassenden Titel „Die wissenschaftliche und angewandte Photographie" herauszubringen.

Die ersten Bände dieser Reihe gelangen nunmehr zur Ausgabe. Mögen sie sich die gleiche Beliebtheit erwerben wie das HAY-von ROHRsche Handbuch.

Aalen/Württemberg
im Mai 1955

DR. KURT MICHEL

Vorwort des Verfassers

In dem vorliegenden Band 1 der Sammlung „Die wissenschaftliche und angewandte Photographie in Einzeldarstellungen" wird „Das photographische Objektiv" von der Seite der Optik her behandelt.

Leitgedanke bei der Abfassung des Werkes war, neben einer möglichst ausführlichen Übersicht über die mannigfaltigen Ausführungsformen der photographischen Objektive eine systematische Ordnung nach Objektivtypen zu bringen, und zwar eine Ordnung, die nicht auf Äußerlichkeiten, sondern auf der Wesenheit des Korrektionstyps gegründet ist. Deshalb mußte zunächst die Theorie der Bildfehlerkorrektion in genügender Ausführlichkeit behandelt werden, um mit ihrer Hilfe die verschiedenen Typen analysieren zu können. Solche Analysen können, um sie technisch zu bewältigen, nur unter Beschränkung auf Fehler dritter Ordnung geschehen, und das genügt auch meist für den Einblick in die Korrektionsprinzipien. Hierauf ist in diesem Buch maßgeblicher Wert gelegt, denn hier liegt der Schlüssel zum Verständnis der Wesensmerkmale eines Objektives.

Auf die Wiedergabe von Korrektionskurven wurde bis auf einen ausführlich behandelten Fall, der nur als Beispiel zu betrachten ist, verzichtet, um innerhalb eines handlichen Umfanges auch noch Wissenswertes von anderen Blickpunkten her zu bringen. So konnte im theoretischen Teil u. a. die wellenoptische Betrachtungsweise, wenn auch nicht erschöpfend, so doch grundlegend behandelt werden.

Den Praktiker werden dagegen mehr Betrachtungen über Brennweitenwahl, Perspektive, Schärfentiefe und Helligkeit ansprechen, und nicht zuletzt die Werkstofffragen sowie die Prüfverfahren. Deshalb wurde hierauf so ausführlich wie möglich eingegangen.

Es versteht sich von selbst, daß gewisse Zubehörteile des photographischen Objektivs, soweit sie optisches Interesse haben, nicht außer acht gelassen werden konnten, ebensowenig wie die Entspiegelung. Für die Abfassung des Kapitels über Entspiegelung dankt der Verfasser seinem erfahrenen Kollegen, Herrn Leo Bierwagen.

Schließlich erschien es wünschenswert, in Tabellen Markenfabrikate verschiedener Firmen nach Objektivtypen geordnet zu bringen, wobei es natürlich unmöglich war, Vollständigkeit zu gewährleisten.

Der Verfasser ist sich bewußt, daß trotz dem gegenüber dem ursprünglich angenommenen, erheblich überschrittenen Umfang nicht alles behandelt werden konnte. Kein Buch erschöpft den Wissensstoff völlig, es soll aber wenigstens alles enthalten, was zu weiterer Anregung und selbständiger Vertiefung grundlegend ist. Daß dieser Forderung genügt werde, hat sich der Verfasser bemüht.

Besonderer Dank gebührt all denen, die bei der Manuskriptgestaltung und Drucklegung Hilfe geleistet haben, den im Text erwähnten Firmen der optischen Industrie für die großzügige Bereitwilligkeit in der Überlassung von technischen Unterlagen, der Verlagsleitung für das verständnisvolle Eingehen auf nicht billige Sonderwünsche hinsichtlich der Ausgestaltung und des Umfanges und den engeren Mitarbeitern des Verfassers beim Schreiben des Manuskriptes und bei den Korrekturarbeiten, unter ihnen besonders den Herren Diplom-Physiker Horst Falk und cand. phys. Claus Freytag für kritische und wertvolle Hinweise.

Göttingen, Sommer 1955.

Dr. Johannes Flügge.

Inhaltsverzeichnis

I. Einleitung

A. Die Theorie des Lichtes

Die Physik lehrt, daß sich die Strahlung unter einem doppelten Charakter zeigt, dem korpuskularen und dem Wellencharakter. Die optischen Phänomene lassen sich (s. L. de BROGLIE[1]) in fünf große Gruppen teilen:

1. Erscheinungen, die sich ebenso leicht durch die Korpuskelauffassung wie durch die Wellenauffassung der Strahlung auslegen lassen:
   a) geradlinige Fortpflanzung (Strahlen),
   b) Reflexion an Spiegeln,
   c) Strahlenbrechung,
   d) Strahlungsdruck,
   e) DOPPLER-Effekt,
   f) spektrale Verteilung der Energie
2. Erscheinungen, die man nur wellentheoretisch beschreiben kann:
   a) Interferenz,
   b) Beugung.
3. Erscheinungen, die wellentheoretisch unter Beschränkung auf Transversalschwingungen zu behandeln sind:
   a) Polarisation,
   b) Doppelbrechung.
4. Erscheinungen, die den elektromagnetischen Charakter des Lichts anzeigen:
   a) Drehung der Polarisationsebene unter der Einwirkung magnetischer oder elektrischer Felder,
   b) Verhältnis der elektromagnetischen zu der elektrostatischen Einheit der Elektrizitätsmenge = Lichtgeschwindigkeit,
   c) MAXWELLsche Beziehung der Brechungszahl n zur Dielektrizitätskonstanten ε, $n^2 = \varepsilon$,
   d) HERTZsche Wellen,
   e) sämtliche Phänomene unter 1, 2 und 3.
5. Erscheinungen, die sich nach der Quantentheorie auslegen lassen:
   a) photo-elektrischer Effekt,
   b) COMPTON-Effekt,
   c) RAMAN-Effekt,

[1] L. de BROGLIE: Matière et lumière, Kapitel III.

d) Existenz einer Grenze für das kontinuierliche Spektrum der RÖNTGEN-strahlung,
e) Atombau und Spektrallinien, insbesondere Emission und Absorption des Lichts,
f) sämtliche Phänomene unter 1.

Diese stichwortmäßige Aufstellung zeigt, daß es nötig ist, die Strahlung teils nach der elektromagnetischen Wellentheorie, teils nach der Quantentheorie (korpuskular) zu betrachten. Der Dualismus von Welle und Korpuskel (Photon) wird durch die Wellenmechanik auf allgemeine Art verbunden. Der Rahmen dieses Buches gestattet keine Fortführung dieser Betrachtungen, die nur dazu dienen sollten, die Auffassung vom Licht mit kurzen Worten anzudeuten. Vom korpuskularen Charakter des Lichtes braucht in diesem Buch überhaupt nicht weiter gesprochen zu werden, dagegen wird der Wellencharakter vielfach herangezogen werden müssen. Wo es angeht, wird die Wellenbetrachtung durch die Strahlenbetrachtung ersetzt werden.

Die Strahlung nimmt ein ausgedehntes Frequenzband ein, wovon das sichtbare und photographische Gebiet nur ein Teil sind. Die beistehende Übersicht vermittelt einen Begriff über die Aufteilung des ganzen Gebietes;

Frequenz [s^{-1}]	Wellenlänge im Vakuum	Art der Strahlung und Bezeichnung		
$3 \cdot 10^5$	1 km	elektrische Wellen	Rundfunkwellen	Langwelle
10^6	300 m			Mittelwelle
10^7	30 m			Kurzwelle
10^8	3 m			Ultrakurzwelle
10^9	30 cm			Dezimeterwelle
$3 \cdot 10^{10}$	1 cm			Mikrowellen
$3 \cdot 10^{11}$	1 mm	Infrarot		Obere Grenze des Infrarot (IR)
$2,3 \cdot 10^{14}$	1,3 μ			Grenze des photographierbaren IR
	768,2 mμ	sichtbare Wellen (photographierbar)	Rot	A′ oder rote Kaliumdoppellinie $K\alpha$
	656,2785 mμ			C oder rote Wasserstofflinie $H\alpha$
	643,84696 mμ			rote Cadmiumlinie
	589,5932 mμ		Gelb	D_1 } D oder gelbe Natriumdoppellinie
	588,9965 mμ			D_2 }
	587,5623 mμ			d oder D_3 oder gelbe Heliumlinie
	546,0724 mμ		Grün	e oder grüne Quecksilberlinie
	486,1327 mμ		Blau	F oder blaue Wasserstofflinie $H\beta$
	479,9914 mμ			blaue Cadmiumlinie
	435,8343 mμ			g oder blaue Quecksilberlinie
	434,0466 mμ			G′ oder blaue Wasserstofflinie $H\gamma$
	404,656 mμ		Violett	h oder violette Quecksilberlinie

<table>
<tr><th>Frequenz [s^{-1}]</th><th>Wellenlänge im Vakuum</th><th colspan="3">Art und Strahlung der Bezeichnung</th></tr>
<tr><td>$7{,}7 \cdot 10^{14}$</td><td>390 mμ</td><td rowspan="4">Ultraviolett</td><td rowspan="3"></td><td rowspan="2">Quarz-Ultraviolett</td></tr>
<tr><td>$5 \cdot 10^{15}$</td><td>600 Å = 60 mμ</td></tr>
<tr><td></td><td>180 Å</td><td rowspan="2">Vakuum- oder SCHUMANN-Ultraviolett</td></tr>
<tr><td>$3 \cdot 10^{16}$</td><td>100 Å</td><td rowspan="3">RÖNTGEN-strahlung</td></tr>
<tr><td>$3 \cdot 10^{20}$</td><td>10 X.E.</td><td></td><td rowspan="3"></td></tr>
<tr><td>$3 \cdot 10^{21}$</td><td>10^{-3} Å = 1 X.E.</td><td>γ-Strahlung</td></tr>
<tr><td>$3 \cdot 10^{23}$</td><td>10^{-2} X.E.</td><td colspan="2">Photonen der kosmischen Strahlung</td></tr>
</table>

B. Grundlagen der Wellenoptik

Wellengleichung und Schwingungsgleichung. Jeder Vorgang φ, der sich in einem Raum mit den Koordinaten x, y, z, mit konstanter Geschwindigkeit ausbreitet, sei es eine Welle, sei es ein Erschütterungsstoß oder anderes, läßt sich mathematisch durch die sogenannte „Wellengleichung" darstellen:

$$\Delta \varphi - \frac{1}{c^2} \frac{\partial^2 \varphi}{\partial t^2} = 0, \qquad (1)$$

wo $\Delta \varphi = \frac{\partial^2 \varphi}{\partial x^2} + \frac{\partial^2 \varphi}{\partial y^2} + \frac{\partial^2 \varphi}{\partial z^2}$ ist; c ist die Ausbreitungsgeschwindigkeit, ∂t das Zeitdifferential.

Einfarbiges Licht kann man als einfache *harmonische* Schwingung ansetzen, d. h. mathematisch z. B.

$$\varphi = A \cdot \sin\left(\frac{2\pi}{\tau} t - \frac{2\pi}{\lambda} r - \delta\right), \qquad (2)$$

wo A die Amplitude, τ die Periode der Welle (Zeit für *eine* Schwingung), λ die Wellenlänge, r die Wegstrecke auf dem Ausbreitungsweg (Strahl), δ die Phasenkonstante sind. Bildet man $\frac{\partial^2 \varphi}{\partial t^2} = -\left(\frac{2\pi}{\tau}\right)^2 \varphi$ und setzt dies in die Wellengleichung (1) ein, so ergibt sich mit $c \cdot \tau = \lambda$ *die Schwingungsgleichung*

$$\Delta \varphi + \left(\frac{2\pi}{\lambda}\right)^2 \varphi = 0, \qquad (3)$$

die weder die Zeit, noch die Fortpflanzungsgeschwindigkeit, sondern nur die Wellenlänge enthält.

Interferenz. Durch das Quadrat der Amplitude, also A^2, wird die Bestrahlungsstärke an einer Stelle, wo die Welle aufgefangen wird, bestimmt. Wenn zwei Wellen mit gleicher Amplitude A, gleicher Periode τ, gleicher Wellenlänge λ, gleicher Schwingungsrichtung aber mit verschiedenen Phasenkonstanten δ_1 und δ_2 zusammentreffen, gibt es Interferenz (Abb. 1), die sich mathematisch so ausdrückt:

$$\varphi_1 + \varphi_2 = \left(2\,\mathrm{A}\cos\frac{\delta_1 - \delta_2}{2}\right) \cdot \sin\left(\frac{2\pi}{\tau}\mathrm{t} - \frac{2\pi}{\lambda}\mathrm{r} - \frac{\delta_1 + \delta_2}{2}\right). \tag{4}$$

Es resultiert durch Interferenz der beiden Wellen eine neue Schwingung mit der Amplitude

$$\bar{\mathrm{A}} = 2\,\mathrm{A}\cos\frac{\delta_1 - \delta_2}{2}. \tag{5}$$

Das Auftreten des Faktors $\cos\frac{\delta_1 - \delta_2}{2}$ bedeutet, daß sich die Amplituden A der beiden interferierenden Wellen nicht einfach addieren; sie tun das nur, wenn $\delta_1 - \delta_2 = 0$ oder ein geradzahliges Vielfaches von π ist, d. h. wenn Wellenberg mit Wellenberg zusammenstößt. Wenn hingegen

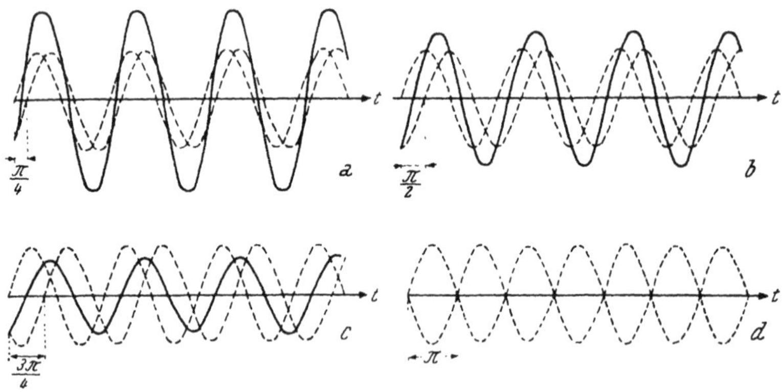

Abb. 1. Interferenz von Wellen

$\delta_1 - \delta_2$ ein ungeradzahliges Vielfaches von π ist, wird der Cosinus-Wert Null und somit auch die resultierende Amplitude; das ist der Fall, wenn Wellenberg und Wellental zusammentreffen.

Man kann auch *eine* Welle irgendwie, z. B. intensitätsmäßig halbieren, der einen Hälfte, z. B. durch entsprechende Ablenkung, einen anderen Weg geben, bevor beide Teilwellen wieder vereinigt werden. Dann sind die Wege r_1 und r_2 verschieden, und man erhält die folgende Interferenz:

$$\bar{\varphi} = \left(\sqrt{2}\,\mathrm{A}\cos\frac{\pi}{\lambda}(\mathrm{r}_1 - \mathrm{r}_2)\right) \cdot \sin\left(\frac{2\pi}{\tau}\mathrm{t} - \frac{\pi}{\lambda}(\mathrm{r}_1 + \mathrm{r}_2) - \delta\right) \tag{6}$$

mit der resultierenden Amplitude

$$\bar{\mathrm{A}} = \sqrt{2}\,\mathrm{A}\cos\frac{\pi}{\lambda}(\mathrm{r}_1 - \mathrm{r}_2); \tag{7}$$

infolgedessen wird $\bar{\mathrm{A}} = 0$ für $\mathrm{r}_1 - \mathrm{r}_2 = \frac{\lambda}{2}, \frac{3\lambda}{2}, \frac{5\lambda}{2}$ usw. und $\bar{\mathrm{A}} = \pm\sqrt{2}\,\mathrm{A}$ für $\mathrm{r}_1 - \mathrm{r}_2 = 0$ oder λ oder 2λ usw.

Schließlich kommen Interferenzen von *kohärenten* Wellenzügen vor, die von verschiedenen Stellen des Raumes herkommen und daher eine Lichtwegdifferenz aufweisen. Dieser Fall erledigt sich ebenfalls nach den

Formeln (6) und (7). Das interessiert vorzugsweise bei der Behandlung der Abbildung durch optische Instrumente. Man braucht dabei tatsächlich nichts weiter, als zu untersuchen, ob die Abstände des Bezugspunktes ganze Vielfache von λ sind oder aber ob noch ein Rest bleibt. Das vereinfacht die mathematische Arbeit ganz erheblich.

Wenn dieser Gedanke gleich weiter verfolgt wird, so wird man auf ein grundlegendes Prinzip der Wellenoptik geführt.

Das Huygens-Fresnelsche Prinzip und die Fresnelsche Zonenkonstruktion. Dieses Prinzip besagt, daß alle Flächenelemente einer Wellenfläche AB als neue Lichtquellen aufgefaßt werden können, die untereinander kohärent sind und in gleicher Phase schwingen, und von denen sich kohärente Elementarwellen in den Raum hinaus ausbreiten, die miteinander interferieren (Abb. 2).

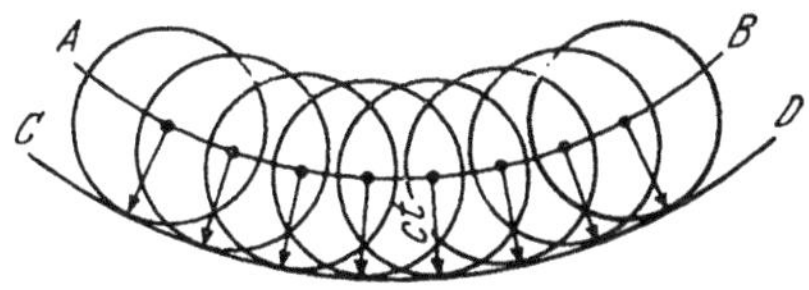

Abb. 2. HUYGENS-FRESNELsches Prinzip

Das HUYGENS-FRESNELsche Prinzip bildet die physikalische Grundlage für die mathematische Behandlung der Beugung. Auch die *Linsenwirkung* läßt sich mit ihm erläutern. Letztere beruht ja darin, daß beispielsweise eine einfallende ebene Welle angenähert als Kugelwelle austritt, weil sich die Welle auf dem Wege durch das Linsenglas langsamer fortpflanzt als in Luft und daher die durch dickere Linsenteile verlaufenden Elementarwellen gegenüber den durch dünnere Linsenteile verlaufenden Elementarwellen zurückbleiben. Mit der sogenannten KIRCHHOFFschen Formel, die das HUYGENS-FRESNELsche Prinzip streng mathematisch formuliert, im Rahmen dieses Buches aber nicht auseinandergesetzt werden kann[1], wird die Lichtwirkung in einem beliebigen Punkt aus der Gestalt der Wellenfläche berechnet. Man braucht aber häufig gar nicht die strenge KIRCHHOFFsche Formulierung des HUYGENS-FRESNELschen Prinzips, sondern kann mit einer direkt anschaulichen Benutzung der HUYGENS-FRESNELschen Grundvorstellung bis auf einen konstanten Faktor ebenso weit gelangen. Das leistet die FRESNELsche *Zonenkonstruktion* (Abb. 3). O' ist der Konvergenzpunkt (Krümmungsmittelpunkt) der aus der Linse austretenden Kugelwelle W' mit dem Radius s' und dem wirksamen Öffnungsdurchmesser $2h$. Die Lichtwirkung soll in einem Punkt P' auf der Achse untersucht werden, der vom Scheitelpunkt der Welle W' den Abstand p' hat. Man betrachtet Kugeln um P′ mit den Halbmessern p′;

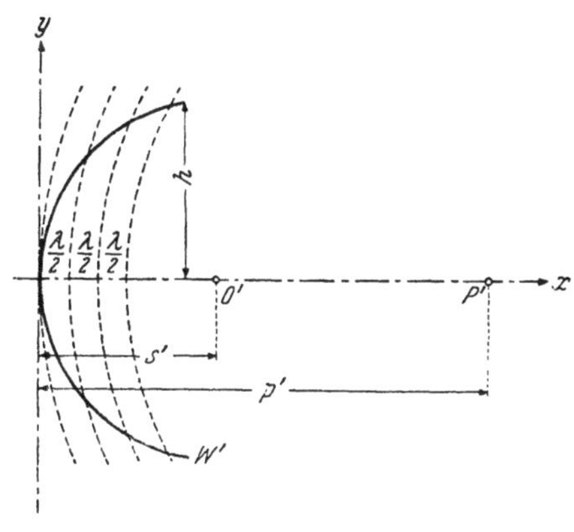

Abb. 3. FRESNELsche Zonenkonstruktion für eine konvergierende Kugelwelle

[1] Interessenten werden dieserhalb auf das Handbuch der Physik, Band XXI, S. 904—911, Berlin 1929, verwiesen.

$p' \pm \frac{\lambda}{2}$; $p' \pm \frac{2\lambda}{2}$ usw. Das ebene Koordinatensystem x, y habe seinen Ursprung im Scheitelpunkt der Wellenfläche. Dann lassen sich die Gleichungen für die Schnittkreise der Wellenfläche und der Kugeln in der Zeichenebene (Meridianebene) aufstellen; sie lauten für den Schnittkreis der Wellenfläche:

$$(s' - x)^2 + y^2 = s'^2; \tag{8}$$

für die Schnittkreise der Kugeln:

$$(p' - x)^2 + y^2 = \left(p' - m\frac{\lambda}{2}\right)^2, \quad \text{wo } m = 0, \pm 1, \pm 2, \pm 3 \ldots \tag{9}$$

Die Kugeln schneiden die Wellenfläche in koaxialen Kreisen mit den Halbmessern

$$y = \sqrt{\frac{m\lambda}{\frac{1}{s'} - \frac{1}{p'}}}, \tag{10}$$

was sich aus obigen beiden Gleichungen unter Vernachlässigung der Glieder mit λ^2 ergibt.

Die Flächen der Wellenkalotten mit genügend kleinen Halbmessern y sind

$$2\pi s' x = \frac{\pi m \lambda}{\frac{1}{s'} - \frac{1}{p'}}, \tag{11}$$

die Flächendifferenzen aufeinander folgender Kalotten mithin

$$\frac{\pi \lambda}{\frac{1}{s'} - \frac{1}{p'}}, \tag{12}$$

also von gleichen Beträgen; d. h. die auf der Wellenfläche abgeteilten Zonen sind in Achsennähe sämtlich flächengleich.

Wellenoptische Bestimmung der Lichtverteilung im Bildraum. Man kann nun zeigen, daß allemal, wenn im freien Querschnitt der Wellenfläche eine gerade Zahl von FRESNELschen Zonen aufgeht, die Amplitude der Lichtbewegung in P′ ein Minimum hat, was bis auf kleine Korrektionen zutrifft.

Wenn man bei konstanter freier Öffnung der Wellenfläche den Aufpunkt P′ längs der Achse verschiebt, unterliegen auch die FRESNELschen Zonen definitionsgemäß einer Änderung, und es wechseln ständig Aufpunkte mit maximaler und solche mit minimaler Amplitude.

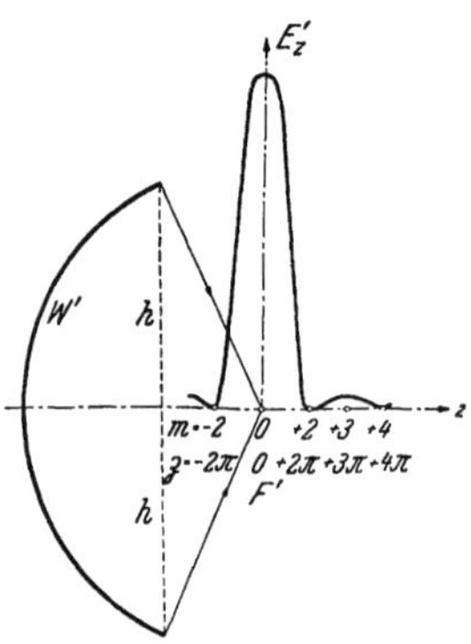

Abb. 4. Wellenoptische Lichtverteilung auf der Achse einer konvergierenden Kugelwelle

Bildet man aus (10)

$$\frac{1}{p'} = \frac{1}{s'} - \frac{m\lambda}{h^2}, \tag{13}$$

so liegen die Minima (Dunkelstellen) bei geraden m. Für m = 0 ist ein Maximum vorhanden. Die Dunkelstellen auf der Achse liegen also dort, wo der Gangunterschied zwischen Randstrahl und Achsenstrahl ganze Vielfache von λ beträgt (Abb. 4).

Entsprechend findet man in der achsensenkrechten Bildebene koaxiale dunkle Ringe von den Halbmessern $(m + 0{,}2)\,\lambda \cdot \frac{s'}{2\,h}$ mit $m = 1, 2, 3 \ldots$; im Achspunkt der Bildebene durch 0 ist ein Maximum. Die dunklen Ringe liegen allemal dort, wo der Gangunterschied zwischen den Randstrahlen, die in der Ebene durch Aufpunkt und optische Achse verlaufen, $(m + 0{,}2)\,\lambda$ beträgt, mit $m = 1, 2, 3 \ldots$; durch die Mitwirkung der außerhalb der genannten Ebene verlaufenden Strahlen erklärt sich die Zahl 0,2.

Ohne Ableitung sollen noch die mathematischen Formeln für die vollständige *Intensitätsberechnung* in der Bildebene und auf der Achse gegeben werden, wobei der für photographische Objektive meist genügend zutreffende Fall angenommen sei, daß das Bild in die Brennebene (d. h. $s' = f$) fällt.

Unter der Voraussetzung, daß die freie Öffnung $2\,h$ klein gegen f und kreisförmig ist, ferner daß nur die nähere Umgebung des Brennpunktes betrachtet wird, beträgt die relative Bestrahlungsstärke in der koaxialen Zone vom Halbmesser y':

$$E_{y'} = \left(\frac{\pi}{4\,\lambda}\right)^2 \cdot \left(\frac{2\,h}{f}\right)^4 \cdot \left(\frac{2\,\mathfrak{J}_1(\mathfrak{y})}{\mathfrak{y}}\right)^2, \tag{14}$$

wo

$$\mathfrak{y} = \pi \left(\frac{2\,h}{f}\right) \frac{y'}{\lambda} \tag{15}$$

das wellenoptische Maß für den Halbmesser y' ist.

$\mathfrak{J}_1(\mathfrak{y})$ ist die BESSELsche Funktion erster Art und erster Ordnung. Ihre Nullstellen liegen bei $\mathfrak{y} = 3{,}8317$; 7,0156; 10,1735; 13,3237 usw., hierfür liegen in der achsensenkrechten Bildebene dunkle Ringe. Das *Bild eines leuchtenden Punktes* ist demnach ein zentrales Lichtscheibchen vom Durchmesser

$$2{,}44\,\lambda \left(\frac{f}{2\,h}\right), \tag{16}$$

das von mehreren sehr schwach leuchtenden Ringen umgeben ist (Abb. 5). Wie man sieht, ist die Größe des zentralen Lichtscheibchens nur von dem Verhältnis $f/2\,h$, also bei photographischen Objektiven von der Blendenzahl B, abhängig, ohne Rücksicht, wie groß f und $2\,h$ selbst sind. Das zentrale Lichtscheibchen hat für eine Kugelwelle eine starke Lichtkonzentration im Mittelpunkt; sie fällt zum ersten dunklen Ring steil ab.

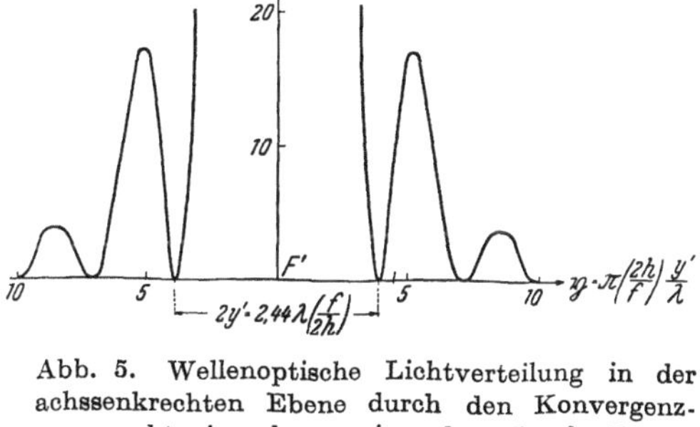

Abb. 5. Wellenoptische Lichtverteilung in der achssenkrechten Ebene durch den Konvergenzpunkt einer konvergierenden Kugelwelle

Die relative Lichtverteilung *längs der Achse* in den Abständen z vom Brennpunkt F' ist gegeben durch (Abb. 4):

$$E'_z = \left(\frac{\sin \frac{\mathfrak{z}}{2}}{\frac{\mathfrak{z}}{2}} \right)^2 \tag{17}$$

mit dem wellenoptischen Maß

$$\mathfrak{z} = \frac{\pi}{4} \frac{z}{\lambda} \frac{(2\,h)^2}{(s' + z)\,s'}. \tag{18}$$

Dunkelstellen liegen demnach bei $\mathfrak{z} = \pm 2\pi;\ \pm 4\pi;\ \pm 6\pi$ usw.

Als weitere wichtige Erkenntnis sei, ebenfalls ohne Ableitung, vermerkt, daß sich bei einer Kugelwelle die Phase beim Durchgang durch einen Bildpunkt um π verschiebt[1].

Zonenplatte. Lochkamera. Als Beispiele für die Anwendung des HUYGENS-FRESNELschen Prinzips sollen zwei Fälle betrachtet werden, bei denen man ohne Linsen reelle Bilder bekommen kann: die Zonenplatte und die Lochkamera.

Man stelle sich eine von einem weit entfernten leuchtenden Punkt ausgegangene monochromatische Kugelwelle von sehr großem Krümmungsradius a vor. Von einem Punkt aus, der die Entfernung b_1 hinter dem Scheitelpunkt der Kugelwelle hat, macht man die FRESNELsche Zonenkonstruktion. Man bekommt dann auf der Kugelwelle eine kreisförmige Zentralzone vom Durchmesser $2\sqrt{\frac{\lambda}{\frac{1}{a} + \frac{1}{b_1}}}$; sodann eine Folge von ringförmigen Zonen mit den Außendurchmessern $2\sqrt{\frac{2\lambda}{\frac{1}{a} + \frac{1}{b_1}}}$; $2\sqrt{\frac{3\lambda}{\frac{1}{a} + \frac{1}{b_1}}}$ usw.

Wenn nun, wie gesagt wurde, a genügend groß ist, weicht die von O ausgegangene Welle nur wenig von einer ebenen Welle ab. Man kann daher die Zonenfigur auf einer ebenen Glasplatte G aufzeichnen (Abb. 6). Nun färbt man auf der Glasplatte jede zweite Zone lichtundurchlässig. Man bekommt hiermit ein Kreisgitter mit von der Mitte zum Rande immer enger werdenden Kreisen. Die wirksam werdenden Elementarwellen verstärken sich durch Interferenz und liefern in O′ ein optisches Bild des Dingpunktes O, das man auch photographieren kann. Als Brennweite der *Zonenplatte* kann man eine Größe f_1 ansprechen, die durch

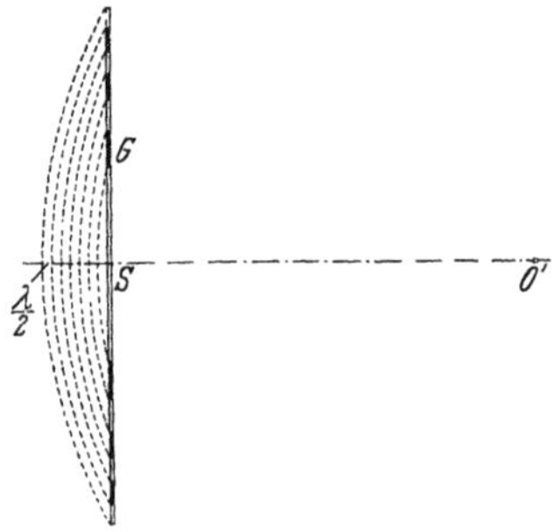

Abb. 6. Prinzip der SORETschen Zonenplatte

$$\frac{1}{a} + \frac{1}{b_1} = \frac{1}{f_1}$$

definierbar ist. Die Zonenplatte bildet so ab, wie ein Objektiv von dieser Brennweite f_1. Bei diesen Bildweiten b_1 unterscheiden sich aufeinander folgende durchlässige Zonen um den Gangunterschied λ der entsprechenden

[1] Joh. PICHT: Optische Abbildung. Braunschweig 1931, S. 81—83.

Elementarwellen. Verstärkung durch Interferenz tritt aber auch in solchen Bildweiten b_2, b_3 usf. auf, für die die genannten Gangunterschiede 3λ, 5λ usf. betragen, d. h. in den Bildweiten $b_2 = \frac{b_1}{3}$; $b_3 = \frac{b_1}{5}$ usf. Auch dort entstehen Bilder des Punktes O. Die Zonenplatte hat also mehrere „Brennweiten" gemäß $\frac{1}{f_2} = \frac{1}{a} + \frac{3}{b_1}$; $\frac{1}{f_3} = \frac{1}{a} + \frac{5}{b_1}$ usf. Es läßt sich zeigen, daß sich nicht nur punktförmige Objekte abbilden, sondern auch flächenförmige. Dabei ist der Abbildungsmaßstab gleich dem Verhältnis von Bildweite zu Dingweite, genau wie bei der Abbildung durch Linsen. Genügend genau stimmt das aber nur für genügend kleine Objekte[1].

Diese interessante Vorrichtung zur Bilderzeugung pflegt man als „SORETsche Zonenplatte" zu bezeichnen, weil Ch. SORET sie zuerst behandelt hat[2]. R. W. WOOD[3] hat sich später sowohl theoretisch als auch experimentell damit beschäftigt. WOOD hat insbesondere Zonenplatten hergestellt, bei denen statt der undurchsichtigen Zonen durchsichtige mit einem künstlichen Gangunterschied von $\frac{\lambda}{2}$ verwendet wurden. Das dürfte heute nach Kenntnis des Phasenkontrastverfahrens nicht uninteressant sein. Mit solchen Platten steigert sich die Helligkeit des Bildes auf den doppelten Betrag.

Zur Theorie und Anwendung der Zonenplatte sind in neuerer Zeit wieder interessante Veröffentlichungen erschienen, da die Zonenplatte im Bereich der Mikrowellen nützlich anwendbar ist[4].

Wenn man statt der Zonenplatte eine kreisförmige Blende vom Durchmesser 2 h wählt, die von der Welle nur den Mittelbereich, und zwar $\frac{4}{5}$ der inneren FRESNELschen Zone, also mit dem Durchmesser $2\,h = \frac{8}{5}\sqrt{\frac{\lambda}{\frac{1}{b} + \frac{1}{a}}}$ frei durchtreten läßt, so gibt es in O′ nicht nur keine Auslöschung durch Interferenz, sondern es entsteht in O′ ein Bild von O mit maximaler Helligkeit. Man kann es auch so aussprechen: die „Brennweite" einer *optimalen Lochkamera* (Lochdurchmesser 2 h) folgt aus

$$\frac{1}{f} = \frac{1}{a} + \frac{1}{b} = \frac{2{,}56\,\lambda}{(2\,h)^2}. \tag{19}$$

Das ist das Prinzip der Lochkamera. Soll z. B. ein Sonnenbildchen aufgefangen werden ($a = \infty$), so ergibt sich als günstiger Lochdurchmesser mit der Hauptwellenlänge des Sonnenlichtes ($\lambda = 0{,}00055$ mm):

$$2\,h = \frac{8}{5}\sqrt{\lambda\,b} = 0{,}0375\sqrt{b},$$

bei der Kameralänge $b = 200$ mm, daher:

$$2\,h = 0{,}53 \text{ mm}.$$

[1] S. Hdb. der Physik, Bd. **XX**, S. 56.

[2] POGG. Ann., Bd. **156** (1875), S. 91.

[3] Phil. Mag., Bd. **45** (1898), S. 511.

[4] Journ. Opt. Soc. America **42** (1952), S. 60—64; Amer. Journ. Phys. **17** (1949), S. 559; NRL Report No. R-3293 (1948); Atti fondazione „Giorgio Ronchi" **6** (1951), S. 3.; Optik **11** (1954), S. 270—281.

Der Durchmesser des zentralen Beugungsscheibchens folgt aus (16):

$$2{,}44\,\lambda\left(\frac{b}{2\,h}\right) = 2{,}44\,\lambda\left(\frac{b}{\frac{8}{5}\sqrt{\frac{\lambda}{\frac{1}{b}+\frac{1}{a}}}}\right),$$

für $a = \infty$:

$$1{,}525 \cdot \sqrt{b\,\lambda}.$$

Würde man bei gleichem Bildabstand b den Lochdurchmesser 2 h kleiner wählen, z. B. nur halb so groß, so würde das Beugungsscheibchen z. B. zweimal größer werden. Es trifft also gerade das Gegenteil von dem ein, was man bei rein geometrischer Betrachtung annehmen würde.

Betrachtet man zum Fall $a = \infty$ den Durchmesser des Beugungsscheibchens vom Loch aus im Bogenmaß, so ist er

$$1{,}525 \cdot \sqrt{\frac{\lambda}{b}}.$$

Das bedeutet Verfeinerung der Auflösung mit zunehmender Kameralänge b. Setzt man $\lambda = 0{,}00055$ mm und rechnet vom Bogenmaß auf Winkelminuten um, so ergibt sich ein Auflösungsvermögen der Lochkamera von $\frac{123}{\sqrt{b}}$ Winkelminuten. Das menschliche Auge hat im normalen Sehvorgang etwa 2′ Auflösungsvermögen. Eine Lochkamera mit demselben Auflösungsvermögen müßte also 3,76 m Länge (Brennweite) haben, bei einem Lochdurchmesser von 2,3 mm.

Eine Lochkamera ist auch bei großen Bildwinkeln absolut verzeichnungsfrei.

Wenn der Lochdurchmesser optimal

$$2\,h = \frac{8}{5}\sqrt{\frac{\lambda}{\frac{1}{b}+\frac{1}{a}}} \tag{20}$$

ist, bekommt der Bildpunkt genau so viel Licht, als wenn das Loch nicht im Wege stünde.

Das gilt aber nur für mathematisch punktförmige Objekte. Bei flächigen Objekten von der Strahlungsdichte $\mathfrak{B}$ wird die Bestrahlungsstärke E′ in der Bildebene der Lochkamera mit optimalem Lochdurchmesser 2 h:

$$E' = 0{,}4\,\pi\,\mathfrak{B}\,\frac{\lambda^2}{(2\,h)^2}.$$

Zahlenbeispiel für $\lambda = 0{,}00055$ mm; $a = \infty$:

Tabelle 1

2 h	1	0,8	0,63	0,5	0,4	0,32	0,25 mm
optimales f = b	710	454	284	177	113	71	28,4 mm
B = f : 2 h	710	568	450	354	283	222	142
Beugungsscheibchen	0,95	0,76	0,60	0,48	0,38	0,30	0,19 mm
relatives E′	1	1,6	2,5	4	6,3	10	16
Auflösung	4,6	6,7	7,3	9,3	11,6	14,6	23′

Die Tabelle 1 liefert das überraschende Ergebnis, daß bei kleineren Löchern größere Bestrahlungsstärken E′ herauskommen, wenn man stets die optimale „Brennweite“ wählt. Dagegen beachte man, daß die Auflösung schlechter wird, wie es die sechste Zeile zahlenmäßig nachweist, obwohl das der Blendenzahl B eines Objektives gleiche Verhältnis $\frac{f}{2h}$ mit abnehmendem 2 h auch kleiner wird. Das sind Ergebnisse, die geometrisch-optisch nicht zu erwarten wären.

C. Überleitung von der Wellenoptik zur geometrischen Optik

Brechungszahl, Wellengeschwindigkeit, Schwingungszahl, Wellenlänge. Es werde eine von einem Punkt ausgehende Kugelwelle in einem Mittel von der Brechungszahl n betrachtet. Die Brechungszahl gibt definitionsgemäß an, wievielmal schneller sich die Welle in Luft ausbreitet als in dem betreffenden Mittel. Die Schwingungszahl ν des Lichtes pro Sekunde ist in allen Mitteln die gleiche, durch sie wird in der Physik die Spektralfarbe gekennzeichnet. Wenn die Geschwindigkeit einer Welle beim Übergang von Luft beispielsweise in Glas auf den n-ten Teil herabgesetzt wird, so verkürzt sich wegen der Unveränderlichkeit der Schwingungszahl ν die Wellenlänge auch auf den n-ten Teil.

Mißt man den optischen Lichtweg in einem dem Verkürzungsfaktor entsprechend verkleinerten Maß, so ist der optische Lichtweg längs einer Strecke l im Mittel der Brechungszahl n folgerichtig n l, während er in Luft den Betrag l hat. Wenn man vom optischen Lichtweg spricht, meint man immer das Produkt n l. In gleichen Zeiten legt eine Welle in verschiedenen Mitteln gleiche optische Lichtwege zurück.

Brechungsgesetz. Von dieser Feststellung aus läßt sich das Brechungsgesetz herleiten. Dazu wird an die eingangs dieses Abschnittes beschriebene Kugelwelle angeknüpft und weiterhin angenommen, daß sie auf eine kugelförmige Grenzfläche vom Krümmungsradius r treffe, hinter der die Brechungszahl n′ sei. Mit dem Apostroph (lies „Strich“) wird stets eine Größe hinter der Grenzfläche betrachtet, die derselben Größe (ohne Strich) vor der Grenzfläche entspricht. Im Punkt P trifft bei Abb. 7 (oben) die Welle schräg unter dem Winkel ε etwas früher auf die brechende Fläche als im Nachbarpunkt P_1, bis zu dem die Welle noch den Weg w zurücklegen muß. Wenn P_1 genügend nahe bei P liegt, gilt $w = r\,d\varphi \cdot \sin \varepsilon$.

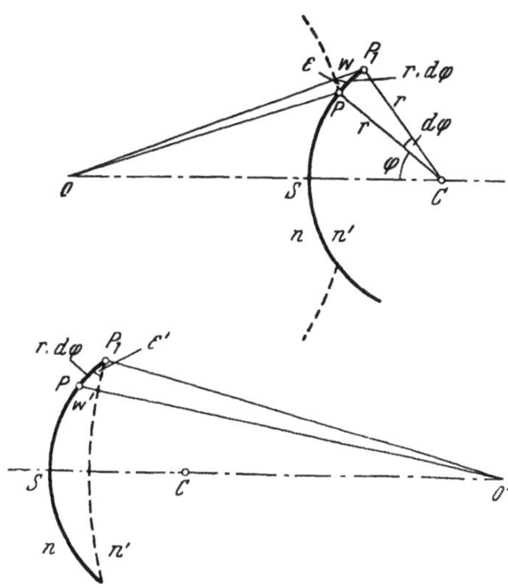

Abb. 7. Zur wellenoptischen Herleitung des Brechungsgesetzes

Nach dem Durchtritt der Welle durch das ganze Stück PP_1 hat sie eine andere Schräglage gegen PP_1, sie sei ε' und soll berechnet werden.

Sie folgt aus $w' = r\,d\varphi \cdot \sin \varepsilon'$ (Abb. 7 unten).

Nach den obigen Feststellungen über die Gleichheit der optischen Lichtwege in gleichen Zeiten ist daher

$$n\,w = n'\,w',$$

d. h. nach Einsetzen der obigen Werte für w und w':

$$n \sin \varepsilon = n' \sin \varepsilon'. \tag{21}$$

Das ist das SNELLIUS*sche Brechungsgesetz*. Man spricht es allerdings gewöhnlich für die Winkel zwischen Wellennormale und Flächennormale, die man Einfalls- und Brechungswinkel nennt, aus, doch sind sie quantitativ gleich den Winkeln zwischen Wellenfläche und brechender Fläche am Durchtrittspunkt der Welle durch die Fläche (Abb. 8).

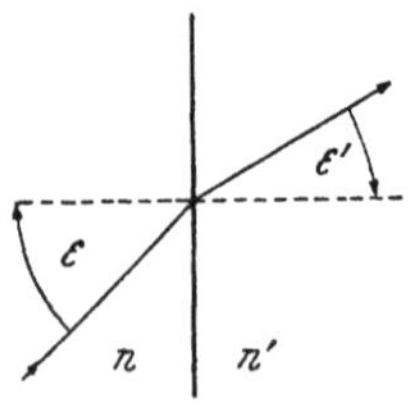

Abb. 8. Zur geometrischen Formulierung des Brechungsgesetzes

Reflexionsgesetz. Die Ableitung des Reflexionsgesetzes (Abb. 9) aus den wellenoptischen Erkenntnissen ist verhältnismäßig einfach und sinngemäß nicht anders als die Ableitung des Brechungsgesetzes. Auf den Phasensprung π bei der Reflexion am optisch dichteren Mittel braucht in diesem Zusammenhang nicht Rücksicht genommen zu werden, da er an allen Punkten der spiegelnden Fläche auftritt. Es ist

$$\begin{aligned} w &= r\,d\varphi \cdot \sin \varepsilon, \\ w'' &= r\,d\varphi \cdot \sin \varepsilon'', \\ n\,w &= -\,n\,w'', \\ w &= -\,w'', \\ \varepsilon &= -\varepsilon''. \end{aligned} \tag{22}$$

In Worten: Einfallswinkel und Reflexionswinkel sind entgegengesetzt gleich.

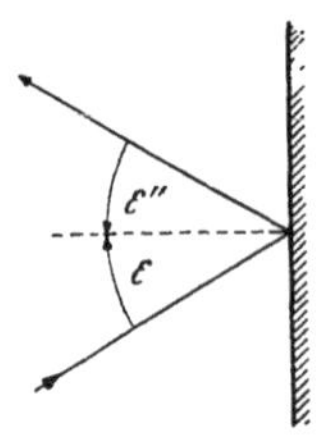

Abb. 9. Zur Formulierung des Reflexionsgesetzes

Strahlen und ihre Eigenschaften. Das SNELLIUSsche Brechungsgesetz und das Reflexionsgesetz sind geometrische Formulierungen für die Brechung und Spiegelung einer Welle, oder, wie man auch sagen darf, der Wellennormale oder des Strahls, solange man Fortpflanzung in isotropen Mitteln voraussetzt. Letzteres ist aber bei den in diesem Buch behandelten Fragen stets der Fall.

Hiermit ist bereits auf eine weitere Feststellung hinzuweisen, nämlich, daß die Strahlen (Wellennormalen) geradlinig sind, wenn die isotropen Mittel überdies homogen sind, was grundsätzlich auch angenommen werden kann. Sobald Inhomogenitäten auftreten (Schlieren), finden Abweichungen von der Geradlinigkeit statt, denn Inhomogenitäten sind Stellen abweichender Brechungszahl, somit geänderter Fortpflanzungsgeschwindigkeit der Wellen und daher Urheber von Wellendeformationen, was mit der Ablenkung der Wellennormalen (Strahlen) gleichbedeutend ist.

Die gleichen wellenoptischen Betrachtungen auf dem umgekehrten Wege aus dem Mittel n' in das Mittel n führen zu der zwingenden Feststellung, daß die Strahlenwege umkehrbar sind, d. h. daß der Verlauf der Strahlen in den beiden Mitteln unabhängig davon ist, ob die Wellen sich auf ihnen von n nach n' oder von n' nach n hin fortpflanzen. Die Strahlen sind dieselben, gleichgültig, ob man auf ihnen das Licht von der einen oder von der anderen Seite kommen läßt. Die Strahlen sind gewissermaßen eingleisigen Eisenbahnstrecken vergleichbar, auf denen der Verkehr in beiden Richtungen gelenkt wird.

Neben diesen drei Grundgesetzen, nämlich

1. von der Geradlinigkeit der Strahlen in homogenen, isotropen Mitteln,
2. dem Brechungs- und Reflexionsgesetz,
3. dem Gesetz der Umkehrbarkeit der Strahlenwege,

die sich alle drei aus der Wellenoptik ohne Schwierigkeit ableiten lassen, gibt es noch ein viertes, das aber aus der Wellenoptik nur folgt, wenn man eine zusätzliche Annahme über die Wellenlänge des Lichtes macht.

Die Wellenoptik lehrt nach (16), daß das abbildungsfehlerfreie Bild eines leuchtenden Punktes ein zentrales Lichtscheibchen vom Durchmesser $2{,}44\,\lambda\left(\frac{f}{2\,h}\right)$ ist, das von schwach leuchtenden Ringen mit dunklen Zwischenzonen umgeben ist. Nach der Strahlenoptik (geometrischen Optik) müßte das Bild ebenfalls punktförmig sein. Daß es das nicht ist, wird als Folgeerscheinung der Wellenbeugung an dem Rand der freien Öffnung des Objektivs erklärt. Wenn jedoch die Wellenlänge λ gegen Null konvergiert, schrumpft das Beugungsscheibchen nach obiger Formel zu einem geometrischen Punkt zusammen. Mit Licht von der Wellenlänge $\lambda = 0$ würde es eine beugungsfreie Abbildung geben. Mit dieser Idealisierung findet sich die geometrische Optik ab, und formuliert sie als das vierte Grundgesetz, eben das des beugungsfreien Strahlenganges. Praktisch ist diese Idealisierung fast immer zulässig, weil der Durchmesser der Lichtscheibchen fast immer unterhalb der Auflösungsgrenze des Auges oder der der photographischen Schicht liegt und daher quasi Punkteigenschaften hat.

II. Grundlagen der geometrischen Optik

A. Die Bildortfindung

Problemstellung. Fadenförmiger Raum. Eine nach O im Abstande S O $=$ s konvergierende Kugelwelle W (Abb. 10) fällt von links auf eine zum Lichteinfall beispielsweise konvexe brechende Kugelfläche vom Krümmungsradius r. Links von der Kugelfläche ist die Brechungszahl n, rechts davon die Brechungszahl n'. In dem gewählten Beispiel trifft zuerst der Scheitelpunkt der Welle auf den Scheitelpunkt S der Kugelfläche. Die Geschwindigkeit des Wellenscheitels ist nach Eintritt in das Mittel hinter der brechenden Kugelfläche gleich dem $\frac{n}{n'}$-fachen der Geschwindigkeit vor der Kugelfläche. In der Höhe h trifft

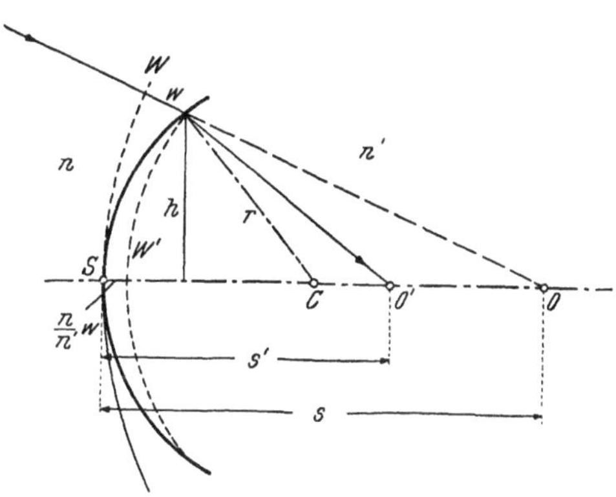

Abb. 10. Wellenoptische Darstellung der Brechung an einer Kugelfläche

dieselbe Welle auf die brechende Kugelfläche, nachdem sie noch die Strecke w durchlaufen hat. Dann steht der Scheitelpunkt der Welle bereits um $\frac{n}{n'}w$ hinter der brechenden Fläche. Die gebrochene Welle konvergiert mithin auf einen Punkt O′ in der Entfernung s′ hinter S.

Die weiteren Betrachtungen werden nun auf einen Bereich um die Achse beschränkt, in dem es mit den vorgegebenen Genauigkeitsforderungen verträglich ist, $\sin x = x$, $\sqrt{1 - x^2} = 1 - \frac{x^2}{2}$ zu setzen. Dadurch ergeben sich besonders einfache und anschauliche Darstellungen für die Gesetze der optischen Abbildung. Man nennt den so festgelegten Bereich um die Achse den *fadenförmigen* oder *achsnahen* Raum, das *paraxiale* Gebiet oder auch GAUSSsche Gebiet. Es wird im späteren Verlauf der Abbildungslehre auch das sich anschließende SEIDELsche Gebiet berücksichtigt werden, das durch Hinzunahme des zweiten Gliedes in der Potenzreihe für sin x gekennzeichnet ist.

Der fadenförmige Raum braucht nicht so dünn wie ein Faden zu sein, er ist um so dicker, je besser die abbildende Optik korrigiert ist, bzw. je geringer die Anforderungen an die Abbildungsqualität sind. Der Name soll nur als Mittel zur Verständigung dienen, keinen Maßstab bezeichnen. Es ist daher vielleicht besser, vom paraxialen oder GAUSSschen Gebiet zu sprechen.

Abbesche Invariante. Für eine genügend kleine Einfallshöhe h sind die Pfeilhöhen[1] (Abb. 10)

der einfallenden Welle *W*: $g_W = \frac{h^2}{2(s - w)}$,

der gebrochenen Welle *W′*: $g_{W'} = \frac{h^2}{2\left(s' - \frac{n}{n'}w\right)}$,

der brechenden Fläche *K*: $g_K = \frac{h^2}{2r}$.

Geometrisch ist nun im paraxialen Gebiet:

$$w = g_K - g_W = \frac{h^2}{2}\left(\frac{1}{r} - \frac{1}{s - w}\right),$$

$$\frac{n}{n'}w = g_K - g_{W'} = \frac{h^2}{2}\left(\frac{1}{r} - \frac{1}{s' - \frac{n}{n'}w}\right);$$

mithin ist:

$$\frac{n}{n'}\left(\frac{1}{r} - \frac{1}{s - w}\right) = \left(\frac{1}{r} - \frac{1}{s' - \frac{n}{n'}w}\right),$$

[1] Jeweiliger Abstand des Fußpunktes der Höhe h vom Scheitelpunkt der betrachteten Kugel.

oder nach Multiplikation mit n′ und nach Durchführung des Grenzüberganges $h \to 0$, $w \to 0$:

$$n\left(\frac{1}{r} - \frac{1}{s}\right) = n'\left(\frac{1}{r} - \frac{1}{s'}\right).$$

Die Abbildungsbeziehung von O nach O′ im fadenförmigen Raum ist hiermit wellenoptisch abgeleitet und ergibt sich als eine Brechungsinvariante, die sogenannte „ABBEsche Invariante Q“, also nochmals

$$Q = n\left(\frac{1}{r} - \frac{1}{s}\right) = n'\left(\frac{1}{r} - \frac{1}{s'}\right). \tag{23}$$

Die ABBEsche Invariante findet man auch geometrisch-optisch an Hand der Abb. 11, wenn man sich auf den fadenförmigen Raum um die Achse beschränkt, d. h. $g << s$ bzw. s', h klein, σ, σ', ε, ε' klein voraussetzt:

$$\sigma + \varepsilon = \varphi = \sigma' + \varepsilon',$$

$$\frac{h}{s} = \sigma; \quad \frac{h}{s'} = \sigma',$$

$$\frac{h}{r} = \varphi;$$

$$\varepsilon = \frac{h}{r} - \frac{h}{s}; \quad \varepsilon' = \frac{h}{r} - \frac{h}{s'},$$

$$n\,\varepsilon = n\,h\left(\frac{1}{r} - \frac{1}{s}\right) = n'\,\varepsilon' = n'\,h\left(\frac{1}{r} - \frac{1}{s'}\right),$$

weil im fadenförmigen Raum $n\,\varepsilon = n'\,\varepsilon'$ ist.

Mithin:

$$n\left(\frac{1}{r} - \frac{1}{s}\right) = n'\left(\frac{1}{r} - \frac{1}{s'}\right).$$

Verfolgt man einen Strahl außerhalb des fadenförmigen Raumes (durch Tilde gekennzeichnet), so ist an Hand von Abb. 11:

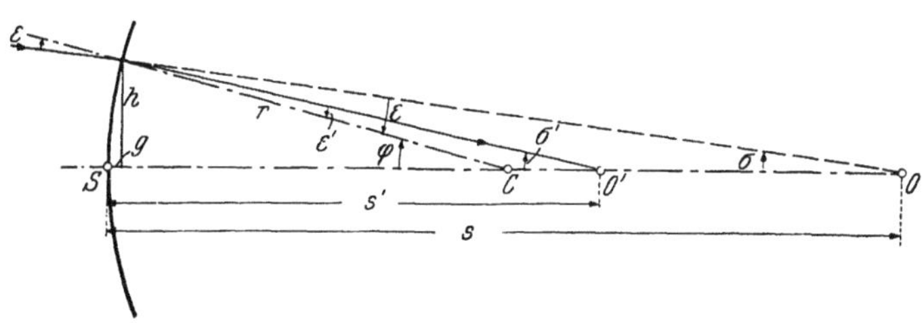

Abb. 11. Zur geometrischen Herleitung der ABBEschen Invariante

$$\tilde{\sigma} + \tilde{\varepsilon} = \tilde{\varphi} = \tilde{\sigma}' + \tilde{\varepsilon}';$$

$$\frac{\sin\tilde{\varepsilon}}{\sin\tilde{\sigma}} = \frac{\tilde{s} - r}{r}; \quad \frac{\sin\tilde{\varepsilon}'}{\sin\tilde{\sigma}'} = \frac{\tilde{s}' - r}{r}; \tag{24}$$

$$n \cdot \sin\tilde{\varepsilon} = n' \cdot \sin\tilde{\varepsilon}'.$$

Vorzeichenvereinbarung. Dieser Formelsätze (23) und (24) bedient man sich zur Durchrechnung eines Strahls durch eine brechende Kugelfläche, wenn außer n, n′ und r die Eingangsgrößen $\ddot{\sigma}$, σ und $\ddot{s}$, s des einfallenden Strahles gegeben sind. Dabei gelten bestimmte Vorzeichenvereinbarungen, die stillschweigend schon bei der Herleitung der obigen Formelsätze angewandt wurden, nämlich:

a) gerichtete Längen in dem (gegen den) Sinn der Lichtfortpflanzung, die vereinbarungsgemäß von links nach rechts angenommen wird, zählen positiv (negativ);

b) Schnittweiten, vor der Brechung s, nach der Brechung s′, sind vom Scheitelpunkt S der brechenden Fläche nach dem Dingpunkt O bzw. nach dem Bildpunkt O′ gerichtet. Es ist daher s bzw. s′ positiv (negativ), wenn SO bzw. SO′ zur Lichtfortpflanzungsrichtung gleichsinnig (gegensinnig) ist;

c) der Krümmungsradius r einer brechenden Fläche ist die gerichtete Strecke SC, also positiv (negativ), wenn die Fläche zum einfallenden Licht konvex (konkav) ist;

d) Höhen (Durchstoßhöhen h des Strahls mit der brechenden Fläche) zählen von der Achse aus positiv nach oben, negativ nach unten;

e) Dinggrößen y und Bildgrößen y′ zählen ebenfalls von der Achse aus nach oben positiv, negativ nach unten;

f) über die Vorzeichen der Winkel $\ddot{\varphi}$, $\ddot{\sigma}$, $\ddot{\sigma}'$, $\ddot{\varepsilon}$, $\ddot{\varepsilon}'$ kann man nach den eben genannten Festlegungen nicht mehr frei verfügen, da $\sin\ddot{\varphi} = \frac{h}{r}$ usw. ist.

Man bekommt dann folgende Vorzeichenregeln:

$\ddot{\sigma}$, $\ddot{\sigma}'$ sind positiv, wenn die Strahlen die Achse von oben links nach unten rechts schneiden;

$\ddot{\varepsilon}$, $\ddot{\varepsilon}'$ sind positiv, wenn eine Drehung des Strahles zum Einfallslot (Radius) hin im Uhrzeigersinn erfolgen würde.

In Abb. 11 sind alle vorkommenden Größen positiv.

B. Die Durchrechnungsverfahren für achsnahe und achsferne Strahlen

Nachstehend werden die Schema-Durchrechnungen eines achsnahen Strahles (d. h. eines Strahles im fadenförmigen Raum) und eines achsfernen Strahles formelmäßig und im Zahlenbeispiel dargestellt:

1. Achsnaher Strahl (Schnittweitenschema):

gegeben: $n = +1{,}00000$, $n' = +1{,}51638$
$r = +40{,}35$, $s = -247{,}3492$.

Aus der Abbeschen Invariante (23) ergibt sich die Rechenformel

$$s' = \frac{n'}{\frac{n}{s} + \frac{n'-n}{r}}. \tag{25}$$

Schema für logarithmisches Rechnen nach (25):

$\log \frac{1}{s}$	s	7.606689 — 247,3492
$\log n$		0.000000 +
$\log \frac{n}{s}$	$\frac{n}{s}$	7.606689 — 0,004042864
$\log \frac{1}{r}$		8.394156 +
$\log (n' - n)$		9.712969 +
$\log \frac{n' - n}{r}$	$\frac{n' - n}{r}$	8.107125 + 0,012797500
	$N' = \frac{n}{s} + \frac{n' - n}{r}$	+ 0,008754636
$\log \frac{1}{N'}$		2.057762 +
$\log n'$		0.180808 +
$\log \frac{n'}{N'} = \log s'$	s'	2.238570 + 173,2088

2. Achsferner Strahl (Normalschema):

gegeben: $n = + 1{,}00000$, $n' = + 1{,}51638$

$r = + 40{,}35$, $\tilde{s} = - 247{,}3492$, $\tilde{\sigma} = - 4^\circ\, 36'\, 42{,}3''$

Formeln:

$$\sin \tilde{\varepsilon} = \frac{\tilde{s} - r}{r} \sin \tilde{\sigma},$$

$$\sin \tilde{\varepsilon}' = \frac{n}{n'} \sin \tilde{\varepsilon},$$

$$\tilde{\varphi} = \tilde{\sigma} + \tilde{\varepsilon}, \tag{24 a}$$

$$\tilde{\sigma}' = \tilde{\varphi} - \tilde{\varepsilon}',$$

$$\tilde{s}' = r \frac{\sin \tilde{\varepsilon}'}{\sin \tilde{\sigma}'} + r.$$

Schema für logarithmisches Rechnen nach (24 a):

	$\ddot{s}$		$-$ 247,3492
	$-$ r		$-$ 40,35
$\log(\ddot{s} - r)$	$\ddot{s} - r$	2.458939	$-$ 287,6992
$\log\sin\ddot{\sigma}$	$\ddot{\sigma}$	8.905274	$-$ 4° 36′ 42,3″
$\log\frac{1}{r}$		8.394156	+
$\log\sin\ddot{\varepsilon}$	$\ddot{\varepsilon}$	9.758369	+ 34° 58′ 46,0″
$\log\frac{n}{n'}$	$\ddot{\sigma} + \ddot{\varepsilon} = \ddot{\varphi}$	9.819192	+ 30° 22′ 3,7″
$\log\sin\ddot{\varepsilon}'$	$\ddot{\varepsilon}'$	9.577561	+ 22° 12′ 48,8″
$\log\frac{1}{\sin\ddot{\sigma}'}$	$\ddot{\sigma}' = \ddot{\varphi} - \ddot{\varepsilon}'$	0.848212	+ 8° 9′ 14,9″
$\log r$		1.605844	+
$\log(\ddot{s}' - r)$	$\ddot{s}' - r$	2.031617	+ 107,5517
	r		+ 40,35
	$\ddot{s}'$		+ 147,9017

3. Kittflächen. Gelegentlich kommt es bei Kittflächen vor, daß große Winkel $\ddot{\varepsilon}$ und $\ddot{\varepsilon}'$ auftreten, deren Differenz $\ddot{\varepsilon} - \ddot{\varepsilon}'$ jedoch nur klein ist. Da nun $\ddot{\varepsilon}$ und $\ddot{\varepsilon}'$ unter den Funktionen sin bzw. log sin entnommen werden, so geschieht das bei großen $\ddot{\varepsilon}$ bzw. $\ddot{\varepsilon}'$ in Tafelbereichen, wo einer geringen Änderung von sin bzw. log sin eine relativ große Änderung des Winkels selbst entspricht. Das bedeutet aber eine größere Unsicherheit in $\ddot{\varepsilon}$ bzw. $\ddot{\varepsilon}'$. Der Winkel $\ddot{\sigma}'$ berechnet sich aus $\ddot{\sigma}' = \ddot{\varphi} - \ddot{\varepsilon}'$ mit $\ddot{\varphi} = \ddot{\sigma} + \ddot{\varepsilon}$, d. h. letzten Endes aus $\ddot{\sigma}' = \ddot{\sigma} + (\ddot{\varepsilon} - \ddot{\varepsilon}')$ und wird daher entsprechend fehlerhaft. Man tut dann besser, die Differenz $\ddot{\varepsilon} - \ddot{\varepsilon}'$ aus

$$\operatorname{tg}\frac{\ddot{\varepsilon} - \ddot{\varepsilon}'}{2} = \frac{n' - n}{n' + n} \cdot \operatorname{tg}\frac{\ddot{\varepsilon} + \ddot{\varepsilon}'}{2} \tag{26}$$

zu bestimmen.

4. Achsnaher Strahl (Conradysches Schema)[1]. Man kann den achsnahen Strahl auch nach dem Schema des achsfernen Strahles durchrechnen, wenn man die Winkel und Sinusfunktionen durch die Bogenwerte ersetzt:

$$\begin{aligned} \varepsilon &= \frac{s - r}{r}\,\sigma, \\ \varepsilon' &= \frac{n}{n'}\,\varepsilon, \\ \varphi &= \sigma + \varepsilon, \\ \sigma' &= \varphi - \varepsilon', \\ s' &= r\,\frac{\varepsilon'}{\sigma'} + r. \end{aligned} \tag{27}$$

[1] A. E. Conrady: Applied Optics and Optical Design. London: 1929.

	s		$-\ 247{,}3492$
	$-\ r$		$-\ 40{,}35$
$\log (s - r)$	$s - r$	2.458939 $-$	$-\ 287{,}6992$
$\log \sigma$	σ	8.905274 $-$	0,0804033
$\log \frac{1}{r}$		8.394156 $+$	
$\log \varepsilon$	ε	9.758369 $+$	0,5732829
$\log \frac{n}{n'}$	φ	9.819192 $+$	0,49287957
$\log \varepsilon'$	ε'	9.577561 $+$	0,3780600
$\log \frac{1}{\sigma'}$	σ'	0.939984 $+$	0,11481957
$\log r$		1.605844 $+$	
$\log (s' - r)$	$s' - r$	2.123389 $+$	$+\ 132{,}8584$
	r		$+\ 40{,}35$
	s'		$+\ 173{,}2084$

5. Achsnaher Strahl (Langesches Schema). Schließlich findet man bisweilen auch den folgenden Formelsatz für den achsnahen Strahl im Gebrauch

$$h = s \cdot \sigma,$$

$$n'\sigma' = n\,\sigma + (n' - n)\frac{h}{r}, \tag{28}$$

$$s' = \frac{n'\,h}{(n'\,\sigma')}.$$

Schema:

$\log \sigma$		8.905274 $-$	
$\log n$		0.000000 $+$	
$\log n\,\sigma$	$n\,\sigma$	8.905274 $-$	0,08040333
$\log h$		1.298585 $+$	
$\log (n' - n)$		9.712969 $+$	
$\log \frac{1}{r}$		8.394156 $+$	
$\log (n' - n)\frac{h}{r}$	$(n' - n)\frac{h}{r}$	9.405710 $+$	0,2545129
	$n'\,\sigma'$		$+$ 0,17410957

$\log \frac{1}{n'\,\sigma'}$		0.759177 +
$\log n'$		0.180808 +
$\log h$		1.298585 +
$\log s'$	s'	2.238570 + 173,2088

6. Achsferner Strahl an Flächen mit großen Radien. Den Formelsatz für die Durchrechnung des achsfernen Strahles kann man so abändern, daß $\tilde{s}' - r$ nicht vorkommt; nämlich

$$\tilde{s}' = \tilde{s} \cdot \frac{\sin \tilde{\sigma} \cdot \cos \frac{\tilde{\sigma}' - \tilde{\varepsilon}'}{2}}{\sin \tilde{\sigma}' \cdot \cos \frac{\tilde{\sigma} - \tilde{\varepsilon}}{2}}. \tag{29}$$

Schema:

	$\tilde{s}$		− 247,3492
	$-r$		− 40,35
$\log(\tilde{s} - r)$	$\tilde{s} - r$	2.458939 −	287,6992
$\log \sin \tilde{\sigma}$	$\tilde{\sigma}$	8.905274 −	4° 36′ 42,3″
$\log \frac{1}{r}$		8.394156 +	
$\log \sin \tilde{\varepsilon}$	$\tilde{\varepsilon}$	9.758369 +	34° 58′ 46,0″
$\log \frac{n}{n'}$	$\tilde{\varphi}$	9.819192 +	30° 22′ 3,7″
$\log \sin \tilde{\varepsilon}'$	$\tilde{\varepsilon}'$	9.577561 +	22° 12′ 48,8″
	$\tilde{\sigma}'$		+ 8° 9′ 14,9″
	$+\lvert\tilde{\sigma} - \tilde{\varepsilon}\rvert$		+ 39° 35′ 28,3″
	$+\lvert\tilde{\sigma}' - \tilde{\varepsilon}'\rvert$		+ 14° 3′ 33,9″
$\log \frac{1}{\cos \frac{\tilde{\sigma} - \tilde{\varepsilon}}{2}}$	$\frac{1}{2}\lvert\tilde{\sigma} - \tilde{\varepsilon}\rvert$	0.026453 +	19° 47′ 44,15″
$\log \cos \frac{\tilde{\sigma}' - \tilde{\varepsilon}'}{2}$	$\frac{1}{2}\lvert\tilde{\sigma}' - \tilde{\varepsilon}'\rvert$	9.996739 +	7° 1′ 46,95″
$\log \sin \tilde{\sigma}$		8.905274 −	
$\log \frac{1}{\sin \tilde{\sigma}'}$		0.848212 +	
$\log \tilde{s}$		2.393311 −	
$\log \tilde{s}'$	$\tilde{s}'$	2.169989 +	147,9070

Diese Methode ist bei flachgekrümmten brechenden Flächen anzuwenden, bei denen $|\tilde{s}'|$ kleiner als 5% von $|r|$ wird; in diesem Falle würde die

Differenz $\breve{s}' = (\breve{s}' - r) + r$ eine relativ kleine Differenz großer Zahlen sein, bei der die Fehler in den letzten Stellen vom Subtrahend und Minuend ungebührlich stark eingehen können. Deshalb kann man genauere Ergebnisse mit dem obigen abgewandelten, wenn auch etwas umständlicheren Schema erhalten.

Beispiel:

$$n = +\,1{,}62024; \quad n' = +\,1{,}00000;$$
$$r = -\,624{,}2;$$
$$s = +\,7{,}537347; \quad \breve{\sigma} = +\,12^\circ\ 45'\ 21{,}3''.$$

	$\breve{s}$		$+\quad 7{,}537347$
	$-r$		$+\ 624{,}2$
$\log(\breve{s} - r)$	$\breve{s} - r$	2.800536	$+\ 631{,}737347$
$\log \sin \breve{\sigma}$	$\breve{\sigma}$	9.343995	$+\ 12^\circ\ 45'\ 21{,}3''$
$\log \frac{1}{r}$		7.204676	$-$
$\log \sin \breve{\varepsilon}$	$\breve{\varepsilon}$	9.349207	$-\ 12^\circ\ 54'\ 45{,}2''$
$\log \frac{n}{n'}$	$\breve{\varphi}$	0.209579	$-\ \ 0^\circ\ \ 9'\ 23{,}9''$
$\log \sin \breve{\varepsilon}'$	$\breve{\varepsilon}'$	9.558786	$-\ 21^\circ\ 13'\ 37{,}4''$
$\log \frac{1}{\sin \breve{\sigma}'}$	$\breve{\sigma}'$	0.444283	$+\ 21^\circ\ \ 4'\ 13{,}5''$
$\log r$		2.795324	$-$
$\log(\breve{s}' - r)$	$\breve{s}' - r$	2.798393	$+\ 628{,}6271$
	r		$-\ 624{,}2$
	$\breve{s}'$		$+\quad 4{,}4271$

Nach der genaueren Methode:

	$+\lvert \breve{\sigma} - \breve{\varepsilon} \rvert$		$+\ 25^\circ\ 40'\ \ 6{,}5''$
	$+\lvert \breve{\sigma}' - \breve{\varepsilon}' \rvert$		$+\ 42^\circ\ 17'\ 50{,}9''$
$\log \dfrac{1}{\cos \frac{\breve{\sigma} - \breve{\varepsilon}}{2}}$	$\frac{1}{2}\lvert \breve{\sigma} - \breve{\varepsilon} \rvert$	0.010988	$+\ 12^\circ\ 50'\ 3{,}25''$
$\log \cos \frac{\breve{\sigma}' - \breve{\varepsilon}'}{2}$	$\frac{1}{2}\lvert \breve{\sigma}' - \breve{\varepsilon}' \rvert$	9.969718	$+\ 21^\circ\ \ 8'\ 55{,}45''$
$\log \sin \breve{\sigma}$		9.343995	$+$
$\log \frac{1}{\sin \breve{\sigma}'}$		0.444283	$+$
$\log \breve{s}$		0.877219	$+$
$\log \breve{s}'$	$\breve{s}'$	0.646203	$+\ 4{,}427950$

7. Planflächen. Wenn die brechende Fläche plan ist ($r = \infty$), vereinfacht sich die Durchrechnung des achsnahen Strahles:

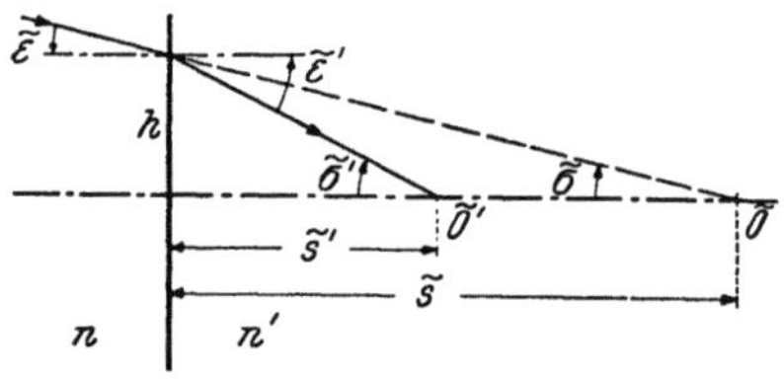

Abb. 12. Zur Strahldurchrechnung bei der Brechung an einer achssenkrechten Planfläche

entweder:

$$s' = \frac{n'}{n} s, \tag{30}$$

oder:

$$n' \sigma' = n \sigma. \tag{31}$$

Der achsferne Strahl wird für $r = \infty$ folgendermaßen durchgerechnet (Abb. 12):

$$\begin{aligned} \sin \tilde{\sigma}' &= \frac{n}{n'} \sin \tilde{\sigma}, \\ h &= \tilde{s} \cdot \operatorname{tg} \tilde{\sigma}, \\ \tilde{s}' &= \frac{\tilde{h}}{\operatorname{tg} \tilde{\sigma}'}. \end{aligned} \tag{32}$$

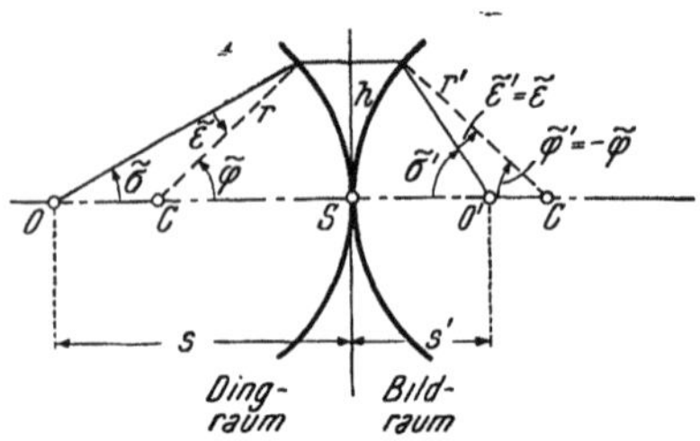

Abb. 13. Zur Strahldurchrechnung bei der Spiegelung an einer zentrierten Kugelfläche

8. Spiegelnde Kugelflächen lassen sich wie brechende Flächen behandeln (Abb. 13), wenn man bildseitig den Krümmungsradius $r' = -r$, den Höhenwinkel $\tilde{\varphi}' = -\tilde{\varphi}$, die Brechungszahl $n' = n$ und $\tilde{\varepsilon}' = \tilde{\varepsilon}$ setzt[1]. Dann gilt für den achsnahen Strahl:

$$\text{entweder} \quad \frac{1}{s'} - \frac{1}{s} = -\frac{2}{r}, \qquad \text{also } s' = \frac{1}{\frac{1}{s} - \frac{2}{r}}, \tag{33}$$

$$\text{oder} \quad \sigma' - \sigma = -\frac{2h}{r}, \qquad \text{also } \sigma' = \sigma - \frac{2h}{r}, \tag{34}$$

und für den achsfernen Strahl:

$$\begin{aligned} \sin \tilde{\varepsilon} &= \frac{\tilde{s} - r}{r} \sin \tilde{\sigma}, \\ \tilde{\varphi} &= \tilde{\sigma} + \tilde{\varepsilon}, \\ \tilde{\varepsilon}' &= \tilde{\varepsilon}, \\ \tilde{\varphi}' &= -\tilde{\varphi}, \\ \tilde{\sigma}' &= \tilde{\varphi}' - \tilde{\varepsilon}', \\ r' &= -r, \\ \tilde{s}' &= r' \cdot \frac{\sin \tilde{\varepsilon}'}{\sin \tilde{\sigma}'} + r'. \end{aligned} \tag{35}$$

[1] Zeitschr. f. Instrkde. **37** (1937), S. 495—500.

9. Flächenfolgen. In einer zentrierten Folge von brechenden oder spiegelnden Flächen, wie sie jedes optische System, auch das Photoobjektiv, darstellt, schließt sich an die Durchrechnung durch die erste Fläche sofort eine solche durch die zweite und alle folgenden Flächen an. Dabei wird, wenn d_{12}, d_{23}, d_{34}, ... die Scheitelabstände der aufeinanderfolgenden Flächen sind (Abb. 14),

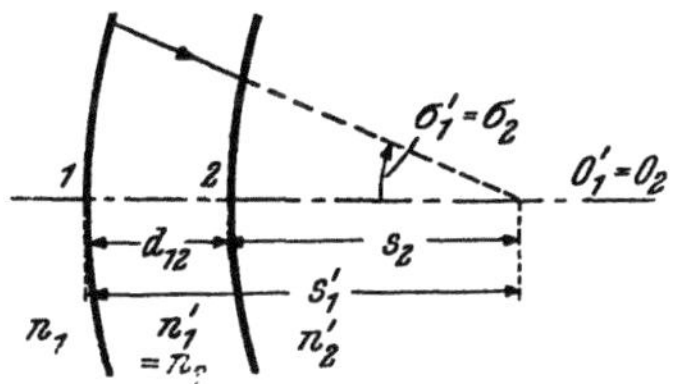

Abb. 14. Zur Herleitung der Übergangsformeln für die Strahldurchrechnung zwischen aufeinanderfolgenden Flächen

an der	für den achsnahen Strahl	für den achsfernen Strahl
2. Fläche	$s_2 = s_1' - d_{12}$ $\sigma_2 = \sigma_1'$ $n_2\,\sigma_2 = n_1'\,\sigma_1'$ $n_2 = n_1'$ $h_2 = h_1 - d_{12}\,\sigma_1'$	$\tilde{s}_2 = \tilde{s}_1' - d_{12}$ $\tilde{\sigma}_2 = \tilde{\sigma}_1'$ $n_2 = n_1'$
3. Fläche	$s_3 = s_2' - d_{23}$ $\sigma_3 = \sigma_2'$ $n_3\,\sigma_3 = n_2'\,\sigma_2'$ $n_3 = n_2'$ $h_3 = h_2 - d_{23}\,\sigma_2'$	$\tilde{s}_3 = \tilde{s}_2' - d_{23}$ $\tilde{\sigma}_3 = \tilde{\sigma}_2'$ $n_3 = n_2'$
usw.	usw.	usw.

(36)

Schließlich erhält man als Ergebnisse der Durchrechnung hinter der letzten (k-ten) Fläche des Objektivs die Bestimmungsstücke:

des achsnahen Bildstrahles s'_k,

des achsfernen Bildstrahles $\tilde{s}'_k$, $\tilde{\sigma}'_k$.

10. Die Lichtweg-Differenz. Die einfallende Kugelwelle $S\bar{S}$ konvergiert beispielsweise (Abb. 15) auf den Punkt O im Mittel von der Brechungszahl n. Während im gezeigten Beispiel der achsferne Teil der Welle noch die Strecke $\bar{S}A$ im Mittel n zurücklegt, verläuft der achsnahe Teil der gebrochenen Welle bereits im Mittel n′ bis $\bar{A}'$. Die optischen Weglängen für beide Teilstrecken sind naturgemäß gleich groß. Der gebrochene achs-

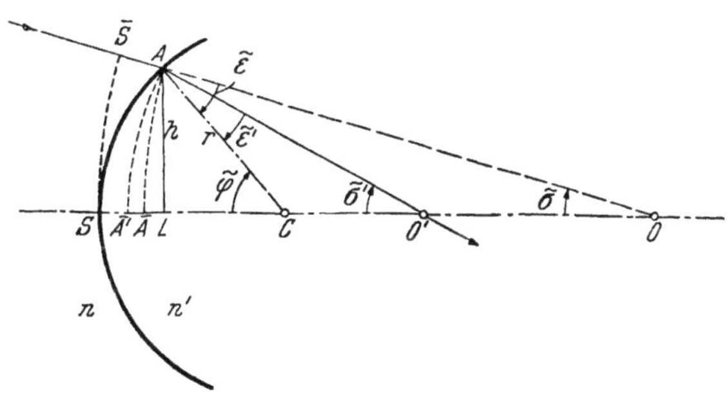

Abb. 15. Zur Herleitung der Lichtweg-Differenz

ferne Strahl ist AO'. Bei fehlerfreier Abbildung in O' würde die gebrochene Kugelwelle in ihrem achsnahen Teil die Strecke $S\bar{A}'$ zurückgelegt haben. Es wäre also:

$$n \cdot \bar{S}A = n' \cdot S\bar{A}'.$$

Wenn die Gleichheit nicht besteht, sondern ein endlicher Gangunterschied $g' = n' \cdot S\bar{A}' - n \cdot \bar{S}A$, so ist sphärische Aberration (Öffnungsfehler) vorhanden. Diese soll jetzt berechnet werden.

Es sind

$$\bar{S}A = S\bar{A} = SL - \bar{A}L = h\left(\operatorname{tg}\frac{\ddot{\varphi}}{2} - \operatorname{tg}\frac{\ddot{\sigma}}{2}\right),$$

$$S\bar{A}' = SL - \bar{A}'L = h\left(\operatorname{tg}\frac{\ddot{\varphi}}{2} - \operatorname{tg}\frac{\ddot{\sigma}'}{2}\right),$$

mithin

$$n' \cdot S\bar{A}' - n \cdot \bar{S}A = g' = n' h\left(\operatorname{tg}\frac{\ddot{\varphi}}{2} - \operatorname{tg}\frac{\ddot{\sigma}'}{2}\right) - n h\left(\operatorname{tg}\frac{\ddot{\varphi}}{2} - \operatorname{tg}\frac{\ddot{\sigma}}{2}\right). \tag{37}$$

Durch Umformung findet man den für die logarithmische Rechnung bequemeren Ausdruck

$$g' = \frac{n' h}{2\cos\frac{\ddot{\varphi}}{2}} \cdot \frac{\sin\ddot{\varepsilon}' \cdot \sin\frac{\ddot{\sigma} - \ddot{\sigma}'}{2} \cdot \sin\frac{\ddot{\varepsilon} - \ddot{\sigma}'}{2}}{\cos\frac{\ddot{\sigma}}{2} \cdot \cos\frac{\ddot{\varepsilon}}{2} \cdot \cos\frac{\ddot{\varepsilon}'}{2} \cdot \cos\frac{\ddot{\sigma}'}{2}}, \tag{37 a}$$

der für die Planfläche lautet:

$$g'_{\text{plan}} = \frac{n' h}{2} \cdot \frac{\sin\ddot{\sigma}' \cdot \sin\frac{\ddot{\sigma} + \ddot{\sigma}'}{2} \cdot \sin\frac{\ddot{\sigma} - \ddot{\sigma}'}{2}}{\cos^2\frac{\ddot{\sigma}}{2} \cdot \cos^2\frac{\ddot{\sigma}'}{2}}. \tag{38}$$

Man bekommt hiernach die sphärische Aberration als Wellenaberration ausgedrückt. Notwendig ist dafür auch die Strahlendurchrechnung, jedoch genügt dabei die Genauigkeit vierstelliger Logarithmen! Die Methode stammt von A. E. CONRADY[1], der sie für die sphärische Aberration und für die Farbortsdifferenz empfohlen hat. Von W. H. STEEL[2] ist sie auch für die Koma eingeführt worden.

Der Gangunterschied im Bildpunkt des achsfernen Strahles hinter der letzten (k-ten) Fläche eines Objektivs ist gleich der Summe der Gangunterschiede über alle Flächen, d. h.

$$g' = \sum_{\nu=1}^{k} g'_\nu. \tag{39}$$

Der Gangunterschied ist ein unmittelbares Maß für die Wellenaberration, die nach obiger Formel aus der Strahlendurchrechnung ableitbar ist. Die Wellenaberration ist grundlegend für eine wirklich sachliche Diskussion über die Abbildungsqualität.

[1] Dictionary of applied physics. Vol. 4, S. 215.

[2] Journ. Opt. Soc. Amer. 40 (1950), S. 878.

11. Maßnahmen zur Verhütung von unzulässigen Rechenfehlern. Bei der Durchrechnung des achsfernen Strahles empfiehlt sich die Anwendung einer Kontrollrechnung, um Rechenfehler rechtzeitig zu bemerken. Man bedient sich zweckmäßig der Formel:

$$\log(\tilde{s}' - r) = \log(\tilde{s} - r) + \log \sin \tilde{\sigma} + \log \frac{n}{n'} + \log \frac{1}{\sin \tilde{\sigma}'}.$$

Wenn sich diese Beziehung zahlenmäßig verifiziert, können im Bereich der gesamten Logarithmenrechnung keine Fehler aufgetreten sein, vorausgesetzt, daß keine fehlerhaften Werte für $\log(\tilde{s} - r)$, $\log \sin \tilde{\sigma}$ und $\log \frac{n}{n'}$ eingeführt worden sind. Immerhin stellt die Kontrollformel eine wertvolle Abhilfe gegen Fehler dar, die bekanntlich allzu leicht beim Aufschlagen der Winkel vorkommen können.

Zu der Technik des logarithmischen Rechnens ist zu sagen, daß in den Numeri immer zwei Stellen interpoliert werden müssen, um die Tafelgenauigkeit voll auszunutzen. Das gilt sowohl für fünfstellige als auch für sechsstellige Tafeln. Bei fünfstelligen Tafeln beispielsweise entspricht der logarithmischen Unsicherheit von ± 5 Einheiten in der letzten Dezimale eine numerische Unsicherheit von $\pm \frac{1}{87\,000}$ des Numerus. Wenn also bei fünfstelligen Tafeln direkt vier Numerusstellen gegeben sind, z. B. 234,8, so ist $\frac{1}{87\,000}$ davon rund 0,003; d. h. zwei Interpolationsstellen sind noch zu berücksichtigen. Das gilt zunächst für die nicht trigonometrischen Tafeln.

Bei den trigonometrischen Tafeln ist zu beachten, daß die Tafeldifferenzen genügend klein sind. Deshalb ist es erforderlich, bei kleinen Winkeln engere Tafelintervalle zu haben, als bei großen Winkeln. Meist sind deshalb von 0° bis 5° besondere fein unterteilte Tafeln im Gebrauch, weniger wegen der Bequemlichkeit für das Interpolieren, als vielmehr aus Genauigkeitsrücksichten.

12. Die asphärische Rotationsfläche. Wenn die Abweichung von der sphärischen Form nur gering ist, beschreibt man die Meridiankurve der Fläche zweckmäßig in Polarkoordinaten, deren Ursprung in den Krümmungsmittelpunkt der Krümmungskugel am Flächenscheitel fällt. Dann lautet die Potenzreihe für die Meridiankurve

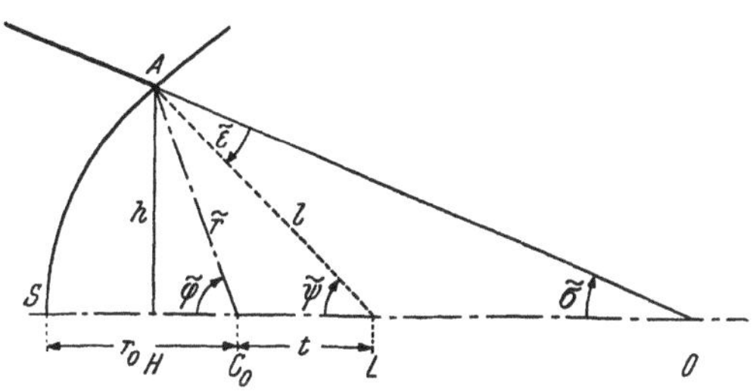

Abb. 16. Zur Herleitung der Formeln für die Strahldurchrechnung durch zentrierte asphärische Flächen.

$$\tilde{r} = r_0 + b\hat{\varphi}^4 + c\hat{\varphi}^6 + \ldots$$

($\tilde{r}$ = Radiusvektor; r_0 = Radius der Krümmungskugel; $\hat{\varphi}$ = Bogenmaß der Amplitude $\tilde{\varphi}$ des Radiusvektors $\tilde{r}$; b, c ... = Zahlenkoeffizienten). Bei dieser Bezugnahme auf die Krümmungskugel verschwindet der Koeffizient a zu $\hat{\varphi}^2$.

Die weiterhin nötigen Formeln für die Strahldurchrechnung ergeben sich aus Abb. 16.

$$\sin \tilde{\varepsilon} = \frac{\tilde{s} - (r_0 + t)}{l} \sin \tilde{\sigma},$$

$$\tilde{\sigma} + \tilde{\varepsilon} = \tilde{\psi},$$

$$\sin \tilde{\varepsilon}' = \frac{n}{n'} \sin \tilde{\varepsilon},$$

$$\tilde{\sigma}' = \tilde{\psi} - \tilde{\varepsilon}',$$

$$\tilde{s}' = (r_0 + t) + l \frac{\sin \tilde{\varepsilon}'}{\sin \tilde{\sigma}'}.$$

Die in diesen Formeln vorkommenden Größen l, t und ψ müssen gesondert berechnet werden. Dazu dient der nachstehende vorbereitende Rechengang an Hand von Abb. 17.

$$AC_0 = \tilde{r} \text{ (Radiusvektor)}$$

$$AL = l \text{ (Flächennormale)}$$

$$HA = h \text{ (Durchstoßhöhe des Strahles)}$$

$$C_0L = t$$

$$\sphericalangle AC_0N = 90^\circ \text{ } (C_0N = \text{Lot auf den Radiusvektor})$$

$$AN = p \text{ (Polarnormale)}$$

$$C_0N = \frac{d\tilde{r}}{d\widehat{\varphi}} \text{ (Polarsubnormale)}$$

$$GA = k$$

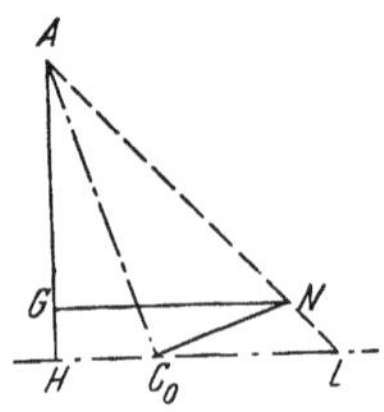

Abb. 17. Hilfsfigur zur Abb. 16

$$p^2 = \tilde{r}^2 + \left(\frac{d\tilde{r}}{d\widehat{\varphi}}\right)^2$$

$$\frac{d\tilde{r}}{d\widehat{\varphi}} = 4\, b\, \widehat{\varphi}^3 + 6\, c\, \widehat{\varphi}^5 + \ldots$$

$$h = \tilde{r} \sin \tilde{\varphi}$$

$$k = h - \cos \tilde{\varphi} \cdot \frac{d\tilde{r}}{d\widehat{\varphi}}$$

$$l = \frac{h\, p}{k}$$

$$\sin \tilde{\psi} = \frac{h}{l}$$

$$t = \tilde{r} \frac{\sin (\tilde{\varphi} - \tilde{\psi})}{\sin \tilde{\psi}}.$$

Zu den jeweiligen Koeffizienten b, c ... muß der Winkel $\tilde{\varphi}$ durch Probieren jedesmal so abgestimmt werden, daß bei der Strahldurchrechnung und bei der vorbereitenden Rechnung nach obigen Formeln die $\tilde{\psi}$-Winkel gleich werden.

Der Achsstrahl wird in üblicher Weise mit $\tilde{r} = r_0$ durchgerechnet.

Bei der Astigmatismusberechnung ist der Krümmungsradius im Sagittalschnitt (Index B deutet auf den Blendenstrahl):

$$r_{sag} = \frac{h_B}{\sin \tilde{\psi}_B},$$

im Meridionalschnitt

$$r_{mer} = \frac{(r_{sag})^3}{r_0^2};$$

die Pfeilhöhe für den Durchtritt des Hauptstrahles (Index B) ist

$$g_B = r_0 - \tilde{r}_B \cos \tilde{\varphi}_B.$$

Asphärische Spiegelflächen werden nach den gleichen Formeln durchgerechnet, wobei — ähnlich wie bei Kugelspiegeln (S. 22) —

$$\begin{aligned} r'_0 + t' &= -(r_0 + t) \\ l' &= -l \\ \tilde{\psi}' &= -\tilde{\psi} \\ \tilde{\varepsilon}' &= \tilde{\varepsilon} \end{aligned}$$

eingeführt werden.

Zahlenbeispiel:

gegeben $r_0 = +100$; $b = -110$; $e = +250$;
$n = 1{,}00000$; $n' = 1{,}50000$;
$s = -800$; $\tilde{\sigma} = -2° 30'$.

Tabelle 2

Lfd. Nr.		1.	2.	3.
gewähltes $\tilde{\varphi}$		+ 20°	+ 21°, 27	+ 20°, 955 (interpoliert)
vorbereitende Rechnung	$\tilde{r}$	+ 98,819316	+ 98,565418	+ 98,630406
	$\frac{d\tilde{r}}{d\tilde{\varphi}}$	— 10,93978	— 11,93398	— 11,70885
	p^2	+ 9884,938	+ 9857,580	+ 9865,057
	h	+ 33,79823	+ 35,75600	+ 35,27369
	k	+ 44,07825	+ 46,87703	+ 46,20814
	l	+ 76,23550	+ 75,73100	+ 75,81983
	$\tilde{\psi}$ aus $\frac{h}{l}$	+ 26° 19′ 1″, 9	+ 28° 10′ 24″, 9	+ 27° 43′ 30″, 5
	t	— 24,52606	— 25,09283	— 24,99234
Strahl	$\tilde{\psi} = \tilde{\sigma} + \tilde{\varepsilon}$	+ 27° 33′ 38″, 6	+ 27° 45′ 36″, 7	+ 27° 43′ 29″, 5
	$\Delta\tilde{\psi}$	— 1° 14′ 36″, 7	+ 0° 24′ 48″, 2	+ 0° 0′ 1″, 0

13. Durchrechnung von windschiefen Strahlen durch zentrierte Systeme. Bei den photographischen Objektiven mit hoher Lichtstärke und großem Bildfeld erfordert die rechnerische Korrektion der Abbildungsfehler in schiefen Bündeln, insbesondere der Koma, bisweilen auch die Verfolgung windschiefer Strahlen, d. h. nicht in einem Achsenschnitt verlaufender Strahlen, um neben der meridionalen auch die sagittale Koma in Betracht zu ziehen. Die Durchrechnung windschiefer Strahlen ist mühevoll und wird daher nur selten ausgeführt. Es sind dafür verschiedene Verfahren[1] bekannt, doch ist *eine* Methode praktisch am geeignetsten. Sie stammt von M. HERZBERGER[2] und lehnt sich eng an die normale Strahlendurchrechnung an.

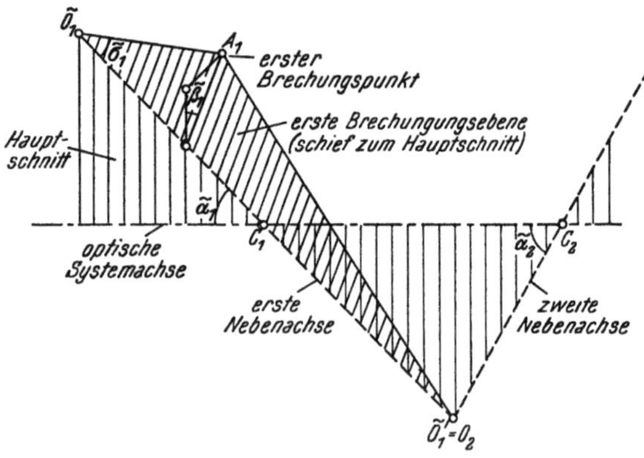

Abb. 18.
Zur Herleitung der Strahldurchrechnung windschiefer Strahlen nach M. HERZBERGER

Gegeben ist ein seitlicher Dingpunkt $\tilde{O}_1$ (Abb. 18). Man betrachtet die Verbindungsgerade von $\tilde{O}_1$ nach dem Krümmungsmittelpunkt C_1 der ersten brechenden Fläche als „erste Nebenachse". Durch diese und den von $\tilde{O}_1$ ausgehenden, rechnerisch zu verfolgenden Strahl $\tilde{O}_1A_1$ ist eine Ebene bestimmt, die sogenannte „erste Brechungsebene". In dieser liegt dann auch der gebrochene Strahl $A_1\tilde{O}'_1$, wobei $\tilde{O}'_1$ auf der ersten Nebenachse liegt. Rechnet man mit s_1 auf der ersten Nebenachse und $\tilde{\sigma}_1$ in der ersten Brechungsebene, so läßt sich für die erste Brechung innerhalb der ersten Brechungsebene nach dem üblichen Randstrahlschema durchrechnen.

Die Brechung an der zweiten Fläche wird auf die zweite Nebenachse von $\tilde{O}'_1 = \tilde{O}_2$ nach C_2 bezogen und in der zweiten Brechungsebene verfolgt. So geht es durch das ganze optische System entsprechend weiter. Dabei ist zunächst klar, daß alle Nebenachsen einen Zickzackverlauf bilden, der aber in ein und demselben Schnitt durch die optische Systemachse und den Dingpunkt $\tilde{O}_1$, dem sogenannten „Hauptschnitt", liegt. Die HERZBERGERsche Vereinfachung dürfte hiermit schon deutlich werden, denn es bedarf neben der flächenweisen Durchrechnung nach bekannten Formeln nur noch gewisser Übergangsrechnungen von einer zur nächsten Nebenachse.

Man beschreibt den Dingpunkt vor der ersten Fläche, bzw. die erste Nebenachse mit Hilfe der Größen

$c_1 = \tilde{O}_1C_1$ = Dingortlage auf der ersten Nebenachse,
$\tilde{\alpha}_1$ = Winkel zwischen erster Nebenachse und optischer Systemachse;

sodann den einfallenden Strahl mit Hilfe von

$\tilde{\beta}_1$ = Winkel zwischen erster Brechungsebene und Hauptschnitt,
$\tilde{\sigma}_1$ = Winkel zwischen einfallendem Strahl und erster Nebenachse.

[1] Die Verfahren von BRUNS, KERBER und SEIDEL sind in v. ROHR, M.: Die Bilderzeugung in optischen Instrumenten, S. 52—82. Berlin: Springer. 1904 auseinandergesetzt. Die LANGEsche Methode findet sich in dessen Dissertationsschrift „Vereinfachte Formeln für die trigonometrische Durchrechnung optischer Systeme", Rostock 1909, die STAEBLEsche Vorschrift in Central-Ztg. f. Optik u. Mechanik **45** (1924), Heft 13 bis 15.

[2] Central-Ztg. f. Optik u. Mechanik **46** (1925), S. 100—102, 104—105.

Dann gilt folgender Formelsatz:

$$\sin \tilde{\varepsilon}_1 = \frac{c_1}{r_1} \sin \tilde{\sigma}_1,$$

$$\sin \tilde{\varepsilon}'_1 = \frac{n_1}{n'_1} \sin \tilde{\varepsilon}_1,$$

$$\tilde{\sigma}'_1 = \tilde{\sigma}_1 + \tilde{\varepsilon}_1 - \tilde{\varepsilon}'_1,$$

$$c'_1 = r_1 \cdot \frac{\sin \tilde{\varepsilon}'_1}{\sin \tilde{\sigma}'_1},$$

$x'_1 = c'_1 \cdot \cos \tilde{\alpha}_1$ Komponente zu c'_1 auf der optischen Systemachse,

$y'_1 = c'_1 \cdot \sin \tilde{\alpha}_1$ Komponente zu c'_1 senkrecht zu der Systemachse im Hauptschnitt;

$$x_2 = x'_1 + r_1 - d_{12} - r_2,$$

$$y_2 = y'_1,$$

$$\operatorname{tg} \tilde{\alpha}_2 = \frac{y_2}{x_2},$$

$$c_2 = \frac{x_2}{\cos \tilde{\alpha}_2} \text{ (Vorzeichen von } c_2 = \text{Vorzeichen von } x_2\text{)},$$

$$\sin \varrho_{12} = - \sin \tilde{\beta}_1 \sin \tilde{\sigma}'_1 \text{ (Hilfswinkel)},$$

$$\sin \psi'_1 = \frac{\operatorname{tg} \varrho_{12}}{\operatorname{tg} \tilde{\beta}_1} \text{ (Hilfswinkel)},$$

$$\psi_2 = \psi'_1 + \tilde{\alpha}_1 - \tilde{\alpha}_2,$$

$$\operatorname{tg} \tilde{\beta}_2 = \frac{\operatorname{tg} \varrho_{12}}{\sin \psi_2},$$

$$\sin \tilde{\sigma}_2 = - \frac{\sin \varrho_{12}}{\sin \tilde{\beta}_2};$$

$$\cos \tilde{\sigma} = \cos \psi \cdot \cos \varrho \text{ (Kontrollformeln)}.$$

Mit c_2, $\tilde{\sigma}_2$ lautet dann der Formelsatz für die zweite Fläche in gleicher Weise wie eben für die erste Fläche.

Wenn der Dingpunkt im Unendlichen liegt, wird statt $\tilde{\sigma}_1$ und c_1 die auf die erste Nebenachse bezogene Höhe h_1 gegeben; man beginnt mit

$$\sin \tilde{\varepsilon}_1 = \frac{h_1}{r_1}$$

und setzt im übrigen $\tilde{\sigma}_1 = 0$.

Bei einer Planfläche (z. B. $r_2 = \infty$) gilt:

$$x_2 = x'_1 + r_1 - d_{12},$$

$$y_2 = y'_1,$$

$\tilde{\alpha}_2$ fällt fort,

$$\left.\begin{aligned} \sin \varrho_{12} &= - \sin \tilde{\beta}_1 \sin \tilde{\sigma}'_1 \\ \sin \psi'_1 &= \frac{\operatorname{tg} \varrho_{12}}{\operatorname{tg} \tilde{\beta}_1} \end{aligned}\right\} \text{wie oben},$$

$$\psi_2 = \psi'_1 + \tilde{\alpha}_1,$$

$$\left.\begin{aligned} \operatorname{tg}\tilde{\beta}_2 &= \frac{\operatorname{tg}\varrho_{12}}{\sin\psi_2} \\ \sin\tilde{\sigma}_2 &= -\frac{\sin\varrho_{12}}{\sin\tilde{\beta}_2} \end{aligned}\right\}\text{ wie oben,}$$

$$\sin\tilde{\sigma}'_2 = \frac{n_2}{n_2'}\cdot\sin\tilde{\sigma}_2,$$

$$x'_2 = \frac{\operatorname{tg}\tilde{\sigma}_2}{\operatorname{tg}\tilde{\sigma}'_2}\cdot x_2,$$

$$y'_2 = y_2;$$

$$x_3 = x'_2 - d_{23} - r_3,$$

$$y_3 = y_2,$$

$$\operatorname{tg}\tilde{\alpha}_3 = \frac{y_3}{x_3},$$

$$c_3 = \frac{x_3}{\cos\tilde{\alpha}_3}\quad(\text{Vorzeichen von } c_3 = \text{Vorzeichen von } x_3),$$

$$\sin\varrho_{23} = -\sin\tilde{\beta}_2\sin\tilde{\sigma}'_2,$$

$$\sin\psi'_2 = -\frac{\operatorname{tg}\varrho_{23}}{\operatorname{tg}\tilde{\beta}_2},$$

$$\psi_3 = \psi'_2 - \tilde{\alpha}_3$$

usw.

C. Die Bildgrößenfindung

Helmholtz-Lagrangesche Invariante, Abbildungsmaßstab. Aus der ABBEschen Invariante (23) des achsnahen Strahles

$$n\left(\frac{1}{r}-\frac{1}{s}\right) = n'\left(\frac{1}{r}-\frac{1}{s'}\right)$$

leitet sich eine weitere, sehr wichtige Invariante ab, die nach HELMHOLTZ und LAGRANGE benannt ist. Durch Multiplikation mit h r findet man zunächst

$$n\,h\,\frac{s-r}{s} = n'\,h\,\frac{s'-r}{s'}.$$

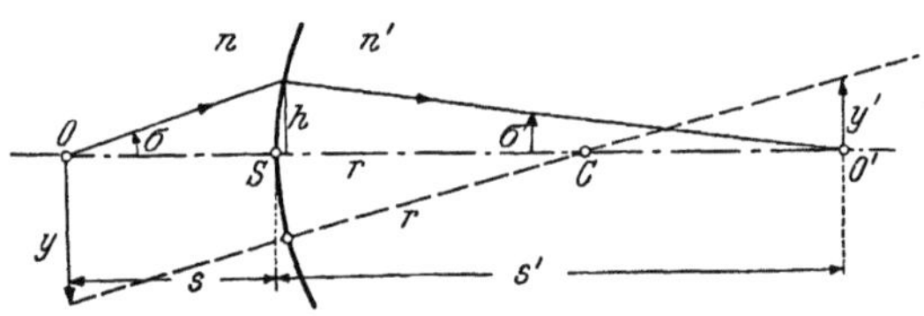

Abb. 19. Zur Herleitung der HELMHOLTZ-LAGRANGEschen Invariante

Für den achsnahen Strahl ist (s. Abb. 19)

$$\frac{h}{s} = \sigma;\quad \frac{h}{s'} = \sigma',$$

so daß

$$n\,\sigma\,(s-r) = n'\,\sigma'\,(s'-r).$$

Ferner folgt aus Abb. 19 unter richtiger Vorzeicheneinsetzung

$$\frac{s-r}{y} = \frac{s'-r}{y'},$$

mithin

$$\mathrm{n}\,\sigma\,\mathrm{y} = \mathrm{n}'\,\sigma'\,\mathrm{y}'. \tag{40}$$

Das ist die gesuchte Invariante. Sie besagt, daß das Produkt aus Brechungszahl n, Öffnungswinkel σ und Größe y bei der Abbildung im fadenförmigen Raum invariant ist.

Das Verhältnis von Bildgröße zu Dinggröße nennt man den **Abbildungsmaßstab** und bezeichnet diesen durch β':

$$\beta' = \frac{\mathrm{y}'}{\mathrm{y}}.$$

Aus der HELMHOLTZ-LAGRANGEschen Invariante (40) folgt

$$\beta' = \frac{\mathrm{n}\,\sigma}{\mathrm{n}'\,\sigma'}. \tag{41}$$

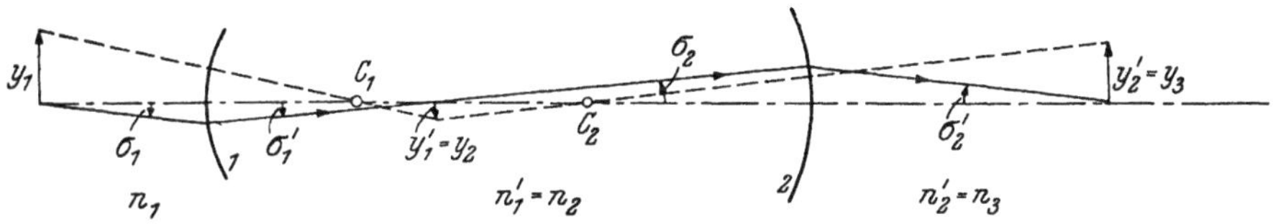

Abb. 20. Zur Invarianz der HELMHOLTZ-LAGRANGEschen Formel längs einer Flächenfolge

Folgen mehrere brechende Flächen aufeinander, so ist nach Abb. 20

1. $\mathrm{y}_2 = \mathrm{y}'_1,\ \mathrm{y}_3 = \mathrm{y}'_2, \ldots\ \mathrm{y}_k = \mathrm{y}'_{k-1};$
2. $\mathrm{n}_2 = \mathrm{n}'_1,\ \mathrm{n}_3 = \mathrm{n}'_2, \ldots\ \mathrm{n}_k = \mathrm{n}'_{k-1};$
3. $\sigma_2 = \sigma'_1,\ \sigma_3 = \sigma'_2, \ldots\ \sigma_k = \sigma'_{k-1}.$

Mithin ist

$$\mathrm{n}_1\,\sigma_1\,\mathrm{y}_1 = \mathrm{n}'_1\,\sigma'_1\,\mathrm{y}'_1 = \mathrm{n}_2\,\sigma_2\,\mathrm{y}_2 = \mathrm{n}'_2\,\sigma'_2\,\mathrm{y}'_2 = \ldots\ \mathrm{n}'_k\,\sigma'_k\,\mathrm{y}'_k,$$

letzten Endes also

$$\mathrm{n}'_k\,\sigma'_k\,\mathrm{y}'_k = \mathrm{n}_1\,\sigma_1\,\mathrm{y}_1. \tag{42}$$

Das ist eine sehr zu beachtende Feststellung, denn sie besagt, daß die HELMHOLTZ-LAGRANGEsche Invariante ihren Wert auf dem ganzen Abbildungsweg des achsnahen Strahles behält, gleichgültig, wieviel brechende Flächen vorhanden sind.

Ferner folgt für den **Abbildungsmaßstab** bei beliebig vielen abbildenden Flächen

$$\beta' = \frac{\mathrm{y}'_k}{\mathrm{y}_1} = \frac{\mathrm{y}'_1\,\mathrm{y}'_2 \cdots \mathrm{y}'_{k-1}\,\mathrm{y}'_k}{\mathrm{y}_1\,\mathrm{y}_2 \cdots \mathrm{y}_{k-1}\,\mathrm{y}_k} = \frac{\mathrm{n}_1\,\sigma_1}{\mathrm{n}'_k\,\sigma'_k}$$

oder (43)[1]

$$\beta' = \beta'_1\,\beta'_2 \cdots \beta'_k.$$

Der Abbildungsmaßstab ist gleich dem Produkt der Abbildungsmaßstäbe aller Einzelflächen.

[1] S. auch (181).

Berücksichtigt man noch, daß

$$\sigma_1 = \frac{h_1}{s_1}, \quad \sigma'_1 = \frac{h_1}{s'_1},$$
$$\sigma_2 = \frac{h_2}{s_2}, \quad \sigma'_2 = \frac{h_2}{s'_2},$$
$$\ldots\ldots\ldots\ldots$$
$$\sigma_k = \frac{h_k}{s_k}, \quad \sigma'_k = \frac{h_k}{s'_k}$$

sind,
so gilt wegen (41)

$$\beta'_1 = \frac{n_1}{n'_1}\frac{s'_1}{s_1}, \quad \beta'_2 = \frac{n_2}{n'_2}\frac{s'_2}{s_2}, \ldots \beta'_k = \frac{n_k}{n'_k}\frac{s'_k}{s_k},$$

mithin nach (43)

$$\beta' = \frac{n_1}{n'_k}\frac{s'_1\, s'_2 \ldots s'_k}{s_1\, s_2 \ldots s_k}. \tag{44}$$

D. Die Brennweite und die Blendenzahl

In Anlehnung an GAUSS wird die Brennweite eines optischen Systems als Verhältnis der linearen Bildgröße y'_k zu der auf Luft reduzierten angularen Dinggröße $\frac{y_1}{s_1/n_1}$, und zwar als Grenzwert dieses Verhältnisses für $s_1 \to \infty$ definiert. Also:

$$f = \lim_{s_1\to\infty} \frac{y'_k}{\frac{y_1}{s_1/n_1}} = \lim_{s_1\to\infty} \frac{y'_k}{y_1}\frac{s_1}{n_1} = \lim_{s_1\to\infty} \beta' \frac{s_1}{n_1}. \tag{45}$$

Bezeichnet man

$$\frac{h_2}{h_1} = \omega_2, \quad \frac{h_3}{h_1} = \omega_3, \ldots \frac{h_k}{h_1} = \omega_k, \tag{46}$$

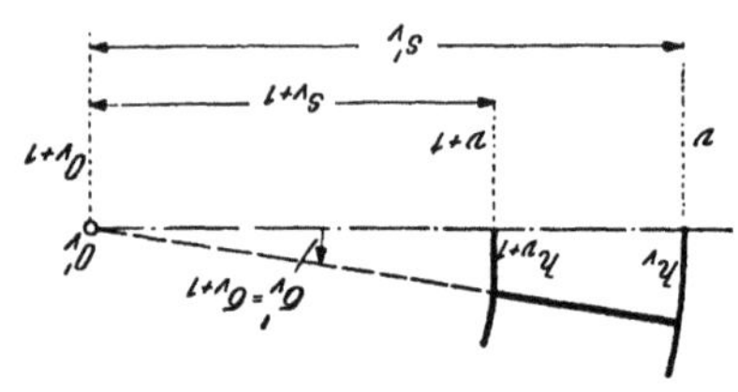

Abb. 21. Hilfsfigur zur Herleitung der Brennweitenformel (48)

so ist wegen $\frac{h_{\nu+1}}{h_\nu} = \frac{s_{\nu+1}}{s'_\nu}$ nach Abb. 21

$$\omega_2 = \frac{s_2}{s'_1}, \; \omega_3 = \frac{h_3}{h_2}\frac{h_2}{h_1} = \frac{s_3}{s'_2}\frac{s_2}{s'_1}, \ldots,$$
$$\omega_k = \frac{h_k}{h_{k-1}}\,\omega_{k-1} = \frac{s_k\, s_{k-1} \ldots s_3\, s_2}{s'_{k-1} s'_{k-2} \ldots s'_2 s'_1},$$

folglich nach (44)

$$\beta' = \frac{n_1}{n'_k}\frac{s'_k}{s_1}\frac{1}{\omega_k}. \tag{47}$$

Der Grenzübergang (45) führt zu der *Brennweite* (in Luft):

$$f = \left(\frac{s'_k}{n'_k}\right)_{s_1=\infty} \cdot \left(\frac{1}{\omega_k}\right)_{s_1=\infty} = \frac{1}{n'_k}\left(\frac{s'_1\, s'_2 \ldots s'_k}{s_2 \ldots s_k}\right)_{s_1=\infty} \tag{48}$$

oder wegen $\frac{h_k}{s'_k} = \sigma'_k$:

$$f = \frac{1}{n'_k} \cdot \frac{h_1}{(h_k/s'_k)_{s_1=\infty}} = \frac{h_1}{(n'_k \sigma'_k)_{s_1=\infty}}. \tag{49}$$

Die Brennweite in Luft ist also auch gleich dem Verhältnis der Einfallshöhe h_1 des achsparallelen achsnahen Strahles zu der bildseitigen „numerischen Apertur“ $n'_k \sigma'_k$, die sich mit diesem Strahl ergibt.

Man definiert weiterhin bei photographischen Objektiven die *Blendenzahl* $B = \frac{f}{2 h_1}$, (50)

mithin folgt aus (49) und (50)

$$(n'_k \sigma'_k)_{s_1=\infty} \cdot B = 0{,}5. \tag{51}$$

Für eine Reihe von Blendenzahlen der internationalen Normreihe sind nachstehend die numerischen Aperturen und Winkelwerte angegeben:

Tabelle 3

B	0,7	1,0	1,4	2,0	2,8	4,0	5,6	8,0 usw.
$n'_k \sigma'_k$	0,71	0,50	0,36	0,25	0,18	0,125	0,09	0,063 usw.
$n'_k = 1;\ \sigma'_k$	35°	30°	20°	14°	10°	7°	5°	3,6° usw.

Hiermit begeben wir uns anscheinend außerhalb des Gebietes der achsnahen Strahlen; das wäre natürlich nicht statthaft. Tatsächlich ist aber das Gebiet so lange als achsnahe zu betrachten, als keine Bildfehler dritter und höherer Ordnung auftreten. Die Tabelle gilt also nur unter dieser Voraussetzung.

E. Abbildungsgleichungen

Scheitelbrechwert, Brennweite. Die vorangegangenen Betrachtungen lassen sich zunächst auf den Fall einer einzelnen Linse in Luft anwenden, was alsdann zu neuen wichtigen Gesetzmäßigkeiten führt.

Es sind (Abb. 22) r_1 und r_2 die Radien der Linsenflächen, $n_1 = 1$ (Luft), $n'_2 = 1$ (Luft), $n'_1 = n_2 = n$ (Glas), d = Scheitelabstand der beiden Flächen (Linsendicke).

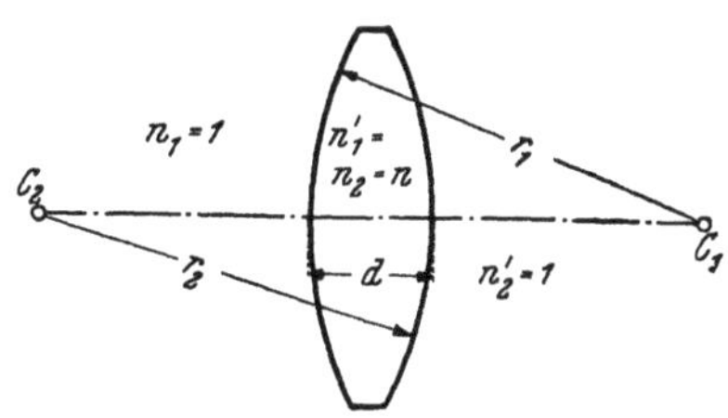

Abb. 22. Ausgangsgrößen für geometrisch-optische Berechnungen an einer Linse

Die Durchrechnung des achsnahen Strahles nach (25) und (36) liefert:

$$s'_1 = \frac{n}{\frac{1}{s_1} + \frac{n-1}{r_1}},$$

$$s_2 = s'_1 - d = n \frac{1 - \frac{d}{n}\left(\frac{1}{s_1} + \frac{n-1}{r_1}\right)}{\frac{1}{s_1} + \frac{n-1}{r_1}},$$

$$\frac{1}{s'_2} = \frac{\frac{1}{s_1} + \frac{n-1}{r_1}}{1 - \frac{d}{n}\left(\frac{1}{s_1} + \frac{n-1}{r_1}\right)} - \frac{n-1}{r_2}.$$

Im Falle $s_1 = \infty$ wird:

$$\left(\frac{1}{s'_2}\right)_{s_1=\infty} = \frac{\frac{n-1}{r_1}}{1 - \frac{d}{n}\frac{n-1}{r_1}} - \frac{n-1}{r_2}. \tag{52}$$

Man nennt $\left(\frac{1}{s'_2}\right)_{s_1=\infty}$ den *Scheitelbrechwert,* der in [dptr] = [m^{-1}] herauskommt, wenn alle Längen s'_2, r_1, d, r_2 in [m] gemessen werden.

$\frac{n-1}{r_1}$ und $\frac{n-1}{r_2}$ sind die sogenannten *Sphärometerwerte*; $\frac{d}{n}$ die (auf Luft) *reduzierte Dicke.*

Aus $d = s'_1 - s_2$ und $\omega_2 = \frac{h_2}{h_1} = \frac{s_2}{s'_1}$ folgt

$$d = s'_1 (1 - \omega_2),$$

und für $s_1 = \infty$:

$$d = (s'_1)_{s_1=\infty} [1 - (\omega_2)_{s_1=\infty}] = \frac{n r_1}{n-1} [1 - (\omega_2)_{s_1=\infty}],$$

mithin

$$\frac{d}{n}\frac{n-1}{r_1} = 1 - (\omega_2)_{s_1=\infty};$$

folglich wird:

$$\left(\frac{1}{s'_2}\right)_{s_1=\infty} = \frac{\frac{n-1}{r_1}}{(\omega_2)_{s_1=\infty}} - \frac{n-1}{r_2}.$$

Für die *Brennweite* gilt nach (48) mit $n_1 = n'_2 = 1$:

$$f = \left(\frac{s'_1\, s'_2}{s_2}\right)_{s_1=\infty} = \left(\frac{s'_2}{\omega_2}\right)_{s_1=\infty}$$

bzw.

$$\frac{1}{f} = \left(\frac{\omega_2}{s'_2}\right)_{s_1=\infty} = \frac{n-1}{r_1} - (\omega_2)_{s_1=\infty}\frac{n-1}{r_2} \tag{53}$$

mit

$$(\omega_2)_{s_1=\infty} = 1 - \frac{d}{n}\frac{n-1}{r_1}, \tag{54}$$

d. h.

$$\frac{1}{f} = (n-1)\left(\frac{1}{r_1} - \frac{1}{r_2}\right) + \frac{d}{n}\frac{(n-1)^2}{r_1\, r_2}. \tag{55}$$

Bei sogenannten *dünnen* Linsen, d. h. wenn d vernachlässigbar klein ist,

$$\frac{1}{f} \approx (n-1)\left(\frac{1}{r_1}-\frac{1}{r_2}\right)=\frac{n-1}{r_1}-\frac{n-1}{r_2},$$

$$(\omega_2)_{s_1=\infty} \approx 1, \qquad (55a)$$

$$\left(\frac{1}{s'_2}\right)_{s_1=\infty} \approx \frac{1}{f},$$

und für $s_1 \neq \infty$:

$$\frac{1}{s'_2}-\frac{1}{s_1} \approx \frac{1}{f}, \qquad (56)$$

$$\beta' \approx \frac{s'_2}{s_1}. \qquad (57)$$

Zahlenbeispiel: ungleich bikonvexe Linse

$$r_1 = +50 \text{ mm}; \quad r_2 = -100 \text{ mm}$$
$$n = 1{,}50000$$
$$d = 3{,}0 \text{ mm}$$
$$\frac{n-1}{r_1} = +0{,}010; \quad \frac{n-1}{r_2} = -0{,}005;$$
$$\frac{d}{n} = 2{,}00;$$
$$(\omega_2)_{s_1=\infty} = 1 - 0{,}02 = 0{,}98;$$
$$\frac{1}{f} \approx 0{,}010 + 0{,}005 = +0{,}015; \quad \frac{1}{f} = 0{,}010 + 0{,}0049 = +0{,}0149;$$
$$f \approx 67 \text{ mm}.$$

Tabelle 4

s_1	$1/s_1$	$1/s'_2$	s'_2	β'
∞	0	$\approx +0{,}015$	$\approx +$ 67 mm	0
$-$ 200 mm	$-$ 0,005	$\approx +0{,}10$	$\approx +$ 100 mm	$-$ 0,5
$-$ 133 mm	$-$ 0,0075	$\approx +0{,}0075$	$\approx +$ 133 mm	$-$ 1,0
$-$ 67 mm	$-$ 0,015	$\approx$ 0,000	$\approx \infty$	∞

Brennpunkte. Es gibt zu jeder Linse zwei sogenannte Brennpunkte $\overline{F}$ und F'. Der Brennpunkt $\overline{F}$ liegt im Dingraum, ihm ist im Bildraum der unendlich ferne Achsenpunkt konjugiert. Der Brennpunkt F' liegt im Bildraum, ihm ist im Dingraum der unendlich ferne Achsenpunkt konjugiert. Man kann daher die Abstände der Brennpunkte von den Scheitelpunkten (Abb. 23) einfach berechnen, indem man $s_1 = \infty$, bzw. $s'_2 = \infty$ setzt. Für $s_1 = \infty$ war schon (52) gefunden worden, was sich mit Hilfe von (53) und (54) auch so schreiben läßt:

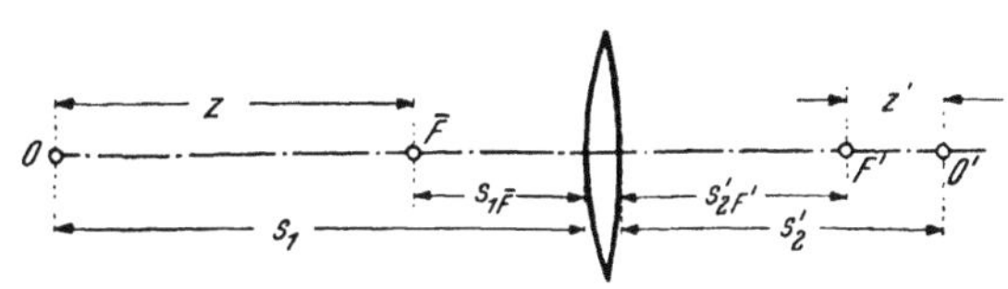

Abb. 23. Zur Berechnung der Linsenbrennpunkte und zur NEWTONschen Formulierung des Abbildungsgesetzes

$$s'_{2F'} = \left(1 - \frac{d}{n}\frac{n-1}{r_1}\right) f; \tag{58}$$

entsprechend ist

$$s_{1\overline{F}} = -\left(1 + \frac{d}{n}\frac{n-1}{r_2}\right) f. \tag{59}$$

Newtonsche Abbildungsgleichungen. Betrachtet man die Abbildung eines beliebigen Objektes O, so war auf S. 34 für das Bild O′ die reziproke Schnittweite

$$\frac{1}{s'_2} = \frac{\frac{1}{s_1} + \frac{n-1}{r_1}}{1 - \frac{d}{n}\left(\frac{1}{s_1} + \frac{n-1}{r_1}\right)} - \frac{n-1}{r_2}$$

gefunden worden. An Stelle von s_1 und s'_2 werden nun Strecken z und z′ eingeführt, indem gesetzt wird

$$s_1 = z + s_{1\overline{F}},$$
$$s'_2 = z' + s'_{2F'};$$

dadurch werden Dingort und Bildort auf die Brennpunkte $\overline{F}$ und F′ bezogen (Abb. 23). Führt man diese Transformationen aus, so wird:

$$\frac{1}{z' + \left(1 - \frac{d}{n}\frac{n-1}{r_1}\right) f} = \frac{\frac{1}{z - \left(1 + \frac{d}{n}\frac{n-1}{r_2}\right) f} + \frac{n-1}{r_1}}{1 - \frac{d}{n}\left[\frac{1}{z - \left(1 + \frac{d}{n}\frac{n-1}{r_2}\right) f} + \frac{n-1}{r_1}\right]} - \frac{n-1}{r_2}.$$

Aus (55) folgt zunächst:

$$\left(1 - \frac{d}{n}\frac{n-1}{r_1}\right) f = \frac{r_2}{r_1} f - \frac{r_2}{n-1},$$
$$\left(1 + \frac{d}{n}\frac{n-1}{r_2}\right) f = \frac{r_1}{r_2} f + \frac{r_1}{n-1}.$$

Hiermit erhält man unter gleichzeitiger Umstellung:

$$\frac{1}{\frac{1}{z' + \frac{r_2}{r_1} f - \frac{r_2}{n-1}} + \frac{1}{\frac{r_2}{n-1}}} = \frac{1}{\frac{1}{z - \frac{r_1}{r_2} f - \frac{r_1}{n-1}} + \frac{1}{\frac{r_1}{n-1}}} - \frac{d}{n}.$$

Nun ist weiter nach (55)

$$\frac{d}{n} = \frac{\frac{r_1}{n-1} \cdot \frac{r_2}{n-1}}{f} - \frac{r_2}{n-1} + \frac{r_1}{n-1}.$$

Führt man dies oben ein und beseitigt die Brüche in den Nennern, so vereinfacht sich der Ausdruck erheblich und wird zunächst

$$\frac{\frac{r_1}{r_2} f}{z - \frac{r_1}{r_2} f} - \frac{\frac{r_2}{r_1} f}{z' + \frac{r_2}{r_1} f} = -1,$$

sowie schließlich

$$z \cdot z' = -f^2. \tag{60}$$

Das ist die sogenannte NEWTONsche *Abbildungsgleichung für den Bildort,* zunächst für eine einzelne Linse in Luft. Sie gilt aber auch für ein Linsensystem in Luft, wenn man Dingweite z und Bildweite z' von den Brennpunkten $\overline{F}$ und F' des Gesamtsystems aus zählt, wobei z und z' positiv (negativ) eingehen, wenn $\overline{F}O$, bzw. F'O' im Sinne (gegen den Sinn) der Lichtfortpflanzung gerichtet sind.

Um auch den Abbildungsmaßstab β' durch z und z' auszudrücken, geht man von (44) aus, das für die Einzellinse in Luft lautet

$$\beta' = \frac{s'_1 s'_2}{s_1 s_2}.$$

Es ist zweckmäßig, zum Kehrwert von β' überzugehen. Unter Berücksichtigung von (25) und (36) ergibt sich nach einigen Umformungen

$$\frac{1}{\beta'} = 1 + \frac{s_1}{f} + \frac{d}{n} \frac{n-1}{r_2}.$$

Mit der obigen Transformation sowie mit (59) findet man schließlich

$$\beta' = \frac{f}{z}, \tag{61}$$

oder mit (60)

$$\beta' = -\frac{z'}{f}. \tag{62}$$

Diskussion der Newtonschen Abbildungsgleichungen. Schreibt man die NEWTONsche Abbildungsgleichung für den Bildort in der Form

$$\frac{z}{f} \cdot \frac{z'}{f} = -1,$$

so erkennt man eine verblüffend einfache Gesetzmäßigkeit. Ding- und Bildweite treten in Brennweiteneinheiten auf, so daß man schreiben kann:

$$\frac{z}{f} = m, \quad \frac{z'}{f} = m',$$

wobei m, bzw. m' NEWTONsche relative Ding- bzw. Bildweite genannt werden können.

Dann lauten die NEWTONschen Abbildungsgleichungen umgestellt

$$m' = -\frac{1}{m}$$

sowie

$$\beta' = -m' = +\frac{1}{m}.$$

In Worten: Das Brennweiten-Vielfache der NEWTONschen Bildweite ist gleich dem Kehrwert des Brennweiten-Vielfachen der NEWTONschen

Dingweite mit umgekehrtem Vorzeichen. Der Abbildungsmaßstab β' ist gleich dem Brennweiten-Vielfachen der NEWTONschen Bildweite mit umgekehrtem Vorzeichen, bzw. gleich dem Kehrwert des Brennweiten-Vielfachen der NEWTONschen Dingweite.

Zahlenmäßig wird dadurch alles sehr einfach.

Beispiel: $f = 50$ mm, $z = -250$ mm,

$$m = -\frac{250}{50} = -5,$$

$$m' = +\frac{1}{5},$$

$$\beta' = -\frac{1}{5},$$

mithin $z' = m' f = +\frac{1}{5} \cdot 50 = +10$ mm.

Die NEWTONsche Abbildungsgleichung löst insbesondere geometrisch-optische Aufgaben der Photographie spielend einfach. Solche Aufgaben stellt z. B. die Reproduktions-Photographie, etwa in folgender Form:

1. Eine Buchseite DIN A 5 soll mit einer Kleinbildkamera (Objektivbrennweite $f = 50$ mm) aufgenommen werden. In welcher Entfernung s_1 vom Objektiv ist die Buchseite anzuordnen, wie stark ist die Verkleinerung, wie weit (z') ist der Film vom hinteren Objektivbrennpunkt entfernt?

Formate: $\begin{cases} \text{DIN A 5} = 148 \times 210 \text{ mm}, \\ \text{Kleinbild} = 24 \times 36 \text{ mm}, \end{cases}$

$$\text{Abbildungsmaßstab } \beta' = \frac{y'}{y} = -\frac{24}{148} = -0{,}16\,[1],$$

$$\text{Verkleinerung } \beta' = -(1:6{,}3) = \frac{1}{m},$$

$$z = m \cdot f = -6{,}3 \cdot 50 = -315 \text{ mm},$$

$$s_1 = z - f = -365 \text{ mm},$$

$$z' = -\frac{1}{m} f = +\frac{1}{6{,}3} f = +8 \text{ mm}.$$

2. Auch die (angenäherte) Berechnung einer photographischen Entfernungsskala ist mit der NEWTONschen Abbildungsgleichung unter einfacher Anwendung des Rechenschiebers möglich; man bildet nämlich nur

$$z' = -\frac{f^2}{z}.$$

Beispiel: $f = 50$ mm,

$$z = \infty \;-\; 5000 \;-\; 2500 \;-\; 2000 \;-\; 1800 \;-\; 1600 \;-\; 1500 \text{ mm},$$

$$z' = 0 \;+0{,}5 \;+1{,}0 \;+1{,}25 \;+1{,}39 \;+1{,}56 \;+1{,}67 \text{ mm}.$$

3. Als letztes Beispiel sei noch gebracht, wie man die Brennweite eines Projektionsobjektivs berechnet, mit dem ein Dia gegebener Größe (y)

[1] Minuszeichen wegen der Bildumkehr.

auf einen Bildschirm gegebener Größe (y′) aus einer bestimmten Projektionsentfernung entworfen werden soll. Die Projektionsentfernung (e) sei vom Dia bis zum Schirm gerechnet, dann ist (genügend genau)

$$e = -z + 2f + z' = -mf + 2f + m'f = (-m + 2 + m')f,$$

d. h.

$$f = \frac{e}{m' - m + 2}.$$

Dabei ist

$$\beta' = \frac{y'}{y},$$
$$m' = -\beta',$$
$$m = \frac{1}{\beta'}.$$

Zahlenbeispiel:

Dia $8\frac{1}{2} \times 10$ cm, $y = 85$ mm,

Bildschirm $3 \times 3{,}5$ m, $y' = 3000$ mm

$$\beta' = -\frac{3000}{85} = -35{,}3$$ [1]

Projektionsentfernung 8 m,

$$e = 8000 \text{ mm},$$
$$m' = 35{,}3,$$
$$m = -0{,}03,$$
$$f = \frac{8000}{37{,}33} \approx 210 \text{ mm}.$$

Die Newtonschen Abbildungsgleichungen verallgemeinert. Bisher wurde angenommen, daß das optische Abbildungssystem in Luft steht. In Spezialfällen sind Objektive denkbar, bei denen allgemein die Brechungszahl dingseitig n, bildseitig n′ sei. Dann ist zu setzen:

$$m = \frac{z/n}{f}, \quad m' = \frac{z'/n'}{f},$$

wenn f nach wie vor als Brennweite in Luft aufgefaßt wird. Es bleibt sodann bei

$$m \cdot m' = -1,$$

d. h.

$$\frac{z}{n} \cdot \frac{z'}{n'} = -f^2,$$
$$\beta' = -\frac{z'}{n'f} = +\frac{nf}{z}. \tag{63}$$

Mißt man hingegen die Brennweite in den Mitteln von Dingraum und Bildraum, so ist

die dingseitige Brennweite $\bar{f} = -nf$,
die bildseitige Brennweite $f' = +n'f$

zu setzen und man bekommt

[1] Minuszeichen wegen der Bildumkehr.

$$z \cdot z' = \overline{f} \cdot f'; \quad \beta' = -\frac{z'}{f'} = -\frac{\overline{f}}{z}. \tag{64}$$

Auch diese Darstellung ist noch viel im Gebrauch. Sie ist aber unvorteilhaft.

Hauptpunkte. Als Hauptpunkte H und H' einer Linse in Luft (Abb. 24) bezeichnet man diejenigen Punkte auf der Linsenachse im Dingraum und im Bildraum, die mit dem Abbildungsmaßstab $\beta' = +1$ zueinander konjugiert sind. Bei der Ableitung von (61) war benutzt worden:

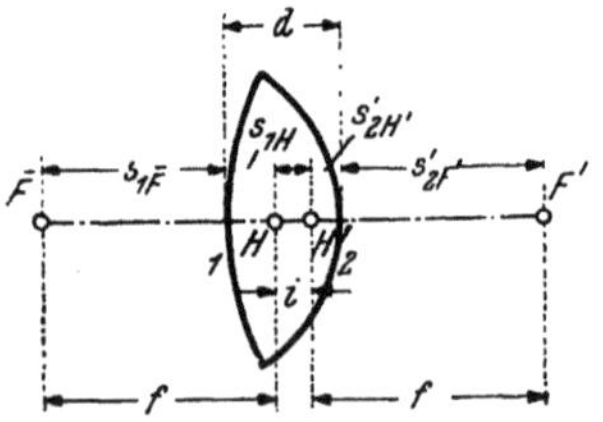

Abb. 24. Die Lage der Hauptpunkte einer Linse in Luft

$$\frac{1}{\beta'} = 1 + \frac{d}{n}\,\frac{n-1}{r_2} + \frac{s_1}{f},$$

oder nach s_1 aufgelöst:

$$\frac{s_1}{f} = \frac{1}{\beta'} - 1 - \frac{d}{n}\,\frac{n-1}{r_2}.$$

Für die Dingweite des Hauptpunktes H ist daher bei $\beta' = +1$:

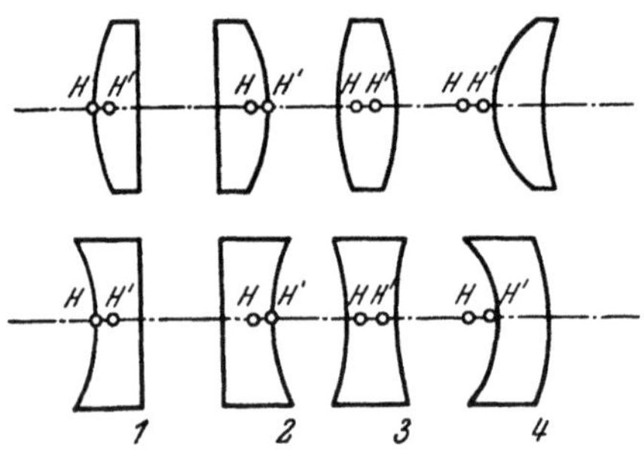

Abb. 25. Die Lage der Hauptpunkte von speziellen Linsen in Luft

$$\frac{s_{1_H}}{f} = -\frac{d}{n}\,\frac{n-1}{r_2}. \tag{65}$$

Entsprechend gilt für die Bildweite des Hauptpunktes H':

$$\frac{s'_{2_{H'}}}{f} = -\frac{d}{n}\,\frac{n-1}{r_1}. \tag{66}$$

Die Hauptpunktspanne $i = HH'$ folgt aus

$$s_{1_H} + i - s'_{2_{H'}} = d$$

zu

$$i = d\left[1 - \frac{n-1}{n}\left(\frac{1}{r_1} - \frac{1}{r_2}\right) f\right], \tag{67}$$

oder für $d << r_1\, r_2$ wegen $\frac{1}{f} \approx (n-1)\left(\frac{1}{r_1} - \frac{1}{r_2}\right)$:

$$i \approx \frac{n-1}{n}\, d. \tag{67a}$$

Sonderfälle (Abb. 25):

1. Plankonvexe Linse $r_1 = (n-1)\, f$, $r_2 = \infty$:

$$s_{1_H} = 0; \quad s'_{2_{H'}} = -\frac{d}{n}; \quad i = \frac{n-1}{n}\, d.$$

2. Plankonkave Linse $r_1 = \infty$, $r_2 = -(n-1)\, f$:

$$s_{1_H} = +\frac{d}{n}; \quad s'_{2_{H'}} = 0; \quad i = \frac{n-1}{n}\, d.$$

3. Bikonvexe oder bikonkave Linse von geringer Dicke

$$r_1 = -r_2 \approx 2\,(n-1)\,f:$$

$$s_{1H} \approx \frac{d}{2\,n};\quad s'_{2H'} \approx -\frac{d}{2\,n};\quad i \approx \frac{n-1}{n}\,d.$$

Fall 1 und 2 betreffen *plankonvexe* bzw. *plankonkave* Linsen; bei ihnen liegt ein Hauptpunkt stets im Scheitel der gekrümmten Fläche, der andere im Innern der Linse genau um die Strecke $\frac{n-1}{n}d$ vom erst genannten entfernt.

Fall 3 betrifft eine verhältnismäßig dünne *bikonvexe* bzw. *bikonkave* Linse. Die Hauptpunkte liegen symmetrisch im Innern der Linse. Für $n = 1{,}50000$ teilen die beiden Hauptpunkte die Linsendicke in drei gleiche Abschnitte.

Man kann an Hand obiger Formeln zeigen, daß bei *meniskenförmigen* Linsen mindestens einer der Hauptpunkte nach der Seite der stärker gekrümmten Fläche aus der Linse heraus rückt. Darauf beruht die kurze Baulänge von einfachen Aufnahmebox mit einer meniskenförmigen Aufnahmelinse mit Hinterblende.

Die Länge vom Hauptpunkt bis zum Brennpunkt ist bei Linsen in Luft die Brennweite f, also $\overline{H'F'} = f$; auf der Dingseite ist $\overline{HF} = -f$. Das folgt aus den NEWTONschen Abbildungsgleichungen. Nach diesen ist

$$\beta' = -\frac{z'}{f} \text{ bzw. } +\frac{f}{z}.$$

Für $\beta' = +1$ wird also $z'_{H'} = -f$ und $z_H = +f$. Aus Abb. 24 geht hervor, daß $z'_{H'} = \overline{F'H'}$ und $z_H = \overline{FH}$ ist, was bewiesen werden sollte.

Zeichnerische Bildfindung. Die Eigenschaft $\beta' = +1$ der Hauptpunkte benutzt man zusammen mit der Eigenschaft der Brennpunkte als konjugierter Punkte zu Unendlich, um Bildort und Bildgröße zu dem gegebenen Objekt zeichnerisch zu finden. Im Falle einer Einzellinse berechnet man nach (58), (59), (65) und (66) die Lage der vier Punkte F, F', H und H' und zeichnet diese in maßstäblichen Abständen auf (Abb. 26). Sodann zieht man von einem außeraxialen Dingpunkt $\tilde{O}$ aus zwei Strahlen: einen Brennpunktstrahl $\tilde{O}\overline{F}$ und einen achsparallelen Strahl $\tilde{O}\tilde{H}$. Wenn man nun zu jedem dieser beiden Strahlen den zugehörigen Bildstrahl zieht, ergibt ihr Schnittpunkt den Bildpunkt $\tilde{O}'$. Die Bildstrahlen sind dabei sehr einfach zu finden. Denn zum Brennpunktstrahl $\tilde{O}\overline{F}$ gehört der achsparallele Bildstrahl, der auch $\beta' = +1$ erfüllt, d. h. dieselben Durchstoßhöhen in den achssenkrechten Ebenen durch H und H' besitzt. Zum Strahl $\tilde{O}\tilde{H}$ gehört der bildseitige Brennpunktstrahl, der auch $\beta' = +1$ erfüllt, d. h. dieselben Durchstoßhöhen in den achssenkrechten Ebenen durch H und H' besitzt.

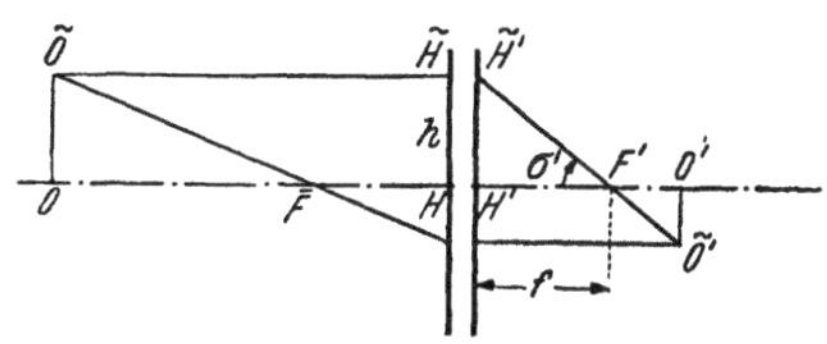

Abb. 26. Zeichnerische Bildfindung nach Lage und Größe im achsnahen Abbildungsraum

Was soeben am Beispiel der einzelnen Linse in Luft gezeigt wurde, läßt sich auch auf zusammengesetzte optische Systeme anwenden. Hier muß man mit Durchrechnung der achsnahen Strahlen von links aus Unendlich zunächst die Örter für F′ und H′, sodann von rechts aus Unendlich die Örter für $\bar{F}$ und H ermitteln. Dann wird maßstäblich gezeichnet wie beschrieben.

Die Fiktion von den Hauptebenen. Für die genannten Ebenen durch H und H′ haben sich die nicht auszurottenden Namen Hauptebenen eingeführt, mit denen allerhand Unfug getrieben wird. Kein optisches System besitzt Haupt*ebenen*. Der geometrische Ort aller Punkte, für die $\beta' = +1$ ist, wird nie durch ein *Ebenen*paar dargestellt, sondern durch mehr oder weniger krumme und unregelmäßige Flächen, die allerdings bei achssymmetrischen Linsen auch achssymmetrisch sind. Nur im fadenförmigen Raum darf man die „Hauptflächen“ durch kleine Stücke der Tangentialebenen an ihre Achsenpunkte, die Hauptpunkte H und H′ ersetzen. Darauf beruht auch die oben beschriebene zeichnerische Bildfindung, die nur für den fadenförmigen Raum gilt. Um die zeichnerischen Fehler herunterzudrücken, pflegt man die Tangentialebenen an die Hauptflächen übermäßig zu vergrößern, was durchaus statthaft ist. Nur darf man den gezeichneten Strahlen dann keine Realität beilegen. Das geschieht aber leider fast stets, und der Unfug ist da. Dann nämlich folgert man sofort für die Brennweite die Formel

$$\tilde{f} = \frac{h_1}{\operatorname{tg} \tilde{\sigma}'},$$

die grundsätzlich falsch ist. Bei der Erörterung über die Isoplanasiebedingung (S. 102) wird gezeigt werden, daß

$$\tilde{f} = \frac{h_1}{\sin \tilde{\sigma}'}$$

ist. Im fadenförmigen Raum kommt es auf diesen Unterschied natürlich nicht an, da der fadenförmige Raum als derjenige Bereich um die Achse definiert ist, innerhalb dessen die Sinus- und die Tangensfunktion bezüglich der geforderten Genauigkeit durch das Bogenmaß der Winkel ersetzt werden dürfen.

Die Knotenpunktseigenschaft. Wenn der von einem seitlichen Dingpunkt $\tilde{O}$ kommende Strahl (Abb. 27) durch den Hauptpunkt H unter dem Winkel η gegen die optische Achse der Linse verläuft, so ist ihm bildseitig ein Strahl konjugiert, der durch H′ unter dem Winkel η' geht. Steht wie angenommen, die Linse in Luft, so ist $\eta' = \eta$. Achspunkte, die von Dingstrahl und Bildstrahl parallel zueinander geschnitten werden, nennt man Knotenpunkte. Bei Linsen in Luft sind die Hauptpunkte zugleich Knotenpunkte.

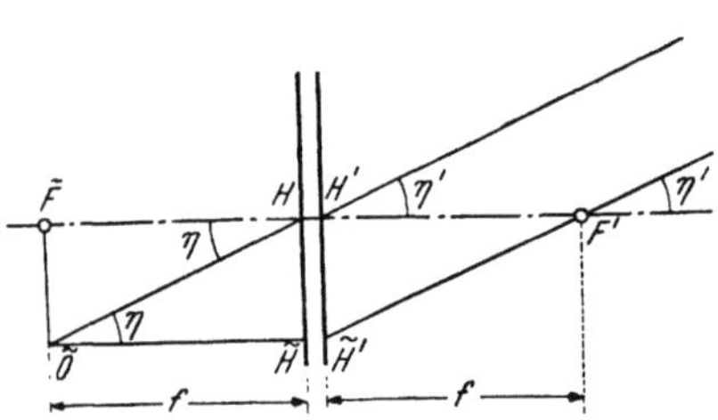

Abb. 27. Zum Beweis der Knotenpunktseigenschaft der Hauptpunkte eines optischen Systems in Luft

Zum Beweis wird ein Punkt $\tilde{O}$ in der durch $\bar{F}$ gehenden achssenkrechten Ebene („vorderen Brennebene“) angenommen. Zu allen noch denkbaren Strahlen durch $\tilde{O}$ gehört bildseitig ein parallelstrahliges Bündel, insbesondere zum achsparallelen Strahl $\tilde{O}\tilde{H}$ der Brennpunktstrahl $\tilde{H}'F'$. Die

Dreiecke $O H \tilde{H}$ und $F' H' \tilde{H}'$ sind kongruent, denn es ist $\tilde{H}\tilde{O} = H'F' = f$, $H\tilde{H} = H'\tilde{H}'$, $\sphericalangle \tilde{O}\tilde{H}H = \sphericalangle F'H'\tilde{H}' = 90°$. Infolgedessen ist $\eta' = \eta$. Diese Winkelgleichheit in den Punkten H und H' ist aber nur vorhanden, wenn in Ding- und Bildraum die Brechungszahlen gleich sind, z. B. in Ding- und Bildraum Luft ist.

Die Linsengleichung. Man kann die Abbildung durch eine Linse natürlich auch mittels der Entfernung a des axialen Dingpunktes O vom Hauptpunkt H und der Entfernung a' des axialen Bildpunktes O' vom Hauptpunkt H' betrachten (Abb. 28). Dazu bedarf es nur der Substitution der Größen

$$z = a + f \text{ und } z' = a' - f$$

in der NEWTONschen Abbildungsgleichung

$$z \cdot z' = -f^2.$$

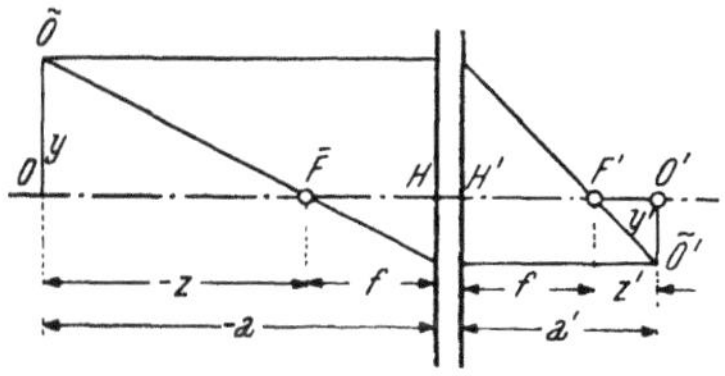

Abb. 28. Zur Herleitung der Linsengleichung.

Man bekommt dann:

$$(a + f)\,(a' - f) = -f^2;$$

durch Ausmultiplizieren wird

$$a\,a' + f\,(a' - a) = 0,$$

Division durch f a a' ergibt:

$$\frac{1}{f} + \frac{1}{a} - \frac{1}{a'} = 0$$

oder umgestellt:

$$\frac{1}{a'} - \frac{1}{a} = \frac{1}{f}. \tag{68}$$

Das ist die sogenannte *Linsengleichung* oder *Linsenformel.*

Für den *Abbildungsmaßstab*

$$\beta' = -\frac{z'}{f}$$

liefert die obige Substitution

$$\beta' = -\frac{a' - f}{f} = -\frac{a'}{f} + 1$$

oder mit $\frac{1}{f} = \frac{1}{a'} - \frac{1}{a}$:

$$\beta' = \frac{a'}{a}. \tag{69}$$

Der Abbildungsmaßstab ist gleich dem Verhältnis der von den Hauptpunkten gezählten Weiten von Bildpunkt und Dingpunkt.

F. Optische Systeme

Das System aus zwei Linsen in Luft. Nach den Ausführungen des vorangegangenen Kapitels lassen sich für jede Linse die Lagen der beiden Hauptpunkte H, H' und der beiden Brennpunkte $\bar{F}$ und F' ermitteln, dazu noch der Betrag der Brennweite f. Mit diesen ausgezeichneten Punkten und der Brennweite f ist die Linse für die Geometrie der Abbildung hinreichend charakterisiert, wie ja auch aus der beschriebenen Methode der zeichnerischen Bildfindung hervorging, bei der auch nur diese Punkte benutzt wurden. Das ist nicht nur eine beträchtliche Vereinfachung, sondern auch eine Schematisierung von großer Anschaulichkeit.

Im folgenden wird daher weitgehend davon Gebrauch gemacht werden, so z. B. bereits bei der nun vorliegenden Aufgabe, die Eigenschaften des Systems aus zwei Linsen in Luft abzuleiten. Es bedarf dabei keineswegs der unwirklichen Annahme von dünnen Einzellinsen, um das ausdrücklich zu betonen.

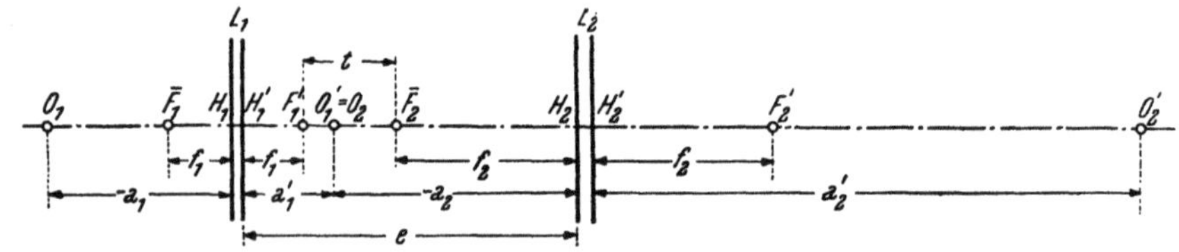

Abb. 29. Zur Formulierung der Abbildungseigenschaften eines optischen Systems aus zwei Linsen in Luft

Die Abbildung eines Dingpunktes O_1 durch die Linse L_1 (Abb. 29) liefert zunächst einen Bildpunkt O'_1, der nun für die weitere Abbildung durch die Linse L_2 als neuer Dingpunkt O_2 anzusehen ist, d. h. $O_2 = O'_1$. Dieser wird durch die Linse L_2 in O'_2 abgebildet.

Man hat also folgendes Formelsystem nach (68) und (69):

$$\frac{1}{a'_1} - \frac{1}{a_1} = \frac{1}{f_1}, \qquad \beta'_1 = \frac{a'_1}{a_1},$$

$$a'_1 - e = a_2, \qquad \beta'_2 = \frac{a'_2}{a_2},$$

$$\frac{1}{a'_2} - \frac{1}{a_2} = \frac{1}{f_2}, \qquad \beta' = \beta'_1 \beta'_2 = \frac{a'_1 a'_2}{a_1 a_2}.$$

An Stelle von e kann man auch oft sehr zweckmäßig einen Wert ω_2 verwenden, der folgende Bedeutung hat. Verfolgt man einen von O_1 ausgehenden achsnahen Strahl, so durchstößt er die sogenannten „Hauptebenenpaare“ in den entsprechend kleinen Höhen h_1 und h_2. Zwischen h_1 und h_2 besteht das Verhältnis

$$\omega_2 = \frac{h_2}{h_1} = \frac{a_2}{a'_1},$$

oder wegen $a_2 = a'_1 - e$:

$$\omega_2 = 1 - \frac{e}{a'_1}.$$

Nach dieser Methode sollen jetzt die Bildpunkte

1. für $a_1 = \infty$,
2. für $a'_2 = \infty$

gesucht werden. Sie heißen *Brennpunkte* des zweilinsigen Systems und werden mit $\bar{F}$ und F' analog wie bei der Einzellinse bezeichnet.

Für $a_1 = \infty$ ist:

$$a'_1 = f_1,$$
$$a_2 = f_1 - e,$$

$$\frac{1}{a'_{2F'}} = \frac{1}{f_1 - e} + \frac{1}{f_2},$$

$$a'_{2F'} = \frac{f_2\,(f_1 - e)}{f_1 + f_2 - e}. \tag{70}$$

Für $a'_2 = \infty$ ist:

$$a_2 = -\,f_2,$$

$$a'_1 = e - f_2,$$

$$\frac{1}{a_{1\overline{F}}} = \frac{1}{e - f_2} - \frac{1}{f_1},$$

$$a_{1\overline{F}} = \frac{f_1\,(e - f_2)}{f_1 + f_2 - e}. \tag{71}$$

Weiterhin sollen jetzt die Bildpunkte gesucht werden, die durch das zweilinsige System mit dem Abbildungsmaßstab $\beta' = +\,1$ ineinander abgebildet werden, also die *Hauptpunkte* H, H′ des zweilinsigen Systems.

Unter Berücksichtigung der Linsengleichung

$$\frac{1}{a'_1} - \frac{1}{a_1} = \frac{1}{f_1}$$

wird

$$\beta'_1 = \frac{a'_1}{a_1} = \frac{f_1}{a_1 + f_1}.$$

Sodann folgt aus $a_2 = a'_1 - e$ mit $a'_1 = \dfrac{a_1 f_1}{a_1 + f_1}$:

$$a_2 = \frac{a_1 f_1 - e\,(a_1 + f_1)}{a_1 + f_1}.$$

Ferner ergibt sich aus der Linsengleichung

$$\frac{1}{a'_2} - \frac{1}{a_2} = \frac{1}{f_2}$$

das Verhältnis

$$\frac{a'_2}{a_2} = \frac{f_2}{a_2 + f_2} = \frac{f_2\,(a_1 + f_1)}{a_1 f_1 - e\,(a_1 + f_1) + f_2\,(a_1 + f_1)},$$

oder

$$\frac{a'_2}{a_2} = \frac{f_2\,(a_1 + f_1)}{\omega_2\, a_1 f_1 + f_2\,(a_1 + f_1)}.$$

Es folgt hieraus für

$$\beta' = \frac{a'_1}{a_1}\,\frac{a'_2}{a_2},$$

$$\beta' = \frac{f_1}{a_1 + f_1} \cdot \frac{f_2\,(a_1 + f_1)}{a_1 f_1 - e\,(a_1 + f_1) + f_2\,(a_1 + f_1)} = \\ = \frac{f_1 f_2}{a_1\,(f_1 + f_2 - e) + f_1\,(f_2 - e)}.$$

Für die Hauptpunkte ist $\beta' = +\,1$, mithin wird die Lage des vorderen Hauptpunktes H bestimmt durch:

$$a_{1H} = \frac{f_1\, e}{f_1 + f_2 - e}. \tag{72}$$

Entsprechend wird gefunden

$$a'_{2_{H'}} = -\frac{f_2 e}{f_1 + f_2 - e}. \tag{73}$$

Nun ist es nicht schwierig, die *Brennweite* f des zweilinsigen Systems zu finden, denn es ist

$$f = a'_{2_{F'}} - a'_{2_{H'}} = -(a_{1_{\overline{F}}} - a_{1_H}).$$

Durch Einsetzen der gefundenen Werte wird

$$f = \frac{f_1 f_2}{f_1 + f_2 - e}. \tag{74}$$

Der reziproke Wert von f, die sogenannte *Brechkraft*

$$F = \frac{1}{f}$$

ist alsdann

$$F = \frac{1}{f} = \frac{1}{f_1} + \frac{1}{f_2} - \frac{e}{f_1 f_2}. \tag{75}$$

Bedenkt man, daß für $a_1 = \infty$, $a'_1 = f_1$ und daher $\omega_2 = 1 - \frac{e}{f_1}$ wird, so ist

$$F = \frac{1}{f} = \frac{1}{f_1} + \frac{1}{f_2} + \frac{1}{f_2}(\omega_2 - 1),$$

d. h.

$$F = \frac{1}{f} = \frac{1}{f_1} + \frac{\omega_2}{f_2}. \tag{76}$$

Aus (74) substituiert man noch

$$f_1 + f_2 - e = \frac{f_1 f_2}{f}$$

in den Ausdrücken für die Brennpunkts- und Hauptpunktsweiten (70) bis (73). Man findet dann

$$a'_{2_{F'}} = \left(1 - \frac{e}{f_1}\right) f \quad \text{für den hinteren Brennpunkt,} \tag{77}$$

$$a_{1_{\overline{F}}} = -\left(1 - \frac{e}{f_2}\right) f \quad \text{für den vorderen Brennpunkt,} \tag{78}$$

$$a_{1_H} = \frac{e}{f_2} f \quad \text{für den vorderen Hauptpunkt,} \tag{79}$$

$$a'_{2_{H'}} = -\frac{e}{f_1} f \quad \text{für den hinteren Hauptpunkt.} \tag{80}$$

Für den besonderen Fall $e = 0$ wird:

$$F = \frac{1}{f} = \frac{1}{f_1} + \frac{1}{f_2},$$

$$a_{1_{\overline{F}}} = -f, \qquad a'_{2_{F'}} = +f,$$

$$a_{1_H} = 0, \qquad a'_{2_{H'}} = 0.$$

Für die weiteren Fälle $e = f_1$ wird

$$F = \frac{1}{f} = \frac{1}{f_1}, \text{ d.h. } f = f_1 \text{ unabhängig von } f_2,$$

$$a_{1\bar{F}} = -\left(1 - \frac{f_1}{f_2}\right) f_1, \qquad a'_{2F'} = 0,$$

$$a_{1H} = \frac{f_1^2}{f_2}, \qquad a'_{2H'} = -e = -f_1;$$

bzw. für $e = f_2$:

$$F = \frac{1}{f} = \frac{1}{f_2}, \text{ d. h. } f = f_2 \text{ unabhängig von } f_1,$$

$$a_{1\bar{F}} = 0, \qquad a'_{2F'} = \left(1 - \frac{f_2}{f_1}\right) f_2,$$

$$a_{1H} = f_2, \qquad a'_{2H'} = -\frac{f_2^2}{f_1}.$$

Bisweilen ist es zweckmäßig, statt des Abstandes

$$e = H'_1 H_2$$

die sogenannte *optische Tubuslänge* (Abb. 29)

$$t = F'_1 \bar{F}_2$$

zu verwenden. Man hat dann in den obigen Formeln nur $e = f_1 + f_2 + t$ zu setzen und bekommt

$$F = \frac{1}{f} = \frac{1}{f_1} + \frac{1}{f_2} - \frac{f_1 + f_2 + t}{f_1 f_2} = -\frac{t}{f_1 f_2}$$

oder

$$f = -\frac{f_1 f_2}{t}, \tag{74a}$$

$$a_{1\bar{F}} = -f_1 \left(1 + \frac{f_1}{t}\right), \tag{81}$$

$$a'_{2F'} = f_2 \left(1 + \frac{f_2}{t}\right), \tag{82}$$

$$a_{1H} = -f_1 \left(1 + \frac{f_1 + f_2}{t}\right), \tag{83}$$

$$a'_{2H'} = f_2 \left(1 + \frac{f_1 + f_2}{t}\right). \tag{84}$$

Für $t = 0$ ergibt sich ein teleskopisches System $f = \infty$.

Das System aus drei und mehr Linsen in Luft. Für zweilinsige Systeme war gefunden worden:

$$F = \frac{1}{f} = \frac{1}{f_1} + \frac{\omega_2}{f_2}. \tag{76}$$

Bei dreilinsigen Systemen faßt man zunächst die Linsen 1 und 2 zusammen und bekommt

$$F_{12} = \frac{1}{f_{12}} = \frac{1}{f_1} + \frac{\omega_2}{f_2}.$$

Sodann fügt man die dritte Linse hinzu:

$$F_{123} = \frac{1}{f_{123}} = \frac{1}{f_{12}} + \frac{\omega_3}{f_3} = \frac{1}{f_1} + \frac{\omega_2}{f_2} + \frac{\omega_3}{f_3}.$$

Allgemein gilt für die Brennweite eines Systems aus l Linsen:

$$F = \sum_{\lambda=1}^{l} \frac{\omega_\lambda}{f_\lambda} \quad \text{mit} \quad \omega_\lambda = \frac{h_\lambda}{h_1} = \frac{a_2 a_3 \ldots a_\lambda}{a'_1 a'_2 \ldots a'_{\lambda-1}}. \quad \text{(Maßstabsgleichung)} \qquad (85)$$

Beispiel:

$$f_1 = +50; \quad f_2 = -22{,}5; \quad f_3 = +25;$$
$$d_{12} = 5; \quad d_{23} = 5;$$
$$a_1 = \infty; \quad a_2 = +45; \quad a_3 = -50;$$
$$a'_1 = +50; \quad a'_2 = -45; \quad a'_3 = +50;$$
$$\omega_1 = 1; \quad \omega_2 = \frac{45}{50}; \quad \omega_3 = \frac{45}{50} \cdot \frac{50}{45} = 1;$$
$$F_{123} = +\frac{1}{50} - \frac{45}{50 \cdot 22{,}5} + \frac{1}{25} = +\frac{1}{50};$$
$$f_{123} = +50.$$

1. *Anwendung. Berechnung von Vorsatzlinsen.* Für eine Kamera mit einem Objektiv $f_2 = 80$ mm sollen Vorsatzlinsen berechnet werden, die zusammen mit dem Objektiv Äquivalentbrennweiten von $0{,}8\, f_2$, $1{,}25\, f_2$ und $1{,}6\, f_2$ ergeben. Der Abstand der Vorsatzlinsen vom Objektiv, zwischen den Hauptpunkten gemessen, sei 10 mm.

Es sei die Brennweite der Vorsatzlinse f_1, die des Objektives ist $f_2 = 80$ mm. Ferner ist $e = 10$ mm. (74) nach f_1 aufgelöst ergibt

$$f_1 = -f \frac{f_2 - e}{f - f_2} = -f \frac{70}{f - 80}.$$

Bedingungsgemäß ist

$$f = 0{,}8 \cdot 80 = 64 \text{ mm},$$
$$\text{bzw. } f = 1{,}25 \cdot 80 = 100 \text{ mm},$$
$$\text{bzw. } f = 1{,}6 \cdot 80 = 128 \text{ mm}$$

oben einzusetzen. Demgemäß ergeben sich die folgenden Brennweiten für die Vorsatzlinsen:

$$f_1 = +\frac{64 \cdot 70}{16} = +280 \text{ mm},$$
$$\text{bzw. } f_1 = -\frac{100 \cdot 70}{20} = -350 \text{ mm},$$
$$\text{bzw. } f_1 = -\frac{128 \cdot 70}{48} = -187 \text{ mm}.$$

Man kann weiterhin berechnen, wie sich die Auszugslänge der Kamera für Unendlich durch das Aufstecken der Vorsatzlinsen ändert. Nach (70) wird

$$a'_{2F'} = \frac{f_2 (f_1 - e)}{f_1 + f_2 - e}$$

gegenüber $a'_{2F'} = f_2$ ohne Vorsatzlinsen. Die Veränderung der Auszugslänge ist daher

$$\Delta a' = f_2 \left(\frac{f_1 - e}{f_1 + f_2 - e} - 1 \right) = -\frac{f_2^2}{f_1 + f_2 - e}$$

oder mit Berücksichtigung von (74):

$$\Delta a' = -\frac{f_2}{f_1} f.$$

Es ergeben sich somit folgende Auszugsänderungen:

$$\Delta a' = -\frac{80}{280} \cdot 64 = -18{,}3 \text{ mm},$$

$$\text{bzw. } \Delta a' = +\frac{80}{350} \cdot 100 = +22{,}9 \text{ mm},$$

$$\text{bzw. } \Delta a' = +\frac{80}{187} \cdot 128 = +54{,}8 \text{ mm}.$$

2. *Anwendung. Das Satzobjektiv.* Man versteht darunter ein Objektiv aus zwei Gliedern, die einander ähnlich sind, wobei das Größenverhältnis den Betrag m hat, und die auch im gleichen Verhältnis beiderseits einer Mittelblende angeordnet sind. Jedes Objektivglied ist optisch genügend korrigiert, daß es auch allein verwendbar ist. Es lassen sich daher durch Einzelverwendung und durch Kombinieren drei verschiedene Aufnahmebrennweiten erzielen. Es sind:

f_1	die Brennweite des kleineren Objektivgliedes,
$f_2 = m f_1$	die Brennweite des größeren Objektivgliedes,
$b_1 = p f_1$	der Blendenabstand des kleineren Objektivgliedes,
$m b_1$	der Blendenabstand des größeren Objektivgliedes,
$e = (m + 1) b_1$	der Linsenabstand des Doppelobjektives,
$f = \frac{m f_1^2}{(m+1)(f_1 - b_1)}$	die Brennweite des Doppelobjektives nach (74).

Ist z. B. $m = 1{,}5$, $p = 0{,}2$, so stehen Aufnahmebrennweiten in dem Verhältnis $f_2 : f_1 : f = 1{,}5 : 1 : 0{,}75$ zur wahlweisen Verfügung.

III. Unvollkommenheiten der Abbildung im monochromatischen Licht

A. Die Fiktion der homozentrischen Abbildung

Gemäß der geometrischen Optik erfolgt die Abbildung ausgedehnter Objekte punktweise, wobei jeder Bildpunkt als Schnittpunkt aller an der Abbildung des zugeordneten Dingpunktes beteiligten Strahlen zustande kommt.

Das ist praktisch jedoch niemals der Fall. Die Strahlen werden beim Durchgang durch ein optisches System mehrfach gebrochen (bei Spiegeln reflektiert), wobei jedesmal das SNELLIUSsche Brechungsgesetz (bei Spiegeln das Reflexionsgesetz) die Strahlenablenkung bestimmt. Das gilt im Rahmen der geometrischen Optik ausnahmslos für alle Brechungen und Spiegelungen, gleich, ob es sich dabei um Strahlenablenkungen an Planflächen, Kugelflächen, Zylinderflächen, torischen Flächen, asphärischen Flächen, Kittflächen handelt.

Wenn dann schließlich die verschiedenen auf diese Weise mehrfach abgelenkten Strahlen in Bildpunktnähe kommen, so stellt man stets fest, daß es, bis auf einige wenige Sonderfälle, kein Überschneiden aller von einem Objektpunkt ausgegangenen Strahlen in einem einzigen mathematischen Bildpunkt gibt. Sogenannte „homozentrische" Abbildung ist ein Idealfall, dem man allerdings möglichst nahezukommen bestrebt ist, um beste Abbildungsschärfe zu haben.

Aber selbst wenn eine punktförmige Vereinigung sehr vieler verschiedener Strahlen vorliegt, so kann dennoch insofern eine Abweichung auftreten, als diese punktförmige Strahlenvereinigung nur eine räumliche, aber nicht eine zeitliche ist. Es ist durchaus möglich, daß sich verschiedene Strahlen als Bahnen der Lichtfortpflanzung zwar in einem Punkt schneiden, dennoch aber, laienhaft gesprochen, der Lichtdurchgang durch diesen Punkt sich nicht auf allen diesen Strahlen gleichzeitig vollzieht. Man spricht in solchem Falle von Gangunterschieden (Phasenunterschieden) im Bildpunkt. Es kann die Wellenfläche im Bildraum z. B. so verformt sein, daß die als ihre Normalen aufzufassenden Strahlen für mehrere Zonen den gleichen Vereinigungspunkt haben (s. Abb. 30), doch sind die Gangunterschiede dieser Zonen schon an den Längenunterschieden zwischen Wellenfläche und Vereinigungspunkt erkennbar. Da das Licht Wellennatur hat, findet im Bildpunkt eine Summierung der Wellenbewegungen statt. Bei Gangunterschieden (Phasenunterschieden) zeigt der Bildpunkt eine Abweichung gegenüber dem Bildpunkt mit phasengleicher Strahlenvereinigung. Dieses Moment spielt bei Auflösungsfragen insbesondere für optische Systeme sehr hoher Öffnungsverhältnisse eine nicht zu übersehende Rolle, weshalb es in solchen Fällen nicht genügt, die Strahlenvereinigung allein räumlich zu untersuchen; auch die Gangunterschiede sind zu beachten. Auf S. 23 wurde dafür ein Rechenverfahren angegeben.

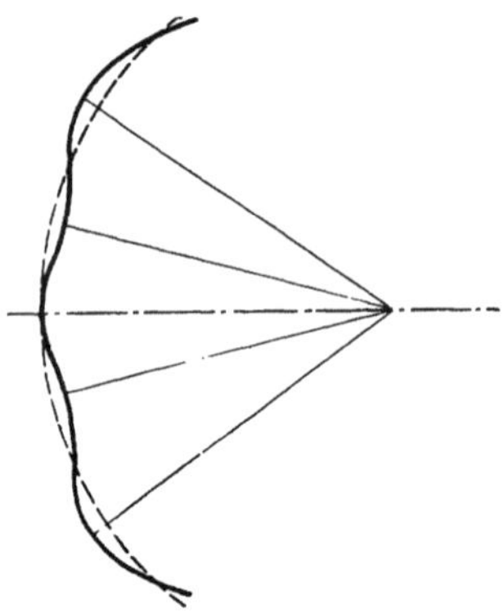

Abb. 30. Deformierte Wellenfläche mit brennpunktsgleichen Zonen

B. Der Öffnungsfehler

Begriffe. Im allgemeinen ist eine strenge homozentrische Abbildung nicht verwirklicht. Besonders anschaulich ist die Strahlenüberschneidung im Falle der Abbildung eines axialen Dingpunktes (Abb. 31). Die dargestellte Figur muß man sich rotationssymmetrisch zur Achse ergänzt denken. Alle Strahlen von einer zur Achse konzentrischen Zone schneiden sich in einem gemeinsamen Punkt auf der Achse, aber zu jeder Zone gehört ein anderer Achsenbildpunkt. Die Lage der verschiedenen Achsenbildpunkte mißt man durch ihren Abstand $\Delta\, s' = \tilde{s}' - s'$ vom Bildpunkt der achsnahen Strahlen (Bildschnittweite s'), in dem die Enveloppe eine axiale Spitze hat. Man nennt diesen Punkt *paraxialen* Bildpunkt oder Gaussschen Bildpunkt. Den dargestellten Abbildungsfehler nennt man *sphärische Abweichung* oder *Öffnungsfehler*. Der letzte Name kennzeichnet recht gut, daß dieser Abbildungsfehler von der Winkelöffnung (Apertur) der abbildenden Strahlen abhängt. Der Öffnungsfehler wird quantitativ durch die Abweichung $\Delta\, s' = \tilde{s}' - s'$ gemessen (Abb. 32), und $\Delta\, s'$ läßt sich als Potenzreihe mit nur quadratischen Gliedern in $\tilde{\sigma}'$ oder $\sin \tilde{\sigma}'$ oder der Einfallshöhe h_1 entwickeln:

$$\Delta s' = \tilde{s}' - s' = a\,h_1^2 + b\,h_1^4 + \ldots . \tag{86}$$

Der Öffnungsfehler läßt sich aber auch durch den Halbmesser $\Delta y'$ des Zerstreuungskreises in der GAUSSschen Bildebene ausdrücken (Abb. 32), wobei

$$\Delta y' = \Delta s' \cdot \mathrm{tg}\, \tilde{\sigma}' \tag{87}$$

ist, oder da $\mathrm{tg}\, \tilde{\sigma}'$ proportional h_1 ist, als Potenzreihe

$$\Delta y' = p\,h_1^3 + q\,h_1^5 + \ldots \tag{88}$$

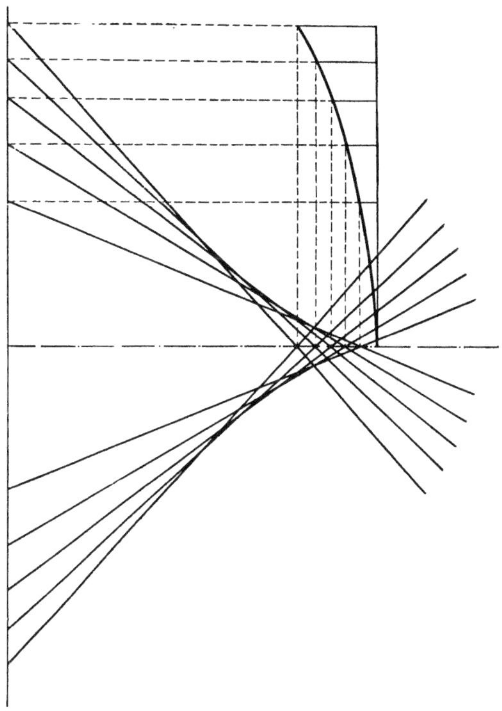

Abb. 31. Strahlenverteilung in der Meridianebene nahe dem Bildort eines mit Öffnungsfehler behafteten Strahlenbündels und Prinzip der Darstellung des Öffnungsfehlers durch eine „Aberrationskurve"

Die letztgenannte Entwicklung ist namengebend für die analytische Behandlung des Öffnungsfehlers. Man kann eine solche einigermaßen übersichtlich nur unter Beschränkung auf die ersten Glieder einer Reihe durchführen, und spricht demgemäß vom *Öffnungsfehler dritter Ordnung* bei seiner Darstellung allein durch das erste Reihenglied mit h_1^3. Diese theoretische Betrachtungsweise ist auf S. 68 ff. durchgeführt. Sie liefert nur Aufschlüsse über den Öffnungsfehler in einem verhältnismäßig kleinen Bereich um die Achse, gibt also keinen Einblick in den Korrektionszustand des Öffnungsfehlers für eine größere Apertur des Objektivs. Sie ist aber ungemein instruktiv über die besondere Wesensart eines optischen Systems bezüglich dieses Fehlers, und daher bei richtiger Anwendung außerordentlich nützlich für das Optikrechnen. Über die dritte Ordnung hinauszugehen, ist infolge der Kompliziertheit der mathematischen Ausdrücke praktisch ziemlich wertlos, obwohl theoretische Arbeiten dieser Art bekannt sind, und obwohl der tatsächliche Zustand des Öffnungsfehlers ausgeführter Abbildungssysteme eine nicht geringe Anzahl von Gliedern der Potenzreihenentwicklung berücksichtigen müßte. Der Öffnungsfehler dritter Ordnung ist eigentlich in keinem System, speziell photographischen Objektiv, rein vertreten, mindestens ist er von fünfter Ordnung. Trotzdem stellt die Analyse in der dritten Ordnung ein bei der Bildfehler-Korrektion zweckmäßiges Hilfsmittel dar (s. die Objektivbeispiele im Anhang), da die Abweichungen dritter Ordnung absichtlich nicht zum Verschwinden ge-

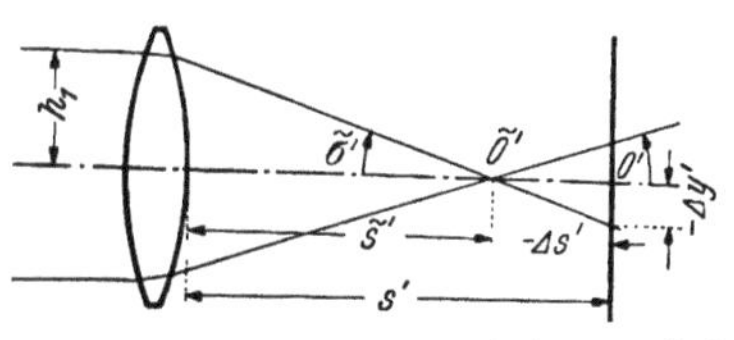

Abb. 32. Die Meßgrößen $\Delta s'$ und $\Delta y'$ für den Öffnungsfehler eines Strahles

bracht werden, um mit ihnen die Abweichungen höherer Ordnung weitgehend zu kompensieren. Allerdings ist festzustellen, daß bei der Kompensierung meist noch kleine Restbeträge in Zonen der Apertur und des Bildfeldes übrig bleiben, die um so merkbarer sind, je größer die sich kompensierenden Anteile dritter und höherer Ordnung sind. Deshalb dürfen diese Anteile selbst nicht über gewisse Höchstbeträge hinausgehen und insbesondere nicht bei hohen und höchsten Aperturen und Bildfeldern.

Der Öffnungsfehler fünfter Ordnung. Es muß aber noch einiges zum Öffnungsfehler fünfter Ordnung gesagt werden, weil er in sehr vielen Fällen den Korrektionszustand von photographischen Objektiven mehr oder weniger angenähert charakterisiert.

Der Öffnungsfehler fünfter Ordnung ist also durch die Gleichungen

$$\Delta\, y' = p\, h_1^3 + q\, h_1^5 \tag{89}$$

bzw.

$$\Delta\, s' = \tilde{s}' - s' = a\, h_1^2 + b\, h_1^4 \tag{90}$$

darstellbar. Ein Beispiel für f = 60 mm:

h_1	h_1^2	h_1^4	$\Delta\, s'$
± 10	100	10 000	+ 0,05
± 7,071	50	2 500	− 0,15

Aus den durch Rechnung oder Messung gefundenen Wertepaaren von $\Delta\, s'$ und h_1 der obigen Tabelle lassen sich die Koeffizienten a und b durch Auflösen zweier Gleichungen finden, nämlich

$$\begin{aligned} 100\, a + 10\,000\, b &= + 0{,}05 \\ 50\, a + 2\,500\, b &= - 0{,}15 \\ \hline a = - 0{,}0065;\ b &= + 0{,}00007. \end{aligned}$$

Mithin ist für das Beispiel

$$\Delta\, s' = - 0{,}0065\, h_1^2 + 0{,}00007\, h_1^4.$$

Man kann nun nach dieser Formel die Öffnungsfehlerbeträge für eine Anzahl von Zwischenwerten h_1 berechnen (Tabelle 5, Spalte 1 bis 6).

Tabelle 5

für f = 60 mm						f = 400	f = 2000
h_1	h_1^2	h_1^4	$a\, h_1^2$	$b\, h_1^4$	$\Delta\, s'$	h_1	$\Delta\, s'$
1	2	3	4	5	6	7	8
10	100	10 000	− 0,650	+ 0,700	+ 0,050	66,7	+ 1,7
9,487	90	8 100	− 0,585	+ 0,566	− 0,019	63,3	− 0,6
8,944	80	6 400	− 0,520	+ 0,488	− 0,072	59,6	− 2,4
8,367	70	4 900	− 0,455	+ 0,343	− 0,112	55,8	− 3,7
7,746	60	3 600	− 0,390	+ 0,252	− 0,138	51,6	− 4,6
7,071	50	2 500	− 0,325	+ 0,175	− 0,150	47,2	− 5,0
6,325	40	1 600	− 0,260	+ 0,112	− 0,148	42,2	− 4,9
5,477	30	900	− 0,195	+ 0,063	− 0,132	36,5	− 4,4
4,472	20	400	− 0,130	+ 0,028	− 0,102	29,8	− 3,4
3,162	10	100	− 0,065	+ 0,007	− 0,058	21,1	− 1,9
0	0	0	0	0	0	0	0

Man pflegt Δ s′ in Funktion von h_1 in einem rechtwinkligen Koordinatensystem aufzutragen, und zwar ist es nach M. von ROHR üblich, in der Ordinatenrichtung die auf f = 400 mm umgerechneten Einfallshöhen h_1 in mm, in der Abszissenrichtung die auf f = 2000 mm umgerechneten Abweichungen Δ s′ in mm einzutragen, wie sie in Tabelle 5 in den Spalten 7 und 8 angeführt und in Abb. 33 beispielsweise gezeichnet und durch eine Kurve verbunden sind. Diese Darstellungsart ist sehr allgemein üblich. Sie besagt allerdings nur wenig über die Zulässigkeit der Aberration vom physikalischen Standpunkt. Im Kapitel über die wellenoptische Behandlung des Öffnungsfehlers ist ein Vorschlag enthalten, wie man eine physikalisch sinnvollere Darstellung finden kann.

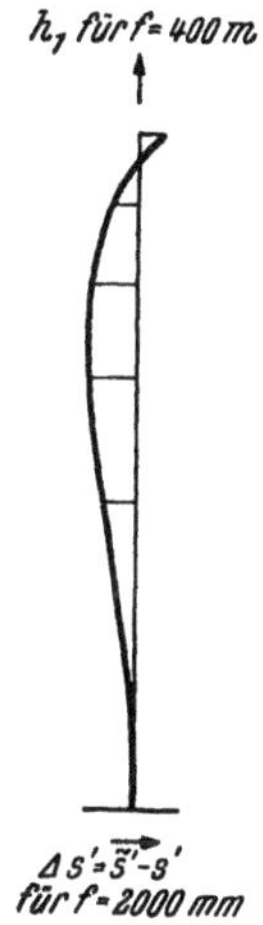

Abb. 33. Aberrationskurve für den Öffnungsfehler nach Tabelle 5 in der üblichen Darstellung mit den von ROHRschen Maßstäben für Δ s′ und h_1

Beim Öffnungsfehler fünfter Ordnung durchläuft die *Aberrationskurve* also einen Extremwert (Zonenfehler), den man berechnen kann. Für ihn ist nämlich $\frac{d(\tilde{s}' - s')}{d h_1} = 0$, d. h. in (90) angewandt:

$$h_1^2 = h_z^2 = -\frac{a}{2b} \tag{91}$$

und dementsprechend

$$\Delta s'_z = -\frac{a^2}{4b}, \tag{92}$$

im vorliegenden Beispiel also $h_z^2 = 46{,}5$, $h_z = 6{,}82$, $\Delta s'_z = -0{,}151$.

Die Aberration $\Delta s' = 0$, wird außer für $h_1 = 0$ noch für

$$h_1^2 = h_0^2 = -\frac{a}{b} \tag{93}$$

erreicht. Der Zonenfehler der Aberration tritt also für eine Einfallshöhe auf, die das $\sqrt{\frac{1}{2}}$-fache der Höhe für den Nullwert der Aberration beträgt. Deshalb ist es vielfach üblich, den Öffnungsfehler für den Randstrahl (h_{Rd}) und den Zonenstrahl $\left(h_z = h_{Rd} \cdot \sqrt{\frac{1}{2}}\right)$ zu berechnen, und erst bei weitgeöffneten Systemen Zwischenhöhen $\left(h_{Rd} \cdot \sqrt{\frac{3}{4}} \text{ und } h_{Rd} \cdot \sqrt{\frac{1}{4}}\right)$ hinzuzunehmen.

Unterkorrektion, Überkorrektion. Man gebraucht zur qualitativen Kennzeichnung eines Korrektionszustandes die Begriffe Unterkorrektion und Überkorrektion. Diese Bezeichnungen haben sich so sehr eingebürgert, daß sie sich leider nicht mehr durch Besseres ersetzen lassen. Bei Unterkorrektion des Öffnungsfehlers meint man negative Beträge von $\Delta s' = \tilde{s}' - s'$, bei Überkorrektion positive Beträge von $\Delta s' = \tilde{s}' - s'$. Für sammelnde Systeme, also auch photographische Objektive, ist das einwandfrei, denn unkorrigierte Sammellinsen liefern bei der reellen Abbildung reeller Objekte tatsächlich negative Aberration Δ s′. Unkorrigierte Zerstreuungslinsen aber liefern positive Aberration Δ s′. Auf der abgestimmten Kombination von Zerstreuungslinsen mit Sammellinsen beruht die Korrektion des Öffnungsfehlers. In Abb. 33 ist der Zonenstrahl unterkorrigiert, der Randstrahl hingegen überkorrigiert.

Bildeinstellung. Es muß nun die Frage auftauchen, welche Folgen für die Bildschärfe es hat, daß die Strahlen sich nicht sämtlich in einem Punkt vereinigen. Schon bei der Aberration dritter Ordnung, wie sie im Beispiel der Abb. 31 dargestellt ist, gibt es im Strahlenbündel allenfalls eine Stelle engster Einschnürung, es gibt aber auch eine Stelle stärkster Lichtkonzentration im Zentrum des Zerstreuungskreises. Die Einstellung in der engsten Einschnürung liefert zweifellos ein Bild geringerer Auflösung, dafür aber von recht gutem Kontrast, während die Einstellung in der Nähe der paraxialen Bildebene feinste Auflösung, aber wegen des großen schwachleuchtenden Hofes geringen Kontrast hat. Es kommt ganz auf die gestellte Aufgabe, auf die Art des Objektes und nicht zuletzt auf die photographischen Bedingungen der Aufnahme (Belichtungszeit, Gradation des Aufnahmematerials und Entwicklungsverfahren) an. Es sind tiefschürfende Untersuchungen, sowohl theoretische als auch experimentelle, darüber angestellt worden, doch sind die Ergebnisse auseinander gehend[1]. Weiterhin hat man, von verschiedenen Kriterien ausgehend, die Frage behandelt, ob Unterkorrektion, genaue Korrektion oder Überkorrektion des Randstrahls zweckmäßiger sei, ohne jedoch einheitliche Ergebnisse zu erhalten. Eine recht gute geometrische Theorie dürfte das GAUSSsche Prinzip des *Minimums der Totalundeutlichkeit* sein, weshalb dieses hier nicht unerwähnt bleiben soll.

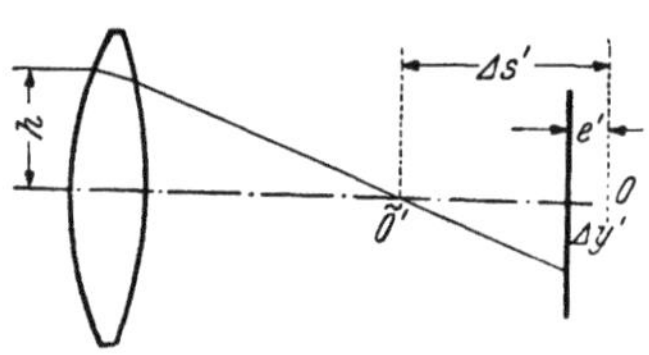

Abb. 34. Zum GAUSSschen Prinzip des Minimums der Totalundeutlichkeit

GAUSS behandelt die seitlichen Abweichungen $\Delta\, y'$ der mit Öffnungsfehler behafteten Strahlen nach der bekannten Theorie der Beobachtungsfehler und betrachtet die Größe

$$U = \int_{h=0}^{h_{Rd}} (\Delta\, y')^2\, i\, d\, f' \tag{94}$$

(i' = Strahlendichte im Flächenelement $d\, f'$ des Zerstreuungskreises) als Maß der „Totalundeutlichkeit“. Er verlangt, daß die Einstellung der Bildebene so erfolge, daß U ein Minimum wird; also der Differentialquotient nach dem Abstand e' der Bildebene vom paraxialen Bildpunkt verschwindet:

$$\frac{\partial\, U}{\partial\, e'} = 0.$$

[1] RICHTER, R.: ZS. f. Instrkde. **45**, 265—292 (1925). — FLÜGGE, J.: ZS. f. Instrkde. **46**, 333—354, 389—415 (1926) (mit ausführlichem Schrifttumsnachweis früherer Arbeiten). — MALINOWSKI, Th.: Revue d' Opt. **13**, 233—246 (1934) und **14**, 265—292 (1935). — KORFF, G.: ZS. f. Instrkde. **61**, 208—212 (1941) (mit Hinweis auf die Originalveröffentlichungen von GAUSS). — KORFF, G.: ZS. f. Instrkde. **61**, 402—406 (1941). — KORFF, G.: ZS. f. Instrkde. **63**, 1—8 (1943). — HUBER, S.: ZS. f. Instrkde. **63**, 333—341, 369—383 (1943). — ARGENTIERI, D.: Ottica Industriale, 354—376. Milano: Hoepli (1942). — PICHT, J.: Optische Abbildung, 170—190. Vieweg (1931). — WANDERSLEB, E.: Die Lichtverteilung in der axialen Kaustik eines mit sphärischer Aberration behafteten Objektives. Scientia photographica, Bd. **3**. Akademie-Verlag, Berlin: 1952 (mit zahlreichen Schrifttumsnachweisen).

In (94) ist nach Abb. 34 bei Beschränkung auf den Öffnungsfehler fünfter Ordnung

$$\Delta y' = h \cdot \frac{\Delta s' - e'}{s'}; \quad i\,df' = 2\pi h\,dh; \quad \Delta s' = a h^2 + b h^4;$$

folglich wird aus $\frac{\partial U}{\partial e'} = 0$:

$$e' = \frac{2}{3} a h_{Rd}^2 + \frac{1}{2} b h_{Rd}^4.$$

Da nach (92) und (93)

$$-\frac{a^2}{4b} = \Delta s'_z,$$

$$\frac{b}{a} = -\frac{1}{h_0^2},$$

folgt daraus für die beste Einstellung nach GAUSS:

$$\frac{e'}{\Delta s'_z} = \frac{8}{3}\left(\frac{h_{Rd}}{h_0}\right)^2 - 2\left(\frac{h_{Rd}}{h_0}\right)^4. \tag{95}$$

Bei der *wellenoptischen* Behandlung findet man als Ergebnis

$$\frac{e'}{\Delta s'_z} \approx 0{,}8 \text{ für } h_{Rd} = h_0.$$

Mit den häufigen Werten $\frac{h_{Rd}}{h_0} = 0{,}95;\ 1{,}00;\ 1{,}05$ ist dann

Tabelle 6

	$\frac{h_{Rd}}{h_0}$	0,95	1,00	1,05
			$\frac{e'}{\Delta s'_z}$	
theoretisch	nach GAUSS (95)	0,78	0,67	0,51
theoretisch	wellenoptisch	—	0,80	—
experimentell	nach FLÜGGE, Anm. S. 54	0,77	0,75	0,69

Das GAUSSsche Kriterium stimmt in dem Bereich der schwachen Unterkorrektion des Öffnungsfehlers mit den experimentellen Befunden von FLÜGGE, obwohl es eine rein geometrische Grundlage hat, praktisch genügend überein. Aber eins folgt daraus ohne weiteres: da die FLÜGGEschen Messungen sich eines reinen Kontrastkriteriums bedienten, so kann man (mit den Worten G. KORFFs) „in der schönen wechselseitigen Übereinstimmung der experimentellen Ergebnisse und der theoretischen Ansichten nicht nur einen Beweis zugunsten der Kontrasttheorie", sondern auch für die Stichhaltigkeit des GAUSSschen Einstellkriteriums sehen.

Wenn man ein Objektiv mit Zonenfehlern hat, verlagert sich die beste Einstellung mit dem Verhältnis der Randaberration zur Zonenaberration. Wenn man nun abblendet, so verschiebt sich auch die beste Einstellebene, was sich bei großen Zonenfehlern recht bemerkbar machen kann (*Blendendifferenz*).

Auch die *Brennweite* spielt eine wesentliche Rolle bei diesen Problemen, ist doch geometrisch-optisch der Zerstreuungskreisdurchmesser proportional zur Brennweite. Deshalb muß man bei Objektiven gleichen Typs für längere Brennweiten kleinere Zonenfehler vorschreiben als für kürzere Brennweiten, was entweder komplizierteren Aufbau der Optik oder Herabsetzung ihres größtmöglichen Öffnungsverhältnisses für die längeren Brennweiten bedingt. Beides ist in Objektivserien üblich. Die wellenoptische Betrachtung, so wird auf S. 117 ausgeführt, ergibt einen zulässigen Zonenfehler, der bei gleichen Öffnungsverhältnissen einen konstanten, von der Brennweite unabhängigen Wert behalten soll. Das läuft ebenfalls darauf hinaus, daß die *Zonenfehlerkorrektion* mit größerer Brennweite relativ besser sein muß als mit kleinerer Brennweite oder aber, daß bei größeren Brennweiten das Öffnungsverhältnis relativ niedriger sein muß als bei kleineren Brennweiten.

C. Die Koma

Meridionale Koma. Bei der Abbildung durch axiale Strahlenbündel tritt der Öffnungsfehler als ein zur Achse rotations-symmetrischer Bildfehler auf. Wenn ein *seitlich* der Achse liegender Dingpunkt abgebildet wird, so wird die Strahlenfigur im Bildraum im allgemeinen *unsymmetrisch*, jedenfalls soweit sie in der Meridianebene liegt, d. h. jener Ebene, die den seitlichen Dingpunkt und die optische Achse enthält. Die Strahlenverteilung bekommt z. B. das Aussehen der Abb. 35 und *heißt meridionale* Koma oder kurz „Koma“.

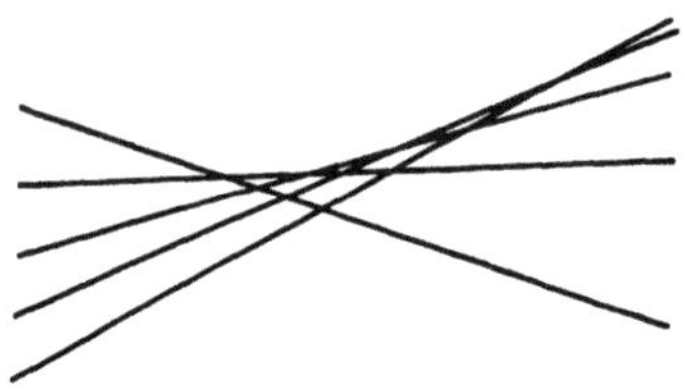

Abb. 35. Strahlenverteilung in der Meridianebene nahe dem Bildort eines mit Koma behafteten Strahlenbündels

Man muß nun bedenken, daß die Öffnung des Strahlenbündels durch eine irgendwo vorhandene, zur Achse zentrische Blende begrenzt wird, die von dem Strahlenbündel schräg durchsetzt wird. Verschiebt man die Blende, so werden auf der einen Seite des Bündels Strahlen abgeschnitten, auf der anderen Seite neue Strahlen freigegeben. Man findet dann schließlich eine Blende, bei der die Unsymmetrie der Abb. 35 aufgehoben ist und eine symmetrische Strahlenvereinigung im Bildraum besteht. Es ist jetzt nur noch sphärische Aberration (Öffnungsfehler) im schiefen Meridionalbüschel vorhanden, aber keine Koma mehr. Diese ausgezeichnete Blende nennt man „*natürliche*“ Blende. Sie ist in den auf Koma korrigierten Systemen die physische Blende.

Sagittale Koma. Nun darf man sich aber nicht auf Strahlen in der Meridianebene beschränken, um von der Koma einen Begriff zu bekommen. Bei der Berechnung von photographischen Objektiven begnügt man sich im allgemeinen mit der Untersuchung der Koma im Meridionalschnitt, weil die Durchrechnung von windschiefen Strahlen wenig angenehm ist. Allerdings erfordern die hochgezüchteten modernen Objektive gelegentlich auch Berechnungen außerhalb der Meridianebene (s. S. 27). Man untersucht mit diesen Strahlen die *sagittale* Koma. Betrachtet man alle diejenigen Strahlen innerhalb der Blendenöffnung, die einer zur meridionalen Ebene senkrechten Ebene durch den *Hauptstrahl* (Strahl durch den Blendenmittelpunkt) angehören, so schneiden sich diejenigen Strahlen paarweise in der Meridionalebene, die zur letzteren symmetrisch liegen. Diese einseitige Symmetrie ist im gesamten Abbildungsbereich festzustellen. Es ist also im Sagittalschnitt ein dem Strahlengebilde des Öffnungsfehlers vergleichbarer Strahlenkomplex vorhanden, nur mit dem Unterschied, daß die Partialebenen der einzelnen Strahlenpaare auseinander fächern. Man stelle sich das folgendermaßen vor:

Zunächst liege der Dingpunkt auf der optischen Achse, im Bildraum ist nur Öffnungsfehler vorhanden. Die beiden Randstrahlen in einem zur Zeichenebene senkrechten Hauptschnitt bilden ein Strahlenpaar und dieses bestimmt eine Partialebene. Letztere fällt beim Öffnungsfehler mit dem erwähnten Hauptschnitt zusammen. Zwei gleichartige Zonenstrahlen im Hauptschnitt bilden wiederum ein Strahlenpaar, aber mit einem anderen Schnittpunkt auf der Achse. Ihre Partialebene fällt aber auch in den Hauptschnitt.

Nun verschiebt sich der Dingpunkt aus dem Hauptschnitt senkrecht zu ihm nach S heraus (Abb. 36). Der Hauptstrahl SHH, der vom Dingpunkt durch die Mitte der feststehenden Blende zum gleichfalls aus dem Hauptschnitt herauswandernden Bildpunkt verläuft, bekommt Schräglage. Die beiden vorhin betrachteten Strahlenpaare und ihre Partialebenen blättern dabei auseinander, weil beispielsweise die Spitze S'_{Rd} des Randstrahlenpaares stärker vom Hauptstrahl fortstrebt als die Spitze S'_z des Zonenstrahlenpaares. Betrachtet man nun sämtliche Strahlen des Sagittalbüschels, so bilden diese in der paraxialen Bildebene die Schnittfigur einer Rinne R. Man nennt diese meridionale Komponente der sagittalen Koma daher auch *Rinnenfehler*.

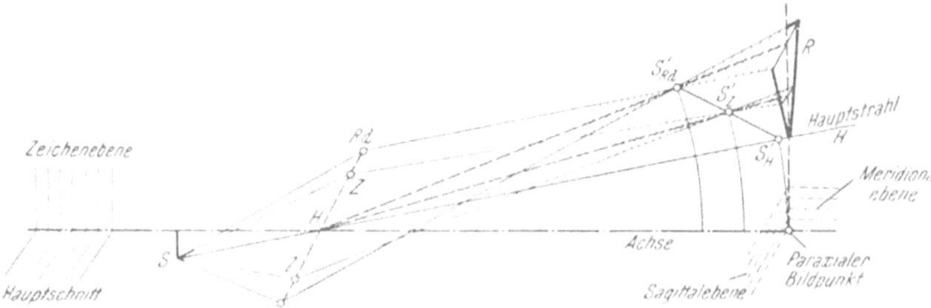

Abb. 36. Zur Erläuterung des Rinnenfehlers

Der Rinnenfehler ist besonders gut und anschaulich für die Ableitung der mathematischen Theorie der Koma geeignet, die auf S. 79 ff. folgt. Dafür ist er in der trigonometrischen Durchrechnung unbequemer zu bestimmen als die meridionale Koma. Im allgemeinen kann man sich aber die Berechnung des Rinnenfehlers ersparen, weil bei gleichzeitiger Korrektion von meridionaler Koma und Astigmatismus (s. weiter unten) auch der Rinnenfehler korrigiert ist. Da aber bei jeder Korrektion kleine Fehlerreste unvermeidlich sind, ist das kein absolut sicheres Kriterium für die ausreichende Behebung des Rinnenfehlers, so daß man sich bei lichtstarken Systemen gelegentlich der Mühe unterziehen muß, windschiefe Strahlen, eben die Sagittalstrahlen der Koma, durchzurechnen.

Koma-Berechnung. Die Ergebnisse der meridionalen Komastrahlendurchrechnung, die auch nach den Formelschemen (24 a), (29), (32), (35) und (36) erfolgt, wertet man meist nach zwei Methoden aus: a) Man berechnet die Durchstoßhöhen jedes Komastrahles in zwei achsensenkrechten Ebenen beiderseits und nahe der paraxialen Bildebene und zeichnet die Strahlen zwischen den Durchstoßpunkten stark vergrößert auf (Abb. 37); man beurteilt hiernach die meridionale Erstreckung des Zerstreuungsscheibchens und die achsparallele Versetzung der engsten Einschnürung.

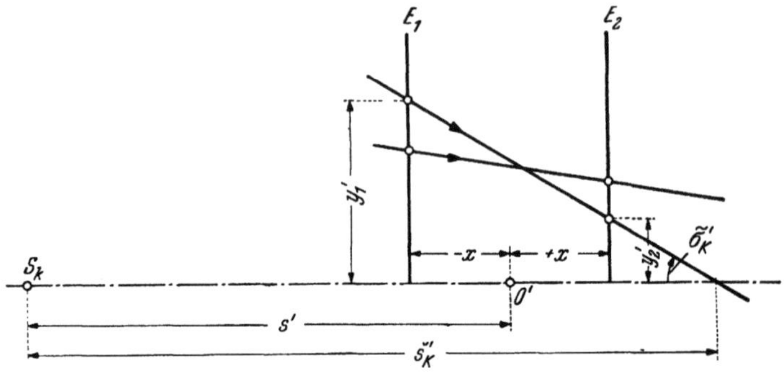

Abb. 37. Zur Darstellung des Komafehlers mit Hilfe von zwei achssenkrechten Ebenen beiderseits des Bildorts

Man gewinnt auf diese Weise zugleich ein Maß für die meridionale Bildfeldwölbung (s. weiter unten); b) man berechnet die von der paraxialen Bildebene zählenden achsparallelen Komponenten der Abstände der Komastrahlenschnittpunkte mit dem Hauptstrahl und zeichnet diese in gleicher Weise wie den Öffnungsfehler auf; auch hierbei ergibt sich zugleich die meridionale Bildfeldwölbung. Die entsprechenden Formeln sind:

für a) (Abb. 37): $e_1 = -x$; $e_2 = +x$ seien die Abstände der achsensenkrechten Ebenen E_1 und E_2; $\tilde{\sigma}'_K$ der Achswinkel des Komastrahles; s' die Schnittweite des Achsenstrahles; $\tilde{s}'_K$ die des Komastrahles:

$$\begin{aligned} y'_1 &= (\tilde{s}'_K - s' + x) \cdot \operatorname{tg} \tilde{\sigma}'_K, \\ y'_2 &= (\tilde{s}'_K - s' - x) \cdot \operatorname{tg} \tilde{\sigma}'_K; \end{aligned} \tag{96}$$

für b) (Abb. 38): $\tilde{s}'_{KH} - s'$ achsparallele Abstandskomponente des Schnittpunktes von Komastrahl K und Hauptstrahl H; $\tilde{y}'_K$, $\tilde{y}'_H$ Durchstoßhöhen von Komastrahl, bzw. Hauptstrahl in der paraxialen Bildebene; $\tilde{s}'_K$, $\tilde{s}'_H$, s' Schnittweiten von Komastrahl, Hauptstrahl, Achsstrahl; $\tilde{\sigma}'_K$, $\tilde{\sigma}'_H$ Achswinkel vom Komastrahl, bzw. Hauptstrahl:

$$\begin{aligned} \tilde{y}'_H &= (\tilde{s}'_H - s') \cdot \operatorname{tg} \tilde{\sigma}'_H, \\ \tilde{y}'_K &= (\tilde{s}'_K - s') \cdot \operatorname{tg} \tilde{\sigma}'_K, \\ \tilde{s}'_{KH} - s' &= \frac{\tilde{y}'_K - \tilde{y}'_H}{\operatorname{tg} \tilde{\sigma}'_K - \operatorname{tg} \tilde{\sigma}'_H}. \end{aligned} \tag{97}$$

Die Koma ist ein sehr störender Abbildungsfehler und deshalb wird bei photographischen Objektiven ganz besonderer Wert darauf gelegt, ihn zu korrigieren. Früher unterstützte man die nicht einfache Korrektion dieses Fehlers durch absichtliches Vignettieren der seitlichen Bündel. Die Belichtungsverminderung in den Randteilen des Formats konnte man in Kauf nehmen. Bei Objektiven für Farbaufnahmen dagegen ist dieser „Kunstgriff“ verwerflich. Hier heißt es, ohne wesentliche Vignettierungshilfe die Koma auszukorrigieren und das kostet Zeit und Geld in der Berechnung des Objektives wie in der Fertigung. Es ist sehr zu bezweifeln, ob alle auf dem Markt befindlichen Objektive beispielsweise für Kleinbildkameras, soweit sie nicht von anerkannten Firmen stammen, wirklich dieser Forderung entsprechen, zumal wenn sie auf Angaben beruhen, denen keine Komaberechnungen zugrundegelegen haben (was, so unglaublich es sich anhört, gelegentlich vorkommt).

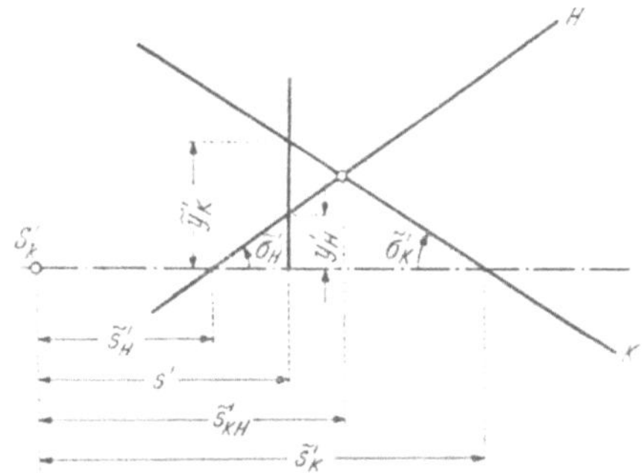

Abb. 38. Zur Darstellung des Komafehlers durch eine Aberrationskurve

Eine gute Komakorrektion ist geradezu das Wappenschild guter Markenobjektive. Sie zeugt nebenbei von der fachlichen Qualität des Optikrechners.

D. Der Astigmatismus in schiefen Bündeln und die Bildfeldwölbung

Hauptstrahl. Hauptschnitte. Der von dem seitlichen Objektpunkt $\tilde{O}$ ausgehende sogenannte *Hauptstrahl*, der in seinem Verlauf durch das Objektiv die Mitte der Blende durchsetzt, um sodann seinen Weg bis zum seitlichen Bildpunkt $\tilde{O}'$ fortzusetzen, ist theoretisch der Mittelstrahl des gesamten von $\tilde{O}$ ausgegangenen Strahlenbündels, dessen Querschnitt durch die Größe der Blende bestimmt wird. Etwaige Vignettierungen durch Linsenfassungen bleiben dabei unbeachtet. Der Hauptstrahl hat also im schrägen Strahlenbündel die Eigenschaft eines Bezugsstrahles wie im axialen Bündel die optische Achse, bzw. der Achsstrahl. Wie man beim letzteren einen paraxialen Bildpunkt kennt und bestimmt, nämlich als Schnittpunkt aller genügend achsnahen Strahlen, so geschieht das in entsprechender Weise beim Hauptstrahl. Auch hier interessiert die Abbildung innerhalb eines fadenförmigen Bereiches um den Hauptstrahl.

Während im paraxialen Gebiet vollständige Rotationssymmetrie besteht, ist im fadenförmigen Bereich um den Hauptstrahl keine Rotationssymmetrie mehr vorhanden. Vielmehr gibt es zwei sogenannte *Hauptschnitte*, nämlich einen *meridionalen* Schnitt durch Hauptstrahl und optische Achse und einen den meridionalen Schnitt im Hauptstrahl senkrecht durchschneidenden sogenannten *sagittalen* Hauptschnitt; die hauptstrahlnahen Strahlen eines jeden Hauptschnittes bilden je einen von dem des anderen getrennt liegenden Bildort auf dem Hauptstrahl. Man bekommt also keine eindeutige Abbildung auf dem Hauptstrahl, sondern einen sagittalen und einen vom letzteren verschiedenen meridionalen Bildort. Man bezeichnet diese Erscheinung als *Astigmatismus schiefer Bündel* oder kurz Astigmatismus. Das ist ein weiterer Bildfehler optischer Systeme außer den schon erklärten, Öffnungsfehler und Koma. Astigmatismus schiefer Bündel tritt auch bei der Abbildung durch sphärische brechende oder spiegelnde Flächen auf. Das muß besonders gesagt werden, um die ebenfalls als Astigmatismus bezeichnete axiale Bildortverschiedenheit bei torischen (zylindrischen) Flächen davon zu unterscheiden.

Es muß zunächst klargelegt werden, wie es zum Astigmatismus schiefer Bündel kommt.

Sagittaler Bildort. In Abb. 39 sei $\tilde{O}$ der Dingpunkt auf dem Hauptstrahl ($\tilde{s}_B$, $\tilde{\sigma}_B$, $\tilde{\varepsilon}_B$) im Dingraum. Der gebrochene Hauptstrahl im Bildraum ist sodann in der üblichen Strahlendurchrechnung nach (24a), (29), (32), (35) und (36) mit den Werten $\tilde{s}'_B$, $\tilde{\sigma}'_B$, $\tilde{\varepsilon}'_B$ zu finden. Der Index B kennzeichnet den Strahl als Hauptstrahl, nämlich als durch die Blendenmitte gehend.

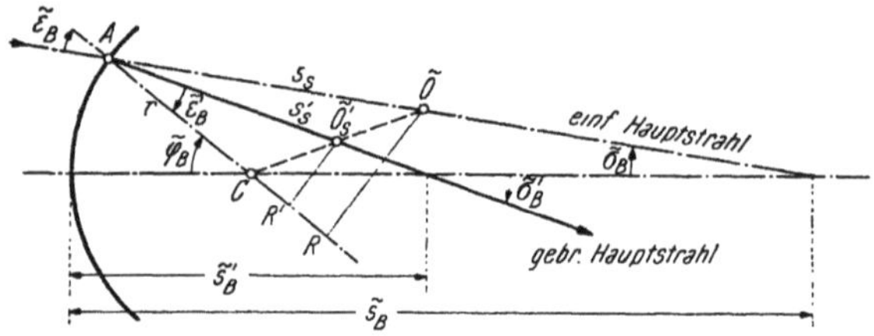

Abb. 39. Zur Herleitung der Abbildungsgleichung im Sagittalschnitt

Zunächst sei die Abbildung im *sagittalen* Büschel betrachtet, d. h. mit Strahlen, die in der zur Zeichenebene der Abb. 39 senkrechten Ebene durch den einfallenden Hauptstrahl und in der konjugierten Ebene durch den gebrochenen Hauptstrahl verlaufen, definitionsgemäß genügend nahe am Hauptstrahl. Die zum Dingpunkt $\tilde{O}$ zentrischen Sagittalstrahlen werden an der brechenden Fläche (Radius r, Krümmungsmittelpunkt C) gebrochen und vereinigen sich alsdann im Schnittpunkt $\tilde{O}'_s$ der Hilfsachse $C\tilde{O}$ mit dem gebrochenen Hauptstrahl. Von $\tilde{O}$ und $\tilde{O}'_s$ fällt man noch Lote auf den Radius AC und erhält hiermit rechtwinklige Hilfsdreiecke $\tilde{O}RA$ und $\tilde{O}'_sR'A$. Dann ist:

$$\tilde{O}R = s_s \sin \tilde{\varepsilon}_B; \qquad \tilde{O}'_sR' = s'_s \sin \tilde{\varepsilon}'_B;$$
$$CR = s_s \cos \tilde{\varepsilon}_B - r; \quad CR' = s'_s \cos \tilde{\varepsilon}'_B - r;$$
$$\frac{\tilde{O}'_sR'}{\tilde{O}R} = \frac{CR'}{CR};$$

d. h.

$$\frac{s'_s \sin \tilde{\varepsilon}'_B}{s_s \sin \tilde{\varepsilon}_B} = \frac{s'_s \cos \tilde{\varepsilon}'_B - r}{s_s \cos \tilde{\varepsilon}_B - r},$$

und wegen $n' \sin \tilde{\varepsilon}'_B = n \sin \tilde{\varepsilon}_B$:

$$n' \frac{s'_s \cos \tilde{\varepsilon}'_B - r}{s'_s\, r} = n \frac{s_s \cos \varepsilon_B - r}{s_s\, r};$$

mithin

$$\frac{n'}{s'_s} - \frac{n}{s_s} = \frac{n' \cos \tilde{\varepsilon}'_B - n \cos \tilde{\varepsilon}_B}{r} = \tilde{R}. \tag{98}$$

Das ist die *Abbildungsbeziehung im Sagittalbüschel*, die für $\tilde{\varepsilon}_B = 0$, $\tilde{\varepsilon}'_B = 0$ in die Abbildungsgleichung für achsnahe Strahlen übergeht.

Den Ausdruck rechts vom Gleichheitszeichen kann man auch umformen in

$$\overset{\approx}{\mathrm{R}} = \frac{\mathrm{n}'}{\mathrm{r}} \frac{\sin(\overset{\approx}{\varepsilon}_{\mathrm{B}} - \overset{\approx}{\varepsilon}'_{\mathrm{B}})}{\sin \overset{\approx}{\varepsilon}_{\mathrm{B}}} = \frac{\mathrm{n}}{\mathrm{r}} \frac{\sin(\overset{\approx}{\varepsilon}_{\mathrm{B}} - \overset{\approx}{\varepsilon}'_{\mathrm{B}})}{\sin \overset{\approx}{\varepsilon}'_{\mathrm{B}}}. \tag{99}$$

Meridionaler Bildort. Nun ist die Abbildung im meridionalen Strahlenbüschel zu behandeln. Aus dem Brechungsgesetz des Hauptstrahles

$$\mathrm{n} \sin \overset{\approx}{\varepsilon}_{\mathrm{B}} = \mathrm{n}' \sin \overset{\approx}{\varepsilon}'_{\mathrm{B}}$$

folgt durch Differentiation:

$$\mathrm{n} \cos \overset{\approx}{\varepsilon}_{\mathrm{B}}\, \mathrm{d}\overset{\approx}{\varepsilon}_{\mathrm{B}} = \mathrm{n}' \cos \overset{\approx}{\varepsilon}'_{\mathrm{B}}\, \mathrm{d}\overset{\approx}{\varepsilon}'_{\mathrm{B}};$$

weiterhin gilt mit $\overset{\approx}{\varepsilon}'_{\mathrm{B}} = \overset{\approx}{\varphi}_{\mathrm{B}} - \overset{\approx}{\sigma}'_{\mathrm{B}}$:

$$\mathrm{d}\overset{\approx}{\varepsilon}'_{\mathrm{B}} = \mathrm{d}\overset{\approx}{\varphi}_{\mathrm{B}} - \mathrm{d}\overset{\approx}{\sigma}'_{\mathrm{B}}.$$

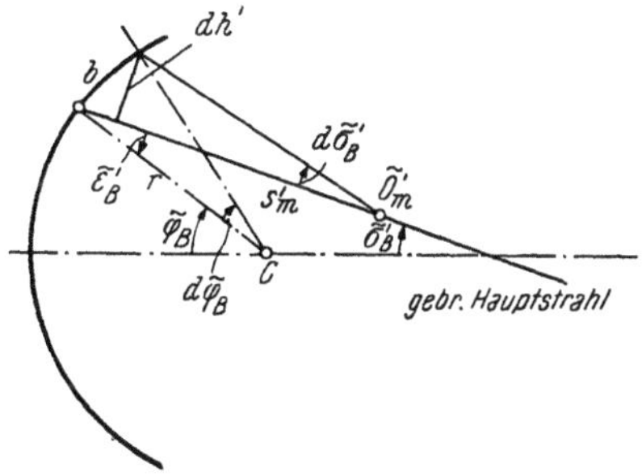

Abb. 40. Zur Herleitung der Abbildungsgleichung im Meridionalschnitt

Aus Abb. 40, die den Meridionalschnitt im Bildraum darstellt, geht hervor:

$$\mathrm{d}\overset{\approx}{\varphi}_{\mathrm{B}} = \frac{\mathrm{b}}{\mathrm{r}},$$

$$\mathrm{d}\overset{\approx}{\sigma}'_{\mathrm{B}} = \frac{\mathrm{d\,h}'}{\mathrm{s}'_{\mathrm{m}}},$$

$$\mathrm{d h}' = \mathrm{b} \cdot \cos \overset{\approx}{\varepsilon}'_{\mathrm{B}}.$$

Es wird also

$$\mathrm{n}' \cos \overset{\approx}{\varepsilon}'_{\mathrm{B}}\, \mathrm{d}\overset{\approx}{\varepsilon}'_{\mathrm{B}} = \mathrm{n}' \cos \overset{\approx}{\varepsilon}'_{\mathrm{B}} \left(\frac{\mathrm{b}}{\mathrm{r}} - \frac{\mathrm{b} \cos \overset{\approx}{\varepsilon}'_{\mathrm{B}}}{\mathrm{s}'_{\mathrm{m}}}\right);$$

analog im Dingraum:

$$\mathrm{n} \cos \overset{\approx}{\varepsilon}_{\mathrm{B}}\, \mathrm{d}\overset{\approx}{\varepsilon}_{\mathrm{B}} = \mathrm{n} \cos \overset{\approx}{\varepsilon}_{\mathrm{B}} \left(\frac{\mathrm{b}}{\mathrm{r}} - \frac{\mathrm{b} \cos \overset{\approx}{\varepsilon}_{\mathrm{B}}}{\mathrm{s}_{\mathrm{m}}}\right).$$

Aus der oben abgeleiteten Gleichheit beider Ausdrücke folgt nach einigen Umformungen, die *Abbildungsbeziehung im Meridionalbüschel*:

$$\frac{\mathrm{n}' \cos^2 \overset{\approx}{\varepsilon}'_{\mathrm{B}}}{\mathrm{s}'_{\mathrm{m}}} - \frac{\mathrm{n} \cos^2 \overset{\approx}{\varepsilon}_{\mathrm{B}}}{\mathrm{s}_{\mathrm{m}}} = \frac{\mathrm{n}' \cos \overset{\approx}{\varepsilon}'_{\mathrm{B}} - \mathrm{n} \cos \overset{\approx}{\varepsilon}_{\mathrm{B}}}{\mathrm{r}} = \overset{\approx}{\mathrm{R}}. \tag{100}$$

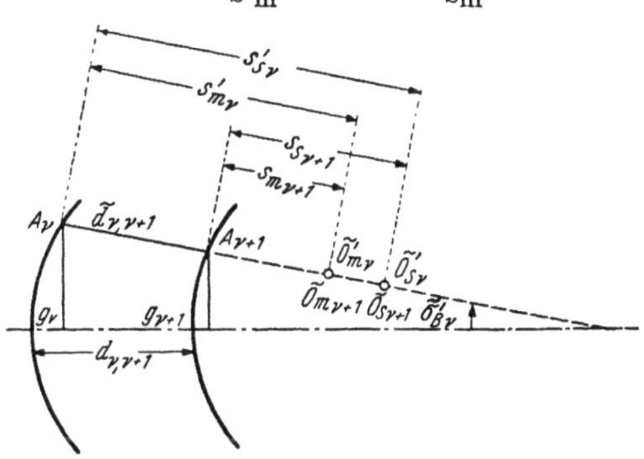

Abb. 41. Zur Ermittlung der schiefen Dicke und der Übergangswerte zwischen aufeinanderfolgenden Flächen bei den Durchrechnungen des Astigmatismus

Trigonometrische Durchrechnung des Astigmatismus. Die sagittalen und meridionalen Schnittweiten $\mathrm{s_s}$, $\mathrm{s'_s}$, $\mathrm{s_m}$, $\mathrm{s'_m}$ zählen auf dem Hauptstrahl, ausgehend vom Durchstoßpunkt desselben mit der abbildenden Fläche. Daher ist der *Übergang* von einer Systemfläche zur nächsten (Abb. 41) möglich mit

$$\mathrm{s}_{\mathrm{s}_{\nu+1}} = \mathrm{s}'_{\mathrm{s}_\nu} - \overset{\approx}{\mathrm{d}}_{\nu,\, \nu+1}, \tag{101}$$

$$\mathrm{s}_{\mathrm{m}_{\nu+1}} = \mathrm{s}'_{\mathrm{m}_\nu} - \overset{\approx}{\mathrm{d}}_{\nu,\, \nu+1},$$

wo die Strahllänge oder *schiefe Dicke* $\overset{\approx}{\mathrm{d}}_{\nu,\,\nu+1}$ längs des Hauptstrahles folgendermaßen berechnet wird:

$$\tilde{d}_{\nu,\,\nu+1} = \frac{d_{\nu,\,\nu+1} + (g_{\nu+1} - g_\nu)}{\cos \tilde{\sigma}'_{B_\nu}} \tag{102}$$

mit den *Pfeilhöhen* der Hauptstrahldurchtritte:

$$\begin{aligned} g_\nu &= r_\nu \left(1 - \cos \tilde{\varphi}_{B_\nu}\right) = 2\, r_\nu \sin^2 \frac{\tilde{\varphi}_{B_\nu}}{2}, \\ g_{\nu+1} &= r_{\nu+1} \left(1 - \cos \tilde{\varphi}_{B_{\nu+1}}\right) = 2\, r_{\nu+1} \sin^2 \frac{\tilde{\varphi}_{B_{\nu+1}}}{2}. \end{aligned} \tag{103}$$

Die trigonometrische *Durchrechnung der astigmatischen Abbildung* geht in Anlehnung an die abgeleiteten Formeln vor. Zunächst wird der Hauptstrahl von der Blendenmitte[1] aus unter einem gegebenen Neigungswinkel gegen die Achse durch das Gesamtsystem nach (24a), (29), (32), (35) und (36) durchgerechnet. Es sind somit an jeder Fläche bekannt:

$$\tilde{\varepsilon}_B, \ \tilde{\varepsilon}'_B, \ \tilde{\varphi}_B.$$

Dann folgen Zwischenberechnungen:

a) der *Pfeilhöhen* und *schiefen Dicken* nach (102) und (103):

$$\begin{array}{llll} \log \sin \frac{1}{2}\tilde{\varphi}_{B_\nu} & \frac{1}{2}\tilde{\varphi}_{B_\nu} & \log \sin \frac{1}{2}\tilde{\varphi}_{B_{\nu+1}} & \frac{1}{2}\tilde{\varphi}_{B_{\nu+1}} \\ & & & \\ 2 \cdot \log \sin \frac{1}{2}\tilde{\varphi}_{B_\nu} \text{ (positiv)} & & 2 \cdot \log \sin \frac{1}{2}\tilde{\varphi}_{B_{\nu+1}} \text{ (positiv)} & \\ \log r_\nu & & \log r_{\nu+1} & \\ \log 2 & & \log 2 & \\ \hline \log g_\nu & g_\nu & \log g_{\nu+1} & g_{\nu+1} \\ & & g_{\nu+1} - g_\nu & \\ & & d_{\nu,\,\nu+1} & \\ \hline & \log e & e = d_{\nu,\,\nu+1} + (g_{\nu+1} - g_\nu) & \\ & \log {}^1/\cos \tilde{\sigma}'_{B_\nu} & & \\ \hline & \log \tilde{d}_{\nu,\,\nu+1} & \tilde{d}_{\nu,\,\nu+1} & \end{array}$$

b) der astigmatischen *Brechwerte* nach (99):

$$\begin{array}{lll} & \tilde{\varepsilon}_{B_\nu} & \\ & -\,\tilde{\varepsilon}'_{B_\nu} & \\ \hline \log \sin (\tilde{\varepsilon}_{B_\nu} - \tilde{\varepsilon}'_{B_\nu}) & \tilde{\varepsilon}_{B_\nu} - \tilde{\varepsilon}'_{B_\nu} & \text{entsprechend} \\ \log 1/\sin \tilde{\varepsilon}_{B_\nu} & & \text{für die } (\nu + 1)^{\text{te}} \\ \log n'_\nu & & \text{und alle} \\ \log 1/r_\nu & & \text{übrigen Flächen} \\ \hline \log \tilde{R}_\nu & \tilde{R}_\nu & \end{array}$$

[1] In der Praxis wählt man als Hauptstrahl den mittelsten Strahl des wirksamen Bündelquerschnittes, der infolge der Blendenwirkung der Linsenfassungen nicht genau durch die Mitte der Irisblende des Objektivs verläuft.

Nach diesen Zwischenberechnungen erfolgen die Durchrechnungen

a) im *sagittalen* Büschel nach (98)

$$\begin{array}{ll}
\log 1/s_{s_\nu} & s_{s_\nu} = (s'_{s_{\nu-1}} - \tilde{d}_{\nu-1,\nu}) \\
\log n_\nu & \\
\log n_\nu/s_{s_\nu} & n_\nu/s_{s_\nu} \\
 & \tilde{R}_\nu \\
\hline
\log 1 \left| \dfrac{n'_\nu}{s'_{s_\nu}} \right. & n'_\nu/s'_{s_\nu} = (n_\nu/s_{s_\nu}) + \tilde{R}_\nu \\
\log n'_\nu & \\
\hline
\log s'_{s_\nu} & s'_{s_\nu}
\end{array}$$

b) im *meridionalen* Büschel nach (100):

$$\begin{array}{ll}
\log \cos \tilde{\varepsilon}_{B_\nu} & \tilde{\varepsilon}_{B_\nu} \\
\log \cos \tilde{\varepsilon}'_{B_\nu} & \tilde{\varepsilon}'_{B_\nu} \\
 & \\
2 \cdot \log \cos \tilde{\varepsilon}_{B_\nu} \ \text{(positiv)} & \\
\log 1/s_{m_\nu} & s_{m_\nu} = (s'_{m_{\nu-1}} - \tilde{d}_{\nu-1,\nu}) \\
\log n_\nu & \\
\hline
\log (n_\nu \cos^2 \tilde{\varepsilon}_{B_\nu}/s_{m_\nu}) & n_\nu \cos^2 \tilde{\varepsilon}_{B_\nu}/s_{m_\nu} \\
 & \tilde{R}_\nu \\
\hline
\log 1/(n'_\nu \cos^2 \tilde{\varepsilon}'_{B_\nu}/s'_{m_\nu}) & n'_\nu \cos^2 \tilde{\varepsilon}'_{B_\nu}/s'_{m_\nu} \\
\log n'_\nu & \\
2 \cdot \log \cos \tilde{\varepsilon}'_{B_\nu} \ \text{(positiv)} & \\
\hline
\log s'_{m_\nu} & s'_{m_\nu}
\end{array}$$

Im Falle von *Planflächen* wird

$$\tilde{R} = 0.$$

Im Falle von *Spiegelflächen* erfährt $\tilde{R}$ eine Vereinfachung in

$$\tilde{R} = -\frac{2\,n \cos \tilde{\varepsilon}_B}{r},$$

mithin wird für Spiegelflächen

im sagittalen Büschel

$$\frac{1}{s'_s} - \frac{1}{s_s} = -\frac{2 \cos \tilde{\varepsilon}_B}{r},$$

im meridionalen Büschel

$$\frac{1}{s'_m} - \frac{1}{s_m} = -\frac{2}{r \cos \tilde{\varepsilon}_B}.$$

Zur Bewertung der *astigmatischen Fehler* berechnet man im Bildraum hinter der letzten Fläche (Index k) die achsparallelen Abstände der astigmatischen Bildorte von der paraxialen Bildebene, d. h.

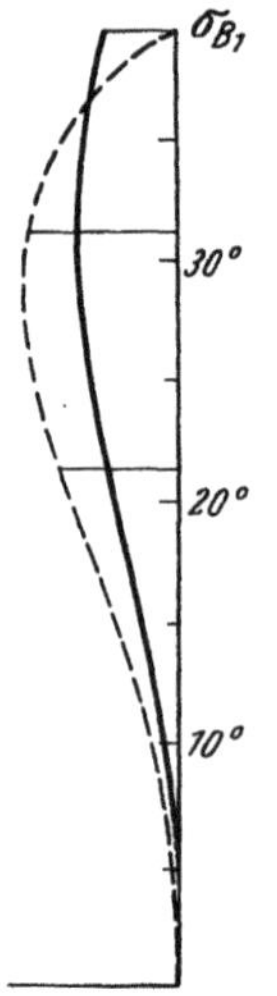

Abb. 42. Aberrationskurven der sagittalen (ausgezogen) und meridionalen (gestrichelt) Bildorte in Abhängigkeit von den Neigungswinkeln des Hauptstrahles gegen die optische Achse im Dingraum

$$s'_{s_k} \cos \tilde{\sigma}'_{B_k} + g_k - s'_k$$
und (104)
$$s'_{m_k} \cos \tilde{\sigma}'_{B_k} + g_k - s'_k,$$

wo s'_k die Schnittweite des Achsstrahles ist. Diese Endwerte werden auf $f = 400$ mm umgerechnet und als Abszissen aufgetragen, wobei als Ordinaten die Hauptstrahlwinkel $\tilde{\sigma}_{B_1}$ im Maßstab $10° = 24$ mm dienen. Die sagittalen Koordinatenpunkte werden durch eine ausgezogene Kurve, die meridionalen Punkte durch eine gestrichelte Kurve verbunden (Abb. 42).

Bildfeldwölbungen. Diese graphische Darstellung vermittelt einen Begriff, wenn auch in verzerrtem Maßstab, von den Wölbungen der beiden astigmatischen Bildschalen. Eine achsensenkrechte Dingebene bildet sich also auf allen Hauptstrahlen von geforderten endlichen Bildwinkeln in einer sagittalen und einer meridionalen *Bildschale* ab, die rotationssymmetrisch zur optischen Achse sind und sich in dieser berühren. Deshalb ist in Deutschland für Astigmatismus auch der Ausdruck „*Zweischalenfehler*" üblich.

Bei photographischen Anastigmaten muß die astigmatische Korrektion so herbeigeführt werden, daß sich die Bildschalen möglichst überschneiden und einer Ebene nahe kommen. Das läßt sich an den astigmatischen Kurven nach der oben beschriebenen graphischen Methode verhältnismäßig einfach erkennen.

Die astigmatischen Bildorte sind, wenn Öffnungsfehler und Koma restlos behoben sind, was man allerdings nur gedanklich annehmen kann, auch für endlich geöffnete Strahlenbüschel in den beiden Hauptschnitten „scharfe" Bilder. Das Wort *scharf* ist aber nur eingeschränkt aufzufassen.

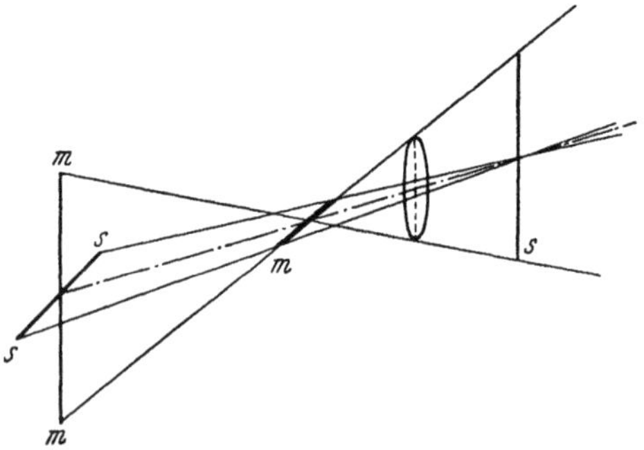

Abb. 43. Schematische perspektivische Darstellung eines mit Astigmatismus behafteten Strahlenbündels

Ein Objektpunkt bildet sich nämlich bei vorhandenem Astigmatismus grundsätzlich nicht als Punkt ab — daher der aus dem Griechischen entnommene Name dieses Bildfehlers —, sondern bei der angenommenen Öffnungsfehler- und Komafreiheit als ein scharfes Linienstück senkrecht zur Meridionalebene auf der meridionalen Bildschale und als ein anderes scharfes Linienstück in der Meridionalebene auf der sagittalen Bildschale (Abb. 43). In der Mitte zwischen beiden Bildschalen bildet das astigmatische Strahlenbündel den „Kreis kleinster Verwirrung".

Die beste *Einstellung* im astigmatischen Bündel hängt weitgehend von der Art des Objekts ab. Senkrechte Kanten, Blitzableiter, Fahnenmasten zeigen, wenn sie in der senkrechten Mittellinie des Aufnahmeformats abgebildet werden, ihre größte Schärfe bei Einstellung auf die sagittale Bildschale. Wenn sie jedoch an den seitlichen Rändern des Formats abgebildet werden, ist auf die meridionale Bildschale einzustellen. Die Abb. 44 vermittelt einen Begriff für die astigmatische Abbildung von Fensterkreuzen.

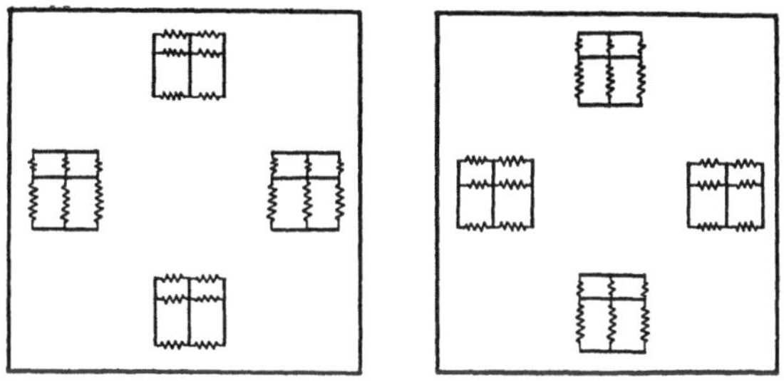

Abb. 44. Die Auswirkung von Astigmatismus im Bilde von Fensterkreuzen

Bildfeldwölbung und Astigmatismus sind nach den obigen Ausführungen zusammengehörige Bildfehler optischer Systeme. Man *korrigiert* sie durch verschiedene Maßnahmen, über die später eingehender geschrieben wird. Hier sei nur folgendes erwähnt: Wenn man bei dem Korrigieren Linsen durchbiegt, dabei die Brechkräfte der einzelnen Linsen und die

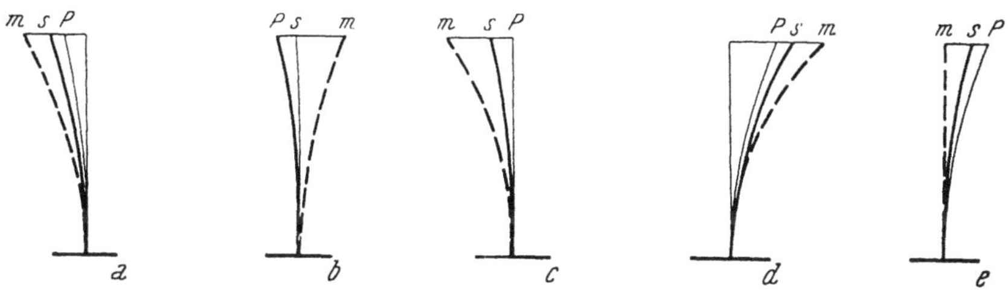

Abb. 45. Die grundlegenden Beziehungen zwischen PETZVALschale *P*, sagittaler Bildschale *s* und meridionaler Bildschale *m*:

a) alle drei Bildschalen sind unterkorrigiert;

b) PETZVALschale unterkorrigiert, sagittale und meridionale Bildschale überkorrigiert, wobei die sagittale Schale geebnet ist;

c) PETZVALschale geebnet, sagittale und meridionale Schale unterkorrigiert;

d) PETZVALschale, sagittale und meridionale Schale überkorrigiert;

e) PETZVALschale überkorrigiert, sagittale und meridionale Schale unterkorrigiert, wobei die meridionale Schale geebnet ist.

Gläser unverändert läßt, so ändert sich der Astigmatismus gleichzeitig mit den Wölbungen der sagittalen und der meridionalen Bildschale. Der Astigmatismus heißt unterkorrigiert, bei Lichtdurchgang von links nach rechts, wenn die meridionale Bildschale links von der sagittalen Bildschale liegt.

Bei der angenommenen Korrektionsmethode des Durchbiegens von Linsen verformen sich die beiden Bildschalen im gleichen Sinne, und zwar die meridionale rund dreimal schneller als die sagittale. Im häufigsten Fall a) (Abb. 45) nehmen bei der Astigmatismuskorrektion beide Schalen flachere Wölbungen an, bis sie in P zusammenfallen; die astigmatismusfreie Wölbung nennt man PETZVAL-*Wölbung* nach dem berühmt gewordenen österreichischen Ingenieur PETZVAL. Die PETZVAL-Wölbung ist das Kennzeichen der *astigmatismusfreien* Bildschale, der PETZVALschale. Sie ist im Fall a) und b) konkav zum Lichteinfall. Der Fall c) ist für gute Anastigmate typisch, da hier die PETZVALschale eben ist. Bei anastigmatischer Korrektion wäre auch Bildfeldebnung erreicht. Die Fälle d) und e) sind ungewöhnlich und finden sich eigentlich nur bei gewissen Teleobjektiven. Immer aber ist die meridionale Bildschale von der PETZVALschale rund dreimal so weit entfernt wie die sagittale Bildschale. Bei der Korrektion photographischer Anastigmate wird darauf gesehen, daß die PETZVALschale möglichst geebnet ist, was durch Erfüllung der PETZVAL-Bedingung (S. 94) erreicht wird. Streng genommen ist natürlich keine Bildschale rein kugelig oder parabolisch, sondern im Endzustand etwa tellerförmig gebogen. Auch fallen dann sagittale und meridionale Bildschale niemals vollkommen mit der PETZVALschale zusammen, sondern tun das meist nur im Scheitelpunkt auf der optischen Achse und in der Nähe des äußersten Randes des ausgenutzten Bildwinkelbereichs, wo sie sich überschneiden. Das ist eine Folge des Einflusses von Wölbungsfehlern höherer Ordnung. Das sieht dann z. B. wie in Abb. 42 aus.

Man erkennt hieran, daß es in der Praxis nicht unbedingt eine strenge Ebnung der PETZVALschale geben muß, sondern es zweckmäßiger sein kann, die PETZVAL-Wölbung bei kleineren Bildwinkeln schwach unterkorrigiert zu lassen. Das hängt sehr wesentlich vom Typus des Objektivs ab.

E. Die Verzeichnung

Wenn auf einer photographischen Aufnahme Gebäudekanten, Telegraphenstangen oder ähnliche geradlinige Objekte durchgebogen wiedergegeben werden, so ist dafür ein Abbildungsfehler des Objektivs verantwortlich, den man Verzeichnung nennt.

Man unterscheidet positive oder *kissenförmige* Verzeichnung und negative oder *tonnenförmige* Verzeichnung. Diese etwas eigenartigen Benennungen gehen auf den Bildeindruck zurück, der bei der Aufnahme eines großen quadratischen Objektes im Falle von Verzeichnung vermittelt wird. Sind die Quadratseiten in der Aufnahme so durchgebogen, wie in Abb. 46, so liegt kissenförmige Verzeichnung vor; bei dem Bildeindruck von Abb. 47 jedoch tonnenförmige Verzeichnung.

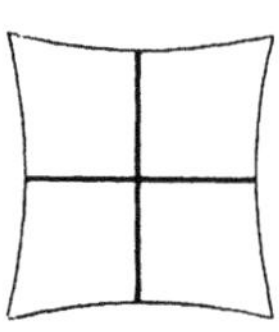

Abb. 46. Kissenförmige Verzeichnung im Bilde eines Quadrats

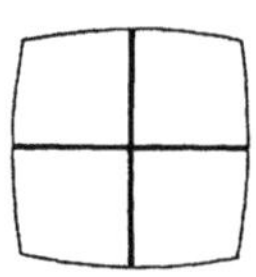

Abb. 47. Tonnenförmige Verzeichnung im Bilde eines Quadrats

Die Namen „kissenförmig“ und „tonnenförmig“ kennzeichnen den besprochenen Abbildungsfehler anschaulich sehr treffend, aber nur qualitativ. *Quantitativ* ist die Verzeichnung als Variation des Abbildungsmaßstabes innerhalb des ausgenutzten Bildwinkelbereichs, oder — was auf dasselbe hinauskommt — als Variation der Brennweite mit dem Bildwinkel aufzufassen. Nach der GAUSSschen Definition ist nämlich die Brennweite das Verhältnis der linearen Bildgröße zum Tangens des Bildwinkels.

Wenn man ein aus gleichbreiten konzentrischen Ringen bestehendes großes Objekt, z. B. eine überdimensionierte Schützenscheibe photographiert, so daß ihr Zentrum in der Mitte des Aufnahmeformats liegt und sie das ganze Format ausfüllt, ist im Falle von Verzeichnung festzustellen, daß die Ringe im Bilde nicht mehr gleich breit sind. Bei kissenförmiger oder positiver Verzeichnung werden die Ringe von der Mitte zum Rande hin breiter, bei tonnenförmiger oder negativer Verzeichnung schmaler. Im ersten Falle erfahren die Ringhalbmesser eine Dehnung, im zweiten Falle eine Stauchung.

Zur zahlenmäßigen Bewertung der Verzeichnung benutzt man den linearen Betrag $\Delta y'$ der Dehnung (positives $\Delta y'$) bzw. der Stauchung des Ringhalbmessers (negatives $\Delta y'$) und setzt ihn meist ins Verhältnis zum verzeichnungsfreien Betrag y' des Ringhalbmessers. Dieses Verhältnis drückt man in Promille aus, also

$$\text{Verzeichnung} = \frac{1000\,\Delta y'}{y'}\,‰. \tag{105}$$

Dieser promilluale Betrag der Verzeichnung wächst bereits mit der zweiten Potenz des Bildwinkels, wenn nichts unternommen ist, die Verzeichnung zu korrigieren, Natürlich wird bei photographischen Objektiven darauf gesehen, daß die Verzeichnung so weit als nötig korrigiert ist. Bei gewöhnlichen Objektiven für Handkameras erreicht oder übersteigt sie daher selten den Betrag von 5‰, bei extrem lichtstarken Objektiven und bei Teleobjektiven hat sie nicht selten höhere Beträge. Bei Objektiven für Bildmeßaufnahmen, z. B. aus Flugzeugen, wird sie weitgehend korrigiert und hält sich im ganzen ausgezeichneten Format innerhalb von geringen Bruchteilen eines Promille. In diesem Falle sind ihre Restbeträge zudem genau ausgewertet und in jeder Zone der Aufnahme bekannt, um sie bei der Meßauswertung in Rechnung zu stellen.

Wie kommt nun Verzeichnung überhaupt zustande? Sie hat zwei gleichzeitig wirkende *Ursachen.* Die eine Ursache ist die Bildfeldwölbung. Wenn eine solche vorhanden ist, liegen bekanntlich die seitlichen Bildpunkte nicht mehr in der paraxialen Bildebene, sondern kurz davor oder dahinter. Die Aufnahmeebene wird so gewählt, daß die Bildfeldwölbungen innerhalb des ausgenutzten Bildwinkels schärfenmäßig ausgeglichen werden. Wenn daher die Aufnahmeebene nicht mit der paraxialen Ebene zusammenfällt, so tritt — bei der stets noch vorhandenen Aberration der Hauptstrahlen — eine gewisse Verzeichnung auf.

Die zweite Ursache für das Auftreten von Verzeichnung ist die schon erwähnte Aberration der Hauptstrahlen, die bei der Blendenabbildung zur Eintrittspupille und zur Austrittspupille hin auftritt. Die Aberration in der Eintrittspupille fällt nur dann nicht ins Gewicht, wenn das Aufnahmeobjekt im Unendlichen liegt. Es gibt Blendenstellungen, die aberrationsfrei sind, dann entfällt diese Ursache für die Verzeichnung, z. B. im Falle einer dünnen Aufnahmelinse (bei billigen Box-Kameras) beim Zusammenfallen der Blende mit der Linse, oder im Falle symmetrischer Objektive mit Mittelblende, wo die Aberrationen in Eintrittspupille und Austrittspupille gegeneinander wirken, allerdings nur bei Benutzung des Objektivs mit dem Abbildungsmaßstab $\beta' = -1$.

F. Beispiel: Schneider Xenon 1:2,0, f = 5 cm

Die vorangegangenen Ausführungen haben dargelegt, wie man die verschiedenen Abbildungsfehler durch rechnerische Verfolgung des Strahlenverlaufs zahlenmäßig bestimmt. Der jeweils erreichte Korrektionszustand wird an Hand der errechneten Werte graphisch dargestellt, worüber auch

Näheres mitgeteilt wurde. Zur Veranschaulichung werden im Anhang acht Zeichnungen über den rechnerischen Korrektionszustand eines GAUSS-Doppelobjektivs der Firma Josef SCHNEIDER[1], Bad Kreuznach, mit dem Markennamen „*Xenon*", Öffnungsverhältnis 1 : 2,0, Brennweite f = 50 mm abgedruckt. Nähere Erläuterungen zu den Zeichnungen finden sich ebenfalls dort.

IV. Die Theorie der Abbildungsfehler dritter Ordnung

A. Ihr praktischer Wert

Nachdem bisher von den Unvollkommenheiten der Abbildung in ihrer praktischen Auswirkung die Rede war, soll im folgenden die quantitative *Theorie* der Abbildungsfehler behandelt werden. Es muß dabei aber eine Beschränkung auferlegt werden, insofern nämlich die Abbildungsfehler nur bis zur *dritten* Ordnung berücksichtigt werden können. Gelegentlich der früheren Ausführungen zum Öffnungsfehler ist darüber schon einiges gesagt worden (s. S. 51) und dasselbe gilt für alle übrigen Abbildungsfehler, die im Anschluß an den Öffnungsfehler zur Sprache kamen.

Die Theorie der Abbildungsfehler dritter Ordnung ist von eminent praktischem Wert. Sie vermittelt nicht nur *Gesetzmäßigkeiten*, deren Beachtung bei der praktischen Bildfehlerkorrektion nützliche Anwendung findet. Sie zeigt auch den Weg zu *Bildfehleranalysen* im Verlauf der Korrektionsarbeit und gestattet Schlüsse über verschiedene Korrektionsmethoden in wesentlich abgekürzter Zeit. In der Hand des geschickten Optikrechners stellt diese Theorie ein äußerst zweckmäßiges Hilfsmittel dar. Niemals natürlich ersetzt sie die trigonometrische Durchrechnung, letztere stellt stets den Hauptteil der Korrektionsarbeit dar.

Im Anhang des Buches werden die auf der Theorie der Abbildungsfehler dritter Ordnung gegründeten Analysen von typischen Objektiven mitgeteilt. Bei dieser Gelegenheit wird der Leser bestätigt finden, was soeben darüber gesagt wurde.

B. Der Öffnungsfehler

Eine einzelne brechende Fläche. Nach den Durchrechnungsformeln (24) ist im Dingraum

$$\frac{\mathrm{r}}{\tilde{\mathrm{s}} - \mathrm{r}} = \frac{\sin\tilde{\sigma}}{\sin\tilde{\varepsilon}};$$

daraus folgt

$$\frac{\mathrm{r}}{\tilde{\mathrm{s}}} = \frac{\sin\tilde{\sigma}}{\sin\tilde{\sigma} + \sin\tilde{\varepsilon}} = 1 - \frac{\sin\tilde{\varepsilon}}{\sin\tilde{\sigma} + \sin\tilde{\varepsilon}}, \tag{106}$$

und nach Multiplizieren mit $\frac{\mathrm{n}}{\mathrm{r}}$:

$$\frac{\mathrm{n}}{\tilde{\mathrm{s}}} = \frac{\mathrm{n}}{\mathrm{r}} - \frac{\mathrm{n}}{\mathrm{r}} \frac{\sin\tilde{\varepsilon}}{\sin\tilde{\sigma} + \sin\tilde{\varepsilon}}.$$

[1] Der Verfasser ist der Geschäftsleitung und den zuständigen Herren der Firma SCHNEIDER in außerordentlichem Dank für die aufopferungsvolle Hilfe verbunden. Für die Korrektionsbestimmung war die Durchrechnung von 145 verschiedenen Strahlen durch jedesmal zehn brechende Flächen erforderlich.

Entsprechend gilt für den Bildraum

$$\frac{n'}{\check{s}'} = \frac{n'}{r} - \frac{n'}{r}\,\frac{\sin\check{\varepsilon}'}{\sin\check{\sigma}' + \sin\check{\varepsilon}'}.$$

Durch Subtrahieren folgt unter Berücksichtigung, daß $n' \cdot \sin\check{\varepsilon}' = n \cdot \sin\check{\varepsilon}$:

$$\frac{n'}{\check{s}'} - \frac{n}{\check{s}} = \frac{n'-n}{r} - \frac{n\sin\check{\varepsilon}}{r}\left(\frac{1}{\sin\check{\sigma}' + \sin\check{\varepsilon}'} - \frac{1}{\sin\check{\sigma} + \sin\check{\varepsilon}}\right),$$

oder

$$\frac{n'}{\check{s}'} - \frac{n}{\check{s}} = \frac{n'-n}{r} - \frac{n\sin\check{\varepsilon}}{r(\sin\check{\sigma} + \sin\check{\varepsilon})}\left(\frac{\sin\check{\sigma} + \sin\check{\varepsilon}}{\sin\check{\sigma}' + \sin\check{\varepsilon}'} - 1\right). \qquad (107)$$

Nun kann man (106) schreiben

$$-\frac{\sin\check{\varepsilon}}{\sin\check{\sigma} + \sin\check{\varepsilon}} = \frac{r}{\check{s}} - 1 = \frac{r-\check{s}}{\check{s}};$$

ferner ist

$$\sin\check{\sigma} + \sin\check{\varepsilon} = 2\sin\frac{\check{\sigma}+\check{\varepsilon}}{2}\cos\frac{\check{\sigma}-\check{\varepsilon}}{2} = 2\sin\frac{\check{\varphi}}{2}\cos\frac{\check{\sigma}-\check{\varepsilon}}{2},$$

$$\sin\check{\sigma}' + \sin\check{\varepsilon}' = 2\sin\frac{\check{\sigma}'+\check{\varepsilon}'}{2}\cos\frac{\check{\sigma}'-\check{\varepsilon}'}{2} = 2\sin\frac{\check{\varphi}}{2}\cos\frac{\check{\sigma}'-\check{\varepsilon}'}{2},$$

da nach (24)

$$\check{\varphi} = \check{\sigma} + \check{\varepsilon} = \check{\sigma}' + \check{\varepsilon}'.$$

Infolgedessen wird (107)

$$\frac{n'}{\check{s}'} - \frac{n}{\check{s}} = \frac{n'-n}{r} + n\frac{r-\check{s}}{r\check{s}}\left(\frac{\cos\dfrac{\check{\sigma}-\check{\varepsilon}}{2}}{\cos\dfrac{\check{\sigma}'-\check{\varepsilon}'}{2}} - 1\right). \qquad (108)$$

Den Ausdruck in der Klammer kann man weiter umformen zu

$$\frac{\cos\dfrac{\check{\sigma}-\check{\varepsilon}}{2} - \cos\dfrac{\check{\sigma}'-\check{\varepsilon}'}{2}}{\cos\dfrac{\check{\sigma}'-\check{\varepsilon}'}{2}}$$

und mit

$$\cos\frac{\check{\sigma}-\check{\varepsilon}}{2} - \cos\frac{\check{\sigma}'-\check{\varepsilon}'}{2} = -2\sin\frac{\check{\sigma}-\check{\varepsilon}+\check{\sigma}'-\check{\varepsilon}'}{4}\sin\frac{\check{\sigma}-\check{\varepsilon}-\check{\sigma}'+\check{\varepsilon}'}{4}$$

sowie

$$\check{\sigma}' - \check{\varepsilon} = \check{\sigma} - \check{\varepsilon}'$$

und

$$\check{\sigma} - \check{\sigma}' = \check{\varepsilon}' - \check{\varepsilon}$$

zu

$$-2\frac{\sin\dfrac{\check{\sigma}-\check{\varepsilon}'}{2}\sin\dfrac{\check{\varepsilon}'-\check{\varepsilon}}{2}}{\cos\dfrac{\check{\sigma}'-\check{\varepsilon}'}{2}},$$

so daß sich (108) schließlich ergibt zu:

$$\frac{n'}{\breve{s}'} = \frac{n}{\breve{s}} + \frac{n'-n}{r} + 2\,\frac{n\,(\breve{s}-r)}{\breve{s}\,r} \cdot \frac{\sin\dfrac{\breve{\sigma}-\breve{\varepsilon}'}{2}\,\sin\dfrac{\breve{\varepsilon}'-\breve{\varepsilon}}{2}}{\cos\dfrac{\breve{\sigma}'-\breve{\varepsilon}'}{2}}. \tag{109}$$

Das ist eine absolut strenge Beziehung für den achsfernen Strahl. Für den achsnahen Strahl gilt nach (23)

$$\frac{n'}{s'} = \frac{n}{s} + \frac{n'-n}{r};$$

mithin wird nach Subtraktion

$$n'\left(\frac{1}{\breve{s}'} - \frac{1}{s'}\right) = n\left(\frac{1}{\breve{s}} - \frac{1}{s}\right) + 2\,\frac{n\,(\breve{s}-r)}{\breve{s}\,r} \cdot \frac{\sin\dfrac{\breve{\sigma}-\breve{\varepsilon}'}{2}\,\sin\dfrac{\breve{\varepsilon}'-\breve{\varepsilon}}{2}}{\cos\dfrac{\breve{\sigma}'-\breve{\varepsilon}'}{2}}. \tag{110}$$

Durch diesen Ausdruck wird offenbar, daß auch bei $\breve{s} = s$ im allgemeinen $\breve{s}' \neq s'$, mithin daß Öffnungsfehler vorliegt. Derselbe *verschwindet* nur in drei Fällen, nämlich

1. wenn $\breve{s} = r$, mithin $\breve{\varepsilon} = 0$, $\breve{\varepsilon}' = 0$ und daher $\breve{\varepsilon}' - \breve{\varepsilon} = 0$; in Worten: der *Krümmungsmittelpunkt* der Fläche bildet sich öffnungsfehlerfrei ab, und zwar wegen $s' = \dfrac{n'}{\dfrac{n'-n}{r} + \dfrac{n}{s}}$ mit $\breve{s} = r$ in $\breve{s}' = r$, also in sich selbst;

2. wenn $\breve{\varepsilon}' = \breve{\sigma}$; in diesem Fall ist auch $\breve{\varepsilon} = \breve{\sigma}'$, mithin nach (24)

$$\frac{\breve{s}-r}{r} = \frac{\sin\breve{\varepsilon}}{\sin\breve{\sigma}} = \frac{\sin\breve{\varepsilon}}{\sin\breve{\varepsilon}'} = \frac{n'}{n};$$

$$\frac{\breve{s}'-r}{r} = \frac{\sin\breve{\varepsilon}'}{\sin\breve{\sigma}'} = \frac{\sin\breve{\varepsilon}'}{\sin\breve{\varepsilon}} = \frac{n}{n'};$$

folglich

$$\begin{aligned} \breve{s} &= r \cdot \frac{n+n'}{n}, \\ \breve{s}' &= r \cdot \frac{n+n'}{n'}. \end{aligned} \tag{111}$$

Man nennt die Punkte mit diesen Schnittweiten *aplanatische* Punkte. Für die aplanatischen Punkte gilt

$$\text{a)}\quad n\,\breve{s} = n'\,\breve{s}' = (n+n')\,r, \tag{112}$$

$$\text{b)}\quad \frac{1}{\breve{s}} + \frac{1}{\breve{s}'} = \frac{1}{r}; \tag{113}$$

3. wenn $\breve{s} = 0$, $\breve{s}' = 0$, was trivial ist; das ist nämlich der Fall, wenn Objektpunkt und Bildpunkt im *Scheitelpunkt* der Fläche zusammenfallen.

Zusammenfassend ist daher festzustellen:

Mit allen Strahlen von beliebig großen Öffnungswinkeln bilden sich der Krümmungsmittelpunkt, die aplanatischen Punkte und der Scheitelpunkt völlig öffnungsfehlerfrei ab; und zwar der Krümmungsmittelpunkt in sich selbst mit dem Abbildungsmaßstab $\breve{\beta}' = \frac{n}{n'}$, der Scheitelpunkt ebenfalls in sich selbst, aber mit dem Abbildungsmaßstab $\breve{\beta}' = +1$ und die aplanatischen Punkte ineinander mit dem Abbildungsmaßstab $\breve{\beta}' = \left(\frac{n}{n'}\right)^2$.

Eine brechende Fläche, die im Strahlengang so steht, daß ihre aplanatischen Punkte als Objektpunkt und Bildpunkt auftreten, nennt man eine *aplanatische Fläche.* Ihr Krümmungsradius ist

$$r = \frac{n}{n+n'}\,\breve{s} = \frac{n'}{n+n'}\,\breve{s}'. \tag{114}$$

Wenn die Fläche durchgebogen wird, etwa vom Zustand des etwas kleineren Krümmungsradius zum Zustand des etwas größeren Krümmungsradius als dem der aplanatischen Fläche, so geht der Öffnungsfehler unter Vorzeichenwechsel durch Null hindurch. Man kann davon bei der Zonenfehlerkorrektion des Öffnungsfehlers in der Rechenpraxis guten Gebrauch machen. Insbesondere kann der Bereich $1 < \frac{\breve{s}}{r} < 1 + \frac{n'}{n}$ bisweilen von Nutzen sein.

Um zu der üblichen Schnittweitendifferenz $\breve{s}' - s'$ überzugehen, wird (110) mit $-\frac{\breve{s}'s'}{n'}$ multipliziert. Man erhält dann

$$\breve{s}' - s' = \frac{n}{n'}\frac{\breve{s}'s'}{\breve{s}\,s}(\breve{s} - s) - 2\frac{n}{n'}\left(\frac{1}{r} - \frac{1}{s}\right)\breve{s}'s' \cdot \frac{\sin\frac{\breve{\sigma} - \breve{\varepsilon}'}{2}\sin\frac{\breve{\varepsilon}' - \breve{\varepsilon}}{2}}{\cos\frac{\breve{\sigma}' - \breve{\varepsilon}'}{2}}. \tag{115}$$

Der erste Summand rechts vom Gleichheitszeichen gibt an, welchen Anteil eine vorhandene Schnittweitendifferenz $\breve{s} - s$ im Dingraum am Öffnungsfehler des Bildraumes hat; erst der zweite Summand liefert den neuen Anteil der betreffenden brechenden Fläche.

Diese Formel vereinfacht sich, wenn man sich dem *achsnahen* Gebiet nähert, so daß man bekommt:

$$(\breve{s}' - s') = \frac{n}{n'}\left(\frac{s'}{s}\right)^2(\breve{s} - s) - \frac{1}{2}\frac{n}{n'}\left(\frac{1}{r} - \frac{1}{s}\right)s'^2 \cdot (\sigma - \varepsilon')(\varepsilon' - \varepsilon)$$

oder wegen $\frac{s'}{s} = \frac{\sigma}{\sigma'}$ und $n\left(\frac{1}{r} - \frac{1}{s}\right) = n'\left(\frac{1}{r} - \frac{1}{s'}\right)$:

$$(\breve{s}' - s') = \frac{n}{n'}\left(\frac{\sigma}{\sigma'}\right)^2(\breve{s} - s) - \frac{1}{2}\left(\frac{1}{r} - \frac{1}{s'}\right)s'^2(\sigma - \varepsilon')(\varepsilon' - \varepsilon),$$

bzw. wegen $\frac{1}{r} - \frac{1}{s'} = \frac{\varphi - \sigma'}{h} = \frac{\varepsilon'}{h}$ und $s' = \frac{h}{\sigma'}$:

$$\left(\frac{\breve{s}' - s'}{s'}\right) = \frac{s/n}{s'/n'}\left(\frac{n\,\sigma}{n'\,\sigma'}\right)^2\left(\frac{\breve{s} - s}{s}\right) - \frac{1}{2}\frac{\varepsilon'(\sigma - \varepsilon')(\varepsilon' - \varepsilon)}{\sigma'} =$$

$$= \beta' \cdot \left(\frac{\breve{s} - s}{s}\right) - \frac{1}{2}\frac{\varepsilon'(\sigma - \varepsilon')(\varepsilon' - \varepsilon)}{\sigma'}. \tag{116}$$

Für die *Planfläche* wird wegen $\sigma = -\varepsilon$ und $\sigma' = -\varepsilon'$ sowie wegen $\beta' = 1$:

$$\left(\frac{\tilde{s}' - s'}{s'}\right) = \left(\frac{\tilde{s} - s}{s}\right) + \frac{1}{2}(\sigma + \sigma')(\sigma - \sigma'). \tag{117}$$

Multipliziert man noch mit h und bedenkt, daß im achsnahen Gebiet $\frac{h}{s} = \sigma$, $\frac{h}{s'} = \sigma'$, $(\tilde{s} - s)\,\sigma = \Delta\, y$, $(\tilde{s}' - s')\,\sigma' = \Delta\, y'$, wobei $\Delta\, y, \Delta\, y'$ die seitlichen Abweichungen des mit Öffnungsfehler behafteten Strahles im Ding und im Bild sind, so findet man

$$\Delta\, y' = \beta'\,\Delta\, y - \frac{h}{2}\,\frac{\varepsilon'(\sigma - \varepsilon')(\varepsilon' - \varepsilon)}{\sigma'}, \tag{118}$$

und für die Planfläche

$$\Delta\, y' = \Delta\, y + \frac{h}{2}(\sigma + \sigma')(\sigma - \sigma'). \tag{119}$$

Nach diesen Formeln vermag man bereits an Hand der Größen aus der Durchrechnung eines *achsnahen* Strahles nach dem Conradyschen Schema zu erkennen, in welchem Umfang die brechende Fläche zum Öffnungsfehler beiträgt. Dieser Betrag steckt im zweiten Summand rechts vom Gleichheitszeichen und geht für $\Delta\, y'$ proportional zur dritten Potenz des Winkels σ, bzw. σ', denn h, ε und ε' sind ebenfalls direkt proportional zu σ, bzw. σ'. Der Öffnungsfehler wächst also mit zunehmendem σ stark an.

Die Summe aus Teilkoeffizienten für den Öffnungsfehler einer Flächenfolge. Es soll nun der Ausdruck für den Öffnungsfehler eines zentrierten optischen Systems aus k brechenden Flächen gebildet werden.

Für die erste Fläche wäre nach (118)

$$\underset{1}{\Delta}\, y' = \beta'_1\,\underset{1}{\Delta}\, y - \frac{h_1}{2}\,\frac{\varepsilon'_1(\sigma_1 - \varepsilon'_1)(\varepsilon'_1 - \varepsilon_1)}{\sigma'_1}.$$

An der zweiten Fläche ist $\underset{2}{\Delta}\, y = \underset{1}{\Delta}\, y'$ und daher

$$\underset{2}{\Delta}\, y' = \beta'_2\left[\beta'_1\,\underset{1}{\Delta}\, y - \frac{h_1}{2}\,\frac{\varepsilon'_1(\sigma_1 - \varepsilon'_1)(\varepsilon'_1 - \varepsilon_1)}{\sigma'_1}\right] - \frac{h_2}{2}\,\frac{\varepsilon'_2(\sigma_2 - \varepsilon'_2)(\varepsilon'_2 - \varepsilon_2)}{\sigma'_2}.$$

An der dritten Fläche:

$$\underset{3}{\Delta}\, y' = \beta'_3\left\{\beta'_2\left[\beta'_1\,\underset{1}{\Delta}\, y - \frac{h_1}{2}\,\frac{\varepsilon'_1(\sigma_1 - \varepsilon'_1)(\varepsilon'_1 - \varepsilon_1)}{\sigma'_1}\right] - \frac{h_2}{2}\,\frac{\varepsilon'_2(\sigma_2 - \varepsilon'_2)(\varepsilon'_2 - \varepsilon_2)}{\sigma'_2}\right\} - \frac{h_3}{2}\,\frac{\varepsilon'_3(\sigma_3 - \varepsilon'_3)(\varepsilon'_3 - \varepsilon_3)}{\sigma'_3},$$

oder mit Berücksichtigung von

$$\prod_1^{\nu} \beta' = \frac{n_1}{n'_\nu}\,\frac{s'_1\, s'_2 \ldots s'_\nu}{s_1\, s_2 \ldots s_\nu} \quad \text{und} \quad \omega_\nu = \frac{h_\nu}{h_1} = \frac{s_2\, s_3 \ldots s_\nu}{s'_1\, s'_2 \ldots s'_{\nu-1}}:$$

$$\underset{3}{\Delta}\, y' = \prod_1^3 \beta'_\nu\left\{\underset{1}{\Delta}\, y - \frac{s_1}{2\, n_1}\sum_1^3 \omega_\nu\,(n'_\nu\,\varepsilon'_\nu)(\sigma_\nu - \varepsilon'_\nu)(\varepsilon'_\nu - \varepsilon_\nu)\right\}.$$

Nach der letzten (k^{ten}) Fläche ist daher mit $\prod_1^k \beta'_\nu = \beta'$:

$$\underset{k}{\Delta}\, y' = \beta'\,\underset{1}{\Delta}\, y - \frac{1}{2}\left(\frac{h_1}{f}\right)^3\left(\frac{s'_k}{n'_k\,\omega_k}\right)\sum_1^k H_\nu. \tag{120}$$

Wenn $s_1 = \infty$ ist, wird $\dfrac{s'_k}{n'_k \omega_k} = f$, mithin

$$\left(\underset{k}{\Delta} y'\right)_{s_1=\infty} = -\frac{h_1^3}{2 f^2} \sum_1^k H_\nu, \tag{121}$$

wobei man

$$H_\nu = \left(\frac{f}{h_1}\right)^3 \omega_\nu (n'_\nu \varepsilon'_\nu)(\sigma_\nu - \varepsilon'_\nu)(\varepsilon'_\nu - \varepsilon_\nu) \tag{122}$$

den *Teilkoeffizienten des Öffnungsfehlers* für die ν^{te} Fläche nennt, mit

$$\omega_\nu = \frac{h_\nu}{h_1};\ (n'_\nu \varepsilon'_\nu) = (n_\nu \varepsilon_\nu);\ (\sigma_\nu - \varepsilon'_\nu) = (\sigma'_\nu - \varepsilon_\nu);$$

$$(\varepsilon'_\nu - \varepsilon_\nu) = (n'_\nu \varepsilon'_\nu)\left(\frac{1}{n'_\nu} - \frac{1}{n_\nu}\right). \tag{123}$$

Bei einer *Planfläche* ist $\sigma_\nu = -\varepsilon_\nu$ und $\sigma'_\nu = -\varepsilon'_\nu$, mithin

$$H_\nu = -\left(\frac{f}{h_1}\right)^3 \omega_\nu (n'_\nu \sigma'_\nu)(\sigma_\nu + \sigma'_\nu)(\sigma_\nu - \sigma'_\nu). \tag{124}$$

Bei einer *Spiegelfläche* ist

$$H_\nu = -2\left(\frac{f}{h_1}\right)^3 n_\nu \omega_\nu \varphi_\nu \varepsilon_\nu^2. \tag{125}$$

Hat man den achsnahen Strahl nach dem Schnittweitenschema durchgerechnet, so treten folgende Substitutionen ein:

$$\varepsilon'_\nu = \frac{h_\nu Q_\nu}{n'_\nu};\ \varepsilon_\nu = \frac{h_\nu Q_\nu}{n_\nu};\ \sigma_\nu = \frac{h_\nu}{s_\nu};$$

mithin

$$(n'_\nu \varepsilon'_\nu) = h_\nu Q_\nu,$$

$$\sigma_\nu - \varepsilon'_\nu = \frac{h_\nu}{s_\nu} - \frac{h_\nu Q_\nu}{n_\nu} = h_\nu \frac{\underset{\nu}{\Delta} \frac{1}{n s}}{\underset{\nu}{\Delta} \frac{1}{n}}, \text{ wobei } \Delta x = x' - x,$$

$$\varepsilon'_\nu - \varepsilon_\nu = h_\nu Q_\nu \underset{\nu}{\Delta} \frac{1}{n}.$$

Es wird daher

$$H_\nu = f^3 \omega_\nu^4 Q_\nu^2 \underset{\nu}{\Delta} \frac{1}{n s} \tag{126}$$

Bei sphärischen Spiegel-Flächen ergibt sich in analoger Weise

$$H_\nu = -2 f^3 \omega_\nu^4 Q_\nu^2 \frac{1}{n_\nu r_\nu}. \tag{127}$$

Bei den bisherigen Betrachtungen wurde das optische System als eine Folge von brechenden Flächen angesehen. In den ω_ν wurden die endlichen Abstände der Flächen voneinander berücksichtigt. Diese Aufteilung des optischen Systems ist für die Bildfehleranalyse einer gegebenen Folge zweckmäßig.

Die Summe aus Teilkoeffizienten für den Öffnungsfehler eines Systems aus dünnen Äquivalentlinsen in Luft. Bei der Synthese eines neu zu entwickelnden Systems muß jedoch nach Linsen aufgeteilt werden und das läßt sich mathematisch nur mit dünnen Linsen ($d = 0$) machen, die allerdings endliche Abstände haben dürfen. Man muß dazu vorerst den Wert H_λ für die λ^{te} Linse aufstellen.

Die λ^{te} Linse von der Dicke Null habe die Flächennummern ν und $\nu + 1$. Dann sei

$$H_\lambda = H_\nu + H_{\nu+1},$$

wobei

$$\omega_\lambda = \omega_\nu = \omega_{\nu+1},$$
$$h_\lambda = h_\nu = h_{\nu+1},$$
$$n_\lambda = n'_\nu = n_{\nu+1},$$
$$s'_\nu = s_{\nu+1},$$
$$(n_\lambda - 1)\left(\frac{1}{r_\nu} - \frac{1}{r_{\nu+1}}\right) = F_\lambda \text{ (Brechkraft der } \lambda^{ten} \text{ Linse).}$$

Zweckmäßig führt man zwei *Hilfsparameter* M_λ und Ψ_λ ein, die folgendermaßen definiert sind:

$$\varepsilon_\nu + \varepsilon'_{\nu+1} = h_\lambda F M_\lambda, \tag{128}$$
$$\sigma_\nu + \sigma'_{\nu+1} = h_\lambda F \Psi_\lambda, \tag{129}$$

wobei F die Brechkraft des aus sämtlichen Linsen zusammengesetzten Systems ist. M_λ ist ein Parameter, der vorwiegend die *Durchbiegung* der Linse λ kennzeichnet, Ψ_λ ein Parameter, der den Strahlendurchgang charakterisiert.
Alle in H_ν und $H_{\nu+1}$ vorkommenden Winkelgrößen lassen sich durch diese Parameter ausdrücken. Aus der Brechkraft der dünnen Linse

$$F_\lambda = (n_\lambda - 1)\left(\frac{1}{r_\nu} - \frac{1}{r_{\nu+1}}\right) \tag{55 a}$$

folgt wegen $h = r \cdot \varphi$ und $\varphi = \sigma + \varepsilon = \sigma' + \varepsilon'$, sowie $\sigma = \frac{h}{a}$, $\sigma' = \frac{h}{a'}$ und $\frac{1}{a'_\lambda} - \frac{1}{a_\lambda} = F_\lambda$ (68):

$$h_\lambda F_\lambda = (n_\lambda - 1)(\varphi_\nu - \varphi_{\nu+1}) = (n_\lambda - 1)\,[(\sigma_\nu - \sigma'_{\nu+1}) + (\varepsilon_\nu - \varepsilon'_{\nu+1})]$$
$$= (n_\lambda - 1)\,[-h_\lambda F_\lambda + (\varepsilon_\nu - \varepsilon'_{\nu+1})].$$

Es ergeben sich also die Gleichungspaare

$$\sigma'_{\nu+1} - \sigma_\nu = h_\lambda F_\lambda, \qquad \varepsilon_\nu - \varepsilon'_{\nu+1} = \frac{n_\lambda}{n_\lambda - 1} h_\lambda F_\lambda,$$

und

$$\sigma'_{\nu+1} + \sigma_\nu = h_\lambda F \Psi_\lambda, \qquad \varepsilon_\nu + \varepsilon'_{\nu+1} = h_\lambda F M_\lambda;$$

und daraus

$$\sigma_\nu = \frac{h_1}{2f}\omega_\lambda\left(\Psi_\lambda - \frac{F_\lambda}{F}\right); \qquad \varepsilon_\nu = \frac{h_1}{2f}\omega_\lambda\left(M_\lambda + \frac{n_\lambda}{n_\lambda - 1}\frac{F_\lambda}{F}\right); \tag{130}$$

$$\sigma'_{\nu+1} = \frac{h_1}{2f}\omega_\lambda\left(\Psi_\lambda + \frac{F_\lambda}{F}\right); \qquad \varepsilon'_{\nu+1} = \frac{h_1}{2f}\omega_\lambda\left(M_\lambda - \frac{n_\lambda}{n_\lambda - 1}\frac{F_\lambda}{F}\right). \tag{131}$$

Hiermit wird nach (122) zunächst

$$H_\lambda = \left(\frac{f}{h_1}\right)^3 \omega_\lambda \frac{n_\lambda - 1}{n_\lambda}\left[\varepsilon_\nu^2\left(\frac{\varepsilon_\nu}{n_\lambda} - \sigma_\nu\right) + \varepsilon'^2_{\nu+1}\left(\sigma'_{\nu+1} - \frac{\varepsilon'_{\nu+1}}{n_\lambda}\right)\right],$$

woraus nach mehrfachen Umformungen folgt:

$$\mathrm{H}_\lambda = \omega_\lambda^4 \frac{\mathrm{F}_\lambda}{\mathrm{F}} \left\{ \frac{\mathrm{n}_\lambda + 2}{4\,\mathrm{n}_\lambda} M_\lambda^2 - \frac{1}{2} \Psi_\lambda M_\lambda + \frac{1}{4} \left(\frac{\mathrm{n}_\lambda}{\mathrm{n}_\lambda - 1} \right)^2 \left(\frac{\mathrm{F}_\lambda}{\mathrm{F}} \right)^2 \right\}. \tag{132}$$

Diese Größe H_λ ist der *Linsenteilkoeffizient*[1] des Öffnungsfehlers für die Linse λ. Die Summe über alle l-Linsen, nämlich

$$\mathrm{H} = \sum_{\lambda=1}^{l} \mathrm{H}_\lambda \tag{133}$$

ist die Fehlersumme für den Öffnungsfehler des Gesamtsystems.

Nach (120) wird

$$\underset{k}{\Delta}\, \mathrm{y}' = \beta' \underset{1}{\Delta}\, \mathrm{y} - \frac{1}{2} \left(\frac{\mathrm{h}_1}{\mathrm{f}} \right)^3 \left(\frac{\mathrm{s}'_k}{\mathrm{n}'_k\, \omega_k} \right) \mathrm{H}.$$

Anwendung. Bei der praktischen Anwendung geht man in verschiedenen Schritten vor, nachdem man aus der *Maßstabsgleichung* (85)

$$\mathrm{F} = \sum_{\lambda=1}^{l} \omega_\lambda \mathrm{F}_\lambda,$$

der *Achromasiebedingung* (s. S. 105)

$$\frac{\mathrm{F}}{\nu} = \sum_{\lambda=1}^{l} \omega_\lambda^2 \frac{\mathrm{F}_\lambda}{\nu_\lambda}$$

und der PETZVAL*bedingung* (s. S. 94)

$$\mathrm{P} = \sum_{\lambda=1}^{l} \frac{\mathrm{F}_\lambda}{\mathrm{n}_\lambda}$$

das Fundament des optischen Aufbaues ermittelt hat, d. h. die Werte F_λ, ω_λ, n_λ, ν_λ einzeln kennt:

1. man bestimmt an jeder Linse
   a_λ und a'_λ des achsnahen Strahles;
2. man bildet durch Umformen von (129) in Verbindung mit der Linsengleichung (68):

$$\Psi_\lambda = \frac{2\,\mathrm{f}}{\mathrm{a}_\lambda} + \frac{\mathrm{F}_\lambda}{\mathrm{F}} = \frac{2\,\mathrm{f}}{\mathrm{a}'_\lambda} - \frac{\mathrm{F}_\lambda}{\mathrm{F}}; \tag{134}$$

3. man setzt in jedes H_λ die bekannt gewordenen Zahlenwerte für ω_λ, F_λ, $\frac{\mathrm{n}_\lambda + 2}{\mathrm{n}_\lambda}$, $\left(\frac{\mathrm{n}_\lambda}{\mathrm{n}_\lambda - 1}\right)^2$, $\frac{\mathrm{F}_\lambda}{\mathrm{F}}$ und Ψ_λ ein, wodurch sich ein in der Unbekannten M_λ quadratischer Ausdruck ergibt;

4. man setzt ferner in $\mathrm{H} = \sum_{\lambda=1}^{l} \mathrm{H}_\lambda$ den gewünschten Betrag für H ein

und löst dann nach M_λ auf. Bei einer Einzellinse ist das ein eindeutiges Problem, das eine reelle oder imaginäre Lösung liefert. Bei zweilinsigen Systemen treten die beiden Unbekannten M_1 und M_2 auf. Man kann daher in ähnlicher Weise noch die Fehlersumme für einen anderen Bildfehler aufstellen (z. B. für die Koma, s. S. 93), um diejenigen Durchbiegungs-Parameter M_1 und M_2 eindeutig zu bestimmen, für die neben dem Öffnungs-

[1] D. ARGENTIERI hat einen ähnlichen Koeffizienten in seiner „Ottica Industriale“ benutzt.

fehler noch ein zweiter Bildfehler gegebene Beträge bekommt. Analog lassen sich mit noch mehr Einzellinsen entsprechend viele Bildfehler wunschgemäß abstimmen, wobei allerdings auch imaginäre Lösungen vorkommen können;

5. hat man reelle Zahlenwerte für M_λ gefunden, so ergeben sich aus ihnen die *Krümmungsradien* der dünnen Einzellinsen nach Umformung von (130) und (131); es ist nämlich mit dem nunmehr bekannten Wert für M_λ sowohl ε_ν als auch $\varepsilon'_{\nu+1}$ zahlenmäßig zu errechnen; nun ist aber nach (24) in Anwendung auf die dünne Linse, d. h. $s_\nu = a_\lambda$, $s'_{\nu+1} = a'_\lambda$:

$$\varepsilon_\nu = \frac{a_\lambda - r_\nu}{r_\nu}\sigma_\lambda = \frac{a_\lambda - r_\nu}{a_\lambda r_\nu} h_\lambda = \left(\frac{1}{r_\nu} - \frac{1}{a_\lambda}\right) h_\lambda,$$

folglich $\dfrac{1}{r_\nu} = \dfrac{\varepsilon_\nu}{h_\lambda} + \dfrac{1}{a_\lambda}$ und mit (130)

$$\frac{1}{r_\nu} = \frac{1}{a_\lambda} + \frac{1}{2f}\left(M_\lambda + \frac{n_\lambda}{n_\lambda - 1}\frac{F_\lambda}{F}\right),$$

entsprechend:

$$\frac{1}{r_{\nu+1}} = \frac{1}{a'_\lambda} + \frac{1}{2f}\left(M_\lambda - \frac{n_\lambda}{n_\lambda - 1}\frac{F_\lambda}{F}\right).$$

So ergeben sich unter weiterer Einführung von (134) schließlich die Flächenkrümmungen der λ^{ten} Linse zu:

$$\frac{1}{r_\nu} = \frac{F}{2}\left(\frac{1}{n_\lambda - 1}\frac{F_\lambda}{F} + \Psi_\lambda + M_\lambda\right) = \frac{1}{a_\lambda} + \frac{n_\lambda}{n_\lambda - 1}\frac{F_\lambda}{2} + \frac{M_\lambda F}{2}, \tag{135}$$

$$\frac{1}{r_{\nu+1}} = \frac{F}{2}\left(-\frac{1}{n_\lambda - 1}\frac{F_\lambda}{F} + \Psi_\lambda + M_\lambda\right) = \frac{1}{a'_\lambda} - \frac{n_\lambda}{n_\lambda - 1}\frac{F_\lambda}{2} + \frac{M_\lambda F}{2}. \tag{136}$$

Beispiele. 1. Die Öffnungsfehlersumme einer *einzelnen* dünnen Linse ist wegen $F_\lambda = F_1 = F$ und $\omega_\lambda = 1$:

$$H = \frac{n+2}{4n} M^2 - \frac{1}{2}\Psi M + \frac{1}{4}\left(\frac{n}{n-1}\right)^2.$$

Dieser Ausdruck stellt im ebenen Koordinatensystem (Abszisse M, Ordinate H) eine Parabel dar, deren Minimum durch Nullsetzen des ersten Differentialquotienten nach M folgt:

$$\frac{\partial H}{\partial M} = 0: \qquad M = \frac{n}{n+2}\Psi.$$

1a. Betrachtet man den Spezialfall $a = \infty$, d. h. nach (134) $\Psi = 1$, so wird $M = \dfrac{n}{n+2}$ und nach (135) und (136)

$$\frac{1}{r_1} = \frac{n(2n+1)}{2(n-1)(n+2)} F,$$

$$\frac{1}{r_2} = \frac{2n^2 - n - 4}{2(n-1)(n+2)} F,$$

mithin $\dfrac{r_2}{r_1} = \dfrac{n(2n+1)}{2n^2 - n - 4}$, insbesondere vom Betrage -6 für $n = 1{,}50$.

1b. Liegt der Sonderfall $\Psi = 0$, d. h. $\sigma'_2 = -\sigma_1$ vor, mithin $\beta' = -1$, so liegt das Minimum des Öffnungsfehlers bei der Durchbiegung $M = 0$ der Linse, d. h. bei $\varepsilon'_2 = -\varepsilon_1$; wenn also eine Linse mit dem Abbildungsmaßstab $\beta' = -1$ abbildet, gibt man ihr zweckmäßig genau bikonvexe Form $[r_1 = -r_2 = 2(n-1)f]$, die von den Abbildungsstrahlen alsdann symmetrisch durchlaufen wird.

2. Eine praktische Anwendung möge z. B. die Vorrechnung des *Aplanaten* bieten. Der Aufbau dieses Objektivtyps ist auf S. 168 zu ersehen. Man korrigiert dessen Hälften einzeln so, daß sie für achsparalleles Licht im Blendenraum öffnungsfehlerfrei abbilden. Die Aplanathälfte besteht aus zwei verkitteten Linsen, für deren jede sich ein Durchbiegungsparameter berechnen läßt. Diese beiden Parameter M_1 und M_2 sind aber nicht unabhängig voneinander, wenn die beiden Linsen verkittet werden, d. h. in den Kittflächen gleiche Krümmungsradien haben. Es muß daher neben (133) noch eine *Verkittungsbedingung* erfüllt werden. Sie lautet

$$\frac{1}{r_{\nu+1}} \text{ von Linse 1} = \frac{1}{r_\nu} \text{ von Linse 2},$$

wobei nach (135) und (136)

$$\left(\frac{1}{r_{\nu+1}}\right)_{\text{Linse 1}} = \frac{F}{2}\left(-\frac{1}{n_1-1}\frac{F_1}{F} + \Psi_1 + M_1\right),$$

$$\left(\frac{1}{r_\nu}\right)_{\text{Linse 2}} = \frac{F}{2}\left(+\frac{1}{n_2-1}\frac{F_2}{F} + \Psi_2 + M_2\right);$$

durch Subtrahieren ergibt sich wegen der Gleichheit der Radien:

$$M_1 - M_2 = \left(\frac{1}{n_1-1}\frac{F_1}{F} + \frac{1}{n_2-1}\frac{F_2}{F}\right) - (\Psi_1 - \Psi_2).$$

Nun ist nach (134)

$$\Psi_1 = \frac{2f}{a_1} + \frac{F_1}{F}, \qquad \Psi_2 = \frac{2f}{a'_2} - \frac{F_2}{F}$$

oder

$$\Psi_1 - \Psi_2 = \frac{F_1 + F_2}{F} + 2f\left(\frac{1}{a_1} - \frac{1}{a'_2}\right),$$

und wegen

$$\frac{1}{a'_2} - \frac{1}{a_1} = F$$

sowie

$$F_1 + F_2 = F$$

wird schließlich

$$\Psi_1 - \Psi_2 = -1.$$

Infolgedessen wird die „Verkittungsbedingung“:

$$M_1 - M_2 = \frac{n_1}{n_1-1}\frac{F_1}{F} + \frac{n_2}{n_2-1}\frac{F_2}{F}. \tag{137}$$

Zahlenbeispiel:

	Linse 1	Linse 2
gegeben n_λ	1,580	1,616;

aus Achromasiebedingung (197) mit $\omega_2 = 1$; $\nu_1 = 43{,}0$; $\nu_2 = 36{,}6$ und $\nu = +800$ sowie der Maßstabsgleichung $\frac{F_1}{F} + \frac{F_2}{F} = 1$ wird gefunden:

	Linse 1	Linse 2	Summe
$\frac{F_\lambda}{F}$	$+7{,}42$	$-6{,}42$	$+1.$

Dann ergibt sich nacheinander

	Linse 1	Linse 2	Summe
f/a_λ f/a'_λ	0 (gegeben) + 7,42	+ 7,42 + 1	
Ψ_λ	+ 7,42	+ 8,42	
$\frac{n_\lambda}{n_\lambda - 1} \frac{F_\lambda}{F}$	+ 20,2	− 16,82	+ 3,38 d. h. $M_2 = M_1 - 3{,}38$
H_λ	+ 4,20 M_1^2 − 27,54 M_1 + 760	− 3,60 M_1^2 + 51,43 M_1 − 587,6	+ 0,60 M_1^2 + 23,89 M_1 + 172
für $H = H_1 + H_2 = 40$*: M_λ	− 6,6 − 33,2	− 9,98 − 36,58	Lösung I Lösung II
$\Psi_\lambda + M_\lambda$	+ 0,82 − 25,78	− 1,56 − 28,16	Lösung I Lösung II
$\frac{1}{n_\lambda - 1} \frac{F_\lambda}{F}$	+ 12,79	− 10,40	
f/r_ν	+ 6,80 − 6,50	− 5,98 − 19,28	Lösung I Lösung II
$f/r_{\nu+1}$	− 5,98 − 19,28	+ 4,42 − 8,88	Lösung I Lösung II

* Wegen der Fehler höherer Ordnung darf man nicht $\nu = \infty$ oder $H = 0$ annehmen, sondern muß man endliche Erfahrungswerte einsetzen.

Für gleichzeitige genügende Korrektion der Abbildungsfehler, insbesondere des Astigmatismus, in schiefen Bündeln, ist nur die Lösung II brauchbar, so daß sich aus der dickenlosen Vorrechnung folgende Grundlage der Aplanathälfte ergibt:

$$\text{für } f = 160 \text{ mm}^1\text{: } r = -24{,}6; \; -8{,}30; \; -18{,}02 \text{ mm.}$$

Mit diesen Ausgangswerten kann an die Feinkorrektion mit Hilfe der trigonometrischen Strahlendurchrechnung herangegangen werden. Das auskorrigierte Objektiv (Aplanathälfte) ist im Beispiel 4 des Anhangs dargestellt. Der Vergleich der obigen Werte für r mit denen im Beispiel 4 läßt erkennen, daß durch die dickenlose Vorrechnung schon nahezu die endgültige Objektivform gefunden werden konnte.

Die Methode ist allerdings nur anwendbar, wenn an Öffnung und Bildfeld keine hohen Anforderungen gestellt werden.

Über die Weiterführung dieses synthetischen Rechenverfahrens für die übrigen Abbildungsfehler, insbesondere die Einführung endlicher Dicken, unterrichtet Seite 98.

[1] Damit beim Zusammensetzen von zwei Aplanathälften zu einem symmetrischen Objektiv mit Mittelblende die Brennweite etwa 100 mm wird.

C. Die Koma

Eine einzelne brechende Fläche. In Abb. 48 ist die brechende Fläche nicht besonders gekennzeichnet, sondern nur die optische Achse (strichpunktiert) durch den Scheitelpunkt *S* und den Krümmungsmittelpunkt *C* sowie (perspektivisch) die Tangentialebene (rechteckig umrandet) an der letzten brechenden Fläche im Scheitelpunkt *S*. Diese Tangentialebene ersetzt für genügend kleine Strahlneigungen und Bündelöffnungen das ausgenutzte Flächenstück der brechenden Fläche.

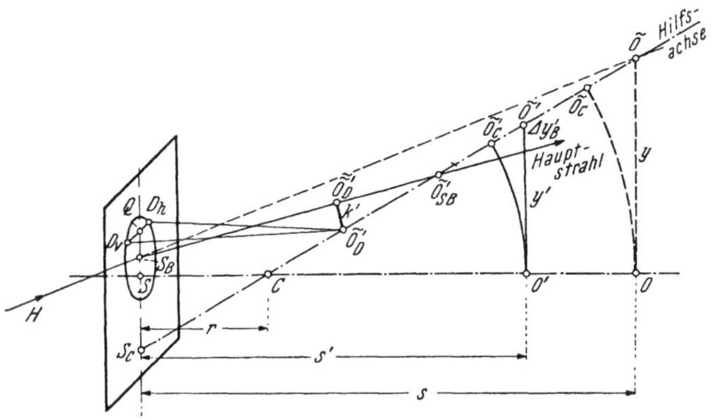

Abb. 48. Zur Berechnung des Komafehlers dritter Ordnung

Der als virtuell angenommene seitliche Dingpunkt $\tilde{O}$ im genügend kleinen Abstand y von der optischen Achse liegt in der Zeichenebene. Durch ihn verläuft der einfallende „Hauptstrahl“ H$\tilde{O}$, der die brechende Fläche (Tangentialebene) in S_B durchstößt. Er wird dort gebrochen wie gezeichnet.

Um den Hauptstrahl herum gruppiert sich das Strahlenbündel, dessen Querschnitt in der brechenden Fläche als genügend kreisförmig angesehen werden kann (Kreislinie durch D_h und D_v). Auf einer Kreiszone um S_B finden sich stets Punktpaare D_h und D_v, die symmetrisch zur „Meridianebene“ (Zeichenebene) liegen. Die (nicht gezeichneten) Strahlen $D_v\tilde{O}$ und $D_h\tilde{O}$ im Dingraum werden so gebrochen, daß ihre Bildstrahlen sich im Punkt $\tilde{O}'_D$ vereinigen, der in der Meridianebene liegt, und zwar auf der Hilfsachse C$\tilde{O}$ durch den Krümmungsmittelpunkt C. Die in der Zeichenebene verlaufende Hilfsachse durchstößt die brechende Fläche (Tangentialebene) im Punkt S_C. Die Lage des Punktes $\tilde{O}'_D$ ist durch den Öffnungsfehler der brechenden Fläche für die Punkte D_v und D_h bestimmt, die aus Symmetriegründen beide von S_C gleiche Entfernung haben. Der Abstand des Punktes $\tilde{O}'_D$ vom bildseitigen Hauptstrahl, d. h. die gerichtete Strecke $\tilde{\tilde{O}}'_D\tilde{O}'_D$ ist ein *Maß* für die „Koma“, das nun berechnet werden soll, und für das der Buchstabe k' eingeführt wird. Man muß dazu vom Öffnungsfehler im Punkt $\tilde{O}'_D$ ausgehen und diesen folglich zuerst bestimmen. Wäre y = 0, also läge $\tilde{O}$ in O, so läge das paraxiale Bild $\tilde{O}'$ zu $\tilde{O}$ in O'. Es müssen daher auf der Hilfsachse zunächst Punkte $\tilde{O}_C$ und $\tilde{O}'_C$ als Bezugspunkte betrachtet werden, die auf den zu C konzentrischen Hilfskreisen $O'\tilde{O}'_C$ und $O\tilde{O}_C$ liegen. Die gerichtete Strecke $\tilde{O}'_C\tilde{O}'_D$ ist der von außeraxialen Bildfehlern noch unbeeinflußte Betrag des Öffnungsfehlers im Punkt $\tilde{O}'_D$. Er ist im SEIDELschen Gebiet (dritter Ordnung) proportional zum Quadrat der Durchstoßhöhe $S_C D_h = S_C D_v$, also

$$\tilde{O}'_C\tilde{O}'_D = a\,(S_C D_h)^2,$$

wo a ein Proportionalitätsfaktor ist, auf dessen Berechnung es im besonderen ankommt. Das wäre aber der Öffnungsfehler für die Abbildung des Dingpunktes $\tilde{O}_C$; hier interessiert jedoch die Abbildung des Punktes $\tilde{O}$. Die Strecke $\tilde{O}_C\tilde{O}$ bildet sich nach den Gesetzen der GAUSSschen Dioptrik in die Strecke

$$\tilde{O}_C\tilde{O}\cdot\frac{n'}{n}\cdot\beta'^2$$

ab, wo β' der Abbildungsmaßstab von $\tilde{O}$ nach $\tilde{O}'$ ist. Dieser Betrag kommt zu $\tilde{O}'_C\tilde{O}'_D$ hinzu. Dann ist aber der Fehler immer noch auf $\tilde{O}'_C$ bezogen. Es interessiert jedoch nicht $\tilde{O}'_C$, sondern $\tilde{O}'$. Es muß also noch die gerichtete Strecke $\tilde{O}'_C\tilde{O}'$ in Abzug gebracht werden, so daß der gesamte Fehler für $\tilde{O}'_D$ beträgt:

$$\tilde{O}'\tilde{O}'_D = \tilde{O}'_C\tilde{O}'_D + \tilde{O}_C\tilde{O}\cdot\frac{n'}{n}\cdot\beta'^2 - \tilde{O}'_C\tilde{O}'.$$

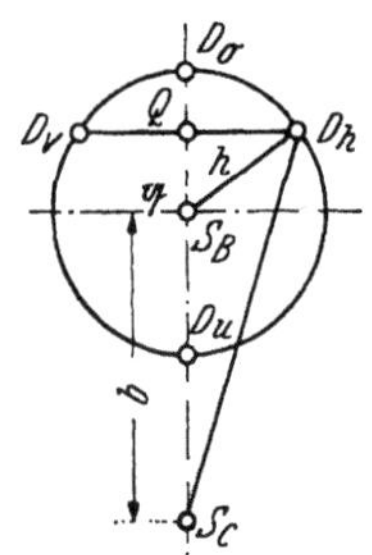

Abb. 49. Hilfsfigur zu Abb. 48

Hierin ist nach obigem

$$\tilde{O}'_C\tilde{O}'_D = a\cdot(S_C D_h)^2,$$

ferner

$$\tilde{O}_C\tilde{O} = \frac{y^2}{2\,(s-r)}$$

(für einen kleinen Neigungswinkel des Hauptstrahles gegen die optische Achse gleich der Pfeilhöhe des Bogens $O\tilde{O}_C$)

und

$$\tilde{O}'_C\tilde{O}' = \frac{y'^2}{2\,(s'-r)}.$$

Aus Abb. 49, die die Tangentialebene der Abb. 48 in Frontalansicht zeigt, folgt

$$(S_C D_h)^2 = (q+b)^2 + h^2 - q^2 = 2\,q\,b + b^2 + h^2.$$

Ferner ist $y' = \beta'\,y$, folglich wird

$$\tilde{O}'\tilde{O}'_D = a\,(2\,q\,b + b^2 + h^2) + \frac{n'\,y'^2}{2}\left[\frac{1}{n\,(s-r)} - \frac{1}{n'\,(s'-r)}\right].$$

Aus (23)

$$\frac{n'}{s'} - \frac{n}{s} = \frac{n'-n}{r}$$

folgt:

$$\frac{1}{n\,(s-r)} - \frac{1}{n'\,(s'-r)} = \frac{n-n'}{n\,n'\,r};$$

und daher

$$\tilde{O}'\tilde{O}'_D = a\,(2\,q\,b + b^2 + h^2) + \frac{y'^2}{2}\,\frac{n - n'}{n\,r}.$$

Um zur „Komalänge" $\tilde{\tilde{O}}'_D \tilde{O}'_D$ zu gelangen, muß man im Dreieck $\tilde{O}'_{S_B} \tilde{\tilde{O}}'_D \tilde{O}'_D$ die Seite $\tilde{O}'_{S_B} \tilde{O}'_D$ kennen. Letztere bekommt man aus $\tilde{O}'\tilde{O}'_D$, wenn man darin $h = o$; $q = o$ setzt, d. h. zunächst

$$\tilde{O}'\tilde{O}'_{S_B} = a\,b^2 + \frac{y'^2}{2}\,\frac{n - n'}{n\,r},$$

und durch Differenzbildung

$$\tilde{O}'_{S_B} \tilde{O}'_D = \tilde{O}'\tilde{O}'_D - \tilde{O}'\tilde{O}'_{S_B} = a\,(2\,q\,b + h^2).$$

Nun gilt nach der Figur

$$k' = \tilde{\tilde{O}}'_D \tilde{O}'_D = S_B S_C \cdot \frac{\tilde{O}'_{S_B} \tilde{O}'_D}{\tilde{O}'_{S_B} S_C} = -\,b \cdot \frac{a\,(2\,q\,b + h^2)}{\tilde{O}' S_C} = b\,\frac{a\,(2\,q\,b + h^2)}{s'} \tag{138}$$

da $\tilde{O}'\tilde{O}'_{S_B} << \tilde{O}' S_C$ und die Hauptstrahlneigung genügend klein angenommen ist.

Die zentrierte Flächenfolge. Im vorausgegangenen Abschnitt war für die Koma die Strecke k' berechnet worden. Bei Annahme eines fehlerfreien Objektes liefert die Abbildung durch die erste Fläche eine Komastrecke k'_1, die durch die zweite Fläche mit deren Abbildungsmaßstab β'_2 weiter abgebildet wird; es kommt aber eine neue Komastrecke k'_2 hinzu, so daß nach der zweiten Fläche die Koma

$$\beta'_2\, k'_1 + k'_2$$

ist; entsprechend nach der dritten Fläche

$$\beta'_3\,(\beta'_2\, k'_1 + k'_2) + k'_3$$

usw. Nach der letzten (k^{ten}) Fläche ist die Koma

$$k' = (\beta'_2\,\beta'_3 \ldots \beta'_k)\, k'_1 + (\beta'_3\,\beta'_4 \ldots \beta'_k)\, k'_2 + \ldots + \beta'_k\, k'_{k-1} + k'_k.$$

Nun ist nach (43)

$$\beta'_2\,\beta'_3 \ldots \beta'_k = \frac{n'_1\,\sigma'_1}{n'_k\,\sigma'_k},$$

$$\beta'_3\,\beta'_4 \ldots \beta'_k = \frac{n'_2\,\sigma'_2}{n'_k\,\sigma'_k},$$

usw.,
folglich

$$k' = \frac{n'_1\,\sigma'_1}{n'_k\,\sigma'_k}\, k'_1 + \frac{n'_2\,\sigma'_2}{n'_k\,\sigma'_k}\, k'_2 + \ldots + \frac{n'_{k-1}\,\sigma'_{k-1}}{n'_k\,\sigma'_k}\, k'_{k-1} + k'_k.$$

Diese Summenformel stellt in den einzelnen Summanden die Anteile der jeweiligen Flächen an der Gesamtkoma dar.

Der Anteil der ν^{ten} Fläche ist also

$$\frac{n'_\nu\,\sigma'_\nu}{n'_k\,\sigma'_k}\, k'_\nu.$$

Nun ist nach (28) und (46)

$$\sigma'_\nu = \frac{h_\nu}{s'_\nu}; \quad \sigma'_k = \frac{h_k}{s'_k}; \quad \omega_\nu = \frac{h_\nu}{h_1}; \quad \omega_k = \frac{h_k}{h_1},$$

folglich wird der Koma-Anteil der ν^{ten} Fläche mit (138):

$$\omega_\nu \frac{n'_\nu}{s'_\nu}\left(\frac{s'_k}{n'_k\,\omega_k}\right) k'_\nu = \left(\frac{s'_k}{n'_k\,\omega_k}\right)\omega_\nu \frac{n'_\nu}{s'_\nu}\, b_\nu\, a_\nu \frac{2\,q_\nu\, b_\nu + h_\nu^2}{s'_\nu}.$$

Der Faktor a_ν ist definitionsgemäß nach (86) und (116)

$$a_\nu = \frac{\tilde{s}'_\nu - s'_\nu}{h_\nu^2} = -\frac{1}{h_\nu^2}\frac{s'^2_\nu}{2}\left(\frac{1}{r_\nu} - \frac{1}{s'_\nu}\right)(\sigma_\nu - \varepsilon'_\nu)(\varepsilon'_\nu - \varepsilon_\nu)$$

und wegen (122), nämlich

$$H_\nu = \left(\frac{f}{h_1}\right)^3 \omega_\nu\,(n'_\nu\,\varepsilon'_\nu)\,(\sigma_\nu - \varepsilon'_\nu)\,(\varepsilon'_\nu - \varepsilon_\nu)$$

sowie

$$\frac{1}{r_\nu} - \frac{1}{s'_\nu} = \frac{\varepsilon'_\nu}{h_\nu};$$

$$a_\nu = -\frac{1}{h_\nu^2}\frac{s'^2_\nu}{2}\frac{\varepsilon'_\nu}{h_\nu} H_\nu \left(\frac{h_1}{f}\right)^3 \frac{1}{\omega_\nu}\frac{1}{n'_\nu\,\varepsilon'_\nu}$$

oder

$$a_\nu = -\frac{1}{2}\frac{s'^2_\nu}{n'_\nu\,\omega_\nu^4}\left(\frac{1}{f}\right)^3 H_\nu;$$

mithin der *Koma-Anteil*

$$-\frac{1}{2}\left(\frac{s'_k}{n'_k\,\omega_k}\right)\omega_\nu \frac{n'_\nu}{s'_\nu}\, b_\nu \frac{s'^2_\nu}{n'_\nu\,\omega_\nu^4}\left(\frac{1}{f}\right)^3 \frac{2\,q_\nu\, b_\nu + h_\nu^2}{s'_\nu} H_\nu$$

oder

$$-\frac{1}{2}\left(\frac{s'_k}{n'_k\,\omega_k}\right)\frac{b_\nu}{\omega_\nu^3}\left(\frac{1}{f}\right)^3 (2\,q_\nu\, b_\nu + h_\nu^2)\, H_\nu. \tag{139}$$

Es genügt, sich zunächst auf die *sagittale* Koma, nämlich für $q_\nu = 0$ (Abb. 49), zu beschränken. So errechnet sich der Anteil der ν^{ten} Fläche an dieser folglich zu

$$-\frac{1}{2}\left(\frac{s'_k}{n'_k\,\omega_k}\right)\frac{b_\nu}{h_1\,\omega_\nu^3}\left(\frac{h_1}{f}\right)^3 \frac{h_\nu^2}{h_1^2} H_\nu$$

oder gleich

$$-\frac{1}{2}\left(\frac{s'_k}{n'_k\,\omega_k}\right)\left(\frac{b_\nu}{h_\nu}\right)\left(\frac{h_1}{f}\right)^3 H_\nu. \tag{140}$$

Der Faktor $\frac{b_\nu}{h_\nu}$ kann sehr einfach ausgedrückt werden; es ist nämlich

$$h_\nu = s'_\nu\,\sigma'_\nu = s'_\nu\,\varepsilon'_\nu \frac{r_\nu}{s'_\nu - r_\nu},$$

$$b_\nu = s'_\nu\,\sigma'_{B_\nu} = s'_\nu\,\varepsilon'_{B_\nu} \frac{r_\nu}{s'_\nu - r_\nu},$$

wo der Index B andeutet, daß es sich um den gebrochenen Hauptstrahl handelt, während die Größen ohne zusätzlichen Index (abgesehen von ν) auf den achsnahen Strahl zum axialen Bildpunkt bezogen sind. Dann wird:

$$\left(\frac{b_\nu}{h_\nu}\right) = \left(\frac{\varepsilon'_{B_\nu}}{\varepsilon'_\nu}\right). \tag{140a}$$

Der *sagittale Koma-Anteil der* ν^{ten} *Fläche* wird mithin

$$\frac{1}{2}\left(\frac{s'_k}{n'_k\,\omega_k}\right)\left(\frac{h_1}{f}\right)^2 (n_1\,\sigma_{B_1}\,\omega_{EP})\,C_\nu \tag{141}$$

mit

$$C_\nu = p_\nu\,H_\nu \text{ (\textit{Flächenteilkoeffizient der Koma})} \tag{142}$$

und

$$p_\nu = -\left(\frac{\varepsilon'_{B_\nu}}{\sigma_{B_1}}\right)\left(\frac{h_1}{f\,\varepsilon'_\nu}\right)\left(\frac{1}{n_1\,\omega_{EP}}\right), \tag{143}$$

wobei $\omega_{EP} = \frac{h_{EP}}{h_1}$ die relative Strahlhöhe in der Eintrittspupille ist.

Die Zerstreuungsscheibchen der Koma. In Abb. 50 ist eine kreisförmige Zone des schiefen Strahlenbündels durch die perspektivisch gezeichnete Kreislinie M_o (o = oben), P_{vo} (v = vorn), S_v, P_{vu} (u = unten), M_u, P_{hu} (h = hinten), S_h, P_{ho}, M_o dargestellt. Sie ist konzentrisch zum Hauptstrahl B. Es sollen nun alle der Kreiszone angehörenden Bildstrahlen verfolgt werden. Das Ordnungsprinzip der Strahlen ist bereits an Abb. 48 auseinandergesetzt worden. Hiernach treffen sich die Strahlen (Abb. 50) von P_{vo} und P_{ho} in P'_o; von P_{vu} und P_{hu} in P'_u; von S_v und S_h in S' usw. Die in der Zeichenebene liegende

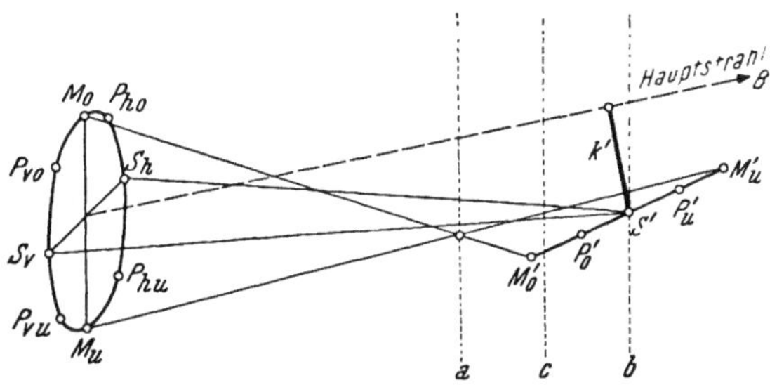

Abb. 50. Die charakteristische Bildlinie des komabehafteten Strahlenbündels durch eine ringförmig begrenzte, zum Hauptstrahl konzentrische Zone und die Komaweite k'

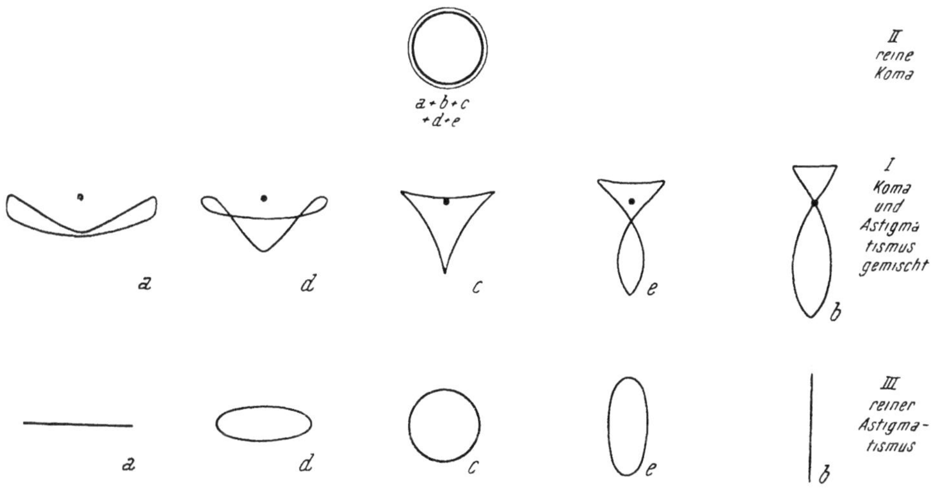

Abb. 51. Zerstreuungsfiguren eines ringförmig begrenzten Strahlenbündels:
I. bei astigmatismusfreier Koma;
II. bei Koma und Astigmatismus;
III. bei komafreiem Astigmatismus;
in fünf verschiedenen Einstellebenen *a*, *b*, *c* gemäß Abb. 50 und Zwischenebenen *d* und *e*

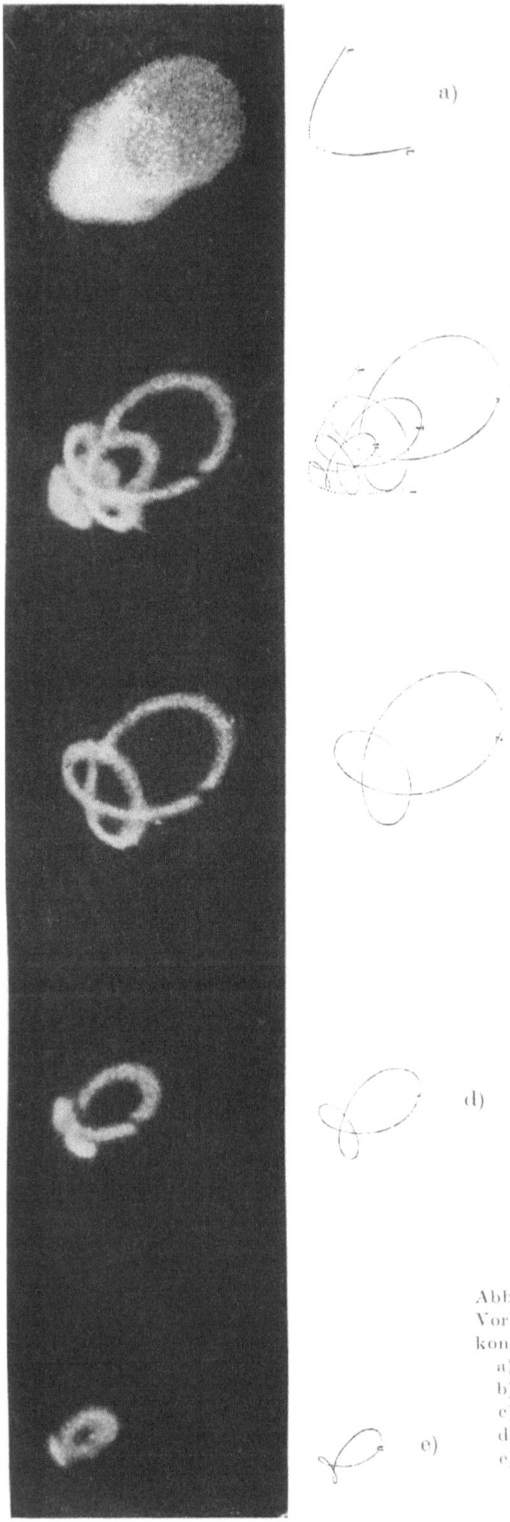

Gerade $M'_0 M'_u$ ist eine *charakteristische Bildlinie*, die Verteilung der Strahlenpaarschnittpunkte auf ihr ist sphärische Aberration. Im allgemeinen Falle eines zentrierten optischen Systems aus mehreren brechenden Flächen gibt es im Bildraum stets eine solche charakteristische Bildlinie, die in der Meridianebene und mehr oder weniger geneigt zum austretenden Hauptstrahl verläuft.

Beschränkt man sich auf den sogenannten SEIDELschen Bereich, d. h. jenes Gebiet um die optische Achse herum, in dem die Sinusfunktionen und Tangensfunktionen der Öffnungs- und Bildwinkel durch Reihen bis zum Gliede der dritten Potenz der Winkel selbst hinreichend genau wiedergegeben werden, so gilt folgende *Gesetzmäßigkeit*: der Strahlenpaarpunkt S' halbiert die Länge $M'_0 M'_u$ der Bildlinie; beiderseits S' ist die Punktfolge symmetrisch. Es interessiert nun die Figur, die von dem mit den geschilderten Abweichungen behafteten komplizierten Strahlenkegel in einer beliebigen achsensenkrechten Bildebene (z. B. in a, b, c der Abb. 50) aufgezeichnet wird. Es ist keineswegs schwierig, diese Figur zu konstruieren, nachdem man mit Hilfe der charakteristischen Bildlinie das Ordnungsprinzip durchschaut hat.

In den Beispielen der Abb. 51 sind solche Schnittfiguren dar-

Abb. 52. Zerstreuungsfiguren nach Abb. 51 bei Vorhandensein von mehreren zum Hauptstrahl konzentrischen ringförmigen Zonen.
a) für die ganze Öffnung,
b) bei Ausblendung von drei Ringzonen,
c) mit der großen Zone allein,
d) mit der mittleren Zone allein,
e) mit der kleinen Zone allein.

gestellt, und zwar jedesmal für drei markante Bildebenen a, b, c, sowie zwei dazwischengeschaltete d, e:

1. in der Bildebene a (Abb. 50) durch den Schnittpunkt der beiden Strahlen von M_o und M_u her, in der sogenannten *meridionalen Bildebene* (Abb. 51a);

2. in der Bildebene b (Abb. 50) durch den Schnittpunkt der beiden Strahlen S_v und S_h her, in der sogenannten *sagittalen Bildebene* (Abb. 51b);

3. in der mittleren Bildebene c (Abb. 50c) zwischen den beiden eben genannten (Abb. 51c).

Es sind drei typische Strahlenverteilungen gewählt, und zwar in den Figuren der Zeile I der allgemeine Fall, d. h. wo die Bildlinie $M'_u M'_o$ schräg geneigt gegen den Hauptstrahl B verläuft; in den Figuren der Zeile II der Spezialfall, daß die Bildlinie $M'_u M'_o$ parallel aber versetzt zum Hauptstrahl B liegt, der Fall der sogenannten astigmatismusfreien Koma; in den Figuren der Zeile III der Spezialfall, daß die Bildlinie $M'_u M'_o$ senkrecht zum Hauptstrahl steht, der Fall des komafreien Astigmatismus.

Im Falle der *astigmatismusfreien Koma* (Zeile II) liegen die drei betrachteten Bildebenen zusammen und die Komafigur ist kreisförmig, aber mit *doppeltem* Umlauf.

Im Falle des *komafreien Astigmatismus* entarten die Figuren in der meridionalen (a) und in der sagittalen (b) Bildebene zu Linienstücken.

Die Koma äußert sich darin, daß der Halbierungspunkt S' im Meridionalschnitt um k' seitlich versetzt zum Hauptstrahl liegt und nur bei verschwindender Koma auf den Hauptstrahl fällt. Deshalb kann man die Koma der betreffenden Ringzone durch den Abstand k' des Punktes S' vom Hauptstrahl messen. Andere zum Hauptstrahl konzentrische Ringzonen führen auf ebenfalls andere charakteristische Bildlinien, deren Halbierungspunkte entsprechend andere Abstände vom Hauptstrahl haben. Infolgedessen verschieben sich innerhalb derselben Bildebene auch die Schnittfiguren, wobei diese ähnliches Aussehen haben. So erklärt sich schließlich bei gleichzeitiger Wirksamkeit aller möglichen Ringzonen, d. h. bei *endlicher Öffnung*, das Komascheibchen als Überlagerung der verschieden großen und versetzten Schnittfiguren, wodurch die kometenähnliche Form herauskommt (Abb. 52).

D. Der Astigmatismus

Die eben angestellten Betrachtungen weisen den Weg, um auch für den Astigmatismus eine quantitative Größe abzuleiten. Bei Vorhandensein von Astigmatismus — so hieß es — ist die charakteristische Bildlinie (Abb. 50) gegen den Hauptstrahl *geneigt*. Deshalb wird als *Maß* für den Astigmatismus die Abstandsvariation eines Punktes der charakteristischen Bildlinie vom Hauptstrahl beim Übergang von S' nach M'_o, bzw. M'_u gewählt. Sie ergibt sich aus der allgemeinen Komaformel (139), indem man $q_\nu = h_\nu$ setzt und von (140) abzieht; also

$$\left(\frac{s'_k}{n'_k\,\omega_k}\right)\left(\frac{h_1}{f}\right)^3\left(\frac{b_\nu}{h_\nu}\right)^2 H_\nu \qquad (144)$$

oder in anderer Schreibweise mit (143) und (140a)

$$\left(\frac{s'_k}{n'_k\,\omega_k}\right)\left(\frac{h_1}{f}\right)^2(n_1\,\sigma_{B_1}\,\omega_{EP})^2\,A_\nu \tag{145}$$

mit

$$A_\nu = p_\nu^2\,H_\nu = p_\nu\,C_\nu. \tag{146}$$

A_ν ist dann der *Flächenteilkoeffizient des Astigmatismus.* Eine andere Formel für A_ν liefert (156).

E. Die Verzeichnung

Bei fehlerfreier, d. h. punktweiser und maßstabsgetreuer Abbildung wäre $\tilde{O}'$ das Bild von $\tilde{O}$ (Abb. 48). Der bildseitige Hauptstrahl schneidet aber die achsensenkrechte Bildebene durch O′ nicht in $\tilde{O}'$, sondern um den Betrag $\Delta\,y'_B$ versetzt. Diese Abweichung nennt man *Verzeichnung.* Man kann sie mit Hilfe der für die Koma gefundenen Beziehungen berechnen.

Es ist nämlich

$$\Delta\,y'_B = \tilde{O}'\tilde{O}'_{s_B}\cdot\frac{S_C\,S_B}{S_C\,\tilde{O}'_{s_B}},$$

wobei bereits gefunden wurde, daß

$$\tilde{O}'\tilde{O}'_{s_B} = a\,b^2 + \frac{y'^2}{2}\,\frac{n-n'}{n\,r},$$

$$S_C\,S_B = b,$$

$$S_C\,\tilde{O}'_{s_B} = s', \text{ da } \sphericalangle\,S_C C S \text{ und } \tilde{O}'\tilde{O}'_{s_B} \text{ kleine Größen sind.}$$

Es wird also

$$\Delta\,y'_B = \frac{a}{s'}\,b^3 + \frac{y'^2\,n'}{2\,s'}\,b\left(\frac{n-n'}{n\,n'\,r}\right).$$

Zweckmäßig unterteilt man $\Delta\,y'_B$ in

$$\Delta\,y'_B = \Delta\,y'_I + \Delta\,y'_{II}$$

mit

$$\Delta\,y'_I = \frac{a}{s'}\,b^3,$$

$$\Delta\,y'_{II} = \frac{y'^2\,n'}{2\,s'}\,b\left(\frac{n-n'}{n\,n'\,r}\right).$$

Eine ähnliche Betrachtung wie bei der Koma ergibt als Anteile der ν^{ten} Fläche des abbildenden optischen Systems:

$$\Delta\,y'_{I_\nu} = \left(\frac{s'_k}{n'_k\,\omega_k}\right)\frac{\omega_\nu}{s'_\nu}\left(\frac{n'_\nu\,a_\nu}{s'_\nu}\right)b_\nu^3,$$

$$\Delta\,y'_{II_\nu} = \left(\frac{s'_k}{n'_k\,\omega_k}\right)\frac{\omega_\nu}{s'_\nu}\,\frac{y'^2_\nu\,n'^2_\nu}{2\,s'_\nu}\,b_\nu\left(\frac{n_\nu-n'_\nu}{n_\nu\,n'_\nu\,r_\nu}\right).$$

Durch Umformungen derselben Art, wie sie bei der Koma-Ableitung erfolgten, bekommt man schließlich

$$\varDelta\, y'_{I_\nu} = \frac{1}{2}\left(\frac{s'_k}{n'_k\,\omega_k}\right)(n_1\,\sigma_{B_1}\,\omega_{EP})^3\,p_\nu^3\,H_\nu, \tag{147}$$

$$\varDelta\, y'_{II_\nu} = \frac{1}{2}\left(\frac{s'_k}{n'_k\,\omega_k}\right)(n_1\,\sigma_{B_1}\,\omega_{EP})^3\,p_\nu\,P_\nu, \tag{148}$$

mit

$$P_\nu = \frac{n'_\nu - n_\nu}{n_\nu\,n'_\nu}\,\frac{f}{r_\nu}; \tag{149}$$

und deshalb für die Verzeichnung

$$\varDelta\, y'_{B_\nu} = \frac{1}{2}\left(\frac{s'_k}{n'_k\,\omega_k}\right)(n_1\,\sigma_{B_1}\,\omega_{EP})^3\,D_\nu, \tag{150}$$

mit

$$D_\nu = p_\nu\,S_\nu \tag{151}$$

und

$$S_\nu = A_\nu + P_\nu. \tag{152}$$

D_ν ist der *Flächenteilkoeffizient der Verzeichnung.*

F. Die Bildfeldwölbungen

Man pflegt P_ν den Teilkoeffizient der PETZVALsumme zu nennen. Er ist ein Maß für die durch die ν^{te} Fläche bewirkte Bildfeldwölbung bei *astigmatismusfreier* Abbildung.

Bei astigmatischer Abbildung spaltet sich das Bild in eine *sagittale* und eine *meridionale* Bildschale auf, entsprechend gibt es eine sagittale Bildfeldwölbung und eine meridionale Bildfeldwölbung. S_ν ist, wie gleich gezeigt wird, als *Teilkoeffizient für die sagittale Bildfeldwölbung* aufzufassen; der *Teilkoeffizient für die meridionale Bildfeldwölbung* ist

$$M_\nu = 3\,A_\nu + P_\nu.$$

Da die Betrachtungen auf das SEIDELsche Gebiet beschränkt sind, kann man die gewölbten Bildflächen als Kugelabschnitte auffassen. Es soll nun die Krümmung von jeder der beiden Bildkugeln berechnet werden.

Die *sagittale* Bildschale umfaßt alle Bildorte, die auf den einzelnen Hauptstrahlen eines Hauptstrahlenbündels durch „hauptstrahlnahe" Sagittalstrahlen entstehen. Die sagittalen Bildorte sind daher die verschiedenen Schnittpunkte $\tilde{O}'_{S_B}$ der verschieden geneigten bildseitigen Hauptstrahlen mit den jeweils zugehörigen Hilfsachsen durch C (Abb. 48). $\tilde{O}'\tilde{O}'_{S_B}$ ist bei genügend kleinen Hauptstrahlneigungen die Pfeilhöhe der sagittalen Bildkugel zur Bildgröße y'. Dafür war bei der Komaableitung bereits gefunden worden

$$\tilde{O}'\tilde{O}'_{S_B} = a\,b^2 + \frac{y'^2}{2}\,\frac{n - n'}{n\,r}.$$

Die Krümmung $\frac{1}{r'_S}$ der sagittalen Bildkugel wird aus der Pfeilhöhe $\tilde{O}'\tilde{O}'_{S_B}$ und Bildgröße y' gefunden zu

$$2\,\tilde{O}'\tilde{O}'_{S_B}/y'^2,$$

also

$$\frac{1}{r'_S} = \frac{2\,a\,b^2}{y'^2} + \frac{n - n'}{n\,r}.$$

Bei einem optischen System mit k abbildenden Flächen wird ein ebenes Objekt zunächst durch Fläche 1 in einer sagittalen Bildkugel von der Krümmung

$$\frac{1}{r'_{S_1}} = \frac{2\,a_1\,b_1^2}{y'^2_1} + \frac{n_1 - n'_1}{n_1\,r_1}$$

abgebildet. Würden die weiteren Flächen des Systems ohne zusätzliche Bildfeldwölbung abbilden, so erhielte die sagittale Bildkugel im Bildraum hinter der letzten (k^{ten}) Fläche die Krümmung

$$\frac{1}{r'_S} = \frac{n'_k}{n'_1}\,\frac{1}{r'_{S_1}} = n'_k \left\{ \frac{2\,a_1\,b_1^2}{n'_1\,y'^2_1} + \frac{n_1 - n'_1}{n_1\,n'_1\,r_1} \right\}.$$

Jede Fläche aber führt zusätzliche Bildfeldwölbung ein, so daß sich die einzelnen Anteile summieren. Die ν^{te} Fläche ergibt den Anteil:

$$\left(\frac{1}{r'_S}\right)_\nu = n'_k \left\{ \frac{2\,a_\nu\,b_\nu^2}{n'_\nu\,y'^2_\nu} + \frac{n_\nu - n'_\nu}{n_\nu\,n'_\nu\,r_\nu} \right\}.$$

Als *Meßwert* der *sagittalen* Bildfeldwölbung dient die Größe

$$-\frac{f}{n'_k\,r'_S}.$$

Die ν^{te} Fläche steuert dazu den Anteil

$$-f \left\{ \frac{2\,a_\nu\,b_\nu^2}{n'_\nu\,y'^2_\nu} + \frac{n_\nu - n'_\nu}{n_\nu\,n'_\nu\,r_\nu} \right\}$$

bei. Mit den schon bekannten Umformungen erhält man dafür als *Flächenteilkoeffizient der sagittalen Bildfeldwölbung*

$$S_\nu = -\left(\frac{f}{n'_k\,r'_S}\right)_\nu = A_\nu + P_\nu. \tag{153}$$

Die *meridionale* Bildschale umfaßt alle Bildorte, die auf den einzelnen Hauptstrahlen eines Hauptstrahlenbündels durch „hauptstrahlnahe" Meridionalstrahlen entstehen. Die meridionalen Bildorte $\tilde{O}'_{M_B}$ findet man an Hand von Abb. 48 und Abb. 49 und der früheren Ergebnisse bei der Komaableitung:

$$\tilde{O}'\tilde{O}'_{D_o} = a\,(h+b)^2 + \frac{y'^2}{2}\,\frac{n-n'}{n\,r},$$

$$\tilde{O}'\tilde{O}'_{D_u} = a\,(-h+b)^2 + \frac{y'^2}{2}\,\frac{n-n'}{n\,r}, \qquad \text{Differenz} = t = 4\,a\,h\,b,$$

$$\tilde{\sigma}'_{D_o} = \frac{h+b}{s'},$$

$$\tilde{\sigma}'_{D_u} = \frac{-h+b}{s'}, \qquad \text{Differenz} = \frac{2\,h}{s'},$$

$$m' = t \cdot \frac{\tilde{\sigma}'_{D_o}}{\tilde{\sigma}'_{D_o} - \tilde{\sigma}'_{D_u}} = 2\,a\,b\,(b+h),$$

$$\tilde{O}'\tilde{O}'_{M_B} = m' + \tilde{O}'\tilde{O}'_{D_u} = a\,h^2 + 3\,a\,b^2 + \frac{y'^2}{2}\,\frac{n-n'}{n\,r}.$$

Diese Länge geht für hauptstrahlnahe Strahlen ($h \to 0$) über in

$$\tilde{\mathrm{O}}'\tilde{\mathrm{O}}'_{M_B} = 3\,a\,b^2 + \frac{y'^2}{2}\,\frac{n - n'}{n\,r}.$$

Das ist die Pfeilhöhe der meridionalen Bildkugel zur Bildgröße y'. Sie unterscheidet sich von dem entsprechenden Ausdruck für die sagittale Bildkugel durch den Faktor 3 im ersten Summand. Infolgedessen wird der Anteil der ν^{ten} Fläche eines optischen Systems an der meridionalen Bildfeldwölbung, also der *Flächenteilkoeffizient für die meridionale Bildfeldwölbung*

$$M_\nu = -\left(\frac{f}{n'_k\,r'_M}\right)_\nu = 3\,A_\nu + P_\nu. \tag{154}$$

Für die *mittlere* Bildfeldwölbung setzt man dann

$$W_\nu = -\left(\frac{f}{n'_k\,r'_W}\right)_\nu = \frac{1}{2}(M_\nu + S_\nu) = 2\,A_\nu + P_\nu. \tag{155}$$

Die halbe Differenz der Bildschalenkrümmungen liefert den *Flächenteilkoeffizient des Astigmatismus* [s. auch (145) und (146)]:

$$A_\nu = \frac{1}{2}\left[\left(\frac{f}{n'_k\,r'_S}\right)_\nu - \left(\frac{f}{n'_k\,r'_M}\right)_\nu\right] = \frac{1}{2}(M_\nu - S_\nu). \tag{156}$$

Die folgenden, sehr wichtigen Beziehungen ergeben sich nun ohne weiteres. Sie gelten nicht nur für die Flächenteilkoeffizienten, sondern auch für ihre Summen über sämtliche brechenden Flächen; also

$$\begin{aligned} A &= \sum A_\nu &&= \frac{1}{2}\sum(M_\nu - S_\nu) = \frac{1}{2}(M - S),\\ S &= A + P &&= \sum A_\nu + \sum P_\nu,\\ M &= 3\,A + P &&= 3\sum A_\nu + \sum P_\nu,\\ W &= 2\,A + P &&= 2\sum A_\nu + \sum P_\nu. \end{aligned} \tag{157}$$

In Worten:

1. Der Astigmatismus ist gleich der halben Differenz von meridionaler und sagittaler Bildfeldwölbung.

2. Die Petzvalwölbung ist gleich der astigmatismusfreien Bildfeldwölbung und in diesem Falle sind sagittale und meridionale Bildfeldwölbung untereinander gleich der Petzvalwölbung.

3. Bei vorhandenem Astigmatismus ist die Abweichung der meridionalen Bildfeldwölbung von der Petzvalwölbung dreimal so groß wie die Abweichung der sagittalen Bildfeldwölbung von der Petzvalwölbung.

G. Übersicht über die Bildfehlergrößen

Um die Ergebnisse der Theorie der Abbildungsfehler dritter Ordnung im weiteren bequem zur Hand zu haben, sollen sie nachstehend übersichtlich zusammengefaßt werden.

1. Einige Bezeichnungen:

Index für die laufende Flächen-Nummer: ν

Gesamtbrennweite: f

Einschnürungsfaktor des axialen Strahlenbündels: $\omega_\nu = \dfrac{h_\nu}{h_1}$, $\omega_{EP} = \dfrac{h_{EP}}{h_1}$

Index für Hauptstrahlen (Gesichtsfeldstrahlen): B
Kein Index für Aperturstrahlen.

2. Flächenteilkoeffizienten:
Multiplikator zwischen den verschiedenen Flächenteilkoeffizienten:

$$p_\nu = -\left(\frac{\varepsilon'_{B_\nu}}{\sigma_{B_1}}\right)\left(\frac{h_1}{f\,\varepsilon'_\nu}\right)\left(\frac{1}{n_1\,\omega_{EP}}\right) \qquad (143)$$

Öffnungsfehler: $$H_\nu = \left(\frac{f}{h_1}\right)^3 \omega_\nu\,(n'_\nu\,\varepsilon'_\nu)\,(\sigma_\nu - \varepsilon'_\nu)\,(\varepsilon'_\nu - \varepsilon_\nu) \qquad (122)$$

Koma: $$C_\nu = p_\nu\,H_\nu \qquad (142)$$

Astigmatismus: $$A_\nu = p_\nu\,C_\nu \qquad (146)$$

PETZVALwölbung: $$P_\nu = \frac{n'_\nu - n_\nu}{n_\nu\,n'_\nu}\,\frac{f}{r_\nu} \qquad (149)$$

Sagittale Bildfeldwölbung: $$S_\nu = A_\nu + P_\nu \qquad (153)$$

Meridionale Bildfeldwölbung: $$M_\nu = 3\,A_\nu + P_\nu \qquad (154)$$

Mittlere Bildfeldwölbung: $$W_\nu = 2\,A_\nu + P_\nu \qquad (155)$$

Verzeichnung: $$D_\nu = p_\nu\,S_\nu \qquad (151)$$

Bei der Besprechung der verschiedenen Objektivtypen im Anhang werden Flächenteilkoeffizienten-Tabellen zum Zweck einer Korrektionsanalyse mitgeteilt werden. Die dort angegebenen Teilkoeffizienten sind nach den obigen Formeln berechnet. Das ist in der praktischen Ausübung sehr einfach, weil nur zwei achsnahe Strahlen, nämlich der Ding-Bildstrahl und der Blendenstrahl, nach dem CONRADYschen Schema (S. 18) durchzurechnen sind, wobei man sechsstellige Logarithmentafeln benutzt, jedoch ohne Interpolation stets nur bis zu vier Stellen aufschreibt. Die Zahlenwerte der Flächenteilkoeffizienten sind dieselben wie für die BEREKschen[1] Größen I_ν, II_ν, III_ν usw., woran sich manch einer gewöhnt hat. Der Verfasser glaubt aber, daß die hier beschriebene Methode zur Berechnung einfacher ist.

3. SEIDELsche Bildfehler-Beträge (bei fehlerfreiem Objekt):

Öffnungsfehler: $$\varDelta y' = -\frac{1}{2}\left(\frac{h_1}{f}\right)^3\left(\frac{s'_k}{n'_k\,\omega_k}\right)\sum_{\nu=1}^{k} H_\nu \qquad (120)$$

Koma: $$k' = +\frac{1}{2}\,(n_1\,\sigma_{B_1}\,\omega_{EP})\left(\frac{h_1}{f}\right)^2\left(\frac{s'_k}{n'_k\,\omega_k}\right)\sum_{\nu=1}^{k} C_\nu \qquad (141)$$

Astigmatismus:

$$\frac{1}{2}\left[\left(\frac{f}{n'_k\,r'_S}\right) - \left(\frac{f}{n'_k\,r'_M}\right)\right] = \sum_{\nu=1}^{k} A_\nu \qquad (156)$$

PETZVALsumme: $$P = \sum_{\nu=1}^{k} P_\nu$$

Sagittale Bildfeldwölbung:

$$\left(\frac{f}{n'_k\,r'_S}\right) = -\sum_{\nu=1}^{k} S_\nu \qquad (153)$$

[1] BEREK, M.: Grundlagen der praktischen Optik. Berlin-Leipzig: Walter de Gruyter, 1930.

Meridionale Bildfeldwölbung:

$$\left(\frac{f}{n'_k r'_M}\right) = -\sum_{\nu=1}^{k} M_\nu \tag{154}$$

Mittlere Bildfeldwölbung:

$$\left(\frac{f}{n'_k r'_W}\right) = -\sum_{\nu=1}^{k} W_\nu \tag{155}$$

Verzeichnung:

$$\Delta y'_B = \frac{1}{2}(n_1 \sigma_{B_1} \omega_{EP})^3 \left(\frac{s'_k}{n'_k \omega_k}\right) \sum_{\nu=1}^{k} D_\nu \tag{150}$$

bzw.

$$\frac{\Delta y'_B}{y'} = -\frac{100}{2}(n_1 \sigma_{B_1} \omega_{EP})^2 \sum_{\nu=1}^{k} D_\nu \;\% \tag{150a}$$

H. Notwendige Umformungen in Spezialfällen

1. Planfläche:

$$r_\nu = \infty, \qquad n_\nu \varepsilon_\nu = -n_\nu \sigma_\nu = n'_\nu \varepsilon'_\nu = -n'_\nu \sigma'_\nu,$$

$$\varepsilon_\nu = -\sigma_\nu, \quad \sigma_\nu - \varepsilon'_\nu = \sigma_\nu \left(1 + \frac{n_\nu}{n'_\nu}\right) = \sigma'_\nu \left(1 + \frac{n'_\nu}{n_\nu}\right),$$

$$\varepsilon'_\nu = -\sigma'_\nu, \quad \varepsilon_\nu - \varepsilon'_\nu = -\sigma_\nu \left(1 - \frac{n_\nu}{n'_\nu}\right) = \sigma'_\nu \left(1 - \frac{n'_\nu}{n_\nu}\right).$$

Mithin wird

$$p_\nu = -\left(\frac{\sigma'_{B_\nu}}{\sigma_{B_1}}\right)\left(\frac{h_1}{f \sigma'_\nu}\right) \frac{1}{n_1 \omega_{EP}}, \tag{158}$$

$$H_\nu = -\left(\frac{f}{h_1}\right)^3 \omega_\nu \sigma_\nu^3 n_\nu \left[1 - \left(\frac{n_\nu}{n'_\nu}\right)^2\right] = \left(\frac{f}{h_1}\right)^3 \omega_\nu \sigma'^3_\nu n'_\nu \left[1 - \left(\frac{n'_\nu}{n_\nu}\right)^2\right]. \tag{159}$$

2. Planparallelplatte (Dicke d_P) in Luft:

$$r_\nu = \infty, \qquad r_{\nu+1} = \infty, \qquad n_\nu = n'_{\nu+1} = 1,$$

$$\varepsilon'_\nu = -\sigma'_\nu = \varepsilon_{\nu+1} = -\sigma_{\nu+1}, \qquad n'_\nu = n_{\nu+1} = n_P,$$

$$\varepsilon_\nu = -\sigma_\nu = \varepsilon'_{\nu+1} = -\sigma'_{\nu+1}, \qquad n'_\nu \sigma'_\nu = n_\nu \sigma_\nu = n_{\nu+1} \sigma_{\nu+1} = n'_{\nu+1} \sigma'_{\nu+1},$$

$$\omega_\nu - \omega_{\nu+1} = \frac{h_\nu - h_{\nu+1}}{h_1} = \frac{\sigma_\nu}{h_1} \frac{d_P}{n_P},$$

$$p_\nu = -\left(\frac{\sigma_{B_\nu}}{\sigma_{B_1}}\right)\left(\frac{h_1}{f \sigma_\nu}\right) \frac{1}{n_1 \omega_{EP}} = p_{\nu+1}, \tag{160}$$

$$H_P = H_\nu + H_{\nu+1} = -\left(\frac{f}{h_1}\right)^3 \sigma_\nu^4 \frac{1}{h_1} \frac{n_P^2 - 1}{n_P^2} \frac{d_P}{n_P}. \tag{161}$$

Wenn eine solche Planparallelplatte in Luft im Strahlengang hinter einem Objektiv steht, dessen letzte Fläche mit dem Index k bezeichnet werde (Abb. 53), so führt die Platte *zusätzliche* Bildfehlerbeträge ein, die nur von der Plattendicke, der Brechungszahl und den Strahlwinkeln σ'_k bzw. σ'_{B_k}, aber nicht von der Stellung der Platte hinter dem Objektiv abhängen. Diese zusätzlichen Beträge dritter Ordnung (im SEIDELschen Gebiet) sind:

für den Öffnungsfehler:

$$\varDelta\, y'_P = \frac{1}{2}\, \sigma'^3_k \left(\frac{n_P^2 - 1}{n_P^2}\right) \frac{d_P}{n_P}, \tag{162}$$

für die Koma:

$$k'_{sag\,P} = \frac{1}{2}\, \sigma'^2_k\, \sigma'_{B_k} \left(\frac{n_P^2 - 1}{n_P^2}\right) \frac{d_P}{n_P}, \tag{163}$$

für den Astigmatismus:

$$\frac{1}{2}\left[\left(\frac{f}{n'_k\, r'_s}\right)_P - \left(\frac{f}{n'_k\, r'_M}\right)_P\right] = -\frac{1}{n_1^2\, \omega_{EP}^2} \left(\frac{\sigma'_{B_k}}{\sigma_{B_1}}\right)^2 \left(\frac{n_P^2 - 1}{n_P^2}\right) \left(\frac{d_P}{f\, n_P}\right), \tag{164}$$

für die PETZVALwölbung:

$$P_P = 0, \tag{165}$$

für die Verzeichnung:

$$(\varDelta\, y'_B)_P = \frac{1}{2}\, \sigma'^3_{B_k} \left(\frac{n_P^2 - 1}{n_P^2}\right) \frac{d_P}{n_P}. \tag{166}$$

Die Platte hinter dem Objektiv wirkt also z. B. auf den Öffnungsfehler überkorrigierend, auf die Verzeichnung meist (d. h. wenn die Platte hinter der Austrittspupille des Objektivs steht) im Sinne einer Verringerung von tonnenförmiger, bzw. Verstärkung von kissenförmiger Verzeichnung. Nur wenn die Hauptstrahlen im Bildraum achsparallel verlaufen ($\sigma'_{B_k} = 0$), werden die Bildfehler für außeraxiale Bildpunkte durch die Platte nicht beeinflußt.

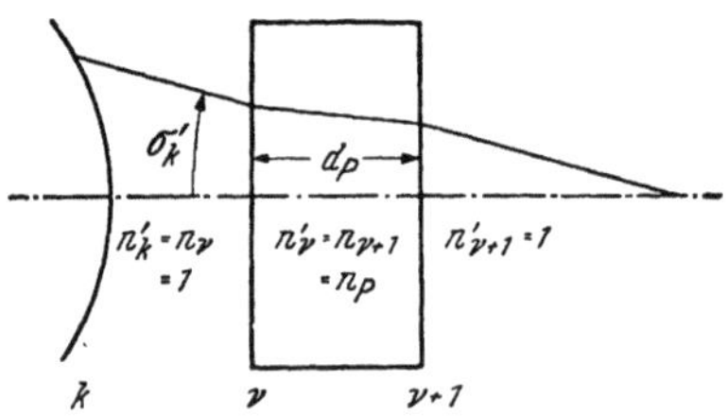

Abb. 53. Zur Berechnung der Bildfehler dritter Ordnung einer Planparallelplatte in Luft.

Hingegen läßt sich zeigen, daß eine planparallele Platte vor dem Objektiv (z. B. ein dickeres Gelbfilter) bei unendlicher Objektentfernung ($s_1 = \infty$) die gesamte Bildfehlerkorrektion nicht beeinflußt. Ebensowenig tun das *Reflexionsprismen* vor dem Objektiv, aber nur für $s_1 = \infty$. Sobald $s_1 \neq \infty$ ist, wie bei Reproduktionsobjektiven, führt ein Prisma vor dem Objektiv zusätzliche Bildfehler ein. Deshalb muß ein Reproduktionsobjektiv schon bei der Berechnung mit dem Prisma zusammen korrigiert werden.

3. Konzentrische Flächen, bei denen der Achsendingpunkt und Achsenbildpunkt im Krümmungsmittelpunkt zusammenfallen, kennzeichnen sich durch $\varepsilon_\nu = \frac{n'_\nu}{n_\nu}\, \varepsilon'_\nu = 0$, daher $\sigma_\nu = \sigma'_\nu = \varphi_\nu$. Man muß beim Flächenteilkoeffizient der Verzeichnung auf die Ableitungen zurückgreifen und $\frac{h_\nu - r_\nu\, \sigma_\nu}{\varepsilon'_\nu} = \frac{n'_\nu}{n_\nu}\, r_\nu$, $y'_\nu = \varepsilon'_{B_\nu}\, r_\nu$ einsetzen.

Dann werden:

$$\begin{aligned} &H_\nu = 0, && C_\nu = 0, && A_\nu = -\,P_\nu, \\ &S_\nu = 0, && M_\nu = -\,2\,P_\nu, && W_\nu = -\,P_\nu, \\ &D_\nu = -\left(\frac{1}{n_1\, \omega_{EP}}\right)^3 \omega_\nu \left(\frac{n'_\nu\, \varepsilon'_{B_\nu}}{\sigma_{B_1}}\right)^2 \left(\frac{n'^2_\nu - n_\nu^2}{n_\nu^2\, n'^2_\nu}\right); \end{aligned} \tag{167}$$

folglich im SEIDELschen Gebiet:

der Öffnungsfehler:

$$\Delta\, y'_\nu = 0, \tag{168}$$

die sagittale Koma:

$$k'_{\mathrm{sag}\,\nu} = 0, \tag{169}$$

die meridionale Koma:

$$k'_{\mathrm{mer}\,\nu} = 2\, n_1\, \sigma_{B_1}\, \omega_{EP} \left(\frac{h_1}{f}\right) \left(\frac{s'_k}{n'_k\, \omega_k}\right) P_\nu, \tag{170}$$

die Verzeichnung:

$$\Delta\, y'_{B_\nu} = -\frac{1}{2} \left(\frac{s'_k}{n'_k\, \omega_k}\right) \omega_\nu \left(n'_\nu\, \varepsilon'_{B_\nu}\right)^3 \left(\frac{n'^2_\nu - n^2_\nu}{n^2_\nu\, n'^2_\nu}\right). \tag{171}$$

4. Spiegelnde Flächen haben folgende Werte:

$$H_\nu = -2 \left(\frac{f}{h_1}\right)^3 n_\nu\, \omega_\nu\, \varphi_\nu\, \varepsilon_\nu^2, \tag{172}$$

$$p_\nu = -\left(\frac{\varepsilon'_{B_\nu}}{\sigma_{B_1}}\right) \left(\frac{h_1}{f\, \varepsilon'_\nu}\right) \left(\frac{1}{n_1\, \omega_{EP}}\right), \tag{173}$$

$$P_\nu = +\frac{2}{n_\nu} \left(\frac{f}{r_\nu}\right). \tag{174}$$

Alle übrigen Größen ergeben sich hieraus nach den Vorschriften für brechende Flächen, also $C_\nu = p_\nu\, H_\nu$ usw.

I. Die Linsenteilkoeffizienten für die Abbildungsfehler in schiefen Bündeln

Formeln. In entsprechender Weise wie beim Öffnungsfehler (S. 75) kann man auch für die Bildfehler in schiefen Bündeln Linsenteilkoeffizienten berechnen. Unter Verzicht auf die Ableitungen mögen hier nur die Endergebnisse wiedergegeben werden. Es lauten:

der Linsenteilkoeffizient des *Öffnungsfehlers* (s. S. 75):

$$H_\lambda = \omega_\lambda^4 \frac{F_\lambda}{F} \left\{ \frac{n_\lambda + 2}{4\, n_\lambda} M_\lambda^2 - \frac{1}{2} \Psi_\lambda\, M_\lambda + \frac{1}{4} \left(\frac{n_\lambda}{n_\lambda - 1}\right)^2 \left(\frac{F_\lambda}{F}\right)^2 \right\}; \tag{132}$$

der Linsenteilkoeffizient der *Koma*:

$$C_\lambda = -\left(\frac{h_{B\lambda}}{f\, \sigma_{B_1}}\right) \left(\frac{1}{n_1\, \omega_{EP}}\right) \omega_\lambda^3 \frac{F_\lambda}{F} \left\{ \left[\frac{n_\lambda + 2}{4\, n_\lambda} M_\lambda^2 - \frac{1}{2} \Psi_\lambda\, M_\lambda + \right.\right.$$

$$\left.\left. + \frac{1}{4} \left(\frac{n_\lambda}{n_\lambda - 1}\right)^2 \left(\frac{F_\lambda}{F}\right)^2 \right] - X_\lambda \left[\frac{n_\lambda + 1}{2\, n_\lambda} M_\lambda - \frac{1}{2} \Psi_\lambda \right] \right\}, \tag{175}$$

mit

$$X_\lambda = \frac{f}{a_{B\lambda}} - \frac{f}{a_\lambda} = \frac{f}{a'_{B\lambda}} - \frac{f}{a'_\lambda}; \tag{176}$$

der Linsenteilkoeffizient des *Astigmatismus*:

$$A_\lambda = + \left(\frac{h_{B\lambda}}{f\,\sigma_{B_1}}\right)^2 \left(\frac{1}{n_1\,\omega_{EP}}\right)^2 \omega_\lambda^2 \frac{F_\lambda}{F} \left\{ \left[\frac{n_\lambda + 2}{4\,n_\lambda} M_\lambda^2 - \frac{1}{2} \Psi_\lambda M_\lambda + \right.\right.$$

$$\left.\left. + \frac{1}{4} \left(\frac{n_\lambda}{n_\lambda - 1}\right)^2 \left(\frac{F_\lambda}{F}\right)^2 \right] - 2\,X_\lambda \left[\frac{n_\lambda + 1}{2\,n_\lambda} M_\lambda - \frac{1}{2} \Psi_\lambda \right] + X_\lambda^2 \right\}; \tag{177}$$

der Linsenteilkoeffizient der Petzvalsumme:

$$P_\lambda = + \frac{1}{n_\lambda} \frac{F_\lambda}{F}; \tag{178}$$

die Linsenteilkoeffizienten der *Bildfeldwölbungen*:

sagittale: $S_\lambda = P_\lambda + A_\lambda$;

mittlere: $W_\lambda = P_\lambda + 2\,A_\lambda$;

meridionale: $M_\lambda = P_\lambda + 3\,A_\lambda$;

der Linsenteilkoeffizient der *Verzeichnung*:

$$D_\lambda = - \left(\frac{h_{B\lambda}}{f\,\sigma_{B_1}}\right)^3 \left(\frac{1}{n_1\,\omega_{EP}}\right)^3 \omega_\lambda \frac{F_\lambda}{F} \left\{ \left[\frac{n_\lambda + 2}{4\,n_\lambda} M_\lambda^2 - \frac{1}{2} \Psi_\lambda M_\lambda + \right.\right.$$

$$+ \frac{1}{4} \left(\frac{n_\lambda}{n_\lambda - 1}\right)^2 \left(\frac{F_\lambda}{F}\right)^2 \right] - 3\,X_\lambda \left[\frac{n_\lambda + 1}{2\,n_\lambda} M_\lambda - \frac{1}{2} \Psi_\lambda \right] + 3\,X_\lambda^2 -$$

$$\left. - X_\lambda^3 \frac{\frac{n_\lambda - 1}{2\,n_\lambda} M_\lambda + \frac{1}{2} \Psi_\lambda}{\frac{1}{4} M_\lambda^2 - \frac{1}{4} \left(\frac{n_\lambda}{n_\lambda - 1}\right)^2 \left(\frac{F_\lambda}{F}\right)^2} \right\} -$$

$$- \left(\frac{h_{B\lambda}}{f\,\sigma_{B_1}}\right) \left(\frac{1}{n_1\,\omega_{EP}}\right) \frac{1}{\omega_\lambda} \frac{F_\lambda}{F} \left\{ \frac{1}{n_\lambda} + X_\lambda \frac{\frac{n_\lambda - 1}{2\,n_\lambda} M_\lambda + \frac{1}{2} \Psi_\lambda}{\frac{1}{4} M_\lambda^2 - \frac{1}{4} \left(\frac{n_\lambda}{n_\lambda - 1}\right)^2 \left(\frac{F_\lambda}{F}\right)^2} \right\} \tag{179}$$

Die Fehlersummen des Gesamtsystems sind dann:

$$H = \sum_{\lambda=1}^{1} H_\lambda;\quad C = \sum_{\lambda=1}^{1} C_\lambda;\quad A = \sum_{\lambda=1}^{1} A_\lambda;\quad P = \sum_{\lambda=1}^{1} P_\lambda;$$

$$S = \sum_{\lambda=1}^{1} S_\lambda;\quad W = \sum_{\lambda=1}^{1} W_\lambda;\quad M = \sum_{\lambda=1}^{1} M_\lambda;\quad D = \sum_{\lambda=1}^{1} D_\lambda.$$

Der Vollständigkeit halber seien noch die schon hergeleiteten Formeln zusammengestellt (s. S. 75 u. 76):

Parameter
$$\Psi_\lambda = \frac{2\,f}{a_\lambda} + \frac{F_\lambda}{F} = \frac{2\,f}{a'_\lambda} - \frac{F_\lambda}{F}; \tag{134}$$

Vorderfläche
$$\frac{1}{r_v} = \frac{1}{a_\lambda} + \frac{n_\lambda}{n_\lambda - 1} \frac{F_\lambda}{2} + \frac{M_\lambda F}{2}; \tag{135}$$

Hinterfläche
$$\frac{1}{r_{\nu+1}} = \frac{1}{a'_\lambda} - \frac{n_\lambda}{n_\lambda - 1}\frac{F_\lambda}{2} + \frac{M_\lambda F}{2}; \qquad (136)$$

Verkittungsbedingung
$$M_1 - M_2 = \frac{n_1}{n_1 - 1}\frac{F_1}{F} + \frac{n_2}{n_2 - 1}\frac{F_2}{F}. \qquad (137)$$

Praktisch kann man die Linsenteilkoeffizienten bei der näherungsweisen synthetischen Vorrechnung eines Objektivs aus dünnen Äquivalentlinsen anwenden. Das Verfahren wird am besten durch ein Beispiel erläutert.

Triplettsynthese. Es soll ein dreilinsiger Anastigmat (Abb. 54) vorgerechnet werden[1]. Zweckmäßig geschieht das für die Brennweite f = 1, weil dann bequemere Zahlenwerte auftreten.

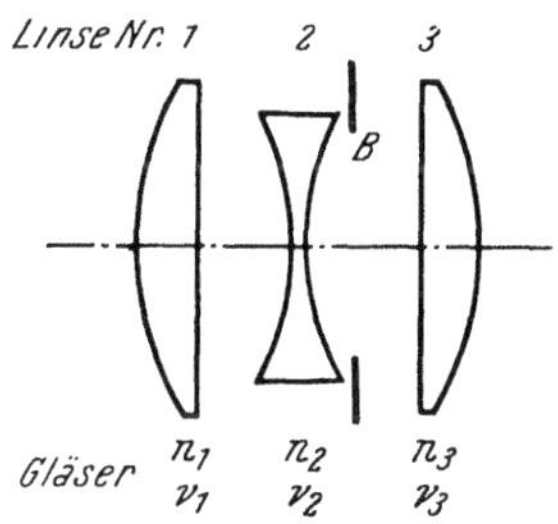

Abb. 54. Zur Triplettsynthese.

Zunächst werden die *Brechkräfte* ermittelt, und zwar mit Hilfe der *Maßstabsgleichung* (85)

$$F_1 + \omega_2 F_2 + \omega_3 F_3 = F = 1 \text{ gesetzt,}$$

der Petzval*bedingung* (178)

$$\frac{F_1}{n_1} + \frac{F_2}{n_2} + \frac{F_3}{n_3} = P,$$

der *Achromasiebedingung* (197) (s. S. 105)

$$\frac{F_1}{\nu_1} + \omega_2^2 \frac{F_2}{\nu_2} + \omega_3^2 \frac{F_3}{\nu_3} = \frac{F}{\nu} = \frac{1}{\nu}.$$

Brauchbare Erfahrungswerte sind z. B. $P = +0{,}4$; $\nu = +400$; $\omega_2 = 0{,}78$; $\omega_3 = 0{,}85$. Mit den Gläsern

$$n_1 = 1{,}613; \quad \nu_1 = 58{,}5$$
$$n_2 = 1{,}621; \quad \nu_2 = 36{,}2$$
$$n_3 = 1{,}613; \quad \nu_3 = 58{,}5$$

ergeben sich die drei unbekannten Brechkräfte zu

$$F_1 = +1{,}712$$
$$F_2 = -2{,}993$$
$$F_3 = +1{,}903.$$

Die *Achsstrahldurchrechnung* mit $a_1 = \infty$ liefert:

$$a_1 = \infty; \qquad a_2 = \omega_2 a'_1 = +0{,}455; \qquad a_3 = \frac{\omega_3}{\omega_2} a'_2 = -1{,}373;$$

$$a'_1 = \frac{1}{F_1} = +0{,}584; \quad a'_2 = \frac{1}{\frac{1}{a_2} + F_2} = -1{,}262; \quad a'_3 = \frac{1}{\frac{1}{a_3} + F_3} = +0{,}850;$$

$$e_{12} = a'_1 - a_2 = 0{,}129; \quad e_{23} = a'_2 - a_3 = 0{,}111;$$

[1] Zu der sogenannten Triplettsynthese sind noch folgende Veröffentlichungen beachtenswert:
Berek, M.: Grundlagen der praktischen Optik. S. 121—131. Berlin-Leipzig: Walter de Gruyter & Co, 1930. — Werner, H.: Zeitschr. f. Instrkde. **56**, 490—495 (1936). — Werner, H.: Optik **1**, 373—388 (1946). — Stephens, R. E.: Journ. Opt. Soc. Am. **38**, 1032—1039 (1948). — Argentieri, D.: Ottica Industriale. Mailand: Hoepli, 1942 (einige Druckfehler enthaltend). — Argentieri, D.: Ottica (n. s.) **4**, 1—15 (1950). — Aliani, M.: Ottica (n. s.) **4**, 16—18 (1950).

sodann nach (134):

$$\Psi_1 = \frac{F_1}{F} = +1{,}712;\; \Psi_2 = \frac{2}{a_2} + F_2 = +1{,}397;\; \Psi_3 = \frac{2}{a'_3} - F_3 = +0{,}447.$$

Nun wird der *Blendenstrahl* durchgerechnet, wobei die Blende hinter der zweiten Linse angenommen wird, z. B. $a'_{B_2} = +0{,}04$. Die Rückwärts- und Vorwärtsrechnung von der Blende aus liefern:

$$a_{B_1} = \frac{1}{\frac{1}{a'_{B_1}} - F_1} = +0{,}230; \qquad a_{B_2} = \frac{1}{\frac{1}{a'_{B_2}} - F_2} = +0{,}0357;$$

$$a_{B_3} = a'_{B_2} - e_{23} = -0{,}071;$$

$$a'_{B_1} = a_{B_2} + e_{12} = +0{,}165;\; a'_{B_2} = +0{,}04;\; a'_{B_3} = \frac{1}{\frac{1}{a_{B_3}} + F_3} = -0{,}082.$$

Sodann lassen sich unter der Annahme $\sigma'_{B_2} = +1$ die Blendenstrahlwinkel σ_{B_λ} und Blendenstrahl-Durchstoßhöhen h_{B_λ} berechnen:

$$\sigma_{B_1} = \frac{h_{B_1}}{a_{B_1}} = +0{,}802; \quad \sigma_{B_2} = \frac{h_{B_2}}{a_{B_2}} = +1{,}119; \quad \sigma'_{B_2} = +1 = \sigma_{B_3};$$

$$h_{B_1} = a'_{B_1}\,\sigma_{B_2} = +0{,}1847; \qquad h_{B_2} = a'_{B_2}\,\sigma'_{B_2} = +0{,}04;$$

$$h_{B_3} = a_{B_3}\,\sigma'_{B_2} = -0{,}071;$$

um mit ihrer Hilfe die in den Bildfehlersummen vorkommenden Größen $\frac{h_{B_\lambda}}{f\,\sigma_{B_1}}$ zu bestimmen:

$$\frac{h_{B_1}}{f\,\sigma_{B_1}} = +0{,}230; \quad \frac{h_{B_2}}{f\,\sigma_{B_1}} = +0{,}0498; \quad \frac{h_{B_3}}{f\,\sigma_{B_1}} = -0{,}0884.$$

Schließlich benötigt man noch

$$X_1 = \frac{1}{a_{B_1}} - \frac{1}{a_1} = \frac{1}{a'_{B_1}} - \frac{1}{a'_1} = +4{,}348;\; X_2 = +25{,}79;\; X_3 = -13{,}364.$$

Nach Vorrechnung obiger Zahlenwerte findet man die *Bildfehler*einzelausdrücke, wobei wegen $a_1 = \infty$ der Faktor $n_1\,\omega_{EP} = 1$ ist:

$$\begin{aligned}
H_1 &= +0{,}959\ M_1^2 - 1{,}466\ M_1 + 8{,}70\\
H_2 &= -0{,}620\ M_2^2 + 0{,}775\ M_2 - 16{,}91\\
H_3 &= +0{,}556\ M_3^2 - 0{,}222\ M_3 + 6{,}24\\[4pt]
C_1 &= -0{,}220\ M_1^2 + 1{,}722\ M_1 - 3{,}465\\
C_2 &= +0{,}0394\ M_2^2 - 1{,}500\ M_2 + 2{,}352\\
C_3 &= +0{,}0579\ M_3^2 + 1{,}093\ M_3 + 0{,}341\\[4pt]
A_1 &= +0{,}0507\ M_1^2 - 0{,}715\ M_1 + 2{,}845\\
A_2 &= -0{,}0025\ M_2^2 + 0{,}1907\ M_2 - 3{,}222\\
A_3 &= +0{,}0060\ M_3^2 + 0{,}2295\ M_3 + 1{,}935.
\end{aligned}$$

Diese Einzelausdrücke führt man in

$$\begin{aligned} H_1 + H_2 + H_3 &= H, \\ C_1 + C_2 + C_3 &= C, \\ A_1 + A_2 + A_3 &= A \end{aligned}$$

ein, wobei man für H, C und A zweckmäßige Erfahrungs- oder Probierwerte einsetzt, z. B. zunächst

$$H = +1{,}6; \quad C = -0{,}5; \quad A = -0{,}25.$$

Man hat also drei quadratische Gleichungen mit den drei Unbekannten M_1, M_2, M_3 aufzulösen, was im einzelnen nicht weiter verfolgt zu werden braucht. Sobald man solche Lösungen gefunden hat, ergeben sich die *Krümmungsradien* der drei *dünnen* Äquivalentlinsen nach (135; 136), wie es schon bei Gelegenheit der Vorrechnungsmethode für die Öffnungsfehlerkorrektion gezeigt wurde.

Linse am Pupillenort. Interessant ist der Sonderfall, wenn die λ^{te} Linse am Ort einer Pupille steht, oder wenn die Fassung dieser Linse als Aperturblende wirkt. Dann ist

$$h_{B_\lambda} = 0, \quad a_{B_\lambda} = a'_{B_\lambda} = 0.$$

Infolgedessen wird

$$\left(\frac{h_{B_\lambda}}{f\,\sigma_{B_1}}\right) X_\lambda = \frac{h_{B_\lambda}}{a_{B_\lambda}\,\sigma_{B_1}},$$

und mit

$$\frac{h_{B_\lambda}}{a_{B_\lambda}} = \sigma_{B_\lambda}$$

wird

$$\left(\frac{h_{B_\lambda}}{f\,\sigma_{B_1}}\right) X_\lambda = \frac{\sigma_{B_\lambda}}{\sigma_{B_1}}.$$

In diesem Sonderfall ergibt sich:

$$C_\lambda = \left(\frac{1}{n_1\,\omega_{EP}}\right) \omega_\lambda^3 \frac{F_\lambda}{F} \frac{\sigma_{B_\lambda}}{\sigma_{B_1}} \left(\frac{n_\lambda + 1}{n_\lambda} M_\lambda - \Psi_\lambda\right),$$

$$A_\lambda = \left(\frac{1}{n_1\,\omega_{EP}}\right)^2 \omega_\lambda^2 \frac{F_\lambda}{F} \left(\frac{\sigma_{B_\lambda}}{\sigma_{B_1}}\right)^2.$$

Es wird also A_λ unabhängig von der Durchbiegung M_λ der λ^{ten} Linse! Man kann daher die Durchbiegung einer solchen Linse für die Korrektion von Öffnungsfehler und Koma benutzen, ohne für den Astigmatismus Befürchtungen haben zu müssen. In gewissen Fällen der Triplettkorrektion kann das von Nutzen sein.

Smythsche Linsen. Als weiteres typisches Beispiel sei der Fall der SMYTHschen Linse betrachtet. Es handelt sich hier um eine Linse am Bildort (Abb. 55), der die Aufgabe zufällt, die Bildfeldwölbung zu korrigieren. Beispielsweise kann man eine SMYTHsche Linse in der Brennebene eines PETZVALobjektivs anordnen, um dessen Bildfeldwölbung zu kompensieren. J. FLÜGGE[1] benutzt sie bei einem seiner Spiegelobjektive zum

[1] Zeitschr. f. Instrkde. **61**, 177. (1941).

gleichen Zwecke. Wie sich an Hand der nachstehenden Entwicklung zeigen wird, ist die SMYTHsche Linse zerstreuend, um unterkorrigierte Bildfeldwölbung zu beheben, dagegen sammelnd für überkorrigierte Bildfeldwölbung. Unter der Annahme, daß das photographische Objektiv (1) auf

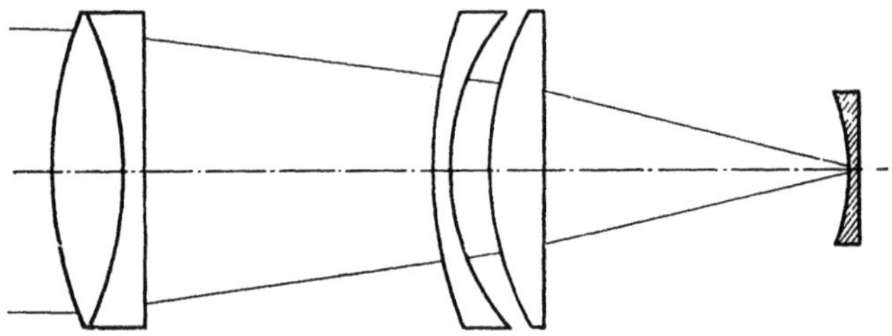

Abb. 55. SMYTHsche Linse (schraffiert) in der Brennebene eines PETZVALobjektivs

weit entfernte Objekte ($a_1 = \infty$) eingestellt ist, und die Eintrittspupille bzw. Austrittspupille in dessen Hauptebenen fallen, gilt bei in der Brennebene angeordneter SMYTHscher Linse (2) und $a_2 = 0$:

$$A_2 = 0 \text{ (unabhängig von der Durchbiegung der Linse)},$$

$$P_2 = \frac{1}{n_2}\frac{F_2}{F_1},$$

$$S_2 = W_2 = M_2 = P_2 = \frac{1}{n_2}\frac{F_2}{F_1}.$$

Ein PETZVALobjektiv, wie es z. B. für Kinobildwurf benutzt wird, hat eine mittlere Wölbung $W_1 = +0{,}939$; mithin muß die SMYTHsche Linse $W_2 = -0{,}939$ bekommen, d. h. bei einer Objektivbrennweite von $f_1 =$ $= 100$ mm wird mit $n_2 = 1{,}516$:

$$f_2 = -\frac{f_1}{n_2}\frac{1}{0{,}939} = -70 \text{ mm}.$$

Der Übergang zu endlichen Linsendicken. Nach Abschluß der Synthese hat man Ausgangsdaten für das System gegebener Brennweite f aus *dünnen* Äquivalentlinsen, d. h. aus Linsen von der (theoretischen) Mittendicke Null. Die Äquivalentlinsen ersetzen wirkungsmäßig die Linsen von den notwendigen *endlichen* Mittendicken d_λ. Die synthetische Vorrechnung konnte aus Gründen der Vereinfachung im Rechenverfahren nur mit Äquivalentlinsen operieren. Jetzt aber muß für die weitere Berechnung die Ausführbarkeit berücksichtigt werden, d. h. es müssen die notwendigen Dicken eingeführt werden.

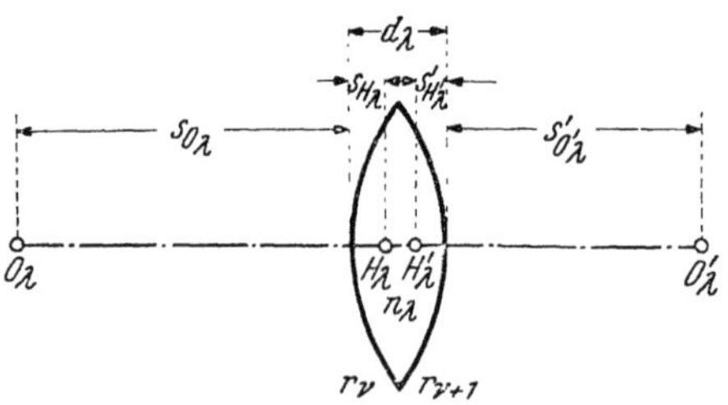

Abb. 56. Zur Umrechnung der synthetisch vorgerechneten Krümmungsradien von Äquivalentlinsen auf dicke Linsen

Dazu muß man erst einmal die notwendigen *Außendurchmesser* der Linsen festlegen. Sie richten sich nach dem gewünschten Öffnungsverhältnis und dem gewünschten Bildwinkel. Man bestimmt mit den gefundenen Radien der Äquivalentlinsen die *Mittendicken* so, daß die Außendurchmesser bequem erreicht werden, d. h. unter Beachtung ausreichender Randdicken in den Sammellinsen, nicht zu kleiner Mittendicken in den Zerstreuungslinsen und genügender Verformfestigkeit der Linsen bei der Bearbeitung in der optischen Werkstatt.

Den *dicken* Linsen gibt man zunächst auch noch die Krümmungsradien der „dünnen" Linsen und berechnet hierfür die Lage der beiden Hauptpunkte H_λ und H'_λ (Abb. 56) nach (65) und (66):

$$s_{H_\lambda} = -\frac{d_\lambda}{n_\lambda}\,\frac{n_\lambda - 1}{r_{\nu+1}}\,f_\lambda,$$

$$s'_{H'_\lambda} = -\frac{d_\lambda}{n_\lambda}\,\frac{n_\lambda - 1}{r_\nu}\,f_\lambda.$$

Alsdann berechnet man für die „dicken" Linsen die Dingpunkte O_λ und die Bildpunkte O'_λ:

$$s_{O_\lambda} = a_\lambda + s_{H_\lambda},$$

$$s'_{O'_\lambda} = a'_\lambda + s'_{H'_\lambda}.$$

Dann formen sich die gefundenen Radien der „dünnen" Äquivalentlinse (jetzt mit Querstrich versehen) in die neuen *Radien* der „dicken" Linse (ohne Querstrich) um:

$$r_\nu = \frac{\overline{r}_\nu}{1 - \dfrac{s_{H_\lambda}}{s_{O_\lambda}}},$$

$$r_{\nu+1} = \frac{\overline{r}_{\nu+1}}{1 - \dfrac{s'_{H'_\lambda}}{s'_{O'_\lambda}}}.$$

Obwohl man bei der Berechnung der Hauptpunkte der „dicken" Linsen die Radien der Äquivalentlinsen benutzt hatte, ist der damit begangene Fehler praktisch in den meisten Fällen belanglos. Er fällt nur bei ungewöhnlich dicken Linsen ins Gewicht und läßt sich dann nachträglich so eliminieren, daß man mit den umgeformten Radien nochmals dasselbe Verfahren anwendet.

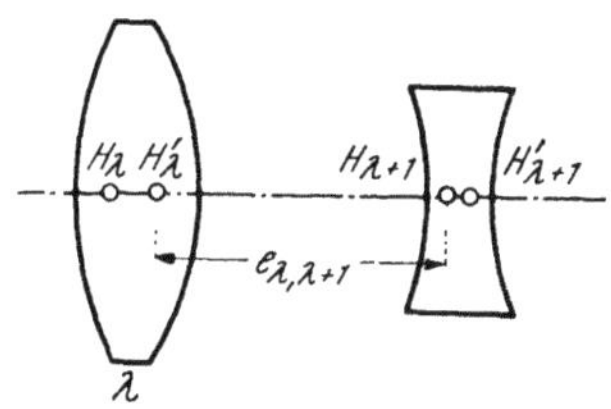

Abb. 57. Zur Berechnung der Abstände der dicken Linsen aus den Ergebnissen der synthetischen Vorrechnung

Die *Linsenabstände* bestimmt man nun so, daß die für Äquivalentlinsen gefundenen Abstände $e_{\lambda,\lambda+1} = H'_\lambda H_{\lambda+1}$ werden (Abb. 57).

Es ist ratsam, für das neue System aus dicken Linsen zunächst noch die Summen der Flächenteilkoeffizienten durchzurechnen, um festzustellen, wie sich die Bildfehlersummen geändert haben.

Nun rechnet man *trigonometrisch* durch und bestimmt den meist noch unzureichenden Korrektionszustand. An Hand der Flächenteilkoeffizienten für die einzelnen Fehler ergreift der erfahrene Rechner die notwendigen Maßnahmen, um sukzessive die Feinkorrektur der Bildfehler herbeizuführen. Es ist hier nicht möglich, das im einzelnen zu erläutern. Bei photographischen Objektiven kann die Feinkorrektur außerordentlich mühsam sein, und es gehört längere Übung dazu, um erfolgreich voranzukommen. Trigonometrische Strahlendurchrechnung und analytische Bestimmung der Flächenteilkoeffizienten müssen nebeneinander herlaufen, wenn systematisch gearbeitet werden soll. Auf keinen Fall liefert aber die analytische Methode allein schon brauchbare Konstruktionsdaten, wie von reinen „Theoretikern" bisweilen allzu leichtfertig angenommen wird; einfach schon deshalb nicht, weil in der analytischen Rechnung eine Beschränkung auf verhältnismäßig kleine Öffnungswinkel und Bildwinkel vorausgesetzt ist. Die Praxis überschreitet diesen eingeengten Bereich jedoch um ein Vielfaches, und das wirkt sich erheblich aus. Insofern kann auf die trigonometrische Methode niemals verzichtet werden.

Objektive mit großer relativer Öffnung und großem Bildwinkel machen Berechnungen notwendig, die bei täglich achtstündiger Arbeit dennoch monatelang dauern können. Vollautomatische Rechenmaschinen unterstützen diese mühselige Arbeit. Die größeren optischen Werke beschäftigen in Optikrechenbüros laufend Kräfte, die nichts anderes tun, als solche Berechnungen mehr oder weniger schematisch durchzuführen. Kleine Betriebe beziehen im allgemeinen ihre Daten von selbständigen gewerblichen Optik-Rechnern, unter denen es leider aber auch solche gibt, die nicht mit genügenden Fähigkeiten und Kenntnissen ausgestattet sind und daher das ernsthafte Optikrechnen in Mißkredit bringen.

Neuerdings werden an einigen Stellen auch programmgesteuerte elektronische Rechenmaschinen benutzt, deren besonderer Eigenart das Rechenschema angepaßt sein muß[1].

K. Isoplanasiebedingung und Sinusbedingung

Die Koma eines Objektivs mit k brechenden Flächen ist, wie auf S. 79ff. gezeigt wurde, durch die seitlichen Abstände k′ der sagittalen Bildorte $\tilde{\tilde{O}}'_{D_k}$ bestimmter Zonen vom Hauptstrahl meßbar. In Abb. 58 ist der Bildraum hinter der letzten (k^{ten}) Fläche des Objektivs dargestellt. O'_k ist der paraxiale Bildpunkt, $\tilde{O}'_k$ der durch Öffnungsfehler bedingte Achsenbildpunkt einer bestimmten Zone von endlicher Öffnung. Der bildseitige Hauptstrahl soll allerdings nur einen kleinen Winkel σ'_{B_k} mit der optischen Achse einschließen.

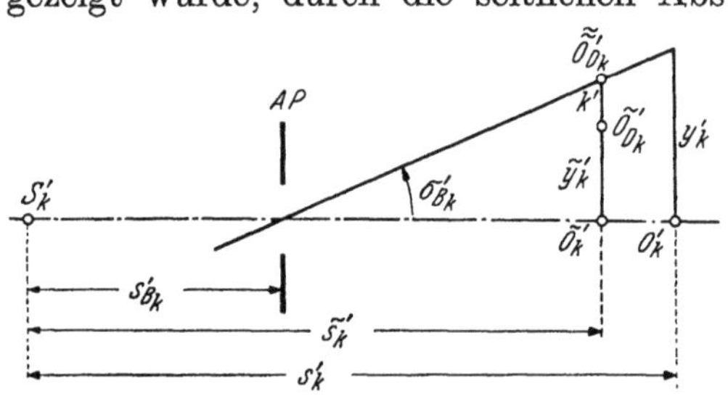

Abb. 58. Zur Herleitung der Isoplanasiebedingung

Dann ist zunächst

$$k' = \tilde{O}'_{D_k} \tilde{\tilde{O}}'_{D_k} = -\tilde{O}'_k \tilde{\tilde{O}}'_{D_k} + \tilde{y}'_k,$$

$$\frac{k'}{\tilde{O}'_k \tilde{\tilde{O}}'_{D_k}} = \frac{\tilde{y}'_k}{\tilde{O}'_k \tilde{\tilde{O}}'_{D_k}} - 1 = \Delta \mathfrak{J}'_k. \tag{180}$$

Diese weiterhin auszuwertende Größe $\Delta \mathfrak{J}'_k$ ist als *Isoplanasie*fehler definiert, der nichts anderes als der sagittale Komafehler relativ zur Bildgröße

[1] Journ. Opt. Soc. Amer. **41**, 630—640. (1951).

ist. Verschwinden des Isoplanasiefehlers ist gleichbedeutend mit Korrektion des Komafehlers innerhalb kleiner Bildwinkelbereiche. $\Delta\,\mathfrak{Z}'_k = 0$ nennt man „*Isoplanasiebedingung*".

An Hand der Abb. 58 ist

$$\tilde{O}'_k\,\tilde{O}'_{D_k} = y'_k \frac{\tilde{s}'_k - s'_{B_k}}{s'_k - s'_{B_k}},$$

mithin

$$\Delta\,\mathfrak{Z}'_k = \frac{\tilde{y}'_k}{y'_k}\,\frac{s'_k - s'_{B_k}}{\tilde{s}'_k - s'_{B_k}} - 1. \qquad (180a)$$

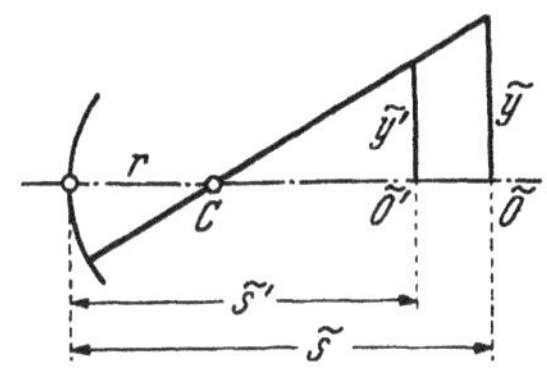

Abb. 59. Hilfsfigur zu Abb. 58.

Es muß nun noch $\tilde{y}'_k/y'_k$ ausgerechnet werden.

Für eine einzelne brechende Fläche ist nach Abb. 59 und Formeln (24)

$$\frac{\tilde{y}'}{\tilde{y}} = \frac{\tilde{s}' - r}{\tilde{s} - r} = \frac{\tilde{s}' - r}{r} \cdot \frac{r}{\tilde{s} - r} = \frac{\sin\tilde{\varepsilon}'}{\sin\tilde{\sigma}'} \cdot \frac{\sin\tilde{\sigma}}{\sin\tilde{\varepsilon}} = \frac{n\sin\tilde{\sigma}}{n'\sin\tilde{\sigma}'};$$

im paraxialen Gebiet:

$$\frac{y'}{y} = \frac{n\,\sigma}{n'\,\sigma'}.$$

In einer Flächenfolge ist $\tilde{y}'_\nu = \tilde{y}_{\nu+1}$, $\tilde{\sigma}'_\nu = \tilde{\sigma}_{\nu+1}$ usw. Mithin wird

$$\frac{\tilde{y}'_k}{\tilde{y}_1} = \frac{n_1 \sin\tilde{\sigma}_1}{n'_k \sin\tilde{\sigma}'_k}, \qquad (181)$$

im paraxialen Gebiet:

$$\frac{y'_k}{y_1} = \frac{n_1\,\sigma_1}{n'_k\,\sigma'_k} \quad \text{[vgl. (43)]}.$$

Folglich wird bei der Annahme eines fehlerfreien Objektes ($\tilde{y}_1 = y_1$):

$$\frac{\tilde{y}'_k}{y'_k} = \frac{\sin\tilde{\sigma}_1}{\sigma_1} \cdot \frac{\sigma'_k}{\sin\tilde{\sigma}'_k}.$$

Führt man diesen Wert in (180a) ein, so lautet die Formel für den Isoplanasiefehler:

$$\Delta\,\mathfrak{Z}'_k = \left(\frac{\sin\tilde{\sigma}_1}{\sigma_1}\right)\left(\frac{\sigma'_k}{\sin\tilde{\sigma}'_k}\right)\frac{s'_k - s'_{B_k}}{\tilde{s}'_k - s'_{B_k}} - 1. \qquad (182)$$

Komafreiheit in kleinen Bildwinkelbereichen ist durch $\Delta\,\mathfrak{Z}'_k = 0$ nach obigem bewirkt.

Wenn $\tilde{s}'_k - s'_k = 0$ ist, also im Fall des korrigierten Öffnungsfehlers, wird $\Delta\,\mathfrak{Z}'_k = 0$ für

$$\frac{\sin\tilde{\sigma}_1}{\sin\tilde{\sigma}'_k} = \frac{\sigma_1}{\sigma'_k}. \qquad (183)$$

Das ist eine Spezialform der Isoplanasiebedingung $\Delta\,\mathfrak{Z}'_k = 0$, die man *Sinusbedingung* nennt. Letztere ist also nur bei korrigiertem Öffnungsfehler ein Kriterium für Komakorrektion, und zwar in Nachbarbildpunkten des Achsenbildpunktes, da oben ausdrücklich ein kleiner Bildwinkel σ'_{B_k} angenommen worden ist. Die Sinusbedingung gilt aber auch, wenn $s'_{B_k} = \infty$ ist, d. h. bei Objektiven mit telezentrischem Strahlengang im Bildraum.

Wenn das *Objekt im Unendlichen* liegt, wie meist bei photographischen Objektiven, werden $\sin\tilde{\sigma}_1 = \sigma_1 = 0$. Man darf dann

$$\frac{\sin\tilde{\sigma}_1}{\sigma_1} = \frac{\tilde{h}_1}{h_1}$$

schreiben und weiterhin die paraxiale Brennweite f sowie die Zonenbrennweite $\tilde{f}$ einführen durch

$$f = \frac{h_1}{\sigma'_k}, \qquad \tilde{f} = \frac{\tilde{h}_1}{\sin\tilde{\sigma}'_k}, \tag{184}$$

so daß die Isoplanasiebedingung

$$\frac{\tilde{f}}{f}\,\frac{s'_k - s'_{B_k}}{\tilde{s}'_k - s'_{B_k}} - 1 = 0, \tag{185}$$

bzw. bei korrigiertem Öffnungsfehler ($\tilde{s}'_k = s'_k$) die Sinusbedingung

$$\tilde{f} - f = 0 \tag{186}$$

lauten. Zugleich läßt diese Betrachtung erkennen, daß die Brennweite zweckmäßig nicht mit $\operatorname{tg}\tilde{\sigma}'_k$ berechnet wird (s. S. 42).

Die Erfüllung der Isoplanasiebedingung ist ein Kriterium für die *Komakorrektion* in der Nachbarschaft der Achse, das für beliebig weite Blendenöffnung anwendbar ist und nicht die mühselige Durchrechnung von Komastrahlen erfordert, sondern mit der Durchrechnung des axialen Strahlenbündels (im allgemeinen des achsnahen und zweier achsferner Strahlen) sowie des achsnahen Blendenstrahles auskommt. Bei photographischen Objektiven ist dennoch die Erfüllung der Isoplanasiebedingung nicht ausreichend für die Komakorrektion im gesamten Bildfeld, weil hierbei seitliche Bildpunkte zu berücksichtigen sind, die meist erhebliche Abstände von der optischen Achse haben können.

V. Die Farbfehler der Abbildung

A. Der Farbortsfehler

Flächenteilkoeffizient. Jeder Werkstoff, insbesondere also auch jedes Glas, weist Dispersion auf, d. h. die Brechungszahl n ändert sich mit der Lichtfarbe, mit der Wellenlänge λ. Der Differentialquotient $\frac{dn}{d\lambda}$ ist also von Null verschieden.

Infolgedessen unterliegen bei der Abbildung durch optische Systeme auch die Schnittweiten und Brennweiten einer Variation mit der Wellenlänge. Die chromatische Variation der Schnittweite bezeichnet man zweckmäßig als „Farbortsfehler" des Bildes. Dieser Fehler soll nun quantitativ behandelt werden, und zwar für den paraxialen Bereich.

In einem optischen System mit k abbildenden Flächen gilt bekanntlich an jeder Fläche die ABBEsche Invariante (23)

$$Q_\nu = n_\nu\left(\frac{1}{r_\nu} - \frac{1}{s_\nu}\right) = n'_\nu\left(\frac{1}{r_\nu} - \frac{1}{s'_\nu}\right).$$

Durch Differentiation nach λ ergibt sich:

$$\frac{d\,Q_\nu}{d\,\lambda} = \frac{Q_\nu}{n_\nu}\frac{d\,n_\nu}{d\,\lambda} + \frac{n_\nu}{s_\nu^2}\frac{d\,s_\nu}{d\,\lambda} = \frac{Q_\nu}{n'_\nu}\frac{d\,n'_\nu}{d\,\lambda} + \frac{n'_\nu}{s'^2_\nu}\frac{d\,s'_\nu}{d\,\lambda}. \tag{187}$$

Durch Multiplikation mit (46) im Quadrat, also

$$\omega_\nu^2 = \left(\frac{h_\nu}{h_1}\right)^2 = \left(\frac{s_2\,s_3\,\ldots\,s_\nu}{s'_1\,s'_2\,\ldots\,s'_{\nu-1}}\right)^2,$$

unter Berücksichtigung von

$$\omega_\nu^2\frac{n_\nu}{s_\nu^2} = \omega_{\nu-1}^2\frac{n'_{\nu-1}}{s'^2_{\nu-1}} \quad \text{und} \quad n_\nu = n'_{\nu-1},$$

bekommt man für (187) an den einzelnen Flächen des Systems:

$$\frac{n'_1}{s'^2_1}\frac{d\,s'_1}{d\,\lambda} - \frac{n_1}{s_1^2}\frac{d\,s_1}{d\,\lambda} = -\,Q_1 \cdot \underset{1}{\Delta}\left(\frac{1}{n}\frac{d\,n}{d\,\lambda}\right), \text{ wo } \underset{1}{\Delta}\,x = x'_1 - x_1,$$

$$\omega_2^2\frac{n'_2}{s'^2_2}\frac{d\,s'_2}{d\,\lambda} - \frac{n'_1}{s'^2_1}\frac{d\,s'_1}{d\lambda} = -\,\omega_2^2\,Q_2 \cdot \underset{2}{\Delta}\left(\frac{1}{n}\frac{d\,n}{d\,\lambda}\right).$$

$$\cdots\cdots$$

$$\omega_k^2\frac{n'_k}{s'^2_k}\frac{d\,s'_k}{d\,\lambda} - \omega_{k-1}^2\frac{n'_{k-1}}{s'^2_{k-1}}\frac{d\,s'_{k-1}}{d\,\lambda} = -\,\omega_k^2\,Q_k \cdot \underset{k}{\Delta}\left(\frac{1}{n}\frac{d\,n}{d\,\lambda}\right).$$

Addiert man sämtliche Gleichungen, so findet man

$$\omega_k^2\frac{n'_k}{s'^2_k}\frac{d\,s'_k}{d\,\lambda} - \frac{n_1}{s_1^2}\frac{d\,s_1}{d\,\lambda} = -\sum_{\nu=1}^{k}\omega_\nu^2\,Q_\nu \cdot \underset{\nu}{\Delta}\left(\frac{1}{n}\frac{d\,n}{d\,\lambda}\right), \tag{188}$$

und daraus für ein farbfehlerfreies Objekt $\left(\frac{d\,s_1}{d\,\lambda} = 0\right)$:

$$\frac{1}{f}\frac{d\,s'_k}{n'_k} = -\left(\frac{1}{f}\right)^2\left(\frac{s'_k}{n'_k\,\omega_k}\right)^2 \cdot \Delta\,(s') \tag{189}$$

mit

$$\Delta\,(s') = \sum_{\nu=1}^{k}\underset{\nu}{\Delta}\,(s') \tag{190}$$

und wegen $h_\nu\,Q_\nu = n_\nu\,\varepsilon_\nu = n'_\nu\,\varepsilon'_\nu$:

$$\underset{\nu}{\Delta}\,(s') = \left(\frac{f}{h_1}\right)\omega_\nu\,(\varepsilon'_\nu\,d\,n'_\nu - \varepsilon_\nu\,d\,n_\nu). \tag{191}$$

Die Bildortvariation mit $d\,\lambda$ verursacht in der Bildebene der Hauptfarbe einen Zerstreuungskreis vom Halbmesser $d\,y'_k = \sigma'_k\,d\,s'_k$ (Abb. 60). Infolgedessen wird unter Berücksichtigung von $\sigma'_k = \frac{h_k}{s'_k}$ und (189):

$$d\,y'_k = -\left(\frac{h_1}{f}\right)\left(\frac{s'_k}{n'_k\,\omega_k}\right)\Delta\,(s') \tag{192}$$

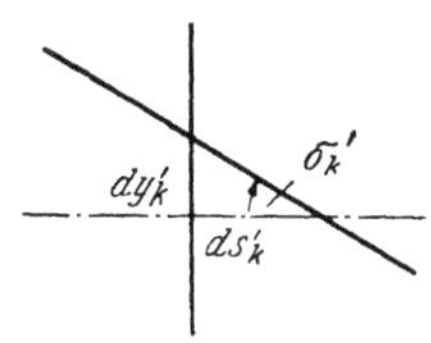

Abb. 60. Zur Berechnung des Zerstreuungskreises beim Farbortsfehler

wieder mit (190) und umgeformtem (191):

$$\underset{\nu}{\Delta}\,(s') = \left(\frac{f}{h_1}\right)\omega_\nu\,(n'_\nu\,\varepsilon'_\nu)\left(\frac{d\,n'_\nu}{n'_\nu} - \frac{d\,n_\nu}{n_\nu}\right). \tag{193}$$

(191) oder (193) stellen den *Flächenteilkoeffizienten des Farbortsfehlers* dar.

Linsenteilkoeffizient. Für ein optisches System aus dünnen *Äquivalentlinsen* gelten die Beziehungen von S. 74 für ω_λ, h_λ, n_λ und F_λ. Ferner ist in Luft genügend genau $n = 1$, $\frac{dn}{d\lambda} = 0$, mithin wird an der vorderen Linsenfläche der Klammerausdruck von (193):

$$+\frac{dn_\lambda}{n_\lambda},$$

an der hinteren Linsenfläche

$$-\frac{dn_\lambda}{n_\lambda}.$$

Man beachte, daß der Index λ bei n_λ nur eine laufende Linsennummer und nicht die Wellenlänge ist.

Für die dünne Äquivalentlinse wird (193):

$$\underset{\lambda}{\Lambda}(a') = \left(\frac{f}{h_1}\right)\omega_\lambda \frac{dn_\lambda}{n_\lambda}(\varepsilon_\nu - \varepsilon'_{\nu+1}),$$

oder wegen $\varepsilon_\nu - \varepsilon'_{\nu+1} = \frac{n_\lambda}{n_\lambda - 1} h_\lambda F_\lambda$ (s. S. 74):

$$\underset{\lambda}{\Lambda}(a') = \omega_\lambda^2 \frac{dn_\lambda}{n_\lambda - 1}\frac{F_\lambda}{F}. \tag{194}$$

Das ist der *Linsenteilkoeffizient des Farbortsfehlers.* Mithin wird (192):

$$dy'_k = -\left(\frac{h_1}{f}\right)\left(\frac{s'_k}{n'_k\,\omega_k}\right)\sum_{\lambda=1}^{1}\omega_\lambda^2 \frac{1}{\nu_\lambda}\frac{F_\lambda}{F}, \tag{195}$$

mit der neu eingeführten Größe

$$\nu_\lambda = \frac{n_\lambda - 1}{dn_\lambda}. \tag{196}$$

Beispiel: Einzelne dünne Linse $\left(s_1 = a_1 = \infty,\ s'_k = f,\ F_\lambda = \frac{1}{f},\ n'_k = 1,\ \omega_\lambda = 1\right)$:

$$ds'_k = -\frac{f}{\nu} = s'_F - s'_C.$$

Abbesche Zahl. Diese wichtige Zahl ν heißt „ABBEsche Zahl" und kennzeichnet einen optischen Werkstoff bezüglich seiner Dispersionseigenschaften. Sie ist in jedem optischen Glaskatalog angegeben, und zwar für $dn_\lambda = n_F - n_C$, $n_\lambda - 1 = n_d - 1$, wo n_C, n_F, n_d die Brechungszahlen des Werkstoffes für die rote Wasserstofflinie C, die gelbe Heliumlinie d und die blaugrüne Wasserstofflinie F sind.

$\nu = \frac{n_d - 1}{n_F - n_C}$ ist die ABBEsche Zahl für den visuell wichtigen Spektralbereich. Arbeitet man vorzugsweise in einem anderen Spektralbereich, so sind dn_λ und $n_\lambda - 1$ entsprechend zu modifizieren. Die Zahl ν ist die reziproke relative Dispersion an einer bestimmten Stelle des Spektrums, sie ändert sich längs des Spektrums und natürlich auch mit dem optischen Werkstoff. Hohe Werte von ν bedeuten niedrige Dispersionen, niedrige Werte von ν hohe Dispersionen. Nachstehend werden die Brechungszahl n_d, die mittlere Dispersion $n_F - n_C$, die ABBEsche Zahl ν und die relative Teildispersion $\vartheta = \frac{n_g - n_F}{n_F - n_C}$ (n_g = Brechungszahl für die blaue Quecksilberlinie) für einige optische Gläser nach der SCHOTT-Liste mitgeteilt; dazu auch für Flußspat wegen seiner extrem niedrigen Dispersion.

Durchschnittswerte für einige optische Werkstoffe sind:

Tabelle 7

relative Dispersion	Werkstoff	n_d	$n_F - n_C$	ν	$\vartheta_{(F-g)}$
extrem niedrig	Flußspat	1,4338	0,00454	95,5	0,563
niedrig	FK 5	1,4875	0,00696	70,0	0,527
	BK 1	1,5101	0,00805	63,4	0,538
	PSK 3	1,5523	0,00870	63,5	0,536
	K 6	1,5028	0,00830	60,6	0,542
	SK 16	1,6204	0,01029	60,3	0,541
mittel	BaLF 5	1,5474	0,01021	53,6	0,555
	LaK 3	1,6935	0,01297	53,5	0,551
	LLF 2	1,5407	0,01154	47,2	0,564
	BaF 10	1,6700	0,01420	47,2	0,564
hoch	F 5	1,6034	0,01587	38,0	0,580
	BaSF 4	1,6513	0,01699	38,3	0,581
	BaSF 8	1,7234	0,01905	38,0	0,585
	F 16	1,5927	0,01673	35,4	0,595
sehr hoch.......	SF 5	1,6727	0,02087	32,2	0,592
	SF 10	1,7283	0,02570	28,3	0,605
	SF 11	1,7847	0,03052	25,7	0,615
	SF 6	1,8052	0,03163	25,5	0,610

Achromasiebedingung. Bei der Summe (195) des Farbortsfehlers fällt auf, daß keine Größe darin enthalten ist, die die Linsendurchbiegung (Parameter M) bezeichnet. Tatsächlich hängt der Betrag des Farbortsfehlers nur von den Brechkräften F_λ der Linsen ab, natürlich auch von der Stellung der Linsen im Strahlengang nach Maßgabe der Verhältnisse $\omega_\lambda = \frac{h_\lambda}{h_1}$. Deshalb geht jede synthetische Vorrechnung mit dünnen Äquivalentlinsen zunächst davon aus, die Brechkräfte der Einzellinsen im Einklang mit der *Achromasiebedingung*

$$\sum_{\lambda=1}^{1} \omega_\lambda^2 \frac{1}{\nu_\lambda} \frac{F_\lambda}{F} = \frac{1}{\nu} \tag{197}$$

zu bringen, wobei für ν ein Erfahrungswert, z. B. + 500 eingesetzt wird (vgl. S. 107). Ein Beispiel möge das erläutern.

Achromat. Es soll mit den Gläsern BK 1 und F 5 (vgl. Tabelle 7) ein achromatisches Dublett f = 100 mm berechnet werden (Abb. 61), gegeben sind laut obiger Tabelle also $\nu_1 = 63{,}4$; $\nu_2 = 38{,}0$. Als Erfahrungswerte werden eingesetzt $\omega_1 = 1$, $\omega_2 = 0{,}98$, $\nu = +500$.

Dann lautet nach (76) die *Brennweitengleichung* für zwei Linsen:

$$\frac{F_1}{F} + 0{,}98\frac{F_2}{F} = 1,$$

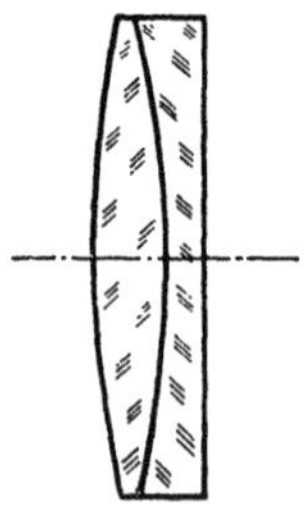

Abb. 61. Achromatisches Objektiv

die *Achromasiebedingung* (197)

$$\frac{1}{63{,}4}\frac{F_1}{F} + \frac{0{,}96}{38{,}0}\frac{F_2}{F} = +0{,}002.$$

Aus diesen beiden Gleichungen errechnen sich die beiden Unbekannten zu

$$\frac{F_1}{F} = +2{,}38; \quad \frac{F_2}{F} = -1{,}408.$$

Die *Einzelbrennweiten* der Linsen für die Gesamtbrennweite f = 100 mm sind also

für die erste Linse aus BK 1: $$f_1 = \frac{100}{F_1/F} = +42{,}0 \text{ mm},$$

für die Linse 2 aus F 5: $$f_2 = \frac{100}{F_2/F} = -71{,}05 \text{ mm}.$$

Der Abstand e der beiden Äquivalentlinsen voneinander ist für die Objektentfernung ∞ nach S. 46

$$e = f_1(1 - \omega_2) = 0{,}84 \text{ mm}.$$

Planparallelplatte. Auch eine Planparallelplatte in Luft hinter einem Objektiv von der Brennweite f führt Farbortsfehler ein, denn für sie ist in genügender Achsennähe bei der Dicke d_P (Flächenindizes ν und $\nu + 1$) (Abb. 62):

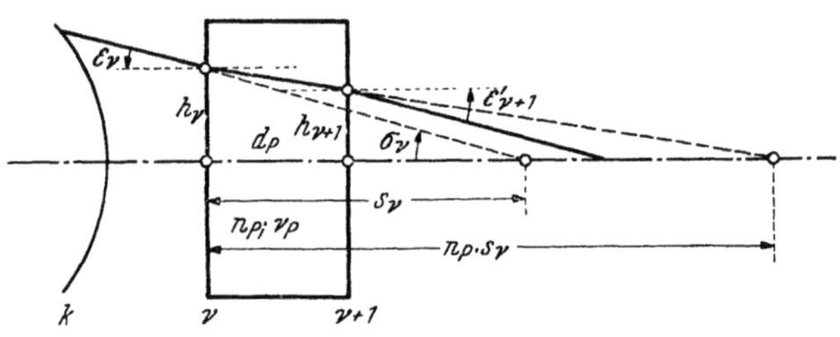

Abb. 62. Zur Herleitung des Farbortsfehlers hinter einer Planparallelplatte

$$\omega_{\nu+1} = \frac{h_{\nu+1}}{h_1} = \frac{h_{\nu+1}}{h_\nu}\,\omega_\nu,$$

und wegen

$$\frac{h_{\nu+1}}{h_\nu} = 1 - \frac{d_P}{n_P\, s_\nu}:$$

$$\omega_{\nu+1} = \omega_\nu\left(1 - \frac{d_P}{n_P\, s_\nu}\right);$$

ferner

$$\varepsilon_\nu = \varepsilon'_{\nu+1} = -\sigma_\nu = -\sigma'_k;$$

folglich ist mit Hilfe von (193) der Anteil der Platte am Farbortsfehler des Gesamtsystems:

$$\underset{P}{\Lambda}(s') = -\left(\frac{f}{h_1}\right)^2 \sigma_\nu^2 \left(\frac{d\,n_P}{n_P}\right) \frac{d_P}{n_P} \frac{1}{f}. \tag{198}$$

Mit (192) wird:

$$d\,y'_P = \sigma'_k \frac{d_P}{n_P} \frac{d\,n_P}{n_P} = \sigma'_k \frac{1}{\nu_P} \frac{n_P - 1}{n_P} \frac{d_P}{n_P}, \tag{199}$$

bzw. da $d\,y'_P = \sigma'_k\, d\,s'_P$ ist:

$$d\,s'_P = \frac{d_P}{n_P} \frac{d\,n_P}{n_P} = \frac{1}{\nu_P} \frac{n_P - 1}{n_P} \frac{d_P}{n_P}. \tag{200}$$

Aus dieser Formel geht hervor, daß die planparallele Platte hinter einem Objektiv überkorrigierend wirkt, d. h. die Schnittweite für blaue Strahlen mehr als die für rote Strahlen verlängert. Rechnet man mit dem Glas BK 7, $n_d = 1{,}516$, $\nu = 64{,}0$, so ist:

$$d\,s'_P = \frac{d_P}{284}.$$

Es ist dabei belanglos, an welcher Stelle im Strahlengang die Platte steht. Was von planparallelen Platten in dieser Hinsicht gilt, ist genau so auf Reflexionsprismen im Strahlengang anzuwenden, wobei die Länge des Lichtweges im Prisma an Stelle der Dicke d_P der Platte einzusetzen ist. Für Reproduktionsobjektive ist daher der Prismeneinfluß auch von dieser Seite aus zu berücksichtigen, insbesondere für die Farbphotographie.

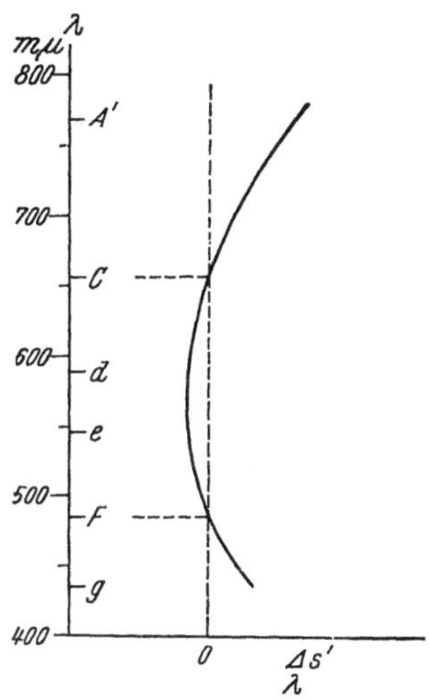

Abb. 63. Darstellung des sekundären Spektrums im achsnahen Raum

Äquivalentes ν. Bei (197) tauchte erstmals ein Erfahrungswert ν auf. Es handelt sich um eine hypothetische ABBEsche Zahl, die das Glas einer einzigen Linse haben müßte, wenn diese Linse dieselbe Brennweite und denselben Farbortsfehler wie das zusammengesetzte System besäße. Man kann daher statt (190) auch schreiben

$$\frac{1}{\nu} = \sum_{\nu=1}^{k} \underset{\nu}{\Lambda}(s'), \quad \text{bzw.} \quad \sum_{\lambda=1}^{1} \underset{\lambda}{\Lambda}(a'),$$

wobei $\underset{\nu}{\Lambda}(s')$ durch (193), $\underset{\lambda}{\Lambda}(a')$ durch (194) gegeben sind.

Im allgemeinen ist die Korrektion des Farbortsfehlers innerhalb endlicher Aperturbereiche nicht mit $\nu = \infty$, sondern mit einem endlichen Wert von ν am besten (s. S. 95).

Das sekundäre Spektrum und seine Korrektion. Im allgemeinen beschränkt sich die Korrektion des Farbortsfehlers auf das Zusammenlegen der Bilder für zwei Wellenlängen, z. B. für die FRAUNHOFERschen

Linien C und F. Dann ordnen sich die Bilder in den übrigen Wellenlängen so an, daß für die Hauptfarbe, die etwa in der Mitte zwischen den zusammengelegten Farben liegt, ein Umkehrpunkt des Bildortes sich ergibt, während für Farben beiderseits außerhalb der Hauptfarben zunehmend starke Bildortsabweichungen auftreten; etwa so, wie es in Abb. 63 angedeutet ist. Diese übrig bleibenden Farbortsfehler bilden das „sekundäre Spektrum". Für gewisse Zwecke, insbesondere der wissenschaftlichen, der Farb- und der Reproduktionsphotographie, muß auch das sekundäre Spektrum korrigiert werden. Auch einige moderne Kleinbildobjektive berücksichtigen diese Korrektion, wodurch die Vergrößerungsfähigkeit gesteigert wird[1]. Man fordert dann, daß die Bildorte für *drei* zweckmäßig gewählte Wellenlängen zusammenfallen (Abb. 64). Die mathematischen Bedingungen dafür sollen nun aufgestellt werden. Dabei kann man sich gleich auf Linsensysteme aus dünnen Äquivalentlinsen beschränken.

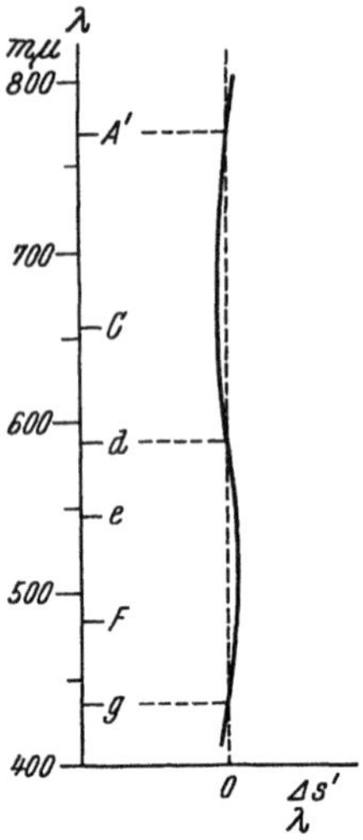

Abb. 64. Darstellung des Farbortsfehlers bei korrigiertem sekundären Spektrum

Für solche Systeme war (197) als Achromasiebedingung gefunden worden:

$$\sum_{\lambda=1}^{1} \omega \lambda^2 \frac{1}{\nu_\lambda} \frac{F_\lambda}{F} = \frac{1}{\nu},$$

mit einem Erfahrungswert ν von z. B. + 300.

Der Wert ν_λ ist nach (196)

$$\nu_\lambda = \frac{n_\lambda - 1}{d\, n_\lambda},$$

wobei $d\, n_\lambda$ die Variation der Brechungszahl der λ^{ten} Linse innerhalb einer festgelegten Variation $d\,\lambda$ der Wellenlänge bedeutet.

Um das sekundäre Spektrum zu korrigieren, muß die Achromasiebedingung in zwei benachbarten Bereichen $d\,\lambda_{\text{I}}$ und $d\,\lambda_{\text{II}}$ erfüllt werden. Man hat also (unter Fortlassung des Linsenbeiwertes)

$$\nu_{\text{I}} = \frac{n - 1}{d\, n_{\text{I}}}; \quad \nu_{\text{II}} = \frac{n - 1}{d\, n_{\text{II}}} = \frac{\nu_{\text{I}}}{\vartheta},$$

wo ϑ ein Faktor von der Größe

$$\vartheta = \frac{\nu_{\text{I}}}{\nu_{\text{II}}} = \frac{d\, n_{\text{II}}}{d\, n_{\text{I}}} \tag{201}$$

ist, z. B. $d\, n_{\text{I}}$ für den spektralen Bereich von A' bis d, $d\, n_{\text{II}}$ für den Bereich von d bis g.

Infolgedessen gelten für die Achromasie mit zusätzlicher Korrektion des sekundären Spektrums zwei Gleichungen:

für den Bereich $d\,\lambda_{\text{I}}$: $\displaystyle\sum_{\lambda=1}^{1} \omega \lambda^2 \frac{1}{\nu_{\lambda_{\text{I}}}} \frac{F_\lambda}{F} = \frac{1}{\nu_{\text{I}}},$

für den Bereich $d\,\lambda_{\text{II}}$: $\displaystyle\sum_{\lambda=1}^{1} \omega \lambda^2 \frac{1}{\nu_{\lambda_{\text{II}}}} \frac{F_\lambda}{F} = \frac{1}{\nu_{\text{II}}};$

[1] S. z. B. die Kurve des Color-Skopar von VOIGTLÄNDER in Foto-Kino-Technik **3**, 302. (1949).

oder unter Weglassung der Indizes I und II und mit (201):

$$\sum_{\lambda=1}^{1} \omega_\lambda^2 \frac{1}{\nu_\lambda} \frac{F_\lambda}{F} = \frac{1}{\nu},$$

$$\sum_{\lambda=1}^{1} \omega_\lambda^2 \frac{\vartheta_\lambda}{\nu_\lambda} \frac{F_\lambda}{F} = \frac{\vartheta}{\nu},$$

wo auch ϑ, ebenso wie ν, ein Erfahrungswert ist.

Auf ein System aus zwei Linsen angewandt beispielsweise:

$$\frac{1}{\nu_1} \frac{F_1}{F} + \omega_2^2 \frac{1}{\nu_2} \frac{F_2}{F} = \frac{1}{\nu},$$

$$\frac{\vartheta_1}{\nu_1} \frac{F_1}{F} + \omega_2^2 \frac{\vartheta_2}{\nu_2} \frac{F_2}{F} = \frac{\vartheta}{\nu}.$$

Setzt man

$$\vartheta_2 = \vartheta_1 + \underset{21}{\Delta}\, \vartheta_1,$$

$$\vartheta = \vartheta_1 + \underset{1}{\Delta}\, \vartheta_1,$$

so lassen sich beide Achromasiebedingungen zu einer zusammenfassen:

$$\omega_2^2 \frac{\underset{21}{\Delta}\, \vartheta_1}{\nu_2} \frac{F_2}{F} = \frac{\underset{1}{\Delta}\, \vartheta_1}{\nu},$$

oder

$$\underset{21}{\Delta}\, \vartheta_1 = \frac{1}{\omega_2^2} \frac{\nu_2}{\nu} \frac{F}{F_2} \underset{1}{\Delta}\, \vartheta_1. \tag{202}$$

Da im allgemeinen $\nu >> \nu_2$ ist, gilt nahezu

$$\underset{21}{\Delta}\, \vartheta_1 = \vartheta_2 - \vartheta_1 \approx 0.$$

Die Achromasie mit zusätzlicher Korrektion des sekundären Spektrums ist also für Systeme aus zwei Linsen durch eine Glaswahl zu erreichen, für die

$$\begin{aligned} \nu_1 &\neq \nu_2, \\ \vartheta_1 &\approx \vartheta_2. \end{aligned} \tag{203}$$

Leider haben Gläserpaare mit der Eigenschaft $\vartheta_1 \approx \vartheta_2$ nur einen verhältnismäßig kleinen Unterschied in den ν-Werten. Es handelt sich dabei um Kombinationen von Kurzflintgläsern mit ausgesuchten Gläsern aus den Gruppen der Baritkrone und Lanthankrone.

Hingewiesen werden muß in diesem Zusammenhang auf die besondere Eignung von *Flußspat* mit den Werten $\nu = 95{,}2$, $\vartheta = 0{,}561$. Flußspat war bis vor nicht langer Zeit in optisch genügend reiner Qualität und Größe außerordentlich selten. Die Fortschritte der modernen Kristallzüchtung haben aber seit einigen Jahren einen Flußspat hervorgebracht, der nicht nur dieselben optischen Eigenschaften wie der natürliche Flußspat besitzt, sondern überdies eine Homogenität und Durchsichtigkeit aufweist, wie sie der natürliche Flußspat selten hatte. Der synthetische, d. h. der aus dem Schmelzfluß gezüchtete Flußspat, ist in Scheiben käuflich, deren Größe den meisten Anforderungen entspricht. Allerdings ist der Preis auch für kleinere Stücke heutzutage immer noch recht hoch. Einem dringenden Bedürfnis der optischen Werkstätten nach Flußspat ist aber durch das gezüchtete Material abgeholfen, jedenfalls dort, wo auf ihn nicht verzichtet werden kann; denn leider ist die Technik der optischen Gläser noch nicht so weit gekommen, ein dem Flußspat gleichwertiges optisches Glas zu liefern, obwohl laboratoriumsmäßig schon Fluorkrone bis $\nu = 100$ erschmolzen werden konnten[1]. Die obere Grenze für zur Zeit handelsübliche Gläser liegt bei $\nu = 70$, $\vartheta = 0{,}527$ (Schott FK 5).

Verbietet sich, z. B. aus preislichen Gründen, die Verwendung von Flußspat, und stört die verhältnismäßig kleine ν-Differenz von zwei Gläsern mit gleichen ϑ-Werten (z. B. bei lichtstarken Objektiven), so kann man mit mindestens drei Linsen die gewünschte Korrektion des sekundären Spektrums herbeiführen. Es wird in der Bildfehlertheorie gezeigt, daß das immer dann geht, wenn nur darauf geachtet wird, daß

$$\frac{\vartheta_2 - \vartheta_1}{\nu_2 - \nu_1} \neq \frac{\vartheta_3 - \vartheta_1}{\nu_3 - \nu_1}$$

ist. Solche Gläser lassen sich verhältnismäßig günstig kombinieren.

B. Der Farbfehler des Hauptstrahls (Farbquerfehler)

Wie die Orte von Eintrittspupille und Austrittspupille (s. S. 67), variiert mit der Wellenlänge auch die Durchstoßhöhe des Hauptstrahles in der Bildebene für die Hauptfarbe. Dieser Farbfehler ist von G. Korff[2] allgemein untersucht worden. Hier sei die Betrachtung auf die Bildebene für die Hauptfarbe beschränkt; und da es im wesentlichen mathematische Operationen sind, möge auf die ausführliche Ableitung verzichtet werden, die überdies bei Korff nachgesehen werden kann.

Das Ergebnis läßt sich folgendermaßen ausdrücken. Der Farbfehler des Hauptstrahles läßt sich prozentual als Verhältnis der lateralen Farbabweichung $\Delta\, y'$ zum Betrage der Bildgröße y' darstellen und ergibt sich innerhalb desjenigen Bereichs um die Achse, für den die Tangentenfunktion des Bildwinkels ohne merklichen Fehler durch den Bogenwert ersetzt werden kann, als Summenausdruck der *Flächenteilkoeffizienten* über sämtliche k abbildende Flächen:

$$\frac{\Delta\, y'}{y'} = \sum_{\nu=1}^{k} \frac{\Delta\, y'_\nu}{y'} = -\sum_{\nu=1}^{k} \frac{\dfrac{d\, n'_\nu}{n'_\nu} - \dfrac{d\, n_\nu}{n_\nu}}{1 - \left(\dfrac{\varepsilon'_\nu}{\varphi_\nu}\right)\left(\dfrac{\varphi_{B_\nu}}{\varepsilon'_{B_\nu}}\right)}. \tag{204}$$

Die Winkel mit dem Index B beziehen sich auf die achsnahe Blendenstrahldurchrechnung, diejenigen ohne B auf die achsnahe Durchrechnung des Ding-Bild-Strahles. Summenausdrücke haben den Vorteil, die für den betreffenden Bildfehler empfindliche Fläche deutlich werden zu lassen, nämlich als jene Fläche, für die die zugehörigen Summanden besonders groß werden. Zum Beispiel sind Flächen, die vom Hauptstrahl *senkrecht* durchstoßen werden ($\varepsilon'_{B_\nu} = 0$), unempfindlich, weil der Summand für sie den Wert Null hat.

Aus der obigen Summenformel läßt sich sofort ableiten, daß optische Systeme, die zur Blende *symmetrisch* gebaut sind, einfach aus Symmetriegründen den Summenwert

$$\frac{\Delta\, y'}{y'} = 0$$

[1] Kingslake, R.: u. de Paolis P. F.: New Optical Glasses. Nature **163**, 412—413. (1949).

[2] Korff, G.: Der chromatische Hauptstrahlfehler. Optik **6**, 245—250. (1950).

erhalten, also keinen Farbfehler des Hauptstrahles in der Bildebene der Hauptfarbe aufweisen, weil die paarweise symmetrisch einander zugeordneten Flächen gleich große Fehleranteile, jedoch von entgegengesetzten Vorzeichen haben.

Bei *Planflächen* ersetzt man die φ-Werte durch die Höhen.

Bei Anwendung auf *Planparallelplatten* von der Dicke d_P und der Brechungszahl n_P ergibt sich dann, daß diese auch einen Farbfehler der Durchstoßhöhe des Hauptstrahles in der Bildebene der Hauptfarbe einführen, und zwar vom Betrage

$$\left(\frac{\Delta y'}{y'}\right)_P = -\frac{d n_P}{n_P} \cdot \frac{d_P}{n_P (s'_k - s'_{B_k})}, \tag{205}$$

wo $(s'_k - s'_{B_k})$ der Abstand der Bildebene von der Austrittspupille des optischen Systems mit k-Flächen ist, hinter dem die Platte steht. Nur für telezentrischen Strahlengang im Bildraum ($s'_{B_k} = \infty$) führt die Planparallelplatte keinen Farbfehler des Hauptstrahles ein.

Bei Aufbau des optischen Systems aus dünnen *Äquivalentlinsen* in Luft ergibt sich nach dem Vorbild von S. 104

$$\begin{gathered}\frac{\Delta y'}{y'} = \sum_{\lambda=1}^{1} \frac{1}{\nu_\lambda} \frac{F_\lambda}{F} \frac{1}{X_\lambda}, \\ \text{wobei } X_\lambda = \frac{f}{a_{B_\lambda}} - \frac{f}{a_\lambda}.\end{gathered} \tag{206}$$

Bei $a_\lambda = 0$, d. h. wenn die λ^{te} Linse mit einer Bildebene zusammenfällt, oder bei $a_{B_\lambda} = 0$, d. h. wenn die λ^{te} Linse mit einer Aperturblende zusammenfällt, wird $X_\lambda = \infty$ und folglich $\left(\frac{\Delta y'}{y'}\right)_\lambda = 0$.

C. Die chromatischen Variationen des Öffnungsfehlers und der Koma

Neben dem Farbortsfehler und der Farbabweichung des Hauptstrahles treten noch weitere chromatische Variationen auf. Sämtliche schon behandelten Abbildungsfehler unterliegen solchen. Wesentlich für die Photographie sind die chromatische Variation des Öffnungsfehlers und diejenige der Koma. Die erstgenannte bezeichnet man auch kurz als *Gaußfehler*. Diese Farbfehler spielen bei hochlichtstarken Photoobjektiven eine Rolle; ihre Korrektion führt in diesen Fällen zu einer beachtlichen Bildverbesserung, z. B. bei den Objektiven vom GAUSS-Typ.

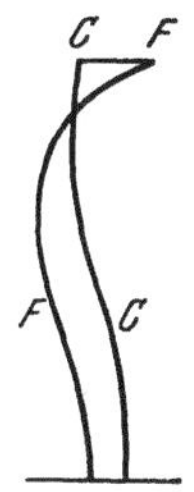

Abb. 65. Aberrationskurven des Öffnungsfehlers für rote *C* und blaue *F* Strahlen bei achromatisch-aplanatischer Korrektion

Eine theoretische Behandlung dieser chromatischen Variation im SEIDELschen Gebiet ist jedoch von geringerem praktischen Wert, weshalb hier darauf verzichtet wird. Diese Fehler sind wirkungsvoll nur mit der Methode der trigonometrischen Strahlendurchrechnung zu erfassen.

Für viele Zwecke begnügt man sich mit der Farbkorrektion ohne zusätzliche Korrektion des GAUSSfehlers. Dann ist der Öffnungsfehler für blaues Licht etwas überkorrigiert, derjenige für rotes Licht etwas unterkorrigiert. Den Farbortsfehler zwischen

C und F läßt man dann für achsnahe Strahlen um ein geringes unterkorrigiert, damit er für eine mittlere Zone (etwa das 0,70 bis 0,75fache der äußersten Randzone) genau korrigiert ist. Für die Randzone selbst ist er dann natürlich überkorrigiert. Die Kurven des Öffnungsfehlers für C und für F überschneiden sich also in der mittleren Zone (Abb. 65). Die Unterkorrektion des Farbfehlers für achsnahe Strahlen bedingt, daß in der Achromasiebedingung als Erfahrungswert für das äquivalente ν nicht der Betrag ∞ eingeht, sondern ein endlicher, wenn auch höherer positiver Betrag, z. B. $+300$.

VI. Die Abbildung vom Standpunkt der Wellenoptik

A. Vorbemerkung

Die wellenoptische Betrachtung der Abbildung durch Photoobjektive ist unumgänglich, wenn die durch Aberrationen verursachten Abweichungen in der Wellenfläche gegenüber einer Kugelwelle klein sind. Bei den heutigen Objektiven trifft das zu. Deshalb wird nachstehend der Abbildung vom Standpunkt der Wellenoptik aus ein etwas breiterer Raum gewidmet, als es in Darstellungen über photographische Optik bisher üblich war.

B. Wellenoptische Theorie der Abbildungsfehler

Wellenoptik und geometrische Optik. Die geometrische Optik gründet sich, wie schon anfangs gesagt, auf der Gültigkeit der folgenden Sätze:

1. das Licht pflanzt sich längs geradliniger Strahlen fort, wobei benachbarte Strahlen einander nicht beeinflussen;
2. die Abbildung ist umkehrbar;
3. die Abbildung regelt sich nach Brechungsgesetz und Reflexionsgesetz.

Die theoretische Physik beweist auf verschiedenen Wegen[1], daß insbesondere die erste Grundvoraussetzung nur für Licht von unendlich kleiner Wellenlänge gilt; so zeigen A. SOMMERFELD und J. RUNGE nach einem Gedanken von P. DEBYE, daß die in der Strahlenoptik gültige Differentialgleichung des Eikonals[2]

$$\left(\frac{\partial E}{\partial x}\right)^2 + \left(\frac{\partial E}{\partial y}\right)^2 + \left(\frac{\partial E}{\partial z}\right)^2 = n^2 \tag{207}$$

sich aus der wellenoptischen Schwingungsgleichung

$$\Delta \varphi + \left(\frac{2\pi}{\lambda}\right)^2 \varphi = 0 \tag{3}$$

ableitet, wenn $\lambda \to 0$ gesetzt wird. M. v. LAUE beweist aus dem HUYGENSschen Prinzip in der KIRCHHOFFschen Formulierung, daß für $\lambda = 0$ vollkommene Dunkelheit im geometrischen Schatten herauskommt.

[1] Hdb. d. Physik XVIII, S. 255—260, 1927.

[2] In diesem Buch kann darauf nicht näher eingegangen werden; es muß deshalb auf das Literaturzitat der Anmerkung 1 verwiesen werden.

Schließlich sagt Lord RAYLEIGH, daß der Wellenoptik zufolge jeder seitlich begrenzte Strahl in seiner Richtung bis zu einem gewissen Grade unbestimmt ist.

Trotz der Tatsache, daß die Wellenlänge nicht Null ist, darf der Begriff des Lichtstrahles dennoch angewendet werden, nur nicht am Rande eines Lichtbündels und nicht in Bildpunkten. Letzteren gilt aber gerade das Hauptinteresse der optischen Abbildungslehre. Deshalb muß, nachdem in den vorangehenden Kapiteln vorzugsweise der geometrisch-optische Charakter der Abbildung hervorgekehrt wurde, nunmehr auch die wellenoptische Betrachtung folgen. Es ist darüber früher zwar schon einiges gesagt worden, doch lassen sich Wiederholungen nicht ganz vermeiden.

In einem reellen Bildpunkt, und nur ein solcher interessiert ja für das photographische Objektiv, laufen nach der geometrisch-optischen Theorie Lichtstrahlen zusammen, deren Gesamtheit einen Strahlenkegel bildet. In einem solchen Strahlenkegel lassen sich alle Punkte, die in Phasengleichheit stehen, miteinander zu einer sogenannten Wellenfläche zusammenfassen. Nach dem HUYGENSschen Prinzip wirkt eine Wellenfläche so, als wenn von jeder ihrer Flächenelemente sogenannte Elementarwellen ausgehen, die in dem gewählten Aufpunkt interferieren. Die mathematische Durchführung dieser Anschauung führt zu der Erkenntnis, daß im Bildpunkt selbst ein heller Fleck entsteht und daß in dessen Umgebung abwechselnd helle und dunkle Stellen liegen (Abb. 5). Es ergibt sich aber noch eine weitere sehr wichtige Erkenntnis, nämlich daß im Bildpunkt eine sogenannte Phasenanomalie (leider Phasensprung genannt) besteht. Beim Durchgang der Welle durch einen Bildpunkt erleidet diese eine schnelle, aber nicht plötzliche Phasenverschiebung, die im Falle einer Kugelwelle den Betrag π hat, also eine halbe Periode beträgt. Diese theoretische Erkenntnis ist auch durch verschiedene Experimente bewiesen.

Beugungsfleck. Der Durchmesser δ' des zentralen Beugungsflecks am Ort des geometrischen Bildpunktes ist eine Funktion des Öffnungswinkels $\ddot{\sigma}'$, und zwar bei kreisförmiger Begrenzung der wirksamen Öffnung

$$\delta' = \frac{1{,}22\,\lambda}{n' \sin \ddot{\sigma}'}, \tag{208}$$

wo λ die Lichtwellenlänge und n' die Brechungszahl im Bildraum sind. Rechnet man auf die Blendenzahl B des Objektivs um, d. h. mit $n' \sin \ddot{\sigma}' = \frac{0{,}5}{B}$, so wird

$$\delta' = 2{,}44 \cdot \lambda \cdot B. \tag{209}$$

Der Durchmesser δ' ist also unabhängig von der Brennweite und unabhängig von der absoluten Öffnung des Objektivs. Ein kurzbrennweitiges Objektiv und ein langbrennweitiges Objektiv von gleicher Blendenzahl B liefern gleich große Beugungsflecke.

Bei der Abbildung von ausgedehnten Objekten überlappen die Beugungsflecke, die zu benachbarten Objektpunkten konjugiert sind.

Die Lichtverteilung im Beugungsscheibchen wird von etwaigen Abbildungsfehlern beeinflußt, insofern nämlich bei idealer Strahlenvereinigung die stärkste Lichtkonzentration im Zentrum des Beugungsfleckes herrscht, während bei schlechter Strahlenvereinigung die den Fleck umgebenden Beugungsringe auf Kosten des Zentrums an Helligkeit gewinnen. Darunter leiden dann Bildschärfe, Kontrast und Detailauflösung.

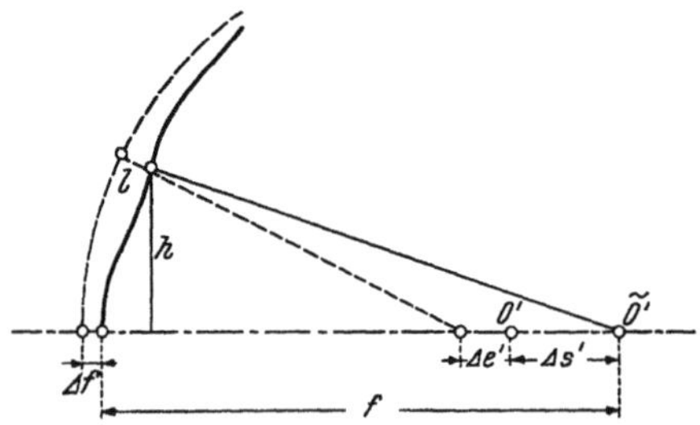

Abb. 66. Zusammenhang der Wellenaberration l des Öffnungsfehlers mit der Schnittweitenabweichung Δ s'

Wellenaberration. Wie die geometrische Optik die Strahlenaberration zur Charakterisierung der Bildfehler verwendet, führt die Wellenoptik zur Charakterisierung der Abbildungsfehler die Wellenaberration ein. Man versteht darunter die Abweichung der Wellenfläche von der Kugelform und bezieht sich hierbei z. B. auf eine Kugel, deren Krümmungsradius und Krümmungsmittelpunkt so gewählt werden, daß die Wellenaberrationen möglichst klein werden. Beispielsweise bekommt man im Falle einer durch *Öffnungsfehler* deformierten Wellenfläche folgenden allgemeinen Ausdruck für die Wellenaberration l gegenüber einer zunächst beliebig gewählten Kugel (am Ort der hinteren Hauptfläche[1] des Objektivs) in Abhängigkeit von der Einfallshöhe h des Strahls:

$$\mathrm{l} = -\frac{\mathrm{h}^2}{2\,\mathrm{f}^2}\,\Delta\,\mathrm{e}' + \frac{1}{\mathrm{f}^2}\int_0^{\mathrm{h}} \Delta\,\mathrm{s}' \cdot \mathrm{h} \cdot \mathrm{d\,h} - \Delta\,\mathrm{f}, \tag{210}$$

wo (Abb. 66)

l die Wellenaberration in der Höhe h,

f die Brennweite,

Δ s' die sphärische Längsabweichung des Strahles mit der Höhe h,

Δ e' die Entfernung des Krümmungsmittelpunktes der Bezugskugel vom paraxialen Bildpunkt,

Δ f der Abstand der Scheitelpunkte von Welle und Bezugskugel sind.

Diese Gleichung ist interessant: bei proportionaler Verkleinerung aller Dimensionen (h, f, Δ e', Δ s', Δ f), d. h. bei Ableitung eines bestimmten Objektivtyps auf eine kürzere Brennweite, wird die Wellenaberration ebenfalls kleiner, und somit verringert sich auch die Unschärfe zufolge der Wellenaberration. Die Unschärfe nähert sich mit proportionaler Verkleinerung immer mehr dem Betrage minimaler Unschärfe, wie sie bei idealer Strahlenvereinigung vorhanden wäre. Daraus erklärt sich der Vorteil *kleiner* Objektivbrennweiten hinsichtlich des erforderlichen technischen Aufwandes zur Bildfehlerkorrektion. Deshalb kann z. B. als Aufnahmeobjektiv f = 20 mm, f : 2,8 für die 16 mm-Film-Kamera bedenkenlos ein einfacher Drei-Linsen-Anastigmat genommen werden, der bei einer Brennweite f = 100 mm mit gleicher relativer Öffnung und gleichem Bildwinkel nicht mehr ausreichend wäre. Auch Aufnahmeobjektive mit durch innere Linsenverstellungen stetig veränderlicher Brennweite werden dadurch für die Bereiche kürzerer Brennweiten realisierbar.

[1] „Hauptfläche" ist nach S. 42 richtiger gesagt als „Hauptebene".

Definitionshelligkeit. Für die Korrektion ist es besonders wichtig zu wissen, wie groß die unkorrigierten Restbeträge der Wellenaberration bleiben dürfen. Man richtet sich hier nach der STREHLschen „Definitionshelligkeit" und fordert für sie, daß sie nicht kleiner als 0,80 werde. Die Definitionshelligkeit des Öffnungsfehlers ist folgendermaßen festgelegt: es gibt im Bereich der Kaustik des Öffnungsfehlers einen Achspunkt, für den die Intensität im Zentrum des Beugungsscheibchens maximal ist, nämlich $\mathfrak{J}_{max}$; für eine aberrationsfreie Kugelwelle hat die maximale Intensität im Zentrum der Kugelwelle den Betrag $\mathfrak{J}_0$. Die Definitionshelligkeit V ist sodann

$$V = \frac{\mathfrak{J}_{max}}{\mathfrak{J}_0}. \tag{211}$$

Wenn dieses Intensitätsverhältnis nicht unter 0,80 heruntergeht, ist erfahrungsgemäß die Korrektion des Öffnungsfehlers ausreichend. Es wird nun gleich untersucht werden, welche Definitionshelligkeit sich bei vorgegebenem Öffnungsfehler ergibt.

Wellenaberration des Öffnungsfehlers. Die Längsabweichung $\Delta s'$ des Öffnungsfehlers ist bei photographischen Objektiven weitgehend korrigiert. Die Einfallshöhe h_0, für die $\Delta s' = 0$ ist, liegt bei den meisten Objektiven innerhalb der größten Blendenöffnung. Die Potenzreihe

$$\Delta s' = a h^2 + b h^4 + c h^6 + \dots$$

wird also für $h = h_0$:

$$a h_0^2 + b h_0^4 + c h_0^6 + \dots = 0.$$

Es ist praktisch, an Stelle von h die von R. RICHTER[1] empfohlene „relative Fläche"

$$p = 1 - \cos\sigma' \tag{212}$$

zu benutzen, wobei unter Beschränkung auf nicht zu große Öffnungen

$$p \approx \frac{\sigma'^2}{2} = \frac{h^2}{2 f^2} = \frac{1}{8 B^2}$$

ist (B = Blendenzahl des Objektivs).

Die nachfolgenden Betrachtungen sollen für einen einfachen Fall spezialisiert werden, nämlich, daß die Potenzreihe nur zwei Summanden enthält, also

$$\Delta s' = a p + b p^2, \tag{213}$$

$$a p_0 + b p_0^2 = 0. \tag{214}$$

Dann folgt daraus:

$$p_0 = -\frac{a}{b}. \tag{215}$$

Die Längsabweichung $\Delta s'$ hat für p_z einen Extremwert $\Delta s'_z$, den man bekanntlich durch Nullsetzen des ersten Differentialquotienten findet:

$$\frac{d \Delta s'}{d p} = a + 2 b p_z = 0,$$

[1] Zeitschr. f. Instrkde. **45**, 1—15. (1925).

woraus

$$p_z = -\frac{a}{2\,b} = \frac{p_0}{2} \tag{216}$$

folgt, weiter

$$\varDelta\, s'_z = -\frac{a^2}{4\,b}. \tag{217}$$

Mithin ist:

$$\frac{\varDelta\, s'_z}{p_0} = \frac{a}{4} \quad \text{oder} \quad a = \frac{4\,\varDelta\, s'_z}{p_0} \tag{218}$$

und folglich

$$b = -\frac{4\,\varDelta\, s'_z}{p_0^2}. \tag{219}$$

Die Potenzreihe (213) läßt sich auch so schreiben:

$$\varDelta\, s' = 4\,\varDelta\, s'_z\left[\left(\frac{p}{p_0}\right) - \left(\frac{p}{p_0}\right)^2\right]. \tag{220}$$

Mit diesem Ausdruck soll nun in den Ausdruck (210) für die Wellenaberration eingegangen werden:

$$l = -p\,\varDelta\, e' + 4\,\varDelta\, s'_z \int_0^p \left[\left(\frac{p}{p_0}\right) - \left(\frac{p}{p_0}\right)^2\right] d\,p - \varDelta\, f.$$

Die Integration liefert

$$l = -p\,\varDelta\, e' + \varDelta\, s'_z\left[\frac{2}{p_0}\,p^2 - \frac{4}{3\,p_0^2}\,p^3\right] - \varDelta\, f. \tag{221}$$

Indem man nun noch die Abweichung $\varDelta\, e'$ der Bildebene vom Bildpunkt der achsnahen Strahlen als Bruchteil τ der Extremabweichung $\varDelta\, s'_z$ ausdrückt, also

$$\varDelta\, e' = \tau\,\varDelta\, s'_z, \tag{222}$$

wird

$$l = p_0\,\varDelta\, s'_z\left\{-\tau\left(\frac{p}{p_0}\right) + 2\left(\frac{p}{p_0}\right)^2 - \frac{4}{3}\left(\frac{p}{p_0}\right)^3\right\} - \varDelta\, f. \tag{223}$$

Beste Einstellung. Die beste Einstellung $\varDelta\, e'_0 = \tau_0\,\varDelta\, s'_z$ kann man mit Hilfe der Definitionshelligkeit finden. Unter der Annahme, daß der Randstrahl genau korrigiert ist, ergibt sich die Definitionshelligkeit V aus (211) unter Anwendung des HUYGENSschen Prinzips zur Berechnung der Intensität im betrachteten Aufpunkt folgendermaßen:

$$V = \frac{1}{p_0^2}\left\{\left[\int_0^{p_0} \cos\frac{2\,\pi\, l}{\lambda}\, d\,p\right]^2 + \left[\int_0^{p_0} \sin\frac{2\,\pi\, l}{\lambda}\, d\,p\right]^2\right\}.$$

Für Öffnungsfehler fünfter Ordnung, d. h. mit nur zwei Gliedern der Potenzreihe, ist l gemäß (221) einzuführen. Wie Y. VÄISÄLÄ gezeigt hat[1], wird die maximale Definitionshelligkeit sodann

$$V = 1 - \left(\frac{2\,\pi\,\varepsilon}{\lambda}\right)^2 + \frac{958}{2145}\left(\frac{2\,\pi\,\varepsilon}{\lambda}\right)^4 - + \ldots, \tag{224}$$

[1] Ann. Univ. Fennicae Aboensis (B) 1 (1922) Nr. 2, § 33 bis 34. S. auch: PICHT, J.: Optische Abbildung. S. 184—191. Braunschweig: Vieweg, 1931.

wobei ε die im Sinne der Ausgleichsrechnung zu verstehende „mittlere Abweichung“ der Lichtwellenfläche von der Bezugskugel ist. Es ergibt sich

für $\frac{\varepsilon}{\lambda} = 0$	0,02	0,04	0,06	0,08	0,10	0,12	0,14	0,16
$V = 1$	0,98	0,93	0,86	0,77	0,67	0,53	0,41	0,31.

Die maximale Definitionshelligkeit nach (224) liegt für $\frac{\varepsilon}{\lambda} = 0$ bei $\tau_0 = 0{,}8$ und für $\frac{\varepsilon}{\lambda} = \infty$ bei $\tau_0 = 1$, in der Praxis also meist bei wenig über 0,8 (Abb. 67).

Toleranz des Zonenfehlers. Für die rechnerische Korrektion des Öffnungsfehlers interessiert die Frage nach der Toleranz für $\Delta\, s'_Z$ des Zonenstrahles. Man legt die Toleranz dadurch fest, daß man die Forderung stellt: die Definitionshelligkeit darf nicht kleiner als 0,80 ausfallen. Für den Fall, daß der Öffnungsfehler durch zwei Potenzreihenglieder dargestellt sowie für den Randstrahl genau korrigiert ist, und daß das Bild im Punkt $\tau_0 = 0{,}8$ eingestellt ist, wird die Forderung $V \geqq 0{,}80$ erfüllt, wenn $\varepsilon \leqq 0{,}075\,\lambda$ bleibt. Man erkennt, daß die Definitionshelligkeit im wesentlichen nur von der mittleren Abweichung, nicht aber von der wirklichen „Form“ der Wellenfläche abhängt. Insbesondere stellt das in der Literatur oft zitierte $\frac{\lambda}{4}$-Kriterium keine genügende Kennzeichnung für die erlaubte Abweichung der Wellenfläche von der Kugel dar. Aus

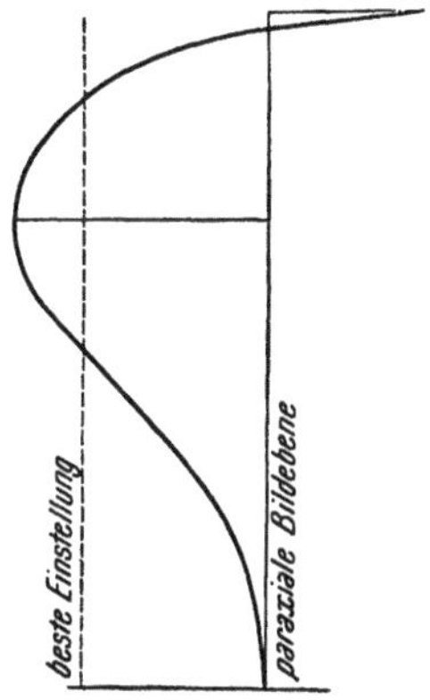

Abb. 67. Stellung der Bildebene (bester Einstellung) in Beziehung zur Aberrationskurve

$$\varepsilon = \frac{1}{15\sqrt{7}} \cdot \Delta\, s'_z \cdot p_0$$

folgt mit $\varepsilon \leqq 0{,}075\,\lambda$ und $p_0 \approx \frac{1}{8\,B_R^2}$ (B_R = Blendenzahl des korrigierten Randstrahles):

$$|\Delta\, s'_z| \leqq 24\,\lambda\, B_R^2, \tag{225}$$

d. h.

für die Spektrallinie	A′	C	e	F	g,
$\frac{\lvert\Delta\, s'_z\rvert}{B_R^2} \leqq$	0,018	0,015	0,013	0,0115	0,010.

Hiernach erscheint es angebracht, den Öffnungsfehler anders als in der bekannten ROHRschen Weise (S. 53) graphisch darzustellen. Man könnte z. B. die Randstrahlaberration $\Delta\, s'_R$ als Abszissenwert in der Zeichnungsordinate 100 mm auftragen und als Faktor für alle gefundenen $\Delta\, s'$ den Betrag $(50/B_R)^2$ wählen, um die Abszissenwerte zu bekommen, wobei B_R die Blendenzahl des Randstrahles ist. Das gilt für alle Brennweiten und Öffnungsverhältnisse einheitlich. Allerdings setzt man dabei, wie schon gesagt, voraus, daß $\Delta\, s'$ durch $\Delta\, s' = a\,h^2 + b\,h^4$ dargestellt ist, $h_R = h_0$ ist und daß die Tolerierung allein durch mindestens 80% Definitionshelligkeit erfolgt, nicht noch durch Korngröße der Schicht oder Auflösungsvermögen des Auges bestimmt wird. Ob das eine und das andere noch eine Erweiterung der Toleranz erlaubt, läßt sich nur im Einzelfall entscheiden.

Kritische Blende. Kritische Brennweite. Man kann die oben abgeleitete maximal zulässige Zonenstrahlabweichung zugrunde legen, um unter den gemachten Voraussetzungen ein Toleranzmaß für die SEIDELsche Summe des Öffnungsfehlers anzugeben. Auf diesem Wege ist es dann naheliegend, Folgerungen für die größte zulässige Blende (kritische Blende) oder für die größte zulässige Brennweite (kritische Brennweite) eines Systemtyps zu ziehen. Das soll im folgenden auseinandergesetzt werden.

In der Formel (220)

$$\Delta s' = 4\,\Delta s'_z\left[\left(\frac{p}{p_0}\right) - \left(\frac{p}{p_0}\right)^2\right]$$

ist der erste Summand der Anteil dritter Ordnung des Öffnungsfehlers, auf den die SEIDELsche Bildfehlertheorie sich beschränkt, also:

$$(\Delta s')_{3\text{ter}} = 4\,\Delta s'_z\left(\frac{p}{p_0}\right). \tag{226}$$

Wenn $p = p_R = p_0$, also $\Delta s'_R = 0$ ist, folgt daraus

$$(\Delta s'_R)_{3\text{ter}} = 4\,\Delta s'_z. \tag{227}$$

Nun ist nach Abb. 66 wegen $(\Delta s'_R)_{3\text{ter}} << f$:

$$(\Delta s'_R)_{3\text{ter}} = (\Delta y'_R)_{3\text{ter}}\cdot\frac{f}{h_R},$$

andererseits ist nach (121)

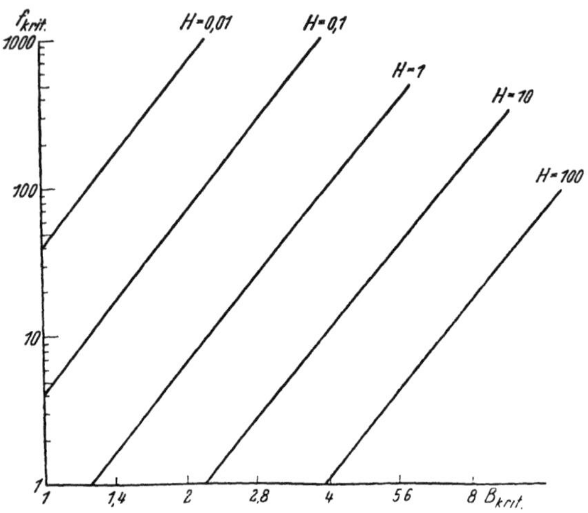

Abb. 68. Diagramm zur Auswertung der Formeln (230) und (231)

$$\frac{(\Delta y'_R)_{3\text{ter}}}{f} = -\frac{1}{2}\left(\frac{h_R}{f}\right)^3 H.$$

Mithin wird

$$H = -8\,\frac{\Delta s'_z}{f}\left(\frac{f}{h_R}\right)^2.$$

Führt man für $\Delta s'_Z$ das oben gefundene wellenoptische Toleranzmaß (225) ein, so ist die Toleranz der SEIDELschen Summe

$$H_{Tol} = \pm\frac{760\,\lambda}{f}B_R^4, \tag{228}$$

wohlgemerkt unter den oben gemachten Voraussetzungen;

d. h. für $\lambda = 0{,}000546$ mm:

$$H_{Tol} \approx \pm\,0{,}40\,\frac{B_R^4}{f}. \tag{229}$$

Daraus folgt für einen gegebenen Objektivtyp mit für f = 1 festgestelltem H (Abb. 68):

als kleinste zulässige Blendenzahl bei vorgegebener Brennweite (kritische Blende):

$$B_R = \sqrt[4]{\frac{f \cdot |H|}{0{,}40}}, \tag{230}$$

als größte zulässige Brennweite bei vorgegebener Blende (kritische Brennweite):

$$f = \frac{0{,}40\, B_R^4}{|H|}. \tag{231}$$

Dabei war aber angenommen, daß der Öffnungsfehler durch eine Potenzreihe mit den ersten beiden Gliedern dargestellt und $h_{Rd} = h_0$ ist.

VII. Die Strahlenbegrenzung beim photographischen Objektiv und ihre Bedeutung

A. Die Blende

Eintrittspupille. Austrittspupille. Es sei mit einem ganz einfachen Beispiel begonnen, nämlich einer Photobox-Linse von der Brennweite f und der freien Öffnung D_L in Verbindung mit einer Blende B vom Durchmesser D_B, die im Abstand $-a_B$ vor dem objektseitigen Hauptpunkt H

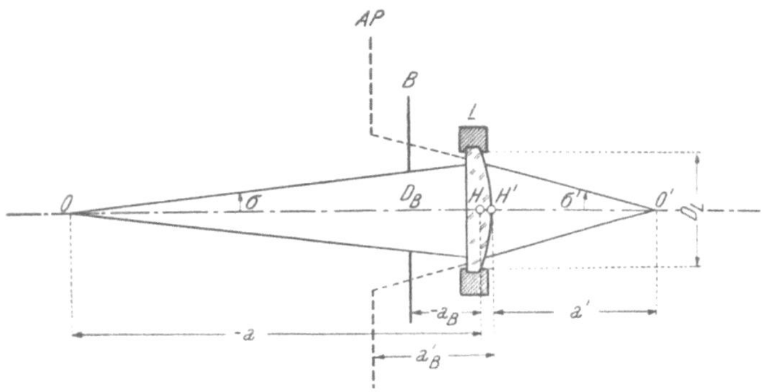

Abb. 69. Zur Erklärung der Austrittspupille bei reeller Vorderblende

(*Vorderblende*) angeordnet ist (Abb. 69). Der Einfachheit halber wird wieder angenommen, daß die Durchmesser D_L und D_B genügend klein sind, so daß alle Winkel selbst statt ihrer Tangenten bzw. Sinus eingesetzt werden dürfen.

Vom Objektpunkt O auf der Achse im Abstand $-a$ von H gehen Strahlen nach allen Richtungen aus, von denen jedoch nur ein Kegel mit dem halben Öffnungswinkel σ von der Blende B hindurchgelassen wird; also

$$\sigma = \frac{D_B}{2\,(a - a_B)}.$$

Dieser Kegel trifft sodann auf die Linse L, und, damit alle seine Strahlen durch die Linse hindurchtreten können, muß ihre freie Öffnung 2 h entsprechend groß sein, d. h.

$$h \geqq a\,\sigma.$$

Hinter der Linse ist der Strahlenkegel infolge der Abbildung ein anderer mit dem Öffnungswinkel σ', nach (43), (68) und (69):

$$\sigma' = \sigma \frac{a}{a'} = \sigma \frac{a + f}{f}.$$

Die Vorderblende wird durch die Linse gleichfalls abgebildet:

$$a'_B = \frac{a_B\,f}{a_B + f},$$

$$D'_B = D_B \frac{a'_B}{a_B} = D_B \frac{f}{a_B + f}.$$

Es ist nun das Blendenbild auch Begrenzung für den bildseitigen Strahlenkegel σ', denn es ergibt sich

$$\frac{D'_B}{2\,(a' - a'_B)} = \sigma \frac{a + f}{f} = \sigma'.$$

Das Blendenbild A P (Abb. 69) nennt man *Austrittspupille*. Durch sie wird der bildseitige Strahlenkegel bestimmt. Im gewählten Beispiel einer Boxlinse mit Vorderblende ist die Austrittspupille virtuell.

Ein anderes Beispiel betreffe ebenfalls eine Boxlinse, jedoch mit *Hinterblende* (Abb. 70).

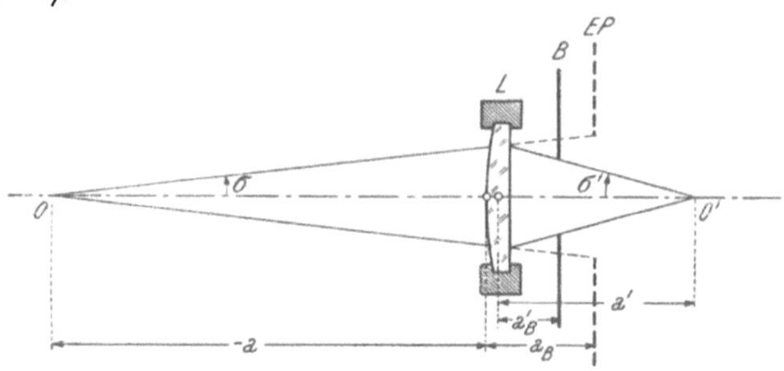

Abb. 70. Zur Erklärung der Eintrittspupille bei reeller Hinterblende

Die Hinterblende bestimmt den bildseitigen Strahlenkegel σ'. Der dingseitige Strahlenkegel wird durch das von der Linse rückwärts in den Dingraum entworfene Bild der Hinterblende begrenzt, das virtuell ist und das man *Eintrittspupille* nennt. In diesem Beispiel ist die Hinterblende zugleich Austrittspupille; im voraufgegangenen Beispiel war die Vorderblende zugleich Eintrittspupille.

Ein drittes Beispiel verallgemeinert die soeben besprochenen Fälle. Gegeben sei ein photographisches Objektiv mit *eingebauter Blende* (Abb. 71). Um den eintretenden und austretenden Strahlenkegel zu bestimmen, sind die Eintrittspupille und die Austrittspupille zu suchen, erstere auf dem Wege der Rückwärtsabbildung der Blende durch die Vorderlinsen des Objektivs, letztere auf dem Wege der Abbildung der Blende durch die Hinterlinsen des Objektivs. Aus Stellung und Größe von Eintrittspupille und Austrittspupille und ihrer Beziehung zu Objektpunkt und Bildpunkt folgen dann sofort die Öffnungswinkel für einfallendes und austretendes Strahlenbündel. Außerdem sind Eintrittspupille und Austrittspupille zueinander konjugiert.

Man kann Eintrittspupille und Austrittspupille sehen, wenn man das Auge an den Ort des Objektpunktes bzw. des Bildpunktes bringt und durch das Objektiv hindurch gegen eine helle Fläche blickt. Man sieht dann den Rand der Blende, genauer gesprochen, des dingseitigen Blendenbildes, eben der Eintrittspupille, bzw. des bildseitigen Blendenbildes, eben der Austrittspupille.

Es gibt allerdings auch Objektive, bei denen man nach dieser Methode den Rand der Blende für die aufgravierte Blendenzahl nicht mehr sieht, sondern statt dessen den Fassungsrand einer der Objektivlinsen. Das

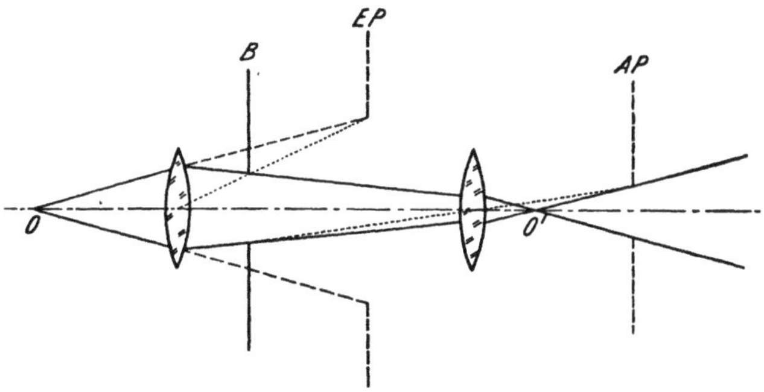

Abb. 71. Zur Erklärung der Eintrittspupille und der Austrittspupille bei reeller Mittelblende

passiert aber niemals bei anerkannten Markenobjektiven, denn das Objektiv leuchtet ja dann gar nicht das angegebene größte Öffnungsverhältnis aus. In einem solchen Falle sind Eintrittspupille und Austrittspupille nicht mehr die Bilder der Blende, sondern Bilder einer Linsenfassung. Auf jeden Fall gilt: Eintrittspupille bzw. Austrittspupille sind die vom Objektpunkt bzw. Bildpunkt unter den kleinsten Sehwinkeln erscheinenden Bilder von Blenden oder Linsenfassungen des Objektivs.

Wenn dafür die Blende bestimmend ist, so geht alles in Ordnung.

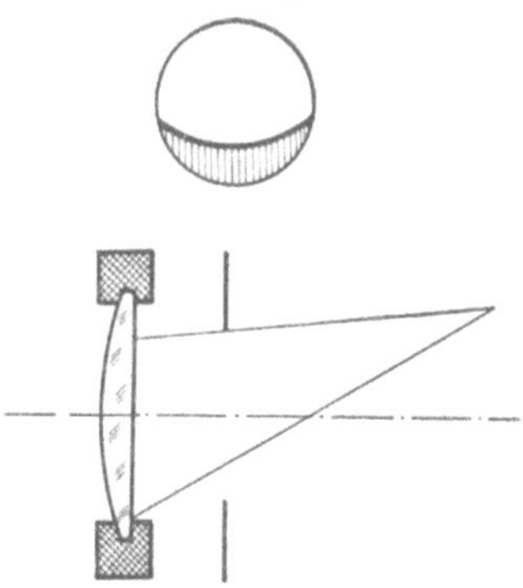

Abb. 72. Zur Entstehung der künstlichen Vignettierung in schrägen Bündeln

Vignettierung. Nun kann man ein weiteres Experiment anschließen. Man bringe das Auge zunächst wieder an den Ort des Achsbildpunktes und betrachte die Austrittspupille des Objektivs. Wenn man jetzt mit dem Auge seitlich geht, wird die Austrittspupille mehr oder weniger von den Fassungsrändern irgend welcher Objektivlinsen beschnitten (Abb. 72). Man nennt dies (künstliche) *Vignettierung.* Letztere ist bei vielen Objektiven ganz beträchtlich, wenn man das Auge in die Ecken des Aufnahmeformats bringt. Für die Bildecken ist also nur noch ein Teil des von der Blende begrenzten Strahlenkegels wirksam. Welche Folgen das hat, wird im Kapitel über die Messung der Lichtverteilung in der Bildebene näher erläutert werden.

Die künstliche Vignettierung ist weniger stark, wenn man mit enger Blende arbeitet. Sie ist bei lichtstarken Objektiven meist nicht zu vermeiden, auch nicht mit einem erheblichen Aufwand an Einzellinsen im Objektiv.

Blendenzahl. Für die Bestrahlungsstärke des Bildes sowie für die Schärfentiefe ist die sogenannte Blendenzahl B maßgebend. Die Blendenzahlen sind am Iriseinstellring vermerkt. Man versteht darunter das Verhältnis der Objektivbrennweite f zum Durchmesser EP der Eintrittspupille, also

$$B = \frac{f}{EP}.$$

Der reziproke Wert der Blendenzahl

$$1 : B = EP : f$$

heißt *relative Öffnung* oder *Öffnungsverhältnis*. Für die Blendenzahlen gibt es verschiedene *Systeme*.

Die heutige *internationale* Reihe ist:

B = 0,7; 1; 1,4; 2; 2,8; 4; 5,6; 8; 11; 16; 22; 32; 45; 64; 90.

Viele ältere Objektive bezeichnen das Öffnungsverhältnis in der Reihe der Blendenzahlen

B = 1,1; 1,6; 2,2; 3,2; 4,5; 6,3; 9; 12,5; 18; 25; 36; 50; 71.

Andere Objektive älterer Herkunft verwenden Blendenbezeichnungen wie in Spalte 1 der Tabelle 8:

Tabelle 8

Ältere Objektive von	Zeiss		Dallmeyer Staeble	Rodenstock Kodak
System	Rudolph I	Rudolph II	Dallmeyer und Stolze	Phot. Soc. (USA)
Blendenreihe	B			
$^1/_4$	—	100	—	2
$^1/_2$	—	71	—	2,8
1	100	50	3,2	4
2	71	36	4,5	5,6
4	50	25	6,3	8
8	35	18	9	11
16	25	12,5	12,5	16
32	18	9	18	22
64	12,5	6,3	25	32
128	9	4,4	36	45
256	6,3	3,2	50	64
512	4,4	2,2	71	90
1024	3,2	1,6	100	—

Findet man auf älteren Objektiven Blendenbezeichnungen wie in Spalte 1, so kann an Hand der obigen Tabelle in der jeweiligen Spalte des zutreffenden Fabrikats die Blendenzahl B des Öffnungsverhältnisses abgelesen werden. So bedeutet die Blendenbezeichnung 4 bei einem älteren Rodenstock-Objektiv, daß bei dieser Blende das Öffnungsverhältnis 1 : 8 ist. Bei den älteren Objektiven von Dallmeyer, Staeble, Rodenstock, Kodak sind die alten Blendenbezeichnungen als relative Belichtungszeiten anzusehen.

B. Der Bildfeldwinkel

Wenn man vom Mittelpunkt (Achspunkt) der Austrittspupille des Objektivs Strahlen nach den Ecken des Aufnahmeformats zieht, so bildet jeder dieser Strahlen einen Winkel $\tilde{\sigma}'_B$ mit der optischen Achse (Abb. 73). Bezeichnet man die Diagonale des Formats mit d, so ist

$$\operatorname{tg} \tilde{\sigma}'_B = \frac{d}{2\,(a' - a'_B)}.$$

Die Eintrittspupille E P ist, wie gezeigt wurde, das rückwärtige Bild der Austrittspupille AP durch das Gesamtobjektiv. Der Abbildungsmaßstab der Pupillen sei

$$\beta'_B = \frac{AP}{EP},$$

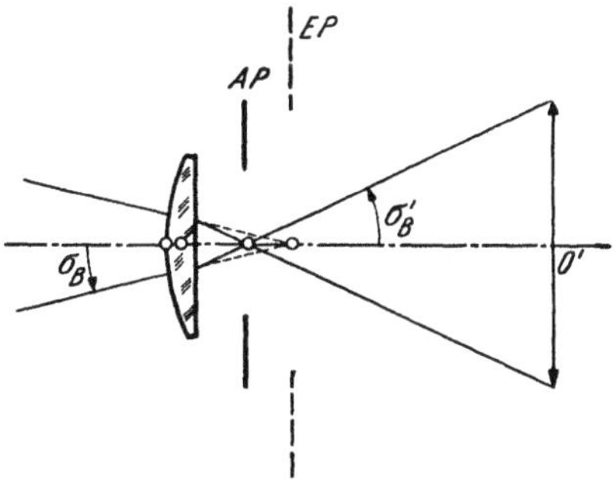

Abb. 73. Zur Erklärung des Bildfeldwinkels

und nach (181) praktisch mit hierfür ausreichender Genauigkeit[1],

$$\beta'_B = \frac{\operatorname{tg} \tilde{\sigma}_B}{\operatorname{tg} \tilde{\sigma}'_B}.$$

Infolgedessen wird

$$\operatorname{tg} \tilde{\sigma}_B = \frac{AP}{EP} \cdot \frac{d}{2\,(a' - a'_B)}.$$

Diesen Winkel $\tilde{\sigma}_B$ auf der Objektseite nennt man den halben Bildwinkel oder *Bildfeldwinkel* des Objektivs. Für Objekte im Unendlichen wird

$$\operatorname{tg} \tilde{\sigma}_B = \frac{d}{2\,f}, \tag{232}$$

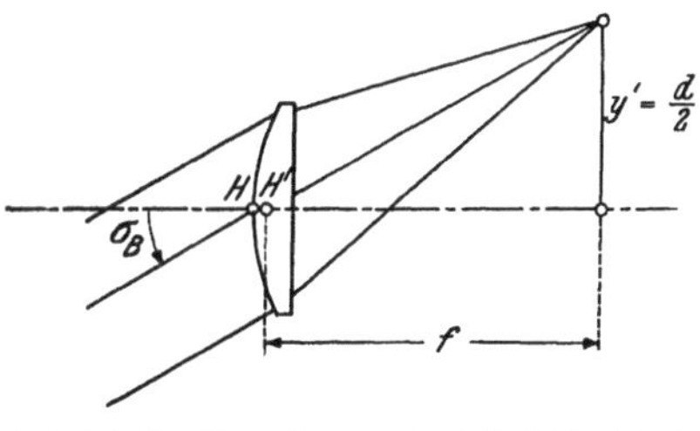

Abb. 74. Zur Berechnung des Bildfeldwinkels aus Brennweite und Bildgröße

weil alle Strahlen des zu einem Diagonalpunkt konjugierten Bündels im Objektraum parallel sind. Infolgedessen sind sie alle zu demjenigen Bildstrahl parallel, der vom hinteren Hauptpunkt H′ des Objektivs zum Diagonalpunkt verläuft (Abb. 74).

C. Zur Wahl der Objektivbrennweite und der Lichtstärke

Brennweite. Die Wahl der Brennweite eines Objektivs richtet sich unter Berücksichtigung seiner Bildfehlerkorrektion nach dem scharf und genügend vignettierungsfrei auszuzeichnenden Bildfeldwinkel und Auf-

[1] Weil β'_B meist in der Nähe von 1 liegt, obwohl eigentlich das Sinusverhältnis zutreffender wäre.

nahmeformat. Dabei ist zu bedenken, ob das Objektiv in der Kamera seitlich verschoben oder gekippt werden soll, um Verzerrungen entgegenzuwirken. Der Bildfeldwinkel hängt nach (232) mit der Diagonale des Formats zusammen. Die nachstehende Tabelle gibt die Diagonalen für die verschiedenen gebräuchlichen Formate an. Die auf dem europäischen Festland meist gebrauchten Formate sind in der Tabelle 9 mit E gekennzeichnet, speziell englische Formate mit B, speziell amerikanische mit A.

Tabelle 9

Format	Diagonale	Bemerkungen	Nutzformat
3,6 × 4,8 mm	6 mm	8 mm-Film	3,3 × 4,4 mm
7,5 × 10,36 mm	12,6 mm	16 mm-Film, Kleinstbild	7,16 × 9,6 mm
18 × 24 mm	30 mm	35 mm-Film	17,5 × 23,5 mm 15,2 × 20,8 mm-Tonfilm
24 × 24 mm	34 mm	E, Kleinbild	22 × 22 mm
24 × 36 mm	43,2 mm	E, Kleinbild	22 × 36 mm
28 × 40 mm	48,8 mm	A	
3 × 4 cm	5 cm		
4 × 4 cm	5,66 cm		
4,5 × 6 cm	7,5 cm	E	
4 × 6,5 cm	7,63 cm		3,6 × 5,9 cm
5 × 7,5 cm	9 cm		
6 × 6 cm	8,48 cm	E	5,4 × 5,4 cm
6 × 9 cm	10,82 cm	E	
6,5 × 9 cm	11,1 cm	E	5,9 × 8,1 cm
6,5 × 11 cm	12,8 cm		
7,5 × 10,5 cm	12,9 cm		
8 × 10,5 cm	13,2 cm		
8,3 × 10,8 cm	13,6 cm	3¹/₄″ × 4¹/₄″, B	
8,5 × 8,5 cm	12 cm		
8,5 × 10 cm	13,15 cm	Diapositiv, DIN	
9 × 12 cm	15 cm	E	8,1 × 10,8 cm
9 × 14 cm	16,6 cm	Postkarte, alt	
10 × 15 cm	18 cm	Postkarte, neu, E	
10,16 × 12,7 cm	16,62 cm	4″ × 5″, A	
10,5 × 14,8 cm	18,15 cm	Postkarte DIN A 6	
12 × 16,5 cm	20,4 cm	4³/₄″ × 6¹/₂″, cabinet, B	
13 × 18 cm	22,2 cm	E	
16,5 × 21,6 cm	27,2 cm	6¹/₂″ × 8¹/₂″, B	
18 × 18 cm	25,4 cm	Reihenbild	
18 × 24 cm	30 cm	E	
20,3 × 25,4 cm	32,5 cm	8″ × 10″, B, A	
21 × 29,7 cm	36,37 cm	DIN A 4	
24 × 30 cm	38,42 cm	E	
25,4 × 30,5 cm	39,7 cm	10″ × 12″, B, A	
30 × 30 cm	42,4 cm	Reihenbild	
30,5 × 38,1 cm	48,8 cm	12″ × 15″, B, A	
30 × 40 cm	50 cm		
40 × 50 cm	64 cm		
50 × 60 cm	78,1 cm		

Die wirklichen Diagonalen der Bilder sind etwas kleiner, weil der Rand die Bildfläche etwas beschneidet.

Brennweite f, Diagonale d und Bildwinkel 2 σ_B stehen in folgender Beziehung zueinander (Tabelle 10):

Tabelle 10

d/f	2 σ_B	Anwendung
0,1	5,7°	Lange Brennweiten für 8 mm-Film (f = 25 bis 45 mm),
0,2	11,4°	16 mm-Film (f = 50 bis 150 mm) und 35 mm-Film
0,3	17,1°	(f = 100 bis 120 mm), für Kleinbild (f von 13,5 cm aufwärts) und 6 × 6 cm (f von 25 cm aufwärts)
0,4	22,6°	Für Porträtaufnahmen (f = 20 bis 80 cm); ganze Figuren und
0,5	28,0°	Kniestücke auf 9 × 12, 13 × 18 und 18 × 24 cm;
0,6	33,4°	Kopfporträts auf Kleinbild (z. B. f = 8,5 cm) und
0,7	38,6°	6 × 6 cm (f = 12 cm bis 20 cm); Standard-Brennweiten für 35 mm-Film (f = 40 bis 50 mm); 16 mm-Film (f = 20 bis 25 mm) und 8 mm-Film (f = 10 bis 13 mm)
		Standard-Brennweiten:
0,8	43,6°	Kleinstbild f = 1,5 cm
0,9	48,5°	Kleinbild, f = 5 cm
1,0	53,1°	$4^1/_2$ × 6 cm, f = 7,5 cm
1,1	57,6°	6 × 6 cm, f = 7,5 oder 8 cm
		6 × 9 cm, f = 10 bis 12 cm
		9 × 12 cm, f = 13,5 bis 15 cm
		13 × 18 cm, f = 21 cm
		18 × 24 cm, f = 30 bis 36 cm;
		Weitwinkel für 8 mm-Film (f = 6,5 mm)
		für 16 mm-Film (f = 11 bis 16 mm)
		für 35 mm-Film (f = 20 bis 35 mm)
1,2	61,9°	Weitwinkel für Kleinbild (f = 3,5 cm)
1,3	66°	für technische Aufnahmen (f = 10 cm bis 20 cm)
1,4	70°	auf 9 × 12 cm, 13 × 18 cm und 18 × 24 cm;
1,5	73,8°	für Weitwinkelaufnahmen ohne Abblendung
2,0	90°	für Weitwinkelaufnahmen mit engster
2,5	103°	Blende

Um ein Höchstmaß an *Definition* im Positivabzug einer Aufnahme zu bekommen, empfiehlt es sich, schon das Negativ so groß aufzunehmen, daß eine nachträgliche Vergrößerung entweder ganz vermeidbar oder mindestens in einem nur geringen Ausmaß nötig ist, obwohl nach S. 118 das Auflösungsvermögen mit zunehmender Brennweite nach Überschreiten der kritischen Brennweite geringer wird. Das ist das Ergebnis eingehender Untersuchungen zur Frage: Kleinbildaufnahme und nachträgliche Vergrößerung, oder Großbildaufnahme und Kontaktabzug? Daß sich ein Höchstmaß an Definition nach dem Kleinbildverfahren mit nachträglicher Vergrößerung nicht erreichen läßt, ist auf Grund folgender Betrachtungen begreiflich. Als *Auflösungsvermögen*[1] eines Objektivs oder einer Aufnahmeschicht definiert man die größte Anzahl von getrennt wiedergegebenen Gitterlinien pro Millimeter Breite. Das Auflösungsvermögen R_O im Luftbild des Objektivs ist eine Funktion der wirksamen Blendenzahl B und der Zerstreuungsscheibchen der Bildfehlerreste, das Auflösungsvermögen R_S der lichtempfindlichen Schicht hängt von den photochemischen Bedingungen der entwickelten Schicht ab. Das Auflösungsvermögen des aufgenommenen Bildes sei R_B. Nach Untersuchungen in Amerika gilt etwa[2]

$$\frac{1}{R_B} = \frac{1}{R_O} + \frac{1}{R_S}.$$

Es ist also stets R_B kleiner als R_O und R_S. Wenn nun das Negativ nachträglich v-fach vergrößert wird, gilt für die Auflösung R_M des vergrößerten Bildes etwa

$$\frac{1}{R_M} = \frac{v}{R_B} + \frac{1}{R_V} + \frac{1}{R_P} = \frac{v}{R_O} + \frac{v}{R_S} + \frac{1}{R_V} + \frac{1}{R_P},$$

wenn R_P das Auflösungsvermögen des Positivpapieres und R_V dasjenige des Vergrößerungsobjektivs sind. Es tritt also eine nochmalige Verschlechterung ein.

Demgegenüber ist bei der Erstaufnahme mit v-mal so langer Brennweite, daß an Stelle einer nachträglichen Vergrößerung eine Kontaktkopie ausreicht, die Gesamtauflösung angenähert:

$$\frac{1}{R^*_M} = \frac{v}{R_O} + \frac{1}{R_S} + \frac{1}{R_P}.$$

Der Faktor v tritt nur beim Objektiv auf, wenn die Zerstreuungsscheibchen der Bildfehlerreste proportional der v-mal so großen Brennweite sind. Es ist also:

$$R^*_M > R_M.$$

Diese Beziehungen sind zahlenmäßig nicht streng, aber größenordnungsmäßig zutreffend.

Es ist also, wenn auf Definition Wert gelegt wird, die nachträgliche Vergrößerung schädlich. Das soll den Wert des *Kleinbildverfahrens* nicht herabsetzen, da es sehr wesentliche und genügend bekannte andere Vorzüge besitzt. Man soll aber an Kleinbildkameras zugunsten der Definition den bestens korrigierten Objektiven mit größeren Brennweiten den Vorzug geben und auf große Bildfeldwinkel weniger Wert legen, da man dann mit geringeren Nachvergrößerungen auskommt. Der Kleinbildphotograph sollte vor allem nur Spitzenerzeugnisse der photographischen Optik verwenden, die wegen ihrer sorgfältigen Bildfehlerkorrektion, wegen ihrer präzisen Fertigung und wegen ihrer strengen Qualitätskontrolle das technisch

---

[1] Eine die Definition maßgeblich, aber nicht allein beeinflussende Größe.

[2] Journ. Opt. Soc. Am. 38, 605 (1948).

erreichbare Höchstmaß an Definition garantieren. Die Kleinbild-Knipserei ist eine Modekrankheit, von der die Welt der Lichtbildner bald genesen möge, zugunsten einer gesunden Kleinbildphotographie.

Es gibt natürlich Fälle, die zur Verwendung kurzer Brennweiten zwingen, z. B. in der Architekturphotographie, Reproduktionstechnik u. a. Bei solchen Gegebenheiten haben die eben gemachten Ausführungen über die Objektivqualität in verstärktem Maße zu gelten. Außerdem sollte man dann auch die Ansprüche an die größte Blendenöffnung nicht übertreiben. Hiermit wird ein Thema berührt, gegen das bisweilen gesündigt wird.

Lichtstärke. Der Siegeszug der Kleinbildkamera ist wesentlich darauf zurückzuführen, daß sich mit ihr Objektive von höchster Lichtstärke verwenden lassen, nicht nur aus Gründen der mechanischen Abmessungen, sondern auch aus optischen Gründen. Nach den Betrachtungen auf S. 119 ist nämlich die kritische Blendenzahl bei kürzeren Brennweiten kleiner, also die kritische relative Öffnung größer.

Es muß aber auch auf den leider eingerissenen Mißbrauch des Kleinbildverfahrens hingewiesen werden. Nach dem zweiten Weltkriege schossen die verschiedensten Kleinbildkamerafabrikate wie die Pilze aus der Erde, und teilweise mit lichtstarker Optik von unzureichender Bildfehlerkorrektion. Die Möglichkeiten der Nachvergrößerung sind bei derartigen Erzeugnissen dann recht geringe.

Wenn man also lichtstarke Optik ausnutzen will, so kommen nur anerkannte Markenfabrikate in Frage, und solche finden sich nur an entsprechend qualifizierten Kamerafabrikaten. Falsches Sparen an Anschaffungskosten wird meist bereut. Qualitätsarbeit wird nicht verschenkt.

Es wurde im vorigen Abschnitt ausdrücklich betont, daß die Nachvergrößerung des Kleinbildes gegenüber der Kontaktkopie von einem Großnegativ gewisse Gefahren mit sich bringt. Um so mehr muß bei den lichtstarken Kleinbildaufnahmeobjektiven auf höchste Abbildungsqualität geachtet werden. Die Kleinbildobjektive anerkannter Herkunft besitzen sogar eine solche Korrektionsvollkommenheit, daß die kritische Blende[1] praktisch bereits bei voller Blendenöffnung liegt.

Optimale Auflösung der Bildeinzelheiten liefern gut korrigierte verkittete Doppelanastigmate mit relativen Öffnungen maximal zwischen 1 : 5,6 und 1 : 8.

Auch mit Tripletts und tessarähnlichen Objektiven maximal um 1 : 6,3 herum sind hervorragende Bilder zu machen, sofern es sich um gute Markenobjektive handelt. Leider gibt es aber gerade von diesen Objektiven Nachahmungen von bedenklicher Qualität.

Viele Objektive mit größeren relativen Öffnungen als 1 : 5,6 besitzen Abbildungsfehlerreste, die die äußerste Schärfe beeinträchtigen. Durch Abblenden bis zur kritischen Blende läßt sich die Schärfe, besonders in seitlichen Bildpunkten, verbessern. Für ein Objektiv 1 : 4 kann die kritische Blende zwischen 1 : 8 und 1 : 11 liegen. Man sollte Objektive mit relativen Öffnungen über 1 : 3,5 möglichst nicht als einfache Dreilinser ausführen. Manche extrem lichtstarken Objektive, beispielsweise 1 : 2 oder gar noch lichtstärker, müssen auf 1 : 5,6, 1 : 8 oder mehr abgeblendet werden, um dieselbe Bildschärfe im ganzen Bildfeldbereich wie mit einem guten 1 : 4-Objektiv bei voller Blende zu erzielen.

---

[1] D. h. die Blende, bei der die Auflösung R_O ein Maximum hat.

Objektive vom modifizierten GAUSS-Typ allerdings sind selbst bei Öffnungsverhältnissen 1 : 2, 1 : 1,5 ohne Abblendung ganz hervorragend und gestatten erhebliche Nachvergrößerungen des Negativs. Daher hat sich bei den Markenobjektiven dieser Objektivtyp bevorzugt durchgesetzt, obwohl er fertigungstechnisch nicht ganz einfach ist. Nur leistungsfähige Werkstätten bringen ihn in bester Vollkommenheit hervor.

Etwas anderes ist es natürlich mit Objektiven für Kinoaufnahmegeräte. Bei diesen sind die Brennweiten verhältnismäßig lang, die ausgenutzten Bildwinkel daher genügend klein, um eine verbesserte Korrektion innerhalb dieses Winkels zu bekommen. Außerdem sind an das Kinobild nicht die hohen Schärfeforderungen zu stellen wie an das Stehbild.

D. Die Perspektive der photographischen Aufnahme

Bei der Betrachtung eines photographischen Bildes werden die abgebildeten Objekte im allgemeinen unter anderen Sehwinkeln dargeboten als die Originalobjekte vom Aufnahmestandpunkt aus. Von dieser Wiedergabe hängt der perspektivische Eindruck ab, der nur dann ein *natürlicher* ist, wenn alle Sehwinkel im Bilde und im natürlichen Raum gleich sind. Das Tangentenverhältnis dieser Winkel, das also den Wert 1 haben soll, läßt sich durch die gegebenen Größen bei der Aufnahme und bei der Bildbetrachtung mathematisch ausdrücken.

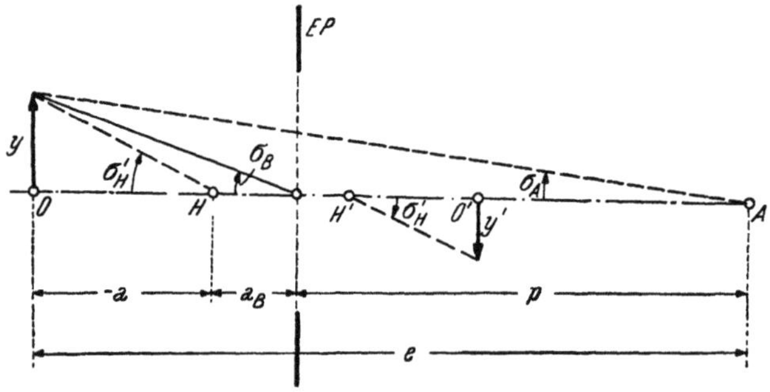

Abb. 75. Zur Formulierung der Perspektive. Beziehungen bei der Aufnahme

Abb. 75 zeigt die Beziehung bei der Aufnahme. H und H′ sind die Hauptpunkte des photographischen Objektivs, O und O′ Objekt und Bild, EP die Eintrittspupille des Objektivs. A ist das Auge des Beobachters, der das vor ihm liegende Aufnahmeobjekt O unter dem natürlichen Sehwinkel σ_A betrachtet. Es ist angenommen, daß A um die Strecke p hinter EP liegt. Grundbedingung für natürliche Perspektive der Aufnahme ist, daß EP mit A zusammenfällt, d. h. $p = 0$ ist. Bei $p \neq 0$ gibt es in der Aufnahme von vornherein eine widernatürliche räumliche Aufreihung hintereinander gelegener Raumobjekte. Das ist insbesondere z. B. bei Porträtaufnahmen zu beachten, die man grundsätzlich niemals aus kleineren Entfernungen machen soll, als man Personen gegenüberzustehen gewohnt ist; man riskiert sonst, daß z. B. bei kürzeren Aufnahmeentfernungen die Nase der aufgenommenen Person im Bilde übermäßig vorspringt.

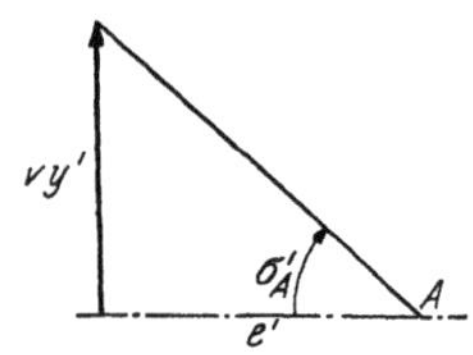

Abb. 76. Zur Formulierung der Perspektive. Beziehungen bei der Positivbetrachtung

Das Objekt O wird im Maßstab $\beta' = y'/y$ in der Aufnahme abgebildet. Es soll weiterhin angenommen werden, daß der Positivabzug gegenüber dem Negativ die Nachvergrößerung v habe. Betrachtet der Beobachter nun das Positiv aus der Entfernung e′ (Abb. 76), so erscheint ihm das Bild des ursprünglichen Aufnahmeobjekts O unter dem Sehwinkel σ'_A.

Als Maß für die Perspektive ist das Verhältnis $\frac{\operatorname{tg}\sigma'_A}{\operatorname{tg}\sigma_A}$ zu betrachten. Dieses ergibt sich aus:

$$\operatorname{tg}\sigma'_A = \frac{-\,v\,y'}{e'},$$

$$\operatorname{tg}\sigma_A = \frac{y}{e},$$

$$\frac{y'}{y} = \beta',$$

$$-\,a + a_B + p = e;$$

sowie aus (68) und (69):

$$a = f\left(\frac{1}{\beta'} - 1\right),$$

$$a_B = f\left(\frac{1}{\beta'_B} - 1\right),$$

wo $\beta'_B = \frac{AP}{EP}$ der Abbildungsmaßstab zwischen Austrittspupille und Eintrittspupille ist.

Man findet aus diesen Beziehungen die *Perspektive-Formel:*

$$\frac{\operatorname{tg}\sigma'_A}{\operatorname{tg}\sigma_A} = v \cdot \frac{f\left(1 - \frac{\beta'}{\beta'_B}\right) - p\,\beta'}{e'}, \tag{233}$$

Die im Positivabzug dargestellten Objekte des Raumes lokalisiert das betrachtende Auge in der $\operatorname{tg}\sigma_A/\operatorname{tg}\sigma'_A$-fachen Entfernung vom Augenort.

Abb. 77. Aufnahme mit langer Brennweite

Abb. 78. Aufnahme mit kurzer Brennweite

Je näher $\operatorname{tg}\sigma'_A/\operatorname{tg}\sigma_A$ dem Wert 1 ist, um so natürlicher ist die Perspektive. Ist das Verhältnis größer als 1, so ist die Perspektive *raumtiefenverkürzt* (Abb. 77); ist es kleiner als 1, *raumtiefenverlängert* (Abb. 78).

In der Praxis sind folgende Sonderfälle von Interesse:

1. Das Aufnahmeobjekt liegt im *Unendlichen*, dann ist $\beta' = 0$, und es wird

$$\frac{\operatorname{tg}\sigma'_A}{\operatorname{tg}\sigma_A} = \frac{v\,f}{e'}.$$

Die natürliche Perspektive $\frac{\operatorname{tg} \sigma'_A}{\operatorname{tg} \sigma_A} = 1$ ergibt sich für die Betrachtungsentfernung

$$e' = v \cdot f. \tag{233a}$$

Wenn e′ kleiner als die Nahpunktsweite des Beobachters ist, muß eine Lupe von $\frac{250}{e'}$-facher Vergrößerung benutzt werden[1].

Beispiele: a) Kleinbildaufnahme mit f = 50 mm, Nachvergrößerung auf $6^1/_2$ x 9 cm (v = 2,5), e′ = 125 mm, Lupe 2 x nötig.

b) Dieselbe Aufnahme auf Postkarte vergrößert (v = 5), e′ = 250 mm = konventionelle Sehweite. Alterssichtige Personen müssen allerdings die Nahbrille benutzen.

c) Teleobjektiv-Aufnahme mit f = 250 mm, keine Nachvergrößerung (v = 1). Natürliche Perspektive aus e′ = f = 250 mm.

2. Das Aufnahmeobjektiv ist ein *symmetrischer Doppelanastigmat* ($\beta'_B = +1$).

EP fällt mit A zusammen (p = o). Dann wird

$$\frac{\operatorname{tg} \sigma'_A}{\operatorname{tg} \sigma_A} = v \cdot \frac{f(1 - \beta')}{e'} \tag{233b}$$

oder wegen $f(1 - \beta') = a'$ = Bildweite der Aufnahme:

$$\frac{\operatorname{tg} \sigma'_A}{\operatorname{tg} \sigma_A} = \frac{v\, a'}{e'}. \tag{233c}$$

Beispiel: *Porträtaufnahme* mit Kleinbildobjektiv f = 50 mm aus der Entfernung 2000 mm, d. h. $\beta' \approx -\frac{1}{40}$; Betrachtungsentfernung e′ = 250 mm:

$$\frac{\operatorname{tg} \sigma'_A}{\operatorname{tg} \sigma_A} \approx \frac{v}{5}.$$

Eine Nachvergrößerung v = 5 liefert eine natürliche Perspektive. Das *Kopfporträt* einer einzelnen Person wird also bei einer Nachvergrößerung auf $6^1/_2$ x 9 cm schon perspektivisch richtig.

Das ästhetisch befriedigendste Format ist das *Postkartenformat.* Damit ein Einzelkopfporträt möglichst natürlich wirkt, müssen Aufnahmebrennweite f und Nachvergrößerung v aufeinander abgestimmt sein:

$$\frac{\operatorname{tg} \sigma'_A}{\operatorname{tg} \sigma_A} = \frac{v\, f(1 - \beta')}{250} = 1$$

mit $v\beta' = -\frac{1}{4}$ (damit der Kopf das Postkartenformat etwa ausfüllt). Die passende *Aufnahmebrennweite* wäre daher

$$f = \frac{250}{v + \frac{1}{4}}\ \text{mm};$$

[1] Wobei allerdings unberücksichtigt geblieben ist, daß auch das perspektivische Zentrum im Auge durch die Lupe noch verlagert wird.

z. B. mit v = 2,25, f = 100 mm. Mit dieser Brennweite ist die notwendige Mindestentfernung von 2 m bei der Aufnahme gerade passend, um den Kopf im Format 24 x 36 mm unterzubringen.

3. Ein letztes Beispiel soll noch die Verhältnisse beim Filmbild belegen. Es sei gefragt, aus welcher Entfernung e′ die Betrachtung einer *Schmalfilmprojektion* perspektivisch richtig ist, wenn der Film Fernaufnahmen zeigt (Aufnahme-Brennweite f = 20 mm) und der Projektor mit einem Objektiv f = 50 mm in 5 m Entfernung vorführt. Es sind unter diesen Gegebenheiten:

$$f = 20\,\text{mm};\quad \beta' = 0;\quad v = \frac{5000}{50} - 1 = 99;$$

folglich

$$\frac{\operatorname{tg} \sigma'_A}{\operatorname{tg} \sigma_A} = \frac{99 \cdot 20}{e'} = 1,$$

d. h.

$$e' = 1980\,\text{mm} \approx 2\,\text{m}.$$

Wenn *Nahaufnahmen*, die mit einer Vorsatzlinse von 250 mm Brennweite vor dem Objektiv f = 20 mm gemacht wurden (Gesamtbrennweite 19 mm), unter denselben Verhältnissen wie oben vorgeführt werden, ist

$$f = 19\,\text{mm};\quad \beta' = -\frac{20}{250} = -0{,}08;\quad \beta'_B = +1;\quad p = 0;\quad e' = 2000;\quad v = 99;$$

folglich

$$\frac{\operatorname{tg} \sigma'_A}{\operatorname{tg} \sigma_A} = \frac{99 \cdot 19 \cdot 1{,}08}{2000} = 1{,}015;$$

das Tangentenverhältnis ist praktisch 1, so daß diese Vorführung naturgetreu wirkt. Es läßt sich zeigen, daß auch wesentlich stärker vergrößerte Nahaufnahmen, z. B. mit Vorsatzlinsen von 125 mm Brennweite und kürzer, an perspektivischer Naturtreue praktisch nicht einbüßen, vorausgesetzt natürlich, daß die Aufnahmeentfernung der Naturtreue nicht widerspricht. Letzteres ist bei sogenannten Makroaufnahmen kaum zu befürchten.

Zum Schluß muß noch ein Wort über Objektive mit $\beta'_B \neq +1$ gesagt werden. Die Tabelle 11 gibt für einige typische Objektive die Werte von β'_B an:

Tabelle 11

Biotar	1,40	Biotessar	0,92
Ernostar	1,07	Bistelar	0,73
Xenon	1,04	Biogon	0,69
Symmetrische Objektive	1,00	Sonnar	0,63

Von Einfluß ist das nur, wenn β' selbst nicht zu nahe gleich Null ist, also bei Makroaufnahmen, z. B. mit $\beta' = -\frac{1}{4}$ bis -1. Sobald β'_B merklich kleiner als + 1 ist, wie bei den Teleobjektiven, aber auch wie bemerkenswerter Weise beim *Sonnar* und *Biogon*, kann sich naturgetreue Perspektive schon bei verhältnismäßig kurzen Aufnahmebrennweiten ohne Nachvergrößerung ergeben.

E. Die Schärfentiefe

Grundsätzliches. Die vollkommen scharfe Abbildung räumlich verteilter Objekte erfolgt nach den Gesetzen der GAUSSschen Dioptrik bildseitig in ebenfalls räumlicher Verteilung. Die Photographie will aber ein *ebenes* Abbild der räumlich verteilten Objekte erzeugen. Optimal scharf bildet sich in der Aufnahmeebene nur die zu ihr optisch konjugierte Objektebene, die sogenannte *Einstellebene*, ab. Objekte vor oder hinter der Einstellebene werden mehr oder weniger unscharf in der *Aufnahmeebene* wiedergegeben, denn die Schnittpunkte der zu einem Objektpunkt gehörigen Bildstrahlen liegen vor oder hinter der Aufnahmeebene, und letztere schneidet den Kegel der Bildstrahlen in einem *Unschärfekreis* von kleinerem oder größerem Durchmesser.

Solange der Durchmesser des Unschärfekreises innerhalb der Auflösungsgrenze des Auges, das die fertige Aufnahme betrachtet, bleibt, bemerkt das Auge keine Unschärfe. Das begrenzte Sehvermögen des Auges ermöglicht somit eine genügend scharfe Raumwiedergabe, allerdings nur innerhalb eines begrenzten Bereiches im Objektraum, für dessen Tiefe die Bezeichnung „*Schärfentiefe*" üblich ist.

Es soll nachstehend gezeigt werden, wie man die Schärfentiefe eines Objektivs ermittelt (Abb. 79).

Das Bild in der Aufnahmeebene AE durch den Bildpunkt O′ ist optimal scharf für die Einstellebene EE durch den Objektpunkt O. Die Abstände seien a′ und a. Ein „vor" der Einstellebene EE liegender Objektpunkt O_v mit dem Abstand a_v vom Hauptpunkt H bildet sich scharf in O'_v mit dem

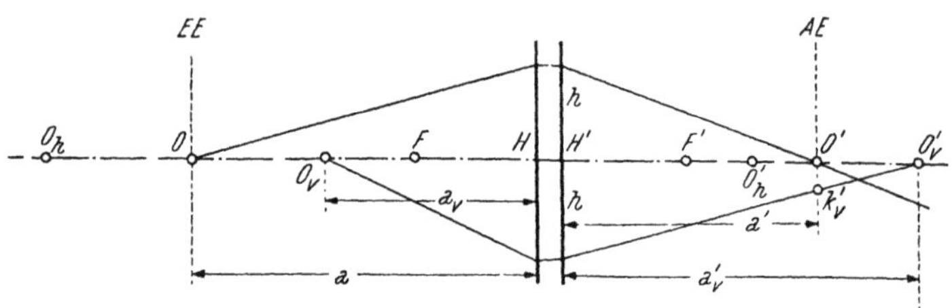

Abb. 79. Zur Formulierung der Schärfentiefe

Abstand a'_v ab. In der Aufnahmeebene erzeugt der Strahlenkegel zu O'_v einen Unschärfekreis vom Durchmesser $2\,k'_v$. Ebenso bildet sich ein Objektpunkt O_h „hinter" der Einstellebene ($HO_H = a_h$) mit dem Unschärfekreis $2\,k'_h$ ab. Aus Abb. 79 folgt:

$$\frac{k'_v}{h} = \frac{a'_v - a'}{a'_v},$$

$$\frac{k'_h}{h} = \frac{a'_h - a'}{a'_h}.$$

Die Schärfentiefe ist durch die physiologisch zulässige Unschärfe $2\,k'$ bestimmt, wobei $k'_v = k'$ und $k'_h = -k'$ einzusetzen ist. Dann wird

$$\begin{aligned}\frac{1}{a'_v} &= \frac{1}{a'} - \frac{2\,k'}{a'}\frac{1}{2\,h},\\ \frac{1}{a'_h} &= \frac{1}{a'} + \frac{2\,k'}{a'}\frac{1}{2\,h}.\end{aligned} \tag{234}$$

Die Differenz $\frac{1}{a'_v} - \frac{1}{a'_h}$ ist wegen der Linsenformel (68) auch gleich $\frac{1}{a_v} - \frac{1}{a_h}$.

Bezugsentfernung. Es wird nun eine Bezugsentfernung a_0 definiert durch

$$\frac{2}{a_0} = \frac{1}{a_v} - \frac{1}{a_h} = \frac{1}{a'_v} - \frac{1}{a'_h}, \tag{235}$$

und man bekommt daraus mit (234)

$$\frac{1}{a_0} = -\frac{2\,k'}{a'}\frac{1}{2\,h}. \tag{235a}$$

Rechnet man die Strahlhöhe h in der Hauptebene auf die Strahlhöhe in der Eintrittspupille EP um, wobei letztere den Abstand a_B von der Hauptebene habe, so ist

$$2\,h = \frac{a}{a - a_B}\,EP.$$

Für a und a_B lassen sich die Abbildungsmaßstäbe β' für die Objektabbildung und β'_B für die Pupillenabbildung einführen, und zwar mit Hilfe von (68) und (69):

$$\begin{aligned}a &= f\left(\frac{1}{\beta'} - 1\right),\\ a_B &= f\left(\frac{1}{\beta'_B} - 1\right);\end{aligned}$$

dann ist

$$2\,h = \frac{1-\beta'}{1-\dfrac{\beta'}{\beta'_B}}\,EP.$$

Mithin wird

$$a_0 = -\frac{a'}{2\,k'}\,\frac{1-\beta'}{1-\dfrac{\beta'}{\beta'_B}}\,EP,$$

oder mit Einführung der Blendenzahl $B = \frac{f}{EP}$, sowie $a' = f(1-\beta')$:

$$a_0 = -\frac{1}{2\,k'}\,\frac{(1-\beta')^2 f^2}{\left(1-\dfrac{\beta'}{\beta'_B}\right)B}. \tag{236}$$

Führt man den Abstand e′ ein, unter dem das Auge eine Aufnahme betrachtet, nachdem diese noch die Nachvergrößerung v erfahren hatte, so ist die Grenze der Unschärfe im Negativ

$$2\,k' = \frac{e'\,\zeta'}{v}, \tag{237}$$

wenn ζ' der *physiologische Grenzwinkel* des Auges ist. Man bekommt hiermit zunächst:

$$a_0 = -\frac{v\,f\left(1 - \dfrac{\beta'}{\beta'_B}\right)}{e'}\left(\frac{1-\beta'}{1-\dfrac{\beta'}{\beta'_B}}\right)^2 \frac{f}{B\,\zeta'}. \tag{238}$$

Im Kapitel über Perspektive war gefunden worden (bei $p = 0$):

$$\frac{\operatorname{tg}\sigma'_A}{\operatorname{tg}\sigma_A} = \frac{v\,f\left(1 - \dfrac{\beta'}{\beta'_B}\right)}{e'}, \tag{233}$$

und es war gezeigt worden, daß bei perspektivisch richtiger Betrachtung $\dfrac{\operatorname{tg}\sigma'_A}{\operatorname{tg}\sigma_A} = 1$ ist. Man kann daher (238) schreiben:

$$-a_0 = \left(\frac{\operatorname{tg}\sigma'_A}{\operatorname{tg}\sigma_A}\right)\left(\frac{1-\beta'}{1-\dfrac{\beta'}{\beta'_B}}\right)^2 \frac{f}{B\,\zeta'}. \tag{239}$$

Bei Landschaftsaufnahmen ($\beta' = 0$) oder bei Aufnahmen mit Objektiven, für die die Eintrittspupille genügend nahe der Hauptebene H liegt ($\beta'_B = +1$), wird der quadratische Faktor 1, so daß dafür

$$-a_0 = \left(\frac{\operatorname{tg}\sigma'_A}{\operatorname{tg}\sigma_A}\right)\frac{f}{B\,\zeta'}. \tag{239a}$$

Bei perspektivisch *richtiger* Betrachtungsweite wird

$$-a_0 = \frac{f}{B\,\zeta'}, \tag{239b}$$

bei *kürzerer* Betrachtungsweite

$$-a_0 > \frac{f}{B\,\zeta'},$$

bei *längerer* Betrachtungsweite

$$-a_0 < \frac{f}{B\,\zeta'}.$$

Bei höchsten Anforderungen ist es richtig

$$\zeta' = \frac{1}{3000}$$

zu setzen, dann wird in den betrachteten Fällen:

$$-a_0 \gtreqless \frac{f}{B\,\zeta'} = \frac{3000\,f}{B} = 3000\ \mathrm{EP},$$

bzw., wenn man a_0 in [m], EP in [mm] mißt:

$$-a_0\,[\mathrm{m}] \gtreqless 3\ \mathrm{EP}\,[\mathrm{mm}]. \tag{240}$$

Für den Fall richtiger perspektivischer Betrachtung ist $-a_0$ die Entfernung, aus der die Eintrittspupille unter dem Winkel ζ' erscheint, vorausgesetzt natürlich, daß der Faktor $\left[(1-\beta')\Big/\left(1-\frac{\beta'}{\beta'_B}\right)\right]^2$ dem Wert 1 genügend gleich ist, was in der Praxis meist zutrifft.

Wenn man Aufnahmen weniger „scharf" betrachtet, ist

$$\zeta' > \frac{1}{3000},$$

für viele Zwecke ist $\zeta' = \frac{1}{1500}$ ausreichend.

Schärfentiefe. Auf die Folgen für die Schärfentiefe in den besprochenen Fällen wird nun zu kommen sein.

Aus (234) folgt

$$\frac{1}{a'_v} + \frac{1}{a'_h} = \frac{2}{a'},$$

und daraus wegen der Linsenformel (68)

$$\frac{1}{a_v} + \frac{1}{a_h} = \frac{2}{a}.$$

Für die *Einstellebene* gilt mithin

$$\frac{1}{a} = \frac{1}{2}\left(\frac{1}{a_v} + \frac{1}{a_h}\right), \tag{241}$$

d. h. der Kehrwert ihrer Entfernung ist gleich dem arithmetischen Mittel der Kehrwerte der vorderen und hinteren Schärfengrenzlagen.

Aus (241) und (235) folgt sodann

$$\begin{aligned} \frac{1}{a_v} &= \frac{1}{a} + \frac{1}{a_0}, \\ \frac{1}{a_h} &= \frac{1}{a} - \frac{1}{a_0}. \end{aligned} \tag{242}$$

Drückt man die Entfernung a als Bruchteil von a_0 aus, also

$$a = \frac{a_0}{m}, \tag{243}$$

so ist stets

$$\begin{aligned} a_v &= \frac{a_0}{m+1}, \\ a_h &= \frac{a_0}{m-1}. \end{aligned} \tag{244}$$

Je kleiner $|a_0|$ ist, um so größer ist die Schärfentiefe; das ist also nach obigem der Fall für längere Betrachtungsweiten und für geringe Ansprüche an Bildschärfe. Es ist daher verständlich, daß das große Publikum, dem eine entstellte Perspektive weniger als eine verringerte Schärfentiefe auffällt, beispielsweise mit ungenügend vergrößerten Abzügen von Kleinbildaufnahmen zurecht kommt, denn hierbei wird $\operatorname{tg}\sigma'_A/\operatorname{tg}\sigma_A < 1$ und daher auch $-a_0 < \frac{f}{B\zeta'}$.

Ein besonderes *Beispiel* aus der Praxis möge darlegen, wie die oben hergeleiteten Formeln anzuwenden sind. Es soll mit einer Kleinbildkamera 24 x 36 mm ein Blumenstück aufgenommen und von dem Negativ eine Vergrößerung auf 18 x 24 cm gemacht werden, die als Wandschmuck gedacht ist. Das Aufnahmeobjektiv hat 1 : 4 und 85 mm Brennweite. Die Aufnahmeentfernung ist 1,5 m. Das Blumenstück hat eine Tiefe von 25 cm. Das Wandbild soll aus 0,8 m Abstand betrachtet werden. Wie stark ist abzublenden?

Gegeben sind also folgende Größen:
Objektivbrennweite $f = 85$ mm,
Aufnahmeentfernung von der Filmebene $e = 1{,}5\text{ m} = 1500$ mm,
Schärfentiefe $a_v - a_h = 250\text{ mm} = 0{,}25$ m,
Nachvergrößerung $v = 7{,}5$x,
Betrachtungsentfernung $e' = 0{,}8\text{ m} = 800$ mm,
Physiologischer Grenzwinkel $\zeta' = 2' \approx \frac{1}{1500}$.

Nacheinander werden berechnet:
Aufnahmeentfernung vom vorderen Brennpunkt bzw. Hauptpunkt:

$$-z = e - 2f = 1500 - 170 = 1330 \text{ mm},$$
$$-a = -z + f = 1415 \text{ mm};$$

Abbildungsmaßstab des Negativs:

$$\beta' = \frac{f}{z} = -\frac{85}{1330} = -0{,}064;$$

Perspektivischer Faktor mit $p = 0$ und $\beta'_B = +1$:

$$\frac{\operatorname{tg}\sigma'_A}{\operatorname{tg}\sigma_A} = v\,\frac{f\left(1 - \frac{\beta'}{\beta'_B}\right) - p\,\beta'}{e'} = 7{,}5\,\frac{85 \cdot 1{,}064}{800} = 0{,}85;$$

Bezugsentfernung:

$$-a_0 = \left(\frac{\operatorname{tg}\sigma'_A}{\operatorname{tg}\sigma_A}\right)\frac{f}{B\,\zeta'} = 0{,}85\,\frac{0{,}085 \cdot 1500}{B} = \frac{108}{B}\,[\text{m}];$$

Verhältniszahl:

$$m = \frac{a_0}{a} = \frac{108}{B \cdot 1{,}415} = \frac{76{,}5}{B};$$

Schärfentiefe:

	B	4	5,6	8	
	$-a_0$	27	19,3	13,5	[m]
	m	19,1	13,7	9,56	
nach (244)	$-a_v$	1,34	1,31	1,28	[m]
	$-a_h$	1,49	1,52	1,58	[m]
	$a_v - a_h$	0,15	0,21	0,30	[m]

Da $a_v - a_h = 0{,}25$ [m] verlangt war, so ist auf $B = 7$ abzublenden.

Interessant ist ein Schärfentiefevergleich zweier maßstabgleicher Bilder, von denen das eine mit langer Brennweite f_1 aufgenommen und nicht nachvergrößert, während das andere mit kurzer Brennweite f_2 in derselben

Entfernung aufgenommen und entsprechend nachvergrößert ist. In beiden Fällen ist offensichtlich $\frac{\operatorname{tg} \sigma'_A}{\operatorname{tg} \sigma_A}$ vom gleichen Betrage, infolgedessen folgt aus (239a):

$$\frac{-a_{o_1}}{-a_{o_2}} = \frac{f_1}{f_2} \frac{B_2}{B_1}$$

und wegen $B_1 = f_1/EP_1$, $B_2 = f_2/EP_2$, wo EP_1 und EP_2 die Durchmesser der Eintrittspupillen der Objektive sind, ergibt sich

$$\frac{-a_{o_1}}{-a_{o_2}} = \frac{EP_1}{EP_2}$$

und wegen (243) bei $a_1 = a_2$:

$$\frac{m_1}{m_2} = \frac{EP_1}{EP_2}.$$

Nun ist nach (244)

$$a_v - a_h = t = a_o \left(\frac{1}{m+1} - \frac{1}{m-1} \right) = -\frac{2\,a_0}{m^2-1};$$

und da meist $m^2 >> 1$:

$$t \approx -\frac{2\,a_o}{m^2}.$$

Infolgedessen wird für die beiden betrachteten Aufnahmen

$$\frac{t_1}{t_2} \approx \frac{a_{o_1}}{a_{o_2}} \left(\frac{m_2}{m_1} \right)^2 = \frac{EP_2}{EP_1}.$$

Hiermit ist die gestellte Frage beantwortet: die Schärfentiefen der beiden Aufnahmen verhalten sich etwa umgekehrt wie die Durchmesser der Eintrittspupillen, wohlgemerkt bei gleicher Aufnahmeentfernung. Haben die beiden Objektive gleiche wirksame Blendenzahlen bei den Aufnahmen gehabt, so ist $\frac{t_1}{t_2} \approx \frac{f_2}{f_1}$, d. h. mit der kürzeren Brennweite ist die Schärfentiefe im Verhältnis beider Brennweiten größer. Man bekommt jedoch gleiche Schärfentiefe, wenn bei den Aufnahmen das kürzerbrennweitige Objektiv eine im Brennweitenverhältnis kleinere wirksame Blendenzahl hatte als das langbrennweitige Objektiv.

Beispiele: 1. $f_1 = 50$, $f_2 = 100$
$B_1 = 2{,}5$, $B_2 = 2{,}5$ $t_1 \approx 1{,}6\,t_2$;
$E\,P_1 = 25$, $E\,P_2 = 40$

2. $f_1 = 50$, $f_2 = 100$
$B_1 = 2{,}5$, $B_2 = 4$ $t_1 \approx t_2$.
$E\,P_1 = 25$, $E\,P_2 = 25$

Naheinstellung auf Unendlich. Besonderes Interesse findet eine Einstellung a, für die $a_h = \infty$ wird; hierfür wird nämlich nach (235) und (241):

$$a_o = a = 2\,a_v. \tag{245}$$

Bei dieser „Naheinstellung auf Unendlich" ist die Schärfentiefe am größten, außerdem ergibt sich die Entfernung a_o als Entfernung der Einstellebene für Nah-Unendlich. Das ist dann nach obigem zugleich die Entfernung, aus der die Eintrittspupille des Objektivs, perspektivisch richtige Betrachtung der Aufnahme vorausgesetzt, unter dem physiologischen Grenzwinkel erscheint. Die vordere Schärfentiefegrenze bei Naheinstellung auf Unendlich liegt bei

$$a_v = \frac{a_0}{2}. \tag{246}$$

Schärfentiefe-Tabellen. Auf Grund dieser theoretischen Ergebnisse kann man Schärfentiefe-Tabellen berechnen. Das kann theoretisch für *perspektivisch richtige Betrachtung* und den physiologischen Grenzwinkel 1′ geschehen. Man geht dazu von (240)

$$-a_0\,[\mathrm{m}] = \frac{3\,f\,[\mathrm{mm}]}{B}$$

aus und tabelliert zu $a = \frac{a_0}{m}$ die Schärfentiefegrenzen $a_v = a_0/(m+1)$ und $a_h = a_0/(m-1)$. Für f = 50 mm ist Tabelle 12 in dieser Weise berechnet.

Beispiel: f = 50 mm

Tabelle 12

B	1,4	2,0	2,8	4	5,6	8	11	16	22
a_0 [m]	107	75	54	38	27	19	14	9	7
a [m]	a_h [m] a_v [m]								
100	1500 52	∞ 43	∞ 35	∞ 28	∞ 21	∞ 16	∞ 12	∞ 8	∞ 7
50	94 34	150 30	675 26	∞ 22	∞ 18	∞ 14	∞ 11	∞ 8	∞ 6
30	41 24	50 22	67 19	140 17	∞ 14	∞ 12	∞ 10	∞ 7	∞ 6
20	24 17	27 16	31 15	42 13	77 12	∞ 10	∞ 8	∞ 6	∞ 5
15	17 13	19 13	21 12	25 11	34 9,7	70 8,4	∞ 7,2	∞ 5,7	∞ 4,8
10	11 9	11 9	12 8,5	13 8	16 7,3	21 6,6	35 5,8	∞ 4,8	∞ 4,1
5	5,2 4,8	5,3 4,7	5,5 4,6	5,7 4,4	6,1 4,2	6,8 4,0	7,8 3,7	11 3,2	17 2,9
3	3,1 2,9	3,1 2,9	3,2 2,9	3,2 2,8	3,4 2,7	3,6 2,6	3,8 2,5	4,5 2,25	5,2 2,10
2	2,03 1,96	2,05 1,95	2,08 1,93	2,11 1,86	2,16 1,81	2,24 1,75	2,33 1,64	2,57 1,64	2,80 1,56
1,5	1,52 1,48	1,53 1,47	1,54 1,46	1,56 1,45	1,59 1,42	1,63 1,39	1,68 1,36	1,80 1,29	1,91 1,24
1	1,01 0,99	1,02 0,99	1,02 0,98	1,03 0,98	1,04 0,97	1,05 0,95	1,08 0,94	1,13 0,90	1,17 0,87

Häufig jedoch werden Amateuraufnahmen nicht mit der richtigen Perspektive betrachtet, sondern z. B. unter dem Verhältnis $\frac{\mathrm{tg}\,\sigma'_A}{\mathrm{tg}\,\sigma_A} = 0{,}8$, wie im Falle einer auf 9 x 12 cm vergrößerten Kleinbildphotographie mit f = 5 cm. Dann wird nach (239a) und mit $\zeta' = \frac{1}{1500}$:

$$-\,a_0 = 0{,}8 \cdot \frac{f}{B\,\zeta'},$$

$$-\,a_0\,[\mathrm{m}] = \frac{1{,}2\,f\,[\mathrm{mm}]}{B}.$$

In diesem Falle sind die Schärfentiefenbereiche (vor allem nach hinten) größer und die Tabelle 13 lautet:

Tabelle 13

B	1,4	2,0	2,8	4	5,6	8	11	16	22
a_0 [m]	43	30	21	15	11	7,5	5,5	3,75	2,7
a [m]	a_h [m] / a_v [m]								
50	∞ 23	∞ 19	∞ 15	∞ 12	∞ 9	∞ 7	∞ 5	∞ 3,5	∞ 2,6
30	100 18	∞ 15	∞ 12	∞ 10	∞ 8	∞ 6	∞ 4,7	∞ 3,3	∞ 2,5
20	41 14	60 12	∞ 10,5	∞ 8,5	∞ 7,0	∞ 5,4	∞ 4,4	∞ 3,4	∞ 2,4
15	23 11	30 10	49 8,7	∞ 7,5	∞ 6,4	∞ 5,0	∞ 4,0	∞ 3,2	∞ 2,3
10	13 8,0	15 7,4	18 6,7	30 6,0	∞ 5,3	∞ 4,6	∞ 3,8	∞ 3,0	∞ 2,1
5	5,7 4,5	6,0 4,3	6,4 4,0	7,5 3,8	9,5 3,5	15 3,0	∞ 2,6	∞ 2,25	∞ 1,75
3	3,2 2,8	3,3 2,7	3,4 2,6	3,8 2,5	4,2 2,3	5,0 2,15	6,9 1,95	15 1,70	∞ 1,42
2	2,1 2,0	2,15 1,93	2,21 1,86	2,30 1,79	2,48 1,72	2,73 1,63	3,55 1,55	4,30 1,40	10 1,19
1,5	1,56 1,45	1,58 1,42	1,62 1,39	1,67 1,36	1,78 1,32	1,87 1,27	2,12 1,20	2,50 1,11	3,40 0,96
1	1,02 0,98	1,03 0,97	1,05 0,95	1,07 0,94	1,12 0,92	1,15 0,89	1,25 0,86	1,36 0,81	1,60 0,73

Andererseits ist es, insbesondere für *Kleinbildaufnahmen*, praktisch, einen zulässigen Zerstreuungskreisdurchmesser festzusetzen, weil sehr oft das Bestreben besteht, Einzelheiten im entsprechend vergrößerten Bild deutlich zu sehen. In der Kleinbildphotographie rechnet man vielfach mit einem Zerstreuungskreis vom Durchmesser $\frac{1}{30}$ mm auf dem Negativ bei strengen Anforderungen, $\frac{1}{20}$ mm bei normalen Anforderungen. Dann ist

$$\zeta' = \frac{v}{e'\,[mm]} \cdot \frac{1}{30}$$

bzw.

$$\zeta' = \frac{v}{e'\,[mm]} \cdot \frac{1}{20},$$

wo v die Nachvergrößerung und e′ die Betrachtungsentfernung des Positivs sind.

Bei Aufnahmen mit *künstlerischer Weichheit*, z. B. mit dem physiologischen Grenzwinkel $\zeta' = 6' = \frac{1}{500}$, wird unter perspektivisch richtiger Betrachtung

$$-\,a_0 = \frac{500\,f}{B},$$

$$-\,a_0\,[m] = \frac{f\,[mm]}{2\,B}.$$

Die Schärfentiefe wird hierbei merklich groß und Tabelle 14 mit f = 50 mm lautet (Kleinbild mit nachträglicher Vergrößerung):

Tabelle 14

B	1,4	2,0	2,8	4
a_0 [m]	18	12,5	9	6,3
a [m]	a_h [m] a_v [m]			
10	22 6,5	50 5,6	∞ 4,8	∞ 3,9
5	6,9 3,9	8,3 3,6	11 3,2	24 2,8
3	3,6 2,6	3,9 2,4	4,5 2,3	5,2 2,1
2	2,2 1,8	2,4 1,7	2,6 1,6	2,9 1,5
1,5	1,6 1,4	1,70 1,34	1,8 1,28	1,96 1,21
1,0	1,06 0,95	1,09 0,93	1,12 0,90	1,46 0,87

Schärfentiefe-Skala. Die Objektive der Kleinbildkameras erleichtern die Berücksichtigung der Schärfentiefe durch eine Schärfentiefe-Skala. Zusammen mit dem Index der Entfernungsskala befinden sich rechts und links von ihm Strichmarken mit den Blendenzahlen (Abb. 80). Bei einer bestimmten Entfernungseinstellung ist zu jeder Blendenzahl rechts und links abzulesen, wo die Grenzen des Schärfentiefebereiches liegen. In der Abbildung steht der Entfernungsindex auf 2 m, der Blendenindex auf 8. Die Strichmarken 8 auf dem Ring des Entfernungsindex zeigen auf der Entfernungsskala 2,8 m und 1,6 als Grenzen der Schärfentiefe an. Bei der vielfach üblichen Annahme eines Zerstreuungskreises von $\frac{1}{20}$ mm ist, wie sich zeigen läßt:

$$a'_v - a' \approx a' - a'_h \approx \frac{B}{20}.$$

Abb. 80. Schärfentiefeskala an der Entfernungsablesung

Wenn die Entfernungseinstellung des Objektivs durch Drehen in einem gleichgängigen Gewinde erfolgt, sind am Umfang der Objektivfassung bzw. des zu der Objektivachse konzentrischen Entfernungsringes die Begrenzungen der Schärfentiefe rechts und links proportional zu der Blendenzahl B.

Die Firma Kern, Aarau (Schweiz), verwendet für ihre Objektive eine Schärfentiefe-Kurve auf der Objektivfassung, die für jede Blende und jede eingestellte Entfernung den Bereich automatisch anzeigt (Abb. 81).

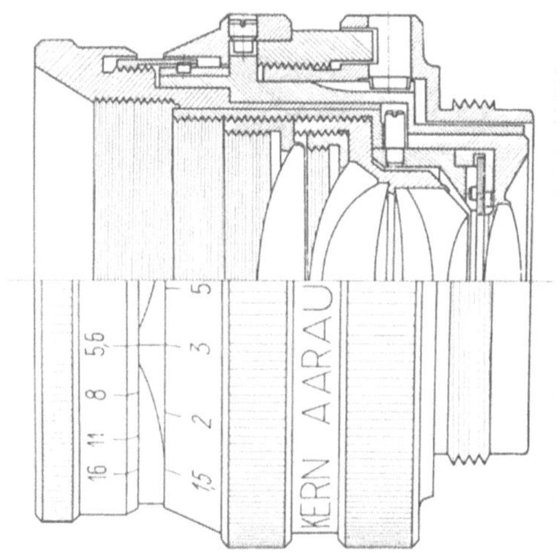

Abb. 81. Schärfentiefekurve an einem Objektiv von Kern

Bei den Betrachtungen dieses Abschnittes war stillschweigend vorausgesetzt, daß die Schärfe nicht durch Aberrationen beeinflußt wird. Das ist eine Annahme, die man in diesem Zusammenhang heute im allgemeinen machen darf.

F. Die strahlungsenergetischen Grundbegriffe und Gesetze beim photographischen Objektiv (in Luft)

Grundbegriffe[1]. Die Belichtungszeit richtet sich bekanntlich außer nach den Eigenschaften der empfindlichen Schicht auch nach der Bestrahlungsstärke in der Aufnahmeebene, und die Bestrahlungsstärke

[1] Nach DIN 5031.

hängt von zwei Faktoren ab, von der Strahldichte des aufgenommenen Objekts und vom geometrischen Fluß der Optik.

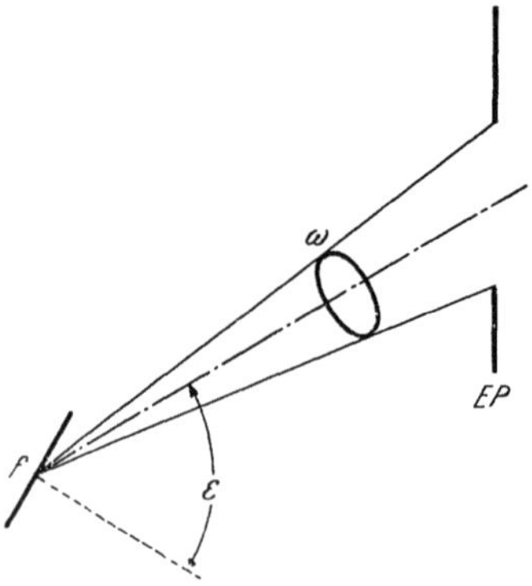

Abb. 82. Geometrischer Fluß

Die *Strahldichte* B_e ist eine sowohl selbstleuchtenden wie in fremder Strahlung leuchtenden Objekten eigentümliche Größe, die angibt, welche Strahlungsleistung von 1 cm^2 in die Raumwinkeleinheit ausgesandt wird. Man mißt die Strahldichte in der Einheit $[W \cdot sr^{-1} cm^{-2}]$ [1]. Das Watt [W] ist ein internationales Leistungsmaß, in diesem Falle für den Strahlungsfluß. Unter dem *Raumwinkel* ω versteht man die räumliche Winkelöffnung eines Kegels, der auf einer zur Kegelspitze konzentrischen Kugel mit dem Radius 1 m eine Fläche von 1 m^2 ausschneidet.

Von der Objektfläche f, die der Einfachheit halber als nach allen Richtungen gleichmäßig strahlend angenommen werden soll, d. h. für die die Strahldichte nach allen Richtungen gleich ist, gelangt nur ein Teil der Strahlung auf die Objektiveintrittspupille EP (Abb. 82). Der Ausdruck

$$\Phi_e\,[W] = B_e \int_f \int_\omega df\,[cm^2] \cos\varepsilon\, d\,\omega \tag{247}$$

ist der ins Objektiv einfallende *Strahlungsfluß*, sofern zwischen Objekt und Objektiv keine Verluste durch Absorption, Reflexion oder Streuung auftreten.

Das Doppelintegral ist eine rein geometrische Größe. Man spricht vom *geometrischen Fluß* (in Luft) und bezeichnet ihn mit G, also:

$$G\,[cm^2] = \int_f \int_\omega df\,[cm^2] \cos\varepsilon\, d\,\omega. \tag{248}$$

Den Betrag von G kann man berechnen. In der photographischen Wiedergabe interessiert praktisch zunächst die Abbildung eines einzelnen *axialen* Flächenelements d f, das senkrecht zur Achse ($\cos\varepsilon = 1$) steht. Dafür wird der geometrische Fluß (in Luft)

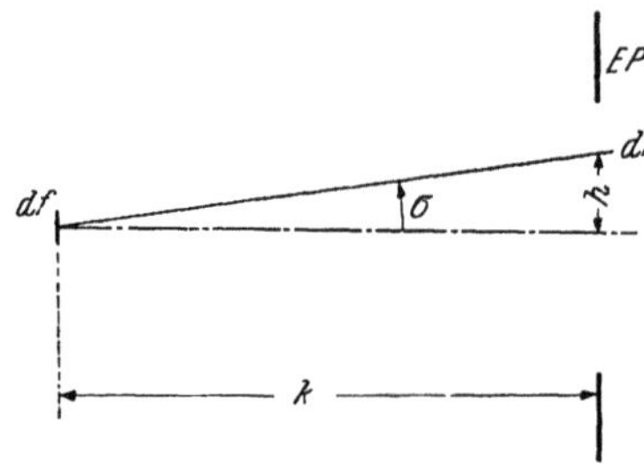

Abb. 83. Zur Berechnung des geometrischen Flusses zwischen einem axialen strahlenden Flächenelement *df* und der kreisförmigen Eintrittspupille *EP*

$$G\,[cm^2] = df\,[cm^2] \int_\omega d\,\omega. \tag{249}$$

Bei einer als kreisrund angenommenen Objektiveintrittspupille vom Durchmesser EP [cm] in der genügend großen Entfernung k [cm] vom strahlenden Flächenelement d f [cm^2] ist nach Abb. 83:

$$\int_\omega d\,\omega = \frac{2\pi}{k^2} \int_{EP} h\,dh = \frac{\pi\,(EP)^2}{4\,k^2},$$

[1] sr = Steradiant = Einheit des Raumwinkels.

somit

$$G\,[\mathrm{cm}^2] = \frac{\pi}{4}\,d\,f\,[\mathrm{cm}^2]\,\frac{(\mathrm{EP})^2\,[\mathrm{cm}^2]}{k^2\,[\mathrm{cm}^2]}. \tag{250}$$

Bei der Abbildung durch das Objektiv gilt nun[1]

$$d\,f' = \beta'^2\,d\,f;\; k = a - a_B,$$

wenn a bzw. a_B die Dingweite bzw. Eintrittspupillenweite sind, und wegen

$$a = -\left(1 - \frac{1}{\beta'}\right) f$$

bzw.

$$a_B = -\left(1 - \frac{1}{\beta'_B}\right) f$$

wird

$$k = f\left(\frac{1}{\beta'} - \frac{1}{\beta'_B}\right);$$

mithin wird

$$G\,[\mathrm{cm}^2] = \frac{\pi}{4}\,d\,f'\,[\mathrm{cm}^2]\,\frac{(\mathrm{EP})^2\,[\mathrm{cm}^2]}{f^2\,[\mathrm{cm}^2]\left(1 - \frac{\beta'}{\beta'_B}\right)^2}. \tag{251}$$

Der Strahlungsfluß Φ_e bliebe, wenn keine Verluste durch Absorption, Reflexion und Streuung im Objektiv auftreten würden, auf seinem Wege durch das Objektiv konstant, also mit der Blendenzahl $B = \frac{f}{\mathrm{EP}}$ (hier f als Brennweite verstanden!) wegen $\Phi_e = B_e\,G$:

$$\Phi_e\,[\mathrm{W}] = B_e\,\frac{\pi}{4}\,d\,f'\,[\mathrm{cm}^2]\cdot\frac{1}{\left(1 - \frac{\beta'}{\beta'_B}\right)^2}\cdot\frac{1}{B^2}. \tag{252}$$

Die *Bestrahlungsstärke* E'_e ist als Quotient $\Phi_e/d\,f'$ in $[\mathrm{W}\cdot\mathrm{cm}^{-2}]$ definiert, also

$$E'_e\,[\mathrm{W}\cdot\mathrm{cm}^{-2}] = \Phi_e\,[\mathrm{W}]/d\,f'\,[\mathrm{cm}^2], \tag{253}$$

d. h.

$$E'_e\,[\mathrm{W}\cdot\mathrm{cm}^{-2}] = B_e\cdot\frac{\pi}{4}\cdot\frac{1}{B^2}\cdot\frac{1}{\left(1 - \frac{\beta'}{\beta'_B}\right)^2}. \tag{254}$$

Das ist dann die Bestrahlungsstärke im Achselement der Aufnahmeebene.

Die Bestrahlungsstärke in der Aufnahmeebene. Die Bestrahlungsstärke E'_e ergibt sich nach (254) umgekehrt proportional zum Quadrat der Blendenzahl B des Objektivs, d. h. es verhalten sich für zwei Blendenzahlen B_1 und B_2 die Bestrahlungsstärken

$$E'_{e_1} : E'_{e_2} = B_2^2 : B_1^2. \tag{255}$$

Bei kleinerer Blende, also größerer Blendenzahl, ist die Bestrahlungsstärke geringer. Da die *Belichtungszeiten* t im Gebiet der Normalbelichtung,

[1] d f, d f′ sind konjugierte Flächenelemente; f ist die Brennweite des Objektivs.

d. h. im geraden Teil der Schwärzungskurve der photographischen Schicht, sich umgekehrt wie die Bestrahlungsstärken E'_e verhalten[1], ist ferner

$$t_1 : t_2 = B_1^2 : B_2^2. \tag{256}$$

Die genormte Reihe der internationalen Blendenzahlen ist eine geometrische Reihe mit dem Faktor $\sqrt{2}$, nämlich

1; 1,4; 2; 2,8; 4; 5,6; 8 usw.

Folglich verdoppeln sich die Belichtungszeiten, wenn man von einer Blendenzahl auf die nächst höhere übergeht, eine jedem Photographen bekannte Regel. Das obige strahlungsphysikalische Gesetz hat bei der Aufstellung der internationalen Blendenzahlen Pate gestanden[2].

Die Formel (254) zeigt ferner, daß E'_e auch vom Abbildungsmaßstab β' abhängt. β' ist bei der reellen Abbildung eine negative Größe, da das Bild umgekehrt ist; bei der Aufnahme näherer Objekte wird $-\beta'$ größer, daher E'_e kleiner, entsprechend t größer. Tabelle 15 gibt (unter der meist genügend genauen Annahme $\beta'_B = +1$) für ausgewählte Werte β' die Vervielfachung V der Belichtungszeit gegenüber der Einstellung auf ∞ ($\beta' = 0$), wohlgemerkt bei gleichbleibender Blende:

Tabelle 15

β'	0	$-\frac{1}{10}$	$-\frac{1}{5}$	$-\frac{1}{2}$	-1	-2	-5	-10
V	1	1,2	1,4	2,2	4	9	36	121

Die Bestrahlungsstärke in der Aufnahmeebene hängt endlich noch von B_e, d. h. von der Strahldichte des eingestellten Flächenelements ab. Diese wiederum ist eine Funktion der Objektbeleuchtung und der Objektalbedo. Näher darauf einzugehen, verbietet sich im Rahmen dieses Buches.

Strahlungsverluste. Auf dem Wege durch das Objektiv wird die Strahlung gedämpft, hauptsächlich durch *Reflexionsverluste* an den polierten und daher spiegelnden Linsenflächen. Ein Schwächungsfaktor ist an jeder einzelnen Linsenfläche vorhanden und hängt vom Einfallswinkel ε und vom Brechungswinkel ε' der Strahlen ab (FRESNELsche Formeln). Für unpolarisierte Strahlung ist der an einer sauber polierten Fläche reflektierte und daher verlorengehende Anteil, der sogenannte Reflexionsgrad,

$$\varrho = \frac{1}{2}\left[\frac{\sin^2(\varepsilon - \varepsilon')}{\sin^2(\varepsilon + \varepsilon')} + \frac{\operatorname{tg}^2(\varepsilon - \varepsilon')}{\operatorname{tg}^2(\varepsilon + \varepsilon')}\right]. \tag{257}$$

Bei genügend senkrecht die Fläche treffenden Strahlen ist

$$\varrho = \left(\frac{n - n'}{n + n'}\right)^2. \tag{258}$$

Die durch eine Fläche durchgehende Strahlung ist also mit dem Faktor

$$1 - \varrho$$

schwächer.

[1] Wenn man vom SCHWARZSCHILDexponent absieht.

[2] Über den Zusammenhang mit der photographischen Empfindlichkeit und die Berechnung der Belichtungszeit s. Optik **2** (1947), S. 157—159.

Tabelle 16 gibt an, welcher Bruchteil des einfallenden Lichtes durch Spiegelung verloren geht, wenn die Brechung zwischen Glas und Luft erfolgt. Die Spalte 2 gilt sowohl für die Vorderfläche wie für die Rückfläche der Linse. Spalte 3 zeigt den Gesamtverlust durch Spiegelung an beiden Flächen einer Linse in Luft.

Tabelle 16

Brechungszahl	Spiegelungsverluste	
	je Fläche	je Linse
1,5	0,040	0,078
1,6	0,053	0,103
1,7	0,067	0,130
1,8	0,082	0,157
1,9	0,096	0,183
2,0	0,111	0,210

Ferner treten, wenn auch in geringerem Maße, *Absorptionsverluste* im Glase auf. Der *Durchsichtigkeitsgrad* ϑ eines Glases von der Dicke d ist

$$\vartheta = \delta^{\frac{d}{d_0}}, \tag{259}$$

wo δ der *Durchsichtigkeitsmodul* des Glases, d. h. der Durchsichtigkeitsgrad für die Bezugsdicke d_0 ist. Tabelle 17 gibt für einige Gläser ausgewählte spektrale Werte von $1 - \varrho$ gegen Luft und von den Durchsichtigkeitsmoduln δ für $d_0 = 100$ mm an.

Tabelle 17

Schottglas	$1 - \varrho$			δ (100 mm)		
	$\lambda = 656$	588	436	480	425	396 (mμ)
BK 1	0,959	0,959	0,957	0,95	0,94	0,87
BaLF 4	0,950	0,950	0,948	—	0,67	0,74
BaF 4	0,946	0,946	0,944	0,94	0,68	0,49
BaSF 1	0,943	0,943	0,940	0,94	0,61	0,42
F 6	0,942	0,942	0,939	0,94	0,67	0,56
SF 5	0,937	0,937	0,933	0,89	0,37	0,06

Bei einem System mit k Glasflächen und l Linsen ist der zur Abbildung beitragende *Durchlaßgrad*:

$$\tau = (1 - \varrho_1)(1 - \varrho_2) \ldots (1 - \varrho_k)\, \vartheta_1\, \vartheta_2 \ldots \vartheta_l. \tag{260}$$

Dabei sind die ϱ-Werte für senkrechten Strahlendurchtritt angesetzt. Das ist nicht streng richtig, aber hinreichend genau. Auf diese Weise ergeben sich etwa die folgenden Durchlaßzahlen von Objektiven:

Anastigmatische Dreilinser . . . . 0,60 bis 0,70

Gaussobjektive . . . . 0,50 bis 0,60

Objektive 1 : 1,5. 0,40 bis 0,50

Die obigen strahlungsenergetischen Größen müssen daher noch den Faktor τ bekommen. Die Bestrahlungsstärke in der Aufnahmeschicht auf der optischen Achse ist sodann nach (254)

$$E'_e\,[\mathrm{W\,cm^{-2}}] = B_e\,\tau\,\frac{\pi}{4}\left(\frac{1}{1-\frac{\beta'}{\beta'_B}}\right)^2\left(\frac{1}{B}\right)^2. \tag{254a}$$

Die für die Belichtungszeit maßgebende Bestrahlungsstärke ist infolge des Faktors τ eine andere als die ohne Berücksichtigung von τ lediglich aus B_e ermittelte Belichtungszeit. Die Blendenzahl B stellt streng genommen kein zuverlässiges Maß für die Belichtungszeit dar. Der Fabrikant könnte bei den Blendenskalen den Faktor τ berücksichtigen. Im allgemeinen aber werden die Abweichungen ohne Belang sein, da der Belichtungsspielraum der Emulsionen (abgesehen von der Farbenphotographie) genügend groß ist und auch durch Ausgleichsentwicklung Belichtungsfehler überbrückbar sind. Heutzutage sind zudem die Objektive im allgemeinen „entspiegelt" (s. S. 269), wodurch der Faktor τ kaum noch in Erscheinung tritt, sofern die Entspiegelung sachgemäß erfolgt ist. Dadurch wird die Bestrahlungsstärke um 20 bis 40%, je nach der Anzahl der entspiegelten Flächen, gesteigert.

Die *Entspiegelung* hat aber den viel wichtigeren Zweck, die inneren Reflexionen herabzusetzen, somit auch das Streulicht, wodurch eine bessere Wiedergabe der Einzelheiten in den Schatten der Negative möglich ist.

Das *Streulicht* entsteht vorzugsweise durch zwei Reflexionen zwischen beliebigen Glas-Luft-Flächen im Objektiv und erzeugt im Bildraum Nebenbilder der helleren Objektdetails. Diese Nebenbilder liegen meist nicht in der Aufnahmeebene, so daß sie in der letzteren meist nur Zerstreuungsfiguren oder auch nur einen allgemeinen Lichtschleier über der ganzen Fläche erzeugen. Das wirkt sich besonders ungünstig in den Schatten des Negativs aus, und kann dort ganz schlimm werden, wenn im oder in der Nähe des Bildwinkelbereiches einzelne sehr helle Objekte (brennende Lampen, Sonnenreflexe, helle Hausfassaden usw.) liegen. Die Entspiegelung schafft hier wesentliche Abhilfe.

Punktförmige Objekte. Bei der Aufnahme von „punktförmigen" Objekten, z. B. von Fixsternen, ist das Beugungsscheibchen meist kleiner als das Korn der Aufnahmeschicht. In diesem Fall bestimmt der Strahlungsfluß die Belichtungszeit, d. h. nach obigem die Fläche der Eintrittspupille des Objektivs.

Die natürliche Abnahme der Bestrahlungsstärke in der Aufnahmeebene. Von der Mitte (Achsbildpunkt) nach dem Rande des Bildfeldes eines photographischen Objektivs ist stets ein mehr oder weniger starker Abfall der Bestrahlungsstärke vorhanden, der zu einem wesentlichen Teil auf eine künstliche Vignettierung der Eintrittspupille durch die Fassungsränder der Objektivlinsen für schräge Strahlenbündel (s. S. 121) zurückzuführen ist (künstliche Abschattung). Wenn eine künstliche Vignettierung nicht vorliegt, z. B. bei genügend enger Blende, ist trotzdem noch ein gewisser Abfall der Bestrahlungsstärke von der Mitte nach den Rändern des Formats festzustellen, der überwiegend aus den Abbildungsgesetzen der optischen Lichttechnik zu erklären ist. Man nennt ihn deshalb die (vignettierungsfreie) *natürliche* Abnahme der Bestrahlungsstärke. Sie läßt sich theoretisch berechnen.

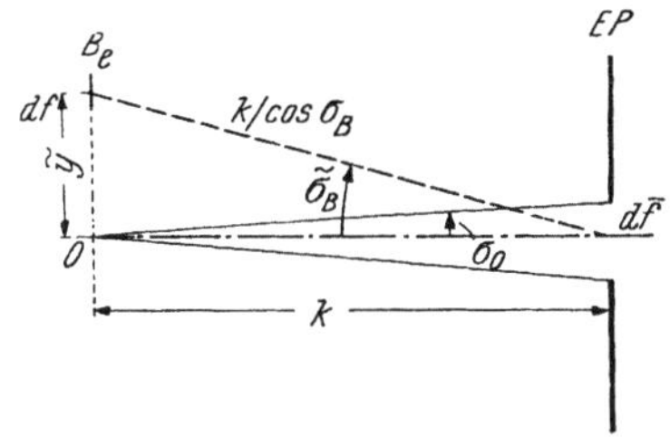

Abb. 84. Zur Berechnung des geometrischen Flusses zwischen einem seitlichen strahlenden Flächenelement df und der kleinen Eintrittspupille EP

Man betrachte ein seitliches Flächenelement d f [cm²] eines gleichmäßig nach allen Richtungen strahlenden *ausgedehnten* Objekts (Abb. 84). Die Koordinaten $\tilde{y}$ [cm], k [cm] und $\tilde{\sigma}_B$ gehen aus Abb. 84 hervor. Die Strahldichte des Objekts sei B_e. Die Eintrittspupille sei klein von der Fläche $d\bar{f}$ [cm²]. Dann ist der Strahlungsfluß von d f nach $d\bar{f}$ gemäß (247) und (248):

$$d\Phi_e\,[\mathrm{W}] = B_e \cdot d\,G\,[\mathrm{cm}^2].$$

Der geometrische Fluß d G ist gemäß (248):

$$d\,G\,[\mathrm{cm}^2] = d\,f\,[\mathrm{cm}^2] \cos\tilde{\sigma}_B\, d\,\omega,$$

wo d ω der Raumwinkel der Eintrittspupille $d\bar{f}$ vom Flächenelement d f aus ist, d. h.

$$d\,\omega = (d\,\bar{f}\,[\mathrm{cm}^2] \cos\tilde{\sigma}_B) : (k\,[\mathrm{cm}]/\cos\tilde{\sigma}_B)^2.$$

Mithin wird

$$d\,G\,[\mathrm{cm}^2] = d\,f\,[\mathrm{cm}^2]\, d\,\bar{f}\,[\mathrm{cm}^2] \cos^4\tilde{\sigma}_B/k^2\,[\mathrm{cm}^2]. \tag{261}$$

Der Strahlungsfluß d Φ'_e im Bildraum ist

$$d\,\Phi'_e = \tau\, d\,\Phi_e, \tag{262}$$

wo τ der Durchlaßgrad des Objektivs für das abbildende Strahlenbündel ist. Die Bestrahlungsstärke $\tilde{E}'_e$ im seitlichen Bildelement d f', das zu d f abbildungsmäßig konjugiert ist, wird

$$\tilde{E}'_e\,[\mathrm{W}\cdot\mathrm{cm}^{-2}] = d\,\Phi'_e\,[\mathrm{W}]/d\,f'\,[\mathrm{cm}^2],$$

mithin

$$\tilde{E}'_e\,[\mathrm{W}\cdot\mathrm{cm}^{-2}] = \tau\, B_e\, d\,G\,[\mathrm{cm}^2]/d\,f'\,[\mathrm{cm}^2]. \tag{263}$$

τ und B_e sind als Proportionalitätsfaktoren zu betrachten, die unabhängig von $\tilde{\sigma}_B$ anzunehmen sind. Die weiteren Überlegungen können daher auf den Quotienten $\frac{d\,G}{d\,f'}$ beschränkt werden. Dabei wird zunächst vorausgesetzt, daß das abbildende Objektiv ideal korrigiert ist, also insbesondere keine Verzeichnungsfehler aufweist. In diesem Falle ist der Abbildungsmaßstab für alle schiefen Bündel genau so groß wie auf der Achse, mithin

$$d\,f'\,[\mathrm{cm}^2] = \beta'^2\, d\,f\,[\mathrm{cm}^2]$$

und daher nach (261):

$$\frac{\mathrm{d\,G}}{\mathrm{d\,f'}} = \frac{\mathrm{d\,\bar{f}\,[cm^2]}}{(\beta'\,\mathrm{k\,[cm^2]})^2} \cos^4 \ddot{\sigma}_{\mathrm{B}}.$$

$\frac{\mathrm{d\,\bar{f}}}{\mathrm{k}^2}$ ist der Raumwinkel d ω, unter dem die kleine Eintrittspupille d $\bar{\mathrm{f}}$ vom Achsdingpunkt O erscheint. $\frac{\mathrm{d}\,\omega}{\beta'^2}$ ist gleich dem bildseitigen Raumwinkel d ω' und daher

$$\frac{\mathrm{d\,G}}{\mathrm{d\,f'}} = \mathrm{d}\,\omega' \cos^4 \ddot{\sigma}_{\mathrm{B}}. \tag{264}$$

Hiermit wird (263):

$$\ddot{\mathrm{E}}'_{\mathrm{e}} = \tau\,\mathrm{B_e\,d}\,\omega' \cos^4 \ddot{\sigma}_{\mathrm{B}}.$$

Auf der Achse ist $\mathrm{E}'_{\mathrm{e}} = \tau\,\mathrm{B_e\,d}\,\omega'$. Es ergibt sich also für das Verhältnis der Bestrahlungsstärke $\ddot{\mathrm{E}}'_{\mathrm{e}}$ in seitlichen Bildpunkten zu derjenigen E'_{e} im Achsbildpunkt bei verzeichnungsfreier Abbildung:

$$\frac{\ddot{\mathrm{E}}'_{\mathrm{e}}}{\mathrm{E}'_{\mathrm{e}}} = \cos^4 \ddot{\sigma}_{\mathrm{B}}. \tag{265}$$

Mit $\ddot{\sigma}_{\mathrm{B}}$ ist der Hauptstrahlwinkel in der Eintrittspupille bezeichnet, die natürliche Abnahme der Bestrahlungsstärke für kleine Blendenöffnungen verläuft also bei *verzeichnungsfreier* Abbildung nach der vierten Potenz des Cosinus des Hauptstrahlwinkels in der *Eintrittspupille*. Zahlenmäßig zeigt die Tabelle 18 die Abnahme:

Tabelle 18

$\ddot{\sigma}_{\mathrm{B}}$	0°	5°	10°	15°	20°	25°	30°	40°	50°	60°	70°	80°	90°
$\ddot{\mathrm{E}}'_{\mathrm{e}}/\mathrm{E}'_{\mathrm{e}}$	1,0	0,98	0,94	0,87	0,78	0,67	0,56	0,34	0,17	0,062	0,014	0,0009	0

Man kann diese natürliche Abnahme der Bestrahlungsstärke dadurch mildern, daß man dem photographischen Objektiv absichtlich einen *tonnenförmigen* Verzeichnungsfehler gibt. Dieser Fall soll jetzt auch durchgerechnet werden.

Dazu sollen die Flächenelemente d f und d f′ rechteckig angenommen werden, d. h.

$$\mathrm{d\,f} = \mathrm{d}\,\ddot{\mathrm{x}}\,\mathrm{d}\,\ddot{\mathrm{y}}; \quad \mathrm{d\,f'} = \mathrm{d}\,\ddot{\mathrm{x}}'\,\mathrm{d}\,\ddot{\mathrm{y}}',$$

wo d $\ddot{\mathrm{y}}$ bzw. d $\ddot{\mathrm{y}}'$ die Rechteckseiten parallel zur Meridianebene des schiefen Bündels seien, d $\ddot{\mathrm{x}}$ und d $\ddot{\mathrm{x}}'$ die Rechteckseiten senkrecht zur Meridianebene.

Nach Abb. 84 ist $\ddot{\mathrm{y}} = \mathrm{k\,tg}\,\ddot{\sigma}_{\mathrm{B}}$, mithin wird

$$\mathrm{d}\,\ddot{\mathrm{x}} = \ddot{\mathrm{y}}\,\mathrm{d}\,\psi = \mathrm{k\,tg}\,\ddot{\sigma}_{\mathrm{B}}\,\mathrm{d}\,\psi,$$

wo d ψ ein kleiner Azimutwinkel ist.

Im Bildraum gehört dazu

$$\mathrm{d}\,\ddot{\mathrm{x}}' = \ddot{\mathrm{y}}'\,\mathrm{d}\,\psi.$$

Ferner ist $\ddot{y}' = \ddot{\beta}'\,\ddot{y}$, wobei $\ddot{\beta}'$ von $\ddot{y}$ bzw. $\ddot{y}'$ bzw. $\operatorname{tg}\ddot{\sigma}_B$ abhängt. Durch Differenzieren ergibt sich

$$d\,\ddot{y}' = \ddot{y}\,d\,\ddot{\beta}' + \ddot{\beta}'\,d\,\ddot{y} = k\,\operatorname{tg}\ddot{\sigma}_B\,d\,\ddot{\beta}' + \ddot{\beta}'\,k\,\frac{d\,\ddot{\sigma}_B}{\cos^2\ddot{\sigma}_B}.$$

Die Flächenelemente $d\,f$ und $d\,f'$ sind also:

$$d\,f = d\,\ddot{x}\,d\,\ddot{y} = k^2\,\operatorname{tg}\ddot{\sigma}_B\,d\,\psi\,d\,\ddot{\sigma}_B/\cos^2\ddot{\sigma}_B,$$

$$d\,f' = d\,\ddot{x}'\,d\,\ddot{y}' = \ddot{\beta}'^2\,k^2\,\operatorname{tg}\ddot{\sigma}_B\,d\,\psi\left[\operatorname{tg}\ddot{\sigma}_B\,\frac{d\,\ddot{\beta}'}{\ddot{\beta}'} + \frac{d\,\ddot{\sigma}_B}{\cos^2\ddot{\sigma}_B}\right];$$

mithin

$$d\,f' = \beta'\,d\,f\left\{\left[\frac{\sin\ddot{\sigma}_B\cos\ddot{\sigma}_B}{\ddot{\beta}'}\,\frac{d\,\ddot{\beta}'}{d\,\ddot{\sigma}_B} + 1\right]\left(\frac{\ddot{\beta}'}{\beta'}\right)^2\right\}. \tag{266}$$

Es tritt also durch den Verzeichnungsfehler der Ausdruck in der geschweiften Klammer hinzu.

Infolgedessen wird bei vorhandenem Verzeichnungsfehler

$$\frac{\ddot{E}'_e}{E'_e} = \cos^4\ddot{\sigma}_B\cdot\frac{1}{\left[\frac{\sin\ddot{\sigma}_B\cos\ddot{\sigma}_B}{\ddot{\beta}'}\,\frac{d\,\ddot{\beta}'}{d\,\ddot{\sigma}_B} + 1\right]}\cdot\left(\frac{\beta'}{\ddot{\beta}'}\right)^2. \tag{267}$$

E. Wandersleb[1] hat in interessanten Studien Beispiele gebracht, die den günstigen Einfluß einer für den Verwendungszweck noch zulässigen tonnenförmigen Verzeichnung auf die Bestrahlungsverteilung im Bildfeld zeigen. Das nachstehende Beispiel des Heliar 1 : 4,5 ist dieser Arbeit entnommen:

$\ddot{\sigma}_B$	$= 0°$	$5°$	$10°$	$20°$	$25°$
$\ddot{E}'_e/E'_e$	$= 1$	0,988	0,952	0,838	0,775
$\cos^4\ddot{\sigma}_B$	$= 1$	0,98	0,94	0,78	0,67

Die natürliche Abnahme der Bestrahlungsstärke kann so erheblich stören, daß man entweder die Bestrahlung in der Mitte drosseln oder eine stärkere tonnenförmige Verzeichnung in Kauf nehmen muß, wofür einige Superweitwinkelobjektive als Beispiel angeführt werden können. Andere Maßnahmen als die beiden genannten, führen grundsätzlich nicht zum Ziel, auch nicht die Verlegung der Austrittspupille ins Unendliche.

Für die Drosselung der Bestrahlung in der Mitte gibt es verschiedene Möglichkeiten. So war der *Hypergon*-Doppelanastigmat von Goerz mit einer Sektorenblende versehen, die während eines Teiles der Belichtungszeit vor das Objektiv geschaltet werden konnte und schnell rotierte. Bei kurzen Belichtungszeiten ist diese Methode nicht anwendbar. M. Nagel[2] benutzte mit einem *Topogon* zusammen Ausgleichsscheiben, d. h. durchlässig verspiegelte Glasscheiben, die unmittelbar vor der Bildebene eingeschaltet werden und deren Durchlässigkeit radial von der Scheibenmitte nach außen zunimmt.

---

[1] Ztschr. f. wiss. Phot. **46**, 16—60 (1951). Ferner: Die Lichtverteilung im Großen in der Brennebene des photographischen Objektivs. Berlin: Akademie-Verlag. 1952.

[2] Optik **8**, 24—30 (1951).

VIII. Werkstoffe der Optik

A. Optische Gläser

Begriffliches. Für den Rechner und den Hersteller photographischer Objektive, aber auch für den ernsthaften Benutzer, ist die Kenntnis des Werkstoffes Glas von nicht geringer Bedeutung. Es ist daher angebracht, das Wesentliche darüber mitzuteilen.

Optisches Glas, oder richtiger gesagt, optische Gläser — denn es gibt davon rund 200 verschiedene Arten — verhalten sich zu den gewöhnlichen Gläsern für Fenster, Flaschen, Einmachgefäße usw. etwa wie die Edelmetalle zu den alltäglichen Gebrauchsmetallen. Auch im Preis drückt sich das aus, kostet doch das optische Glas je nach Art und Qualität zwischen 10 DM und 60 DM für das Kilogramm. Ein Kilogramm Kronglas ist eine Platte von beispielsweise 10 x 10 x 4 cm, ein Kilogramm Schwerflint von der schwersten Sorte sogar nur von 10 x 10 x 2 cm. Dies sei jedoch nur am Rande bemerkt.

Optische Gläser sind deshalb so kostbar, weil sie aus chemisch reinen Rohstoffen ohne Scherbenzusatz in nur einmal verwendbaren Häfen aus besonders eisenfreien Tongemischen erschmolzen, nach dem Läutern zum Zwecke der Schlierenbeseitigung gerührt, in Formen gegossen und nach einem präzisen Feinkühlverfahren entspannt werden.

Glasarten. Bis zum Jahre 1886 gab es nur Glasarten, die in der Reihe der heutigen Kron-, Kronflint-, Doppelleichtflint-, Leichtflint-, Flint- und Schwerflintgläser liegen. Es blieb Otto SCHOTT in Zusammenarbeit mit Ernst ABBE vorbehalten, diese Glasreihe erstmalig zu erweitern, nachdem ABBE erkannt hatte, daß Gläser, insbesondere von höherer Brechung jedoch ohne vermehrte Dispersion, bemerkenswerte Vorteile für die Bildfehlerkorrektion besitzen. So entstanden im Laufe eines guten halben Jahrhunderts, zunächst in stürmischer Fortentwicklung, dann allmählich verlangsamt, die geläufigen Gruppen der Fluorkrone, Borkrone, Phosphatkrone, Barytkrone, Schwer- und Schwerstkrone und verschiedener Barytflinte. Im Laufe der vierziger Jahre unseres Jahrhunderts setzte eine ganz neue Entwicklung ein, wobei die USA in erster Linie führend wurden, weil dort die dafür erforderlichen seltenen und teuren Glasrohstoffe zur Verfügung standen und auch genügende Mengen Platin zum Auskleiden von Häfen oder zur Herstellung von Tiegeln vorhanden waren, so daß auch Gläser geschmolzen werden können, die Hafenmaterial sehr stark angreifen würden. Diese neuen Gläser enthalten teilweise gar keine Kieselsäure mehr, dafür Phosphorsäure oder Borsäure. Andere Gläser bestehen nur aus Fluoriden und enthalten gar keine Oxyde mehr. Die Hütte von SCHOTT und Genossen hat nach dem letzten Kriege die listenmäßige Lieferung von Lanthan-Krongläsern hinzugenommen. Hierdurch erweitert sich das Gebiet der technisch verfügbaren Gläser ganz erheblich, wie es die Abb. 85 zeigt. Es handelt sich, wie man erkennt, einerseits um besonders hochbrechende Gläser mit relativ niedriger Dispersion, andererseits um einige besonders niedrig brechende Flintgläser. Eine Auswahl solcher Gläser zeigt die Tabelle 19:

Tabelle 19

Schott		Chance		Eastman Kodak	
n_d	ν	n_d	ν	n_d	ν
1,66	57	1,56	63	1,69	56
1,67	56	1,65	58	1,73	51
1,69	52	1,64	56	1,76	47
1,70	53	1,69	55	1,74	46
1,67	48	1,66	51	1,81	42
1,72	38	1,67	48	1,88	41
1,51	51	1,72	48	1,90	42,5
1,53	46	1,70	41		
1,60	36	1,93	21		

Damals bedeutete es einen immensen technischen Fortschritt, als das schwere Barytkron $n = 1{,}61$, $\nu = 57$ das alte Kron $n = 1{,}52$, $\nu = 58$ in den Schatten stellte. In neuerer Zeit haben die Gläser $n = 1{,}66$ bis $1{,}69$, $\nu = 55$ bis 57 dieselbe Vorrangstellung vor dem erwähnten schweren Barytkron gewonnen. Die höhere Brechung führt zu flacheren Linsenkrümmungen und vermindert daher die Zonenfehler des Öffnungsfehlers und des Astigmatismus. G. H. Aklin[1] berichtet darüber im einzelnen, und zwar für fünf Objektivtypen. In diesen Objektiven führen die höchstbrechenden Krone zu einer Verringerung der Petzvalsumme um rund 30%, was sich vor allem auf die meridionale Bildschale günstig auswirkt. Diese Erfolge wurden wesentlich durch Fortschritte in der Wissenschaft vom Glaszustand erzielt. Es war insbesondere Zachariasen, ein Schüler des berühmten Mineralogen Viktor Moritz Goldschmidt, der kristallchemische Gesichtspunkte auf die Gläser übertrug. Zum Beispiel war es bekannt, daß $Al\,P\,O_4$ Eigenschaften besitzt, die nahezu parallel mit denen von $Si\,O_2$ gehen. Deshalb gelang es, $Al\,P\,O_4$ in neue Gläser mit wertvollen neuen Eigenschaften einzubauen; dies ein Beispiel für viele andere.

Der Zustand „Glas". Bevor aber von den hier besonders interessierenden Eigenschaften der Gläser gesprochen wird, möge noch erklärt werden, was Glas nach heutiger Auffassung überhaupt ist, denn es sind das Erkenntnisse, die mit ausgedehnten Untersuchungen und scharfsinnigen Überlegungen erst in den beiden letzten Jahrzehnten gewonnen wurden, obwohl Glas selbst schon mehrere tausend Jahre bekannt ist. Gläser sind Stoffe, die bei Abkühlung stetig vom flüssigen in den festen Zustand übergehen, ohne daß ein Zwischenzustand durchlaufen wird, in dem beide Phasen im thermodynamischen Gleichgewicht nebeneinander bestehen. Man war sich lange im Ungewissen darüber, ob die Gläser aus submikroskopisch kleinen gegeneinander regellos orientierten kristallinen Bereichen aufgebaut oder ob sie „amorph" mit vollkommen regellos angeordneten Molekülen seien. Heute weiß man aus der Röntgenspektralanalyse, daß die molekularen Bausteine (bei Silikatgläsern $Si\,O_4$-Tetraeder) *kristalliner*

[1] Journ. Opt. Soc. Am. **38**, 841—844 (1948).

Natur sind, die sich aber *unregelmäßig* anordnen. SMEKAL nennt den glasigen Zustand einen Zustand erstarrter Unordnung. Glasbildung und Kristallisation sind miteinander konkurrierende Vorgänge, von denen je nach Zusammensetzung, Temperatur und Abkühlungsgeschwindigkeit der eine oder der andere sich durchsetzt. Bei sehr langsamer Abkühlung aus dem Schmelzfluß tritt Kristallisation, „Entglasung", ein, wobei der Stoff sofort trübe oder überhaupt undurchsichtig wird, weil das Gefüge kleinkristallin ist. Der sogenannte *viskose* Abkühlungsbereich zwischen dem flüssigen und dem spröden Zustand ist von großer Wichtigkeit für die glaserzeugende und glasverarbeitende Industrie. Der viskose Bereich erstreckt sich zwischen zwei Temperaturpunkten, dem sogenannten *Aggregationspunkt*, bei dem die Zähigkeit 10 Poise[1] beträgt, und dem *Transformationspunkt* für die Zähigkeit 10^{13} Poise. Diese beiden Punkte liegen für alle Gläser bei verschiedenen Temperaturen; der Aggregationspunkt oberhalb von 1400° C, der Transformationspunkt zwischen 335° C und 661° C. Für das optische Glas ist der Transformationspunkt noch aus einem anderen Grunde von erheblicher Bedeutung: für die gute Kühlung und Spannungsfreiheit der Gläser. Oberhalb des Transformationspunktes verschwinden vorhandene Spannungen in kurzer Zeit, weil die einzelnen Teilchen noch genügend beweglich sind.

Es sollen nun die wesentlichen Eigenschaften der optischen Gläser beschrieben werden, wie sie

1. für den Optikrechner,
2. für die verarbeitende Werkstatt beim Schleifen und Polieren,
3. für den Benutzer des Objektivs von Bedeutung sind.

Lichtbrechung. Der Optikrechner klassifiziert die optischen Gläser nach ihren besonderen Eigenschaften bezüglich der Lichtbrechung und Farbzerstreuung (Dispersion). Die *Lichtbrechung* wird nach der Brechungszahl n gegen Luft bewertet, und zwar üblicherweise bislang für die gelbe Heliumlinie d, doch ist es zweckmäßiger und daher künftig zweifellos üblich, dafür die grüne Quecksilberlinie e zu wählen[2]. Die Brechungszahlen der optischen Gläser liegen in dem Bereich von 1,365 (Fluorid-Glas) bis 2,075 (Pb-Ti-Glas); schwere Atome (Blei, Thor, Barium) erhöhen die Brechkraft stark, leichte erniedrigen sie. Die *Farbzerstreuung* richtet sich nach der Veränderlichkeit der Brechungszahl mit der Lichtwellenlänge. Mit abnehmender Wellenlänge wird die Brechungszahl größer. Die Differenz $n_F - n_C$ der Brechungszahlen für die Wasserstofflinien F und C nennt man in den Katalogen der optischen Gläser die *mittlere* Farbzerstreuung. Für den Optikrechner wichtig ist die ABBEsche *Zahl* $\nu = \frac{n_d - 1}{n_F - n_C}$, die *reziproke relative* Farbzerstreuung, da sie in der Achromasiebedingung (197) auftritt. Der Gang der Farbzerstreuung im Spektrum ist ungleichmäßig, er wird durch die *absoluten Teilzerstreuungen* $n_h - n_g$, $n_g - n_F$, $n_F - n_e$, $n_e - n_C$, $n_C - n_{A'}$, bzw. durch die *relativen Teilzerstreuungen* bezüglich $n_F - n_C$ ausgedrückt. Insbesondere bezeichnet man das Verhältnis

[1] 1 Poise = 1 cm^{-1} g s^{-1}. Bei 20° C haben Wasser etwa 1/100 Poise, Rizinusöl etwa 10 Poise, Pech etwa $3 \cdot 10^{10}$ Poise.

[2] Man vergleiche dazu: Optik 8, 57—60 (1951).

$\frac{n_g - n_F}{n_F - n_C}$ mit dem Buchstaben ϑ; es ist für die Behebung des sekundären Spektrums wichtig. Die Werte der Farbzerstreuung sind bei den einzelnen Gläsern verschieden und ebenfalls von der chemischen Zusammensetzung abhängig. Die ABBEsche Zahl liegt zwischen $\nu = 20{,}9$ (SFS 1) und $\nu = 105$ (Fluoridglas). Hohe Werte der ABBEschen Zahl bedeuten relativ geringe Farbzerstreuung, niedrige Werte von ν relativ hohe Farbzerstreuung. Die Brechungszahlen der Gläser hängen in geringem Umfang vom *Kühlungszustand* ab, insofern das schlecht gekühlte Glas etwas niedrigere Brechung aufweist.

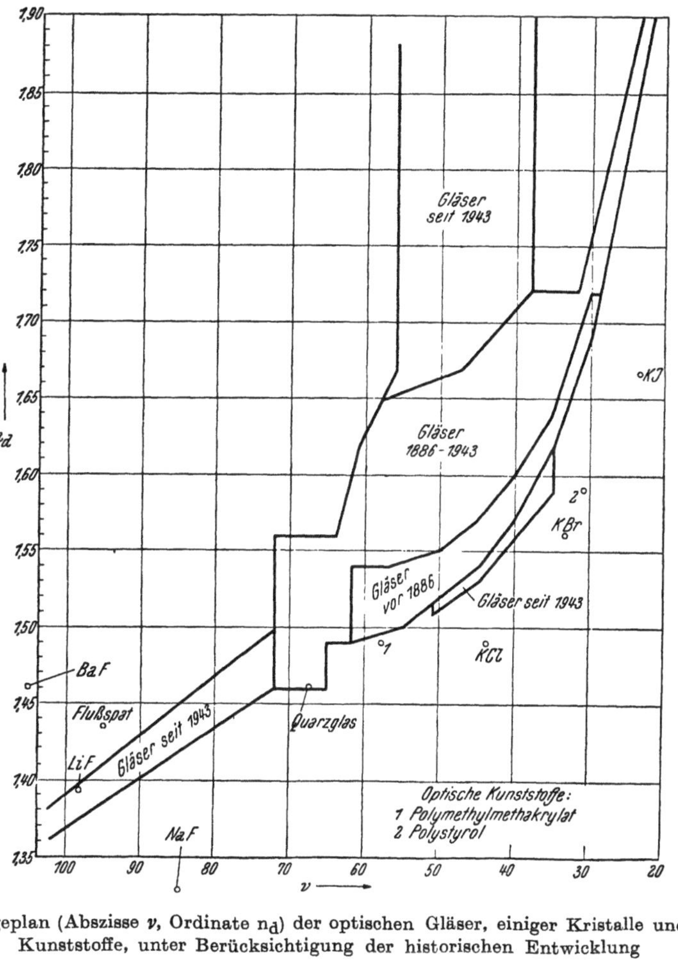

Abb. 85. Lageplan (Abszisse ν, Ordinate n_d) der optischen Gläser, einiger Kristalle und optischer Kunststoffe, unter Berücksichtigung der historischen Entwicklung

Die Kataloge der optischen Glashütten (Tab. 20) enthalten die Brechungs- und Dispersionswerte für handelsübliche Gläsertypen, d. h. Durchschnittswerte eines bestimmten *Typs* (z. B. BK 7). Von diesen Durchschnittswerten weichen die tatsächlichen Werte der einzelnen *Schmelzen* ein und desselben Typs mehr oder weniger ab; die Schwankungen können

Tabelle

Glasart	Kennwort	Mittlere Brechung n_d	Abbesche Zahl ν_d	Bemerkungen: s = spez. Gewicht, b = Bläschen enthaltend, g = Gelbfärbung, p = parallele Schlieren				Wetterfestigkeit: h = hydrol. Klasse, A_v = Verwitterungsalkalität, A_n = nat. Alkalität			Säurefestigkeit: f = Klasse der Säurefestigkeit, a, b = Beiwerte des Zeitgesetzes			Wärmeeigenschaften: α = Ausdehnung $\times 10^8$, Tg = Umformungspunkt, Eg = Einsenkpunkt		
				s	b	g	p	h	A_v	A_n	f	log a	log b	α	Tg	Eg
Kron-Flint																
KF 1	*Kofab*	1,5404	50,9	2,78				3	17	20	1	–	6,8	939	472°	524°
KF 2	*Kofef*	1,5263	51,0	2,72				5	67	32	1	–	8,0	907	473°	504°
KF 3	*Kofik*	1,5145	54,7	2,57				5	45	24	1	–	6,8	886	475°	525°
KF 4	*Kofop*	1,5336	51,6	2,78				4	36	18	1	–	6,6	898	461°	487°
KF 5	*Kofuv*	1,5231	50,9	2,72	b			2/3	11	10	1	–	8,0	747	447°	482°
KF 6	*Kofba*	1,5174	52,2	2,67	b			2/3	11	10	1	–	8,0	739	437°	500°
KF 7	*Koffe*	1,5228	51,2	2,64	b			4	28	17	1	–	8,0	846	450°	484°
KF 8	*Kofki*	1,5112	50,9	2,49	b	g	p	1	3	6	2	–	5,9	932	426°	486°
Barit-Leicht-Flint																
BaLF 1	*Beiab*	1,5625	50,9	3,10	b			1/2	5	13	1	–	6,6	821	538°	583°
BaLF 2	*Beief*	1,5710	51,0	3,19	b			1/2	6	12	2	–	5,3	876	569°	585°
BaLF 3	*Beiik*	1,5714	53,0	3,16	b			1/2	5	13	2/3	–	5,0	841	555°	580°
BaLF 4	*Beiop*	1,5796	53,9	3,18	b			1/2	5	12	3	3,4	4,5	706	588°	621°
BaLF 5	*Beiuv*	1,5474	53,6	2,98				1/2	4	13	1	–	6,7	871	541°	575°
BaLF 6	*Beiba*	1,5890	53,2	3,33	b			1/2	4	12	5	1,8	1,9	764	577°	599°

in der dritten Dezimalstelle für n und in der ersten Dezimalstelle für ν liegen. Der Optikrechner darf daher bei der Berechnung von empfindlichen Objektiven nur die Werte der verfügbaren Schmelzen einsetzen. Solche Objektive müssen rechnerisch umgearbeitet werden, wenn Neuschmelzen mit abweichenden Werten eingesetzt werden. Auch innerhalb einer und derselben Schmelze kommen lokale Abweichungen vor, die allerdings um

20

Mittlere Zer-streuung C-F	Teilzerstreuung für A'-C A'-C/C-F	 C-e C-e/C-F	 e-F e-F/C-F	 F-g F-g/C-F	 g-h g-h/C-F	Brechungszahlen für C	 d D-d (−)	 g G'-g (+)	Glas-art
0,01062	0,00358 0,337	0,00572 0,539	0,00490 0,461	0,00592 0,558	0,00500 0,472	1,53722	1,54041 0,00010	1,55375 0,00025	KF 1
0,01032	0,00349 0,338	0,00557 0,540	0,00475 0,460	0,00573 0,556	0,00484 0,469	1,52318	1,52630 0,00010	1,53923 0,00025	KF 2
0,00942	0,00323 0,343	0,00510 0,541	0,00432 0,459	0,00518 0,550	0,00433 0,460	1,51168	1,51454 0,00009	1,52628 0,00022	KF 3
0,01034	0,00349 0,338	0,00558 0,540	0,00476 0,460	0,00575 0,556	0,00484 0,468	1,53046	1,53358 0,00009	1,54655 0,00025	KF 4
0,01027	0,00350 0,341	0,00553 0,538	0,00474 0,462	0,00572 0,557	0,00484 0,471	1,52001	1,52310 0,00009	1,53600 0,00025	KF 5
0,00992	0,00338 0,341	0,00535 0,539	0,00457 0,461	0,00549 0,553	0,00462 0,466	1,51443	1,51742 0,00009	1,52984 0,00024	KF 6
0,01021	0,00345 0,338	0,00550 0,539	0,00471 0,461	0,00567 0,555	0,00478 0,468	1,51970	1,52277 0,00009	1,53558 0,00025	KF 7
0,01004	0,00335 0,334	0,00540 0,538	0,00464 0,462	0,00566 0,564	0,00484 0,482	1,50814	1,51118 0,00009	1,52384 0,00025	KF 8
0,01105	0,00370 0,335	0,00595 0,538	0,00510 0,462	0,00617 0,558	0,00520 0,471	1,55916	1,56248 0,00009	1,57638 0,00027	BaLF 1
0,01119	0,00373 0,333	0,00602 0,538	0,00517 0,462	0,00625 0,558	0,00526 0,470	1,56763	1,57099 0,00010	1,58508 0,00027	BaLF 2
0,01079	0,00363 0,336	0,00581 0,539	0,00498 0,461	0,00598 0,554	0,00502 0,465	1,56810	1,57135 0,00010	1,58487 0,00025	BaLF 3
0,01076	0,00366 0,341	0,00581 0,540	0,00495 0,460	0,00594 0,552	0,00497 0,462	1,57632	1,57957 0,00010	1,59302 0,00026	BaLF 4
0,01021	0,00346 0,338	0,00551 0,539	0,00470 0,461	0,00566 0,555	0,00475 0,466	1,54432	1,54739 0,00009	1,56019 0,00025	BaLF 5
0,01108	0,00375 0,338	0,00597 0,539	0,00511 0,461	0,00614 0,554	0,00516 0,465	1,58570	1,58904 0,00010	1,60292 0,00027	BaLF 6

etwa eine Größenordnung geringer sind, bei empfindlichen Systemen aber auch beachtet werden müssen. Im allgemeinen bietet das *feingekühlte* optische Plattenglas genügend Sicherheit gegen solche unangenehmen Abweichungen innerhalb der Schmelze; noch besser ist in dieser Beziehung das *präzisionsgekühlte* Plattenglas. *Preßlinge* lassen durch Steuerung des Kühlablaufs nach dem Pressen eine weitgehende Anpassung an die geforderte Brechung in der Nähe des Wertes für die Ausgangsschmelze zu. Man findet in den Katalogen der optischen Gläser einen „optischen Lageplan", in dem jedes Glas durch einen Punkt dargestellt ist (Abb. 85). Es handelt sich hierbei einfach um einen ebenen rechtwinkeligen *Koordinatenplan* mit der Abszissenachse für ν und der Ordinatenachse für n_d bzw. n_e. Die Flintgruppen liegen bei ν-Werten unter 50, die Krongruppen bei ν-Werten über 55. Zwischen beide fallen Übergangsgläser. Die Barytleichtkrone und die Zinkkrone fallen lagemäßig in das Gebiet der einfachen Krongläser. Die Kurzflinte, die sich in Objektiven mit vermindertem oder korrigiertem sekundären Spektrum besonders eignen, sind zu einer eigenen Gläsergruppe zusammengefaßt; bei ihnen ist nämlich der ϑ-Wert niedriger als bei vergleichbaren Gläsern vom selben ν-Wert.

Die Kataloge enthielten bisher noch nicht die Brechungszahlen im photographierbaren *Ultrarot*. H. BRAUCKHOFF[1] hat Brechungszahlen und Dispersion einiger optischer Gläser bis zum Na-Dublett 1140 mμ auf photographischem Wege bestimmt. Er konnte einfache Formeln aufstellen, nach denen man aus der ABBEschen Zahl ν und der mittleren Farbzerstreuung $n_F - n_C$ die Brechungszahlen für das untersuchte ultrarote Gebiet auf vier Dezimalstellen genau berechnen kann (Tabelle 21):

Tabelle 21

	Krongläser	Flintgläser
$\frac{n_{A'} - n_{1140,4}}{n_F - n_C}$	$-0{,}010 + 0{,}01125\ \nu$	$0{,}334 + 0{,}00521\ \nu$
$\frac{n_{768,2} - n_{937,0}}{n_F - n_C}$	$0{,}117 + 0{,}004\ \nu$	$0{,}213 + 0{,}00222\ \nu$
$\frac{n_C - n_{A'}}{n_F - n_C}$	$0{,}230 + 0{,}002\ \nu$	$0{,}276 + 0{,}0012\ \nu$

Haltbarkeit. Die Widerstandsfähigkeit gegen Witterungseinflüsse (Wetterfestigkeit) ist von der Glasart abhängig. Unter den optischen Gläsern gibt es einige, deren Widerstandsfähigkeit mit Rücksicht auf die Erzielung bestimmter optischer Eigenschaften weniger gut ist. Der Optikrechner sieht solche Gläser möglichst nur in geschützter Lage in einem System vor, z. B. als innere Linsen, der Meister der optischen Werkstätte muß solche Gläser mit besonderer Vorsicht bearbeiten lassen, und der Benutzer sollte auch wissen, daß feinoptisch polierte Glasflächen in feuchter oder säuredampfhaltiger Atmosphäre angegriffen werden können. Chemisch beruht die Empfindlichkeit von Glas darauf, daß in den Maschen des räumlichen Netzwerkes von SiO_4-, PO_4-, oder BO_4-Tetraedern mehr oder weniger lose gebundene *Kationen* sitzen, die mehr oder minder beweglich sind. Beim Angriff von Wasserdampf, der ja stets in der Luft enthalten ist, werden die lose gebundenen Alkaliionen (Na^+ und K^+) leicht herausgelöst. Beim Angriff schwacher Säuredämpfe in der Luft von Industriegegenden oder durch Fingerschweiß werden außer den Alkaliionen auch die fester gebundenen Erdalkaliionen (Ca^{++} und Ba^{++}) aus dem Glasgerüst heraus-

[1] Zeitschrift f. Instrumentenkunde, **59**, 154—162, 181—190 (1939).

gelöst. Meistens bilden sich allerdings nach kurzer Zeit Kieselgel-Schutzschichten, die das Glas vor weiterem Angriff schützen.

Bei *wetterempfindlichen* Gläsern bildet sich auf den Flächen ein hauchartiger Beschlag von mikroskopisch kleinen Tröpfchen einer alkalischen Flüssigkeit. Dabei sind Fettspuren, die auf die polierten Flächen im Verlauf des Polierens, des Reinigens und nachfolgender Arbeitsgänge gelangt sind, für die Bildung des Beschlags mitverantwortlich. Diese Fettspuren verseifen die herausgelösten Alkalien. Wenn die erzeugte Seife wasserlöslich ist, wie bei den Borosilikatgläsern, bleibt die Beschlagbildung gering. Gewisse Gläser aber bilden ein wasserunlösliches Verseifungsprodukt, so daß bei ihnen die Beschlagbildung stark ist. Es gibt Verfahren, die solche Beschlagbildung verhüten und darin bestehen, daß solche empfindliche Glasoberflächen mit einem wasserunlöslichen Belag überzogen werden; man kann z. B. das Glas oberflächlich silizieren oder durch chemische Behandlung wasserabstoßend machen. Die Kataloge der optischen Glaswerke (Tab. 20) enthalten zu jedem Glas als Maß für die Wetterfestigkeit eine Klassenbezeichnung sowie Zahlenwerte für die Verwitterungsalkalität A_V und für die natürliche Alkalität A_n. Besonders witterungsempfindlich sind FK 4, BK 2, BaLK 2, K 1, K 2, K 6, K 8, ZK 6, KF 2, KF 4, KF 7 und einige Sondergläser. Hervorragend wetterfest sind dagegen die meisten BK-, SK-, SSK-, BaF- und F-Gläser, alle PK-, PSK-, BaK-, BaLF-, BaSF-, SF- und KzF-Gläser von SCHOTT. Es fällt also dem Optikrechner im allgemeinen nicht schwer, für die wettergefährdeten Außenlinsen von Photoobjektiven genügend wetterfeste Gläser zu verwenden, da die Auswahl groß ist.

Die Feuchtigkeit spielt auch eine Rolle bei der Zerstörung optischer Glasflächen durch *Pilzbewuchs* in den Tropen. Das optische Glas ist selbst offenbar kein Nährboden[1], sondern nur Wachstumsträger und Kondensationsfläche für Wasserdampf. Einige Pilzsporen scheinen zum Keimen flüssiges Wasser zu benötigen. Das Wachstum beginnt mit Wasseraufnahme von einem Tröpfchen oder aus Wasserdampf der Luft. Zusammen mit dem aufgenommenen Wasser gestattet die Nahrungsreserve in der Spore ein Wachstum, das die Funktion des Instruments bereits beeinträchtigt. Ein noch üppigeres Wachstum auf einer Linsenfläche tritt auf, wenn auf dem Glas zusätzliche Nährsubstanzen in Form von Staub, Mineralien oder kleinen toten Arthropoden vorhanden sind.

Der Pilzbewuchs auf Linsenflächen kann gewöhnlich durch Abreiben mit einem Linsenputztuch entfernt werden. In schwierigeren Fällen hilft Papier, das mit Äthanol befeuchtet ist. In einigen Fällen bleiben nach der Entfernung des Bewuchses die Umrißlinien, die nur durch Nachpolieren verschwinden. Pilzbewuchs darf grundsätzlich nicht längere Zeit auf der Fläche belassen werden, da sonst Moderflecke und Ätzstellen auftreten, die nur durch Polieren wegzubringen sind.

Vielerlei ist versucht worden, um Pilzbewuchs zu verhüten: regelmäßiges Reinigen, Sterilisieren, Entfeuchtung, Schwammvertilgungsmittel und verschiedene andere Vorbeugungsmaßnahmen. Tägliches Reinigen ist nur an zugänglichen Linsenflächen möglich. Sterilisieren in Hitze ist praktisch undurchführbar, da Linsenverkittungen sich lösen. Sterilisieren durch Ultraviolettbestrahlung tötet die Sporen. Exsikkation mit Kieselgel im Innern des Instruments kann gefährlich sein, wenn es

[1] Industrial and Engineering Chemistry **44**, 1088—1095 (1952).

Feuchtigkeit abgibt und somit die Luftfeuchte im Innern des Instruments noch erhöht. Das einzige Mittel, dem Pilzwachstum vorzubeugen, soll der Dampf von Cresatin (essigsaurem Meta-Kresol) sein. Allerdings korrodieren Cresatindampf und seine Hydrolyseprodukte gewisse Kupferverbindungen, daher ist Vorsicht mit den Fassungen geboten. Behandlung mit äthylquecksilberthiosalicylsaurem Natrium verhindert den Pilzbewuchs nicht völlig. Mit Magnesiumfluorid entspiegelte Linsen können bevorzugte Wachstumsträger werden, wenn die Entspiegelungsschicht zu weich ist.

Durch Einwirkung schwach angesäuerter Feuchtigkeit aus der Luft oder durch nicht rechtzeitig abgewischte schweißige Fingerabdrücke auf der Linsenfläche entstehen auf *säureempfindlichen* Gläsern irisierende, metallisch glänzende Flecke. Es handelt sich dabei um Flecke, die durch Interferenz dünner Blättchen sichtbar und von dünnen kieselsäurereichen Gelschichten erzeugt werden, die nach Entfernung der säurelöslichen Bestandteile auf der Glasoberfläche verbleiben, also nicht abwischbar sind. Die Kataloge der optischen Glaswerke (Tab. 20) enthalten zu jedem Glas als Maß für die Säurefestigkeit eine Klassenbezeichnung sowie Zahlenwerte für die Zeit, die unter festgelegten Verfahrensbedingungen zur Bildung einer blauschwarzen Fleckenfarbe benötigt wird. Es gibt Gläser, die eine durch die sich bildende Kieselgelschicht zunehmende Schutzwirkung aufweisen, z. B. FK 5, BK 9, ZK 1, BaK 1, BaLF 6, SSK 3, SSK 6, BaF 8, BaF 12, BaSF 4, SF 3, SF 4, KzF 2, KzF 3, KzF 5 und KzF 6, während sich die meisten übrigen säureempfindlichen Gläser mit nahezu gleichmäßiger Geschwindigkeit in der Säure auflösen: fast alle FK-, SK-, SSK-, LaK-Gläser sowie einige BaF-, BaSF- und SF-Gläser. Besonders ungünstig sind die Gläser FK 4, FK 6, SK 10, SK 15 bis 18, SSK 5, LaK 1 bis 7, BaF 10, BaF 11, BaSF 7, SF 6 und KzF 4. Hervorragend säurefest sind dagegen alle Phosphatkrone, Barytleichtkrone, Kronflinte, Doppelleichtflinte, Leichtflinte sowie die meisten Borkrone, Krone, Zinkkrone, Barytleichtflinte, Flinte, Schwerflinte. Durch chemische Oberflächenbehandlung läßt sich die Säureempfindlichkeit polierter Flächen merklich herabsetzen.

Blasengehalt. Der Benutzer von photographischen Objektiven wird des öfteren beobachtet haben, daß die Linsen der Objektive Bläschen enthalten. Es sind dies meistens Linsen aus Schwerkron oder Schwerstkron, bei denen die Glasschmelztechnik durch die für die optische Lage unumgängliche chemische Zusammensetzung so erschwert ist, daß es nicht möglich ist, die größtmöglichste „Lauterkeit" herbeizuführen. Die Bläschen bilden sich in der photographischen Aufnahme aber nicht ab, sie bewirken nur einen geringen Lichtverlust, sind also praktisch nichts als ein Schönheitsfehler, der die Funktion des Objektivs nicht beeinträchtigt. Die Blasen sind bei einigen Gläsern sehr fein, dafür zahlreich, bei anderen gröber und vereinzelt. Man kann etwa folgendes sagen: blasenfrei sind im allgemeinen die Fluorkrone, Zinkkrone, Kurzflinte (mit Ausnahme von KzF 5), Leichtflinte, Flinte (mit Ausnahme von F 1, F 5 und F 16); einzelne größere Blasen haben die Phosphatschwerkrone, Borkrone, Krone, Kronflinte, Barytleichtflinte und die meisten Schwerflinte; stark blasenhaltig sind fast alle Schwerkrone und Schwerstkrone sowie vereinzelte Gläser der übrigen Gruppen.

Schlieren. Während der Blasengehalt des Glases für photographische Objektive nur von sekundärer Bedeutung ist, muß dagegen gelegentlichen Schlieren größte Aufmerksamkeit geschenkt werden. Jedes zu verarbeitende

Glasstück wird auf Schlierenfreiheit sorgfältig kontrolliert. Aber leider gibt es auch einige Gläser, bei denen dieser Fehler nicht ganz vermeidbar ist. Dort treten feine Schlieren meist parallelschichtig auf, und derartiges Glas ist für Linsen von über 15 mm Dicke ungeeignet. Dünnere Linsen dürfen aus solchem Glas nur so herausgeschnitten werden, daß die optische Achse senkrecht zu der Schlierenrichtung verläuft. Schlierige Gläser in diesem Sinne sind PK 6, KF 8, LLF 8, F 16 und SSKS 1. Die Schlieren sind im wesentlichen eine Folge vermehrter Hafenauflösung im Glasschmelzfluß. Der Hafen löst sich im Fluß auf[1] und verändert lokal die Lichtbrechung des Glases. Deshalb werden die modernen Gläser mit extremer Brechungslage, die zu besonders starker Hafenauflösung neigen, in Platintiegeln geschmolzen; solche Gläser sind natürlich außerordentlich teuer.

Gelbfärbung. Radioaktivität. Manche Gläser lassen sich selbst aus chemisch reinen Rohstoffen nicht ohne stärker hervortretende Gelbfärbung herstellen, z. B. SK 16, 18 und 19, SSK 5, einige Barytflinte, fast alle Barytschwerflinte und sämtliche Schwerflinte sowie Kurzflinte. Mehrere Lanthankrone sind thoriumhaltig und daher leicht radioaktiv, bei ihnen ist daher gerade für photographische Objektive gewisse Vorsicht geboten, wenn es sich nämlich um Objektive handelt, die in Kameras mit Rollfilm oder Kleinfilm sitzen. Kurzzeitige Gegenüberstellung zum Film dagegen wirkt praktisch nicht schleiernd auf die Schicht.

Spezifisches Gewicht. Der Katalog der optischen Gläser (Tab. 20) enthält ferner noch Angaben über das spezifische Gewicht. Diese Angaben dienen der optischen Werkstätte einerseits als Unterlage bei der Rohglasbestellung, um die für eine bestimmte Stückzahl von Linsen nötige Glasmenge zu errechnen. Andererseits ist das spezifische Gewicht einzukalkulieren, wenn Preßlinge hergestellt werden sollen. Man bereitet einen Rohglasbrocken vor, der das Gewicht des Preßlings möglichst genau hat, und das Gewicht des Preßlings ist rechnerisch vorbestimmt, indem man sein aus den räumlichen Abmessungen folgendes Volumen mit dem spezifischen Gewicht des Glases multipliziert. Das spezifische Gewicht der optischen Gläser liegt zwischen 2,23 für FK 4 und 6,03 für SFS 1.

Thermische Konstanten. Schließlich sind noch Wärmeeigenschaften im Katolog (Tab. 20) aufgeführt: der *Ausdehnungskoeffizient* α mit Werten zwischen $430 \cdot 10^{-8}$ für BaK 7 und $1175 \cdot 10^{-8}$ für FK 6; der *Umformungspunkt* oder *Transformationspunkt*, über den schon weiter oben gesprochen wurde; der *Einsenkpunkt* zwischen 419° C für SF 1 und 695° C für BaF 10. Der Ausdehnungskoeffizient ist bei photographischen Objektiven von untergeordneter Bedeutung. Hingegen spielt der *Einsenkpunkt* bei der Preßlingsherstellung eine wichtige Rolle. Es ist dies diejenige Temperatur, bei der sich für gleiche Anheizgeschwindigkeit das Glas in kleine Poren der Unterlage einsenkt[2]. Es ist also eine gewisse Zähflüssigkeit erreicht, die für die Beheizungsvorschriften bei der Preßlingherstellung als Richtmaß eingesetzt werden kann.

Härte. Leider enthalten die Kataloge bisher keine Angaben über die Bearbeitungshärte der Gläser, weder über *Schleifhärte* noch über *Ritzhärte.* Für die optische Werkstatt ist aber die Kenntnis dieser Größen sehr wert-

[1] In dieser Beziehung verhält sich die flüssige Schmelze im Hafen wie Wasser in einem Becher aus Zucker.

[2] Glastechn. Ber. 5, 405 (1927).

voll, um danach die Arbeitsvorschrift aufzustellen. Für die Glasbearbeitung mit festen Werkzeugen und gebundenen Schleifmitteln beim Schneiden, Schleifen, Fräsen, Bohren und Drehen ergibt die mit dem *Diritest*-Ritzhärteprüfgerät von ZEISS gemessene Ritzhärte Aufschluß[1]. Unter Ritzhärte versteht man die Kraft in Gramm, um mit einem Ritzdiamanten des Kegelwinkels 120° die Ritzbreite 10 μ zu erzeugen. Für die optischen Gläser liegen die Werte der Ritzhärte zwischen 32,5 (SF 1) und 80,5 (FK 1). Extrem hohe Ritzhärte (75 bis 80) haben FK 1 bis 4, BK 8 bis 10, ZK 5 und 6.

Für den Benützer von photographischen Objektiven ist es wichtig, zu beachten, daß er die Linsen seines Objektivs nur mit einem staubfreien, sauberen, durch mehrmaliges Waschen geschmeidig gewordenen Leinentuch putzen darf, wenn er Kratzer vermeiden will. Nicht alle Gläser sind eben „glashart". Für die Glasbearbeitung mit losen Schleifmitteln beim Schleifen und Polieren ist die Schleifhärte nach DIN DVN 2108 aufschlußreich. Sie gibt den Kehrwert der Abnutzungshöhe auf 50 cm² Fläche in Zentimeter an und liegt nach Jenaer Messungen zwischen 11,05 für SFS 1 und 40,0 für ZK 7. Die größte Schleifhärte (30 bis 40) haben BK 3, 4, 5, 7, 9, 10, 12; PK 1 und 2; K 10, 11, 12 und ZK 6. Die geringste Schleifhärte (11 bis 18) haben PSK 1, SSK 10, F 16, SK 1, 3, 4, 6, 10, 14, SFS 1. Nach Ritzhärte und Schleifhärte ordnen sich die optischen Gläser nicht in derselben Reihenfolge. Noch andere Anordnung gilt nach der Mikrohärte[2], da letztere offenbar das Verhalten der Oberflächenschichten wiedergibt, während die Schleifhärte durch die schon von zahlreichen Sprüngen durchsetzte Schleiffläche bestimmt wird.

B. Optische Kristalle

Natürlicher Quarz, Flußspat usw. sind für besondere Anwendungsgebiete von den Optikrechnern seit längerem auch in photographischen Objektiven angewandt worden. Seitdem aber künstlich *gezüchtete* Kristalle erhältlich sind, deren Eigenschaften betreffs Größe, Reinheit, Fluoreszenzfreiheit, Preis usw. günstiger als beim natürlichen Kristall sind, und seitdem sich das Interesse am ultravioletten und infraroten Spektralgebiet verstärkt hat, finden Objektive mit Kristallinsen eine weiter verbreitete Anwendung. Es muß daher auch über die Kristalle, soweit sie für die photographische Optik interessant sind oder werden können, berichtet werden.

Es gibt Kristalle, die dem Optikrechner in ihren optischen Eigenschaften einen bedeutend größeren Spielraum bieten. Als wichtigster Kristall ist *Flußspat* (Calziumfluorid) zu nennen, der neben einem sehr geringen Farbzerstreuungsvermögen ($\nu = 95{,}2$) und niedriger Brechung ($n_e = 1{,}434974$) eine vorzügliche Ultraviolettdurchlässigkeit (bis herunter zu $\lambda = 125$ mμ) hat (Tab. 22). Der künstlich gezüchtete Flußspat ist wasserhell, ohne Einschlüsse und auch in großen Stücken erhältlich. Allerdings ist er leicht spaltbar und verhältnismäßig weich, so daß er nicht ganz einfach zu bearbeiten ist. Er wird heute vielfach durch *Lithiumfluorid* ersetzt (Tab. 23), das bei $\nu = 98{,}5$ und $n_e = 1{,}39305$ im Ultraviolett bis $\lambda = 105$ mμ durchläßt. Auch im Infrarot reicht die Durchlässigkeit, für photographische Zwecke sogar übermäßig, weit, bei Flußspat bis 9 μ, bei Lithiumfluorid bis 6 μ.

[1] Glastechn. Ber. **22**, 224 (1949).

[2] Glas-Email-Keramo-Technik **2**, 141—143 (1950).

Tabelle 22
Brechungszahlen für Flußspat
(n_D = 1,433845; ν = 95,2)

Wellenlänge λ	n_λ	Bemerkungen
1400 mμ	1,42679	extrapoliert
1000	895	extrapoliert
768,19	1,430934	
656,28	2501	
589,25	3845	für künstlich
546,07	4974	gezüchteten
486,13	7060	Flußspat nach
435,84	9512	Messungen von
434,05	9618	EASTMAN KODAK
404,66	1,441535	
365,02	4906	
0,35 μ	658	
0,30	1,45400	für natürlichen
0,28	841	Flußspat nach
0,26	1,46397	KOHLRAUSCH,
0,24	1,47133	Praktische
0,22	1,48119	Physik
0,20	1,49531	
0,19	1,50500	

Tabelle 23
Brechungszahlen für Lithiumfluorid
(n_D = 1,39208; ν = 99,8)

Wellenlänge λ	n_λ
1083 mμ	1,38650
1014	711
842	862
811	895
768	939
728	984
656	1,39088
589	208
587	211
546	305
486	481
436	682
434	691
405	849
391	936
366	1,40111
334	408
313	657
302	811
281,2	1,41088
265	473
253,7	776
237,3	1,42267
213,7	1,43225
199	1,44030
193,6	391
185,3	1,45000

Tabelle 24
Brechungszahlen für geschmolzenen Quarz
(n_D = 1,45869; ν = 67,8)

Wellenlänge λ	n_λ
1083 mμ	1,44965
1014	1,45057
842	291
811	339
768	414
728	493
656	665
589	869
587	875
546	1,46036
486	341
436	699
434	714
405	992
391	1,47151
366	470
334	1,48015
313	475
302	762
280	1,49450
264	1,50105
248	895
229	1,52169
214	1,53514
203	1,54643
199	1,55249
193,5	1,56053

Beide Kristalle sind frei von Doppelbrechung. Von Lithiumfluorid bekommt man allerdings gelegentlich leicht getrübte Stücke, doch ist es in den letzten Jahren zunehmend besser geworden. Während künstlicher Flußspat zur Zeit nur aus Amerika erhältlich ist, wird Lithiumfluorid auch in Deutschland (z. B. von Dr. KORTH, Kiel) hergestellt und ist zudem nur etwa halb so hoch im Preis wie gezüchteter Flußspat.

Quarzkristall ist wegen seiner Doppelbrechung für optische Linsen weniger geeignet. Deshalb wird statt seiner das doppelbrechungsfreie *Quarzglas* (geschmolzener Quarz) vorteilhaft verwandt. Obwohl Quarzglas kein Kristall ist, soll es hier erwähnt werden. Es ist ein bei HERAEUS in Hanau hergestelltes Material und wird in seinen besten Qualitäten als „*Homosil*" und „*Ultrasil*" bezeichnet. Die Ultraviolettdurchlässigkeit reicht bis unter 200 mμ, die Infrarotdurchlässigkeit bis 2,7 μ. Die Lichtbrechungswerte (Tab. 24) sind $n_e = 1{,}46036$, $\nu = 67{,}8$. Aus Quarzglas und Lithiumfluorid (bzw. Flußspat) lassen sich achromatisierte Objektive für das ultraviolette Spektralgebiet herstellen.

Für optische Zwecke im Infrarot werden ferner noch verwandt: *Steinsalz*, *Kaliumbromid*, *KRS*-5 und *KRS*-6 (Thalliumhalogenid-Mischkristalle)[1], *kristallisiertes Silberchlorid*. Die zuletzt genannten Kristalle sind jedoch sehr weich; ihre Brechungszahl liegt bemerkenswert hoch, nämlich bei etwa 2,0 bzw. 2,4. R. KOOPS berichtet, daß in Jena Tripletts aus KRS-5 mit dem Öffnungsverhältnis 1 : 0,7, f = 35 mm, $2\,\sigma_B = 30°$ gebaut worden seien[2]. Nur der Vollständigkeit halber seien noch erwähnt: *Kaliumchlorid*, *Kaliumjodid*, *Natriumjodid*, *Naphtalin*, *Anthracen*. Die optischen Eigenschaften einiger dieser Substanzen sind von H. HARTING mitgeteilt worden[3].

Auch künstliche *Saphire* (durchlässig von 200 mμ bis 6 μ) sind mit ausreichender Qualität bis zu 20 mm Durchmesser und 10 mm Dicke erhältlich. Ihre Doppelbrechung ist bei Linsen mit einem nicht zu großen Gesichtsfeld ohne merklichen Einfluß, wenn die optische Achse des Kristalls mit derjenigen der Linsen zusammenfällt. R. E. HOPKINS und BRIAN O'BRIEN[4] geben die Konstruktionsdaten eines PETZVALobjektivs 1 : 1,5 mit zwei Saphirlinsen an.

Ferner sei noch auf *Kalialaun* und *Ammoniumalaun* hingewiesen, die bisher jedoch wohl nur für Mikroskop-Apochromate verwendet worden sind[5].

In Amerika ist auch *Bariumfluorid* versucht worden, es hat ein sehr hohes $\nu = 105$, $n_d = 1{,}46$, ist nicht doppelbrechend und im Ultraviolett bis unter 200 mμ, im Infrarot bis etwa 13 μ durchlässig.

C. Optische Kunststoffe

Die Verwendung von Kunststoffen als optische Werkstoffe ist heute von erheblichem Interesse. Der Optikrechner, der Fertigungsingenieur, der Vertriebskaufmann und der Käufer finden an diesen Kunstharzen Eigenschaften, die nutzbringend erscheinen. Andererseits weisen sie aber auch Mängel auf, die ihrer Verwendung heute noch Grenzen setzen.

---

[1] Optik **3**, 305—314 (1948).

[2] Optik **3**, 298—304 (1948).

[3] Jenaer Jahrbuch, 34—48 (1950).

[4] Journ. Opt. Soc. Amer. **39**, 1061 (1949).

[5] Deutsche Optische Wochenschrift **65**, 138 — 141 (1948).

Es handelt sich um plastische organische Stoffe. Hier interessieren nur diejenigen, die als Ersatz oder Ergänzung für optisches Glas in Frage kommen. Das sind in erster Linie Polymethylmethakrylat, Polycyclohexylmethakrylat, Polystyrol. Handelsnamen dafür sind: Plexiglas, Transpex, Trolit F usw.

Bezüglich der Lichtbrechung entspricht *Polymethylmethakrylat* dem Kronglas, *Polystyrol* dem Flintglas; diese und andere Kunststoffe erweitern das Gebiet der optischen Gläser erheblich nach der Seite der Tiefflinte, während das SCHOTTsche Flint F 16 nur am Rande dieses Gebietes bleibt. Daher sind sie gerade für den Optikrechner, speziell bei der Konstruktion photographischer Objektive, interessant und wünschenswert.

Die Homogenität und Spannungsfreiheit entsprechen den Forderungen, wie sie an optische Gläser gestellt werden. Die Lichtdurchlässigkeit ist bemerkenswert hoch und teilweise besser als bei optischen Gläsern. Insbesondere sind sie auch im kurzwelligen Infrarot gut durchlässig und schneiden das Ultraviolett bei kleineren Wellenlängen ab, als es optische Gläser tun. Die Schwankungen in der Brechungszahl bei „Neuschmelzungen" sind gering, so daß eine Genauigkeit von $\pm$ 0,0001 garantiert wird. Das wird jedenfalls oft behauptet; es scheint aber doch richtiger zu sein, bei den normalen Herstellungsverfahren Schwankungen innerhalb $\pm$ 0,001 anzunehmen. Einige Eigenschaften sind der Tabelle 25 zu entnehmen.

Tabelle 25

Eigenschaft	Polymethylmethakrylat	Polystyrol	Kronglas	Flintglas
Spez. Gewicht	1,18	1,05	2,53	2,89
Brechungszahl n	1,49	1,59	1,50	1,59
ABBEsche Zahl ν	58	31	56	35,4
Lichtdurchlässigkeit 767 bis 385 mμ	99 bis 90%	—	99 bis 60%	95 bis 0%
Wasseraufnahme bei 20° C nach VDE in 24 Stunden	0,17%	< 0,02%	0	0
Ritzhärte nach MOHS [kg · cm^{-2}]	2 bis 3	vermutlich auch zwischen 2 und 5	ca. 250	ca. 225
Kugeldruckhärte (60″) nach VDE 0302 [kg · cm^{-2}]	1700	1300	ca. 3500	ca. 3700
Linearer Wärmeausdehnungskoeffizient nach DIN 7701 [$\alpha \cdot 10^6$]	88	80	6,8	10,2
Wärmeleitfähigkeit · 10^5 [cal · cm^{-1} · s^{-1} · °C^{-1}]	44	39	ca. 200	ca. 190
Erweichungstemperatur [°C]	ca. 100	ca. 110	503	453

(Die angeführten Zahlen sind teilweise nicht sicherstehend, daher nur größenordnungsmäßig zu bewerten.)

Den Fertigungsingenieur interessieren die *Bearbeitungsmethoden*, um Linsen aus diesen Kunststoffen herzustellen. Man kann die bekannten Verfahren des Fräsens, Schleifens und Polierens anwenden, jedoch muß man wegen des geringen Wärmeleitvermögens und wegen der niedrigen Erweichungstemperatur auf genügende Wärmeableitung durch Kühlen mit Wasser oder Ölemulsion bedacht sein; man darf auch nur mit relativ weichen Schleif- und Poliermitteln bei geringen Spindeldrehzahlen arbeiten. Es ist aber bei den Kunststoffen angebracht, die Linsen unter Erwärmung und Druck blank zu *pressen*, was bei Verwendung von optisch genauen hochglanzpolierten Stahlmatrizen möglich ist. Infolge des niedrigen Erweichungspunktes der Kunststoffe ist das Pressen bei Temperaturen möglich, daß die Matrizen nicht so schnell beschädigt werden, wie beim Pressen von Glaslinsen. Infolgedessen ist dieses Verfahren bei Massenfabrikation ideal und äußerst billig. Daher ist die Anwendung von Kunststoffen für die Verwendung von asphärischen Flächen in optischen Systemen vielversprechend. In Amerika sind Kunststoffe erstmalig *gegossen* worden. Das Vorpolymerisat wird bei Sirupkonsistenz in zweiteilige Formen aus Pyrexglas eingegossen. Die Schrumpfung des Endpolymerisates wird durch allmähliches Nachstellen der Gießformen unter Federdruck ausgeglichen. Durch Eintauchen in warmes Wasser werden die Stücke vier bis sechs Tage bei 60° C getempert.

Nachteilig sind die geringe Oberflächenhärte und Ritzfestigkeit, wodurch die Politur leicht beschädigt werden kann. Durch Mischpolymerisation von Methylmethakrylat und Methakrylsäure unter Zusatz von Methakrylsäureoxychinolinestern werden nach einem englischen Patentbericht[1] Harze von größerer Härte und höherem Erweichungspunkt erhalten.

Auch gibt es Verfahren, um die Oberflächen zu härten. Schließlich kann man die Flächen noch mit einem Schutzfilm versehen, der sofort nach dem Herstellungsgang der Linsen aufgebracht und erst bei der Montage wieder entfernt wird. Vorsichtig muß man beim Reinigen der Flächen verfahren, wofür besondere Vorschriften beachtet werden müssen. Allerdings laden sich die Kunstharze auch bei geringem Reiben elektrisch auf, so daß sofort Stäubchen angezogen und festgehalten werden.

Unangenehm ist der hohe Temperaturkoeffizient der Brechungszahlen, der sich schon in der vierten Dezimale bemerkbar macht, während er bei den Gläsern mit wenigen Ausnahmen erst in der sechsten Dezimale auftritt, wodurch die Bildfehlerkorrektion erheblich durch Temperatureinflüsse gestört werden kann. Schließlich können wegen der geringen Wärmeleitung bei einseitiger Erwärmung (z. B. von der Sonnenseite her) Spannungszustände hervorgerufen werden, die die meisten Kunststoffe merklich doppelbrechend machen.

Alle diese Nachteile stehen der Verwendung von Kunstharzlinsen in präzisionsoptischen Systemen entgegen. Immerhin sind einige Spiegelreflexkameras von Kodak mit flachen Kunstharzlinsen als Kollektive zum gleichmäßigen Ausleuchten des Bildes ausgerüstet, wozu sie sich durchaus eignen. Auch für die Herstellung der deformierten Platten zu Schmidt-Spiegeln (s. S. 194) eignen sich die Kunststoffe, selbst für sehr große Durchmesser.

---

[1] Kunststoffe 37, 137 (1947).

IX. Systematik der photographischen Objektive

(Mit Benutzung der Objektivbeispiele im Anhang S. 276 — 327)

A. Vorbemerkungen

In dem nun beginnenden großen Abschnitt soll versucht werden, einen Überblick über die verschiedenen Ausführungsformen der photographischen Objektive zu geben. Im Gegensatz zu früheren Darstellungen der photographischen Optik, die mehr oder weniger vollständige Konstruktionsdaten und Korrektionskurven bekannter Objektive gaben, soll hier mehr die Wesenheit der *Objektivtypen* herausgearbeitet werden. An Hand ausgewählter Beispiele (siehe Anhang) für den jeweiligen Objektivtyp, und zwar meist des ersten und ältesten Objektivs einer Gruppe, werden die Merkmale vorgeführt, wobei Tabellen der Flächenteilkoeffizienten für die Bildfehler dritter Ordnung zur Veranschaulichung dienen. Die Flächenteilkoeffizienten wurden nach den auf S. 90 mitgeteilten Formeln berechnet (Beispiel ausführlich für den HÖEGHschen Meniskus S. 175) und sind Kennzahlen für die Beteiligung der jeweiligen Systemfläche an der Bildfehlerkorrektion. Sie sind zwar Bildfehlergrößen dritter Ordnung, berücksichtigen aber bereits die tatsächliche Blendenstellung im Objektiv[1], was ja bekanntlich die BEREKschen Flächenteilkoeffizienten nicht ohne weiteres taten. Die Beschränkung auf die dritte Ordnung ist kein Mangel, denn die Größen dritter Ordnung sind Fundamentalwerte, die den Charakter eines Korrektionstyps primär bestimmen, wenn auch nicht in vollem Umfang. Auf S. 68 wurde näher ausgeführt, warum die Betrachtung der Abweichungen dritter Ordnung nicht wertlos ist.

Die Tabellen zu den Objektivbeispielen des Anhangs enthalten zunächst die Konstruktionsdaten der Objektive, sodann interessierende Größen aus den Durchrechnungen vom Ding-Bildstrahl und Blendenstrahl im achsnahen Raum, insbesondere den maßgeblichen Faktor p nach (143) und schließlich die Flächenteilkoeffizienten für

H Öffnungsfehler,	W mittlere Bildfeldwölbung,
C Koma,	M meridionale Bildfeldwölbung,
A Astigmatismus,	D Verzeichnung,
P PETZVALsumme,	Δ (s') Farbortsfehler,
S sagittale Bildfeldwölbung,	$\Delta\, y'/y'$ Farbfehler des Hauptstrahls (Farbquerfehler).

Die letzte Spalte gibt die jeweilige Summe der Flächenteilkoeffizienten, also den resultierenden Fehler des Gesamtobjektivs an, wohlgemerkt aber in der Ausdrucksform der Theorie der Abbildungsfehler dritter Ordnung. Zur Kennzeichnung des Farbortsfehlers des Gesamtobjektivs ist der äquivalente ν-Wert angegeben. Die Vorzeichen unterscheiden, ob es sich um Unterkorrektion (Pluszeichen) oder Überkorrektion (Minuszeichen) handelt. Bekanntlich ist ja die Vorzeichengebung der Strahlendurchrechnungsergebnisse entgegengesetzt.

Auf eine Wiedergabe der üblichen Korrektionskurven ist verzichtet worden, weil sie keinen Aufschluß über die Wesenheit eines Objektivs vermitteln.

---

[1] Anmerkung: Die Blendenstellung geht in den Tabellen des Anhangs, wenn nicht besonders vermerkt, daraus hervor, daß in der Zeile d die Länge des Luftraumes, der die Blende enthält, als Summe der Teilräume vor und hinter der Blende angegeben wird.

Im Anhang sind ferner Tabellen mit Angaben über ausgewählte Markenobjektive zusammengestellt; wenn gewisse Markenobjektive nicht besonders erwähnt werden, ist das nicht als eine Kritik zu bewerten. Es handelt sich um eine rein wissenschaftliche Darstellung, die alle Werbemomente grundsätzlich von sich weist. Es wird deshalb keine Vollständigkeit in der Aufzählung aller ausgeführten oder patentierten Objektive beansprucht, weil es dem Verfasser mehr auf die Herausarbeitung gewisser Typenmerkmale und Entwicklungslinien ankam. Wer Beispiele in größerer Zahl sucht, muß sich entweder selbst mit der Patentliteratur beschäftigen oder auf frühere Darstellungen zurückgreifen[1].

B. Die einfache Aufnahmelinse (Simplett)

Nicht-Achromate. Eine einfache Sammellinse läßt sich nicht völlig korrigieren. Die beste Schärfe für die Abbildung weit entfernter Objekte auf der Objektivachse hätte eine bikonvexe Linse mit ungleichen Flächenwölbungen, bei der sich die Krümmungsradien von Vorderfläche (r_1) und Hinterfläche (r_2) etwa verhalten wie

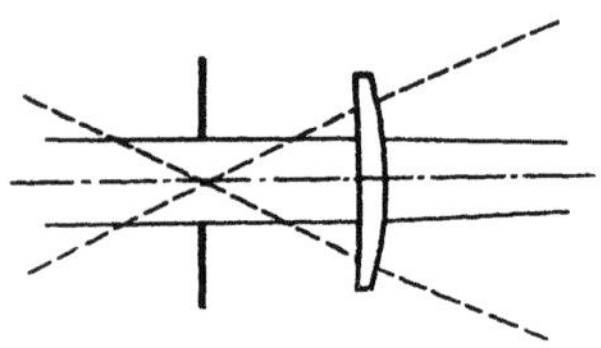

Abb. 86. Einfache Boxlinse mit Vorderblende

$$\frac{r_1}{r_2} = \frac{-2n^2 + n + 4}{-n(2n+1)},$$

wo n die Brechungszahl des Glases für die Hauptfarbe ist (s. S. 103). Speziell für $n = 1{,}50$ wäre $\frac{r_1}{r_2} = \frac{1}{-6}$, also die Vorderfläche 6mal krummer als die Hinterfläche. Diese Linsenform ist aber für photographische Zwecke unbrauchbar, da besonders wegen des starken Astigmatismus schiefer Bündel die seitlichen Bereiche des Aufnahmeformats sehr schnell unscharf würden. Besser verzichtet man auf optimale Schärfe auf der Achse und gewinnt dafür ein gleichmäßigeres Bildfeld. Dieses erzielt man durch meniskenförmige Durchbiegung der Linse mit Anordnung einer Blende in einem gewissen Abstand auf der Seite der Hohlfläche. Es sind beide Meniskenformen üblich, nämlich entweder mit der Hohlseite nach außen und Vorderblende (Abb. 86) oder mit der Hohlseite nach innen und Hinterblende (Abb. 87). Für den letztgenannten Fall ist als typisch das Beispiel (*1*)[2] analysiert. Mit solchen einfachen Linsen in billigen Box-Kameras werden recht brauchbare Bildnisaufnahmen erzielt. Sie werden aber praktisch nur in Box-Kameras benutzt, weil hierbei der Farbortsfehler, der rund $\frac{1}{\nu}$ der Brennweite beträgt, schon vom Fabrikanten der Kamera bei der Bildeinstellung berücksichtigt ist. Die

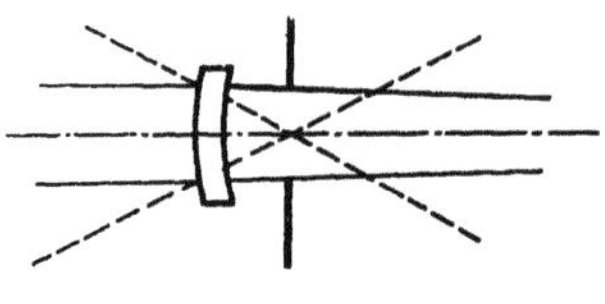

Abb. 87. Einfache Boxlinse mit Hinterblende

[1] *Handbuch* der wiss. u. angewandten Photographie, Band 1 und Ergänzungsband. K. Leistner, Photographische Optik, Ergebnisse der angew. physik. Chemie, Bd. VI, S. 27—73.

[2] Die in Kursivschrift gesetzten Zahlen in Klammer verweisen auf die entsprechenden Objektivbeispiele im Anhang S. 276—327

nutzbare relative Öffnung liegt zwischen f: 18 und f: 11, das Bildfeld reicht bis etwas über 50 Grad.

Achromate. Um den Farbortsfehler zu korrigieren, setzt man die Linse aus zwei Gläsern von unterschiedlichen ν-Werten zusammen. Zweckmäßig geschieht diese Aufteilung in einer Kittfläche, deren Krümmung so berechnet ist, daß die gewünschte Farbkorrektion erreicht wird. Auch hier unterscheidet man Ausführungsformen mit Vorderblende oder mit Hinterblende und dann noch nach der Reihenfolge der beiden Glasarten. Bei der Ausführung mit Vorderblende ist die von TH. GRUBB im Jahre 1857 angegebene Linse auch hinsichtlich des Öffnungsfehlers korrigiert, wobei die astigmatischen Bildflächen nicht ungünstig liegen, so daß mit der Blende f: 12,5 zu arbeiten möglich wurde. Diese Linse enthält hinter der Blende einen sammelnden Meniskus aus Kronglas, an den ein zerstreuender Meniskus aus Flintglas gekittet ist. In der Ausführung mit Hinterblende fand das von F. WEIDERT gerechnete *Frontar* der Firma GOERZ (Abb. 88) weite Verbreitung in der Box-Tengor-Kamera. Dieses Objektiv ist im Anhang genauer analysiert, Objektivbeispiel (*2*). Es wurde von F. WEIDERT auch eine Form mit schwach zerstreuender Luftlinse an Stelle der Kittfläche angegeben.

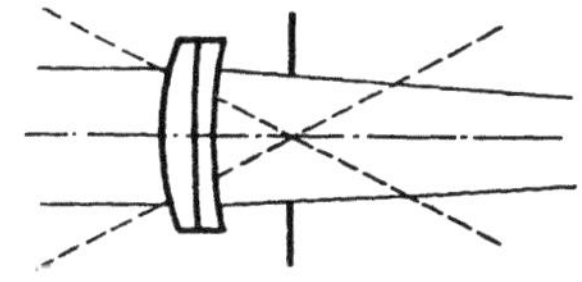

Abb. 88. Achromatische Boxlinse mit Hinterblende (Frontar)

Asphärische Flächen. Wenn man in solchen zweilinsigen Objektiven asphärische achssymmetrische Flächen verwendet[1], gelangt man theoretisch zu überraschend guten Bildfehlerkorrektionen. Bei der Firma ZEISS wurden derartige Objektive erstmalig berechnet; sie zeigen außer einer guten Korrektion des Öffnungsfehlers auch anastigmatische Bildfeldebnung. Jedoch sind bislang die technischen Schwierigkeiten in der Serienherstellung so groß, daß derartige Objektive keine kommerzielle Bedeutung haben. Die Verwendung von Kunststoffen ist hier aussichtsvoll.

C. Das Periskop von Steinheil

Zwei identische dünne einfache Menisken sind symmetrisch zu einer Mittelblende (Abb. 89) einander gegenübergestellt, Objektivbeispiel (*3*). Die Symmetrie des Objektivs bringt es mit sich, daß die Hauptstrahlen vor und hinter der Blende ebenfalls spiegelbildlich verlaufen. Infolgedessen ist das symmetrische Objektiv verzeichnungsfrei, komafrei und im Farbfehler des Hauptstrahls korrigiert, jedenfalls, sobald auch Objekt und Bild symmetrisch zur Blende sind, d. h. unter dem Abbildungsmaßstab $\beta' = -1$. Das war die große Entdeckung von A. STEINHEIL. Das symmetrische Objektiv ist aber nicht frei von Öffnungsfehler und von Farbortsfehler, wenn es die Objektivhälften selbst nicht sind. Daher hat das *Periskop* sowohl Öffnungsfehler wie auch Farbortsfehler. Es findet noch heute als billiges

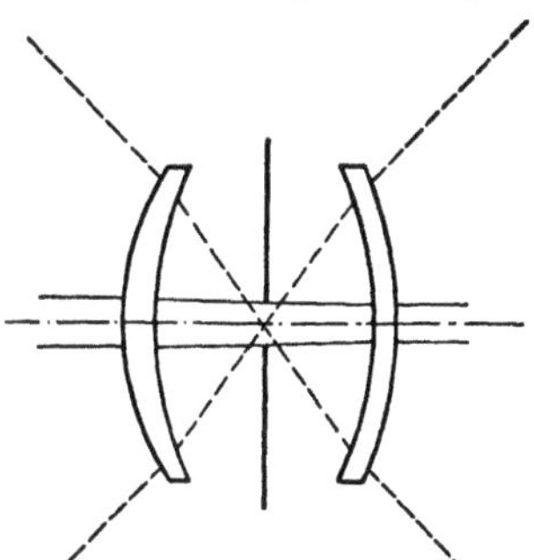

Abb. 89. Periskop von A. STEINHEIL

[1] DRP 119 915 und DRP 282 015.

Handkameraobjektiv Verwendung, wegen des Ausgleichs des Farbortsfehlers allerdings auch nur in Box-Kameras. Das *Periskop* stellt in längeren Brennweiten sogar ein recht geeignetes Porträtobjektiv dar, weil es künstlerisch weiche Bilder zeichnet.

D. Die Aplanate von A. Steinheil

Ein *Aplanat* entsteht ähnlich wie das *Periskop*, durch symmetrische Gegenüberstellung von zwei achromatisierten Linsen (Abb. 90). Infolgedessen gilt von der Verzeichnung, der Koma und dem Farbfehler des Hauptstrahls dasselbe wie beim *Periskop*. Wegen der Achromasie der Objektivhälften ist auch das ganze Objektiv im Farbort korrigiert. Da es bei *Aplanaten* gelungen ist, auch den Öffnungsfehler der Objektivhälften zu korrigieren, so ist dies auch für das Gesamtobjektiv zutreffend.

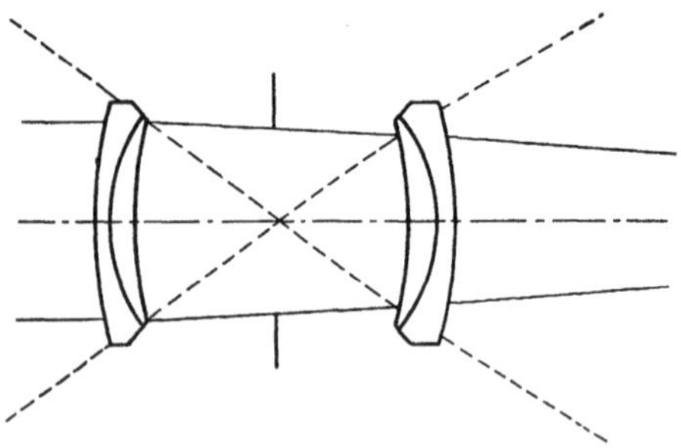

Abb. 90. Landschaftsaplanat

Die Verminderung des Astigmatismus wurde in ausreichender Weise dadurch möglich, daß in sämtlichen Linsen des *Aplanaten* Flintgläser verwendet wurden. Das geht natürlich nur unter Einengung der Differenzen für n und ν zwischen Sammel- und Zerstreuungslinse. Davon werden dann die chromatische und die Öffnungsfehlerkorrektion betroffen. Man hat für die verschiedenen Anwendungszwecke dementsprechende *Aplanat*typen[1] berechnet, bei denen das Schwergewicht entweder mehr auf den Astigmatismus oder mehr auf Achromasie und Öffnungsfehlerkorrektion gelegt war. Über diese *Aplanatserien* wird gleich noch zu sprechen sein.

Das Öffnungsverhältnis des symmetrischen Objektivs ist höher als das des einfachen Objektivs; beim *Aplanaten* gelang es, bis 1 : 6,3, ja bis 1 : 4,5 zu kommen, was bei den Photographen des vorigen Jahrhunderts helle Begeisterung auslöste. Der *Aplanat* wurde und blieb daher lange populär, bis er allmählich durch die Anastigmate verdrängt wurde. Man unterscheidet vier Serien von *Aplanaten:*

1. *Porträtaplanate* bis 1 : 4,5, mit weit auseinanderstehenden Objektivhälften und demzufolge durch künstliche Vignettierung eingeengtem Bildwinkel;

2. *Gruppenaplanate* (für die Aufnahme von Personengruppen) bis 1 : 6,3 mit etwas näher stehenden Objektivhälften;

3. *Landschaftsaplanate* 1 : 8 bis 1 : 11, s. Objektivbeispiel (*4*) im Anhang;

4. *Weitwinkelaplanate* 1 : 18, die aber vom modernen Weitwinkelanastigmaten völlig verdrängt sind.

---

[1] Über die verschiedenen *Aplanat*formen berichtet M. von Rohr ausführlich in dem klassischen Werk: Theorie und Geschichte des photographischen Objektivs, Berlin: Springer, 1899, S. 294 bis 304.

Einen Anastigmaten von *Aplanat*form beschreibt M. Herzberger in „Deutsche Optische Wochenschrift" 1925, S. 200 bis 202. Er hat ausschließlich theoretisches Interesse.

Ein dem *Aplanaten* sehr ähnliches Objektiv schuf etwa zur gleichen Zeit in England die Firma DALLMEYER unter dem Namen *Rapid Rectilinear*.

E. Das Petzvalobjektiv und seine Modifikationen

Eine Pionierleistung in der Entwicklungsgeschichte der photographischen Objektive war das von J. PETZVAL im Jahre 1840 herausgebrachte Porträtobjektiv. Erstmalig wurde hiermit eine für damalige Zeiten unerhörte Lichtstärke verwirklicht, da das Objektiv das große Öffnungsverhältnis 1 : 3,2 besaß. Es ermöglichte die ausnahmslose Anwendung der Photographie für die Porträtkunst und stellte etwas ganz Neues ohne das geringste Vorbild dar. Die Pionierleistung lag aber nicht nur in dieser Objektivkonstruktion, sondern auch in dem Verfahren, mit dem PETZVAL dahin gelangte. Erstmalig hatte hier die optische Rechenmethode einen triumphalen Erfolg, wenn auch vermutlich noch auf äußerst umständlichem Wege. Das PETZVALsche Porträtobjektiv ist ein klassisches Zeugnis für den Nutzen der mathematischen Behandlung gegenüber dem Pröbeln.

Der Typus des PETZVALobjektivs ist der Abb. 91 zu entnehmen: ein zweilinsiges Kron-Flint-Linsenpaar im Vorderglied, zwei durch einen zerstreuenden Luftmeniskus getrennte Linsen in der umgekehrten Reihenfolge Flint-Kron im Hinterglied, bei verhältnismäßig großer Baulänge. Die Schärfe und Brillanz des Bildes auf der Achse sind ausgezeichnet, da Öffnungsfehler und Koma mit bemerkenswert geringen Zonenfehlern korrigiert sind. Gleiches gilt von den Farbfehlern und der Verzeichnung. Jedoch hat es einen hohen Betrag in der PETZVALsumme, so daß nur ein mäßiger Bildwinkel genügend ausgezeichnet wird; letzteres auch wegen der erheblichen künstlichen Vignettierung infolge der großen Baulänge. Trotzdem findet das PETZVAL-Objektiv noch heute Anwendung in den Ateliers der Porträtphotographen, soweit diese noch nicht zu modernen Kleinbildaufnahmen und nachträglicher Vergrößerung übergegangen sind. Ferner lebt es noch in abgewandelter Form in den Projektions-Objektiven, wo aus Gründen sowohl der Vignettierungsverringerung als auch der Lichtstärkensteigerung Öffnungsverhältnisse bis 1 : 1,6, ja sogar 1 : 1,4 verwendet werden [s. das analysierte Beispiel (5)]. Fertigungstechnisch ist das PETZVALobjektiv nicht so einfach, wie es leider häufig genommen wird. Hervorragende Flächenpassung, Dickentolerierung, Zentrierung und Fassung sind erforderlich, um die Leistungsfähigkeit des Objektivs wirklich auszubeuten.

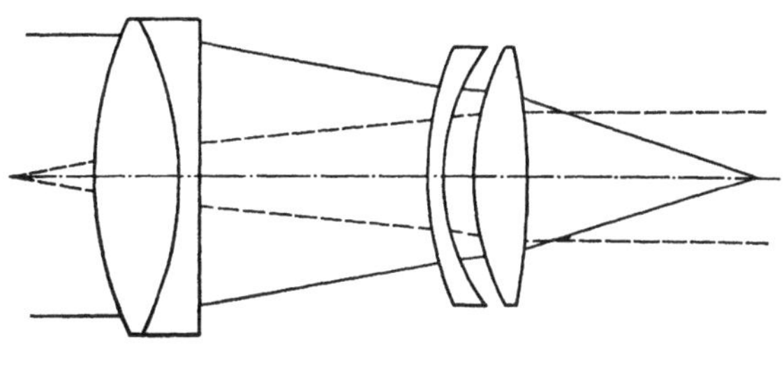

Abb. 91. PETZVALobjektiv

Abwandlungen und weitere Verbesserungen des PETZVALobjektivs sind das DALLMEYERsche Objektiv und das Objektiv von H. ZINCKE gen. SOMMER[1]. Neuere Konstruktionen für Laufbildaufnahmekameras stellen

[1] M. von ROHR: Theorie und Geschichte der photographischen Objektive. Berlin: Springer, 1899, S. 248—277. — M. BEREK: Zentral-Zeitung für Optik und Mechanik **42**, (1921), S. 1—3, 15—16.

Modifikationen des alten PETZVAL-Typs dar. Durch Einführung dünner Luftlinsen in den verkitteten Gliedern läßt sich hochbrechendes Kronglas verwenden, womit sich die PETZVALsumme entsprechend verbessert (USA-Patent 1 620 337). Es sind auch PETZVALobjektive berechnet worden, in denen die Kronbrechung höher als die Flintbrechung liegt (USA-Patent 2 500 046 und 2 424 827). Ferner hat man eine schwach meniskenförmige zerstreuende Linse direkt hinter der verkitteten Frontlinse angeordnet und hiermit den Öffnungsfehler korrigiert (DRP 710 326, USA-Patent 2 158 201 und 2 430 587).

Mit einer SMYTHschen Linse, d. h. einer plankonkaven Linse direkt in der Bildebene (Abb. 55) erreichte bereits M. von ROHR die notwendige Verbesserung der PETZVALsumme (altes ZEISS-Biotar 1 : 1,8 nach Zeitschrift für Instrumentenkunde **31** (1911), S. 265—270), später hat man sich auch in Amerika dieses Kunstgriffes bedient und so für Schmalfilmprojektion ein brauchbares PETZVALobjektiv 1 : 1,6, f = 50 mm mit einem Bildfeldwinkel von 14° geschaffen (Journal Soc. Motion Picture Eng. **54** (1950), 337—344). Jedoch hat die SMYTHsche Linse den Nachteil, daß sie in oder nahe der Bildebene steht und sich daher alle Unsauberkeiten auf ihr (Stäubchen, Krätzchen usw.) mehr oder weniger scharf mitabbilden.

F. Vorläufer der Anastigmate

In den Objektivbeispielen (*6*) bis (*8*) des Anhangs sind die Vorläufer der Anastigmate angeführt. Es braucht darüber nicht allgemein erörtert zu werden, da aus den Erläuterungen zu den genannten Einzelbeispielen alles Wesentliche hervorgeht.

G. Doppelanastigmate und Satzanastigmate

Definition. Unter Anastigmaten faßt man alle Objektive mit anastigmatischer Bildfeldebnung zusammen. Grundbedingung dafür ist, daß die PETZVALsumme genügend (meist positiv) klein wird[1], weil sich nur dann die beiden astigmatischen Bildschalen gleichzeitig genügend ebnen lassen. Die PETZVALsumme kann auf kleine Beträge, bei Bedarf sogar auf Null, gebracht werden:

1. Durch geeignete Glaswahl (speziell: Neuachromat);

2. durch geeignete Verteilung der Gesamtbrechkraft auf sammelnde und zerstreuende Linsen;

3. durch Anwendung des HÖEGHschen Meniskus.

Neuachromat. Es läßt sich ein System aus zwei dünnen Äquivalentlinsen finden, für das neben der selbstverständlichen Einhaltung der Maßstabsbedingung nach (85)

$$F_1 + \omega_2 F_2 = F$$

noch die Achromasiebedingung (197)

$$\frac{F_1}{\nu_1} + \omega_2^2 \frac{F_2}{\nu_2} = \frac{F}{\nu}$$

[1] $\Sigma P_\nu = 0$ würde in den meisten Fällen bereits zu einer untragbaren Überkorrektion der astigmatischen Bildschalen in den Randgebieten des ausgenutzten Bildfeldes führen.

und die PETZVALbedingung (178)

$$\frac{F_1}{n_1} + \frac{F_2}{n_2} = P$$

mit gegebenen Werten für F, ν und P gleichzeitig erfüllt sind. Es leuchtet ein, daß dies in dem der Praxis angenähert entsprechenden Fall $\nu = \infty$, $P = 0$ nur möglich ist, wenn

$$\frac{F_1}{F_2} = -\omega_2^2 \frac{\nu_1}{\nu_2} = -\frac{n_1}{n_2}$$

oder umgestellt

$$\frac{n_1/\nu_1}{n_2/\nu_2} = \omega_2^2 \tag{268}$$

ist. Wenn beide Äquivalentlinsen so eng zusammenstehen, daß $\omega_2 = 1$ wird, müssen die Gläser der Bedingung

$$\frac{n_1}{\nu_1} = \frac{n_2}{\nu_2} \tag{269}$$

gehorchen. Die sogenannten alten Gläser hatten bei niedriger Brechungszahl geringe Dispersion, d. h. hohes ν; bei hoher Brechungszahl starke Dispersion, d. h. niedriges ν. Mit diesen alten Gläsern war daher die Bedingung (269) nicht erfüllbar. Erst die sogenannten neuen Gläser, die O. SCHOTT gegen Ende des vorigen Jahrhunderts zu erschmelzen begann, nämlich die Schwerkrongläser, erlauben eine Kombination der geforderten Art, etwa z. B. $n = 1{,}61$, $\nu_1 = 56{,}5$ in der Sammellinse, mit $n_2 = 1{,}5241$, $\nu_2 = 53{,}1$ in der Zerstreuungslinse. Derartige Kombinationen nennt man *Neuachromate* in Gegenüberstellung zu den Altachromaten, mit denen PETZVALbedingung und Achromasiebedingung — jedenfalls bei $\omega_2 = 1$ — nicht gleichzeitig erfüllbar waren. Die Neuachromate sind jedoch nicht ohne weiteres im Öffnungsfehler korrigierbar, denn die Kittfläche oder die ihr äquivalente dünne Luftlinse ist bei Neuachromaten *sammelnd*. Beim Altachromaten ist die Kittfläche zerstreuend, er läßt daher eine Korrektion des Öffnungsfehlers zu, nicht aber die astigmatische Korrektion [s. besonders das Objektivbeispiel (*9*) im Anhang].

Um den Öffnungsfehler, den Astigmatismus und die Bildfeldwölbung gleichzeitig zu korrigieren, kombiniert man Altachromat und Neuachromat. Man hat also sowohl eine zerstreuende als auch eine sammelnde Kittfläche

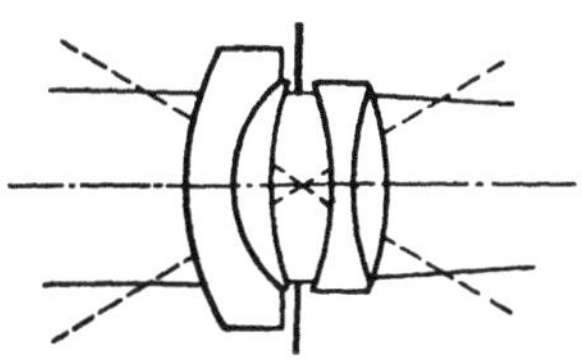

Abb. 92. Protar

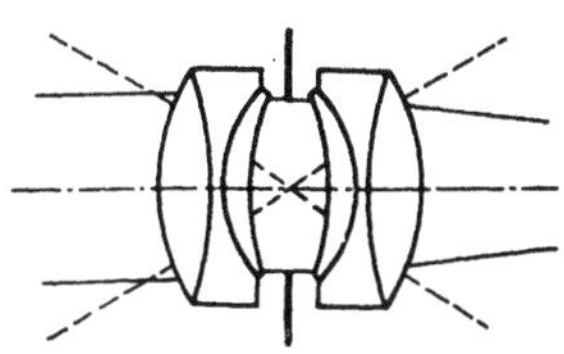

Abb. 93. Dagor

im System. Damit die ungünstige Einwirkung der zerstreuenden Kittfläche auf die PETZVALsumme wett gemacht wird, muß die sammelnde Kittfläche den Blendenstrahl im gleichen Sinne ablenken wie es die zerstreuende Kittfläche tut; d. h. die sammelnde Kittfläche muß der Blende die konvexe

Seite zukehren [s. die Objektivbeispiele (*9*), (*11*) bis (*14*), (*16*)]. An die Stelle von Kittflächen können auch entsprechend wirkende dünne Luftlinsen treten [Beispiele (*10*), (*14*)]. Will man gleichzeitig die Abweichung von der Isoplanasie beheben, so gelingt die Korrektion des Öffnungsfehlers nur mit erheblichen Zonenfehlern. Um letztere zu bekommen, sind im Altachromaten Gläser mit geringen ν-Unterschieden notwendig[1] [s. Objektivbeispiele (*11*), (*12*), (*13*), (*14*), (*16*)].

Es sind verschiedene Zusammenstellungen von Altachromat und Neuachromat denkbar:

a) beide voneinander durch eine *Mittelblende* getrennt [Abb. 92; Objektivbeispiel (*9*)];

b) beide auf *derselben* Blendenseite,

α) auf jeder Blendenseite *vierlinsig*, voneinander durch eine dünne Luftlinse oder durch eine Kittfläche getrennt [s. Text, Abs. 2, zu Objektivbeispiel (*11*)];

β) auf jeder Blendenseite *dreilinsig*, weil die aneinanderstoßenden Linsen von Altachromat und Neuchromat aus dem gleichen Glase bestehen (Abb. 93 bis 96); [Objektivbeispiele (*11*), (*12*), (*13*), (*14*), (*16*)];

γ) auf jeder Blendenseite *zweilinsig*, weil die Mittellinse der dreilinsigen Ausführung durch eine Luftlinse ersetzt worden ist (Abb. 97), [Objektivbeispiele (*17*), (*18*)].

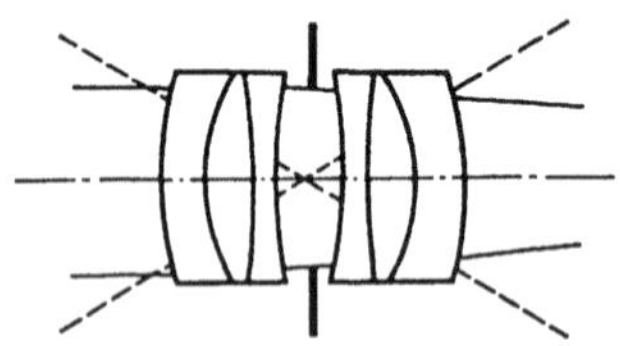

Abb. 94. Doppelanastigmat ZEISS

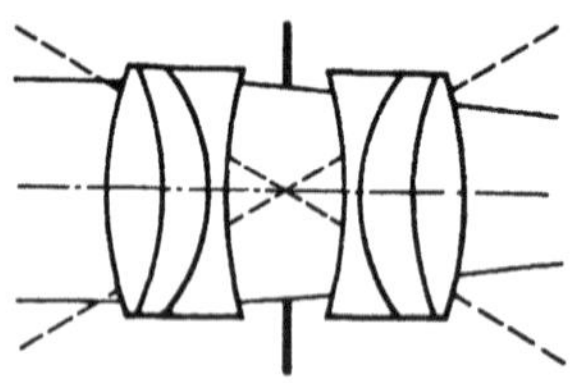

Abb. 95. Orthostigmat

Was an Bildfehlern weiter zu beheben ist, also Koma, Verzeichnung und Farbfehler des Hauptstrahls, gelingt durch die *symmetrische* Anordnung von zwei Anastigmathälften beiderseits einer Mittelblende, allerdings streng nur bei Benutzung mit dem Abbildungsmaßstab $\beta' = -1$. Soll

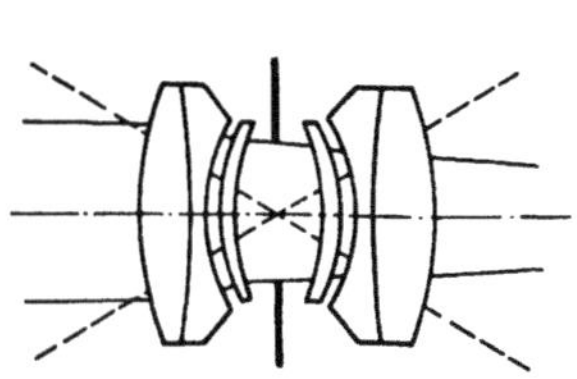

Abb. 96. Doppelanastigmat GOERZ

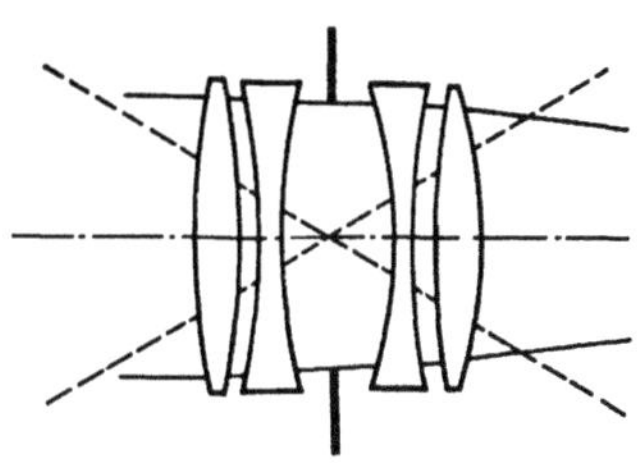

Abb. 97. Syntor (Celor)

das symmetrische Doppelobjektiv auch für andere Abbildungsmaßstäbe, insbesondere $\beta' = 0$, $s_1 = \infty$ brauchbar sein, so dürfen Koma, Verzeichnung und Farbfehler des Hauptstrahls schon für die Objektivhälfte allein nicht zu groß sein.

[1] OTTICA (n. s.) 2 (1948), S. 7—12. Referiert in Optik 7 (1950), S. 55.

Die Neuachromate werden, wie gezeigt wurde, notwendig, wenn die Voraussetzung $\omega_2 = 1$ lautet, also zwei genügend dünne Äquivalentlinsen ohne Abstand kombiniert werden. Sobald ω_2 vom Wert 1 genügend abweicht, ist die anastigmatische Bildfeldebnung an die Notwendigkeit der Beziehung (268) geknüpft. In diesem Falle kann man auch alte Gläser benutzen, was K. Martin im *Omnar* der Firma Busch, Objektivbeispiel (*26*) zuerst verwirklichte. Der *endliche* Luftraum zwischen den dünnen Äquivalentlinsen bringt dies zuwege (Abb. 98).

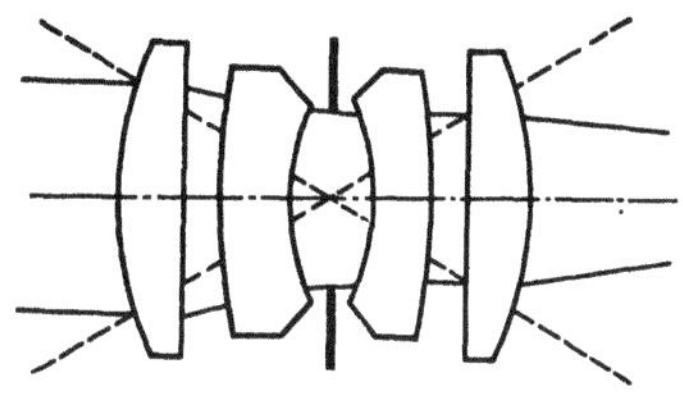

Abb. 98. Omnar

Höeghscher Meniskus. Eine andere Möglichkeit zur anastigmatischen Bildfeldebnung bietet der Höeghsche Meniskus.

Eine konkav-konvexe Meniskuslinse (Abb. 99) endlicher Dicke d mit zwei gleichen Flächenkrümmungen ($r_1 = r_2 = r$) hat nach (55) die stets positive Brennweite

$$f = \left(\frac{r}{n-1}\right)^2 \frac{n}{d}. \tag{270}$$

Man kann verschiedene Meniskenformen (r variabel) bestimmen, für die die Brennweite stets den gleichen Betrag f hat; man muß nur die Dicke

$$d = \left(\frac{r}{n-1}\right)^2 \frac{n}{f} \tag{270a}$$

wählen. Ein jeder derartiger Meniskus hat die Eigenschaft, daß die Petzvalsumme Null wird, weil wegen $r_1 = r_2 = r$ und $\Delta_1 \frac{1}{n} = -\Delta_2 \frac{1}{n}$

$$P_1 = -P_2$$

ist. Das angenäherte Verschwinden der Petzvalsumme ist notwendig, aber noch nicht hinreichend, um anastigmatische Bildfeldebnung zu erzielen. Es muß außerdem eine Stellung der Blende ermittelt werden, für die auch die Astigmatismuswerte A_1 und A_2 entgegengesetzt gleich ausfallen. Das ist tatsächlich für bestimmte, genügend starke Durchbiegungen des Meniskus möglich.

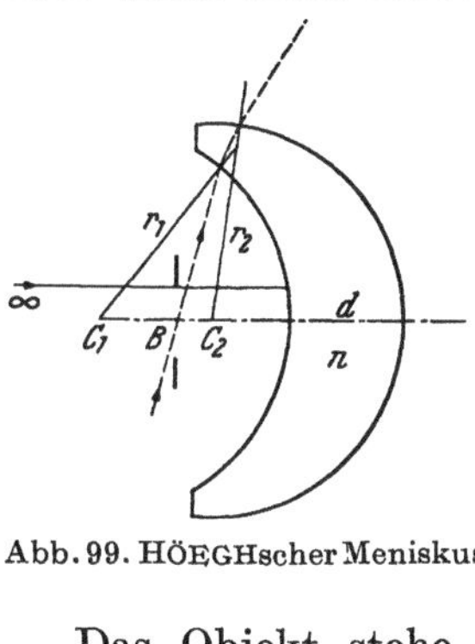

Abb. 99. Höeghscher Meniskus

An Hand einiger Zahlenbeispiele soll nachstehend diese wichtige Konstruktionsgrundlage des Anastigmaten näher untersucht werden.

Aus (270a) folgt zunächst

$$\frac{d}{f} = n\left(\frac{r/f}{n-1}\right)^2.$$

Das Objekt stehe in unendlicher Entfernung auf der Hohlseite des Meniskus (Abb. 99). Die *Achsstrahldurchrechnung* nach dem Conradyschen Schema liefert nacheinander:

$$s_1 = \infty, \qquad \frac{s_2}{f} = \frac{n}{n-1}\frac{r}{f}\left(1 - \frac{r/f}{n-1}\right),$$

$$\sigma_1 = 0, \qquad \sigma_2 = \sigma'_1,$$

$$\varepsilon_1 = n\,\varepsilon'_1 = \frac{h_1/f}{r/f}, \qquad n\,\varepsilon_2 = \varepsilon'_2 = \frac{h_1/f}{r/f}\left(1 - \frac{n}{n-1}\frac{r}{f}\right),$$

$$\sigma'_1 = \frac{n-1}{n}\frac{h_1/f}{r/f}, \qquad \sigma'_2 = \frac{h_1}{f},$$

$$\frac{s'_1}{f} = \frac{n}{n-1}\frac{r}{f}, \qquad \omega_2 = \frac{h_2}{h_1} = 1 - \frac{r/f}{n-1}.$$

Mithin wird:

$$\sigma_1 - \varepsilon'_1 = \sigma'_1 - \varepsilon_1 = -\frac{h_1/f}{n\,r/f}, \quad \sigma_2 - \varepsilon'_2 = \sigma'_2 - \varepsilon_2 = -\frac{h_1/f}{r/f}\left(\frac{1}{n} - \frac{n\,r/f}{n-1}\right),$$

$$\varepsilon'_1 - \varepsilon_1 = -\frac{n-1}{n}\frac{h_1/f}{r/f}, \qquad \varepsilon'_2 - \varepsilon_2 = \frac{n-1}{n}\frac{h_1/f}{r/f}\left(1 - \frac{n\,r/f}{n-1}\right).$$

Die *Flächenteilkoeffizienten* des Öffnungsfehlers sind also nach (122)

$$H_1 = \left(\frac{f}{r}\right)^3 \frac{n-1}{n^2}; \; H_2 = -\left(\frac{f}{r}\right)^3 \frac{n-1}{n^2}\left(n - \frac{n\,r/f}{n-1}\right)\left(\frac{1}{n} - \frac{n\,r/f}{n-1}\right)\left(1 - \frac{n\,r/f}{n-1}\right)^2.$$

Es soll nun die Blendenlage s_{B_1}/f gefunden werden, für die $A_1 = -A_2$ wird. Die *Blendenstrahldurchrechnung* im achsnahen Gebiet führt auf:

$$\frac{\varepsilon'_{B_1}}{\sigma_{B_1}} = \frac{1}{n}\left(\frac{s_{B_1}/f}{r/f} - 1\right),$$

$$\frac{\varepsilon'_{B_2}}{\sigma_{B_1}} = \frac{s_{B_1}/f}{r/f} - 1 - \frac{n}{(n-1)^2}\frac{r}{f}\left[(n-1)\frac{s_{B_1}/f}{r/f} + 1\right],$$

folglich nach (143) auf:

$$p_1 = -\frac{s_{B_1}}{f} + \frac{r}{f},$$

$$p_2 = \frac{1}{(n-1) - n\frac{r}{f}}\left\{\frac{n}{n-1}\frac{r}{f}\left[(n-1)\frac{s_{B_1}}{f} + \frac{r}{f}\right] - (n-1)\left(\frac{s_{B_1}}{f} - \frac{r}{f}\right)\right\}.$$

Die Forderung $A_1 = -A_2$ ist nach (146) gleichbedeutend mit $p_1^2 H_1 + p_2^2 H_2 = 0$. Mit den oben berechneten Werten für p_1, p_2, H_1 und H_2 ergibt sich eine Gleichung, die quadratisch in s_{B_1}/f ist. Ihre Wurzeln sind:

$$\frac{s_{B_1}}{f} = \frac{1}{n-1}\frac{r}{f} + \frac{1 \pm \sqrt{\dfrac{1}{n\left(1 - \dfrac{1}{n-1}\dfrac{r}{f}\right)\left(\dfrac{1}{n} - \dfrac{n}{n-1}\dfrac{r}{f}\right)}}}{\dfrac{n-1}{n}\dfrac{f}{r} - 1 \pm \dfrac{n-1}{n}\dfrac{f}{r}\sqrt{\dfrac{1}{n\left(1 - \dfrac{1}{n-1}\dfrac{r}{f}\right)\left(\dfrac{1}{n} - \dfrac{n}{n-1}\dfrac{r}{f}\right)}}}.$$

Wählt man $n = 1{,}500$ und $f = 100$, so findet man dafür eine ganze Reihe von HÖEGHschen Menisken mit $-\frac{r}{f} < 0{,}25$, die der Tabelle 26 zu entnehmen ist (für s_{B_1}/f ist nur die reelle Blende angegeben):

Tabelle 26

f = 100; n = 1,500				
Lfd. Nr.	1)	2)	3)	4)
r	— 5	— 10	— 15	— 20
d	1,5	6,0	13,5	24,0
s_{B_1}	— 3,88	— 5,62	— 5,47	— 3,72

Um die Bildleistung der verschiedenen Meniskusformen zu studieren, werden nachstehend die Bildfehlerkoeffizienten berechnet. Für den Meniskus mit der laufenden Nr. 1 soll das ausführlich geschehen, um gleichzeitig die Rechenmethode zu veranschaulichen. Letztere ist in der gewählten Form außerordentlich bequem für die logarithmische Durchrechnung.

Achsstrahl von ∞			Achsstrahl von der Blende (B)	
∞	$-16{,}5$	s	$-3{,}88$	$-5{,}69308$
	$+\ 5$	$-$ r	$+5$	$+5$
gewählt	1.06070$-$11,5	s $-$ r	0.04922$+$1,12	9.84079$-$0,69308
2.00000$+$(h_1=100)	0.82391$-$ 6,667	σ	0.00000$+$1 gew.	9.96630$+$0,92533
9.30103$-$	9.30103$-$	1/r	9.30103$-$	9.30103$-$
1.30103$-$20	1.18564$-$15,333	ε	9.35025$-$0,22400	9.10812$+$
9.82391	0.17609$-$22,000	$\frac{n}{n'}$; φ	9.82391$+$0,77600	0.17609
1.12494$-$13,333	1.36173$-$23,000	ε'	9.17416$-$0,14933	9.28421$+$0,19240
9.17609$-$ 6,667	$+$ 1,000	σ'	0.03370$+$0,92533	
0.69897$-$		r	0.69897$-$	
1.00000$-$10	f = 100	s' $-$ r	9.90683$+$0,80692	
$-$ 5		r	-5	
-15		s'	$-4{,}19308$	
		$\varepsilon'_B/\sigma_{B_1}$	9.17416$-$0,14933	9.28421$+$0,19240
		$\left(\frac{h_1}{f}\right)\left(\frac{1}{\varepsilon'}\right)$	8.87506$-$	8.63827$-$
		$1/n_1\omega_{EP}$	0.00000$+$1	0.00000$+$1
		$-$ p	8.04922$+$	7.92248$-$
0.00000$+$ 1	0.04139$+$ 1,1	ω		
1.30103$-$	1.36173$-$	$n\varepsilon=n'\varepsilon'$		
1.12494$+$13,333	1.21307$+$16,333	$\sigma-\varepsilon'=$ $=\sigma'-\varepsilon$		
0.82391$+$ 6,667	0.88463$-$ 7,667	$\varepsilon'-\varepsilon$		
0.00000$+$ 1	0.00000$+$ 1	$(f/h_1)^3$		
3.24988$-$1778	3.50082$+$3168	H	$\Sigma H = +\ 1390$	
8.04922$-$	7.92248$+$	p		
1.29910$+$19,9	1.42330$+$26,5	C	$\Sigma C = +\ 46{,}4$	
9.34832$-$ 0,223	9.34578$+$ 0,222	A	$\Sigma A = -\ 0{,}001$	
$-$ 6,667	$+$ 6,667	P	$\Sigma P = 0$	
0.83822$-$ 6,890	0.83816$+$ 6,889	S	$\Sigma S = -\ 0{,}001$,	$\Sigma M = -\ 0{,}001$
8.04922$-$	7.92248$+$	p		$\Sigma W = -\ 0{,}001$
8.88744$+$ 0,077	8.76064$+$ 0,058	D	$\Sigma D = +\ 0{,}135$	

Rechnet man die anderen Beispiele entsprechend durch, so findet man folgende Flächenteilkoeffizienten der HÖEGHschen Menisken:

Tabelle 27

Lfd. Nr.	1)	2)	3)	4)
H_1 H_2 H	− 1778 + 3168 + 1390	− 222 + 653 + 431	− 65,8 + 301,4 + 236	− 27,8 + 189,1 + 161
C_1 C_2 C	+ 19,9 + 26,5 + 46,4	+ 9,73 + 16,62 + 26,3	+ 6,27 + 13,37 + 19,6	+ 4,52 + 11,76 + 16,3
A_1 A_2 A	− 0,223 + 0,222 − 0,001	− 0,426 + 0,423 − 0,003	− 0,598 + 0,593 − 0,005	− 0,736 + 0,732 − 0,004
P_1 P_2 P	− 6,667 + 6,667 0	− 3,333 + 3,333 0	− 2,222 + 2,222 0	− 1,667 + 1,667 0
S_1 S_2 S	− 6,890 + 6,889 − 0,001	− 3,759 + 3,756 − 0,003	− 2,820 + 2,815 − 0,005	− 2,403 + 2,399 − 0,004
D_1 D_2 D	+ 0,077 + 0,058 + 0,135	+ 0,165 + 0,096 + 0,261	+ 0,269 + 0,125 + 0,394	+ 0,391 + 0,149 + 0,540

Weiterhin mögen noch die Achswinkel des Blendenstrahls tabelliert werden:

Tabelle 28

Lfd. Nr.	1)	2)	3)	4)
σ_{B_1}	+ 1	+ 1	+ 1	+ 1
$\sigma'_{B_1} = \sigma_{B_2}$	+ 0,925	+ 0,854	+ 0,789	+ 0,729
σ'_{B_2}	+ 0,861	+ 0,744	+ 0,646	+ 0,563

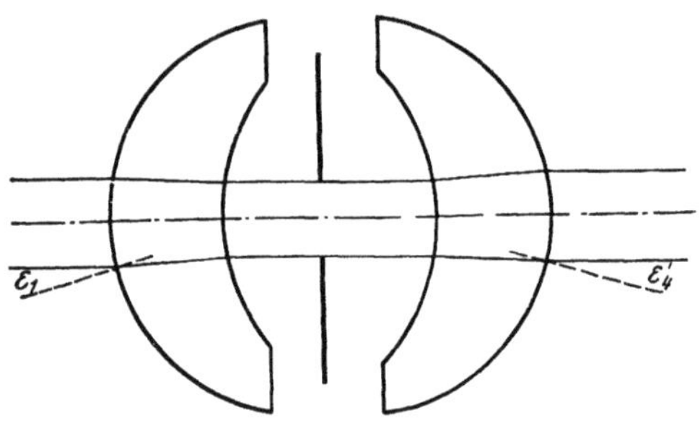

Abb. 100. Doppelanastigmat aus HÖEGHschen Menisken

Tabelle 28 zeigt: die Ablenkung des Blendenstrahls erfolgt an beiden Flächen im gleichen Drehsinn.

Der Öffnungsfehler und die Koma sind beim HÖEGHschen Meniskus von erheblicher Größe. Man kann daher nur mit relativ sehr kleiner Aperturblende arbeiten.

In einem Doppelanastigmat, der in der Grundform (Abb. 100) aus zwei *symmetrisch* zur Blende angeordneten HÖEGHschen Menisken zusammengesetzt ist, gelingt es, die Koma, die Verzeichnung und den Farbfehler des Hauptstrahls lediglich aus Symmetriegründen zu beheben, d. h. streng nur für die Abbildung im Maßstab $\beta' = -1$.

Dann sind nämlich

$$\varepsilon_1 = -\varepsilon'_4, \quad \varepsilon_2 = -\varepsilon'_3,$$
$$\varepsilon'_1 = -\varepsilon_4, \quad \varepsilon'_2 = -\varepsilon_3,$$
$$\sigma_1 = -\sigma'_4, \quad \sigma_2 = -\sigma'_3,$$
$$\sigma'_1 = -\sigma_4, \quad \sigma'_2 = -\sigma_3 = 0;$$

und analog für den Hauptstrahl. Infolgedessen wird nach (143)

$$\mathfrak{p}_1 = -\mathfrak{p}_4,$$
$$\mathfrak{p}_2 = -\mathfrak{p}_3.$$

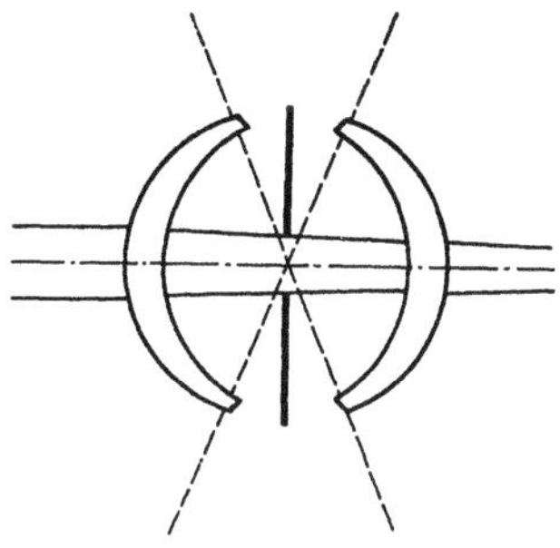

Abb. 101. Hypergon

Es wird mithin:

$$H_1 = H_4 \quad H_2 = H_3 \quad \sum_1^4 H_\nu = 2\,(H_3 + H_4), \tag{122}$$

$$C_1 = -C_4 \quad C_2 = -C_3 \quad \sum_1^4 C_\nu = 0, \tag{142}$$

$$A_1 = A_4 \quad A_2 = A_3 \quad \sum_1^4 A_\nu = 2\,(A_3 + A_4) = 0, \text{ wegen } A_3 + A_4 = 0, \tag{146}$$

$$P_1 = P_4 \quad P_2 = P_3 \quad \sum_1^4 P_\nu = 2\,(P_3 + P_4) = 0, \text{ wegen } P_3 + P_4 = 0, \tag{149}$$

$$S_1 = S_4 \quad S_2 = S_3 \quad \sum_1^4 S_\nu = 2\,(S_3 + S_4) = 0, \text{ wegen } \sum S = \sum P + \sum A, \tag{153}$$

$$D_1 = -D_4 \quad D_2 = -D_3 \quad \sum_1^4 D_\nu = 0. \tag{151}$$

Das symmetrische Objektiv aus zwei HÖEGHschen Menisken hat als typischen Vertreter das *Hypergon* von GOERZ (Abb. 101), das mit einer relativen Öffnung von 1 : 32 einen Bildwinkel von 135° auszeichnet.

H. Die Anastigmate aus drei in Luft stehenden Gliedern und modifizierte Formen dieses Typs

Allgemeines. Die einfachste Form dieses Objektivtyps ist der dreilinsige Anastigmat, bei dem eine zerstreuende Mittellinse von zwei sammelnden Linsen eingeschlossen ist (Abb. 103), wobei zwischen den Linsen merkliche Lufträume gelassen sind. Eine scheinbare Abwandlung dieses Typs wird durch Einführung einer sammelnden Kittfläche im hinteren sammelnden Glied (Abb. 102) erhalten (z. B. *Tessar*). Es wird sogleich näher ausgeführt werden, daß das *Tessar* keine Abwandlung des Dreilinsenanastigmat war. Es gibt aber auch echte Abwandlungen des Dreilinsenanastigmat mit Kittflächen in einer oder mehreren Linsen, auch mit Aufspaltungen durch dünne Luftlinsen.

Tessar. Im Verlauf unserer Systematik schließt sich an die vorhin besprochenen Doppelanastigmate zunächst das *Tessar* (Abb. 102) an [Objektivbeispiel (*19*) des Anhangs].

Das Tessar ist eine Kreuzung zwischen dem *Protar* (*9*) und dem *Unar* (*10*), insofern nämlich das zweilinsige Vorderglied des *Tessar* vom *Unar*, das verkittete Hinterglied des *Tessar* vom *Protar* abgeleitet sind. Es besteht auch eine Verwandtschaft des *Tessar* zu der *Cooke-lens* (*20*), die im zweilinsigen Vorderglied ebenfalls dem *Unar* verwandt ist. Das *Tessar* ist bei seiner relativen Einfachheit von erstaunlicher Universalität. Nachdem die Patente der Firma ZEISS abgelaufen waren, wurde es von vielen optischen Werken der ganzen Welt nachgebaut und zählt noch heute zu den meistbenutzten Objektiven. Inzwischen hat auch es sich weiterentwickelt, allerdings vorzugsweise in Richtung nach höheren Öffnungsverhältnissen, während es als Weitwinkelobjektiv nicht ausgebildet wurde, weil hierfür der Typus nicht so günstig liegt wie andere Objektivformen. Teilweise sind die Abkömmlinge des *Tessar* außerordentlich kompliziert aufgebaut, wobei man sich dann allerdings fragen muß, ob das überhaupt einen Sinn hat. Gerade die Einfachheit im Aufbau des *Tessar* ist das Überraschende, wenn man an die damit erreichte Leistung und Universalität denkt. In diesem Zusammenhang darf nicht unerwähnt bleiben, daß im ZEISS-Werk im Laufe der Jahrzehnte neue *Tessare* errechnet wurden, die auch mit nur vier Linsen eine Leistungssteigerung erreichten, ein Zeichen für die glückliche Konstruktion des Grundprinzips. Die Anwendung moderner höchstbrechender Gläser ist beim *Tessar* von besonderem Nutzen, weil dadurch die Zonenfehler des Öffnungsfehlers und des Astigmatismus vermindert werden[1].

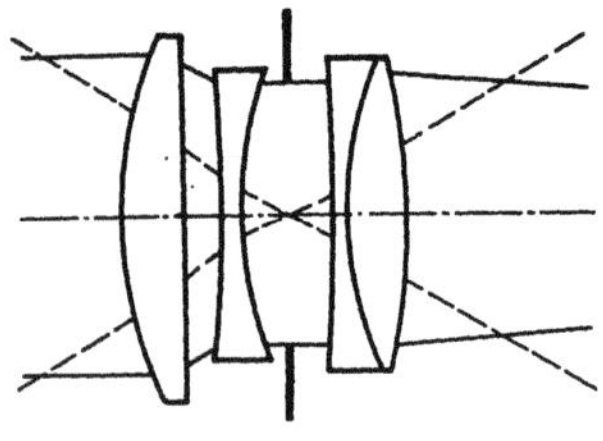

Abb. 102. Tessar

Bei der Glaswahl der Linsen ist es nach neueren Erkenntnissen erstrebenswert, für Frontlinse 1 und Mittellinse 2 den Wert

$$k = \frac{n_1 - n_2}{\nu_1 - \nu_2} \cdot 10^4$$

möglichst hoch zu treiben, damit die Krümmungsradien der Linsenflächen groß werden, was für die Verkleinerung der Zonenfehler wesentlich ist. Während man im Anfang dieses Jahrhunderts noch mit $k < 10$ zufrieden sein mußte, weil die notwendigen Gläser nicht zur Verfügung standen, ist man heute weit über 2000 hinausgekommen[2]. Dadurch wurde es möglich, mit dem Öffnungsverhältnis 1 : 2,8 eine Auflösung zu erreichen, die bei der Neurechnung um rund 25% besser ist als bei der Rechnung aus dem Jahre 1931. Das neuzeitliche *Tessar* 1 : 2,8, f = 50 mm soll noch durchaus eine 20 bis 30-fache Nachvergrößerung des Negativs ohne stärkere Einbuße an Konturenschärfe und Kontrast erlauben. Der relativ große freie Abstand bis zur Filmebene ist für den Einbau in einäugige Spiegelreflexkameras und Klappkameras vorteilhaft.

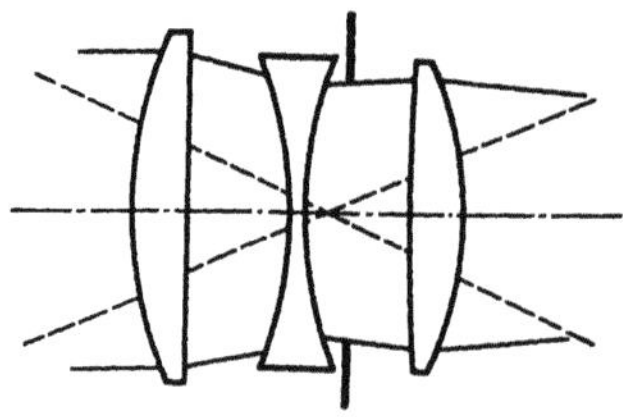

Abb. 103. Triplett

Einfache Tripletts. Die Gruppe der aus drei einfachen Linsen zusammengesetzten Tripletts (Abb. 103) ist am Objektivbeispiel (*21*) des Anhangs erläutert, das allerdings schon eine Weiterentwicklung dieses Typs darstellt.

[1] Z. B. bei dem von A. W. TRONNIER errechneten VOIGTLÄNDER-Objektiv nach USA Pat. 2 573 512 (1949) und franz. Pat. 997 736 (1949).

[2] Jenaer Jahrbuch 1951, S. 55—56.

Das Triplett wird von allen Objektivherstellern für die verschiedensten Zwecke und in reichhaltigen Abstufungen der Brennweite und des Öffnungsverhältnisses im Fertigungsprogramm geführt. Verbesserungen der Zonenfehlerkorrektion und der anastigmatischen Korrektion sind durch den Einsatz hochbrechender Krongläser herbeigeführt worden[1].

Das Öffnungsverhältnis des Tripletts kann bei kleinen Brennweiten ohne Leistungsabfall bis 1 : 2,8 gesteigert werden.

Modifizierte Tripletts. Selbstverständlich lassen sich einzelne oder alle drei Glieder des Tripletts auch aus zwei oder mehr Linsen verkitten. Ebenso können Aufspaltungen durch dünne Luftlinsen vorgenommen werden. Auf diese Weise ergeben sich gewisse Korrektionsverbesserungen. Als typisches Beispiel für eine riesige Auswahl ähnlicher Systeme sei das VOIGTLÄNDERsche *Heliar* [Objektivbeispiel (*22*)] genannt, das in den äußeren Gliedern sammelnde Kittflächen enthält (Abb. 104), wodurch es schon bald nach der Jahrhundertwende gelang, die Flächenteilkoeffizienten klein zu halten und ein den höchsten Ansprüchen genügendes Objektiv von der relativen Öffnung 1 : 4,5 zu schaffen. ZEISS schuf sogar ein Triplett 1 : 1,5 mit je zwei Kittflächen in den sammelnden Gliedern und einer Kittfläche im zerstreuenden Glied[2]. Ferner gelang es S. HUBER bei ZEISS, den Luftraum zwischen Frontglied und Mittelglied durch ein Fluorkron zu ersetzen, so daß das Objektiv nur vier Flächen gegen Luft behielt. Es ist unter dem Namen „Herar" bekanntgeworden[3].

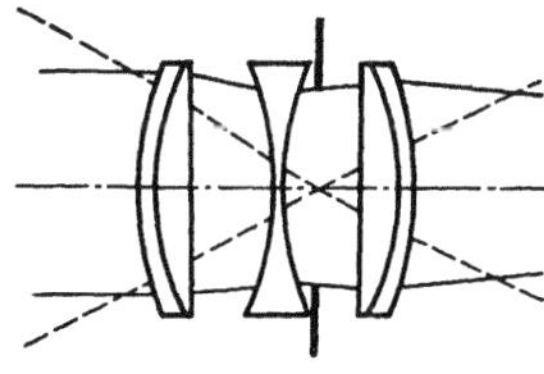

Abb. 104. Heliar

Ernostar. Ferner muß als Abkömmling des Tripletts das *Ernostar* [Objektivbeispiel (*23*)] genannt werden (Abb. 105), weil es in der angeführten Ausgestaltung der erste besonders lichtstarke Anastigmat, nämlich mit der relativen Öffnung 1 : 2 war und eine Entwicklung nach höchsten Öffnungsverhältnissen einleitete, nicht nur bei ZEISS, sondern auch in anderen optischen Werken der verschiedensten Länder: *Kodak Fluro-Ektar* 1 : 1,5 [s. Objektivbeispiel (*24*)], *Kern Switar* 1 :1,4 usw. Auch hat die Verwendung der modernen hochbrechenden Gläser wertvolle Bereicherung gebracht. Der Abbildungsmaßstab $\beta'_B = AP/EP$ liegt beim *Ernostar* erstaunlich niedrig (s. S. 131).

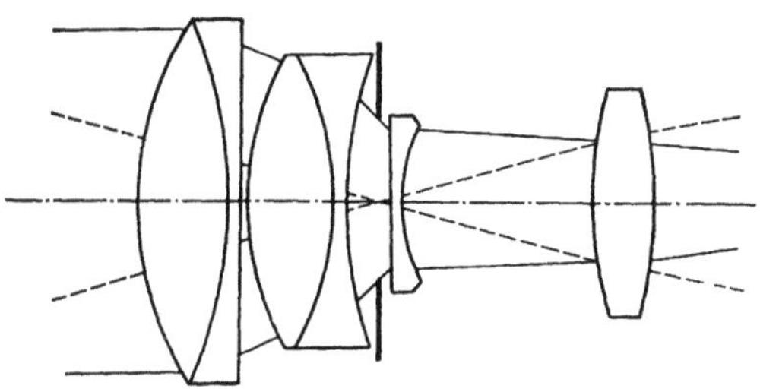

Abb. 105. Ernostar

J. Das Sonnar und seine Modifikationen

Aus dem *Ernostar* entwickelte L. BERTELE das *Sonnar* (Abb. 106), mit dem Ziel, die Anzahl der Glasluftflächen zu verringern. Durch Zu-

[1] Engl. Pat. Nr. 364 994; USA Pat. Nr. 1 987 878.
[2] Journ. Opt. Soc. Am. 37 (1947), S. 466–471.
[3] DRP 652 882.

sammenfassen des zweiten und dritten Gliedes des *Ernostar* in ein einziges verkittetes Glied wurden zwei Glasluftflächen erspart, so daß nur sechs solcher Flächen blieben, wodurch der Kontrast gesteigert wurde, denn die Technik des Entspiegelns gab es damals noch nicht.

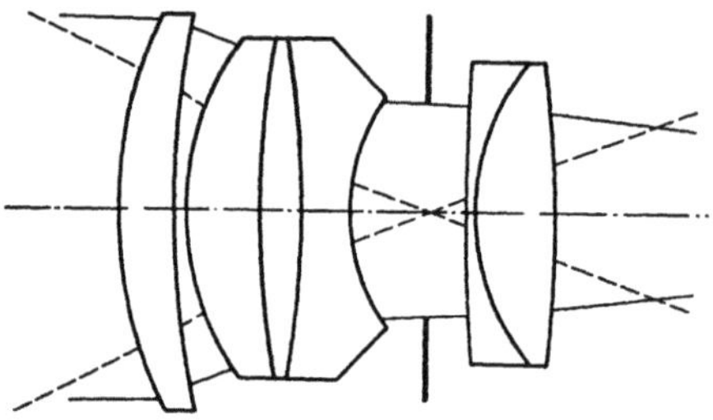

Abb. 106. Sonnar

Der Typ des *Sonnar* war schon durch das frühere DRP 530 843 vom Jahre 1929 begründet. Durch das Zusatzpatent 570 983 erhielt er eine noch brauchbarere Form.

Der *Sonnar*-Typ [Objektivbeispiel (*25*)] bietet sehr beachtliche Möglichkeiten für die Bildfehlerkorrektion und fand weiteste Verbreitung. Er wird in aller Zukunft in der Reihe der photographischen Berühmtheiten seinen Platz behalten. Ähnlich wie der *Tessar*-Typ ist der *Sonnar*-Typ von bemerkenswerter Universalität, wobei die relative Öffnung, die beim *Tessar*-Typ mit etwa 1 : 2,8 begrenzt ist, den hohen Betrag 1 : 1,5 erreicht. Selbst bei dieser Öffnung ist die Schärfe ausgezeichnet und die Lichtverteilung bis in die Bildecken hervorragend gleichmäßig. Die Brennweiten liegen zwischen f = 50 mm für die *Contax* IIa und IIIa und f = 250 mm, letztere für die *Hasselblad*-Kamera 6 × 6 cm. Näheres über die *Sonnar*ausführungen bringt die Tabelle des *Sonnar*-Typs im Anhang.

Es ist unmöglich, alle Abkömmlinge des *Sonnar* namentlich anzuführen, es sei jedoch für eine der neuesten Ausführungsformen die Patentschrift mitgeteilt, weil hier durch Einführung sehr hochbrechender Gläser weitere Erfolge erzielt wurden. So enthält die deutsche Patentschrift 835 202 (1949) Beispiele für Objektive des *Sonnar*-Typ mit Öffnungsverhältnissen um 1 : 1,4 und Bildfehlern von 45°. Erfinder auch dieses Objektivs ist L. Bertele.

Aber noch einen anderen, ursprünglich nicht beabsichtigten Vorteil hat das *Sonnar*.

Bei Kleinbildkameras ist es für die Unterbringung in der Bereitschaftstasche vorteilhaft, wenn das Objektiv nicht zu weit über die Vorderwand des Gehäuses hinausragt. Deshalb behilft man sich bei einigen dieser Kameras in der Weise, daß man das Objektiv einschiebbar macht. Dann darf man aber vor einer Aufnahme nicht vergessen, das Objektiv herauszuziehen. Das wird häufig vergessen, außerdem behindert diese Maßnahme die Sofortbereitschaft. Es wäre also wünschenswert, ein Objektiv (wenigstens in der Standardbrennweite) zu verwenden, das ohne Hineinschieben in die Bereitschaftstasche paßt; optisch ausgedrückt, dessen hinterer Hauptpunkt in möglichster Nähe der Frontlinse liegt. Ein solches Objektiv ist das *Sonnar*, das in der Contax verwendet wird.

Der Abbildungsmaßstab der Austrittspupille hat einen beträchtlich unter dem Wert 1 liegenden Betrag, was für die Natürlichkeit der Perspektive bei Nahaufnahmen von Vorteil ist (s. S. 131). Ähnliches ist beim *Biogon* festzustellen, das anschließend besprochen wird.

Zur Röntgen-Schirmbildphotographie ist als Spezialobjektiv für den Abbildungsmaßstab, der sich bei Aufnahmen mit einem Leuchtschirm der

Standardgröße 400 × 400 mm auf Kleinbild ergibt, das *R-Sonnar* 1 : 1,5, f = 50 mm von ZEISS herausgebracht. Die besondere Eignung des *Sonnar*-Typs für diesen Zweck liegt in der guten Wiedergabe auch schwacher Kontraste. Ein weiteres *R-Sonnar* 1 : 1,5, f = 100 mm für das Format 63 × 63 mm besitzt eine Bildfeldlinse mit Filmanlage.

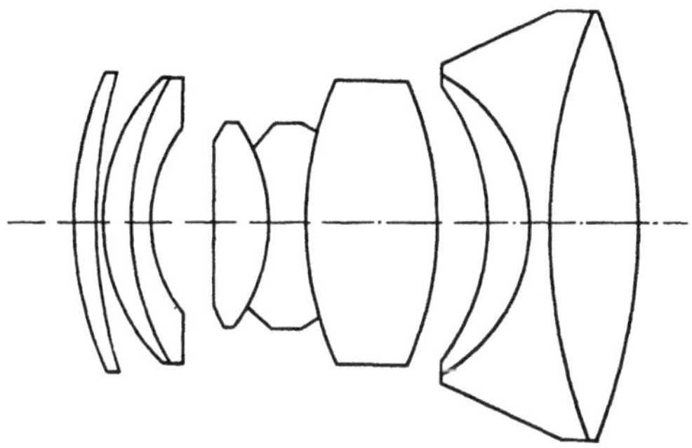

Abb. 107. Aviotar

Das *Sonnar* läßt sich bis zu Bildwinkeln von etwa 45° korrigieren; L. BERTELE, der Schöpfer des *Sonnar*, versuchte, diesen in der Lichtstärke und in der Beschränkung auf nur sechs Glas-Luftflächen ausgezeichneten Objektivtyp abzuwandeln, um über die 45°-Grenze hinauszugelangen. Das Ergebnis war das *Zeiss Biogon* 1 : 2,8 mit dem Bildfeldwinkel 63°. Wegen dieser Eigenschaft ist das *Biogon* bereits als Weitwinkelobjektiv anzusprechen, wobei die Verzeichnungsfreiheit, die hohe relative Öffnung und die Randhelligkeit bemerkenswert sind. Im Verlaufe weiterer Entwicklungen ließ sich bei der relativen Öffnung 1 : 4,5 der Bildwinkel auf 90° steigern. Im *Aviotar* (Abb. 107) der schweizerischen Firma WILD hat das *Biogon* eine Abwandlung nach langen Brennweiten für die Luftbildphotographie gefunden, wobei die Leistung aus folgenden Angaben hervorgeht:

1. Die Restbeträge des Öffnungsfehlers längs der Achse bleiben zwischen ± f/1800;

2. die meridionale Bildkurve des gelben Hauptstrahls verläuft für 0° bis 30° genau in der günstigsten Schärfeneinstellung. Für blaues Licht weicht sie nur um f/800 ab;

3. die sagittale Bildkurve des Hauptstrahls ist bis 30° so gestreckt, daß auch in diesem Schnitt eine gleichmäßige Schärfe gewährleistet ist;

4. die Restfehler der Koma in der Meridianebene überschreiten nirgends die restlichen Öffnungsfehlerbeträge;

5. die maximale Verzeichnung beträgt, gemessen in der Bildebene $\pm \frac{f}{35000}$, oder in Winkelmaß 6″.

K. Anastigmate vom Gauß-Typ

Unter einem GAUSS-Typ versteht man ursprünglich einen zweilinsigen Objektivtyp für Fernrohre, der außer der Achromasie des Farborts auch die Aufhebung des Öffnungsfehlers für zwei Farben gestattet, so daß die sogenannte farbige Differenz (chromatische Abweichung) des Öffnungsfehlers (Sphärochromasie) behoben ist (GAUSS-Bedingung). Er besteht aus zwei meniskenförmigen Linsen aus Kron und Flint [s. Objektivbeispiel (26)].

Der Gedanke, den GAUSS-Typ bei Photoobjektiven anzuwenden, ist schon von P. RUDOLPH in die Tat umgesetzt worden. Auf ihn geht zurück, zwei Objektive des genannten Typs zu einem symmetrischen Doppelanastigmat mit Mittelblende zusammenzusetzen. Das ZEISS-*Planar* war die Verkörperung dieser Idee (Abb. 108). In diesem ist noch ein anderes Korrektionsprinzip bemerkenswert. RUDOLPH vertrat die Ansicht, daß eine Anlage mit n = 1,57 in beiden Gliedern die günstigste sei. Zu jener Zeit gab es aber im Glaswerk von SCHOTT noch keine Gläser, die bei dieser Brechungszahl eine achromatische Korrektion erlaubten. Deshalb setzte RUDOLPH den zerstreuenden Meniskus aus zwei nahezu brechungsgleichen Gläsern, aber von verschiedenen ν-Werten in einer Kittfläche so zusammen, daß der äquivalente ν-Wert des verkitteten zerstreuenden Meniskus niedriger zu liegen kam, als jeder der ν-Werte der Einzellinsen (*hyperchromatische* Linse). Die Kittfläche ist für Strahlen der Hauptfarbe völlig indifferent, kann aber durch Abwandlung ihrer Krümmung erhebliche chromatische Änderungen bewirken.

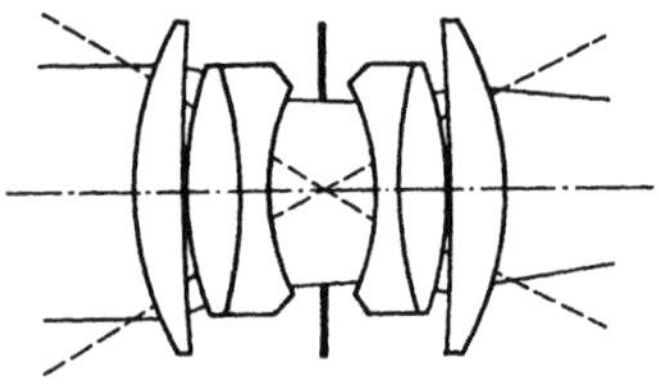

Abb. 108. Planar

Sobald die neuen Gläser in Jena zur Verfügung standen, erübrigte sich die hyperchromatische Linse. Mit einem Paar aus neuen Gläsern konnte der GAUSS-Typ anastigmatisch korrigiert werden; so geschah es bei dem MEYERschen *Aristostigmat* (Abb. 109).

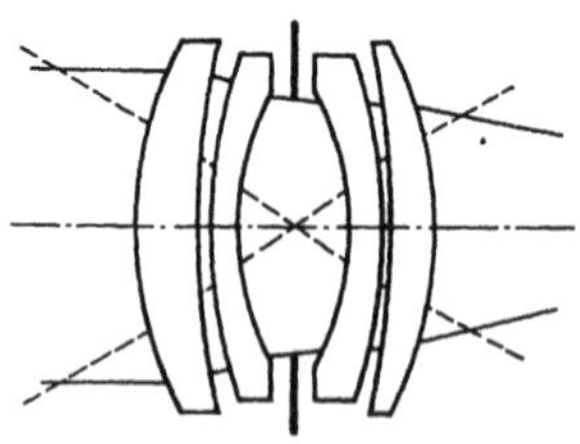

Abb. 109. Aristostigmat

Der einfache Weg, mit zwei unverkitteten Linsen aus alten Gläsern dasselbe zu erreichen, wurde durch MARTIN gewiesen, nämlich in der *Omnar*-Hälfte (Abb. 98) [Objektivbeispiel (*26*)].

Mit der „photokina“ 1954 kam in der *Rolleiflex* das fünflinsige *Planar* 1 : 2,8, f = 80 mm als modern befruchtete Vervollkommnung des klassischen *Planar* auf den Markt.

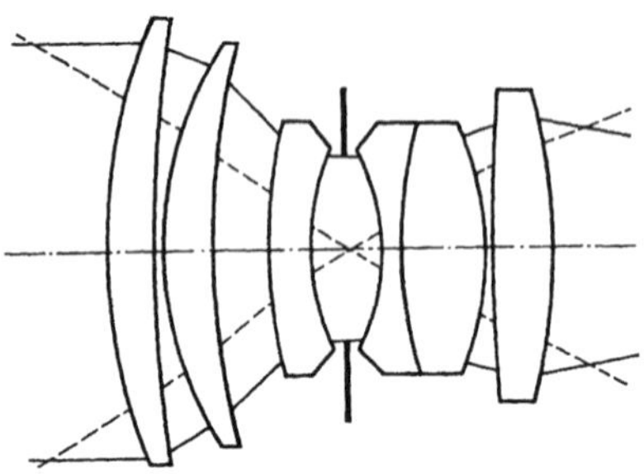

Abb. 110. Ultron

Der behandelte GAUSS-Typ hat im Laufe der ersten Hälfte dieses Jahrhunderts vielfach Pate gestanden, meist allerdings in modifizierter Form, weil er sich für die Schaffung extrem lichtstarker Systeme mit teilweise bemerkenswert großen Bildfeldern hervorragend eignet [z. B. ZEISS-*Biotar* 1 : 1,4; s. Objektivbeispiel (*27*)]. Die zugehörige Tabelle im Anhang vermittelt einen Überblick über die modernen Vertreter dieses Typs. Das dort erwähnte VOIGTLÄNDER-Objektiv *Ultron* 1 : 2 (Abb. 110), auch das Jenaer Objektiv 1 : 2,8 (Abb. 111) haben im Bildwinkelbereich $2\,\sigma_B = 60°$ verschwindend geringe Farbquerfehler und Farbkoma. Gegenüber dem *Tessar* 1 : 2,8 ist die Auflösung ungefähr verdoppelt. Es eignet sich daher vorzüglich für Aufnahme und Wiedergabe in Dokumentationsgeräten.

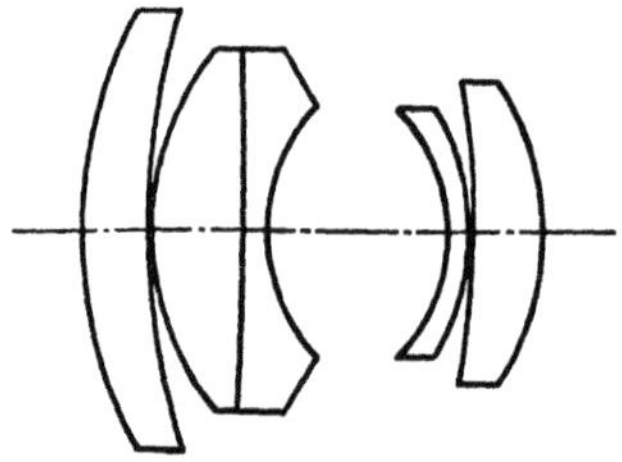

Abb. 111. Jenaer Weitwinkel-Objektiv

Es ist nicht möglich, außer den in der Tabelle genannten Objektiven eine vollständige Aufzählung aller Vertreter dieses Typs zu geben. Die modernen Ausführungen mit extremen Öffnungsverhältnissen erfordern natürlich eine große Zahl an Linsen und brechenden Flächen.

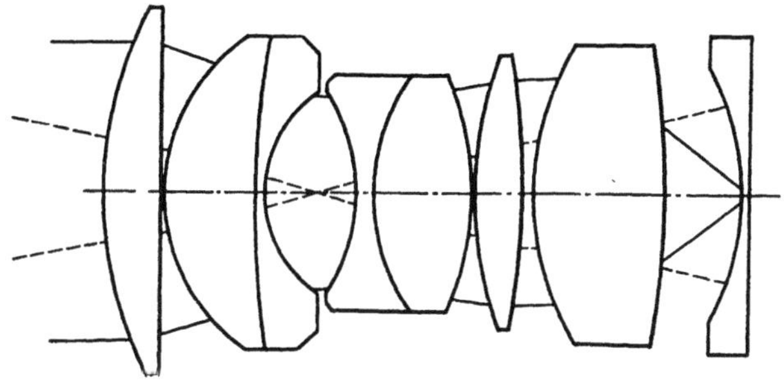

Abb. 112. Röntgenbild-Objektiv

Für *Röntgenschirmbildphotographie* und *Hochfrequenz-Oszillographie* sind in Jena Röntgenbild-Objektive nach dem GAUSS-Typ entwickelt worden, die bei 1 : 1 bzw. 1 : 0,85 (Abb. 112) den Bildwinkel 32° auszeichnen. Bei diesen Objektiven ist ebenfalls auf die Korrektion der sagittalen und meridionalen Koma und auf die Korrektion ihrer chromatischen Variation besonderer Wert gelegt worden.

Auch für die Photographie im Infrarot und als Bildwandlerobjektiv hat der modifizierte GAUSS-Typ wegen seiner großen Lichtstärke Verwendung gefunden[1].

L. Der sphärochromatisch korrigierte Objektivtyp nach Zincke gen. Sommer

Ein weiterer sphärochromatisch korrigierter Typ ist in dem von ZINCKE gen. SOMMER angegebenen Objektiv (Abb. 113) aus dem Jahre 1872 verwirklicht, das durch die persönliche Voreingenommenheit von W. Fr. VOIGTLÄNDER gegen einzeln stehende Linsen niemals gefertigt wurde, obwohl es wegen seiner vielversprechenden Qualitäten einen großen Erfolg bedeutet hätte. Er ist die Grundform einer Reihe von Objektiven, die später zu höchster Vollkommenheit weiterentwickelt werden konnten. Das ZINCKE-SOMMER-Objektiv ist wert, an dieser Stelle als Pionierleistung hervorgehoben zu werden, da es einerseits die GAUSS-Bedingung für die Beseitigung der Sphärochromasie erfüllte, andererseits den Öffnungsfehler mit bemerkenswert geringen Zonenfehlern korrigierte [Objektivbeispiel (*28*) im Anhang]. Fertigungsmäßig ist es ebenfalls vorteilhaft, denn die Linsenflächen haben auffallend schwache Krümmungen. Die astigmatische Korrektion beschränkt sich allerdings noch auf Bildfeldebnung im übertragenen Sinne, und die Farborts-Korrektion ist unbefriedigend. Hätte ZINCKE-SOMMER an diesem Objektivtyp weiterarbeiten dürfen, so wären ihm bei seinen unbestreitbaren Fähigkeiten zweifellos die noch nötigen Verbesserungen gelungen, denn der Typ erlaubt es.

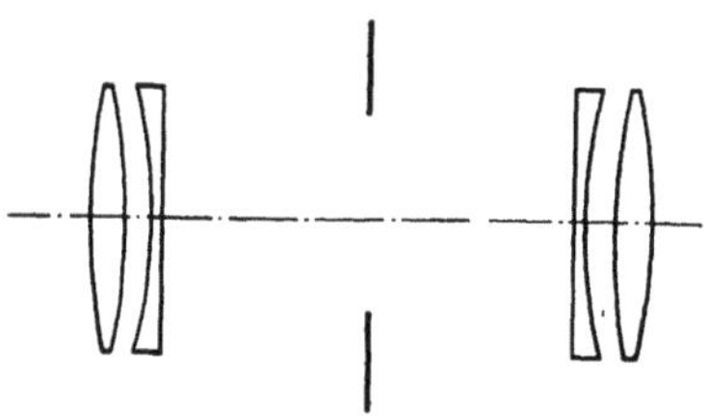

Abb. 113. Sphärochromatisch korrigiertes Objektiv nach ZINCKE gen. SOMMER

[1] Journ. Opt. Soc. Am. 37 (1947), S. 466–471.

Tatsächlich hat später M. v. ROHR in dem alten *Biotar* mit SMYTHscher Bildebnungslinse diesen ZINCKE-SOMMER-Typ zum Anastigmaten ausgebildet[1] und P. RUDOLPH hat fast 50 Jahre nach ZINCKE-SOMMER auf diesem Typ das *Kino-Plasmat* von H. MEYER aufgebaut, dessen Bildfehleranalyse im Objektivbeispiel (*29*) gegeben wird. Dieses *Kino-Plasmat* (Abb. 114) bedient sich sammelnder, gegen die Blende erhabener Kittflächen in den außen stehenden Sammellinsen, um anastigmatische Bildfeldebnung herbeizuführen und das bei einer großen relativen Öffnung; als weiteres Korrektionsmittel benutzt P. RUDOLPH die Maßnahme, die beiden Objektivhälften beiderseits der Mittelblende nicht absolut symmetrisch (holosymmetrisch) im Verhältnis 1 : 1, sondern hemisymmetrisch im Verhältnis etwa 1 : 0,88 zu wählen. Objektivbeispiel (*29*) gibt die Flächenteilkoeffizienten und deren Summen für die hintere Objektivhälfte an, außerdem die Bildfehlersummen für das „hemisymmetrische" Doppelobjektiv.

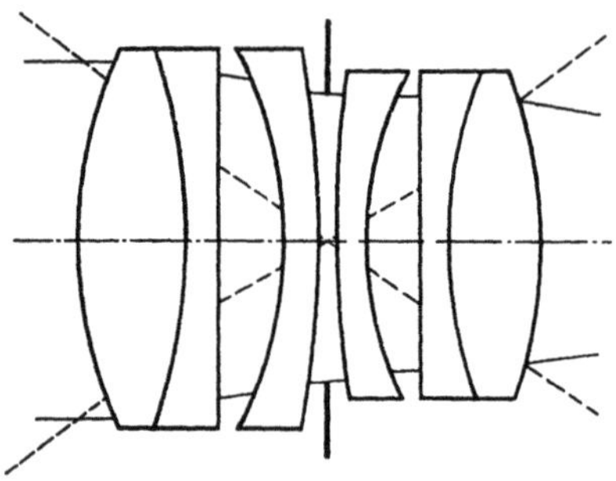

Abb. 114. Kino-Plasmat

M. Weitwinkelobjektive und kurzbrennweitige Objektive mit verlängerter Schnittweite

Man versteht unter Weitwinkeln Objektive, deren nutzbarer Bildfelddurchmesser d (Diagonale des Formats) merklich größer als die Objektivbrennweite f ist[2], etwa so:

$$d \geqq 1{,}2\,f$$

oder als Bildfeldwinkel

$$2\,\sigma_{B_1} > 60°.$$

Solche Objektive werden für die verschiedensten Aufgaben der Photographie benötigt: vom Bildnisphotographen speziell für Gruppenaufnahmen; vom Amateur und Bildreporter für Aufnahmen von Städtebauwerken, Massenversammlungen usw.; von Reproduktionsanstalten für die Vervielfältigung von großen Vorlagen wie Landkarten; von Luftbildphotographen für Übersichtsaufnahmen insbesondere noch unerforschter Gebiete; vom Meteorologen für Bewölkungsaufnahmen.

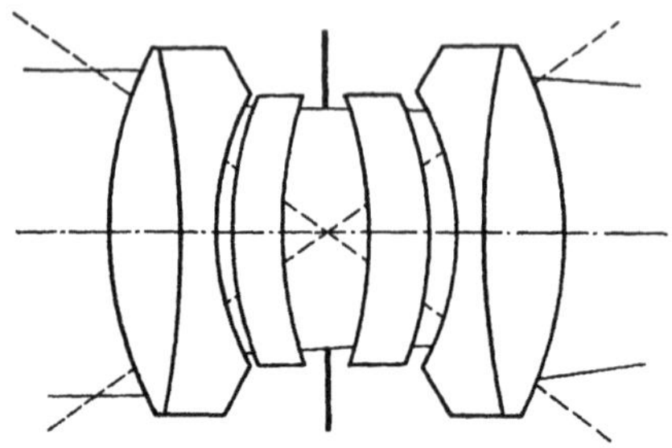

Abb. 115. Orthometar

Die in den jeweiligen Fällen anwendbaren Objektivtypen bestimmen sich danach, welche Bildleistung hinsichtlich Lichtstärke, Bildfeldwinkel,

[1] Zeitschrift f. Instrumentenkunde **31** (1911), S. 265—270.

[2] Bei Kleinformaten (Kleinbild und Kinofilm) bezeichnet man Objektive von kürzerer als der Standardbrennweite gelegentlich als Weitwinkel, selbst wenn der Bildfeldwinkel noch unter 60° liegt (s. Tabelle 10).

Bildschärfe und Maßstabstreue (Verzeichnungsfreiheit) verlangt werden muß. Gewisse, früher schon erwähnte Objektivtypen eignen sich für die Erfüllung dieser Aufgaben von vornherein verhältnismäßig gut, z. B.

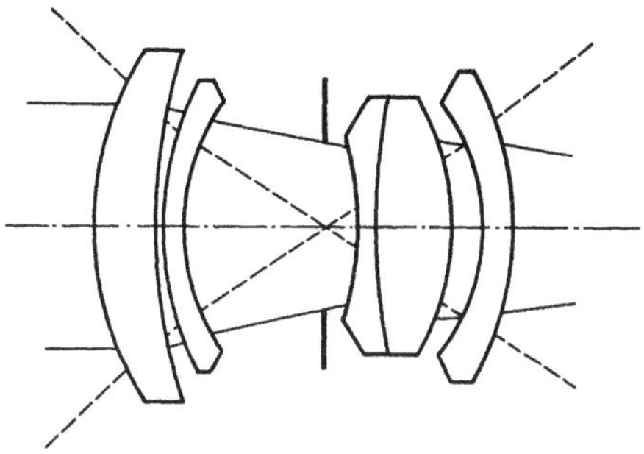

Abb. 116. Ultragon

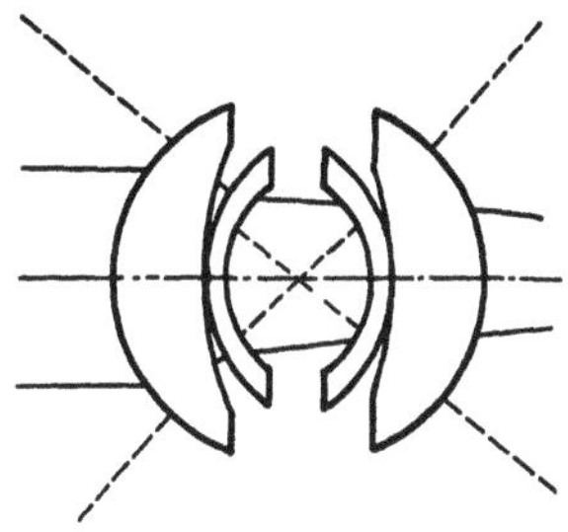

Abb. 117. Topogon

Doppelanastigmate und besonders die Modifikationen des GAUSS-Typs, weil einige der letzteren auch bei größeren Öffnungsverhältnissen noch ziemlich große Bildfeldwinkel auszeichnen. Als Beispiel seien nur das

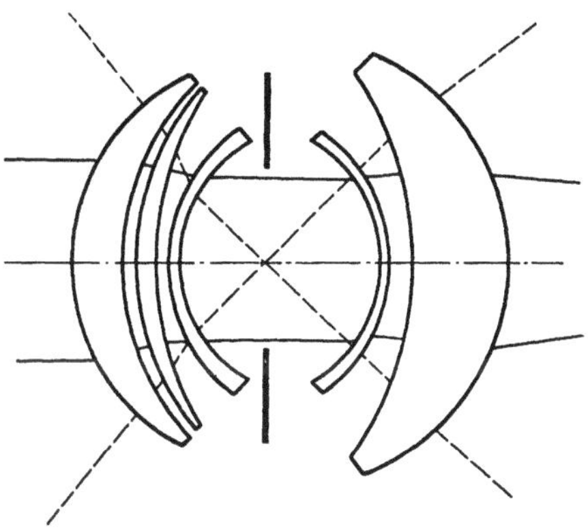

Abb. 118. Metrogon

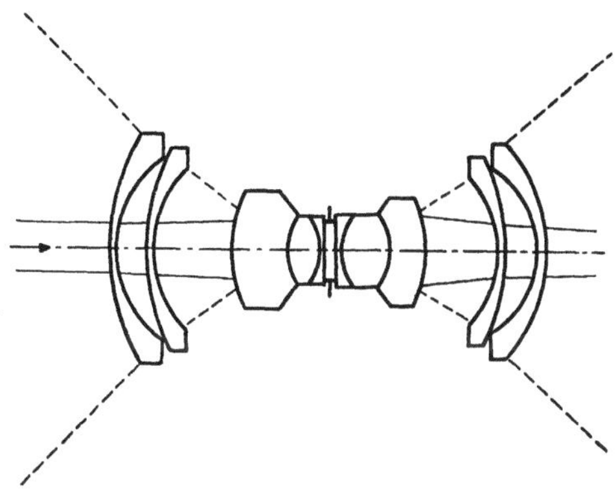

Abb. 119. Aviogon

ZEISS *Orthometar* 1 : 4,5, $2\,\sigma_B = 69°$ (Abb. 115) [Objektivbeispiel (*15*)], das vierlinsige Doppelobjektiv von ZINCKE gen. SOMMER 1 : 6,5, $2\,\sigma_B = 70°$ (Abb. 113), [Objektivbeispiel (*28*)] erwähnt. Sehr gute Leistungen haben z. B. das VOIGTLÄNDERsche *Ultragon* (Abb. 116), das SCHNEIDERsche *Angulon*, das RODENSTOCKsche *Perigon* und das ZEISSsche *Biogon*.

Für Bildmeßzwecke (Fliegerkameraobjektiv) kommt es auf hervorragende Verzeichnungsfreiheit an[1]. Dies leistet unter anderem neben dem schon erwähnten *Orthometar* insbesondere das *Topogon* von ZEISS. Dieses Objektiv verdient einige ausführliche Bemerkungen. Es wurde von R. RICHTER errechnet und ist durch DRP 636 167 (1939) geschützt worden.

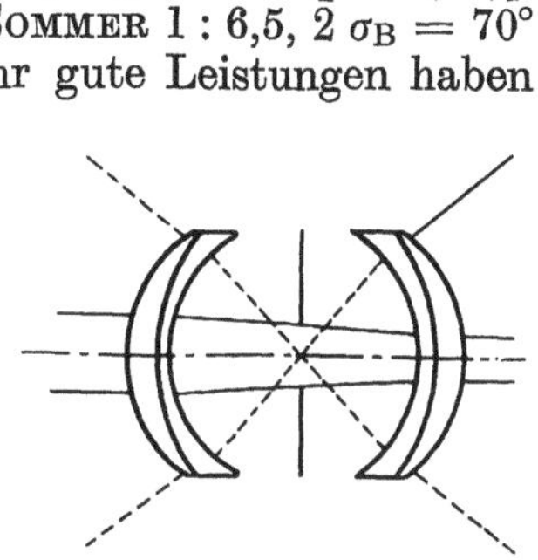

Abb. 120. Pantoskop

[1] Wenn man nicht nach dem PORRO-KOPPEschen Prinzip Verzeichnungsfehler automatisch eliminiert.

Bei 1 : 6,3, zeichnet es $2\,\sigma_B = 100°$ genügend verzeichnungsfrei aus, ist hervorragend anastigmatisch und im Farbfehler des Hauptstrahls korrigiert [Objektivbeispiel *(30)* des Anhangs]. Inzwischen ist es für 1 : 4 und $2\,\sigma_B = 80°$ als kurzbrennweitiges Objektiv (f = 25 mm) ausgebildet worden (Abb. 117). Eine interessante amerikanische Abwandlung des *Topogon* ist das BAUSCH und LOMB *Metrogon* (Abb. 118) nach USA Patent 2 325 275. Einen neuen sehr leistungsfähigen Typ stellt das WILDsche *Aviogon* 1 : 5,6, $2\,\sigma_B = 90°$ dar (Abb. 119).

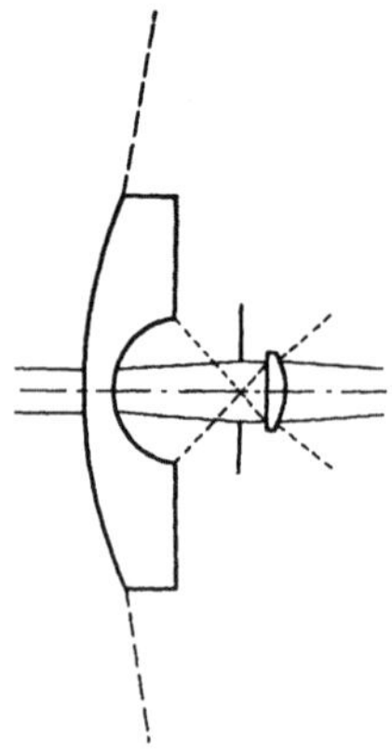

Abb. 121. Superweitwinkel nach HAVLIČEK

Höchstleistungen an Bildfeld vollbrachten das alte BUSCH-*Pantoskop* 1 : 30 (Abb. 120) mit $2\,\sigma_B = 98°$ [Objektivbeispiel (7)] und das GOERZsche *Hypergon* 1 : 32 mit $2\,\sigma_B = 135°$ (Abb. 101). Diese Objektive mußten aber mit sehr kleiner Blende benutzt werden, um genügend scharfe Aufnahmen zu bekommen. Außerdem hatte besonders das letztere bereits eine sehr starke natürliche Vignettierung und war daher mit rotierender Sternblende ausgerüstet.

Seit etwa 1930 verwendet man Weitwinkelobjektive für wissenschaftliche Spezialaufgaben, bei denen Bildwinkel über 150° ausgezeichnet werden, jedoch mit so starker tonnenförmiger Verzeichnung, daß der natürlichen Vignettierung dadurch entgegengewirkt wird. Diese Objektive bestehen aus einem zerstreuenden Frontglied und einem sammelnden Hinterglied unter Zwischenschaltung eines genügenden Luftraumes. Das Objektivbeispiel *(31)* zeigt ein solches System in einer besonders verständlichen Anordnung (Abb. 121) nach F. J. HAVLIČEK. Es stammt aus einer Veröffentlichung des Jahres 1951, ist also eine spätere Ausführung dieses Objektivtyps. Es wurde als Beispiel analysiert, weil es besonders interessant ist. Ältere Formen wurden von H. SCHULZ beschrieben[1], so ein Objektiv 1 : 5 mit $2\,\sigma_B = 160°$.

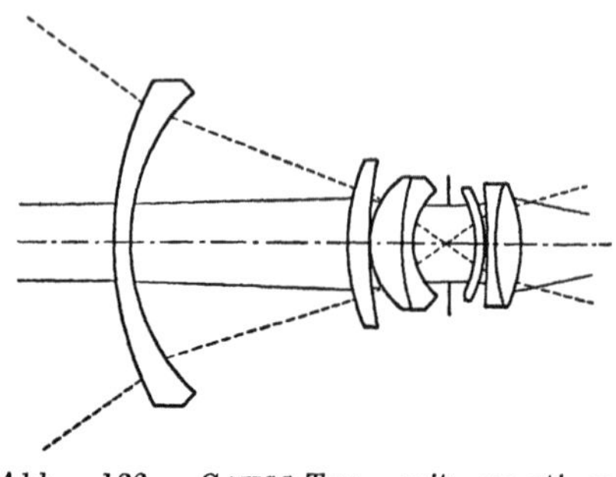

Abb. 122. GAUSS-Typ mit negativer Frontlinse

Ferner müssen das ZEISS *Pleon* 1 : 8, $2\,\sigma_B = 135°$, ZEISS *Distagon* 1: 5,6 und ein in Jena berechnetes Objektiv 1: 2,8 (Abb. 122) hier genannt werden, letzteres allerdings nur mit $2\,\sigma_B = 63°$ und f = 35 mm, da es für Spiegelreflex-Kleinbildkameras gedacht ist. Diese besonderen Objektive weisen den besprochenen Weitwinkeltyp weniger aus Bildfeldgründen, sondern mehr wegen der relativ großen Bildschnittweite auf, da der Typ dem Teleobjektiv entgegengesetzt ist, der im folgenden besprochen wird. Bei dem ZEISS *Distagon* 1 : 5,6 $2\,\sigma_B = 65°$ beispielsweise ist der freie Abstand der Filmebene auf 110% der Brennweite (f = 60 mm für Format 60 × 60 mm) gesteigert. Weitere Objektive mit verlängerter Schnittweite gehen aus der zugehörigen Tabelle im Anhang hervor.

[1] Zeitschrift f. techn. Physik **13** (1932), S. 487—491.

N. Teleobjektive

Kennzeichnend für Teleobjektive ist die Anordnung eines sammelnden Vordergliedes mit der positiven Brennweite f_1 und eines zerstreuenden Hintergliedes mit der negativen Brennweite f_2 in einem gegenseitigen genügend großen Hauptpunktabstand e (Abb. 123). Es sind

die Gesamtbrennweite $$f = \frac{f_1 f_2}{f_1 + f_2 - e}; \qquad (74)$$

die Brennpunktsweite $$a'_{2F'} = f \cdot \frac{f_1 - e}{f_1}, \qquad (77)$$

die positiv ist, wenn $f_1 > e$;

die „Gesamtlänge" $$l = e + a'_{2F'} = f\left[1 + \frac{e}{f_2}\left(1 - \frac{e}{f_1}\right)\right].$$

Bei $f_1 > e$ und $f_2 < 0$ wird $l < f$; der hintere Hauptpunkt H' des Gesamtobjektivs liegt in diesem Falle vor dem Vorderglied im (negativen) Abstand

$$l - f = f \cdot \frac{e}{f_2} \cdot \left(1 - \frac{e}{f_1}\right) = \frac{e \cdot a'_{2F'}}{f_2}.$$

Führt man an Stelle des Hauptpunktabstandes e die „optische" Tubuslänge $F'_1 \overline{F}_2 = t = e - (f_1 + f_2)$ ein, so werden

$$f = -f_1 f_2/t, \qquad (74a)$$

$$a'_{2F'} = -f\frac{t + f_2}{f_1} = +f_2\frac{t + f_2}{t} = -f\frac{t(f_1 - f)}{f_1^2}.$$

Bei ungleichen Vorzeichen von f_1 und f_2, wie vorausgesetzt war, wird f nur dann positiv, wenn t selbst auch positiv ist, d. h. wenn die Richtung $F_1' \overline{F}_2$ gleichsinnig mit dem Lichtdurchgang ist. Man kann mit zwei solchen Linsen durch Verändern ihres Abstandes die Brennweite f umgekehrt proportional zu t verändern. Man braucht ein Photoobjektiv mit seinem Verschluß nur aus der Kamera herauszuschrauben, um es sodann mit einem Zwischenrohr wieder anzuschrauben, das ein geeignetes Zerstreuungsglied in der Nähe des Kameraanschraubgewindes enthält und eine Rohrlängenveränderung gestattet. Allerdings liefert eine solche Vorrichtung nur dann brauchbare Systeme, wenn man das Objektiv stärker abblendet. Man kann aber beliebig große Brennweiten damit einstellen, wobei natürlich auch der Abstand zwischen dem zerstreuenden Glied und der Filmebene einstellbar sein muß, da sich auch $a'_{2F'}$ mit t ändert.

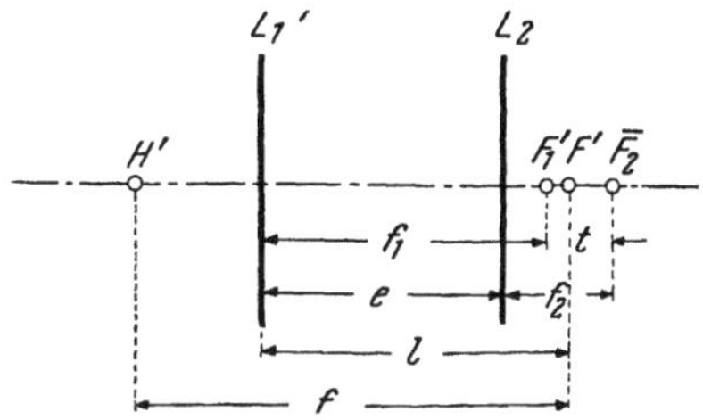

Abb. 123. Zur Erklärung des Teleobjektivs

Schreibt man für das Brennweitenverhältnis

$$-f_1/f_2 = +\gamma, \qquad (271)$$

so wird $f = +\gamma f_2^2/t$. Da nun $-f_2 < f_1$ sein muß, um große Brennweiten f zu bekommen, ist $\gamma > 1$.

Das Verhältnis f/f_1 gibt die *Maßstabsvergrößerung* an, mit der das Teleobjektiv gegenüber dem Objektiv f_1 allein abbildet, und zwar ist

$$f/f_1 = -f_2/t = \frac{1}{\gamma}\frac{f_1}{t}.$$

Die entsprechenden Bildweiten der Brennpunkte werden demgemäß

$$\frac{a'_{2F'}}{f_1} = -\frac{1}{\gamma}\frac{t+f_2}{t} = \frac{1}{\gamma}\left(\frac{f}{f_1} - 1\right).$$

Je größer γ gewählt wird, um so kürzer wird $a'_{2F'}$. Große Werte von γ bedeuten aber relativ zu f_1 kleine Absolutwerte $|f_2|$. Kurze Brennweiten des Zerstreuungsgliedes bedingen nun krumme Flächen und kleine Öffnungen, was Schärfe und Bildwinkel beeinträchtigt. Deshalb wählt man γ möglichst nicht größer als 3. Die Tabelle 29 gibt einen Überblick über die zahlenmäßigen Werte bei $\gamma \approx 2{,}5$:

Tabelle 29

γ		2,56	2,50	2,50	2,50
f (mm)	f_1	+ 32	+ 50	+ 80	+ 125 mm
	f_2	− 12,5	− 20	− 32	− 50 mm
+ 50	t	8	20	51	125 mm
	e	27,5	50	99	200 mm
	$a'_{2F'}$	7	0	− 11,9	− 30 mm
	l/f	0,69	1,0	1,74	3,4
+ 80	t	5	12,5	32	78,1 mm
	e	24,5	42,5	80	153,1 mm
	$a'_{2F'}$	18,75	12	0	− 18,0 mm
	l/f	0,54	0,68	1,0	1,7
+ 125	t	3,2	8	20,5	50 mm
	e	22,7	38	68,5	125 mm
	$a'_{2F'}$	36,3	30	18,0	0 mm
	l/f	0,47	0,54	0,69	1,0
+ 200	t	2	5	12,8	31,25 mm
	e	21,5	35	60,8	106,25 mm
	$a'_{2F'}$	65,6	60	49,25	30 mm
	l/f	0,44	0,47	0,55	0,68
+ 320	t	1,25	3,2	8	19,5 mm
	e	20,75	33,2	56	94,5 mm
	$a'_{2F'}$	112,5	107,5	96	78,1 mm
	l/f	0,42	0,44	0,47	0,54

Praktische Bedeutung haben nur die Werte unterhalb der stufenförmigen dicken Linie, da nur dafür positive Bildweiten $a'_{2F'}$ herauskommen; und von diesen sind meist nur die Zusammenstellungen gebräuchlich, für die sich l/f größer als 0,60 ergibt. Es sei aber nochmals betont, daß Tabelle 29 nur für $\gamma = -\frac{f_1}{f_2} \approx 2{,}5$ berechnet ist. Bei anderen γ-Werten verschieben sich die Grenzen.

Einer besonderen Bemerkung bedarf es noch hinsichtlich der *Lichtstärke* eines Teleobjektivs, das durch Benutzung eines normalen Photoobjektivs am Zwischentubus mit zerstreuendem Linsenglied zustande kommt, wie dies oben beschrieben ist. Wenn die Blende des Photoobjektivs auf die Blendenzahl B eingestellt ist, so ist die wirksame Blendenzahl der Tele-Kombination:

$$B_T = \frac{f}{f_1} B,$$

die (geometrische) Lichtstärke des Teleobjektivs mithin nur das $(f_1/f)^2$fache von der des Photoobjektivs; im allgemeinen muß man also $(f/f_1)^2$fach länger belichten, als sich für die Blendenzahl B ergibt. Wegen der Notwendigkeit, das Photoobjektiv hierbei stärker abzublenden, worauf ebenfalls schon hingewiesen wurde, sind die Belichtungszeiten noch erheblich länger. Deshalb ist es wenig nutzbringend, ein Teleobjektiv aus einem normalen Photoobjektiv und Zwischentubus mit Negativglied zu erstellen.

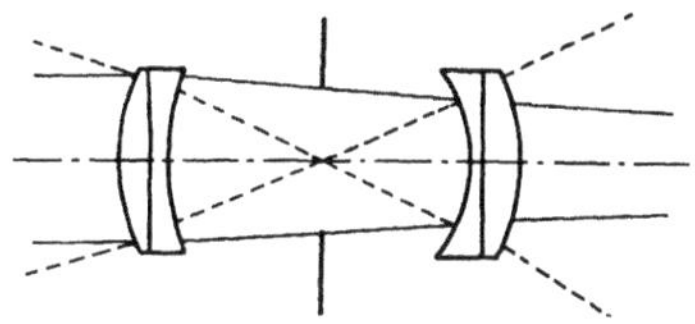

Abb. 124. Bistelar

Das war eine wesentliche Begründung dafür, daß man bald nach der Jahrhundertwende daranging, Teleobjektive als solche eigens zu entwickeln. Der erste, der diesen Schritt tat, war wohl K. MARTIN bei E. BUSCH in Rathenow, der das *Bistelar* (Abb. 124) herausbrachte [Objektivbeispiel (*32*)]. Bei diesem berühmt gewordenen Objektiv waren $\frac{a'_{2F'}}{f} = 0{,}625$ und $\frac{f}{f_1} = 2{,}2$. Nicht minder bekannt wurde das einige Jahre später von ZEISS hervorgebrachte *Magnar* (Abb. 125) mit $\frac{a'_{2F'}}{f} = 0{,}35$ und $\frac{f}{f_1} = 4$. Die starke Bildweitenverkürzung des *Magnar* ist besonders bemerkenswert.

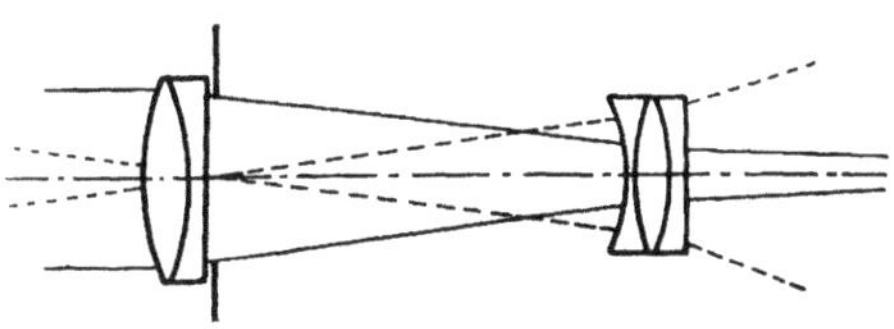

Abb. 125. Magnar

Die Leistungen der Teleobjektive sind in den auf das MARTINsche *Bistelar* folgenden fünfzig Jahren weiter verbessert worden. Besonders die Bildmessung aus Flugzeugen war dieser Entwicklung Ansporn, so daß nach dem Jahre 1940 zahlreiche Patente auf neue Teleobjektive angemeldet wurden.

Man glaubte lange, kissenförmige Verzeichnung sei bei Teleobjektiven unvermeidlich. Aber R. RICHTER konnte mit dem ZEISS-*Telikon* (Abb. 126) beweisen, daß die Verzeichnung auch bei Teleobjektiven korrigierbar ist[1].

[1] S. auch W. MERTÉ in: Ztschr. f. Instrkde. **61** (1941), S. 264–270.

Das *Telikon*[1] zeichnet ein Bildfeld von 31° mit 1 : 6,3 praktisch verzeichnungsfrei aus. Allerdings haben die modernen hochbrechenden Krongläser hierbei keinen Anteil, eher sind die SCHOTTschen Tiefflinte vorteilhaft.

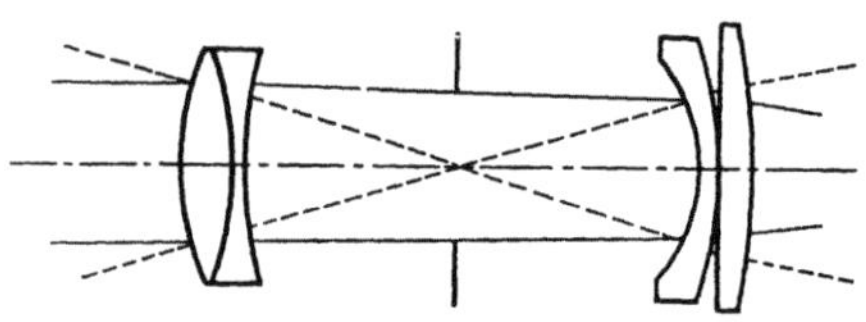

Abb. 126. Telikon

Auch in der Steigerung der relativen Öffnung sind beachtliche Erfolge erzielt worden. So beträgt sie 1 : 3 beispielsweise bei dem Tele-Triplett[2] f = 200 und 300 mm der Firma ASKANIA, Berlin-Friedenau, für das Format 24 × 36 mm, das sich zudem durch eine gute sphärochromatische Korrektur auszeichnet. Teleobjektive 1 : 2,0 bis 1 : 2,5 sind in Amerika patentiert worden[3], speziell für kleinere Formate.

Teleobjektive mit extrem langen Brennweiten wurden für die Verwendung im infraroten Licht konstruiert, so z. B. von ZEISS[4] mit 3 m Brennweite, wobei das Öffnungsverhältnis allerdings nur 1 : 25 betrug und der Bildwinkel $2\ \sigma_B = 3°$.

O. Besondere Objektivformen

Einige der auf dem Markt befindlichen Objektive stellen besondere Typen dar. Solche wurden bei den Weitwinkeln schon erwähnt (*Aviogon, Topogon*). Das ZEISS *Topar* 1 : 4, $2\ \sigma_B = 61°$ ist ein neues Objektiv[5], das gegenüber dem leistungsfähigen *Topogon* eine noch weitere Vervollkommnung darstellt, insbesondere hinsichtlich der Korrektion von Öffnungsfehler, Bildfeldwölbung und Verzeichnung. Die hervorragende Schärfe erstreckt sich von der Mitte fast unvermindert über eine Strecke von der Länge 10 cm der Formatseiten. Die Abweichungen zufolge der Verzeichnung sind bei f = 210 mm kleiner als 0,003 mm. Die Abschattung in den Ecken des Formats ist so gering, wie das überhaupt denkbar ist; die Beleuchtungsstärke geht nicht weiter als auf 30% herunter und entspricht daher bestens den gestellten Forderungen. Errechner des *Topar* sind R. RICHTER und F. KOCH bei ZEISS.

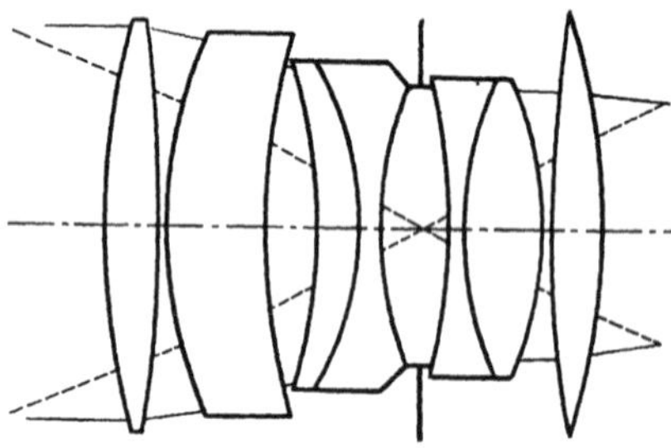

Abb. 127. Photo-Switar

Eine bemerkenswerte Vollkommenheit weist auch das *Photo-Switar* (Abb. 127) der Firma KERN (Schweiz) auf, dessen Bildfehleranalyse aus dem Objektivbeispiel (*36*) hervorgeht.

Über einige während des Krieges 1939 bis 1945 in Deutschland entwickelte Sonderobjektive, insbesondere lichtstarke Systeme und Weitwinkelobjektive, sowie für Infrarotanwendung berichtet zusammenfassend E. K. KAPRELIAN[6].

[1] DRP 382 977 (1919).
[2] DRP 861 161.
[3] USA-Patente 2 366 597 und 2 433 438.
[4] Journ. Opt. Soc. Amer. **37** (1947), S. 466—471.
[5] Bildmessung und Luftbildwesen **20** (1952), S. 59—73.
[6] Journ. Opt. Soc. Am. **37** (1947), S. 466—471.

P. Spiegelobjektive

Der einfache Kugelspiegel. Mit großem Erfolg sind für gewisse Aufgaben photographische Objektive eingesetzt worden, die Spiegelflächen enthalten. Am bekanntesten ist das Spiegelobjektiv nach B. SCHMIDT, auf das ausführlich weiter unten eingegangen wird.

Bereits der Kugelspiegel hat bestimmte Vorzüge vor Linsen. Zunächst einmal bildet er völlig farbfehlerfrei ab. Wenn man also ein Objektiv nur aus Spiegelflächen aufbaut, kann man vom Ultraviolett bis Infrarot mit derselben Einstellung arbeiten. Man kann also z. B. im sichtbaren Licht einstellen und dann ohne jegliche Nachstellung in *unsichtbaren* Spektralgebieten Aufnahmen machen. Ferner besitzt der Kugelspiegel einen bedeutend geringeren Öffnungsfehler als eine Linse von derselben Brennweite und Öffnung, auch wenn letztere die günstigste Durchbiegung aufweist, bei der der Öffnungsfehler sein Minimum hat. Das kommt schon im Teilkoeffizient des Öffnungsfehlers zum Ausdruck, der für $a = \infty$ beim Hohlspiegel den Betrag $H_{Sp} = +0{,}25$ hat, bei der Linse den Wert $H_L = -\frac{n}{4(n+2)} + \frac{n^2}{4(n-1)^2}$. Je nach dem für die Linse verwendeten Glas ($n = 1{,}5$ bis $1{,}8$) liegt H_L bei $+2{,}14$ bis $+1{,}14$. Der Öffnungsfehler eines Hohlspiegels in dieser Benutzungsart ist also nur etwa $^1/_5$ bis $^1/_8$ desjenigen der Linse. Das läßt sogleich vermuten, daß Objektive, die Spiegelflächen enthalten, mit kleineren *Zonenfehlern* korrigierbar sind, was sich dann auch in der Praxis bestätigt.

Auch die Sinusbedingung erfüllt der Kugelspiegel verhältnismäßig gut, insofern

$$\frac{\tilde{f} - f}{f} = \frac{1}{\cos\tilde{\varphi}} - 1$$

den Betrag 0,0025 noch für die relative Öffnung 1 : 3,5 einhält.

Die Abbildungsfehler in *schiefen* Bündeln, Koma, Astigmatismus und Verzeichnung, treten nicht auf, wenn die Aperturblende im Krümmungsmittelpunkt des Kugelspiegels steht. Lediglich ist dann anastigmatische Bildfeldwölbung vorhanden, und zwar ist die Bildfläche konzentrisch zum Kugelmittelpunkt. Die Brennfläche hat den Radius $f = -\frac{r}{2}$ des Spiegels und ist für den Hohlspiegel (Sammelspiegel) konvex, während sie für die Sammellinse konkav vom Betrage nf ist. Dieses Verhalten ist wieder günstig bei der Verwendung von Hohlspiegelflächen in Objektiven.

Es ist durchaus möglich, mit einem einfachen Hohlspiegel, in dessen Krümmungsmittelpunkt die Aperturblende steht, eine brauchbare Abbildung ausgedehnter Objekte zu bekommen, allerdings auf einer entsprechend gewölbten Bildfläche.

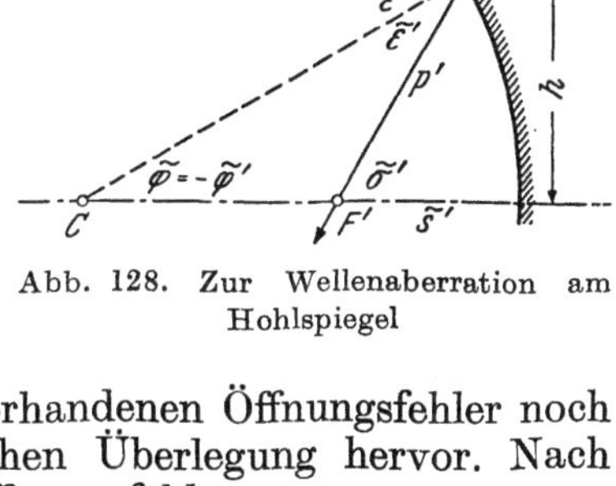

Abb. 128. Zur Wellenaberration am Hohlspiegel

Welche *Öffnungsverhältnisse* bei dem vorhandenen Öffnungsfehler noch erlaubt sind, geht aus einer wellenoptischen Überlegung hervor. Nach (210) beträgt die Wellenaberration des Öffnungsfehlers

$$l = -\Delta e' (1 - \cos \tilde{\sigma}') + \frac{1}{f^2} \int_0^h \Delta s' \, h \, d h.$$

Nach Abb. 128 ist:

$$\tilde{\sigma}' = 2 \tilde{\varphi}'; \; p' = \frac{h}{\sin \tilde{\sigma}'} = \frac{h}{\sin 2 \tilde{\varphi}'};$$

$$\Delta s' = \tilde{s}' - s' = \frac{r'}{2} - p' = \frac{r'}{2} - \frac{h}{\sin 2 \tilde{\varphi}'},$$

daher mit $h = r' \sin \tilde{\varphi}'$:

$$\Delta s' = \frac{r'}{2} \left(1 - \frac{1}{\cos \tilde{\varphi}'}\right). \tag{272}$$

Folglich wird

$$l = -2 \, \Delta e' \sin^2 \tilde{\varphi}' - 4 \, r' \sin^4 \frac{\tilde{\varphi}'}{2}. \tag{273}$$

Die Bildeinstellung $\Delta e'$ dürfte etwa so zu wählen sein, daß das Maximum von l den Wert $\frac{\lambda}{4}$ nicht überschreitet[1]. Das Maximum tritt für $\frac{dl}{d \tilde{\varphi}'} = 0$ ein, d. h. für

$$\mathrm{tg}^2 \frac{\tilde{\varphi}'_{max}}{2} = -\frac{\Delta e'}{r'}.$$

Dann wird:

$$l_{max} = \frac{4 \, (\Delta e')^2}{r'} = \frac{\lambda}{4},$$

d. h.

$$\Delta e' = -\frac{1}{4} \sqrt{r' \lambda}. \tag{274}$$

Mit dieser Bildeinstellung wird die Wellenaberration bei beliebigen Winkeln $\tilde{\varphi}'$:

$$l = \frac{1}{2} \sqrt{r' \lambda} \sin^2 \tilde{\varphi}' - 4 \, r' \sin^4 \frac{\tilde{\varphi}'}{2}.$$

Die Begrenzung der Spiegelöffnung dürfte so gelegt werden, daß am Rande $l = -\frac{\lambda}{4}$ wird[1]. Dann ist für die Randbegrenzung

$$\sin^2 \frac{\tilde{\varphi}'_{Rd}}{2} = \frac{1 + \sqrt{2}}{4} \sqrt{\frac{\lambda}{r'}}.$$

Da $\sin \tilde{\varphi}'_{Rd} = \frac{h_{Rd}}{r'}$ ist, folgt

$$\frac{h^4}{r'^3} = 5{,}8 \, \lambda$$

oder mit $r' = 2 f$ und mit der Blendenzahl $B = \frac{f}{2 h}$:

$$B_{Rd}^4 \approx \frac{r'}{1500 \, \lambda} = \frac{f}{750 \, \lambda}. \tag{275}$$

---

[1] Diese Festlegung ist allerdings unter Vorbehalt ausreichender Definitionshelligkeit zu verstehen (s. S. 115).

Mit $\lambda = 0{,}000546$ mm:

$$B_{Rd}{}^4 \approx 2{,}5\, f\ [\text{mm}].$$

Beispiel:

f =	10	20	50	100	200	mm
B =	2,25	2,7	3,4	4,0	4,7	
f/B = EP =	4,5	7,5	15	25	42	mm

Es ist geradezu überraschend, daß unter dem erwähnten Vorbehalt einfache kurzbrennweitige sphärische Hohlspiegel mit Öffnungsverhältnissen benutzbar sind, die mit denjenigen photographischer Objektive konkurrieren können! Im Infrarot liegen die Verhältnisse noch günstiger, z. B. für $\lambda = 0{,}001$ mm:

f =	10	20	50	100	200	mm
B =	1,9	2,3	2,9	3,4	4,0	
EP =	5,2	8,7	17	29	50	mm

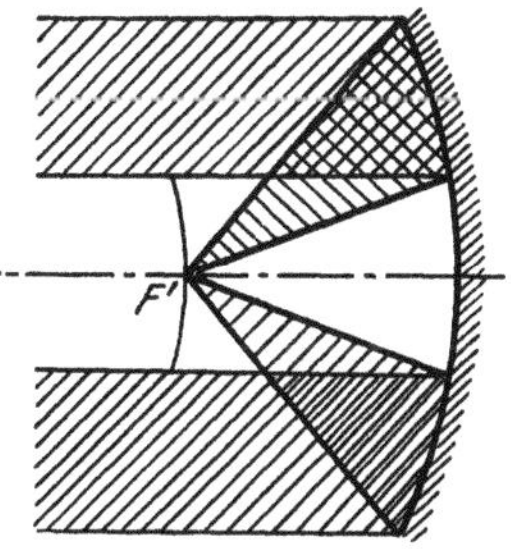

Abb. 129. Abschattung des Hohlspiegels durch die Auffangfläche

Allerdings ist dabei zu bedenken, daß der mittlere Teil des Spiegels stets ungenutzt bleibt, weil infolge der Richtungsumkehr der gespiegelten Bündel die Auffangfläche (Abb. 129) oder ein zweites spiegelndes Element, z. B. ein Planspiegel (Abb. 130), zu einer *Abschattung* führen. Diese ist um so weniger zu bemerken, je größer der Durchmesser des Spiegels und je kleiner das Bildfeld ist. Wenn der Durchmesser des Bildfeldes halb so groß wie der Durchmesser der Eintrittpupille ist (größer wird das Bildfeld kaum sein dürfen), bleibt flächenmäßig ein Viertel der Eintrittspupille ungenutzt, so daß die Bestrahlungsstärke in der Bildfläche um 25% herabgesetzt ist. Das wäre nicht allzu störend, jedoch ist der *Bildfeldwinkel* dann nicht größer als $2\,\sigma_B = \sqrt[4]{(5 \cdot 10^8\,\lambda)/f}$ Winkelgrade, d. h. für $\lambda = 0{,}000546$ mm:

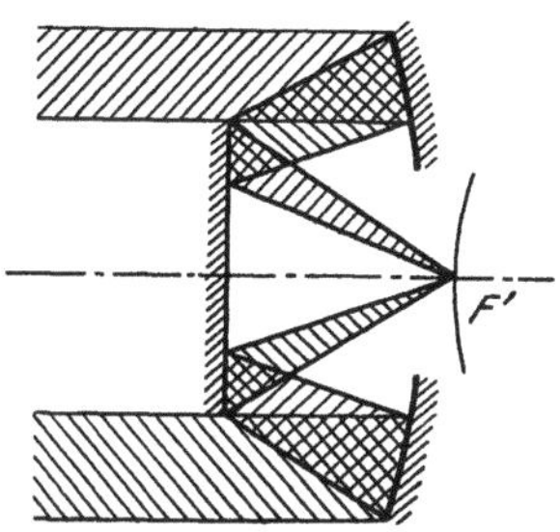

Abb. 130. Abschattung beim geradsichtigen Spiegelobjektiv durch den Gegenspiegel

$$2\,\sigma_B = \frac{23}{\sqrt[4]{f}}$$

Winkelgrade, d. h.

bei f =	10	20	50	100	200 mm
$2\,\sigma_B$ =	13,0°	10,8°	8,6°	7,3°	6,1°

Die Abschattung ist es also vor allem, die nur kleine Bildfelder zuläßt. Das wäre sofort günstiger, wenn man größere Eintrittspupillen haben könnte. Man müßte dann *asphärische* Spiegel verwenden, oder wie beim SCHMIDTsystem, einen Kugelspiegel mit einer deformierten Platte in der Blende.

Die erwähnte Abschattung hat eine weitere, die *Bildqualität* beeinträchtigende Folge. Es tritt nämlich im Zentrum des Beugungsscheibchens ein Intensitätsverlust ein, wodurch die den Kern umgebenden Beugungsringe relativ an Helligkeit zunehmen. Darunter leiden dann die Schärfe und die Auflösung im Bilde, was durchaus bemerkbar werden kann.

Der Schmidt-Spiegel. Die geniale Erfindung von B. SCHMIDT (1931) bestand in der Verwendung einer deformierten Platte (SCHMIDT-Platte) in der im Krümmungsmittelpunkt eines sphärischen Spiegels stehenden Aperturblende (Abb. 131). Dadurch wurde ein großer und wirklicher Fortschritt speziell für die Astrophotographie erzielt, aber auch für andere Zwecke ließen sich abbildende Systeme nach diesem Prinzip verwirklichen, z. B. für die Großprojektion von Fernsehbildern und als Abbildungssysteme für infrarotes Licht in Verbindung mit einer Bildwandlerröhre. Die deformierte Platte hat die Aufgabe, den Öffnungsfehler des Kugelspiegels bei sehr großen Öffnungsverhältnissen und langer Brennweite zu kompensieren. Wenn man alle Strahlen des achsparallelen Bündels im Brennpunkt der achsnahen Strahlen vereinigen will, muß die SCHMIDT-Platte als schwach asphärische Zerstreuungslinse ausgebildet werden; will man alle Strahlen im Brennpunkt der randnahen Strahlen zusammenführen, so wird die SCHMIDT-Platte eine asphärische Sammellinse. Dabei bekommt das ganze System Farbortsfehler, überkorrigiert im ersten Fall, unterkorrigiert im zweiten Fall, außerdem Fehler in schiefen Bündeln. Es hat wenig Zweck, dem Farbortsfehler durch Achromatisierung der SCHMIDT-Platte entgegenzuwirken, da dies einen Anstieg der Fehler höherer Ordnung zur Folge hat, außerdem eine beträchtliche Erschwerung in der Herstellung bedeutet und auch zufolge des erforderlichen Flintglases zu einer Absorption der ultravioletten Strahlung führt. Der Farbortsfehler und mit ihm der GAUSSfehler werden dagegen nur gering, wenn man die SCHMIDT-Platte so ausführt, daß alle Strahlen des achsparallelen Bündels im Spiegelbrennpunkt einer mittleren Zone vereinigt werden. Die Platte bekommt dann allerdings eine Fläche, die in der Mitte konvex, am Rande konkav mit einem Übergangsgebiet ist (Abb. 131). Wie A. BOUWERS[1] zeigt, hat eine solche SCHMIDT-Platte folgende Eigenschaften im Vergleich zur erst erwähnten sammelnden Platte: 1. der Farbortsfehler beträgt nur etwa ein Viertel und wird ganz vernachlässigbar; 2. die auftretenden Fehler im Meridianschnitt schiefer Bündel betragen nur etwa zwei Drittel; 3. die auftretenden Fehler im Sagittalschnitt schiefer Bündel betragen nur ein Viertel; 4. die Begrenzung des nutzbaren Bildfeldes wird erst durch Astigmatismus fünfter Ordnung bewirkt.

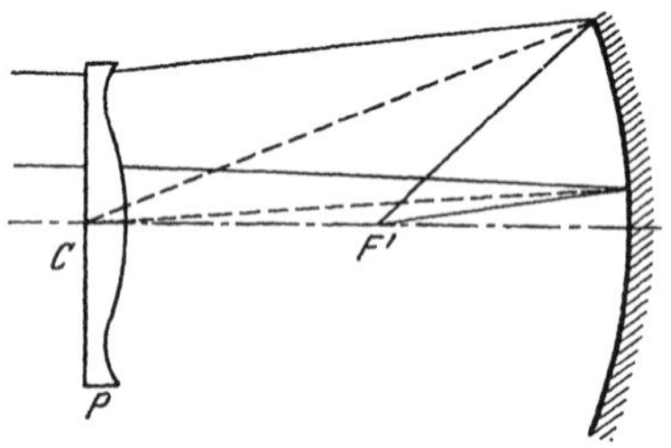

Abb. 131. SCHMIDT-Spiegel

Man kann SCHMIDT-Systeme bei einem Öffnungsverhältnis 1 : 3 bedenkenlos bis zu Bildfeldwinkeln $2\,\sigma_B = 20°$ benutzen, wobei die Abschattung jedoch schon sehr stört. Mit 1 : 1,5 geht $2\,\sigma_B$ auf 6° herunter, bei weniger strengen Anforderungen und entsprechender Abschattung ist $2\,\sigma_B = 15°$ mit 1 : 1,5 möglich. Die Dimensionen für astrophotographische Zwecke betragen bis zu 1 m Durchmesser der SCHMIDT-Platte (Mt. Palomar). Besonders hohe Lichtstärken lassen sich erreichen, wenn der Lichtweg zwischen Platte, Spiegel und Bildfläche ganz in Glas verläuft. Man hat auf diese Weise Spektrographenobjektive 1 : 1 bis 1 : 0,3 hergestellt!

[1] BOUWERS, A.: Achievements in Optics. New York und Amsterdam: Elsevier Publishing Co. 1946, S. 8—16.

Das SCHMIDT-System hat natürlich die Bildfeldwölbung des Kugelspiegels. Durch Anordnung einer Positivlinse von geeigneter Brennweite in Bildnähe wird das Bildfeld ausreichend geebnet. Leider treten dabei störende Reflexbilder auf, die auch durch Vergütung der Flächen nicht völlig beseitigt werden.

Die Herstellung der SCHMIDT-Platte ist schwierig und erfordert großes Geschick. Diese Schwierigkeit umgeht die konzentrische Linse nach MAKSUTOV (s. unten).

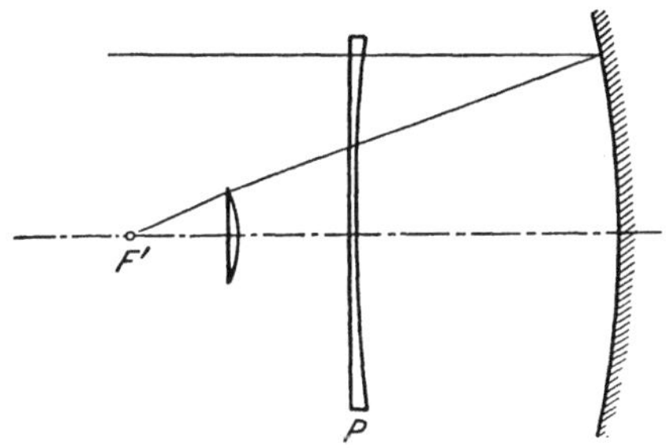

Abb. 132. Spiegellinsenobjektiv nach SLEVOGT

H. SLEVOGT (ZEISS) rückte 1941 die Bildfeldebnungslinse vom Bild ab[1]. Dadurch verlagert sich die natürliche Blende (komafreie Blende) in Richtung vom Krümmungsmittelpunkt zum Spiegel, was die Baulänge des SCHMIDT-Systems, die sonst das zweifache der Brennweite beträgt, auf weniger als $\frac{6}{5}$f verkürzt (Abb. 132). Die Bildfehlerkorrektion ist praktisch ebensogut wie beim SCHMIDT-System, lediglich tritt Farbfehler der Hauptstrahlen auf, der sich durch Achromatisieren der Bildebnungslinse beseitigen läßt. Dabei werden dann allerdings die ultravioletten Strahlen durch das notwendige Flintglas absorbiert.

Das Maksutov-System. Die Jahre 1940—41 brachten eine bedeutsame Weiterentwicklung des SCHMIDT-Spiegels ziemlich gleichzeitig in vier verschiedenen Ländern, und zwar durch D. GABOR[2], England; K. PENNING[3], Deutschland; A. BOUWERS[4], Holland; D. D. MAKSUTOV[5], Sowjet-Union. Da der letztere die erste ausführliche Veröffentlichung brachte, ist das System allgemein nach ihm benannt. An Stelle der SCHMIDT-Platte wird eine zur Eintrittspupille konzentrische dicke Meniskuslinse mit sphärischen Flächen benutzt (Abb. 133). Eine solche Linse ist einfacher herzustellen als die deformierte Platte. Sie führt weder Koma noch Astigmatismus ein. Mit einer passenden Dicke der Linse wird die sphärische Unterkorrektion des Spiegels ausgeglichen, Bei Öffnungsverhältnissen über 1 : 3 treten allerdings Fehler höherer Ordnung auf, die aber, da sie nur Öffnungsfehler sind, über das ganze Bildfeld gleichmäßig sind, so daß sie in manchen Anwendungsfällen, z. B. der Sternphotometrie, gar nicht stören. Man kann die konzentrische Meniskuslinse vor [Objektivbeispiel

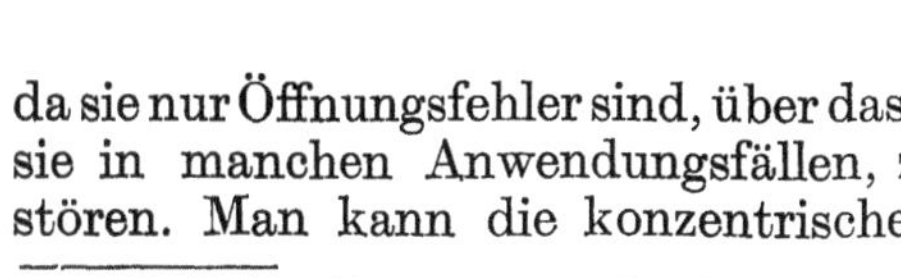

Abb. 133. MAKSUTOV-System mit konzentrischer Linse zwischen Blende und Spiegel

[1] D. B. P. 905 792 vom 26. Oktober 1941.

[2] Brit. Pat. 544 694 (1940).

[3] Optik 3 (1948), S. 320. D. B. P. 907 709 vom 9. März 1941.

[4] Niederl. Pat. 102 016 (7. Juli 1941) und 104 938 (27. Februar 1942); Franz. Pat. 883 937; D. B. P. 881 264 vom 4. Juli 1942.

[5] Journ. Opt. Soc. Amer. 34 (1944), S. 270.

(*34*) im Anhang] oder hinter der Blende anordnen; bei sehr hohen Lichtstärken über 1 : 1 muß sie vor der Blende stehen, weil sonst für die Bildfläche kein Platz wäre (Abb. 134).

Das MAKSUTOV-System ist bis 1 : 1,5 dem SCHMIDT-System überlegen, sein Bildfeld beträgt $2\,\sigma_B = 60°$! Allerdings ist der Meniskus halbkugelig und die Abschattung wird ungünstig.

Die Meniskuslinse führt natürlich auch Farbortsfehler ein, der aber erst bei größeren Öffnungsverhältnissen stört. Über die Möglichkeit einer Achromatisierung gilt dasselbe wie beim SCHMIDT-Spiegel.

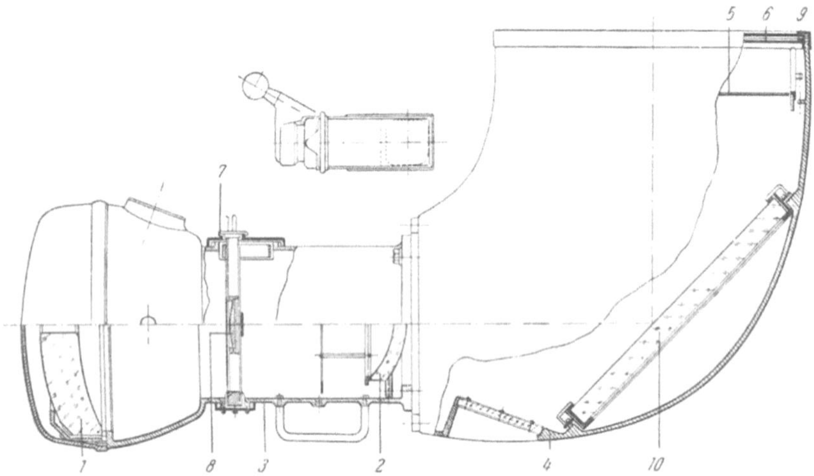

Abb. 134. MAKSUTOV-System in der ODELCA-Kamera mit 45°-Spiegel. Brennweite 16,5 cm; 1 : 0,75; Format 7 × 7 cm; Röntgenbildschirm 40 × 40 cm. Ziffernhinweise: *1* Kugelhohlspiegel, *2* konzentrische Linse, *3* Kameragehäuse, *5* Fluoreszenzschirm, *7* Filmeinführung, *8* Filmanlage, *10* 45°-Spiegel (Aus dem Prospekt von De Oude Delft: Odelca, World's fastest high definition camera for radiography.)

Die Super-Schmidt-Systeme Das MAKSUTOV-System versprach ursprünglich mehr, als seine praktische Anwendung nachher ergab. Aber es wurde Ausgangspunkt von Weiterentwicklungen zu Super-SCHMIDT-Systemen[1], die speziell für die Astrophotographie mit höchsten Anforderungen an Bildwinkel und Öffnungsverhältnis tatsächliche Erfolge brachten. Diese Systeme kombinieren die konzentrische Linse mit einer SCHMIDT-Platte oder verwenden mehrere konzentrische Linsen.

So beschreibt A. BOUWERS[2] ein System mit SCHMIDT-Platte und MAKSUTOV-Linse. Die Deformation der SCHMIDT-Platte ist hierbei viel kleiner als ohne MAKSUTOV-Linse. So wird eine geradezu phantastische Korrektion erzielt. Mit einem Öffnungsverhältnis 1 : 1,5 ließe sich theoretisch ein Bildfeld von $2\,\sigma_B = 60°$ auszeichnen, wobei die meridionale Erstreckung der Zerstreuungsfigur im ganzen Bildfeld unter $10^{-5}\,f$ bleibt! Für astrophotographische Spezialaufgaben und für Objektive zu Sternspektrographen eröffnet sich hier Aussicht auf größte Erfolge.

[1] KÖHLER, H.: Astron. Nachr. **278** (1949), S. 1—23.

[2] BOUWERS, A.: Achievements in Optics. New York und Amsterdam: Elsevier Publishing Co. 1946, S. 40—45.

C. G. WYNNE[1] arbeitet mit zwei Menisken vor und hinter der Blende. Die Flächen sind nicht streng konzentrisch, wodurch die Hauptstrahlen kleine Einfallswinkel von 1 bis 2° haben. Das ist aber für die Korrektion der Bildfehler höherer Ordnung nutzbringend. Der Farbortsfehler wird durch Wahl verschiedener Glassorten in beiden Menisken beseitigt. Die Baulänge des Systems ist allerdings beträchtlich, nämlich 3,86 f.

F. L. WHIPPLE[2] kombiniert zwei Menisken vor und hinter der Blende mit einer deformierten Platte in der Blende. Bei $2\,\sigma_B = 52°$ erreicht er das Öffnungsverhältnis 1 : 0,67. Bei f = 203 mm dürften die Zerstreuungsscheibchen, wie KÖHLER[3] angibt, maximal 0,3 bis 0,5 mm sein. Dieses Spiegelobjektiv dient für die Meteorphotographie.

Man findet das SCHMIDTsche Prinzip noch in einigen anderen Spiegelobjektiven angewandt, die aber weniger praktische Bedeutung haben. Hier konnte nur die Entwicklung angedeutet werden. Es bestätigt sich, was eingangs dieses Kapitels über den Nutzen von Spiegelflächen gesagt wurde. Trotzdem kann das Kapitel nicht abgeschlossen werden, ohne noch auf einige andere nützliche Spiegelobjektive besonders hinzuweisen.

Spiegelobjektive mit kurzer Baulänge. Auf die SLEVOGTsche Modifikation des SCHMIDT-Systems wurde oben schon aufmerksam gemacht. A. SONNEFELD (ZEISS) hatte bereits 1935 die Idee, einen deformierten Spiegel mit einem dioptrischen Glied vor dem Brennpunkt zu kombinieren, und zwar so, daß der Spiegel sphärisch überkorrigiert, das dioptrische Glied entsprechend sphärisch unterkorrigiert. Das Gesamtsystem ist dann im Öffnungsfehler, in der Koma und im Astigmatismus auskorrigiert. Einige Spiegelobjektive dieser Art wurden 1942 bis 1944 im ZEISSwerk mit dem Öffnungsverhältnis 1 : 2 und dem Bildwinkel $2\,\sigma_B = 4°$ bei 400 mm freier Öffnung ausgeführt. H. KÖHLER und G. PRADEL verfolgten die SONNEFELDsche Idee nach dem letzten Kriege weiter und schufen unter Hinzufügung einer Ebnungslinse und unter Verwendung von ultraviolettdurchlässigem Glas ein System, das im Spektrum bis 300 $m\mu$ benutzbar ist. Dabei ist die Baulänge nur 1,18 f. Das ist für astrographische, speziell astrophotometrische Zwecke, sehr erwünscht, weil die Kosten für die Montierung und die Kuppel klein gehalten werden können.

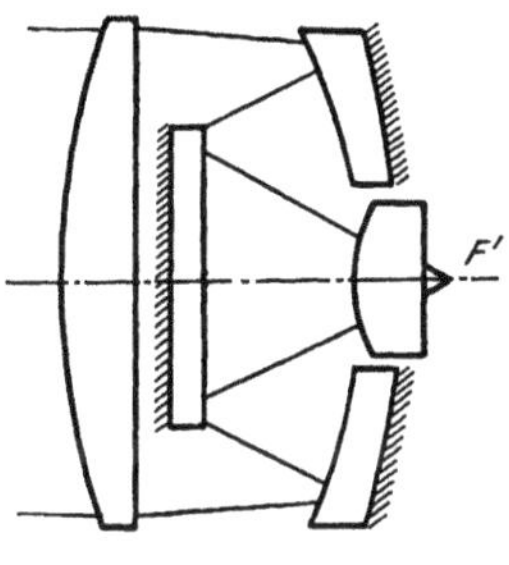

Abb. 135. Spiegellinsenobjektiv 1 : 0,9 von J. FLÜGGE

J. FLÜGGE[4] korrigiert den Öffnungsfehler nicht durch zusätzliche Glieder, sondern geht gleich vom korrigierten Spiegel nach MANGIN aus, dessen Rückseite verspiegelt ist. Mit zusätzlichen dioptrischen Gliedern (Abb. 135) erfüllt er die Sinusbedingung und korrigiert er die astigmatischen Fehler, wobei allerdings Zonenfehler bleiben. Immerhin gelingt es ihm, mit dem Öffnungsverhältnis 1 : 0,9 einen Bildfeldwinkel $2\,\sigma_B = 34°$ auszuzeichnen. Durch Zwischenschaltung eines Planspiegels wird das System geradsichtig und sehr kurz, nur 0,8 f. Für Spektrographen dürfte dieses Objektiv ver-

[1] Monthly Notices **107** (1947), S. 356.

[2] Harvard Meteor Program. Cambridge: Harvard College Observatory. 1947.

[3] KÖHLER, H.: Astron. Nachr. **278** (1949), S. 1—23. Mit ausführlichen Diskussionen über die Bildfehlerkorrektion und mit zahlreichen Literaturzitaten.

[4] Zeitschr. f. Instrkde. **61** (1941), S. 175.

wendbar sein. FLÜGGE selbst benutzte es für die Großprojektion von Fernsehbildern. In einer anderen Ausführungsform [Objektivbeispiel (*35*) im Anhang] verwendet FLÜGGE einen verkitteten aplanatischen Linsenspiegel nach WEIDERT und erreicht mit dioptrischen Gliedern (Abb. 136) Apertursteigerung und Bildfeldebnung. Dabei liegt zwischen den Gliedern eine konzentrische dicke Luftlinse. Dieses System hat die Baulänge 1,84 f, das Öffnungsverhältnis 1 : 0,6 und den Bildwinkel $2\,\sigma_B = 35°$.

Der Vollständigkeit halber seien noch erwähnt:

Spiegeltriplet 1 : 0,5 nach SONNEFELD (ZEISS)[1],
Zweispiegelsystem nach SLEVOGT 1 : 3[2],
Spiegel mit afokalem Linsensystem nach RICHTER-SLEVOGT (ZEISS)[3],
System nach RICHTER-SLEVOGT von kurzer Baulänge[3].

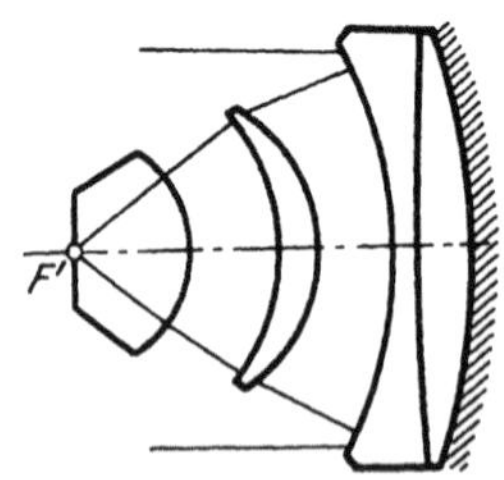

Abb. 136. Spiegellinsenobjektiv 1 : 0,6 von J. FLÜGGE

Spiegelobjektive für die Kinokamera. War in den vorigen Abschnitten vorzugsweise von Spiegelobjektiven die Rede, die dem Wunsch nach höchster Lichtstärke entsprechen, so soll nun gezeigt werden, daß Spiegelobjektive auch dem Drang nach sehr langen Brennweiten für die Kinokamera besser gerecht werden als Linsenobjektive. Für den 35 mm-Film werden bisweilen Brennweiten von 60 cm bis 120 cm gebraucht, wobei der Bildwinkel dann allerdings sehr klein bleibt. Selbst mit Teleobjektiven ergeben sich bei derartig extremen Brennweiten noch beträchtliche Baulängen

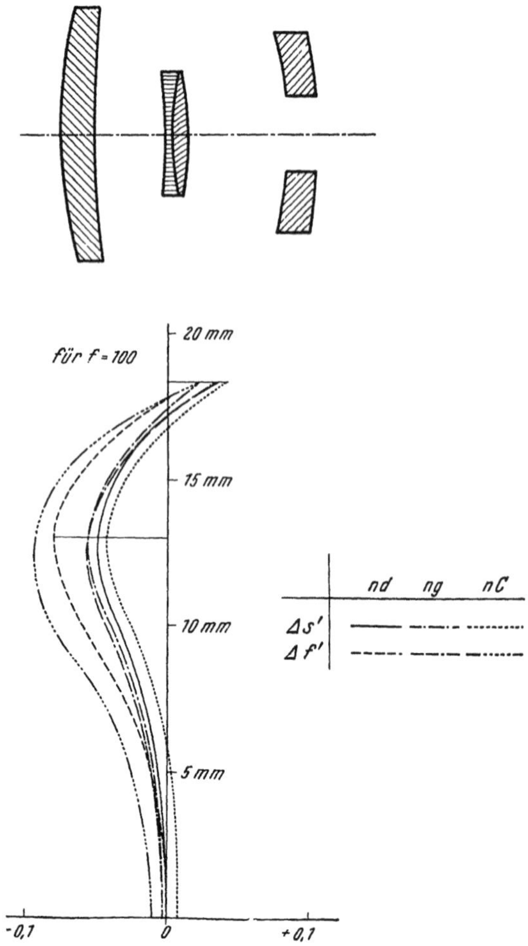

Abb. 137. Spiegellinsenobjektiv 1 : 2,73, f = 60 cm von ASKANIA

[1] DRP 697 003.
[2] Zeitschr. f. Instrkde. **62** (1942), S. 312.
[3] Astron. Nachr. **278** (1949), S. 1—23; D. B. P. 904 602 vom 30. August 1941.

zwischen Frontlinse und Filmebene, die bis zu 1 m betragen können. In diesem Falle gelingt es mit Spiegelobjektiven, die Baulänge auf weniger als die Hälfte zu verkürzen. Als Musterbeispiel sei das Spiegel-Linsen-Objektiv von ASKANIA, Berlin-Friedenau[1], (Abb. 137) erwähnt. Das von dem entfernten Objekt kommende Licht fällt durch eine Frontlinse auf einen auf der Rückfläche versilberten Hohlspiegel (Fangspiegel) wird dort zurückgeworfen, trifft sodann auf einen aus zwei miteinander verkitteten oder freistehenden Linsen zusammengesetzten Hohlspiegel mit Rückflächenversilberung (Gegenspiegel). Beide Spiegel sitzen auf einer gemeinsamen optischen Achse. Das am Gegenspiegel reflektierte Licht verläuft nun wieder in Richtung des Lichteinfalls, so daß das Objektiv geradsichtig wird. Die Traggläser für die Verspiegelungen und die Linsenglieder werden jeweils zweimal durchstrahlt und helfen bei der Bildfehlerkorrektion. Das Licht tritt schließlich durch eine Bohrung des Fangspiegels in die Filmkamera ein. Der Gegenspiegel ist auswechselbar. Er ist in abgestuften Brennweiten ausgeführt, so daß es möglich ist, durch Austauschen verschiedene Brennweiten zu realisieren. Die ASKANIA-Spiegel-Linsen-Objektive besitzen Öffnungsverhältnisse 1 : 7 und 1 : 4,5 und Brennweiten von 60, 90 und 120 cm. Bei f = 60 cm kann das Öffnungsverhältnis bis auf 1 : 2,5 gesteigert werden. Eine Irisblende ist nicht vorhanden. Die Lichtstärke wird durch auswechselbare Filter abgestuft. Insbesondere ist auch ein Rotfilter vorgesehen, weil mit einem solchen die Streuung der Luft auf große Entfernungen vermindert wird. Das Objektiv bewährt sich nicht nur bei ausgesprochenen Fernaufnahmen, sondern auch für die Tierphotographie.

Auch für die Schmalfilmkamera sind langbrennweitige Spiegelobjektive angewandt worden, so von SIEMENS das „*Spiegel-Hypomediar*" 1 : 6,8, f = 20 cm.

Q. Objektive mit veränderlicher Brennweite

Aufgabenstellung. Es besteht bei gewissen Abbildungsvorhaben der Wunsch, die Bildgröße nach Belieben einzustellen, dabei die Entfernung zwischen Ding und Bild beizubehalten. Beispielsweise ist das bei der Filmaufnahme häufig der Fall, wenn es sich nämlich nicht ermöglichen läßt, den Aufnahmestandpunkt oder den Aufnahmegegenstand zu verrücken. Mit einem Satz von Aufnahmeobjektiven verschiedener Brennweite, die auf einem Objektivrevolver an der Aufnahmekamera angebracht sind, kann man meist auskommen. Die Bildgrößenveränderung ist dann unstetig. Sehr beliebt und wirkungsvoll sind die sogenannten *Fahraufnahmen*, bei denen mit der Kamera unter gleichzeitigem Nachstellen der Entfernungseinstellung im Raum an das Objekt heran oder von ihm abgefahren wird. Das ist aber nicht immer möglich, z. B. beim Filmen im Freien, wenn von einem entfernten Panorama zu einem vergrößerten Panoramaausschnitt stetig übergegangen werden soll; z. B. in wenigen Sekunden von einer Standardobjektivaufnahme zu einer Teleobjektivaufnahme. Auch natürliche Hindernisse verbieten in solchen Fällen meist das geradlinige Heranfahren. Deshalb besteht das Bedürfnis, hierfür ein Objektiv mit *stetig* veränderlicher Brennweite zu verwenden, wobei die Nebenbedingungen

[1] H. ACHT und F. BECK. Dt. Opt. Wochenschrift und Central-Ztg. f. Optik und Mechanik, Jg. 1934, S. 826—829. DRP 646 946.

zu erfüllen sind, daß einerseits die Bildschärfe zu halten ist, andererseits die Belichtungszeit unverändert bleiben soll.

Ein Objektiv mit veränderlicher Brennweite muß also eine feste Bildebene und ein festes Öffnungsverhältnis besitzen. Letzteres ist möglich, wenn die optischen Teile hinter der Objektivblende zusammen mit dieser und der Bildebene starr verbunden bleiben. Wenn das nicht der Fall ist, muß im allgemeinen die Blendenöffnung in bestimmter Weise mit der Brennweitenveränderung automatisch geändert werden, was natürlich Konstruktion und Fertigung erschwert, denn die automatische Blendenverstellung muß mit der Verschiebung von einem oder mehreren Linsengliedern gesetzmäßig gekuppelt werden. Da die Abhängigkeit keine lineare sein kann, sind also für die Blendenregulierung komplizierte Verstelleinrichtungen notwendig, deren Abmessungen noch dazu eng toleriert sein müssen. Dabei ist zu bedenken, daß man auch die Verstellungen von mindestens zwei Linsengliedern nötig hat, um die Bildebene unverändert zu lassen und auch hierfür im allgemeinen eine nicht lineare Kupplung sich ergibt.

Tatsächlich gibt es nur eine einzige Anordnung, die mit der Verstellung von zwei Linsengliedern längs einer gemeinsamen Leitkurve auskommt, doch davon später.

Objektive aus zwei getrennten Gliedern. Grundsätzlich kann man schon mit einem Objektiv aus zwei getrennten Linsengliedern die Brennweite unter Beibehaltung der Bildebene ändern, indem man beide Linsenglieder gleichzeitig, aber verschieden schnell in Achsenrichtung verstellt. Wenn z. B. die beiden Linsenglieder sammelnd sind und die positiven Brennweiten f_1 und f_2 haben, so muß mit $e = l - a'_2$ in jedem Fall gelten:

$$\frac{1}{a'_2} - \frac{1}{f_1 + a'_2 - l} = \frac{1}{f_2}.$$

Für den Abstand l des ersten Linsengliedes von der Brennebene des Gesamtobjektives und für den Abstand a'_2 des zweiten Linsengliedes von derselben Brennebene gilt also ein nicht linearer Zusammenhang. Sei beispielsweise $f_1 = f_2 = +100$, so besteht folgende Verknüpfung:

f	a'_2	l	e
100	0	100,0	100,0
90	10	98,9	88,9
80	20	95,0	75,0
70	30	87,1	57,1
60	40	73,3	33,3
50	50	50,0	0

Während das zweite Linsenglied sich mit der Änderung der Gesamtbrennweite f linear verschiebt (a'_2), kann sich das Frontglied nicht linear nachstellen (Abb. 138). Die Genauigkeit der Frontgliedeinstellung muß so gut sein, daß die Bildebene innerhalb eines Bruchteils der Schärfentiefe verbleibt. Bei Nahaufnahmen kann man die Frontlinse in bekannter Weise gesondert verstellen und dann mit der verstellten Frontlinse dieselbe Bewegung in Abhängigkeit von a'_2 ausführen. Bei Nächstaufnahmen ist jedoch eine aufsteckbare Nahlinse empfehlenswert.

Es muß fernerhin bedacht werden, daß die Korrektion der Abbildungsfehler für den ganzen Verstellbereich möglichst gut sein soll. Streng genommen läßt sich die Korrektion nur für eine einzige, z. B. die mittlere Einstellung, durchführen. Bei jeder anderen Einstellung treten mehr oder weniger starke Bildverschlechterungen auf, die alles illusorisch machen können. Das ist um so schlimmer, je kürzer die Brennweiten der einzelnen Linsenglieder im Vergleich zur Gesamtbrennweite sind. Deshalb ist Voraussetzung für eine ausreichende Bildqualität, daß die Objektive möglichst lang gebaut werden, denn mit großem e werden die Einzelbrennweiten auch länger. Das führt dann zu handlichen Objektivkonstruktionen nur, wenn die geforderten Gesamtbrennweiten genügend klein sind, also bei kleinen Aufnahmeformaten, wie sie der 35 mm-Film, der 16 mm-Film und der 8 mm-Film besitzt. Auf diese Anwendungsbereiche bleibt also das Objektiv mit veränderlicher Brennweite beschränkt, wobei die kleineren Filmbreiten die größere Brennweitenvariation gestatten.

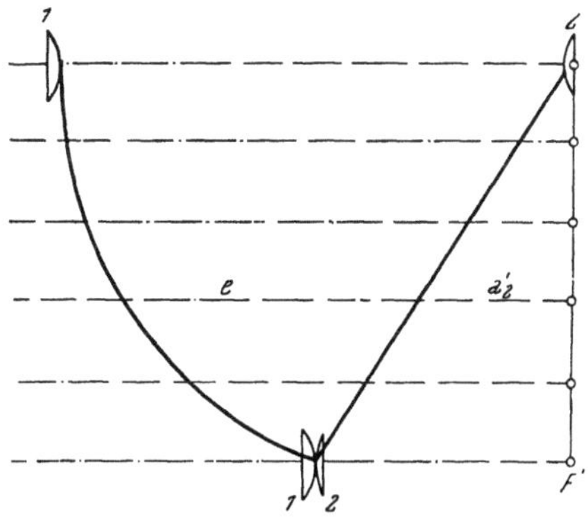

Abb. 138. Objektiv mit veränderlicher Brennweite aus zwei sammelnden Gliedern. Schema der Linsenverstellung. Oben: lange Brennweite; unten: kurze Brennweite

Vom Standpunkt der Bildfehlerkorrektion empfiehlt es sich, die geometrisch-optische Anordnung so zu treffen, daß das führende Verstellglied bei der Einstellung des Objektivs auf eine noch näher zu definierende mittlere Brennweite den partiellen Abbildungsmaßstab — 1 hat und etwa symmetrische Durchbiegung (bikonvex oder bikonkav) besitzt. Dann sind in den Endstellungen der Linsenverschiebung die partiellen Abbildungsmaßstäbe β'_v und $\frac{1}{\beta'_v}$, so daß bei symmetrischer Form des Linsengliedes die Tendenz zur Bildverschlechterung in beiden Anschlagstellungen gleich groß ist und nicht extrem in einer Richtung überwiegt. Allerdings tritt insofern eine gewisse Abweichung von dieser Regel ein, weil das Linsenglied in seinen Endstellungen nicht mit derselben Öffnung und nicht mit demselben Bildwinkel ausgenutzt wird.

Bei einem Objektiv mit zwei beweglichen Linsengliedern ergibt sich unter Beachtung der eben erwähnten Empfehlungen, daß das Frontglied eine *umkehrende* Bewegung macht. Es lassen sich — was hier nicht im einzelnen ausgeführt werden soll — Berechnungen durchführen, um die geometrisch-optischen Anordnungen zu finden, die den genannten Empfehlungen entsprechen. Die Ergebnisse mögen hier genügen. Vorerst müssen einige dafür benötigte Symbole erläutert werden:

f_A = Brennweite des Objektivs in der einen Anschlagstellung (Anfangstellung),

f_M = mittlere Brennweite,

f_E = Brennweite in der anderen Anschlagstellung (Endstellung),

$V = f_A/f_E > 0$ Verhältniszahl der Variation (z. B. 2,5 aber auch $\frac{1}{2{,}5} = 0{,}4$),

f_1 = Brennweite des Frontgliedes,

f_2 = Brennweite des Hintergliedes,

$e = H'_1H_2$ = Hauptpunktabstand zwischen Frontglied und Hinterglied,

a'_2 = Brennpunktsabstand vom Hinterglied,

$l = e + a'_2$ = Brennpunktsabstand vom Frontglied,

Δl = maximale Frontgliedverschiebung im Umkehrpunkt,

β'_2 = partieller Abbildungsmaßstab des Hintergliedes,

$\omega_2 = h_2/h_1$.

Es ergeben sich dann die nebenstehenden Objektivanordnungen:

Um alle denkbaren Anordnungen für ein vorgegebenes Verhältnis V der Brennweitenvariation zu finden, muß man für V nicht nur den angenommenen Wert (z. B. 2,5), sondern auch den Kehrwert (z. B. 0,4) einsetzen. Negative Werte für V entfallen. Das Vorzeichen von f_A ist so zu wählen, daß e positiv herauskommt. Wenn a'_2 im ganzen Verstellbereich positiv herauskommt, ist die Brennebene reell. Wenn a'_2 jedoch negativ ausfällt, wie immer in der einen Verstellhälfte nach Tabelle 31, ist die Brennebene virtuell; dann muß noch ein feststehendes drittes Glied hinzugenommen werden, das eine reelle Abbildung zusätzlich vermittelt.

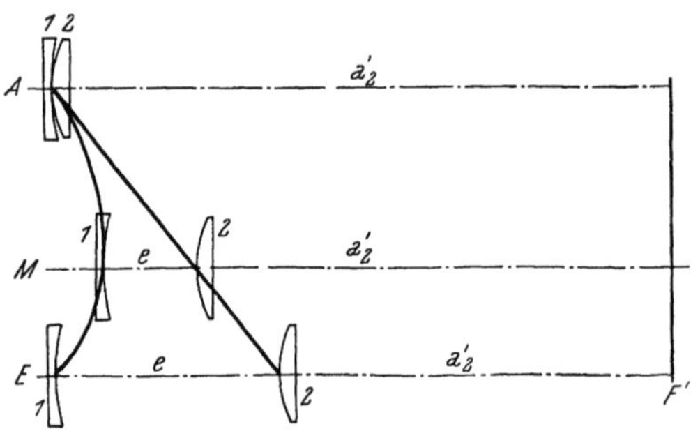

Abb. 139.

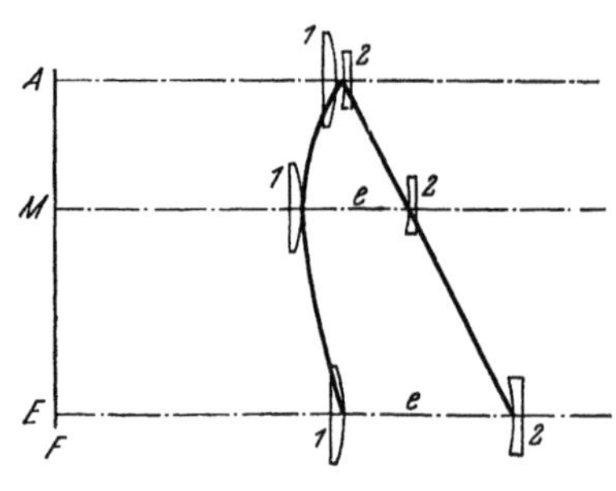

Abb. 140.

Abb. 139. Objektiv mit veränderlicher Brennweite aus einem zerstreuenden Frontglied und einem sammelnden Hinterglied, Schema der Linsenverstellung. Oben: lange Brennweite; unten: kurze Brennweite

Abb. 140. Objektiv mit veränderlicher Brennweite aus einem sammelnden Frontglied und einem zerstreuenden Hinterglied. Virtuelle Brennebene. Schema der Linsenverstellung. Oben: kurze (negative) Brennweite; unten: lange (negative) Brennweite

Tabelle 30

1. Ohne Durchgang der Hinterlinse durch die Brennebene:

f	f_1	f_2	e	a'_2	l	Δl	β'_2	ω_2
f_A	$-\frac{f_A}{\sqrt{V}}$	$\frac{f_A}{1+\sqrt{V}}$	0	f_A	f_A	0	$-\sqrt{V}$	1
$f_M = \frac{f_A}{\sqrt{V}}$			$\frac{(\sqrt{V}-1)\, f_A}{\sqrt{V}\,(1+\sqrt{V})}$	$\frac{2f_A}{1+\sqrt{V}}$	$\frac{(3\sqrt{V}-1)\, f_A}{\sqrt{V}\,(1+\sqrt{V})}$	$\frac{(\sqrt{V}-1)^2\, f_A}{\sqrt{V}\,(1+\sqrt{V})}$	-1	$\frac{2\sqrt{V}}{1+\sqrt{V}}$
$f_E = \frac{f_A}{V}$			$\frac{(\sqrt{V}-1)\, f_A}{\sqrt{V}}$	$+\frac{f_A}{\sqrt{V}}$	f_A	0	$-\frac{1}{\sqrt{V}}$	$\sqrt{V}$

Tabelle 31

2. Mit Durchgang der Hinterlinse durch die Brennebene:

f	f_1	f_2	e	a'_2	l	Δl	β'_2	ω_2
f_A	$\frac{f_A}{\sqrt{V}}$	$\frac{f_A}{1-\sqrt{V}}$	0	f_A	f_A	0	$\sqrt{V}$	1
$f_M = \frac{f_A}{\sqrt{V}}$			$\frac{f_A}{\sqrt{V}}$	0	$\frac{f_A}{\sqrt{V}}$	$\frac{(\sqrt{V}-1)\, f_A}{\sqrt{V}}$	$+1$	0
$f_E = \frac{f_A}{V}$			$\frac{(1+\sqrt{V})\, f_A}{\sqrt{V}}$	$-\frac{f_A}{\sqrt{V}}$	f_A	0	$\frac{1}{\sqrt{V}}$	$-\sqrt{V}$

Einige Zahlenbeispiele mögen dies erläutern.

Fall 1. V = 2,5; $f_A = 100$ (nach der Tabelle 30 und Abb. 139):

f	f_1	f_2	e	a'_2	l	Δ l	β'_2	ω_2
$f_A = 100$			0	100	100	0	− 1,58	1
$f_M = 63,3$	− 63,3	+ 38.8	14,2	77,5	91,7	− 8,3	− 1	1,53
$f_E = 40$			36,7	63,3	100	0	− 0,633	1,58

Fall 2. V = 0,4; $f_A = -40$ (nach Tabelle 30 und Abb. 140):

f	f_1	f_2	e	a'_2	l	Δ l	β'_2	ω_2
$f_A = -40$			0	− 40	− 40	0	− 0,633	1
$f_M = -63,3$	+ 63,3	− 24,5	14,2	− 48,9	− 34,7	+ 5,3	− 1	0,77
$f_E = -100$			23,3	− 63,3	− 40	0	− 1,58	0,63

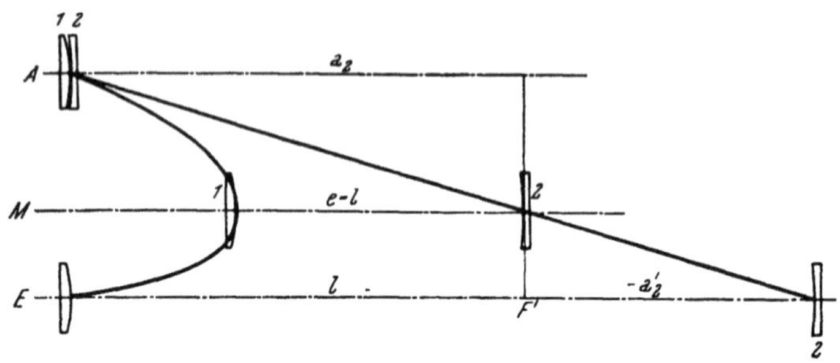

Abb. 141. Objektiv mit veränderlicher Brennweite aus einem sammelnden Frontglied und einem zerstreuenden Hinterglied, von denen das hintere durch die Brennebene hindurchwandert. Schema der Linsenverstellung. Oben: lange Brennweite; unten: kurze Brennweite

Fall 3. V = 2,5; $f_A = 100$ (nach Tabelle 31 und Abb. 141).

f	f_1	f_2	e	a'_2	l	Δ l	β'_2	ω_2
$f_A = 100$			0	100	100	0	+ 1,58	1
$f_M = 63,3$	+ 63,3	− 173	63,3	0	63,3	− 36,7	+ 1	0
$f_E = 40$			163,3	− 63,3	100	0	+ 0,633	− 1,58

Fall 4. $V = 0{,}4$; $f_A = 40$ (nach Tabelle 31 und Abb. 142):

f	f_1	f_2	e	a'_2	l	Δl	β'_2	ω_2
$f_A = 40$			0	40	40	0	+ 0,633	1
$f_M = 63{,}3$	+ 63,3	+ 108,8	63,3	0	63,3	23,3	+ 1	0
$f_E = 100$			103,3	− 63,3	40	0	+ 1,58	− 0,633

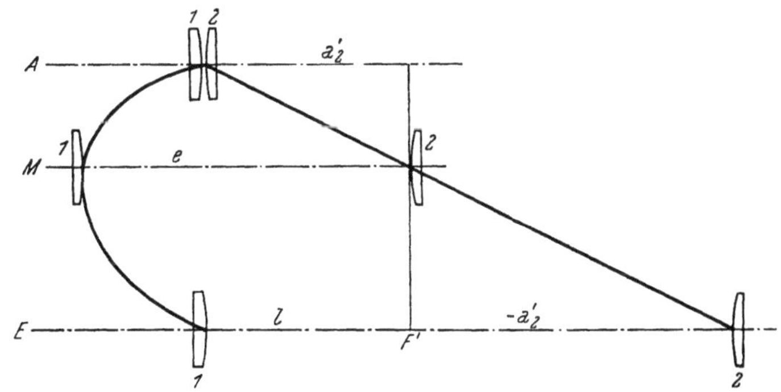

Abb. 142. Objektiv mit veränderlicher Brennweite aus zwei sammelnden Gliedern, von denen das hintere durch die Brennebene hindurchwandert. Schema der Linsenverstellung. Oben: kurze Brennweite; unten: lange Brennweite

Die vorangegangenen Ausführungen beschäftigten sich grundsätzlich mit Objektiven aus zwei getrennten Gliedern. Gelegentlich wurde darauf hingewiesen, daß die Hinzunahme eines feststehenden dritten Gliedes notwendig sei, wenn nämlich die Brennebene virtuell wird, oder erwünscht sei, um mit ihm die Irisblende zu verbinden, damit keine veränderliche Blende nötig wird. Der letztgenannte Grund ist von außerordentlicher Wichtigkeit, so daß es sich in der Tat empfiehlt, ein feststehendes *drittes* Glied vorzusehen. Dabei läßt sich das dritte Glied so ausgestalten, daß es selbst wieder aus zwei Teilen besteht, von denen der vordere zusammen mit den beiden beweglichen Gliedern ein afokales Vorsatzsystem bildet, während der letzte Teil dann die Rolle des eigentlichen Aufnahmeobjektivs übernimmt. Tatsächlich kann dieses dann auch wie ein Photoobjektiv mit der üblichen Irisblende ausgebildet sein, z. B. als Dreilinsenanastigmat wie bei dem weiter unten besprochenen *Vario-Glaukar* von Busch. Im nächsten Absatz wird das afokale Vorsatzsystem mit veränderlicher „Vergrößerung" diskutiert werden.

Mehrgliedrige Objektive und afokale Vorsatzsysteme mit veränderlicher Vergrößerung. Man betrachte zunächst das Zahlenbeispiel des obigen Falles 1. Dort denke man sich ein zusätzliches feststehendes Endglied, beispielsweise 63,3 mm vor der Brennebene des zweilinsigen Teiles angeordnet, also mit der Brennweite $f_3 = -63{,}3$ mm. Dann bilden die drei Glieder zusammen ein afokales System mit einer Fernrohrvergrößerung Γ, die von $\Gamma_A = -\frac{f_A}{f_3} = +1{,}58$ über $\Gamma_M = -\frac{f_M}{f_3} = +1$ bis $\Gamma_E = -\frac{f_E}{f_3} = +0{,}633$ variabel ist. Wenn man dann noch ein weiteres System von der Brennweite f_4, z. B. $f_4 = +40$ mm, hinzunimmt, ergibt sich ein Brennweitenbereich von $f_A = \Gamma_A \cdot f_4 = 63$ mm bis $f_E = \Gamma_E \cdot f_4 =$ ca. 25 mm, wie er beispielsweise für Schmalfilmkameras mit 16 mm-Film verwendbar wäre. Das vierte Glied kann unmittelbar hinter dem dritten Glied stehen und enthält die Irisblende. Die größte Baulänge vom ersten Gliede bis zur Brennebene (Vernachlässigung der Linsendicken angenommen) beträgt hierbei rund 80 mm, in Wirklichkeit etwas mehr. Nimmt man ein größtes Öffnungsverhältnis von 1 : 2,8 an, so ändert sich mit der Brennweitenvariation der Durchmesser der Eintrittspupille zwischen 22,5 mm und 8,9 mm, d. h. die Frontlinse wird im ungünstigsten Fall mit der relativen Öffnung $\frac{22,5}{63,3} = 1 : 2,8$ beansprucht, was technisch möglich ist. Mißlicher ist es schon mit dem zweiten Linsenglied, das im ungünstigsten Fall auch 22,5 mm wirksame Öffnung hat, daher mit einer relativen Öffnung von $\frac{22,5}{38,8} = 1 : 1,7$ ausgenutzt werden muß. Es ist daher zweckmäßiger, das afokale Vorsatzsystem mindestens auf das 1,5fache der obigen Maße (in den Einzelbrennweiten und Abständen) zu vergrößern, wobei sich der Durchmesser der Eintrittspupille nicht mitvergrößert. Allerdings wird das Objektiv dadurch um rund 20 mm länger.

Entsprechend lassen sich die weiteren Zahlenbeispiele von oben diskutieren. In abgekürzter Behandlung seien die Ergebnisse dargelegt.

Fall 2: Dritte Linse $f_3 = +63,3$ mm in 63,3 mm Abstand hinter F'_2. Fernrohrvergrößerung $\Gamma_A = +0,633$ bis $\Gamma_E = +1,58$. Viertes Linsenglied $f_4 = +40$ mm, Brennweitenbereich $f_A = 25$ mm bis $f_E = 63$ mm. Größte Baulänge von Frontlinse bis Bildebene über 70 mm. Bei Öffnungsverhältnis 1 : 2,8 relative Öffnung des zweiten Linsengliedes bis 1 : 1,09. Daher notwendige Ableitung des afokalen Teiles auf mindestens das 2,5-fache, Objektivverlängerung um 60 mm.

Fall 3: Dritte Linse $f_3 = +63,3$ mm in 63,3 mm Abstand hinter F'_2. Fernrohrvergrößerung $\Gamma_A = -1,58$ bis $\Gamma_E = -0,633$. Das Minuszeichen bedeutet, daß im Bilde Höhen- und Seitenvertauschung auftritt, so daß beim Schnitt des Films aufgepaßt werden muß. Viertes Linsenglied $f_4 = +40$ mm, Brennweitenbereich $f_A = 63$ mm bis $f_E = 25$ mm, größte Baulänge von Frontlinse bis Bildebene über 203 mm. Bei Öffnungsverhältnis 1 : 2,8 relative Öffnung des Frontgliedes bis 1 : 2,8. Keine nachträgliche Ableitung notwendig, keine Objektivverlängerung, trotzdem schon reichlich lang.

Fall 4: Dritte Linse $f_3 = +63,3$ mm. Fernrohrvergrößerung $\Gamma_A = -0,633$ bis $\Gamma_E = -1,58$. Bildumkehr mit allen Folgen wie zu Fall 3. Viertes Linsenglied $f_4 = +40$ mm, Brennweitenbereich $f_A = 25$ mm bis $f_E = 63$ mm. Größte Baulänge von Frontlinse bis Bildebene über 167 mm. Bei 1 : 2,8 Ausnutzung der Frontlinse bis 1 : 2,8. Keine nachträgliche Ableitung, keine weitere Objektivverlängerung. Korrektionsmäßig günstig wegen der schwachen Brechkraft des zweiten Linsengliedes.

Bei den bekannt gewordenen Objektiven ist allerdings nur der Fall 2 mehr oder weniger verwirklicht, so z. B. bei dem *Vario-Glaukar* 1 : 2,8, f = 25 bis 80 mm von Busch (Abb. 143). Bei diesem Objektiv bewegt sich das zweite (zerstreuende) Linsenglied gleichförmig, was natürlich möglich und für die Konstruktion und Fertigung zweckmäßig ist. Dafür ist natürlich die Hin- und Herbewegung des Frontgliedes in den beiden Phasen verschieden, was aber nicht viel ausmacht, da die Leitkurve des Frontgliedes sowieso schon ungleichförmig verläuft und daher punktweise aufgebaut werden muß. Das *Vario-Glaukar* war in der SIEMENS-Kamera für den 16 mm-Film eingebaut und erregte in Fachkreisen berechtigtes Aufsehen. Infolge des Krieges 1939—1945 kam es nicht zu einer größeren Verbreitung. Es wäre zu wünschen, daß dieses leistungsfähige Objektiv wieder auf den Markt käme, so daß es schon bei der nächsten Olympiade verfügbar wäre, denn bei solchen Gelegenheiten ist die stetig veränderliche Brennweite von besonderem Nutzen.

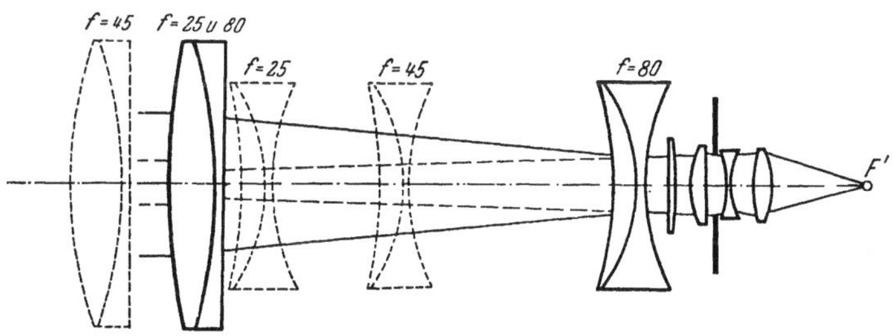

Abb. 143. Vario-Glaukar 1 : 2,8; f = 25 bis 80 mm für 16 mm-Filmkamera (SIEMENS). Die über den Linsen beigeschriebenen Brennweiten beziehen sich auf das Gesamtobjektiv

Man kann afokale Systeme mit veränderlicher Vergrößerung auch noch in anderer Form verwirklichen, bei der die Frontlinse fest bleibt. Die Firma ASTRO in Berlin brachte vor dem Kriege den unter dem Namen *Transfokator* bekannt gewordenen Vorsatz heraus (Brit. Pat. 449434 vom Jahre 1935). Er bildete ein dreilinsiges GALILEIfernrohr, bei dem sich zwischen zwei feststehenden zerstreuenden Linsen eine positive Linse verschob. Das System war in der Verteilung der Brechkräfte symmetrisch, d. h. die beiden zerstreuenden Linsen hatten gleiche Brennweiten. Aber in den Durchbiegungen war keine Symmetrie vorhanden, da die zerstreuenden Linsen meniskenförmig (konvex zur Seite des Lichteinfalls) und die verschiebbare Linse ungleichseitig bikonvex war (krummere Fläche zur Seite des Lichteinfalls). Das war nötig, um die Verzeichnung zu verringern, jedoch ungünstig für den Öffnungsfehler. Daher mußte der Brennweitenbereich auf das Verhältnis 1 : 2 beschränkt bleiben. Infolge der beschriebenen Anlage war der *Transfokator* nur für zwei Stellungen der Mittellinse streng afokal, denn es fehlte ja die Ausgleichsbewegung eines weiteren Linsengliedes. Durch die verhältnismäßig große Baulänge waren aber die Einzelbrennweiten genügend groß, um bei Beschränkung auf nicht zu große Öffnungsverhältnisse des hinter dem *Transfokator* befindlichen Objektivs die Schwankungen der Bildebene im Bereich der Schärfentiefe zu halten.

Die Afokalität läßt sich aber streng einhalten, wenn man das verschiebbare Mittelglied in zwei getrennte Linsen aufteilt und bei der Brennweitenvariation, d. h. bei der Verschiebung des nunmehr zweiteiligen Mittelgliedes dessen inneren Abstand gleichzeitig variiert. Diese Konstruktion ist bedeutungsvoll.

H. H. Hopkins[1] beschreibt u. a. solche symmetrischen afokalen Systeme von veränderlicher Vergrößerung. Diese Systeme bestehen aus vier Linsen L_1, L_2, L_3, L_4. Dabei sind $L_1 = L_4$ und $L_2 = L_3$; L_1 und L_4 stehen fest, L_2 und L_3 sind verschiebbar (Abb. 144 und 145). Wenn L_2 und L_3 Zerstreuungslinsen von den Brennweiten $f_2 = f_3$ sind, müssen L_1 und L_4 Sammellinsen mit den Brennweiten $f_1 = f_4$ sein. Es seien:

$t = F'_1 \overline{F}_4 < 0$;

$V > 1$ Verhältniszahl der Vergrößerungen in den Anschlagstellungen der Verschiebung des Paares L_2, L_3;

$e_A = e_E$ Luftlänge zwischen den dünnen Linsen L_2 und L_3 in den Anschlagstellungen;

$e_M = 0$ Luftlänge zwischen L_2 und L_3 bei $V = 1$;

v maximale Abstandsvariation von L_2 aus der Mitte nach L_1 hin bzw. von L_3 aus der Mitte nach L_4 hin.

Dann gilt für den Fall verschiebbarer Zerstreuungslinsen und feststehender Sammellinsen (Abb. 144):

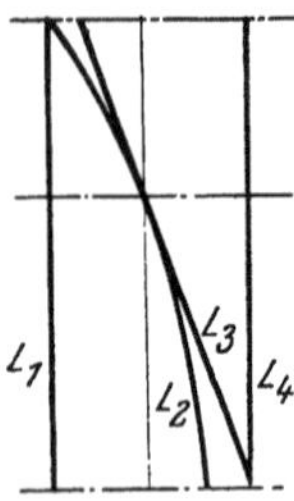

Abb. 144. Afokales Vorsatzsystem mit veränderlicher Vergrößerung aus zwei sammelnden feststehenden Außenlinsen (L_1, L_4) und zwei zerstreuenden verschiebbaren Innenlinsen (L_2, L_3). Schema der Linsenverstellung. Oben: verkleinernde Wirkung; unten: vergrößernde Wirkung

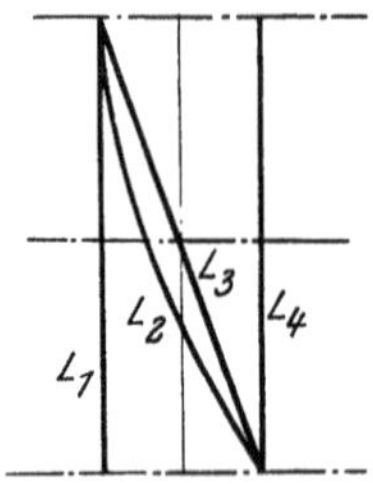

Abb. 145. Afokales Vorsatzsystem mit veränderlicher Vergrößerung aus zwei zerstreuenden feststehenden Außenlinsen (L_1, L_4) und zwei sammelnden verschiebbaren Innenlinsen (L_2, L_3). Schema der Linsenverstellung. Oben: vergrößernde Wirkung; unten: verkleinernde Wirkung

$$f_2 = f_3 = \frac{t}{2};$$

$$e_A^2 - t\,e_A + t^2\left[1 - \frac{1}{4}\left(2 + \sqrt{V} + \sqrt{\frac{1}{V}}\right)\right] = 0;$$

$$v = \frac{t^2}{4\,(e - t)}\left(\sqrt{V} - 1\right).$$

Z. B. $t = -60$; $f_2 = f_3 = -30$; $V = 2{,}5$; $e_A = e_E = 3{,}06$; $v = 8{,}3$; $f_1 = f_2$ müssen größer als $v - \frac{t}{2}$ sein, d. h. größer als 38,3.

Wenn L_2 und L_3 jedoch Sammellinsen sind, können L_1 und L_4 Zerstreuungslinsen werden (Abb. 145). Alsdann ist

[1] Proceedings of the London Conference on Optical Instruments 1950. Chapman and Hall Ltd. London 1951, S. 17—32.

$$t = F'_1 \overline{F}_4 > 0;$$
$$e_A = e_E = 0;$$
$$f_2 = f_3 = \frac{2\,t}{+\sqrt{V} + \sqrt{\frac{1}{V}} + 2};$$
$$e_M = t\,\frac{V + \sqrt{\frac{1}{V}} - 2}{V + \sqrt{\frac{1}{V}} + 2};$$
$$v = \frac{t}{2}\,\frac{V-1}{V+1+2\sqrt{V}}.$$

Z. B. $t = +60$; $f_2 = f_3 = +28{,}4$; $V = 2{,}5$; $e_M = 3{,}1$; $v = 6{,}8$; $f_1 = f_2$ können Zerstreuungslinsen sein, wobei

$$-f_1 = -f_2 < \frac{t}{2} - v = 23{,}2.$$

Man kann die Linsenbewegungen in beiden Fällen so regeln, daß die eine der Linsen L_2 und L_3 eine gleichförmige Bewegung ausführt; dann muß aber die andere eine dazu abgestimmte ungleichförmige Bewegung ausführen. Wie schon oben gesagt wurde, erfordern genügend genau abgestimmte ungleichförmige Bewegungen komplizierte mechanische Führungen. Deswegen wäre es wünschenswert zu untersuchen, ob es nicht auch *gleichförmige* Bewegungen *eines* Linsenpaares geben kann.

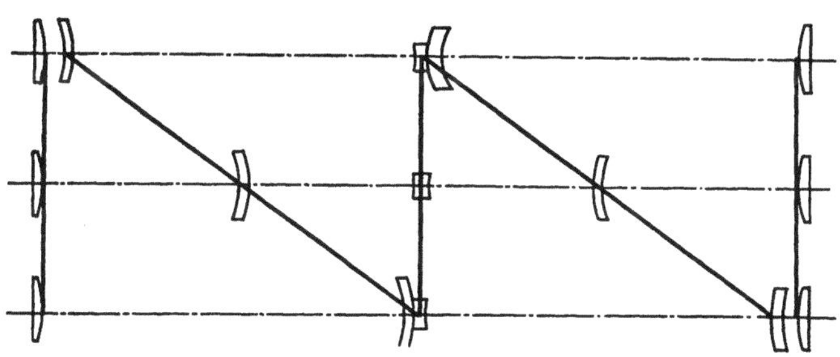

Abb. 146. Afokales Vorsatzsystem mit veränderlicher Vergrößerung aus drei feststehenden Linsen und zwei gleichförmig verstellbaren Linsen. Schema der Linsenverstellung

Das ist tatsächlich möglich, wie nun gezeigt werden soll (Abb. 146). Es handelt sich hierbei um ein afokales System aus fünf Linsen, bei denen L_1, L_3, L_5 feststehen, L_2 und L_4 beweglich sind. Dabei sind L_2 und L_4 von gleicher Brennweite und von unveränderlichem gegenseitigem Abstand e_{24}. Das System $L_2\,L_4$ wird also zusammen gleichförmig verschoben, nach links oder nach rechts, bis entweder L_4 gegen L_3 stößt oder L_2 gegen L_3. L_1 und L_5 haben ebenfalls gleiche Brennweiten und stehen symmetrisch zu L_3. Es seien:

$$t = F'_1 \overline{F}_5;$$
$$x = \frac{t}{f_2} = \frac{t}{f_4};$$

$$y = \frac{t}{f_3};$$

$$z = \frac{t}{e_{24}};$$

$V > 1$ Verhältniszahl der Vergrößerungen in den Anschlagstellungen.

Dann sind folgende Gleichungen zu erfüllen:

$$x^2(z^2 - 3z + 2) - 2x(3z^2 - 6z + 2) + 4z^2 = 0,$$

$$y = 4z\frac{2z + x(1 - z)}{2z^2 + x(1 - z)},$$

$$\sqrt{V} = \frac{z - 2}{z + 2 - (x + y)},$$

damit in den beiden Anschlagstellungen und der Mittenstellung des Linsenpaares L_2, L_3 Afokalität besteht[1]. In anderen Zwischenstellungen können die Abweichungen von der Afokalität bemerkenswert klein gehalten werden, so daß sie innerhalb des Bereichs der Schärfentiefe bleiben. Man muß dazu t nur genügend groß wählen.

Beispiel: $t = -60$; $V = 2,5$; $f_2 = f_4 = -308$; $f_3 = -22,3$; $f_1 = f_5 > -\frac{3}{2}t = 90$, $e_{24} = 60$.

Nach diesem Typus sind das amerikanische Objektiv *Zoomar*[2] (1. Ausführung 1 : 2,8 für 16 mm-Film; 2. Ausführung 1 : 4,5 für 35 mm-Film) und der französische Afokalzusatz *Pan-Cinor*[3] von S. O. M.-Berthiot konstruiert. Beide gestatten eine Veränderung im Verhältnis 3 : 1.

Der Vollständigkeit halber ist von bekannten photographischen Systemen mit veränderlicher Brennweite bzw. veränderlicher Vergrößerung noch zu nennen: USA Patent 696788 aus dem Jahre 1902, bei dem eine einzelne zerstreuende Linse von der Brennweite $-\frac{f}{2}$ zwischen einer feststehenden Frontlinse von der Brennweite $+f$ und einer feststehenden Hinterlinse von der Brennweite $+\frac{f}{4}$ bewegt wird; wegen des nicht vorhandenen Stillstandes der Bildebene muß das Öffnungsverhältnis klein sein.

H. Naumann gab 1931 ein System an, das aus drei verkitteten Gliedern bestand, von denen die ersten beiden verschoben werden.

USA Patent 1947669 vom Jahre 1934 betrifft ein kompliziertes System mit zusätzlicher Blendenregulierung.

Brit. Patent 467487 vom Jahre 1937 beansprucht ein System mit einem beweglichen sammelnden Glied zwischen zwei zerstreuenden Gliedern. Das Frontglied der beiden letztgenannten führt eine Korrektionsbewegung aus. Die beiden beweglichen Glieder haben entgegengesetzt gleiche Brennweiten.

USA Patent 2165341 vom Jahre 1939 betrifft ein dem *Transfokator* ähnliches System.

---

[1] Durch eine geringfügige Abstandskorrektur kann fünfmaliger Durchgang durch die Afokalität herbeigeführt werden.

[2] USA Pat. 2 454 686.

[3] La Technique Cinématographique 21 (1950), Märzheft, S. 73.

R. Weichzeichnerobjektive und Weichzeichnervorsätze

Bei Porträtaufnahmen vorzugsweise, aber auch bei gewissen Landschaftsbildern, Stilleben und anderen Aufnahmeobjekten läßt sich durch „*künstlerische*“ Weichzeichnung eine besondere ästhetische Wirkung hervorbringen. Die künstlerische Weichheit ist von gewöhnlicher Weichheit zu unterscheiden. Während die letztere nichts anderes als Unschärfe ist, wird bei der künstlerischen Weichheit ein scharfes Bild mit einer vorsichtigen Überstrahlung kombiniert, so daß keine Unschärfe zustande kommt, sondern nur harte Kontraste dort, wo sie zusammenstoßen, gemildert und harte Schatten leicht aufgehellt werden. Die Bilder bekommen den Effekt des „strahlenden“ Lichtes, der aber nur gegeben ist, wenn die Aufnahmeobjekte kräftige Lichter enthalten, kontrastreich beleuchtet werden oder von Natur sonnig sind. Objektive, die derartige Bilder liefern, sind als Weichzeichner- oder Soft-Focus-Objektive von der optischen Industrie in Zusammenarbeit mit Künstlern der Lichtbildnerei geschaffen worden.

Um den Effekt einer so verstandenen, künstlerischen Weichheit zu erzielen, bedient man sich der chromatischen und der sphärischen Abweichung in einem absichtlichen, aber begrenzten Ausmaß. Beide Arten von Abbildungsfehlern liefern bei vorsichtiger Anwendung und geschickter Bildeinstellung statt Bildpunkten Zerstreuungsscheibchen mit einem hellen Kern, der von einer leichten nicht zu ausgedehnten Aureole umgeben ist. Daher eignen sich schon bis zu einem gewissen Grade gewöhnliche Menisken, Periskope und andere einfache Linsensysteme für diese Zwecke. Ob sich Reste von Farbabweichung oder ob sich Reste von Öffnungsfehler besser auswirken, darüber gehen die Meinungen auseinander. Diese Frage soll hier auch nicht entschieden werden. Die Weichzeichnerobjektive für die künstlerische Photographie weisen in beiden Bildfehlerarten gut abgestimmte oder abstimmbare Restbeträge auf. Sie werden bisweilen auch *Tiefenbildner* genannt, weil sie den Vorteil einer anscheinend größeren Schärfentiefe, als sie normale Objektive haben, besitzen. Das ist aber kein Verstoß gegen die Gesetze der Optik, sondern, da keine absolut scharfen Bilder erzeugt werden, ist auch der Tiefenbereich größer. Für Porträtaufnahmen ist diese Eigenart sehr von Vorteil.

Abb. 147. RODENSTOCK-Tiefenbildner-Imagon mit Siebblenden

Das Arbeiten mit Weichzeichnerobjektiven ist nicht einfach, es gehört dazu eine gewisse Einübung, denn es kommen allzu leicht Fehleinstellungen vor, die dann zu Bildern von unwirklicher Wattigkeit führen. Grundsätzlich soll man auf die Lichter einstellen, sehr genau und etwas kürzer als mit Anastigmaten belichten, jegliche Überbelichtung vermeiden, genügend kontrastreich arbeitende Ortho- oder Orthopanschichten mit Lichthofschutz anwenden und nach genauen Vorschriften entwickeln.

Die Schärfentiefe durch Abblenden mit einer normalen Irisblende zu vergrößern, ist bei Weichzeichnerobjektiven unangebracht. Gerade die Randstrahlen sind für die künstlerische Weichzeichnung wichtig. Mindestens muß ein Teil der Randstrahlen mitwirken, man sollte es jedoch in der Hand haben, ihren Anteil zu regulieren. Das RODENSTOCK-*Tiefenbildner-Imagon* verwendet statt der Irisblende verschiedene Aufsteckblenden in Siebform, die außer einer großen Mittelöffnung zahlreiche kleinere Randöffnungen enthalten (Abb. 147). Die letzteren lassen sich nach Belieben verkleinern; bei ihrem völligen Verschluß zeichnet das Objektiv mit Anastigmatschärfe. Auch das LEITZsche *Thambar* verwendet Spezialblenden. Im übrigen kann nur auf die bekanntesten Soft-Focus-Objektive verwiesen werden (s. die zugehörige Tabelle im Anhang).

Beliebt sind auch *Weichzeichner-Vorsätze,* die man einem Anastigmaten vorsetzt. Es sind das afokale Scheiben, deren eine Oberfläche ein feines Relief aufweist (z. B. konzentrische Kreise bei den sogenannten *Dutolinsen*), das durch Beugung und Brechung des Lichtes die Überstrahlung hervorruft, während die Strahlen, die zwischen dem Relief hindurch gehen, die scharfen Bildkerne erzeugen. Im Gegensatz zu Weichzeichnerobjektiven muß man bei solchen Vorsätzen reichlich belichten.

Die vor dreißig Jahren von GOERZ herausgebrachte *Mollarlinse* gehört auch zu den Weichzeichnervorsätzen. Es war dies eine afokale chromatische Platte, in der eine Sammellinse und eine Zerstreuungslinse aus Gläsern von verschiedenen ν-Werten verkittet waren; die Afokalität bestand nur für die Hauptfarbe streng, für die übrigen Farben des Spektrums war eine zerstreuende bzw. sammelnde Wirkung vorhanden.

Schließlich darf nicht unerwähnt bleiben, daß auch mit anderen Mitteln durch Vorsetzen vor Anastigmaten allerdings nur unkünstlerische Weichzeichnung erzielt wird: Tüllstoffe, Gaze, Gitter, mit Vaseline um eine durchsichtige Mitte herum eingeriebene Glasscheiben sind hier zu nennen.

S. Brennweitenveränderung durch optische Zusätze

Aufgabenstellung. In der photographischen Aufnahmepraxis besteht häufig das Bedürfnis, bei Vorhandensein von nur einem einzigen Objektiv die Brennweite zu ändern, um folgenden Aufgabenstellungen zu genügen:

1. durch Brennweitenverlängerung einen größeren Abbildungsmaßstab zu verwirklichen, z. B. bei Fernaufnahmen, Tieraufnahmen usw.;

2. durch Brennweitenverkürzung einen größeren Bildwinkelbereich auszunützen, z. B. bei begrenzten Aufnahmeentfernungen oder bei Panoramaaufnahmen;

3. ohne eine mögliche oder ausreichende Änderung der Bildweite Nahaufnahmen zu machen.

Wie schon gesagt wurde, soll das nur mit einem einzigen Objektiv ermöglicht werden, so daß also der Gebrauch eines ganzen Satzes von mehreren Objektiven mit verschiedenen Brennweiten außer Betracht bleibt, obwohl die Verwendung eines solchen Satzes auswechselbarer Objektive, beispielsweise an der Kleinbild- oder Schmalfilmkamera, unbestrittene Vorzüge hat. Auch das Vorhandensein eines Objektivs mit stetig veränderlicher Brennweite soll in dieser Betrachtung ausgeschlossen bleiben.

Um den obigen Forderungen zu entsprechen, liefert die Photoindustrie optische Zusätze, und zwar:

a) zur Brennweitenverlängerung

α) zerstreuende Zusatzlinsen zum Aufstecken auf das Objektiv;

β) afokale Zusätze in Form eines aufsteckbaren GALILEI-Fernrohres mit vergrößernder Wirkung;

b) zur Brennweitenverkürzung

α) sammelnde Zusatzlinsen zum Aufstecken;

β) afokale Zusätze in Form eines aufsteckbaren umgekehrten GALILEI-Fernrohres mit verkleinernder Wirkung;

c) für Nahaufnahmen ohne Bildweitenänderung sammelnde Aufstecklinsen.

Einfache sammelnde oder zerstreuende Zusatzlinsen. Meist werden die Zusatzlinsen auf die Frontlinse aufgesteckt. Damit sich die Brennweite f des Objektivs durch die Zusatzlinse auf das m-fache ändert, muß die *Brechkraft* Z der Zusatzlinse (in dptr.) entsprechend gewählt werden. Dabei ist der Abstand e der Zusatzlinse, genauer ihres hinteren Hauptpunktes H'_Z vom vorderen Objektivhauptpunkt H'_O zu berücksichtigen. Dann ist:

$$Z\,[\mathrm{dptr}] = \frac{1000}{f\,[\mathrm{mm}] - e\,[\mathrm{mm}]}\left(\frac{1}{m} - 1\right). \tag{276}$$

Der *Brennpunkt* der Kombination verlagert sich gegenüber dem Brennpunkt des Objektivs allein um die Strecke p′, und zwar ist

$$\frac{p'}{f} = -\,m\,\frac{f\,[\mathrm{mm}]}{1000}\,Z\,[\mathrm{dptr}], \tag{277}$$

positiv bei Verlängerung, negativ bei Verkürzung der Brennpunktsweite (der Balgenlänge).

Die *wirksame Blendenzahl* B* der Kombination ist nicht mehr gleich der eingestellten Blendenzahl B des Objektivs, sondern es ist:

$$\frac{B^*}{B} = \frac{1}{m} - \frac{f\,[\mathrm{mm}]}{1000}\,Z\,[\mathrm{dptr}]. \tag{278}$$

Dementsprechend ist die *Belichtungszeit* t* *mit* Zusatzlinse gegenüber der Belichtungszeit t ohne Zusatzlinse

$$\frac{t^*}{t} = \left(\frac{B^*}{B}\right)^2. \tag{279}$$

Wenn beispielsweise e = 1/5 f ist, ergeben sich folgende Zahlenwerte:

Tabelle 32

m	Z (dptr) · f (mm)	$\frac{p'}{f}$	$\frac{B^*}{B}$	$\frac{t^*}{t}$
1,6 x	− 469	+ 0,750	1,094	1,20
1,25 x	− 250	+ 0,312	1,050	1,10
0,8 x	+ 312,5	− 0,250	0,938	0,88
0,63 x	+ 734	− 0,463	0,854	0,73

Im allgemeinen muß man bei den Vorsatzlinsen stärker abblenden, weil die Bildqualität geringer ist. Man hat nämlich bei einfachen Linsen nur die Durchbiegung als einziges Korrektionshilfsmittel, da ja auch der Blendenort, durch die Anbringung der Zusatzlinse unmittelbar vor der Frontlinse des Objektivs, nicht mehr frei verfügbar ist. Die Durchbiegung wird im allgemeinen so gewählt, daß der Astigmatismus schiefer Bündel genügend korrigiert wird. Dann sind die Zusatzlinsen in bestimmter Weise meniskenförmig durchgebogen, mit der Hohlfläche zum Objektiv. Alle übrigen Abbildungsfehler sind unkorrigiert, und zwar nach Maßgabe der Brechkraft der Zusatzlinse. Solange diese, verglichen mit der Brechkraft des Objektivs, nicht allzu hoch ist, läßt sich bei entsprechender Abblendung eine brauchbare Qualität des photographischen Bildes erreichen. Die Abblendung muß natürlich um so stärker sein, je höher die Brechkraft der Zusatzlinse und die relative Öffnung des Objektivs sind. Für Porträtaufnahmen kann man mit Vorsatzlinse und ohne Abblendung bisweilen künstlerische Weichheit erzielen.

Die Brechkräfte der Zusatzlinsen liegen meist bei ganzen Dioptrien, wie Tabelle 33 erläutert:

Tabelle 33

Fabrikat	Name	Brechkräfte [dptr]
Kodak	Telek	− 1; − 2; − 3; + 4
Kodak	Portra	+ 1; + 2; + 3.
Kodak	speziell für Porträt	+ 0,75

Die Benutzung von Vorsatzlinsen bei Fernaufnahmen setzt voraus, daß die Kamera einen veränderlichen Auszug hat; mit sammelnden Linsen muß sich der Auszug verkürzen lassen, was bei Handkameras meist möglich ist; mit zerstreuenden Vorsatzlinsen ist aber sogenannter *doppelter* Balgenauszug notwendig, den nicht alle Kameras besitzen.

Afokale Vorsatzsysteme. Man wird vom Balgenauszug unabhängig, wenn man afokale Vorsätze mit Vergrößerungs- oder Verkleinerungswirkung verwendet. Das sind, wie schon anfangs gesagt, zusammengesetzte Systeme nach Art von Galilei-Fernrohren (Theatergläsern). Für die Erzielung von Vergrößerungswirkungen bis 2mal sind afokale Zusatzsysteme unschwer verwendbar, sofern es möglich ist, das afokale System genügend lang zu bauen. Schneider, Kreuznach und Rodenstock, München, liefern solche Vorsätze sogar für Objektive größter Lichtstärke, allerdings nur für die 8 mm-Film-Kamera, also mit nicht zu großen Bildwinkeln. Für die Erzielung von Verkleinerungswirkungen bedarf es sorgfältigster Anpassung des Vorsatzes am Objektiv, weil solche Systeme sehr empfindlich gegen Verzeichnungsfehler sind. Trotzdem gibt es auch hierfür handelsübliche Ausführungen, z. B. von Rodenstock, München, sogar bis fast ein Drittel Verkleinerung. Alle diese afokalen Vorsätze bleiben aber auf die Anwendung an 8 mm- bzw. 16 mm-Film-Kameras beschränkt, da sie bei größeren Formaten wegen der zu fordernden Mindestbaulänge zu unhandlich würden.

Eine interessante Wechseloptik für *Kleinbild* 24 × 36 mm brachte die Firma Josef SCHNEIDER, Kreuznach, im Frühjahr 1954 heraus. Sie entspricht den Forderungen nach gleichen Strahlenverläufen hinter der Blende durch

a) Einhaltung des Bildortes,

b) Vermeidung von Veränderungen hinter den Verschlußsektoren.

Demgemäß ist das Grundsystem ein GAUSS-Doppelobjektiv (*Retina-Xenon* C 1 : 2 bzw. 1 : 2,8, f = 50 mm). Die vordere Hälfte desselben ist durch eine Bajonettfassung im Verschluß gehalten, kann abgenommen und gegen eine Weitwinkel- oder Teleoptik ausgewechselt werden.

Die Weitwinkeloptik besteht aus dem in der Kamera gebliebenen Hinterglied und einer stellvertretenden vorderen GAUSS-Hälfte mit einem vorgeschalteten umgekehrten GALILEI-Fernrohrsystem. Diese unter dem Namen *Retina-Curtar-Xenon* C 1 : 5,6, f = 35 mm geführte Weitwinkeloptik verkleinert 0,74fach und erhöht den Bildwinkel von 49° des Grundsystems auf 64°, bei ganz hervorragender Bildfehlerkorrektion. Die Frontlinse steht nur etwa 10 mm mehr vor als beim Grundsystem.

Die Teleoptik enthält zu dem Hinterglied des Grundsystems noch ein vorderes Objektivteil, das ein vergrößerndes GALILEI-Fernrohr verwendet, bei dem aber die negative Okularlinse mit der positiven GAUSS-Vorderhälfte kombiniert ist. Diese Optik führt den Namen *Retina-Longar-Xenon* C 1 : 4, f = 80 mm, vergrößert 1,6fach und beschränkt demgemäß den Bildwinkel auf 32°, ebenfalls mit bester Bildfehlerkorrektion. Die Frontlinse steht um etwa 30 mm mehr vor als beim Grundsystem.

Parallel mit der Entwicklung dieser Optik sind besondere Vorkehrungen optischer und mechanischer Art getroffen, um die Austauschbarkeit zu gewährleisten.

Die beschriebene Wechseloptik wird für die *Kodak Retina IIc* und *IIIc* hergestellt.

Eine ähnliche Wechseloptik liefert RODENSTOCK, München, für sein *Heligon* 5 cm.

Nahaufnahme-Linsen. Bei Box-Kameras und bei unzureichenden Auszugslängen zwischen Objektiv und Bildebene lassen sich Gegenstände in geringer Entfernung mit Hilfe von sammelnden Zusatzlinsen aufnehmen. Es ist zweckmäßig, eine Reihe von Zusatzlinsen verfügbar zu haben, die untereinander auswechselbar sind. Die Stufung ist dabei in ganz bestimmter Weise zu treffen, um in jeder beliebigen Nahentfernung aufnehmen zu können. Wenn die Kamera eine gewisse Einstellmöglichkeit besitzt, z. B. von ∞ bis 1 m Entfernung, so wird man als erste Linse aus der Reihe die Brechkraft + 1 dptr wählen, weil dann mit dieser Linse bei Einstellung der Kamera auf Unendlich die Einstellebene in 1 m Entfernung liegt; bei Einstellung der Kamera selbst auf den Skalenwert 1 m rückt dann die Einstellebene auf $^1/_2$ m Entfernung heran. Als zweite Linse der Reihe wählt man + 2 dptr und bekommt dann mit dieser Linse bei der Entfernungseinstellung ∞ die Einstellebene in $^1/_2$ m, bei der Entfernungseinstellung 1 m die Einstellebene in $^1/_3$ m. Als dritte Linse der Reihe wählt man + 3 dptr und überbrückt in derselben Weise die Nahentfernungen von $^1/_3$ m bis $^1/_4$ m usw. Für diesen Zweck eignen sich z. B. die *Proxar*linsen von ZEISS bzw. *Portra*linsen von KODAK. Die Abbildungsmaßstäbe mit den drei genannten Linsen vor einem Objektiv von der Brennweite f betragen dann: bei Linse Nr. 1: von $\frac{f[mm]}{1000}$ bis $\frac{f[mm]}{500}$; bei Linse Nr. 2: von $\frac{f[mm]}{500}$ bis $\frac{f[mm]}{333}$; bei Linse Nr. 3: von $\frac{f[mm]}{333}$ bis $\frac{f[mm]}{250}$ usw. Allgemein gelten folgende angenäherten Zusammenhänge, wenn man vereinfachend annimmt, daß der hintere Hauptpunkt der Zusatzlinse mit dem vorderen Hauptpunkt des Objektivs von der Brennweite f zusammenfällt:

e_N = positiv gezählter Abstand des Nahpunktes vom vorderen Objektivhauptpunkt ohne Zusatzlinse;

e_{F_ν} = entsprechender Abstand des Fernpunktes mit Zusatzlinse;

e_{N_ν} = entsprechender Abstand des Nahpunktes mit Zusatzlinse;

E_ν = Entfernungseinstellung (positiv gezählt) am Kameraobjektiv für beliebiges $e_{N_\nu} < e_\nu < e_{F_\nu}$;

$\nu = 1, 2, 3, \ldots$ (Nahstufung).

Brechkräfte der Zusatzlinsen (dptr)	e_{F_ν} [m]	e_{N_ν} [m]	E_ν (gezählt von der Bildebene)
$Z_\nu = \frac{\nu}{e_N[m]}$	$\frac{e_N[m]}{\nu}$	$\frac{e_N[m]}{\nu+1}$	$\frac{1}{E_\nu[m] - \frac{f[mm]}{1000}} = \frac{1}{e_\nu[m]} - Z_\nu[dptr]$

Bei derartiger Benutzung von sammelnden Zusatzlinsen für Nahaufnahmen gelten die Blendenzahlen des Objektivs ohne Umrechnung. Man muß wegen der Qualitätsverminderung durch die Zusatzlinse stets abblenden.

Abb. 148. Nahaufnahmelinse Proximeter an Kleinbildkamera mit Objektiveinstellung

Eine bemerkenswerte Nahaufnahmelinse ist für Entfernungsmesser-Kleinbildkameras und Schmalfilmkameras im sogenannten *Proximeter*[1] geschaffen worden. Wenn man die Nahaufnahmelinse im Durchmesser so weit vergrößert, daß sie auch in die beiden Ausblicke des Entfernungsmessers ragt (Abb. 148), so kann

[1] Fabrikant: Hermann SCHNEIDER u. Co., Hamburg. Erfinder: Kurt KIRCHHOFF, Hamburg.

man in dem letzteren die Bildbegrenzung kontrollieren und die Scharfeinstellung für Nahaufnahmen genau so regeln wie bei Aufnahmen ohne Vorsatzlinse, ohne daß Parallaxe auftritt. An Stelle einer einzigen ver-

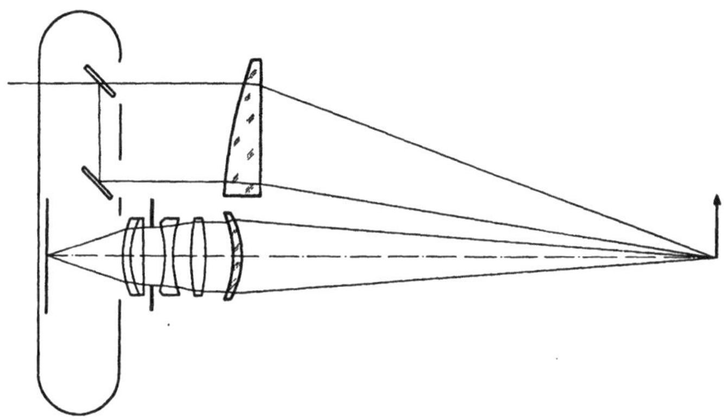

Abb. 149. Proximeter aus zwei abgestimmten Teilen vor Objektiv und Entfernungsmesser. Schematisch

größerten Nahaufnahmelinse läßt sich mit derselben Wirkung auch eine *Proximeter*-Einrichtung verwenden, die aus einer Vorsatzlinse nur für das Objektiv und einem prismatischen Linsenausschnitt vor dem Entfernungsmesser besteht (Abb. 149).

Das *Proximeter* I überbrückt den Einstellbereich 100 bis 50 cm, das *Proximeter* II den Einstellbereich 50 bis 33 cm, beide kombiniert den Einstellbereich 33 bis 25 cm. Es wird entweder wie eine Vorsatzlinse auf die Fassung des Objektivs gesteckt oder bei Objektiven mit Frontlinseneinstellung in den Sucherschuh der Kamera eingesetzt, wie z. B. an der Zeiss Ikon *Contessa* (Abb. 150). Das *Proximeter* ist an einer ganzen Reihe namhafter Kameras des In- und Auslandes in Benutzung (Contax, Leica, Retina, Karat, Prominent, Vitessa, Siemens C II Schmalfilm usw.).

Abb. 150. Proximeter nach Abb. 149 an Kleinbildkamera mit Frontlinseneinstellung

Anamorphotvorsatz für Breitschirmprojektion. Bei der von der Filmindustrie neuerdings eingeführten Breitschirmprojektion (*Cinemascope*) wird die Aufnahmeszenerie im Horizontalschnitt auf die Hälfte zusammengedrückt. Dadurch findet im normalen Filmbild ein doppelt so großes horizontales Gesichtsfeld Platz, allerdings unter entsprechender Verzerrung, die dann bei der Vorführung wieder rückgängig gemacht wird.

Als optisches Hilfsmittel dient ein *Anamorphotvorsatz* sowohl vor dem Aufnahmeobjektiv als auch vor dem Wiedergabeobjektiv. Er besteht aus einem Zylinderlinsensystem von der Art eines afokalen Vorsatzes mit der Verkleinerungswirkung 1 : 2 bei der Aufnahme und der Vergrößerungswirkung 2 : 1 bei der Projektion. Die Zylinderwirkung liegt aber nur im Horizontalschnitt. Im Vertikalschnitt wirkt der Vorsatz wie eine Planplatte, also weder verkleinernd noch vergrößernd.

Bei Fernaufnahmen ist der Vorsatz streng teleskopisch, bei Nahaufnahmen bildet er im Horizontalschnitt das Objekt wieder in der Objektebene, jedoch mit von 1 : 1 abweichendem Abbildungsmaßstab ab. Das Aufnahmeobjektiv wird zuerst wie üblich auf die Entfernung der Szenerie fokussiert, und zwar derart, daß sich horizontale Kanten scharf abbilden. Sodann wird durch Abstandsänderung der Vorsatzglieder auch auf Schärfe der vertikalen Kanten fokussiert. Der Zerrfaktor ist bei Nahaufnahmen nicht ganz genau so groß wie bei Fernaufnahmen. Es treten Differenzen bis etwa 10% auf.

Bei der Korrektion der Abbildungsfehler des Anamorphotvorsatzes ergeben sich Besonderheiten bezüglich des Astigmatismus. Im Horizontalschnitt hat man es mit meridionaler, im Vertikalschnitt mit sagittaler Abweichung zu tun. Auch die Verzeichnung ist unter andersartigen Gesichtspunkten zu betrachten.

Die Möglichkeit der Kombination eines anamorphotischen Vorsatzes mit einem achssymmetrischen Objektiv hat Ernst ABBE bereits behandelt[1]. Henri CHRÉTIEN[2] hat derartige Vorsätze in die Praxis eingeführt und somit als erster die Breitschirmprojektion verwirklicht. Das ZEISS-Werk hat in den letzten Jahren neue Wege der Berechnung und der Konstruktion anamorphotischer Vorsätze beschritten und moderne Methoden ihrer Präzisionsherstellung entwickelt. Als erstes Ergebnis dieser Arbeiten wird seit 1954 der ZEISS-*Anamorphot* 2 × 63 als Standardvorsatz für die üblichen Projektionsobjektive f = 80 bis 140 mm herausgebracht. Er hat zweifache anamorphotische Dehnung und den freien Durchmesser 63 mm der Hinterlinse.

Eine genügend befriedigende Bildqualität ist allerdings nur zusammen mit anastigmatisch korrigierten Objektiven guter Bildfeldebnung erzielbar.

Anamorphotische Vorsätze werden in Deutschland auch von ISCO, Göttingen, und MÖLLER, Wedel, hergestellt. Insbesondere ist darauf hinzuweisen, daß die Firma ISCO spezielle Projektionsanastigmate für die Breitschirmprojektion in der Lichtstärke 1 : 2 unter dem Namen *Super-Kiptar* geschaffen hat.

An Stelle von Zylinderlinsen-Anamorphoten gibt es auch Prismenvorsätze nach dem Prinzip des BREWSTERschen Fernrohres mit verstellbarer anamorphotischer Dehnung.

---

[1] ABBE E.: Gesamm. Abhdlg., Bd. 2, S. 283. Jena: Gustav Fischer. 1906.

[2] CHRÉTIEN H.: La cinématographie panomarique par le procédé Hypergonar. Vortrag auf dem Congrès technique international, Turin, Sept. 1951.

T. Strichstärkenwandler (Klimsch-Variomat) nach Schlötzer

Der Strichstärkenwandler[1] ist ein Zusatzgerät zur Anbringung an Reproduktionsgeräten. Das Gerät ermöglicht es, unabhängig von dem Wiedergabemaßstab die Bilddetails zu verstärken oder abzuschwächen — bei Bedarf bis zur vollen Auslöschung feiner Linien. Man kann damit weiterhin Konturen nach flächigen Vorlagen herstellen und eine Moirébildung bei Reproduktionen gerasterter Originale ausschalten.

Die Wirkung des Strichstärkenwandlers beruht auf der Einschaltung einer planparallelen Glasplatte in den Abbildungsstrahlengang vor der Optik, mit der Maßgabe, daß diese Platte durch einen motorischen Antrieb in Verbindung mit auswechselbaren Steuerkurven in verschiedenen Richtungen und mit verschiedenem Ausschlag aus ihrer Null-Lage lotrecht zur optischen Achse geneigt werden kann. Durch diese sich überlagernde Kipp- und Rotationsbewegung (*Taumelbewegung*) der Platte während der Belichtung kann eine allseitige Bildverschiebung um eine mit großer Genauigkeit einstellbare Größe erzielt werden, was sich in einer Verstärkung aller Bilddetails beim Arbeiten von einem Negativ, in einer Abschwächung aller Details beim Arbeiten von einem Positiv auswirkt. Dabei tritt keinerlei Beeinträchtigung der Strichschärfe ein, da ja nicht mit Mitteln wie unscharfer Einstellung oder Überstrahlung gearbeitet wird, sondern mit rein geometrisch optischen Größen.

Es ist mit diesem Gerät möglich, Plan- und Kartenwerke, die in einem bestimmten Maßstab gezeichnet wurden, innerhalb weiter Grenzen in andere Maßstäbe zu überführen, was bisher nicht zufriedenstellend gelang, da die Strichstärke bei Verkleinerungen zu gering, bei Vergrößerungen zu kräftig wurde. Der Strichstärkenwandler schafft hier Voraussetzungen, indem die Strichstärke der reproduktionstechnischen Wiedergabe in weiten Grenzen von dem Wiedergabemaßstab unabhängig gemacht wird.

Der Strichstärkenwandler gestattet es, von einem Originalplan mit feinsten Linien absolut scharfe Verkleinerungen unter gleichzeitiger Strichverstärkung anzufertigen, wobei der Grad der Verstärkung den jeweiligen Arbeitsbedingungen entsprechend gewählt und eingestellt werden kann. Wesentlich ist dabei, daß dieser Vorgang rein optisch unter voller Erhaltung der Schärfe und ohne Beeinträchtigung der Winkel- und Meßwerte erfolgt.

Planvergrößerungen führen umgekehrt zwangsläufig zur Bildung übertrieben starker Linien. Der Strichstärkenwandler gestattet deren Abschwächung bei der Reproduktion ohne Einschaltung zusätzlicher Arbeitsgänge. Es liegt in der Natur der Sache, daß Abschwächungen bis zur völligen Auslöschung getrieben werden können.

Die Verstärkung erfolgt bei der Reproduktion von Negativen in der Kamera. Positive Vorlagen oder Originale werden zunächst durch Kontaktkopie oder Reproduktion in Aufsichts- oder Durchsichtsnegative verwandelt und anschließend in der Kamera unter Einschaltung des Strichstärkenwandlers auf den gewünschten Maßstab gebracht und gleichzeitig im selben Arbeitsgang verstärkt. Während der Verstärkungsgrad theoretisch unbegrenzt ist, dürfte für die Praxis die vorgesehene Verstärkung um maximal $^{2}/_{10}$ mm nach allen Seiten stets ausreichend sein. Hier würde also beispielsweise eine Linie von $^{1}/_{10}$ mm Stärke auf $^{5}/_{10}$ mm Stärke gebracht, bezogen

[1] Hersteller: KLIMSCH & Co., Frankfurt a. M.

auf die Originalgröße. Der Verstärkungsgrad reduziert sich bei Verkleinerungen entsprechend.

Die Verstärkung ist zwangsläufig mit einer gewissen Abrundung verbunden: Aus scharfen Ecken des Originals werden die abgerundeten Ecken der verstärkten Verkleinerung. Eine Beeinträchtigung der Auswertung der Karten und Pläne ist hierdurch jedoch nicht zu befürchten. Die Verstärkung wirkt zwangsläufig nach allen Seiten. Meßpunkte, Schnittpunkte von Linien, Gradnetze oder Paßzeichen werden daher keinesfalls verlagert, sondern um den Mittelpunkt bzw. die Mittelachse gleichmäßig verstärkt.

Die Abschwächung der Strichstärken, die vorwiegend bei Vergrößerungen in Frage kommen dürfte, erfolgt bei der Reproduktion vom Aufsichts- oder Durchsichtspositiv. Man erhält also in der Kamera das abgeschwächte Negativ. Dabei ist die Abschwächung genau wie die vorher erwähnte Verstärkung nicht proportional zu den jeweiligen Strichstärken, sondern man schwächt alle Bilddetails um einen bestimmten gleichbleibenden Wert ab.

X. Optische Zusätze zur Lichtdämpfung

A. Filterscheiben

Durchlässigkeitskennwerte. Filter vor photographischen Objektiven haben die Aufgabe, gewisse Spektralbezirke des Lichtes mehr oder weniger zu absorbieren, um dadurch besondere Wirkungen in der Aufnahme zu erzielen oder unerwünschte Nebenwirkungen dieser Spektralbezirke zu vermeiden. Ein Filter wird durch die spektrophotometrisch aufgenommene *Durchsichtigkeitskurve* gekennzeichnet, die man erhält, wenn man die Durchsichtigkeitsgrade in Abhängigkeit von der Wellenlänge aufträgt (Abb. 151). Im allgemeinen beschränkt man sich dabei auf den visuellen Bereich von 400 bis 700 mμ; für Filter, die in den nicht sichtbaren Bereichen des Ultraviolett und des Infrarot Wirkungen haben sollen, wird die Kurve der Durchsichtigkeitsgrade entsprechend verlängert.

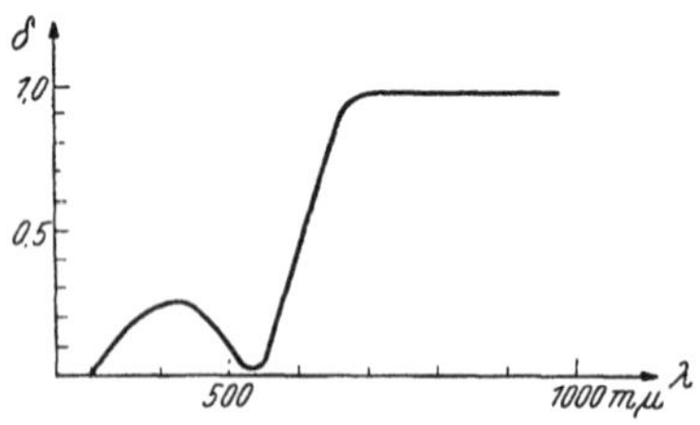

Abb. 151. Durchlässigkeitskurve einer Filterscheibe (SCHOTT RG 6)

Der *Durchsichtigkeitsgrad* einer absorbierenden Schicht ist das Verhältnis des ausdringenden zum eingedrungenen Strahlungsfluß, also ein Verhältnis, bei dem die Reflexionsverluste an Eintritts- und Austrittsfläche nicht berücksichtigt sind. Lediglich die Dicke d der Schicht und der *Durchsichtigkeitsmodul* δ, d. h. der Durchsichtigkeitsgrad für 1 mm Schichtdicke, bestimmen den Durchsichtigkeitsgrad ϑ gemäß der Beziehung

$$\vartheta = \delta^{\mathrm{d}} \tag{280}$$

Farbgläser. Der spektrale Verlauf des Durchsichtigkeitsmodul δ ist für einen Filterwerkstoff, der für photographische Zwecke meist ein *Farbglas* ist, ein spezifisches Merkmal. Daher enthält z. B. der Katalog der Jenaer Farb- und Filtergläser für jede Glasart Angaben über den Durchsichtigkeitsmodul bei 28 verschiedenen Lichtwellenlängen zwischen 281 mμ und 3 μ (Tabelle 34). Das sind aber nur Durchschnittswerte, für genaue Filterbestimmungen muß man auf die Durchsichtigkeitswerte der jeweiligen

Schmelze einer Farbglasart zurückgehen, die mehr oder weniger abweichen können. Für Stücke aus der gleichen Schmelze liegen die Abweichungen von den angegebenen δ-Werten im allgemeinen innerhalb der spektralphotometrischen Meßfehler. Es gibt allerdings auch Farbgläser, bei denen technische Schwierigkeiten der Herstellung zu merklichen Abweichungen innerhalb einer Schmelze führen können, z. B. bei einigen Gelbgläsern und sämtlichen Orange- und Rotgläsern, also gerade den für die Photographie interessanten Gläsern. Ferner gibt es Gläser mit der Möglichkeit, daß sich ihre Eigenschaften bei Bestrahlung ändern, wodurch im allgemeinen nur im Ultraviolett eine Durchsichtigkeitsabnahme zu erwarten ist, z. B. bei einigen Violett- und Blaugläsern.

Mit Hilfe der obigen Formel kann man verschiedene Aufgaben lösen. So läßt sich zunächst der Durchsichtigkeitsgrad für eine bestimmte Wellenlänge λ und für eine bestimmte Dicke d berechnen; z. B. SCHOTTglas GG 5, $\lambda = 436\ \mathrm{m}\mu$, $\delta = 0{,}38$:

$$\vartheta = 0{,}38^{d}$$

d (mm)	0,5	1,0	1,5	2,0	2,5
ϑ	0,62	0,38	0,23	0,14	0,09

Als zweite Aufgabe ist besonders für den Filterfabrikanten wichtig, die Dicke d zu berechnen, die ein Filter bekommen muß, um einen vorgegebenen Durchsichtigkeitsgrad ϑ zu erzielen.

Beispiel: GG 5, $\lambda = 436\ \mathrm{m}\mu$, $\delta = 0{,}38$, $\vartheta = 0{,}25 \pm 0{,}02$,

$$d = \frac{\log \vartheta}{\log \delta} = \frac{\log (0{,}25 \pm 0{,}02)}{\log 0{,}38};$$

$\log 0{,}27 = 9.431 - 10 = -0{,}569$,
$\log 0{,}25 = 9.398 - 10 = -0{,}602$,
$\log 0{,}23 = 9.362 - 10 = -0{,}638$,
$\log 0{,}38 = 9.580 - 10 = -0{,}420$,

$$d = 1{,}43 \pm 0{,}08\ \mathrm{mm}.$$

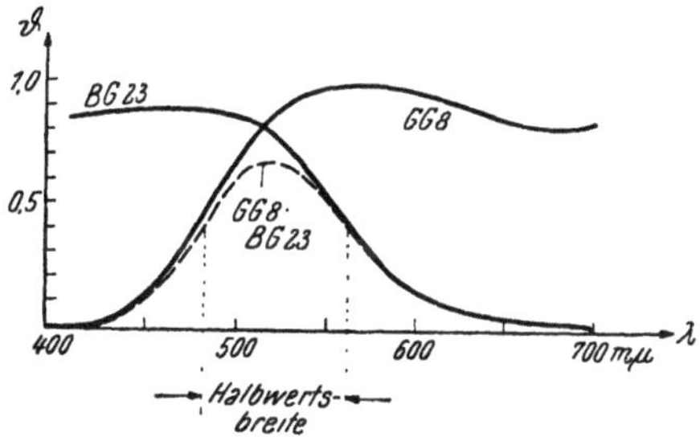

Abb. 152. Durchlässigkeitskurven von GG 8 (2 mm) und BG 23 (2 mm), einzeln und kombiniert

Die Vielfalt der der optischen Industrie zur Verfügung stehenden Farbgläser erlaubt die Zusammenstellung von *Filterkombinationen* aus zwei, drei oder gar vier verschiedenen Gläsern, um bestimmte spektrale Durchlaßgebiete einzuengen. Beispielsweise kann man mit einem Doppelfilter aus GG 8 in 2 mm Dicke und BG 23 in 2 mm Dicke ein begrenztes mittleres Gebiet im sichtbaren Spektrum ausfiltern, in dem Violett und Rot kaum noch enthalten sind.

	λ [mμ]	405	436	480	509	546	578	644	700
ϑ	GG 8	0,00	0,06	0,46	0,79	0,98	0,98	0,85	0,85
	BG 23	0,86	0,89	0,89	0,83	0,58	0,26	0,04	0,01
ϑ	GG 8 · BG 23	0,00	0,05	0,41	0,66	0,57	0,25	0,03	0,01

Tabelle

Glasart	Bemerkungen A = Durchsichtigkeitsschwankungen S = Sonderglas T = Tafelglas V = Veränderung bei Ultraviolettbestrahlung		Wichte γ	Haltbarkeit h	Reflexions-faktor p_d	Dicken-einheit mm d_e
VG 7	T	Ähnlich VG 4	2,67	3	0,915	1,0
VG 8		Rein gelbgrünes Glas	2,85	3/4	0,912	1,0
VG 9		Dunkleres VG 8	2,86	3/4	0,911	1,0
VG 10	T	Helles grünlichgelbes Glas	2,58	3	0,918	1,0
VG 11	T	Ähnlich VG 9 mit verminderter Gelbdurchlässigkeit	2,99	2	0,907	1,0
VG 12	T	Mittleres blaugrünes Glas	2,88	3	0,910	1,0
GG 3	A	Fast farbloses hellgelbes Glas	2,54	2	0,915	1,0
GG 4		Fast farbloses grünlichgelbes Glas mit starker Ultraviolettabsorption	2,73	2	0,915	1,0
GG 5	A	Hellgelbes Glas	2,54	2	0,915	1,0
GG 6	A	Mittleres Gelbglas mit allmählich verlaufender Absorption	2,54	2	0,915	1,0
GG 7	A	Mittleres Gelbglas mit steiler Absorption	2,54	2	0,915	1,0
GG 8	T	Helles grünlichgelbes Glas	2,56	3	0,918	1,0
GG 9	T	Ähnlich GG 8, etwas dunkler	2,73	2	0,915	1,0
GG 10	T	Dunkleres GG 9	2,54	3	0,918	1,0
GG 11	A	Dunkles Gelb für Kontrastfilter	2,54	2	0,915	1,0
GG 13		Fast farbloses, gegen Strahlung beständiges Glas zur Ultraviolettabsorption	3,22	2	0,904	1,0
GG 14	A	Dunkles Gelb mit sehr steilem Blauabfall	2,73	3/4	0,914	1,0

Die Durchsichtigkeitskurven der Einzelfilter und des Kombinationsfilters haben folgendes Aussehen (Abb. 152).

Die Kurve der Kombinationsfilter hat ein Maximum vom Betrage 0,66 bei $\lambda = 515$ mμ und besitzt Durchsichtigkeitsgrade von halber Maximaldurchsichtigkeit, also 0,33, bei $\lambda = 482$ mμ und $\lambda = 568$ mμ. Man nennt die entsprechende Wellenlängendifferenz die *Halbwertsbreite*; sie ist im angeführten Beispiel 86 mμ.

34

Durchsichtigkeitsmodul δ_{mm} für:

281	302	312	334	366	405	436	480	509	546	578	644	700	775	ultraviolette u. sichtbare } Wellen in mμ
850	*950*	*1050*	*1150*	*1300*	*1450*	*1600*	*1800*	*2000*	*2200*	*2400*	*2600*	*2800*	*3000*	ultrarote } Wellen in mμ
–	–	–	–	–	0,02	0,14	0,51	0,76	0,84	0,78	0,59	0,62	0,68	
0,71	*0,75*	*0,79*	*0,83*	*0,87*	*0,90*	*0,92*	*0,94*	*0,95*	*0,95*	*0,95*	*0,93*	*0,87*	*0,63*	
–	–	–	–	–	0,03	0,19	0,55	0,73	0,71	0,48	0,14	0,08	0,08	
0,09	*0.14*	*0,22*	*0,31*	*0,45*	*0,57*	*0,65*	*0,75*	*0,82*	*0,88*	*0,92*	*0,93*	*0,91*	*0,75*	
–	–	–	–	–	–	0,05	0,49	0,69	0,65	0,43	0,10	0,06	0,06	
0,06	*0,10*	*0,16*	*0,25*	*0,40*	*0,54*	*0,65*	*0,76*	*0,83*	*0,87*	*0,90*	*0,91*	*0,89*	*0,65*	
–	–	–	–	–	0,03	0,22	0,72	0,90	0,97	0,94	0,82	0,83	0,87	
0,82	*0,86*	*0,89*	*0,91*	*0,94*	*0,96*	*0,98*	*0,99*	*0,99*	*0,99*	*0,98*	*0,97*	*0,94*	*0,81*	
–	–	–	–	–	–	0,05	0,37	0,57	0,58	0,27	0,07	0,04	0,04	
0,01	*0,06*	*0,11*	*0,19*	*0,34*	*0,47*	*0,61*	*0,71*	*0,79*	*0,85*	*0,86*	*0,87*	*0,89*	*0,52*	
–	–	–	0,02	0,32	0,66	0,64	0,71	0,74	0,62	0,32	0,06	0,02	–	
0,02	*0,04*	*0,06*	*0,12*	*0,25*	*0,40*	*0,52*	*0,64*	*0,74*	*0,84*	*0,86*	*0,90*	*0,90*	*0,70*	
–	0,03	0,05	0,10	0,17	0,22	0,84	0,99	1,00	1,00	1,00	1,00	1,00	1,00	
1,00	*1,00*	*1,00*	*1,00*	*1,00*	*1,00*	*0,99*	*0,99*	*0,99*	*0,99*	*0,98*	*0,95*	*0,88*	*0,56*	
–	–	–	0,01	0,02	0,42	0,73	0,90	0,94	0,97	0,97	0,94	0,95	0,99	
0,99	*0,99*	*0,99*	*0,99*	*0,99*	*0,99*	*0,99*	*0,99*	*0,99*	*0,99*	*0,98*	*0,94*	*0,85*	*0,64*	
–	0,01	0,02	0,03	0,09	0,14	0,38	0,99	1,00	1,00	1,00	1,00	1,00	1,00	
1,00	*1,00*	*1,00*	*1,00*	*1,00*	*1,00*	*0,99*	*0,99*	*0,99*	*0,99*	*0,97*	*0,95*	*0,88*	*0,57*	
–	0,02	0,05	0,11	0,14	0,21	0,35	0,76	0,98	1,00	1,00	1,00	0,99	0,98	
0,97	*0,96*	*0,95*	*0,95*	*0,95*	*0,96*	*0,96*	*0,97*	*0,97*	*0,95*	*0,94*	*0,91*	*0,82*	*0,61*	
–	–	0,01	0,04	0,06	0,12	0,18	0,69	0,99	0,99	1,00	1,00	1,00	1,00	
1,00	*1,00*	*1,00*	*1,00*	*1,00*	*1,00*	*1,00*	*0,99*	*0,99*	*0,99*	*0,97*	*0,95*	*0,88*	*0,56*	
–	–	–	–	–	0,05	0,24	0,68	0,89	0,99	0,99	0,92	0,92	0,95	
0,98	*0,99*	*1,00*	*1,00*	*1,00*	*1,00*	*1,00*	*0,99*	*0,99*	*0,99*	*0,97*	*0,93*	*0,83*	*0,63*	
–	0,01	0,01	–	–	0,01	0,17	0,78	0,90	0,93	0,92	0,89	0,91	0,94	
0,97	*0,99*	*1,00*	*1,00*	*1,00*	*1,00*	*1,00*	*1,00*	*0,99*	*0,99*	*0,98*	*0,97*	*0,92*	*0,64*	
–	–	–	–	–	–	0,08	0,61	0,85	0,97	0,95	0,85	0,85	0,96	
0,99	*0,99*	*0,99*	*0,99*	*0,99*	*0,99*	*0,99*	*0,99*	*0,99*	*0,99*	*0,99*	*0,98*	*0,95*	*0,79*	
–	–	–	–	–	–	0,01	0,22	0,97	1,00	1,00	1,00	1,00	1,00	
1,00	*1,00*	*1,00*	*1,00*	*1,00*	*1,00*	*1,00*	*1,00*	*0,99*	*0,99*	*0,97*	*0,95*	*0,88*	*0,58*	
–	–	–	–	0,17	0,92	0,98	0,99	0,99	0,99	0,99	0,99	0,99	0,99	
0,99	*0,99*	*0,99*	*0,99*	*0,99*	*0,99*	*0,99*	*0,99*	*0,99*	*0,99*	*0,98*	*0,95*	*0,88*	*0,68*	
–	–	–	–	–	–	–	–	0,96	0,99	0,99	0,99	0,99	1,00	
1,00	*1,00*	*1,00*	*1,00*	*1,00*	*1,00*	*1,00*	*1,00*	*0,99*	*0,99*	*0,97*	*0,96*	*0,91*	*0,66*	

Im allgemeinen vermindert sich die Durchsichtigkeit im Maximum mit einer Verringerung der Halbwertsbreite, deshalb sind Monochromatfilter verhältnismäßig dunkel.

Metallinterferenzfilter. Dieselbe Abhängigkeit besteht auch für *Interferenzlinienfilter*, nur nicht mit so schlechter Wirksamkeit wie bei den rein auf Absorption beruhenden Filtern. Die Interferenzlinienfilter, wie sie z. B. die Firma SCHOTT herstellt, beruhen auf dem Prinzip des FABRY-

PEROT-Etalons. Zwei durchsichtige Metallspiegelschichten sind durch eine dünne Schicht eines durchsichtigen Stoffes getrennt, zwischen ihnen wird das Licht hin- und herreflektiert (Abb. 153). Durch Interferenz der verschieden oft reflektierten und dann austretenden Lichtwellen werden schmale spektrallinienartige Durchsichtigkeitsmaxima erzeugt, die zusätzlich durch mit dem Interferenzfilter verbundene Farbgläser isoliert werden. Die Firma SCHOTT gibt an, einen gewünschten Sollwert der Wellenlänge λ_{max} für die maximale Durchsichtigkeit innerhalb $\pm 1\%$, bei *Präzisionsfiltern* sogar innerhalb $+ 0{,}5\%$ einzuhalten. Filter mit einem Sollwert innerhalb zirka 30 mμ werden als *Spektralfarbfilter* preisbegünstigt geliefert. Die maximale Durchsichtigkeit beträgt rund 0,30, bei einer Halbwertsbreite von 8 bis 16 mμ für $\lambda_{max} = 400$ bis 550 mμ, von 1,5 bis 3% von λ_{max} bei 550 bis 1000 mμ. Die Interferenzlinienfilter haben die Eigenschaft, daß sich bei schrägem Lichtdurchgang das Durchsichtigkeitsgebiet gegen kürzere Wellenlängen verschiebt, und zwar bei 10° Einfallswinkel um etwa 2 mμ, bei 20° Einfallswinkel um etwa 8 mμ. Die Gestalt der Filterkurve bleibt dabei nahezu ungeändert. Deshalb und wegen auftretender Polarisationseffekte sollen bei konvergenten Strahlenbündeln die Randstrahlen bzw. schiefen Bündel nicht stärker als etwa 15° gegen die Achse geneigt sein. Es ist daher in der Photographie mit großen Bildwinkeln das Interferenzlinienfilter mit Vorsicht zu gebrauchen. Man tut gut, hierfür Filter von nicht zu geringer Halbwertsbreite zu verwenden.

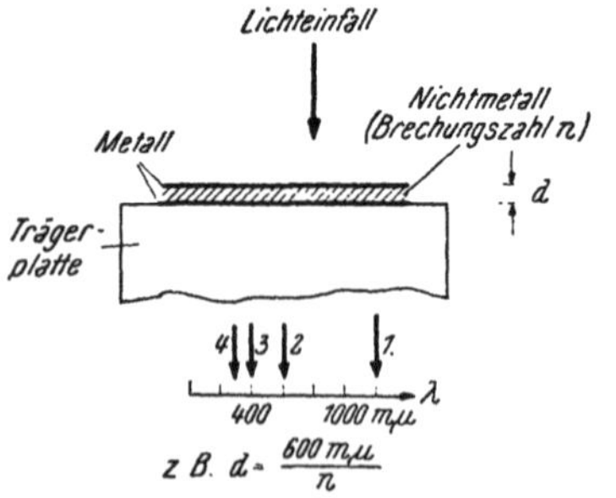

Abb. 153. Schematische Darstellung eines Metall-Interferenzfilters mit Interferenz-Maxima im durchfallenden Licht bei $\lambda_1 = 1200$ mμ; $\lambda_2 = \frac{\lambda_1}{2}$; $\lambda_3 = \frac{\lambda_1}{3}$; $\lambda_4 = \frac{\lambda_1}{4}$.

SCHOTT liefert auch *Interferenzverlauffilter* mit keiliger Distanzschicht, die einen linear kontinuierlichen Verlauf des Durchsichtigkeitsmaximums von zirka 380 bis 700 mμ haben, so daß man sich jede beliebige Wellenlänge einstellen kann.

Neben den Interferenzlinienfiltern gibt es neuerdings *Interferenzbandfilter*. W. GEFFCKEN hatte schon 1945 das erste Muster eines solchen Filters in einem Kolloquium in Jena vorgezeigt. Diese neuen Filter besitzen eine noch um 5% höhere Durchlässigkeit im Maximum. Was aber für manche Zwecke wesentlich ist: die Zehntelwertsbreite ist nur etwa das 1,8 bis 2fache der Halbwertsbreite, während sie bei Interferenzlinienfiltern das 3fache beträgt. Daher sondern die neuen Filter hinter Spektrallampen (z. B. Na oder Hg) streng monochromatisches Licht aus. Die Halbwertsbreite beträgt 18 bis 45 mμ.

Zur Teilung des sichtbaren Spektrums in drei bzw. vier gleiche Gebiete gibt es ferner *Interferenz-Breitbandfilter*, für Dreifarbenteilung z. B.

a) blau:		b) grün:	
λ_{max}	= 445 mμ	λ_{max}	= 540 mμ
ϑ_{max}	= 55%	ϑ_{max}	= 70%
HWB	= 30 mμ	HWB	= 50 mμ
ZWB	= 54 mμ	ZWB	= 80 mμ

c) rot: $\lambda_{max} = 660$ mμ
$\vartheta_{max} = 62\%$
HWB = 50 mμ
ZWB = 98 mμ

Alle diese Filter liefert SCHOTT in Mainz.

Gelatinefilter. In unbegrenzter Farbvariation kann man sich Filter durch Übergießen von Spiegelglasplatten mit gefärbter Gelatine (Farbstoffe der HÖCHSTER FARBWERKE) verhältnismäßig leicht selbst herstellen. In einer 5% Gelatinelösung wird soviel Farbstoff gelöst, als nötig ist, um eine gußfertige Lösung für Filter von einer zunächst verlangten Maximaldichte zu bekommen. Nach Vorschrift von HÜBL sollen auf je 1 dm² ungefähr 7 cm³ aufgegossen werden. Um ein Filter von beispielsweise der maximalen Farbdichte φ zu erhalten, sind $\frac{\varphi}{7}$ g Farbstoff in 100 cm³ der 5%igen Gelatinelösung zu lösen, denn unter *Farbdichte* wird die Farbstoffmenge in g verstanden, die sich auf 1 m² Glasoberfläche verteilt, wozu nach obigem 700 cm³ Farbstofflösung erforderlich sind. Nach entsprechender Verdünnung der gefärbten Ausgangslösung mit ungefärbter Gelatinelösung lassen sich dann Filter von beliebig geringerer Dichte gießen. Man kann auf alten photographischen Platten gießen, von denen die Schicht nach kurzer Behandlung mit einer 2%igen Lösung von Mattsalz abgezogen ist. Die horizontierten Platten und die durch Watte filtrierte Lösung sollen beim Guß eine Temperatur von 35 bis 40° C haben, die aufgegossene Lösung wird mit einem gebogenen Glasstab schnell nach Ecken und Rändern verteilt. Die Platten sollen in horizontaler Lage unter möglichstem Staubabschluß in freier Luft trocknen, dann werden sie zum Schutz der aufgegossenen Schicht mit gereinigtem Kanadabalsam gegen eine Deckplatte gekittet. Sehr brauchbare Gelatinefilter kann man in den verschiedensten Färbungen auch im Handel, z. B. durch die Lichtfilterfabrik LIFA, Augsburg, oder durch Firma GÖTTINGER FARBFILTER, Göttingen, beziehen. Mit Gelatinefiltern kann man bei geschickter Kombination von Farbstoffen günstige Werte für Maximaldurchsichtigkeit und Halbwertsbreite erzielen.

Anwendung. Wozu dienen nun die Filter in der Photographie? Am geläufigsten ist es, mit *Gelbfiltern* Wolken gegen den blauen Himmel stärker zu kontrastieren, da ohne Filter der Kontrast gewöhnlich so gering ist, daß die Wolken nicht natürlich oder gar nicht wiedergegeben werden. Ein Gelbfilter mit der Absorptionskante bei etwa 450 mμ (z. B. SCHOTT GG 5) leistet dies in natürlicher Weise. Verwendet man ein Orangefilter, z. B. OG 3, dessen Absorptionskante bei etwa 580 mμ liegt, so wird der Himmel übernatürlich stark verdunkelt wiedergegeben (Gewitterstimmung).

Ein anderes Beispiel sei der *Reproduktionsphotographie* entnommen. Das photographisch zu kopierende Schriftstück habe einen störenden, die Schrift verdunkelnden Fleck. Man verwendet, um den Fleck mindestens aufzuhellen, ein Filter, das die von der Fleckstelle reflektierten Farben möglichst durchläßt, so daß er durchsichtig erscheint.

Um bei Landschaftsaufnahmen entfernter Objekte den *Luftschleier* zu verhindern, an dem vorzugsweise das blaue und ultraviolette Streulicht schuldig ist, muß das Filter diese Strahlen stärker absorbieren. Bei Farbaufnahmen darf man auf diese Weise eigentlich nur die ultravioletten

Strahlen abfangen. Trotzdem ist es üblich, auch das Blau wenigstens teilweise zu absorbieren, wenn das Farbfilmmaterial stark blauzeichnend arbeitet. Bei der Schwarz-Weiß-Photographie arbeitet man zweckmäßig sogar mit Gelb-, Orange- oder sogar Rotfiltern, dann natürlich unter Benutzung panchromatischen Aufnahmematerials. Die wirksamste Dunstdurchdringung erzielt man mit tiefroten Filtern in Verbindung mit ultrarotempfindlichen Schichten.

Bei *Porträtaufnahmen* läßt sich mit Hilfe eines schwachen Blaufilters eine naturgetreuere Wiedergabe besonders der Augenfarbe und der Lippen erzielen.

Außergewöhnliche Filtererfolge wurden laut „Modern Photography" in einem Spielfilm erzielt, in dem der Darsteller sich nach Einnahme einer Droge aus einem friedfertigen Menschen in einen blutrünstigen Verbrecher verwandeln mußte. Die beiden Masken wurden teils mit roter, teils mit blauer Schminke übereinander dem Gesicht aufgebracht. Durch langsamen Übergang von einem Blau- zu einem Rotfilter vor dem Aufnahmeobjektiv gelang die beabsichtigte Verwandlung im Bilde.

In der Farbenphotographie verwendet man *Farbkorrektionsfilter* (z. B. *Konversionsfilter* der Firma GÖTTINGER FARBFILTER, *Correctocolor*-Filter der Firma KONIECZNY, Wien, u. a.) zur Anpassung der *Farbtemperatur*[1] der bei der Aufnahme vorhandenen Strahlung an die Farbtemperatureinstellung der Aufnahmeschicht. Tageslichtfilme sind auf 5500° K[2] (λ_{max} = 525 mμ) eingestellt, Kunstlichtfilme auf 3200° K (λ_{max} = 900 mμ). Die Farbtemperaturen verschiedener Strahlungsquellen gehen aus Tabelle 35 hervor; die Wellenlänge für das Maximum der Emission ist nach dem WIENschen Verschiebungsgesetz berechnet und in Spalte 3 enthalten:

Tabelle 35

Strahlungsquelle	° K	λ_{max}
Einfachwendel-Lampe 220 V, 25 W	2580	1120 mμ
Doppelwendel-Lampe 220 V, 60 W	2750	1050 mμ
Nitra-Lampe 220 V, 150 W	2770	1040 mμ
Nitraphot-Lampe (220 V, 500 W, Type B)	3220	900 mμ
Reinkohlen-Bogenlicht	3700	785 mμ
Xenon-Hochdrucklampe	~ 6000	~ 490 mμ
Elektronenblitz	~ 6000	~ 490 mμ
Reines Sonnenlicht (9 bis 15 Uhr)	5450—5800	530—500 mμ
Bedeckter Himmel	6800	426 mμ
Klarblauer Himmel (9 bis 15 Uhr)	12000—26000	240—110 mμ
Mondlicht	4100	710 mμ

[1] Zu den verschiedenen Definitionen der „Farbtemperatur" s. „Physikalisches Wörterbuch", Berlin: Springer, 1952.

[2] ° K (Grad Kelvin) Temperaturgrad der absoluten thermodynamischen Temperaturskala, deren Zählung mit dem absoluten Nullpunkt (— 273,16° C; gedachte Temperatur, bei der die Energie aller Freiheitsgrade der Moleküle des idealen Gases verschwindet) beginnt und deren sekundärer Fixpunkt durch den Tripelpunkt des Wassers (+ 0,0100° C; bei dem die drei Phasen Eis, Wasser, Dampf im stationären Gleichgewicht nebeneinander bestehen) gegeben ist, in der genannten Skala 273,16 + 0,01° K.

Wenn man auf Tageslicht-Farbfilm Aufnahmen mit Kunstlicht machen will, benötigt man hellblaue Filter entsprechender Konversion; umgekehrt sind mit Kunstlichtfilm bei Verwendung von Tageslicht rötliche Filter notwendig.

Filterfaktor. Wenn eine Aufnahme hinter einem Filter gemacht wird, ist die Belichtungszeit zu verlängern. Der Verlängerungsfaktor gegenüber der Aufnahme ohne Filter heißt „*Filterfaktor*". Dieser ist aber durchaus keine Filterkonstante. Zunächst könnte man glauben, daß es genügt, ihn als den Zeitfaktor zu bestimmen, um dieselbe Negativ-Schwärzung mit Filter wie ohne Filter zu erzielen. Dieser Zeitfaktor ist aber wellenlängenabhängig. Dabei spielt nicht nur die Farbverteilung im Aufnahmegegenstand, also auch die Art der Beleuchtung hinein, sondern auch die Farbempfindlichkeit der Aufnahmeschicht und die Farbvariation im Entwicklungsfaktor γ. Angaben über einen Filterfaktor können also nur sehr durchschnittlich sein und besitzen eine beträchtliche Unsicherheit.

Dicke und Planheit. Schließlich ist bei der Benutzung von Filtern zu beachten, daß diese — falls nicht dünne unverkittete Folien benutzt werden — eine Glasdicke von mehreren Millimetern haben. Planparallele Platten wirken bekanntlich schnittweitenverlängernd. Die Verlängerung beträgt etwa ein Drittel der Plattendicke. Das spielt meist keine Rolle, wenn das Filter auf derjenigen Seite des Objektivs sitzt, auf der die Schnittweite genügend lang ist, also im allgemeinen auf der Gegenstandsseite. Filter im Strahlenraum mit relativer kurzer Schnittweite jedoch bewirken eine Änderung der *Scharfeinstellung*. Nur wenn eine Mattscheibeneinstellung *mit* Filter vorgenommen wird, ist die Verlängerung bereits bei der Einstellung berücksichtigt.

Bei langbrennweitigen Objektiven für die Meßbildphotographie ist die *Eigenbrennweite* des Filters zu berücksichtigen. Es gibt keine absolut ebenen Glasbegrenzungsflächen. Wenn nun das Objektiv beispielsweise die Brennweite 200 mm hat, und die Meßbildgenauigkeit innerhalb $5^0/_{00}$ liegen soll, so darf das Filter die Brennweite auch nicht um mehr als $5^0/_{00}$ ändern, d. h. seine Eigenbrennweite muß absolut größer als $\frac{200}{0{,}005} = 40\,000$ mm $= 40$ m sein. Es werden also an die Ebenheit der Begrenzungsflächen bei diesem Anwendungszweck ziemliche Anforderungen gestellt. Solche Filter müssen mit Probeglasgenauigkeit plangeschliffen sein.

B. Polarisationsfilter

Polarisation. Bei der Photographie von Wasseroberflächen, von Schaufensterauslagen, von brillentragenden Personen, von Drucktexten auf mehr oder weniger glänzendem Papier und ähnlichen Objekten stören häufig Glanzlichter, Reflexe und Spiegelbilder so stark, daß wichtige Aufnahmedetails zugedeckt werden. In solchen Fällen kann man mit Hilfe von Polarisationsfiltern zu einer Minderung oder sogar völligen Beseitigung der Störung kommen.

Die Wirkung dieser Filter beruht darauf, daß gespiegeltes Licht mehr oder weniger polarisiert ist und daher mit Polarisationsfiltern bis zu einem gewissen Grade geschwächt werden kann. Fällt eine Lichtwelle schräg auf eine Glasfläche, eine Wasserfläche, eine glänzende Papierfläche usw., so wird sie mit kleinerer Amplitude unter dem Reflexionswinkel reflektiert. Während nun das einfallende natürliche Licht, d. h. die einfallenden Transversalschwingungen beliebige und fortgesetzt schnell wechselnde Richtungen haben, herrscht bei dem reflektiertem Licht eine bestimmte Richtung vor, und zwar das senkrecht zur Einfallsebene schwingende Licht. Bei einem ganz bestimmten Einfallswinkel ε schwingt das reflektierte Licht sogar ausschließlich senkrecht zur Einfallsebene, nämlich wenn

$$\operatorname{tg} \varepsilon = \mathrm{n}$$

ist, wobei n die Brechungszahl des reflektierenden Mittels ist. Das unter diesem „*Polarisationswinkel*" reflektierte Licht ist daher „linear polarisiert".

Die Polarisationsfilter sind nun Filter, die das durchgehende Licht ebenfalls linear polarisieren, so daß die durchgelassenen Transversalschwingungen eine ganz bestimmte unveränderliche Richtung haben. Wenn nun die Richtung einer in das Polarisationsfilter einfallenden linear polarisierten Schwingung senkrecht zur Schwingungsrichtung des Polarisationsfilters steht, läßt das Filter kein Licht durch. Darauf beruht die Wirkung und Anwendung des *Polarisationsfilters.* Einfallende Transversalschwingungen, die den Winkel Ψ mit der Schwingungsrichtung des Polarisationsfilters bilden, werden intensitätsmäßig auf den Bruchteil $\mathrm{k} \cdot \cos^2 \Psi$ geschwächt, wobei k eine zusätzliche Absorptionskonstante ist (z. B. k = 0,7); daher ist der Durchsichtigkeitsgrad ϑ des Polarisationsfilters für einfallendes natürliches Licht

$$\vartheta = \frac{\mathrm{k}}{\pi} \int_0^\pi \cos^2 \Psi \, d\Psi = \frac{\mathrm{k}}{2}.$$

Der auf die Belichtungszeit anzuwendende *Filterfaktor* ist daher $\frac{2}{\mathrm{k}}$, also z. B. 3mal. Wegen der Abhängigkeit von Einfallswinkel und Wellenlänge modifiziert sich dieser Wert etwas, so daß er je nach Beleuchtung, Objekt und Aufnahmematerial zwischen 3mal und 6mal liegt.

Ausführungsarten. Die Herstellung der modernen Polarisationsfilter hat sich in den Jahren nach 1930 weitgehend vervollkommnet. Die ersten Ausführungsformen bestanden aus Einkristallschichten von Herapathit (= Perjodid des Chininsulfates) zwischen Glasplatten. Es gelang F. Bernauer und M. Haase bei Zeiss, bis zu 1 dm² große „zweidimensionale" Kristalle herzustellen. Weiterhin wurden unter Mitbeteiligung von H. Zocher „Vielkristallfilter" hergestellt, bei denen ein dichtes Aggregat submikroskopisch kleiner (über 10^9 Kriställchen pro mm²), mechanisch oder magnetisch gleichgerichteter dichroitischer Kristalle in einem isotropen Medium eingebettet liegen. Sowohl die Einkristallfilter als auch die Vielkristallfilter hatten noch gewisse Mängel; die ersteren wiesen eine mosaikartige Felderteilung, treppenförmig begrenzte Unebenheiten, Löcher und Rißstellen auf und waren gegen Stoß sehr empfindlich; die letzteren zeigten stets eine deutliche Trübung. Immerhin bedeuteten sie zunächst einen Fortschritt gegenüber den Kalkspatpolarisatoren in Prismenform, einerseits wegen der praktischen Unbegrenztheit in der

Größe, andererseits wegen des Ausweichens vor dem drohenden Engpaß in der Verfügbarkeit über optisch brauchbaren Kalkspat.

In den vierziger Jahren ging man noch einen wesentlichen Schritt weiter, indem der „künstliche Pleochroismus“, d. h. die Abhängigkeit der Absorptionsfarben von der Schwingungsrichtung, stark einseitig gedehnter und darnach gefärbter Zellulosemembranen benützt wird. Polarisationsfilter nach diesem Prinzip haben wichtige Vorteile, sie sind praktisch trübungsfrei und lassen sich in neutralem Grauton herstellen. Die nachstehenden Darlegungen beziehen sich vorwiegend auf diese Ausführungsart der Polarisationsfilter (z. B. ZEISS *Bernotar*).

Die optisch interessierenden Eigenschaften sind *Lichtdurchlässigkeit* und *Polarisationsgrad*. Die Tabelle 36 gilt nach Messungen von H. SCHUMANN und H. PILLER[1].

Tabelle 36

Durchlaßgrade in %

Wellenlänge in mμ	Filter F 1			Filter F 2			Filter F 3			Filter F 4			Kalkspat		
	ϑ_s	ϑ_p	P	ϑ_s	ϑ_p	P	ϑ_s	ϑ_p	P	ϑ_s	ϑ_p	P	ϑ_s	ϑ_p	P
440	0,05	50	99,8				0,08	55	99,7						
448				0,51	53	98,1									
450	0,06	55	99,8				0,19	60	99,4	0,034	63	99,9		76	
462				0,53	54	98,1									
467	0,09	66	99,7				0,11	67	99,7					75	
477				0,52	51	98,0									
480	0,19	74	99,3				0,36	69	99,0					76	
490				0,52	49	97,9									
500	0,26	80	99,4				0,34	71	99,1	0,023	70	99,9		78	
512				0,56	47	97,8									
520	0,17	82	99,6				0,47	70	98,7					80	
532				0,72	49	97,1									
543	0,20	84	99,5				0,36	70	99,0					79	
555				0,71	49	97,1				0,020	69	99,9	< 0,015		100,0
570	0,25	86	99,4				0,40	69	98,9					80	
583				0,69	47	97,1									
603	0,23	87	99,5				0,39	73	98,9	0,017	68	100,0		78	
615				0,60	50	97,6									
640	0,48	88	98,9				0,46	76	98,8					80	
655				0,97	56	96,8				0,028	69	99,9			
690	25,00	84	54,1				0,47	78	98,8					80	
700				5,00	66	86,0				0,021	75	99,9			
750	74,00	78	2,6				3,30	79	92,0	0,023	86	100,0		81	
800				48,00	76	22,6									
Mittelwerte	2,45*	76	95,4*	1,03*	54	96,5*	0,33*	70	99,1*	0,024	71	99,9		78	

* Diese Mittelwerte sind ohne Berücksichtigung des Wertes der jeweils letzten Zeile gebildet.

Filter F 1 ist ein älteres Einkristallfilter von ZEISS, F 2 bis F 4 sind handelsübliche Zellulosemembranfilter. Die Durchlaßgrade beziehen sich auf die

[1] Neues Jahrb. d. Mineralogie. Monatshefte. Jahrg. 1950, S. 1—16.

Kombination der Filter mit einem NICOLschen Prisma. Unter ϑ_p sind die Durchlaßgrade in Parallelstellung zum Nicol, unter ϑ_s diejenigen in Kreuzstellung angeführt. Der Polarisationsgrad ist nach der Definitionsgleichung $P = \frac{\vartheta_p - \vartheta_s}{\vartheta_p + \vartheta_s}$ berechnet.

Ein sehr bedeutender Vorteil der Polarisationsfilter besteht darin, daß ihr Durchlaß- und Polarisationsgrad auch sehr stark geneigten Strahlen gegenüber sich nur außerordentlich wenig ändert.

Eingekittete Polarisationsfilter darf man aber nicht längere Zeit in der Sonne liegen lassen, da sie dann möglicherweise ausbleichen. Daran scheint die Wärmestrahlung in erster Linie Anteil zu haben.

Anwendung. Man steckt ein Polarisationsfilter genau wie ein Farbfilter auf das Objektiv, muß jedoch darauf achten, daß es im richtigen *Wirkungsazimut* steht, damit es die Reflexe tatsächlich schwächt. Da auch das gestreute Sonnenlicht in der wolkenfreien Atmosphäre, also das blaue Himmelslicht, polarisiert ist, kann man dieses mit einem Polarisationsfilter dämpfen, um eine bessere photographische Kontrastabstimmung zwischen Himmel, Wolken und terrestrischen Objekten zu erzielen. Polarisationsfilter sind vor allem für Architektur-, Innen-, Schaufenster- und Landschaftsaufnahmen empfehlenswert, ebenso für die Photographie von Stoffen und anderen Materialien. Zu nennen sind in dieser Hinsicht polierte Oberflächen von Gläsern, Keramik, Marmor, Porzellan, Email, Lacken, Firnis, Holzwerk, Möbeln, Parkett, Linoleum, Kunststoffen, Ölgemälden, Anstriche und vieles andere. Auch in der Porträt- und Aktphotographie sind sie nützlich, da sie Reflexe auf der Haut des Modells je nach Stellung entweder vermindern oder hervorheben. Ein Polarisationsfilter kann Reflexe nur dann unterdrücken, wenn letztere linear oder genügend elliptisch polarisiert sind, was nicht immer ausreichend der Fall ist. Insbesondere lassen sich Reflexe von horizontalen und vertikalen Oberflächen niemals gleichzeitig auslöschen.

Bei künstlich beleuchteten Objekten in der Reproduktionsphotographie, in der Photographie von metallischen Oberflächen und von Kunstgegenständen kann man mit einem Filter vor der Lichtquelle, mit einem zweiten vor dem Objektiv besondere Wirkungsgrade in der Aufnahme erzielen. Bleistift- oder Tuschezeichnungen, gefirniste oder rissige Gemälde, Vorlagen mit rauhen Oberflächen lassen sich auf diese Weise hervorragend reproduzieren. Die Oberflächenstruktur solcher Objekte wird dann unsichtbar; zugleich wird der Kontrast zwischen Zeichnung und Untergrund verstärkt. In der wissenschaftlichen, medizinischen und technischen Photographie, insbesondere auch in der Mikrophotographie finden die so benutzten Polarisationsfilter vielfältige Anwendung. Besonders in Verbindung mit der Farbenphotographie liefern sie charakteristische Bilder, z. B. von doppelbrechenden Körpern wie Kristallen, Fasern von Seide, Baumwolle, Wolle, usw., da solche Körper bei Beleuchtung mit linear polarisiertem Licht sehr lebhafte Farben annehmen.

Schließlich ist zu erwähnen, daß Polarisationsfilter für die stereoskopische Projektion benutzt werden können.

XI. Prüf- und Meßverfahren

A. Das Auflösungsvermögen

Bei Kleinbildkameraobjektiven, Reproduktionsobjektiven und ganz besonders bei Luftbildobjektiven spielt das Auflösungsvermögen eine sehr wichtige Rolle, da von ihm die Wiedergabequalität in der Aufnahme direkt abhängt. Fragestellungen über das Auflösungsvermögen haben zu berücksichtigen, daß hierbei die Bildauflösung an allen Stellen einer endlich *ausgedehnten*, im allgemeinen *ebenen* Aufnahmeschicht zu betrachten ist. Infolgedessen sind nicht nur die relative Öffnung und der Zustand der Bildfehlerkorrektion in der Achse von Einfluß, sondern auch die Vignettierung, die Koma, die verschiedenen Farbfehler, die Bildfeldwölbung, der Astigmatismus und die Fokustiefe[1], wobei vorausgesetzt wird, daß die Aufnahmeebene eine optimale Lage hat, für die die Auflösung über den ganzen Plattenbereich am besten ausgeglichen ist. Die geometrischen Örter aller Einstellpunkte mit bester Auflösung bilden eine von der Ebenheit abweichende Fläche, die Aufnahme selbst aber muß in einer Ebene erfolgen, und zwar in der schon erwähnten Ebene optimaler Einstellung. Ferner ist die Untersuchung vorzugsweise für den Fall interessant, daß die größte Blende benutzt wird; die Änderung der Auflösung mit zunehmender Abblendung wäre dann anschließend zu betrachten. Schließlich ist auch noch zu untersuchen, wie sich Abweichungen von der optimalen Einstellung obigen Sinnes auswirken.

Aufschlußreiche Untersuchungen an Objektiven, insbesondere für Fliegerkameras, liegen von Francis E. Washer im National Bureau of Standards vor[2]. Es sei gestattet, über einige Ergebnisse an dieser Stelle zu berichten.

Man darf für ideal fehlerfrei abbildende Objektive annehmen, daß der überhaupt kleinste auflösbare Abstand x′ im Bilde paralleler Linien nach der wellenoptischen Theorie durch den Ausdruck

$$x' = 1{,}22\,B\,\lambda$$

wiedergegeben wird, wobei B die wirksame Blendenzahl und λ die Wellenlänge sind. Wird für die Wellenlänge $\lambda = 575\,\mathrm{m}\mu$ gewählt, ergibt sich für die maximale Anzahl aufgelöster Linien pro Millimeter, eben für das *Auflösungsvermögen* R_0 des Objektivs der Betrag

$$R_0 = \frac{1}{x'} = \frac{1426}{B}.$$

Das gilt auf der Achse des Objektivs. Bei schiefen Bündeln (Neigungswinkel σ_B) ist zwischen dem Auflösungsvermögen tangentialer Linien

$$R_t = R_0 \cos^3 \sigma_B,$$

und demjenigen radialer Linien,

$$R_r = R_0 \cos \sigma_B,$$

zu unterscheiden.

---

[1] Nicht zu verwechseln mit der Schärfentiefe im Dingraum; s. weiter unten.

[2] Journal of Research of the Nat. Bur. Stand. 34 (1945), S. 175—197. Research Paper RP 1636. Diese Publikation enthält viele interessante Meßdaten.

Hiernach läßt sich für das ideale Objektiv die Tabelle 37 aufstellen:

Tabelle 37

σ_B	0°	10°	20°	30°	40°
B	R_0	R_t / R_r			
4	356	340 351	295 334	231 308	160 271
5,6	255	244 251	212 240	166 221	115 195
8	178	170 175	148 167	116 154	80 136
11	130	124 128	108 122	84 113	58 100
16	89	85 88	74 84	58 77	40 68
22	65	62 64	54 61	42 56	29 50

Aus den oben tabellierten Werten kann die theoretische *Fokustiefe* berechnet werden, d. h. diejenige axiale Erstreckung im Bildraum, innerhalb der das Auflösungsvermögen unterhalb eines gewählten Betrages, z. B. des oben tabellierten Betrages, liegt. Die Fokustiefe t in Millimetern ist

$$t = \frac{4\,B}{R},$$

wenn B die Blendenzahl und R das Auflösungsvermögen darstellen. Demgemäß ist sie theoretisch auf der Achse ($\sigma_B = 0°$):

B	t
4	0,045 mm
5,6	0,088 mm
8	0,18 mm
11	0,34 mm
16	0,72 mm
22	1,35 mm

Durch das Vorhandensein von Bildfehlerresten und durch Einflüsse des photographischen Verfahrens werden die theoretischen Werte des Auflösungsvermögens nicht erreicht. Die Fokustiefe wird entsprechend auch größer.

So sind z. B. für ein Objektiv 1 : 5,6, f = 195 mm, folgende photographischen Werte in der Aufnahmeebene für Unendlich gemessen worden:

Tabelle 38

B	5,6		8		11		16		22	
σ_B	R_t	R_r	R_t	R_r	R_t	R_r	R_t	R_r	R_t	R_r
0°	40	40	60	60	60	60	60	60	42	42
5°	42	30	42	30	60	60	60	60	42	42
10°	20	18	20	20	40	35	45	45	42	42
15°	15	15	30	25	40	30	40	40	42	42
20°	42	40	40	40	42	42	42	42	42	42
25°	30	5	30	2	35	10	25	10	30	25
30°	12	—	15	—	22	—	22	—	22	5

Die Tabelle 38 zeigt besonders deutlich den Vorteil einer Abblendung auf 1 : 11 bis 1 : 16 (kritische Blende). Sie zeigt aber auch, wie sehr die tatsächliche Auflösung hinter der wellenoptisch-theoretischen zurückbleibt, obwohl es sich um ein „korrigiertes" Objektiv handelt. Es spielen dabei nicht nur die Reste der aperturabhängigen Abbildungsfehler und der photographischen Schicht hinein, sondern auch die des Ausgleichs der Bildfeldwölbung.

Soweit die praktischen Befunde. Zu ihrer Erklärung ist folgendes zu sagen.

Von V. H. Reckmeyer[1] ist der Begriff der „kritischen" Blende eingeführt worden. Es ist das diejenige Blende eines Objektivs, bei der das Auflösungsvermögen ein Maximum hat. Dabei muß man zwischen dem optischen und dem photographischen Auflösungsvermögen unterscheiden, da das letztere stets geringer als das optische ausfällt, denn in ihm geht das Auflösungsvermögen der Schicht ein. Für die Beurteilung des Objektivs allein interessiert zunächst das optische Auflösungsvermögen, obwohl es praktisch nicht sinnvoll erscheinen muß, die photographische Schicht außer acht zu lassen, da photographische Objektive nicht optische, sondern photographische Bilder liefern sollen.

Nach den Ausführungen über Wellenoptik (S. 118), ist das Auflösungsvermögen für die größte Objektivblende optimal, wenn die Brennweite genügend klein bleibt. G. Hansen[2] bezeichnet die größte Brennweite mit noch optimalem Auflösungsvermögen für die größte Blende als die *kritische Brennweite.* Es gelten dann folgende Sätze: 1. Objektive, deren Brennweiten gleich oder kleiner als die kritische Brennweite sind, liefern bei der größten Öffnung den kleinstmöglichen Zerstreuungskreis, daher das größte Auflösungsvermögen; bei Abblendung wird der Zerstreuungs-

[1] Amer. Ann. Photogr. Jg. 1934, S. 220.

[2] Photogr. Ind. **36** (1938), S. 692—716.

kreis durch Lichtbeugung größer, das Auflösungsvermögen also geringer; 2. Objektive, deren Brennweiten größer als die kritische Brennweite sind, liefern bei größter Blende nicht den kleinsten Zerstreuungskreis, weil die Wellenaberration ihn vergröbert; bei Abblendung wird der Zerstreuungskreis kleiner, das Auflösungsvermögen größer, weil die Wellenaberration an Einfluß verliert; bei der kritischen Blende ist der Zerstreuungskreis am kleinsten, das Auflösungsvermögen am größten; bei kleineren Blenden ist der Zerstreuungskreis durch Beugung wieder größer, das Auflösungsvermögen schlechter.

Man kann nun fragen: läßt sich der Durchmesser des kleinsten Zerstreuungskreises in jedem Falle angeben? Diese Frage ist nur für Objektive, deren Brennweite kleiner oder gleich der kritischen ist, zu bejahen; sein Durchmesser ist dafür:

$$1{,}22\ B\ \lambda,$$

also von der Brennweite unabhängig, sein angularer Wert, vom hinteren Objektivhauptpunkt aus gesehen,

$$1{,}22\ \lambda/EP,$$

also vom Durchmesser der Eintrittspupille EP abhängig. Damit die Winkelauflösung, eben dieser Winkelwert, den Betrag des physiologischen Grenzwinkels 1′ hat, muß bei $\lambda = 0{,}000575$ mm die Eintrittspupille den Durchmesser 2,4 mm haben. Das ist die kleinst-zulässige Öffnung, denn bei noch kleinerer Öffnung würde das Auflösungsvermögen durch Beugung geringer werden und bei perspektivisch richtiger Betrachtung der Aufnahme störend in Erscheinung treten. Es sei nochmals betont, daß dies nur unter der Voraussetzung einer Brennweite gilt, die nicht größer als die kritische ist. Bei größeren Brennweiten geht der Korrektionszustand des Objektivs ein, und von ihm hängt es ab, welches die kritische Blende ist. Ohne Kenntnis der letzeren ist die Auflösung nicht angebbar.

B. Prüfung der Abbildungsgüte photographischer Objektive

Allgemeine Bemerkungen. Man pflegt die Abbildungsgüte mit Hilfe von geeigneten Testobjekten zu prüfen, z. B. mit Parallel- oder Radialgittern von abgestufter Feinheit und verschiedenem Kontrast, sowie anderen Figuren wie Buchstaben, Mustern u. dgl. Man macht Aufnahmen[1] auf möglichst feinkörnigen (wünschenswerte Auflösung = = 250 Linien/mm), zweckmäßig auf Spiegelglasplatten gegossenen, panchromatischen Schichten[2], wobei man darauf achtet, daß die Aufnahmeebene äußerst genau mit der Mattscheibeneinstellung übereinstimmt und auch die Objektentfernung der am häufigsten vorkommenden Aufnahmeentfernung bei dem untersuchten Objektiv entspricht. In Sonderfällen sind Aufnahmen in mehreren voneinander verschiedenen Ebenen erforderlich, um die beste Einstellung zu finden. Die Aufnahmeschicht darf keine abnorme Gradation (wünschenswert 0,8 bis 1,0) haben, damit photochemisch bedingte Täuschungen ausgeschlossen sind. Das Negativ wird in möglichst vielen, günstig verteilten Punkten der Aufnahme mit genügender Lupen- oder Mikroskopvergrößerung betrachtet, die so stark sein muß, daß man mit Sicherheit die Auflösungsgrenzen des Objektivs in den verschiedenen Plattenbereichen erkennt. Man pflegt, besonders in Amerika, das Auf-

[1] Visuelle Prüfungen sollten grundsätzlich nicht gemacht werden.
[2] Die Empfindlichkeit spielt keine Rolle.

lösungsvermögen durch eine Zahl anzugeben, die ausdrückt, wieviel Gitterstriche pro Millimeter aufgelöst werden, wobei man in seitlichen Plattenbereichen zwei Werte ermitteln muß, nämlich für die meridionale und für die sagittale Auflösung.

Man kann eine ganze Atelierwand mit Testplatten pflastern, von denen jede eine Anzahl verschieden feiner Testgitter enthält, es genügt aber im allgemeinen, die Testplatten nur in den Diagonalrichtungen des Aufnahmeformats anzuordnen. Für eine gleichmäßige Beleuchtung im diffusen Licht ohne Glanzeffekte ist dabei Sorge zu tragen. Man kann aber auch eine Testplatte in einem Kollimator einbauen, was für die Untersuchung von Objektiven mit langer Brennweite nötig ist. Das zu untersuchende Objektiv befindet sich dann mit der Prüfkamera dicht hinter dem bestens korrigierten und genügend langbrennweitigen Kollimatorobjektiv. Dabei muß man zwischen zwei Aufnahmen den Kollimator jeweils um einen gewissen Winkel schwenken, was bei Reihenprüfungen recht zeitraubend ist. Im Bureau of Standards wurden deshalb sieben solcher Kollimatoren fächerförmig unter Winkeln von je 5° angeordnet; mit zusätzlicher Drehung der Prüfkamera kann daher bis zu einem Winkel von 30° seitlich der Achse geprüft werden. Auf konstruktive Besonderheiten dieser interessanten Einrichtung kann hier nicht eingegangen werden, es muß deshalb auf die druckschriftliche Veröffentlichung verwiesen werden[1].

Testobjekte. Man hat die verschiedensten Testgitter verwendet, *Parallelgitter* können Lineargitter oder Kreisgitter von abwechselnd dunklen und hellen, gleich breiten Streifen sein. Die Gitterkonstante ist die Summe der Breiten eines hellen und eines dunklen Streifens. Eine Testplatte enthält mehrere Gitter von abgestuften Gitterkonstanten und mindestens in meridionaler und in sagittaler Anordnung. Bei dem zweireihigen COBB-Test[2] (Abb. 154), ist die Länge der Streifen gleich der Gitterkonstanten; die Streifenpaare sind mit in geometrischer Progression zunehmender Gitterkonstante (Faktor 1,05 bis 1,1) angeordnet. H. FRIESER[3], sowie E. W. H. SELWYN[4] haben vorgeschlagen, Gitter mit sinusförmiger Lichtverteilung zu verwenden, um nicht die Auflösung, sondern die Kontrastwiedergabe zu messen. P. G. NUTTING[5] hat das später unter dem Namen „SIEMENS-Stern" bekannter gewordene *Radialgitter*[6] angegeben, bei dem je 36 schwarze und weiße Sektoren von je 5° Breite angeordnet sind (Abb. 155), als Auflösungsmaß gelten der sagittale

Abb. 154. COBB-Test

Abb. 155. Radialgitter (Siemensstern)

[1] GARDNER, J. C. u. F. A. CASE: Journal of Research of the Bureau of Standards **18** (1937), S. 449–460. — Referat in Zeitschrift für Instrumentenkunde **58** (1938), S. 132–133.

[2] Proceedings of the Physical Society **58** (1946), S. 493–525.

[3] IX. International Congress of Photography 1935, S. 207.

[4] Photograph. Journ. **88 B** (1948), S. 6.

[5] JEWELL, L. E.: Journ. Opt. Soc. Am. **2–3** (1919), S. 51–61.

[6] Kinotechnik **18** (1936), S. 187 und Zeitschrift für techn. Physik **19** (1938), S. 332.

und der meridionale Durchmesser des zentralen nicht mehr aufgelösten grauen Scheibchens, aus dem die Auflösung R nach der Umrechnungsformel

$$R = \frac{36}{\pi\, d\,[\mathrm{mm}]} \approx \frac{11{,}5}{d\,[\mathrm{mm}]},$$

als besonders empfindlich, erhalten werden kann[1].

E. INGELSTAM und P. LINDBERG[2] bevorzugen Testplatten (Abb. 156) mit Lineargittern in 24 verschiedenen Feinheiten, dazu Ringe und Punkte

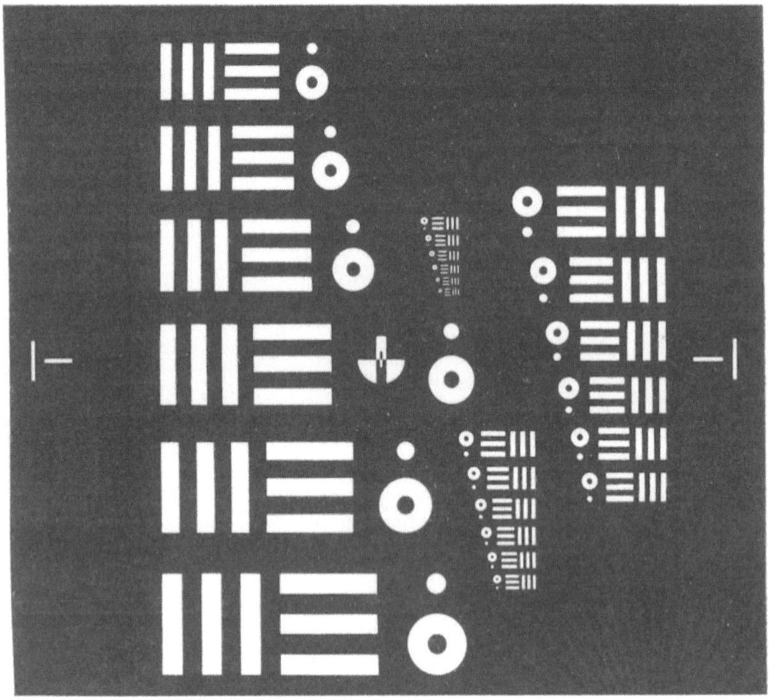

Abb. 156. Testplatte nach INGELSTAM und LINDBERG

in entsprechenden Feinheiten. Die Lineargitter bestehen aus drei hellen kurzen Streifen auf schwarzem Untergrund, sowohl vertikal als auch horizontal, in geometrisch progressiven Feinheitsabstufungen mit dem Faktor $\sqrt[6]{2}$. Das Größenverhältnis zwischen dem gröbsten und dem feinsten Gitter ist daher $2^4 = 16$, also bemerkenswert groß.

Die Urheber der eben genannten Testplatten machen auch noch andere Vorschläge, z. B. für ein Gitter aus langen Streifen (Abb. 157), bei dem nach vier gleich breiten Streifen und Abständen vier neue mit um den Faktor $\sqrt{\frac{1}{2}}$

[1] Nach Untersuchungen der Physikalisch-Technischen Bundesanstalt wird mit Radialgitter ein größeres Auflösungsvermögen als mit COBB-Test gemessen. Die Unterschiede betragen bis zu 50%.

[2] Optiknämndens Handlingar, Kungl. Tekniska Högskolan, Stockholm. Handl. nr. 9 vom 27. 12. 1950.

schmalerer Breite folgen. Das Größenverhältnis zwischen den beiden äußersten Streifen dieses Gitters ist ebenfalls $2^4 = 16$.

Diese ebenso wie die obigen Testplatten sowie noch andere ähnliche verwenden INGELSTAM und LINDBERG in Ausführungen mit verschiedenem Kontrast.

Man kann solche Testplatten auch in der Tiefe gestuft beiderseits oder in Schräglage zu der Brennebene des Kollimatorobjektivs anordnen und hiermit die Gestalt der Schärfenfläche (Fokalfläche) eines Photoobjektivs bestimmen.

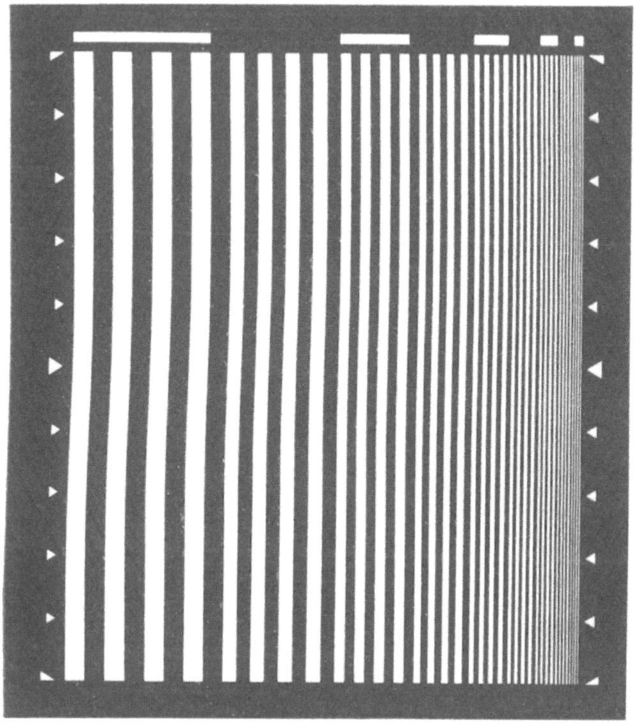

Abb. 157. Testplatte nach INGELSTAM und LINDBERG

G. SCHUMANN[1] baut einen Sechseckstern aus sektorenförmig begrenzten Gittern, bei denen die Stärke der Striche von innen nach außen im gleichen Maß wächst wie ihr Abstand von einem Nullpunkt (Abb. 158).

Im *National Bureau of Standards* wurde eine Testplatte entwickelt, die als internationale Norm empfohlen wird[2]. Sie besteht aus parallelen Linien, die senkrecht zu einer angenommenen x-Achse verlaufen. Ihre Breiten und Abstände nehmen progressiv in der Weise ab, daß der laufende Auflösungswert in Streifen pro Millimeter eine lineare Funktion von x ist. In der zur x-Achse senkrechten y-Achse ändert sich die Schwärze der Streifen derart, daß der Kontrast eine lineare Funktion von y ist. Eine Prüfaufnahme von dieser Testplatte weist ein unaufgelöstes Gebiet von gleich-

[1] Photo-Technik und -Wirtschaft (1951), S. 282—283 und 292.

[2] Journ. Opt. Soc. Amer. **41** (1951), S. 597—603. Instruments **25** (1952), S. 806.

förmiger Dichte und ein aufgelöstes Gebiet auf. Die Grenze zwischen diesen beiden Gebieten bildet eine Kurve für die Abhängigkeit des Auflösungsvermögens vom Kontrast. Solche Testplatten werden paarweise verwandt, je eine für horizontale und für vertikale Linien.

Bei der Verwendung von Gittern als Testobjekten ist auf den sogenannten *Negativ-Effekt* zu achten, der unbedingt vermieden werden muß,

Abb. 158. Sechseckstern nach SCHUMANN

leider aber bei vielen Testobjekten, z. B. bei dem SIEMENS-Stern auftritt (Abb. 159). Er beruht auf folgendem. Jede helle Linie bildet sich so ab, daß ihre Kanten keinen plötzlichen Intensitätsabfall zeigen, sondern einen mehr oder weniger steilen Abfall auf kleiner, aber endlicher Breite. In der Nähe der Auflösungsgrenze überschneiden und summieren sich diese „Lichtberge“. Durch die Summation entstehen Maxima und Minima, die um den Betrag der halben Gitterkonstante verschoben sind (Abb. 160). Solche Trugbilder des Gitters sind nicht mehr als aufgelöste Gitterbilder anzusehen.

Die *Auswertung* einer Testgitteraufnahme kann visuell oder photometrisch erfolgen. Obwohl die visuelle Methode, d. h. die Betrachtung mit einem genügend vergrößernden Mikroskop, subjektiv beeinflußt ist, stellt sie dennoch eine brauchbare Methode dar. Wenn man die Aufnahme auf einem Registrierphotometer auswertet, bekommt man das Lichtgebirge des photographischen Gitterbildes; dieses läßt sich unter Berücksichtigung der Schwärzungskurve der Aufnahmeschicht in das wahre Lichtgebirge des Objektivs umrechnen. Allerdings fallen dabei noch andere Effekte ins Gewicht, die man nur schlecht berücksichtigen kann, z. B. Entwickler-Effekte (EBERHARD-Effekt).

Abb. 159. Negativ-Effekt am Radialgitter

Für die photometrische Registrierung verwendet man aber an Stelle von Testgittern besser die Kante einer inkohärent beleuchteten Halbebene gegen Dunkelheit, möglichst auch in horizontaler und in vertikaler Richtung, also z. B. gröbere Schachbrettmuster. Man kennt wellenoptisch-theoretisch den Lichtabfall an der Kante, der sich z. B. durch den Gradient an der Halbwertsstelle ausdrücken läßt, wenn man Aberrationsfreiheit annimmt. Durch die Anwesenheit von Aberrationsresten ist der Lichtabfall weniger steil, seine photometrische Registrierung am photographischen Kantenbild liefert einen kleineren Gradienten, der nach Umrechnung über die Schwärzungskurve als Prozentwert des Idealgradienten ausgedrückt ein Maß für die Abbildungsgüte liefert. Etwa in dieser Weise hat W. WEINSTEIN[1] photographische Objektive geprüft.

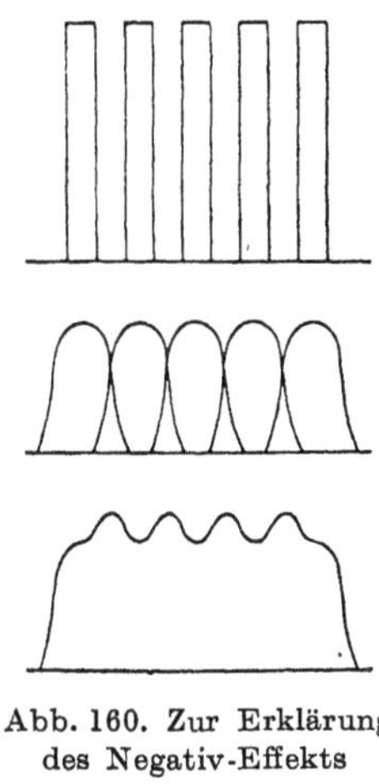

Abb. 160. Zur Erklärung des Negativ-Effekts

Ohne den Anspruch zu erheben, daß die obigen Ausführungen vollständig sind, darf doch gesagt werden, daß man die verschiedensten Prüfmethoden angewandt hat. Die größte Aussicht dürften die Gitter mit abgestuftem Kontrast, möglichst in nicht periodischer Ausführung haben.

Es gehören zu derartigen Objektivprüfungen präzise Prüfbänke, wie sie in einigen der zitierten Abhandlungen eingehend beschrieben sind und auf die hier nur verwiesen werden kann.

Für die Abbildungsgüte ist neben dem Auflösungsvermögen auch noch das Wiedergabevermögen für Kontraste und dasjenige für feinste Einzelobjekte bestimmend. Deshalb reichen die oben beschriebenen Testgitter zu einer vollständigen Prüfung nicht aus. Es sind außerdem noch geeignete Kontrastobjekte sowie Strichfiguren von besonders geringer Strichbreite aufzunehmen. Die Belichtung wird dabei so eingerichtet, daß man im mittleren nahezu geradlinigen Teil der Schwärzungskurve der Aufnahmeschicht liegt. Als Kontrastobjekte empfehlen sich verschiedene Schachbrettmuster oder ähnliche, die nach Kontrastprozenten abgestuft sind. Letztere können als Differenzen der Leuchtdichten zwischen den hellen und dunklen Feldern relativ zu ihrer mittleren Leuchtdichte definiert werden und man wird sie zwischen 0,5% und 100% verteilen. Als feine Strichfiguren eignen sich Landkarten in Schwarz-Weiß-Manier mit Höhen-

[1] Photogr. Journ. B, **91** B (1951), S. 138–141.

schichtlinien, sogenannte Meßtischblätter, deren Strichstärke abgestuft und so fein ist, daß sie unterhalb des Auflösungsvermögens von Gittern liegt. Sowohl für die Kontrastwiedergabe wie für die Wiedergabe von feinsten Strichbildern der beschriebenen Art ist das im Objektiv verursachte Streulicht von mehr oder weniger störendem Einfluß, und zwar Streulicht sowohl von den Linsenflächen als auch von den Wandungen der Fassungsteile, der Blende und des Verschlusses. Man kann an einem zu prüfenden Objektiv das Streulicht direkt messen (s. S. 265), doch ist das meist recht schwierig und mit ziemlichen Unsicherheiten behaftet. In der praktischen Objektivkontrolle sind Testaufnahmen für Kontrast und Strichfeinheit im allgemeinen einfacher und aufschlußreicher.

C. Die Messung des Korrektionszustandes

Allgemeines. Weniger bei der Kontrolle von serienmäßig gefertigten Objektiven als vielmehr gelegentlich, insbesondere bei der Kontrolle von ersten Versuchsmustern, von Fremdfabrikaten und von Fehlarbeiten interessiert es, den vorliegenden geometrisch-optischen Korrektionszustand durch *Messung* festzustellen. Es gibt dafür eine Anzahl von Verfahren, die teils auf geometrisch-optischen, teils auf wellenoptischen Grundlagen beruhen. Die wichtigsten der erstgenannten Art sind die Objektivprüfungsmethode von Hartmann und die Methode der streifenden Abbildung von Wetthauer. Zur zweitgenannten Art gehören die Zweiloch- und die Dreilochmethode von Väisälä und die Interferometerverfahren von Twyman, von Bauer und Lau, von Ronchi und anderen. Für die Anwendung dieser Methoden bedarf es unbedingt geeigneter Spezialapparaturen, die genügend präzises Arbeiten verbürgen und nicht geringe Anschaffungskosten verursachen. Es ist in jedem Fall ratsam, hierfür die von bestimmten Firmen angebotenen gut durchkonstruierten Apparaturen einzusetzen.

Das Askania-Objektiv-Prüfgerät. Mit dem unter dieser Bezeichnung von Askania, Berlin-Friedenau, beziehbaren Apparat (Abb. 161), lassen sich die folgenden Bestimmungen durchführen:

1. Öffnungsfehler, Farbortsfehler, Abweichungen von der Sinusbedingung, Koma, Astigmatismus, meridionale und sagittale Bildfeldwölbung nach der Objektivprüfmethode von Hartmann oder nach der Methode der streifenden Abbildung von Wetthauer.

2. Wellenaberration und geometrisch-optische Korrektionsdaten für Öffnungsfehler und Farbortsfehler sowie für Koma nach der Zweiloch- und der Dreilochmethode von Väisälä.

3. Auflösungsvermögen von Objektiven nach der Methode der Sektorensterne (Abb. 155).

4. Brennweiten nach der Methode von Porro (s. S. 258).

Bei Verwendung zweckentsprechend aufgebauter Zusatzeinrichtungen lassen sich Objektivprüfungen nach anderen Methoden ausführen, wie sie z. B. von Väisälä, Cotton, Gardner und Bennet, Merland und Ronchi angegeben wurden.

Das Gerät gestattet die Untersuchung von Objektiven bis zu 125 mm Öffnung und bis zu etwa 100 cm Brennweite. Bei geeignetem Aufbau lassen sich unschwer auch Objektive mit ganz kurzer Brennweite nach den erwähnten Methoden untersuchen.

Die Hauptteile des Gerätes (Abb. 161) sind der Kollimator *11*, der Sektor *15*, der Schwenkarm *18* mit dem Objektivträger *13*, und die Beleuchtungseinrichtung *3* und *4*, die auf dem Träger *1* sitzt.

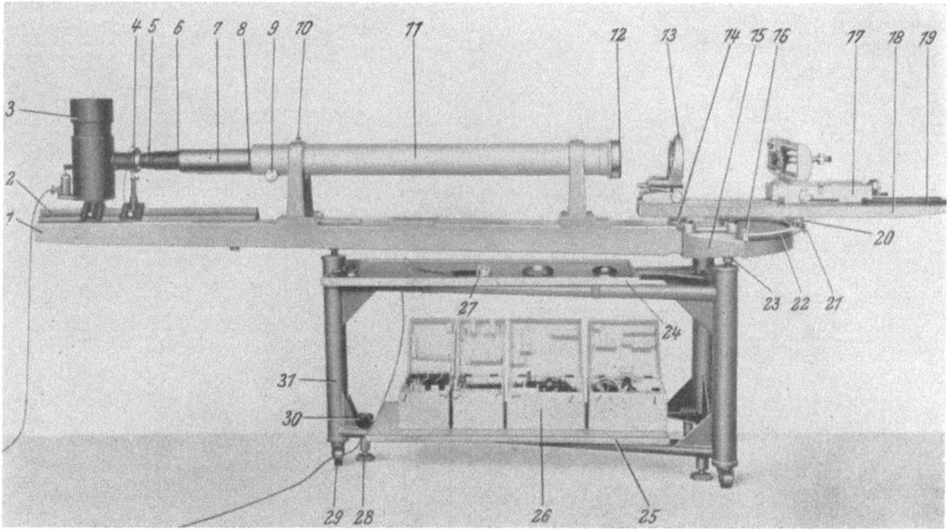

Abb. 161. ASKANIA-Objektivprüfgerät (Werkphoto).

1 Träger; *2* Dreikantschiene; *3* Lampenhaus; *4* Verschluß; *5* Filterkasten; *6* Ende des Kollimatorauszugs; *7* Kollimatorauszug; *8* Nonius; *9* Zahntrieb; *10* Klemmschraube; *11* Kollimator; *12* Objektivende des Kollimators; *13* Objektivträger; *14* Schwenkachse; *15* Sektor; *16* Anschlagblech; *17* Schlitten; *18* Schwenkarm; *19* Maßstab; *20* Gleitrollen; *21* Sicherungsschraube; *22* Teilung; *23* Fußschrauben; *24* und *25* Tischplatten; *26* Aufbewahrungskästen; *27* Handlampe zum Ablesen der verschiedenen Einstellungen; *28* Fußplatten; *29* Rollen; *30* Fußschrauben; *31* Beine

Über die Ausrüstung, über die Aufstellung und über die Einstellungs- und Justiermaßnahmen unterrichtet eine ausführliche Druckschrift der Firma ASKANIA. Hier kann nur das Methodische behandelt werden.

1. Die Objektivprüfmethode von HARTMANN[1]. Nach der altbewährten HARTMANN-Methode bestimmt man die Durchstoßhöhe einer Reihe von Zonenstrahlen durch zwei verschiedene Ebenen und berechnet daraus die Lage der Schnittpunkte der Zonenstrahlen mit der Achse oder mit dem Mittelstrahl des Bündels. Den grundsätzlichen Aufbau zeigt Abb. 162. Das Kollimatorobjektiv K, in dessen Brennebene eine Testblende T mit einem einfachen Loch sitzt, liefert ein achsenparalleles Lichtbündel, aus dem die Zonenblende Z eine beschränkte Anzahl von Lichtstrahlen freigibt. Diese werden durch den Prüfling P in dessen Brennpunkt B wieder vereinigt. Bringt man eine photographische Platte nacheinander in eine

[1] HARTMANN, J.: Untersuchungen über das 80-cm-Objektiv des Potsdamer Refraktors. Publ. d. Astrophys. Observ. Potsdam. **15** (1908), Nr. 2. — FASSBENDER, H.: Die günstigste Anwendungsart des HARTMANNschen Objektivprüfapparates. Z. f. Instrkd. **33** (1913), S. 177—183.

intrafokale und eine extrafokale Brennebene Pl_1 und Pl_2, so markieren sich auf ihr die Durchstoßpunkte der Lichtstrahlen als schwarze Punkte. Die Durchstossungshöhen, d. h. die Abstände der einzelnen Punkte von der Achse, werden durch Ausmessungen bestimmt und ermöglichen die Berechnung der Lage des Schnittpunktes der Zonenstrahlen. Die Unterschiede in der Lage dieser Schnittpunkte, die man als Zonenbrennpunkte bezeichnen kann, sind die gesuchten Längsaberrationen. Die Ausmessung kann auch unmittelbar mit einem Mikrometer in den Ebenen Pl_1 und Pl_2 erfolgen.

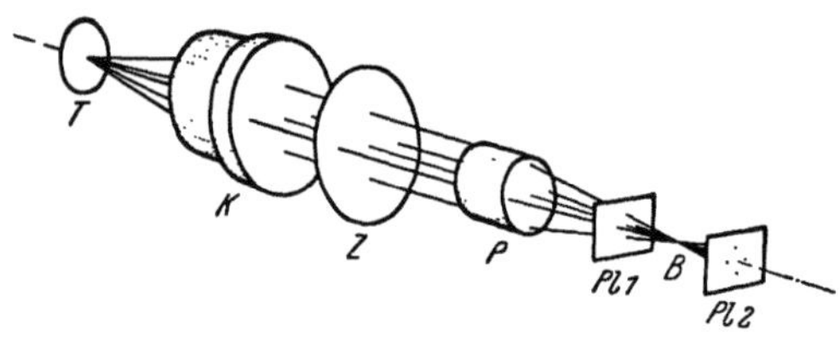

Abb. 162. ASKANIA-Objektivprüfgerät. Grundsätzlicher Aufbau für die Anwendung der HARTMANN-Methode (Werkphoto). *T* Testblende; *K* Kollimatorobjektiv; *Z* Zonenblende; *P* Prüfling; Pl_1, Pl_2 extrafokale Ebenen; *B* Brennpunkt

Die Testblende ist eine einfache Lochblende in einer Steckfassung, die in die Öffnung am Ende des Kollimatorauszuges eingesetzt werden kann. Sie ist im folgenden als Einlochblende bezeichnet.

Die Zonenblenden sind als Deckel ausgeführt und werden bei einer Objektivprüfung auf das Objektivende des Kollimators aufgesteckt. Die

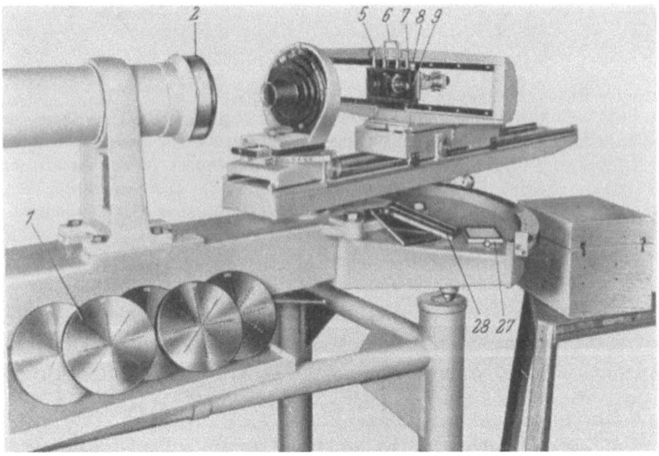

Abb. 163. ASKANIA-Objektivprüfgerät. Sektor, Schwenkarm und Prüfling beim HARTMANN-Gerät (Werkphoto). *1* Zonenblenden; *2* Objektivende des Kollimators; *5* und *7* Exzentergriffe; *6* Griff; *8* Sperrfeder; *9* Schlitten; *27* Mattscheibenrahmen; *28* Kassette

Zonenblenden enthalten eine Anzahl von Löchern, die die zu untersuchenden Zonen freigeben. Die Löcher liegen symmetrisch auf vier verschiedenen Durchmessern der Blende. Außerdem ist auf jeder Blende in der Nähe der Mitte ein einzelnes Loch, das die Zuordnung der einander entsprechenden Punkte bei der Auswertung photographischer Aufnahmen erleichtern soll.

Untersuchung des Öffnungsfehlers und des Farbortsfehlers. Die Lampe sei justiert, das Objektiv eingesetzt, das passende Filter in den Filterkasten gesteckt und der Kollimatorauszug richtig eingestellt. Der Schwenkarm stehe auf 0°.

Die Einlochblende wird in das Ende des Kollimatorauszuges eingesetzt und eine passend gewählte Zonenblende auf das Objektivende des Kollimators aufgesteckt. Man wählt im allgemeinen die Lochgröße zu 1/100 bis 1/400 der Brennweite. Der HARTMANN-Schlitten wird so auf den Schwenkarm gestellt (Abb. 163), daß die Mattscheibe, deren mattierte Fläche dem Prüfling zugewandt sein soll, in der Nähe der Bildebene des Prüflings liegt. Blickt man von hinten auf die Mattscheibe — wobei das Mikroskop mit seiner Grundplatte aus dem Schlitten zu nehmen ist —, so sieht man auf ihr im allgemeinen ein der Zonenblende ähnliches Bild. Dieses wird bei Intrafokalstellung die Zonenblende aufrecht und seitenrichtig, bei Extrafokalstellung auf dem Kopf stehend und seitenverkehrt wiedergegeben. In Wahrheit handelt es sich dabei nicht um eine Abbildung der Zonenblende, sondern nur um die Durchstoßpunkte der von der Zonenblende freigegebenen Strahlenbündel durch die Mattscheibe. Die Mattscheibe wird mit der Meßspindel so weit aus der Brennebene verschoben, bis die von den einzelnen Zonenlöchern freigegebenen Lichtstrahlen die Mattscheibe gut getrennt voneinander treffen. Die Verschiebung ist möglichst groß zu wählen, wobei aber darauf geachtet werden muß, daß die Lichtpunkte auf der Mattscheibe noch hinreichend klein und scharf bleiben. Man merkt sich die Einstellung der Meßspindel und sucht dann eine geeignete Stellung derselben Art auf der entgegengesetzten Seite der Bildebene. Die Mattscheibe wird nun gegen eine Kassette vertauscht. Im allgemeinen empfiehlt es sich, zuerst in den beiden ausgewählten Ebenen einige Belichtungsproben zu machen und hieraus die richtige Belichtungszeit zu bestimmen. Anschließend wird in beiden Ebenen je eine Aufnahme gemacht. Zwischen den einzelnen Aufnahmen muß natürlich, damit die Bilder auf der Platte getrennt sind, der Kassettenträger in der Höhe oder Seite mindestens um den Durchmesser einer Bildfigur verschoben werden. Abb. 164 zeigt derartige Aufnahmen.

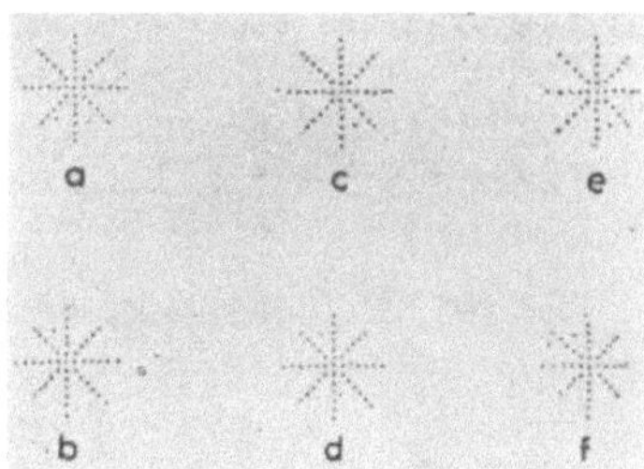

Abb. 164. ASKANIA-Objektivprüfgerät (Werkphoto). HARTMANN-Aufnahmen mit einem Anastigmaten 1 : 4,5, f = 30 cm. Sphärische Aberration für die Wellenlänge 436 mμ (*a* und *b*) und für 546 mμ (*c* und *d*) sowie für außeraxiale Bildfehler bei dem Gesichtswinkel 15° und der Wellenlänge 546 mμ (*e* und *f*). *a*, *c* und *e* sind die extrafokalen, *b*, *d* und *f* die intrafokalen Aufnahmen

Die fertig behandelte Platte wird mit einem Meßapparat ausgemessen. Es sei i der Abstand eines Punktes von der Mitte bei der intrafokalen Aufnahme und e der Abstand des entsprechenden Punktes von der Mitte bei der extrafokalen Aufnahme, ferner d die Verschiebung zwischen beiden Aufnahmen. Dann gibt

$$d_n = \frac{i \cdot d}{i + e}$$

den Abstand des Brennpunktes der betreffenden (n-ten) Zone von der intrafokalen Aufnahmeebene. Man berechnet die Werte d_n für die verschiedenen Zonen; ihre Differenzen bedeuten den Öffnungsfehler für die bei der Untersuchung benutzte Wellenlänge.

Macht man diese Aufnahmen in den gleichen Ebenen für verschiedene Farben, so geben die Werte d_n die Öffnungsfehler für diese Farben und damit auch den Farbortsfehler.

Untersuchung des Achsenastigmatismus. Unter Achsenastigmatismus wird der Unterschied des Öffnungsfehlers in verschiedenen Meridionalschnitten des Objektivs verstanden, der durch Zentrierfehler, Flächenfehler, Schlieren und Glasspannungen im Objektiv veranlaßt wird. Da die HARTMANN-Zonenblende bereits Zonenlöcher in vier Meridionalschnitten besitzt, so erhält man den Achsenastigmatismus bei dieser Methode bereits mittels der Aufnahme des Öffnungsfehlers. Will man die Aberration noch in weiteren Meridionalschnitten untersuchen, so kann man das Objektiv mit dem Drehring im Objektivträger um seine optische Achse verdrehen und hierbei die Aufnahmen für Öffnungsfehler wiederholen.

Untersuchung von Koma, Astigmatismus und Bildfeldwölbung. Die Untersuchung dieser außeraxialen Bildfehler geht grundsätzlich in der gleichen Art vor sich wie die der axialen Bildfehler. Bei der Aufstellung des Objektivträgers auf den Schwenkarm ist Rücksicht zu nehmen, ob man die Koma auf den Hauptpunktsstrahl oder auf den Mittelstrahl des schiefen Bündels beziehen will. Nach der richtigen Aufstellung des Objektivs wird der Schwenkarm um den Gesichtswinkel, für welchen das Objektiv geprüft werden soll, geschwenkt und der Schlitten im Trägerrahmen so weit seitlich verschoben, daß das Bild wieder auf die Platte fällt. Die Ausführung und Auswertung der Aufnahmen erfolgt ähnlich wie bei der Untersuchung des Öffnungsfehlers. Abb. 164 zeigt auch solche außeraxiale Aufnahmen (*e* und *f*).

2. *Die Methode der streifenden Abbildung von* WETTHAUER[1]. Bei der Methode der streifenden Abbildung wird grundsätzlich (Abb. 165) als Test *T* ein Spalt in der Brennebene des Kollimatorobjektivs *K* benutzt. Aus dem Strahlenbündel blendet die Zonenblende *Z* also zwei ebene Strahlenbündel heraus. Somit tritt aus den beiden freigegebenen Zonenpunkten des Prüflings *P* je ein den Spalt abbildendes Lichtbüschel aus, das auf einer schwach geneigten Platte *Pl* je eine Schnittspur ergibt. Der Schnittpunkt dieser beiden Spuren entspricht dem Bildpunkt. Die Verlagerung des Bildpunktes beim Wechsel der Zonen ist der gesuchte Fehler.

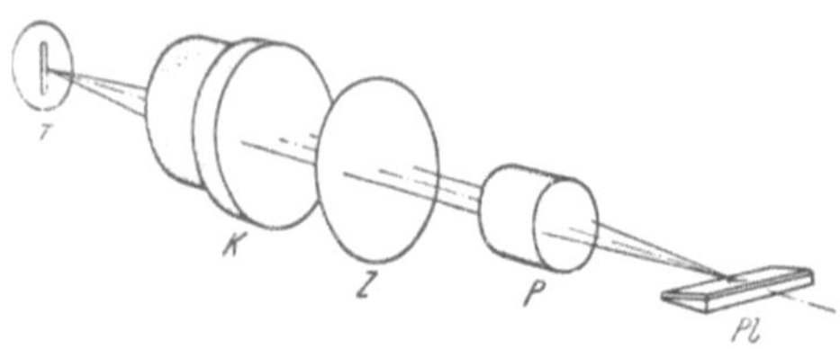

Abb. 165. ASKANIA-Objektivprüfgerät. Grundsätzlicher Aufbau für die WETTHAUER-Methode (Werkphoto)

Die WETTHAUER-Methode liefert die Längsaberrationen ohne wesentliche Rechnung — darauf beruht ihr großer Vorteil und ihre wachsende Beliebtheit gegenüber anderen Methoden — und man gewinnt bereits

[1] WETTHAUER, A.: Eine Methode zur Prüfung von photographischen Objektiven durch streifende Abbildung. Z. f. Instrkd. **41** (1921), S. 148—152. — WETTHAUER, A.: Die Prüfung der Koma und des Farbvergrößerungsfehlers bei photographischen Objektiven nach der Methode der streifenden Abbildung sowie einige Ergänzungen zur Untersuchung der sphärischen Aberrationen. Z. f. Instrkd. **51** (1931), S. 553—559. — WETTHAUER, A.: Untersuchung von Fernrohrobjektiven mit Hilfe der streifenden Abbildung unter Verwendung der Autokollimation. Z. f. Instrkd. **51** (1931), S. 393 bis 396. — JENSEN, H. und R. LANDWEHR: Zur Untersuchung der Koma nach der Methode der streifenden Abbildung. Z. f. Instrkd. **62** (1942), S. 7—15.

beim Anblick der Aufnahme eine gute Vorstellung über den Korrektionszustand des Prüflings, gleichgültig, ob es sich nun um Öffnungsfehler, Farbortsfehler, astigmatische Einstelldifferenz oder Bildfeldwölbung handelt.

Untersuchung auf Öffnungsfehler und Farbortsfehler. Der Schwenkarm wird auf 0° eingestellt. In das Ende des Kollimatorauszuges wird als Testblende eine Blende mit drei Spalten eingesetzt. Je länger die Brennweite des Prüflings ist, um so kleiner muß die Größe der Testblende sein. Der Plattenträger (Abb. 166), in dem sich zunächst eine mattierte Opalglasscheibe befindet, wird so aufgestellt, daß die Bildebene des Prüflings etwa in der Mitte der Platte liegt. Nun wird die Zonenblende aufgesetzt. Der Lochdurchmesser der Zonenblende wird im allgemeinen 1/50 bis 1/100 der Brennweite gewählt. Man stellt dann fest, von welchen Zonenlöchern noch Licht durch das Objektiv gelangt und bringt mittels einer Wählerscheibe ein brauchbares Lochpaar zur Wirkung. Im allgemeinen wird

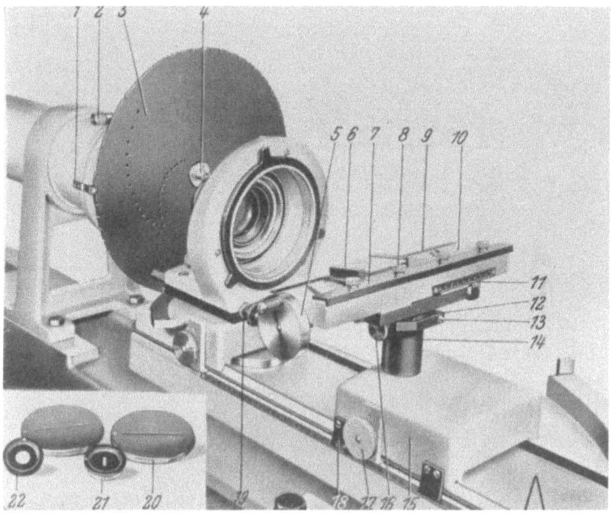

Abb. 166. ASKANIA-Objektivprüfgerät. WETTHAUER-Gerät (Werkphoto).
1 Federraste; *2* Klemmring mit Rändelschraube; *3* Wählerscheiben; *4* am Klemmring sitzende Achse; *5* Trommel der Meßspindel; *6* Einlegerahmen; *7* Leiste; *8* Rändelschrauben für die Klemmung der Leiste; *9* feste Leiste; *10* Plattentisch; *11* Maßstab; *12* Rändelring zur Höhenverstellung des Plattentisches; *13* Führung; *14* Buchse; *15* Unterbau des Plattenträgers; *18* Indexfuß; *19* Raststift; *20* Zonenblenden; *21* Testblende mit drei Spalten; *22* WETTHAUER-Testblende mit kleinen seitlichen Spalten

man zunächst die richtige Belichtungszeit bestimmen. Bei richtiger Belichtung sollen die Überschneidungsstellen der Linien auf der Platte schwarz erscheinen, die übrigen Teile der Linien aber nur grau. Vor der Aufnahme wird der Verschluß geschlossen und der Raum verdunkelt. Dann wird die photographische Platte in den Plattenträger eingelegt und eine Reihe von Aufnahmen mit verschiedener Belichtungszeit gemacht. Nach jeder einzelnen Aufnahme wird die Platte mit der Spindel je um 1 mm oder mehr verschoben, damit die Aufnahmen gleichabständig voneinander auf der Platte liegen. Bei der eigentlichen Prüfaufnahme stellt man die

Wählerscheibe zuerst auf das äußerste noch brauchbare Loch ein und macht dann nacheinander die Aufnahmen mit den verschiedenen Zonenlochpaaren. Nach jeder Aufnahme wird die Platte wiederum seitlich verschoben. Als letzte Aufnahme wiederholt man stets die erste Aufnahme mit dem äußersten Lochpaar. Die Verbindungslinie der Bildorte der ersten und letzten Aufnahme liefert die Richtung der Plattenverschiebung und gleichzeitig eine Bezugslinie, von der aus alle Aberrationen gemessen werden können. Ein Beispiel für die Bestimmung des Öffnungsfehlers zeigt die obere Hälfte von Abb. 167.

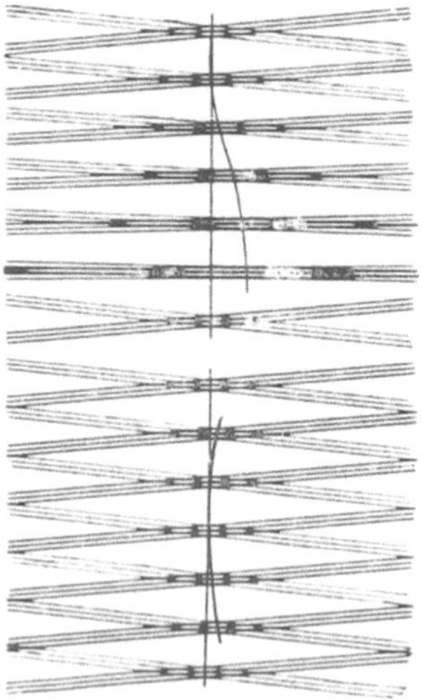

Abb. 167. ASKANIA-Objektivprüfgerät. WETTHAUER-Aufnahmen (Werkphoto) des Öffnungsfehlers und des Farbortsfehlers

Zur angenäherten Kenntnis der Aberration genügt es, die „Bildpunkte" der einzelnen Zonenstrahlen zu markieren und zu verbinden, so wie es auf Abb. 167 geschehen ist. Zur vollständigen Auswertung wird die Platte am Meßapparat ausgemessen. Man richtet dabei die Platte so aus, daß die eine Koordinatenachse des Meßapparates mit der Verbindungslinie der Bildpunkte der ersten und letzten Aufnahme zusammenfällt. Bei der Messung stellt man nicht auf die scharfe Bildmitte, sondern auf die verwaschen aussehenden Stellen unmittelbar vor und hinter der Bildmitte ein. Der Mittelwert beider Einstellungen entspricht der Koordinate des Bildpunktes. Die Differenzen der Messungen für die verschiedenen Zonen geben den Öffnungsfehler. Da die photographische Platte bei der Aufnahme um 10° gegen die optische Achse geneigt ist, müssen die gemessenen Werte mit $\cos 10° = 0{,}985$ multipliziert werden oder, was dasselbe ist, um 1,5% vermindert werden, um die wahren Werte der Längsaberrationen zu erhalten. Zur Untersuchung des Farbortsfehlers macht man, ähnlich wie bei der Untersuchung des Öffnungsfehlers, eine Reihe von Aufnahmen, jedoch für verschiedene Wellenlängen, aber mit der gleichen Zone. Auch hierbei wiederholt man die erste Aufnahme an letzter Stelle, um die Verschiebungsrichtung der Platte kenntlich zu machen. Ein Beispiel hierfür zeigt die untere Hälfte von Abb. 167.

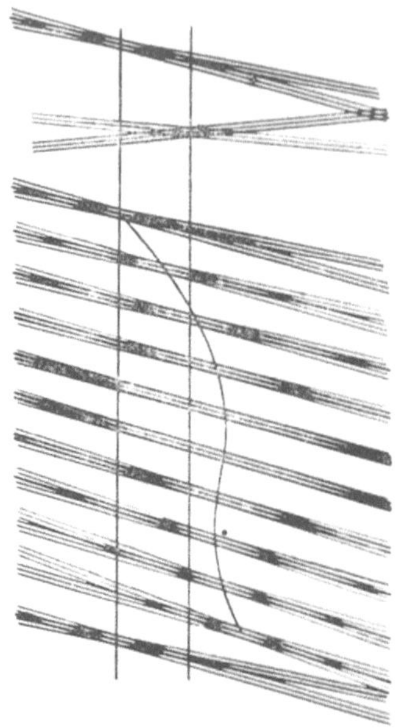

Abb. 168. ASKANIA-Objektivprüfgerät. WETTHAUER-Aufnahme der Koma (Werkphoto)

Untersuchung des Achsenastigmatismus. Zur Untersuchung des Achsenastigmatismus wird eine Reihe von Aufnahmen mit einer bestimmten Zone ausgeführt, wobei das Objektiv mit dem Drehring des Objektivträgers um seine optische Achse gedreht wird. Die Unterschiede der Schnittweiten für die verschiedenen Achsenschnittweiten geben ein Maß für den Achsenastigmatismus.

Untersuchung der Koma. Für die Untersuchung der Koma ist die richtige Stellung des Objektivs auf dem Schwenkarm zu beachten. Für die Ausblendung der Zonenstrahlen werden die Zonenblende und die Wählerscheibe auf das Objektivende des Kollimators aufgesetzt und eine der WETTHAUER-Testblenden mit den drei Spalten in das Ende des Kollimatorauszuges eingesetzt. Der Schwenkarm wird auf den Gesichtswinkel eingestellt, für den die Untersuchung ausgeführt werden soll. Für die Untersuchung der Koma wird eine Lochspirale mit einseitig liegenden Löchern benutzt. Die Wählerscheibe wird auf das äußerste Lochpaar, das noch Licht durch das Objektiv hindurchtreten läßt, eingestellt. Anschließend werden die Aufnahmen für die verschiedenen Zonenpaare ausgeführt, wobei nach jeder Aufnahme die Platte wieder etwas zu verschieben ist. Als letzte Aufnahme wiederholt man die erste Aufnahme dieser Reihe. Ein Beispiel für die Koma-Aufnahme zeigt Abb. 168. Will man außerdem die bei der Aufnahme in der Achse benutzte Bezugszone mit photographieren, um die Längsaberration der Koma vom gleichen Bezugspunkt aus zu zählen wie den Öffnungsfehler, so kann man den Schwenkarm nach der Aufnahme der Koma wieder auf 0° stellen und macht auf einer geeigneten Stelle der Platte eine Aufnahme mit der allgemeinen Bezugszone und Bezugswellenlänge. Die Auswertung der Aufnahmen erfolgt sinngemäß ebenso wie bei der Bestimmung des Öffnungsfehlers.

Untersuchung auf Astigmatismus und Bildfeldwölbung. Hierzu wird in den Kollimatorauszug eine der WETTHAUER-Testblenden mit kleinen seitlichen Spalten eingesetzt. Auf Zonenblende und Wählerscheibe wird man im allgemeinen hierbei verzichten, vielmehr die Untersuchungen des Objektivs bei voller Öffnung oder in mäßig abgeblendetem Zustand vornehmen. Man stellt für die einzelnen Aufnahmen den Schwenkarm auf diejenigen Gesichtswinkel ein, für die man die Objektive untersuchen will und macht in jeder Stellung eine Aufnahme. Eine Verschiebung der Platte ist an und für sich nicht erforderlich; meistens benutzt man sie doch, um mit einer möglichst kleinen Platte auszukommen und die Aufnahmen weder allzudicht zusammen noch allzuweit auseinanderfallen zu lassen. Nach dem Entwickeln der Platte sieht man auf ihr eine Reihe von Abbildungen der Testblende wie bei Abb. 169.

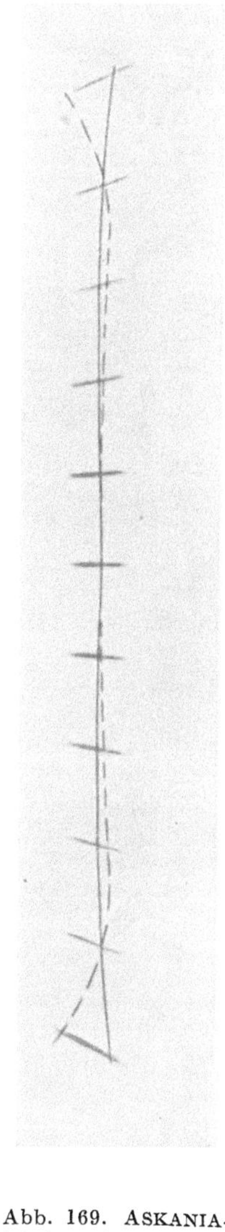

Abb. 169. ASKANIA-Objektivprüfgerät. WETTHAUER-Aufnahme des Astigmatismus (f = 5 cm) für die Bildfeldwinkel − 25°, − 20°, ... 0° ... + 20°, + 25° (Werkphoto)

Da Abb. 169 die Einzelheiten der Aufnahme nicht mehr erkennen läßt, zeigt Abb. 170 die drei obersten Aufnahmen noch einmal stark vergrößert.

Die Längs- und Querlinien sind nur an bestimmten Stellen scharf und deutlich. Bei der Aufnahme in der optischen Achse werden im allgemeinen Längs- und Querlinien an der gleichen Stelle scharf sein. Bei den übrigen Aufnahmen fallen diese scharfen Bildstellen im allgemeinen nicht mehr zusammen. Die in Abb. 169 ausgezogene Verbindungskurve aller scharfen Bildstellen der Längslinien gibt einen Schnitt durch die meridionale Bildschale, während die gestrichelte Verbindungskurve für die Querstriche einen Schnitt durch die sagittale Bildschale darstellt. Auch hierbei liefert die Platte unmittelbar einen Überblick über den Betrag des Astigmatismus und der Bildfeldwölbung, die man durch Ausmessen der Platte sinngemäß ebenso wie bei der Bestimmung des Öffnungsfehlers zahlenmäßig festlegen wird.

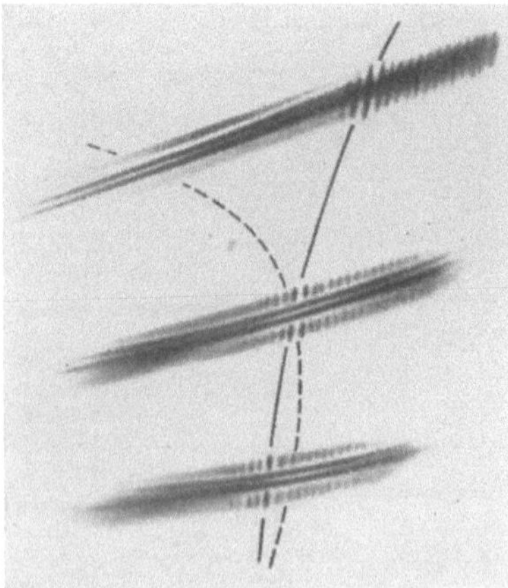

Abb. 170. ASKANIA-Objektivprüfgerät. Vergrößerung eines Teilausschnittes von Abb. 169 (Werkphoto)

Das WETTHAUER-Gerät gestattet nach einer Ergänzung des Zubehörs die Anwendung der Autokollimationsmethode. Diese ist besonders vorteilhaft bei der Untersuchung langbrennweitiger Objektive. Sie liefert die Ergebnisse, ohne daß der Korrektionszustand eines Kollimatorobjektivs eingeht, wie es bei den beiden genannten Verfahren der Fall ist. Außerdem ergibt sie die doppelten Werte der Längsaberration, da das Licht den Prüfling zweimal durchsetzt.

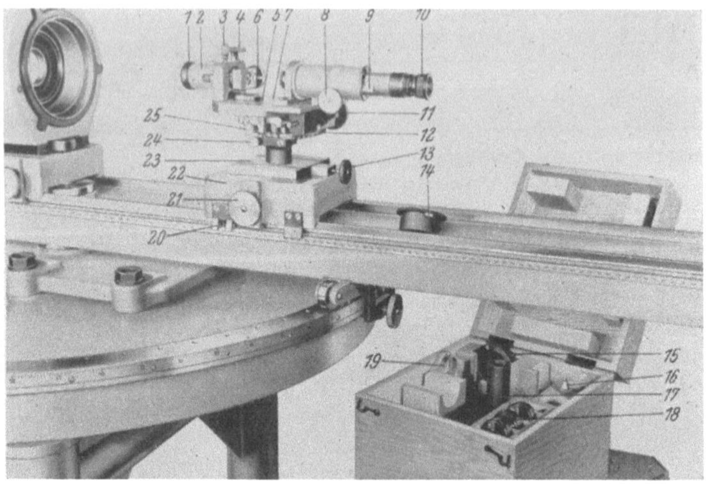

Abb. 171. ASKANIA-Objektivprüfgerät. VÄISÄLÄ-Gerät (Werkphoto).
1 Lochblende; *2* Ansatzrohr; *3* Klemmschraube für das Mikrometer; *4* Zahntrieb; *5* Drehachse; *6* Schraubenmikrometer; *8* Zahntrieb, *9* Nonius; *10* Mikroskop; *11* Spindel; *12* Teilung; *13* Feineinstellung

3. Die Zweiloch-Methode von VÄISÄLÄ[1]. Unter Zuhilfenahme von Interferenzerscheinungen wird hierbei die Abweichung der wirklichen Wellenfläche von der bei idealer Abbildung vorliegenden Kugelfläche bestimmt.

Das Gerät (Abb. 171) besteht im wesentlichen aus einem um den Brennpunkt des Prüflings schwenkbaren Mikroskop *10* zur Beobachtung von Interferenzlinien, die durch eine in den Strahlengang gestellte Lochblende *1* mit zwei oder drei feinen Löchern hervorgerufen werden. Durch Drehung des Oberteils um die vertikale Achse *5* tastet die Zonenblende *1* einen Kreisbogen ab. In der Nähe des Bildpunktes interferieren die jeweils von der Blende *1* hindurchgelassenen Zonenstrahlen. Die Lage der Interferenzstreifen wird entweder mit dem Mikrometer *6* oder durch Längsverschiebung des Mikroskopes *10* bestimmt. Aus der seitlichen oder axialen Verschiebung der Interferenzstreifen werden dann die Abweichungen der Wellenfront von einem Kreisbogen ermittelt. Aus diesen Wellenaberrationen lassen sich nachträglich auch die geometrisch-optischen Fehler durch Rechnung ermitteln.

Lampe, Filter, Kollimatorauszug und Prüfling seien richtig eingestellt. Der Schwenkarm soll auf 0° stehen.

Zur Justierung wird eine Einloch-Testblende in den Kollimatorauszug eingesetzt. Das VÄISÄLÄ-Gerät, bei dem der Schwenkwinkel an der Teilung auf 0° eingestellt sein soll, stellt man zur bequemen Ausführung der Messungen auf das Ende des Schwenkarmes, und zwar so, daß die Zonenblende *1* dem Kollimator zugewandt ist. Dann bringt man den Objektivträger mit dem Objektiv so auf den Schwenkarm, daß der Bildpunkt des Prüflings annähernd über der Drehachse *5* des VÄISÄLÄ-Geräts liegt. Die Zonenblende *1* wird zunächst entfernt und in die Bohrung der Drehachse *5* die Spitze *16* eingesteckt. Das Mikroskop *10* wird mit dem Trieb *8* so fokussiert, daß man diese Spitze scharf sieht. Mit der Feineinstellung *13* wird das Gerät so verschoben, daß man im Mikroskop gleichzeitig mit der Spitze auch das Bild der Lochblende scharf sieht. Mit den Rändelschrauben *25* ist das Gerät dann seitlich so zu verschieben, daß das Bild der Lochblende gut mit der Spitze übereinstimmt. Darauf wird die Spitze wieder entfernt, das Schraubenmikrometer *6* eingesetzt und mit dem Zahntrieb *4* in Richtung der optischen Achse verschoben, bis das Bild der Lochblende und der Mikrometerfaden gleichzeitig im Mikroskop scharf erscheinen. Mit der Klemmschraube *3* wird das Mikrometer geklemmt.

Für die eigentliche Untersuchung wird als Testblende in den Kollimatorauszug eine geeignete VÄISÄLÄ-Spaltblende eingesetzt. Für längere Brennweiten wählt man einen schmalen und für kurze Brennweiten einen breiten Spalt. Die Zonenblende *1* und das Ansatzrohr *2* werden auf das VÄISÄLÄ-Gerät gesteckt.

Man wird dann im Mikroskop mit dem Faden des Mikrometers zugleich das Bild des Spaltes sehen, das von vertikalen Streifen durchzogen ist. Beim Schwenken des Geräts um seine Drehachse *5* mit der Spindel *11* wird sich bei völlig idealem Objektiv und bei völlig richtiger Justierung dieses Bild der Interferenzstreifen nicht ändern — wenigstens nicht so lange,

[1] VÄISÄLÄ, Y.: Neuere Methoden zur Untersuchung der Objektive nebst Bemerkungen über die Beurteilung ihrer Güte. Ann. Universitatis Fennicae Aboensis Ser. B Tom 1 (1922), Nr. 2, Turku. — VÄISÄLÄ, Y.: Über die Bestimmung der Form von Lichtwellenflächen. Ann. Univ. Fenn. Aboensis Ser. A Tom 2 (1922), Nr. 1, Turku.

wie beide Löcher der Blendenkappe von dem vom Prüfling kommenden Licht durchsetzt werden. Schwenkt man das VÄISÄLÄ-Gerät noch weiter aus seiner Nullage, so erhält man, bevor das Bild völlig verschwindet, zunächst ein Bild ohne Interferenzstreifen, das aber von Beugungsbildern umgeben sein kann. Bei dieser Stellung wird nur das der optischen Achse näher liegende Loch der Blendenkappe vom Licht durchsetzt. Die Grenze des vom Prüfling kommenden Lichtbündels schneidet also die Blendenkappe zwischen den beiden Löchern. Führt man die Schwenkung des Geräts nunmehr um den gleichen Betrag nach der anderen Seite aus, so müssen bei genauer Justierung hier die gleichen Bildverhältnisse vorliegen. Ist dies nicht der Fall, so befindet sich die Drehachse *5* des VÄISÄLÄ-Geräts nicht auf der optischen Achse des Prüflings. Das kann daher rühren, daß der Prüfling im Objektivträger noch nicht richtig justiert ist oder daß die Justierschrauben *24*, die das Oberteil des VÄISÄLÄ-Geräts gegen Verschwenken schützen, nicht richtig eingestellt sind.

Wegen der bei jedem Objektiv vorhandenen Aberration wird das Bild der Interferenzstreifen beim Verschwenken des VÄISÄLÄ-Geräts nicht unverändert bleiben, denn die Lage der Interferenzstreifen hängt von der Phasendifferenz ab, mit der das Licht auf die beiden Löcher der Blendenkappe trifft. Um die Wellenaberrationen oder diese Phasendifferenzen zu bestimmen, mißt man mittels Schraubenmikrometers die Verlagerung der Interferenzstreifen aus. Hierzu bringt man in der Nullstellung des Geräts den Mikrometerfaden auf den deutlichsten oder auf den mittleren Interferenzstreifen. Man verschwenkt dann das Gerät um $^1/_2{}^\circ$, stellt den Faden von neuem auf den gleichen Streifen ein und wiederholt diese Einstellung bei weiterem Verschwenken des VÄISÄLÄ-Geräts von $^1/_2{}^\circ$ zu $^1/_2{}^\circ$ bis zur Extremstellung nach beiden Richtungen. Die Stellung des Mikrometerfadens wird jeweils an der Trommel *6* abgelesen und mit der dazugehörigen Winkelstellung zusammen notiert.

Zu beachten ist, daß das Bild des Spaltes beim Verschwenken nicht immer ein einfaches von Interferenzstreifen durchzogenes Spaltbild bleiben wird, sondern zuweilen zwei sich teilweise überdeckende Bilder zeigen kann, bei denen die Interferenzstreifen nur in dem Gebiet auftreten, in dem sich beide Bilder überdecken.

Die einzelnen Messungen am VÄISÄLÄ-Gerät denke man sich derart numeriert, daß der Nullstellung die Ziffer 0 zugeordnet ist und daß die beim Verschwenken aufeinanderfolgenden Stellungen nach der einen Seite mit negativen, nach der anderen Seite mit positiven Ziffern fortlaufend bezeichnet seien. Werden diese Ziffern mit n bezeichnet und entsprechen den beiden Randstellungen die Ziffern $-$ N und $+$ N, so durchläuft n den ganzzahligen Wertbereich von $-$ N bis $+$ N. Die Winkelstellungen des Mikroskopes seien mit i_n bezeichnet, die zu den einzelnen Stellungen gehörigen Mikrometerablesungen mit u_n. Hierbei soll die Schraubenumdrehung als Maßeinheit gewählt sein. Die Ganghöhe der Mikrometerschraube beträgt 0,25 mm. Endlich sei d der Abstand der beiden Löcher, der bei der Kappe mit $r = 100$ mm Radius etwa 0,87 mm und bei derjenigen mit $r = 50$ mm Radius etwa 0,435 mm beträgt. Man bildet das arithmetische Mittel u der Zahlen $u_{-N}, \ldots . u_{+N}$ und die Differenz $(u_n - u)$. Diese Werte multipliziert man mit

$$0{,}25\, d/r.$$

Man erhält also die Größen

$$\Delta\, l_n = (u_n - u)\frac{0{,}25\, d}{r} = l_{(n+\frac{1}{2})} - l_{(n-\frac{1}{2})}$$

für n = — N, ..., — 1, 0, + 1, ..., + N. Sie bedeuten die Differenzen der Abweichungen l der wirklichen Wellenfläche von derjenigen Kugelfläche, die die Wellenfläche in den Punkten (— N — ½) und (+ N + ½) schneidet. Aus ihnen ergeben sich die Abweichungen l selbst nach dem folgenden Rechenverfahren:

$$l_{-N-\frac{1}{2}} = 0$$

$$\Delta\, l_{-N} + l_{-N-\frac{1}{2}} = l_{-N+\frac{1}{2}}$$

$$\Delta\, l_{-N+1} + l_{-N+\frac{1}{2}} - l_{-N+\frac{3}{2}}$$

$$\cdots\cdots\cdots\cdots\cdots\cdots$$

$$\Delta\, l_{-1} + l_{-\frac{3}{2}} = l_{-\frac{1}{2}}$$

$$\Delta\, l_0 + l_{-\frac{1}{2}} = l_{+\frac{1}{2}}$$

$$\cdots\cdots\cdots\cdots\cdots\cdots$$

$$\Delta\, l_{N-1} + l_{N-\frac{3}{2}} = l_{N-\frac{1}{2}}$$

$$\Delta\, l_N + l_{N-\frac{1}{2}} = l_{N+\frac{1}{2}} = 0.$$

Die Werte l geben also, wie schon gesagt, die Abweichungen der wirklichen Wellenfläche von derjenigen Kugelfläche, die die Wellenfläche in den Randpunkten (— N — ½) und (+ N + ½) schneidet. Daher bestehen die im obigen Schema auftretenden Bedingungen

$$l_{-N-\frac{1}{2}} = 0 \text{ und } l_{N+\frac{1}{2}} = 0.$$

Aus diesen Abweichungen der Wellenfläche von der idealen Kugelfläche, den sogenannten „Wellenaberrationen", lassen sich auch die Werte des Öffnungsfehlers im geometrisch-optischen Sinne berechnen. Werden die Messungen für verschiedene Farben durchgeführt, so ergeben sich die zu diesen Farben gehörigen Wellenflächenaberrationen und aus ihnen wieder die Gestalt der entsprechenden Wellenfläche sowie die Öffnungsfehler und Farbortsfehler.

4. Die Dreilochmethode von VÄISÄLÄ. Die Einstellung des VÄISÄLÄ-Geräts erfolgt genau in der gleichen Weise wie für die Zweiloch-Methode; jedoch wird das Schraubenmikrometer *6* nicht eingesetzt. Als Zonenblende wird eine Blende (*1* oder *18*) mit drei Löchern benutzt. Zur Erleichterung der folgenden Beobachtung im Mikroskop kann auf das Objektivende des Mikroskops die Mattscheibe *17* aufgeschraubt werden, und zwar soweit, bis das Korn der Mattscheibe scharf erscheint. (Im allgemeinen wird es zweckmäßig sein, bereits vor Beginn der genauen Justierung das Okular des Mikroskops so einzustellen, daß das Korn der Mattscheibe gerade scharf erscheint, wenn die Mattscheibe fest aufgeschraubt ist. Dann ist die Mattscheibe während der Justierung zu entfernen und erst für die Beobachtung wieder aufzuschrauben.) Die Benutzung der Mattscheibe ist nur notwendig, wenn man ohne Mattscheibe nicht das ganze Bild betrachten kann. Verschiebt man nunmehr das Mikroskop (eventuell zusammen mit der aufgeschraubten Mattscheibe) in Richtung seiner Achse, so sieht man im Mikroskop bei starker Verschiebung drei getrennte Lichtpunkte, die sich mehr und mehr einander nähern, je mehr sich die Mattscheibe oder die Einstellebene des Mikroskops infolge der Mikroskopverschiebung dem Brennpunkt des zu prüfenden Objektivs nähert. Hierbei treten allmählich Interferenzstreifen auf. Das Aussehen der Interferenzstreifen ändert sich beim weiteren Verschieben des Mikroskopes und es gibt zwei ausgezeichnete Mikroskop-Stellungen, bei denen die Interferenzstreifen besonders deutlich und im gleichmäßigen Wechsel von Hell und Dunkel erscheinen. Bei der einen dieser Stellungen befindet sich die Mattscheibe etwas intrafokal, bei der anderen extrafokal, wobei als Bildpunkt der Schnittpunkt der durch die Dreilochblende ausgeblendeten drei Lichtstrahlen betrachtet wird. Diese beiden ausgezeichneten Mikroskopstellungen werden an der am Mikroskop angebrachten Skala und dem Nonius *9* abgelesen und notiert. Sie seien durch w' und w'' bezeichnet und wieder mit der vollen Schraubenumdrehung als Einheit ausgedrückt. Der Mittelwert sei w. Man verschwenkt sodann das Gerät wieder wie bei der Zweilochmethode von $1/2$ zu $1/2^\circ$ nach der einen, bzw. der anderen Richtung und bestimmt jeweils wieder durch Verschieben des Mikroskops die entsprechenden Einstellungen. Man bezeichne wieder die einzelnen Stellungen durch den Index n, wobei n, wie oben, die ganzen Zahlen zwischen $-N$ und $+N$ durchläuft und den zugehörigen Winkel, um den das Mikroskop verschwenkt wurde, durch i_n, die Ablesungen an der Skala des Mikroskopträgers durch w'_n, bzw. w''_n und deren Mittelwert durch w_n. Nun sollen aus den Messungen die Abweichungen der Wellenfläche von derjenigen Kugelfläche berechnet werden, die die Wellenfläche in der Achse berührt und sie in den äußersten bei der Messung benutzten Punkten mit den Indices $(N+1)$ und $(-N-1)$ schneidet; d. h. man fordert

$$l_{-N-1} = 0, \quad l_0 = 0 \quad \text{und} \quad l_{N+1} = 0.$$

Diese Bedingungen lassen sich erfüllen durch:

$$\bar{w} = \frac{1}{(N+1)^2}\{w_{-N} + 2\,w_{-N+1} + 3\,w_{-N+2} + \ldots + N\,w_{-1} + (N+1)\,w_0 + \\ + N\,w_1 + (N-1)\,w_2 + \ldots + 3\,w_{N-2} + 2\,w_{N-1} + w_N\},$$

$$\Delta\, l_{-N-\frac{1}{2}} = -\frac{1}{N+1}\{\Delta^2 l_{-1} + 2\,\Delta^2 l_{-2} + 3\,\Delta^2 l_{-3} + \ldots + N\,\Delta^2 l_{-N}\}.$$

Dann erhält man die zweiten Differenzen der Wellenaberration durch

$$\Delta^2 l_n = \frac{d^2}{r^2}(w_n - \bar{w}).$$

Ausgehend von dem soeben berechneten Wert einer der ersten Differenzen erhält man durch schrittweises Addieren dieser zweiten Differenzen alle ersten Differenzen und entsprechend aus der oben genannten Bedingung $l_{-N-1} = 0$ durch schrittweises Addieren der ersten Differenzen die Wellenaberrationen selbst. Infolgedessen verläuft die Rechnung nach dem folgenden Schema:

$$\Delta\, l_{-N-\frac{1}{2}} \quad \text{(siehe oben)}$$

$$\Delta^2\, l_{-N} + \Delta\, l_{-N-\frac{1}{2}} = \Delta\, l_{-N+\frac{1}{2}}$$

$$\Delta^2\, l_{-N+1} + \Delta\, l_{-N+\frac{1}{2}} = \Delta\, l_{-N+\frac{3}{2}}$$

$$\cdots\cdots\cdots\cdots$$

$$\Delta^2\, l_{-1} + \Delta\, l_{-\frac{3}{2}} = \Delta\, l_{-\frac{1}{2}}$$

$$\cdots\cdots\cdots\cdots$$

$$\Delta^2\, l_{N-1} + \Delta\, l_{N-\frac{3}{2}} = \Delta\, l_{N-\frac{1}{2}}$$

$$\Delta^2\, l_{N} + \Delta\, l_{N-\frac{1}{2}} = \Delta\, l_{N+\frac{1}{2}}$$

$$l_{-N-1} = 0 \quad \text{(siehe oben)}$$

$$\Delta\, l_{-N-\frac{1}{2}} + l_{-N-1} = l_{-N}$$

$$\Delta\, l_{-N+\frac{1}{2}} + l_{-N} = l_{-N+1}$$

$$\Delta\, l_{-N+\frac{3}{2}} + l_{-N+1} = l_{-N+2}$$

$$\cdots\cdots\cdots\cdots$$

$$\Delta\, l_{-\frac{1}{2}} + l_{-1} = l_0 = 0 \quad \text{(siehe oben)}$$

$$\cdots\cdots\cdots\cdots$$

$$\Delta\, l_{N-\frac{1}{2}} + l_{N-1} = l_N$$

$$\Delta\, l_{N+\frac{1}{2}} + l_N = l_{N+1} = 0 \quad \text{(siehe oben).}$$

Diese Werte liefern die Abweichungen der Wellenfläche des Strahlenbündels gegen diejenige Kugelfläche, die die Wellenfläche in der Achse sowie an den Stellen $(N + 1)$ und $(- N - 1)$ schneidet. Die Größen l sind also wieder die Wellenflächenaberrationen, aus denen man, wie schon oben erwähnt, die geometrisch-optischen Strahlenaberrationen mit Hilfe bekannter Formeln ableiten kann. Die Untersuchung mit verschiedenen Farben liefert sodann die zugehörigen sphärischen und damit auch die chromatischen Aberrationen.

Bestimmung von Koma und Achsenastigmatismus. Die Bestimmung der Wellenflächenaberrationen und der Wellenflächengestalt läßt sich nach den angegebenen Methoden auch für schiefen Einfall der Strahlen durchführen. Zu diesem Zweck wäre das Prüfobjekt um den betreffenden Winkel zu schwenken und die Untersuchung ähnlich wie bei dem Öffnungsfehler auszuführen. Im Ergebnis findet man dann eine Wellenfläche, die im allgemeinen zur Achse unsymmetrisch ist. Es sei noch erwähnt, daß zur Bestimmung des Achsenastigmatismus die Untersuchung wiederholt wird, nachdem man das Objektiv mit Hilfe des Drehrings im Objektivträger um 45° oder 90° gedreht hat, da ja, ebenso wie bei den übrigen Methoden, eine einzige Untersuchung nur die Verhältnisse für einen Achsenschnitt liefert.

Das Hilger-Interferometer. Es handelt sich hierbei um ein von F. Tywman angegebenes und von der Firma Hilger & Watts, London, gebautes Gerät, mit dem sich der Korrektionszustand eines Objektivs schnell über das gesamte Bildfeld und über die gesamte Öffnung feststellen läßt. Man kann mit diesem Gerät einen bequemen qualitativen Überblick über fast alle Restfehler eines Objektivs gewinnen.

Man sieht im Hilger-Interferometer die Öffnung des zu prüfenden Objektivs von Interferenzstreifen durchzogen. Diese entsprechen den Höhenlinien in Landkarten. Wie die Höhenlinie alle Punkte verbindet, die die gleiche Höhe oder Tiefe gegenüber der Erdkugel in Meereshöhe haben, so sind die Interferenzstreifen im Hilger-Interferometer Höhenlinien für die durch Abbildungsfehler verformte Wellenfläche gegenüber der idealen Kugel. Von *einem* zum benachbarten Interferenzstreifen besteht (bei stetigem Anstieg) ein Höhenunterschied von $\frac{\lambda}{2}$ oder optisch ausgedrückt: eine Zunahme der Wellenaberration um $\frac{\lambda}{2}$. Das Interferogramm liefert also ein anschauliches Bild der Aberrationen einer Lichtwelle über den ganzen Querschnitt der Objektivöffnung.

Da nun die Wellenaberrationen für die Bildqualität aufschlußreicher als die geometrisch-optischen Strahlenaberrationen sind, vermittelt das Interferogramm ein recht zuverlässiges Urteil über die Korrektionsgüte des Objektivs für den untersuchten Bildfehler. Beachtet man noch, daß die Wellenaberrationen eines Objektivs proportional zur Brennweite sind, so ist es verständlich, daß zwei gleichartige Objektive von verschieden großen Brennweiten im Interferogramm eine verschieden große Zahl von Interferenzstreifen zeigen müssen, das länger brennweitige Objektiv mehr als das kürzer brennweitige. Ein Objektiv ist um so besser, je kleiner die Wellenaberrationen sind, je weniger Streifen also im Interferogramm auftreten. Daher ist bei gleicher geometrisch-optischer Korrektion im Rohrschen Maßstab das kurzbrennweitige Objektiv besser. Das Interferogramm liefert in der halben Wellenlänge zwischen benachbarten Streifen sofort den zutreffenden Beurteilungsmaßstab. Außerdem ist es leicht, mit dem Interferometer die kritische Blende eines Objektivs und die kritische Brennweite einer Reihe gleicher Objektive von verschiedenen Brennweiten zu ermitteln (s. S. 118).

Das Hilger-Interferometer ist eine Prüf-Apparatur, mit deren Hilfe die untersuchte Wellenfläche eines Objektivs und eine ideale Kugelwelle zusammengelegt werden, so daß man die Verbiegungen der Wellenfläche gegenüber der Kugelwelle mit *einem* Blick erkennt. Von einer monochromatisch beleuchteten Lochblende *1* (Abb. 172) geht eine Kugelwelle aus, die durch das Kollimatorobjektiv *2*, in dessen Brennpunkt die Blende steht, zu einer ebenen Welle gemacht wird. Diese ebene Welle wird an einer Teilungsplatte *3* aufgespalten. Ein Teil wird im rechten Winkel abgelenkt, fällt auf den Planspiegel *4*, wird von diesem in Autokollimation zurückgeworfen und gelangt wieder zur Teilungsplatte *3*, wo ein Bruchteil durchgelassen wird, zum Kollektiv *5* läuft und hinter diesem konvergent ins Auge gelangt. Der andere Teil der vom Kollimatorobjektiv *2* geebneten Welle geht durch die Teilungsplatte unabgelenkt weiter, fällt durch das zu untersuchende Objektiv *6*, tritt als konvergierende, mehr oder weniger aberrationsbehaftete Welle aus ihm heraus, wird vom konvexen Kugelspiegel *7* in Autokollimation zurückgeworfen, durchsetzt nochmals das Objektiv *6*, wobei die Wellenaberrationen verdoppelt werden, und verläßt dieses als aberrationsbehaftete ebene Welle, von der ein Teil an der Platte *3* beim Rückgang abgelenkt wird und nun mit der aberrationsfreien ebenen Teilwelle vom Spiegel *4* her zusammen nach dem Kollektiv *5* läuft, um von dort konvergent ins Auge zu fallen.

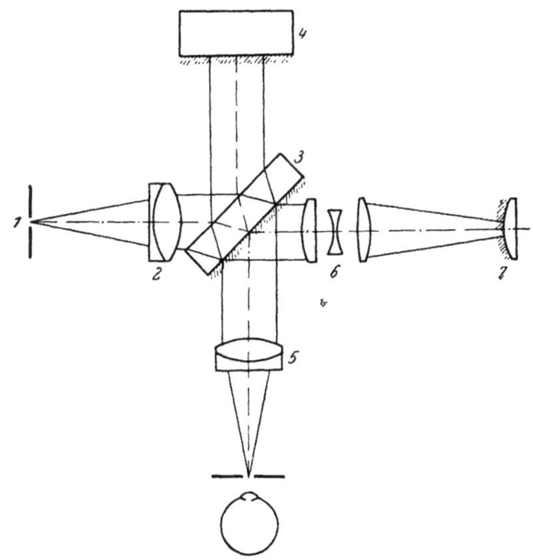

Abb. 172. Strahlengang im HILGER-Interferometer

In Abb. 173 wird gezeigt, wie sich eine ausgewählte Wellenfläche aus der ganzen Schar hintereinander herlaufender Wellenflächen mit der Schar hintereinander herlaufender Kugelwellen schneidet. Die Abstände der verschiedenen gezeichneten Kugelwellen sollen dabei jeweils $\frac{\lambda}{2}$ sein. Wenn im Interferogramm ein schwarzer Punkt auf der Achse entsteht (was man durch Justieren erreichen kann), so entspricht jedem Schnitt der Wellenfläche mit einer gezeichneten Kugel ein schwarzer Interferenzstreifen. Man mißt also die Wellenaberrationen einfach durch Zählen der schwarzen Streifen vom schwarzen Mittelpunkt aus. Dadurch, daß zwischen zwei Streifen die Differenz $\frac{\lambda}{2}$ angenommen wird, bestimmt man gleich das „Aberrationsgebirge" bei nur einmaligem Durchgang der Welle, obwohl die Welle das Objektiv zweimal durchsetzt hat. Man kann dem Interferogramm also sofort ansehen, wieviel halbe Wellenlängen die Aberrationen in den einzelnen Punkten der Welle betragen. Die Bezugskugel kann man bei der Prüfung so wählen, daß sie der besten wellenoptischen Einstellung auf der Achse im Licht der Hauptfarbe entspricht (s. die wellenoptische Theorie auf S. 116). Mit dieser selben Einstellung kann man sodann die Prüfung in anderen Lichtfarben in gleicher Weise vornehmen, und auch auf die schrägen Bündel ausdehnen. Für den letztgenannten Zweck ist das HILGER-Interferometer mit Einrichtungen versehen, die ein Schwenken um den hinteren Objektivhauptpunkt erlauben[1].

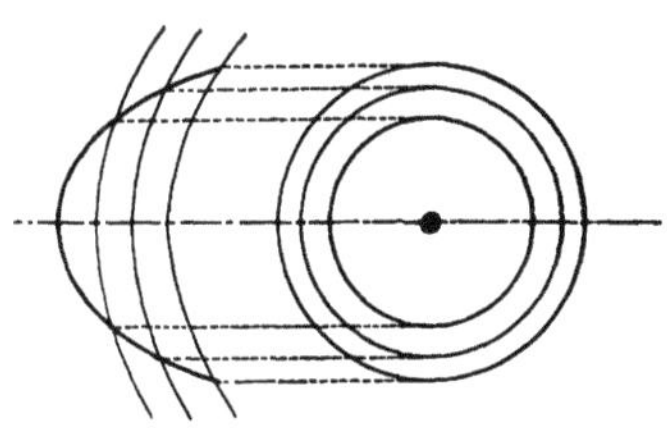
Abb. 173. Zur Erklärung der Interferenzringe im HILGER-Interferometer

W. BAUER und E. LAU haben im Institut für Optik und Feinmechanik der Deutschen Akademie der Wissenschaften eine Umkonstruktion des

[1] Phil. Mag. **42** (6. Ser.) (1921), S. 777—793.

beschriebenen Interferometers in Benutzung, das gewisse apparative Vorteile besitzt. Sie beschreiben[1] ihr Gerät ausführlich und bringen sehenswerte Interferogramme für alle Arten von Bildfehlern im Abdruck. Dort wird auch gezeigt, wie man aus dem Interferogramm die Schnittweitenaberrationen berechnen kann, wozu jedoch gar kein Bedürfnis bestehen dürfte. Es wäre eher berechtigt, aus den Befunden der HARTMANNschen oder WETTHAUERschen Methode auf Wellenaberrationen umzurechnen.

Grundsätzlich muß erwähnt werden, daß sich mit dem HILGER-Interferometer auch in der BAUER-LAUschen Umkonstruktion nicht Bildfeldwölbung und Verzeichnung bestimmen lassen. Dafür aber erkennt man wunderbar Politurfehler, ferner Fehler in den reflexvermindernden Vergütungsschichten, örtliche Schleiffehler und Dezentrierungen.

Das Goniometer zum Messen der Verzeichnung. Man versteht unter Verzeichnung die bezüglich der optischen Achse radiale Abweichung eines Bildpunktes von seiner verzeichnungsfreien Lage in der Bildebene, d. h. nach den Ausführungen auf S. 67 den Betrag

$$\Delta\, y' = \tilde{y}' - f \cdot \mathrm{tg}\, \sigma_B.$$

Während der Optikrechner meist den relativen Wert

$$\Delta\, y' / (f \cdot \mathrm{tg}\, \sigma_B)$$

verwendet, hat es sich bei der *Messung* der Verzeichnung, insbesondere von Objektiven für das Luftbild-Meßwesen, eingebürgert, das obige *lineare* Maß zu bestimmen. Man benutzt dazu ein Goniometer, d. h. ein Gerät zur Winkelmessung nach dem Prinzip der bekannten Spektrometer, jedoch ohne Kollimator. Eine genügend große kreisrunde Tischplatte ist um eine senkrechte Achse drehbar. Auf der Platte wird das Objektiv über der Drehachse befestigt, und zwar soll die Drehachse etwa durch die Mitte der Eintrittspupille des Objektivs verlaufen. Mit der Tischplatte ist ein Arm fest verbunden, auf dem sich ein von einem mittleren Nullpunkt aus nach links und rechts bezifferter Glasmaßstab G (Abb. 174) anbringen läßt. Objektiv und Glasmaßstab werden so zueinander ausgerichtet, daß die Hauptebenen des Objektivs genügend parallel zum Glasmaßstab verlaufen, die optische Achse des Objektivs durch den Nullpunkt des Maßstabs zielt und die Brennebene (Bildebene) des Objektivs mit der Maßstabsebene zusammenfällt. Das Goniometer enthält ferner einen Teilkreis T, um die Drehung des Tisches abzulesen, bei Meßbildobjektiven mit einer Genauigkeit von 1″ oder noch genauer. Ferner ist mit dem Lager für die Tischdrehung ein Meßfernrohr F fest verbunden (Vergrößerung z. B. 60×), das auf Unendlich eingestellt ist und mit dem man durch das geprüfte Objektiv

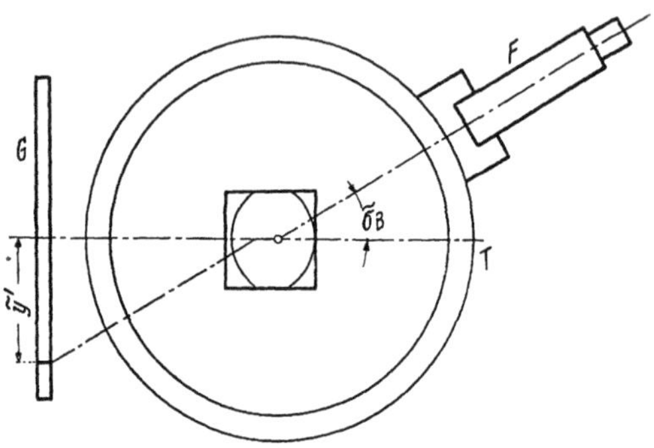

Abb. 174. Goniometer zum Messen der Verzeichnung (schematisch)

[1] Feingeräte-Technik 1 (1952), S. 64—71.

hindurch die Maßstabsstriche sieht. Man dreht den Goniometertisch mit Objektiv und Maßstab nacheinander auf verschiedene Maßstabsstriche so ein, daß diese mit den Okularfäden des Meßfernrohrs zusammenfallen, und liest jedesmal am Teilkreis ab. Man bekommt dann gegenüber der axialen Einstellung Wertpaare $\tilde{y}'$ (Millimeterwert auf dem Maßstab) und σ_B (Winkeldifferenz am Teilkreis) und berechnet mit der durch besondere Messung genügend genau ermittelten Brennweite f die linearen Verzeichnungsbeträge

$$\Delta y' = \tilde{y}' - f \cdot \operatorname{tg} \sigma_B.$$

Natürlich müssen die Werte $\tilde{y}'$ der Maßstabsteile auch mit entsprechender Genauigkeit vorher bestimmt sein.

D. Die Messung der Brennweite

Meßtechnik. Es gibt zahlreiche Verfahren, um die Brennweite f eines optischen Systems zu messen[1]. Bevor auf die für die photographischen Objektive empfehlenswerten Methoden näher eingegangen wird, sind einige allgemeine Bemerkungen über die spezielle Meßtechnik notwendig.

Man muß sich zu allererst darüber klar sein, welche *Meßgenauigkeit* gewünscht und welche Meßgenauigkeit erreichbar ist. Bei vielen photographischen Objektiven reicht eine Meßgenauigkeit von 1 bis 2% aus; es gibt jedoch auch Fälle, bei denen der mittlere Fehler einige Promille nicht übersteigen soll, z. B. für Meßbildobjektive. Ja sogar Zehntelpromille können die Grenze darstellen, z. B. bei Auswahl von Objektiven für bestimmte Stereokameras, wobei es allerdings nur darauf ankommt, diese hohe Genauigkeit hinsichtlich der Gleichheit in den beiden Brennweiten, nicht hinsichtlich der Einzelwerte zu erreichen.

Einige der nachher beschriebenen Verfahren zur Brennweitenmessung erfordern die Scharfstellung von Markenbildern. Man tut gut, sich dabei nicht auf das Kriterium der besten Schärfe zu verlassen, sondern nach dem Kriterium des Verschwindens der *Parallaxe* einzustellen. Hierbei beurteilt man das mehr oder weniger richtige Einstellen von Markenbildern in der Meßebene, die ihrerseits irgend welche Meßteilungen enthält, darnach, ob beim Hin- und Herbewegen des Kopfes Relativbewegungen der Markenbilder zu der Meßteilung erkennbar sind oder nicht. Die Einstellung ist die bestmögliche, wenn keine Relativbewegungen nachweisbar sind.

Die Messung der Brennweite soll möglichst unter Beachtung bestimmter *Nebenbedingungen* erfolgen[2], und zwar a) für die Farbe der Lichtquelle, b) für die Blendenöffnung, c) für die Art der Scharfeinstellung und d) für die spektrale Empfindlichkeit der Aufnahmeschicht.

a) Als Lichtquelle eignet sich eine Wolframglühlampe mit der Farbtemperatur 2360° K, dazu ein Filter, dessen spektrale Durchlässigkeitsverteilung angenähert mittägliches Sonnenlicht liefert (Davis-Gibson-Filter, Wratten Nr. 78).

b) Man mißt bei voller Blende oder, wie die Amerikaner, unter Abblendung auf das 1,4fache der Blendenzahl für die große Öffnung, z. B. bei einem Objektiv 1 : 4,5 unter Abblendung auf 1 : 8,1.

[1] Flügge, J.: Einführung in die Messung der optischen Grundgrößen. Karlsruhe: Verlag Braun, 1954, S. 150 bis 183.

[2] Amer. Stand. Methods Z 38. 4. 21 — 1948.

c) Man wählt die photographisch „beste" Einstellebene für das axiale Bündel (vgl. S. 55) unter Verwendung eines bestens auskorrigierten apochromatischen Unendlichkollimators. Man photographiert zwei Kollimatormeßmarken, die einen bekannten Sehwinkel bilden, und mißt den gegenseitigen Abstand der Markenbilder auf dem Negativ aus. Die Brennweite ist dann zu errechnen (vgl. S. 32).

d) Als photographische Schicht verwendet man panchromatische Platten mit einem Auflösungsvermögen von mindestens 40 Linien je Millimeter.

Das Porrosche Verfahren. Ein für photographische Objektive zweckmäßiges Verfahren verwendet zwei Strichmarken O_1 und O_2 (Abb. 175) vom gegenseitigen Abstand y in möglichst großer Entfernung e vom Objektiv. Die Entfernung e soll auf keinen Fall kleiner als das $\frac{200}{p}$-fache der Brennweite f sein, wenn p die gewünschte Meßgenauigkeit in Prozenten ist. Bei einer Meßgenauigkeit von 1% muß also die Entfernung mindestens das 200-fache der Objektivbrennweite sein. Den Zwischenraum zwischen den Marken O_1 und O_2 macht man zweckmäßig gleich einem Zehntel der Entfernung e und zwar mit einer Genauigkeit von $\pm \frac{y}{1000}$. Dann ergibt sich nämlich in der Bildebene hinter dem auszumessenden Objektiv L ein Abstand y' der beiden scharfen Markenbilder O'_1 und O'_2, der gleich ein Zehntel der Brennweite f ist. Man braucht also nur die Länge y' mikrometrisch auszumessen (bis Hundertstel Millimeter) und mit 10 zu multiplizieren, um die Brennweite f zu erhalten.

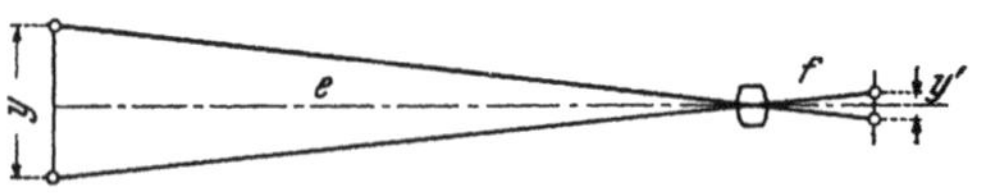

Abb. 175. Prinzip der Brennweitenmessung nach dem PORROschen Verfahren

Beispiel: Objektiv f = ca. 50 mm,

$$e = 10\text{ m, z. B. } e = 10040\text{ mm},$$
$$y = 1004\text{ mm} \pm 1\text{ mm},$$
$$y' = 5{,}12\text{ mm},$$
$$f = 51{,}2\text{ mm}.$$

Man kann auch ein photographisches Negativ der Markenbilder O'_1 und O'_2 machen und ihren gegenseitigen Abstand y' auf dem Negativ, z. B. unter einem Meßmikroskop oder Komparator ausmessen.

Das beschriebene Verfahren scheitert bei langen Objektivbrennweiten daran, daß man häufig keine genügend langen Prüfräume zur Verfügung hat, um der Forderung e = 200 f zu entsprechen. Bei f = 80 mm benötigt man schon Flure von mehr als 16 m Länge. Man kann sich dann mit entfernten markanten Außenobjekten helfen, z. B. Kirchturmspitzen. Vom Meßstand aus mißt man ein für alle Male den Winkelabstand α der Kirchturmspitzen mit einem Theodoliten aus und berechnet sich hieraus eine Meßkonstante:

$$C = \frac{1}{2} \cdot \operatorname{ctg} \frac{\alpha}{2}.$$

An dem mit dem Photoobjektiv scharf eingestellten Bild der Kirchturmspitzen mißt man mikrometrisch ihren gegenseitigen Abstand y′ und errechnet

$$f = C \cdot y'.$$

Um eine Meßgenauigkeit von 1% zu bekommen, sollen α und y′ mit einer Genauigkeit von $\pm$ 7‰ gemessen werden. Um durch Verzeichnungsfehler der Objektive nicht gestört zu werden, soll α möglichst nicht über 5° hinausgehen. Man wird α aber auch nicht merklich kleiner als 5° wählen, weil der Meßfehler mit kleiner werdendem α größer wird.

Der Winkel $\alpha \approx 5°$ müßte also mit einer Genauigkeit von $\pm 2'$ ausgemessen werden.

Beispiel:

$\alpha = 5°\ 28'$	$\log \operatorname{ctg} \frac{\alpha}{2}$	$= 1{,}321100$
	$\log {}^1/_2$	$= 9{,}698970$
	$\log C$	$= 1{,}020070$
$y' = 27{,}3$ mm	$\log y'$	$= 1{,}436163$
$f = 286$ mm	$\log f$	$= 2{,}456233$

Wenn laufend größere Stückzahlen von photographischen Objektiven aller möglichen Brennweiten auszumessen sind, empfiehlt es sich, einen *Brennweitenmeßstand* einzurichten (Abb. 176). Er besteht aus einem auf Unendlich justierten Kollimator *K* von möglichst langer Brennweite f_K und möglichst großer Öffnung, z. B. $f_K = 1350$ mm, $\varnothing = 90$ mm, wie ihn die Firma ASKANIA in Berlin-Friedenau liefert, mit verschiedenen Markenpaaren, deren y-Werte z. B. folgende sein können:

$$y_1 = \frac{f_K}{10}; \qquad y_2 = \frac{f_K}{50}; \qquad y_3 = \frac{f_K}{200};$$

mit Mindestgenauigkeiten von

$$d\,y_1 = \pm \frac{f_K}{4000}; \quad d\,y_2 = \pm \frac{f_K}{20000}; \quad d\,y_3 = \pm \frac{f_K}{80000}.$$

Hinter dem Kollimator wird eine Haltevorrichtung für die Objektive *O* angebracht, die es gestattet, die Objektivachse mit der Kollimatorachse zum Zusammenfallen zu justieren. Schließlich wird ein in Achsenrichtung

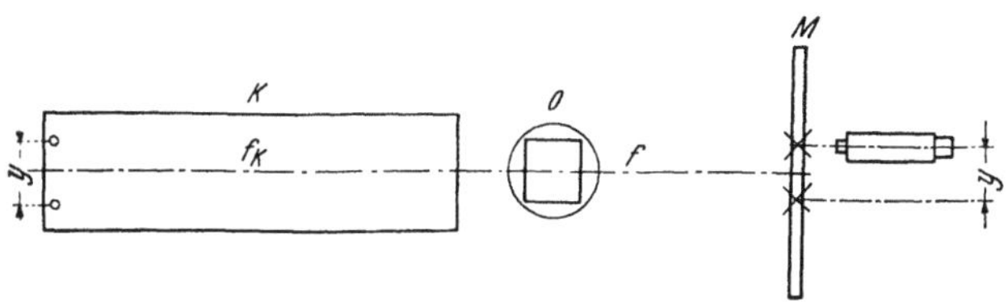

Abb. 176. Schematische Darstellung eines Meßstandes für die Brennweitenmessung nach dem PORROschen Verfahren

verschiebbarer Meßschlitten *M* angeordnet, der eine Mikrometereinrichtung trägt. Diese enthält beispielsweise einen durch eine Meßspindel verschiebbaren Schlitten mit Meß- und Ablesefäden, sowie eine bezifferte Teilung auf Glas (5 mm in 20 Teile) zur Ablesung der vollen Schraubenumdrehungen. Die Bruchteile der letzteren sind an einer 100teiligen Trommel abzulesen. Die Ganghöhe der Mikrometerschraube kann 0,25 mm betragen, dann ist die direkte Ablesegenauigkeit 0,0025 mm. Die Fäden sind mit mindestens 40facher Vergrößerung zu beobachten. Man bringt nun die Meßebene in die Brennebene des auszuwertenden Objektivs und sieht dann die Kollimatormarken scharf. Die ganze Einstellung erfolgt nach dem Kriterium der verschwindenden Parallaxe. Man benutzt immer dasjenige Kollimatormarkenpaar zur Messung, das die größte Meßstrecke im Gesichtsfeld liefert. Bei Objektiven bis zu 50 mm Brennweite ist es das Markenpaar *1*, bei Objektiven von 50 mm bis 250 mm Brennweite das Markenpaar *2*, bei Objektiven von 250 bis 1000 mm Brennweite das Markenpaar *3*. Nachdem man den Abstand y' im jeweiligen Markenbild mit dem Mikrometer gemessen hat, ergibt sich die Brennweite durch Multiplikation dieses Meßwertes mit 10 für das Markenpaar *1*, mit 50 für das Markenpaar *2* und mit 200 für das Markenpaar *3*.

Beispiel: $f_K = 1348$ mm,

$y_1 = 134{,}8 \pm 0{,}3$ mm,

$y_2 = 26{,}96 \pm 0{,}06$ mm,

$y_3 = 6{,}74 \pm 0{,}01$ mm;

Messung mit Markenpaar 2: $y' = 3{,}4775$ mm,

$f = 50\,y' = 173{,}9$ mm.

Die Firma Askania liefert zu ihrem Objektiv-Prüfgerät (s. S. 241) eine Ausrüstung, um Brennweiten nach der soeben beschriebenen Methode messen zu können.

Das Fokometer-Verfahren. Bei den Verfahren, die mit Einstellung von Bildern arbeiten, können auch nach dem Kriterium der verschwindenden Parallaxe Schärfentiefefehler Einfluß auf die Meßgröße haben. Dieser Gefahr unterliegt die Abbesche Fokometer-Methode nicht. Bei dieser (Abb. 177) steht das untersuchte Objektiv *O* auf einem Schlitten, der sich horizontal verschieben läßt. Durch ein Mikroskop *M* mit Fadenkreuz, das parallel zur Objektivachse steht, wird durch das Objektiv hindurch beobachtet, und zwar stellt man es nacheinander auf zwei parallele Glas-Maßstäbe M_1 und M_2 ein, die im gegenseitigen Abstand *e* unter dem Objektiv horizontal liegen. Man bringt den Schlitten mit dem darauf ruhenden Objektiv in zwei Stellungen *1* und *2* und liest jedesmal durch das Mikroskop an dessen Fadenkreuz die zugehörigen Maßstabwerte ab. Der Gang der Messung ist folgender:

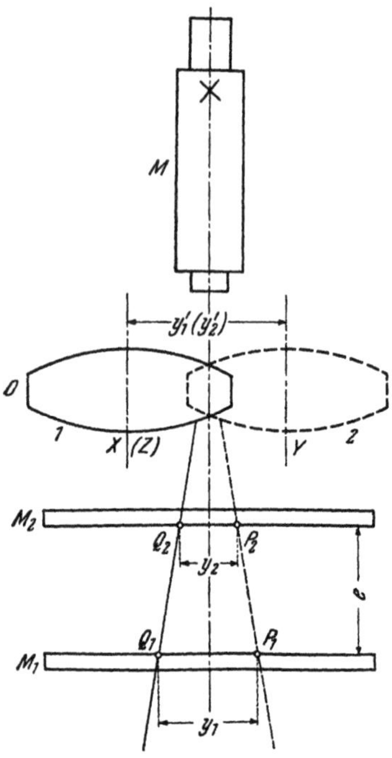

Abb. 177. Abbesches Fokometer (schematisch)

1. Mikroskop auf den unteren Maßstab M_1 einstellen;
   a) Schlitten mit Photoobjektiv in Stellung 1 bringen,
   b) Schlittenstellung ablesen: X,
   c) Maßstab ablesen: Q_1,
   d) Schlitten mit Photoobjektiv in Stellung 2 (symmetrisch zu Stellung 1 bezüglich des Mikroskops) bringen,
   e) Schlittenstellung ablesen: Y,
   f) Maßstab ablesen: P_1;
2. Mikroskop auf den oberen Maßstab M_2 einstellen;
   a) Schlittenstellung bleibt wie bei 1e): Y,
   b) Maßstab ablesen: P_2,
   c) Schlitten in die Stellung 1b) zurückbringen,
   d) Genaue Ablesung der Schlittenstellung: Z,
   e) Maßstab ablesen: Q_2.

Zwischenrechnung:

$$|X - Y| = y'_1; \qquad |P_1 - Q_1| = y_1;$$
$$|Z - Y| = y'_2; \qquad |P_2 - Q_2| = y_2.$$

Die gesuchte Brennweite ist

$$f = \frac{e}{\dfrac{y_1}{y'_1} - \dfrac{y_2}{y'_2}}.$$

Der obere Maßstab muß feiner und genauer abgelesen werden als der untere Maßstab. Am besten verwendet man Fokometer, wie sie von darin erfahrenen Firmen eigens gebaut werden, z. B. von ASKANIA in Berlin-Friedenau. Erwiesenermaßen läßt sich eine Genauigkeit bis 0,1% erreichen. Man kann die Brennweiten verschiedener Objektivzonen messen und aus diesen die paraxiale Brennweite interpolieren. Wie das zweckmäßig geschieht, kann in dem einschlägigen Schrifttum[1] nachgewiesen werden.

Der Objektivkomparator nach Chr. von Hofe. Wenn es darauf ankommt, Objektive von möglichst gleicher Brennweite zu paaren, so daß sie sich nur um Bruchteile eines Promille unterscheiden, bedient man sich zweckmäßig des Objektivkomparators nach HOFE. Er beruht auf dem schon oben beschriebenen PORROschen Verfahren, nur daß man als Kollimatorobjektiv das eine der beiden zu paarenden Objektive benutzt. Die Objektive werden so einander gegenüber gestellt, daß ihre „äußeren“ Brennpunkte in F zusammenfallen (Abb. 178). Als Kollimatorstrichplatte benutzt man drei gleichabständige Strichmarken M, als Mikrometerplatte drei Doppelstriche auf Glas M', deren Mittenabstände die

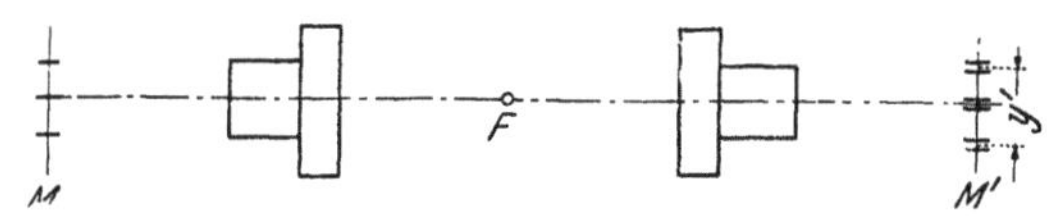

Abb. 178. Objektivkomparator nach VON HOFE (schematisch)

[1] FLÜGGE, J.: Einführung in die Messung der optischen Grundgrößen. Karlsruhe: Verlag Braun. 1954, S. 177.

gleichen wie bei der Kollimatorstrichplatte sind. Bei richtiger Fokussierung der Platten auf „parallelen“ Strahlengang zwischen den Objektiven und bei absoluter Brennweitengleichheit, läßt sich die Kollimatorstrichplatte *M* so auf der Mikrometerplatte *M'* abbilden, daß die parallaxfrei eingestellten Bilder aller drei Einfachstriche gleichzeitig in die Mitten der Doppelstriche fallen, wenn man die Doppelstrichplatte mit einer Mikrometerschraube entsprechend seitlich einstellt. Oberhalb einer gewissen, nur geringen Abweichung der beiden Brennweiten ist das nicht mehr möglich. Um die Größe der Brennweitendifferenz zu messen, bestimmt man die notwendige mikrometrische Verschiebung x' der Doppelstrichplatte, um von der Mitteneinstellung des äußersten rechten Striches zur Mitteneinstellung des äußersten linken Striches zu gelangen. Wenn der Mittenabstand der beiden äußeren Doppelstriche mit y' und die Brennweite des als Kollimators benutzten Photoobjektivs mit f_0 bezeichnet wird, ist der *Brennweitenunterschied* der beiden Objektive

$$\Delta f = f_0 \cdot \frac{x'}{y'}.$$

Beispiel: $f_0 = 50{,}23$ mm; $y' = 5{,}042$ mm; $x' = 0{,}012$ mm; $\Delta f = 0{,}120$ mm.

Die mittlere Brennweite eines Meßbildaufnahmeobjektivs. Das Aufnahmeobjektiv für eine Meßbildkamera (Fliegerkamera) wird so in der Kamera justiert, daß die Aufnahmeebene die infolge der Reste von Bildfehlern etwas gewölbte Schärfenfläche möglichst gut ausgleichend schneidet, so daß eine günstige Schärfenverteilung im ganzen Bildfeld vorhanden ist. Als mittlere Brennweite f bezeichnet man in diesem Falle eine Kamerakonstante, mit der aus dem Linearabstand zwischen zwei Bildpunkten der Aufnahme auf den Tangens des dingseitigen Sehwinkels mit einem Minimum von Fehlern geschlossen werden kann, woraus dann entsprechend der Flughöhe die Linearerstreckungen am Erdboden ermittelt werden können. Infolge von kleinen Verzeichnungsfehlern des Objektivs ist die genaue Brennweite nicht an allen Stellen des Aufnahmebereichs dieselbe. Man gleicht deshalb nach der Methode der kleinsten Quadrate aus und gibt die mittlere Brennweite an.

Der Meßvorgang ist folgender (Abb. 174): Man setzt in die Aufnahmeebene (besten Schärfenausgleichs) eine Glasplatte mit einem quadratischen Gitternetz von überall gleicher Maschengröße, wobei in der Objektivachse ein Schnittpunkt der Gitterstriche liegt. Für mehrere von diesem Punkt in gleichen Intervallen abständige Gitterstriche (Linearabstand aus der Mitte $\tilde{y}'_\nu$) bestimmt man auf einem Goniometer die zugehörigen Winkel σ_{B_ν}, bekommt also lauter Wertepaare $(\tilde{y}'_\nu, \sigma_{B_\nu})$. Jedem Wertepaar entspricht eine Brennweite

$$f_\nu = \frac{\tilde{y}'_\nu}{\operatorname{tg} \sigma_{B_\nu}}.$$

Man sucht diejenige mittlere Brennweite f, für die alle Verzeichnungsfehler $(\tilde{y}'_\nu - f \cdot \operatorname{tg} \sigma_{B_\nu})$ am besten ausgeglichen sind. Nach der Methode der kleinsten Quadrate ist das der Fall, wenn

$$\frac{d}{df} \sum (\tilde{y}'_\nu - f \cdot \operatorname{tg} \sigma_{B_\nu})^2 = 0$$

ist. Man bekommt hieraus

$$f = \frac{\sum \tilde{y}'_\nu \operatorname{tg} \sigma_{B_\nu}}{\sum \operatorname{tg}^2 \sigma_{B_\nu}}.$$

Diese Methode stammt von F. WEIDERT[1].

E. Die Messung der wirksamen Öffnung (Eintrittspupille) und des Öffnungsverhältnisses

Die wirksame Öffnung ist durch den Durchmesser der Eintrittspupille EP bestimmt, d. h. des Blendenbildes, das durch die vor der Blende liegenden Objektivlinsen in den Dingraum (meist virtuell) entworfen wird. Um die Eintrittspupille zu messen, bringt man im hinteren Brennpunkt des Objektivs eine enge Blende (vom Durchmesser 0,5 bis 1 mm) an und legt über die Frontlinse des Objektivs einen Millimetermaßstab, möglichst aus Glas oder durchscheinendem Kunststoff. Man blickt durch die Blende nach dem Maßstab. Die wirksame Objektivöffnung begrenzt auf diesem einen Ausschnitt, dessen Größe in Millimetern ablesbar ist.

Man kann auch so vorgehen, daß man die enge Blende hell beleuchtet, auf die Frontlinse eine Mattscheibe legt und den Lichtkreis auf dieser in Millimeter ausmißt.

Das Öffnungsverhältnis bekommt man, indem man den Meßwert der Eintrittspupille zu dem Meßwert der Brennweite rechnerisch ins Verhältnis setzt.

F. Die Messung der Abschattung außerhalb der Bildfeldmitte

In die Brennebene des photographischen Objektivs bringt man eine Metallplatte mit einer Reihe von kleinen Löchern (Lochdurchmesser z. B. f/50) in Diagonalrichtung des Formats, z. B. in Abständen von f/10 oder von 5° zu 5° Bildwinkel. Durch eine Milchglasscheibe beleuchtet man die Lochreihe genügend intensiv und gleichmäßig. Die Löcher können durch einen Schieber einzeln freigegeben werden.

Vor dem Objektiv wird ein Photoelement schwenkbar so angeordnet, daß es die aus dem Objektiv austretenden Lichtbündel nacheinander auffängt. Die Fläche des Photoelements muß mindestens so groß sein, daß sie den Querschnitt der austretenden Lichtbündel nicht beschneidet. Die Bestrahlungsstärke muß so bemessen sein, daß die Messungen im etwa geradlinigen Teil der Charakteristik des Photoelements erfolgen. Reguliert man die Anzeige des elektrischen Meßinstruments in der Objektivachse auf 100, so liefert das Instrument für seitliche Bündel die Prozentwerte der Bestrahlungsstärke. Die Meßreihen können für verschiedene Blendeneinstellungen am Objektiv durchgeführt werden.

Bei photographischen Objektiven mit großer Öffnung (Eintrittspupille) schneidet die Fläche des Photoelements in die Lichtbündel ein. Man muß dann nach einer anderen Methode messen.

Man braucht nur die gleichmäßig beleuchtete Milchglasscheibe direkt vor der Frontlinse des Objektivs anzuordnen und mit dem Photoelement hinter den einzelnen Löchern in der Brennebene zu messen.

[1] Photogr. Korresp. **64** (1928), S. 50—55.

Infolge des Zusammenwirkens von natürlicher Vignettierung nach Maßgabe von $\cos^4 \sigma_B$ und von künstlicher Vignettierung durch die Linsen- und Fassungsränder ergibt sich ein Lichtabfall bis auf 50%, 40%, gelegentlich auch 30% und sogar 20%. Im allgemeinen verlangt man von handelsüblichen lichtstarken Objektiven, daß der Lichtabfall mit voller Blende möglichst nicht auf weniger als 25% geht; das ist bei Öffnungsverhältnissen über 1 : 2 keine geringe Forderung, weshalb man in dieser Beziehung nicht zu streng urteilen sollte.

Beispiele:[1]

Tabelle 39

Objektiv	f (Nennwert)	Blende	y' [mm] 0	12	18	21,5
			relative Bestrahlungsstärke			
Sonnar 1 : 1,5	5 cm	$100 \cos^4\sigma_B$	100	90,1	80,2	73,6
		1 : 1,5	100	69,9	42,0	23,9
		1 : 2	100	83,0	57,2	38,0
		1 : 2,8	100	86,4	64,2	45,0
Sonnar 1 : 2	5 cm	$100 \cos^4\sigma_B$	100	90,0	79,8	73,2
		1 : 2	100	71,6	51,8	39,1
		1 : 2,8	100	88,5	74,6	62,0
		1 : 4	100	89,0	77,2	67,5
Tessar 1 : 2,8	5 cm	$100 \cos^4\sigma_B$	100	89,8	79,6	73,0
		1 : 2,8	100	77,5	56,5	43,5
		1 : 4	100	88,5	73,3	61,0

In Anbetracht der photographischen Bestimmung des Photoobjektivs und wegen der optischen Eigenschaften der photographischen Schicht ermittelte M. Nagel[2] die relative wirksame Belichtung auf photographisch-photometrischem Wege. Er schaltete vor das Objektiv mehrere starke Milchglasscheiben, richtete die Kamera gegen den Himmel und belichtete die Aufnahmeschicht in üblicher Weise. Durch Schwärzungsvergleich gegenüber einem auf denselben Film kopierten Stufenkeil bestimmte er sodann die Verteilung der relativen Belichtung im Bildfelde (Tab. 40).

Tabelle 40

Objektiv Zeiss-Topogon 1 : 6,3, f = 100 mm											
y' [mm]	0	10	20	30	40	50	60	70	80	90	100
rel. Belichtung ..	100	97	92	83	67	52	41	31	23	16	11
$\cos^4\sigma_B$	100	97	92	84	73	64	54	45	37	31	26

[1] Aus E. Wandersleb: Die Lichtverteilung im Großen in der Brennebene des photographischen Objektivs. Akademie-Verlag 1952, S. 66–67.

[2] Optik 8 (1951) S. 24–30.

G. Die Messung des Durchlaßgrades

Wie auf S. 144 ausgeführt wurde, treten beim Lichtdurchgang durch die Linsen eines Objektivs Verluste durch Absorption und Reflexion auf. Bekanntlich werden diese Verluste durch Vergüten (S. 269) nicht völlig aufgehoben. Will man den Durchlaßgrad τ (260) an einem Objektiv messen, so gibt es dafür verschiedene Verfahren[1]. Es möge genügen, hier nur eine besonders einfache Methode zu beschreiben. Man mißt mittels Photoelement P den Energiestrom, der von einer gleichmäßig strahlenden Fläche L herkommt, einmal mit und dann ohne Zwischenschaltung des Objektivs O. Man muß dabei auf folgendes achten:

1. Die strahlende Fläche muß zeitlich konstant sein, also am besten von einer mit Akkumulator betriebenen Lichtquelle Licht empfangen; 2. es muß (außer der Objektivblende) eine Hilfsblende B vorhanden sein, die unveränderliche Größe hat, mit und ohne Objektiv voll ausgeleuchtet wird und in festem Abstand von dem Photoelement steht; 3. alle von den Randpunkten der Blende zu allen Punkten des Photoelements verlaufenden Strahlen müssen rückwärts verlängert die strahlende Fläche treffen, sowohl wenn das Objektiv eingeschaltet, als auch wenn es fortgenommen wird; 4. die Bestrahlung der strahlenden Fläche muß so abgestimmt sein, daß die Messung in beiden Fällen im etwa geradlinigen Teil der Charakteristik des Photoelements erfolgt. Zweckmäßig wird der Ausschlag des Anzeigegeräts vorher nach bekannten Strahlungsflüssen geeicht, damit man weiß, innerhalb welcher Ausschläge die Messung zu erfolgen hat.

Die Meßanordnung ist in Abb. 179 schematisch wiedergegeben.

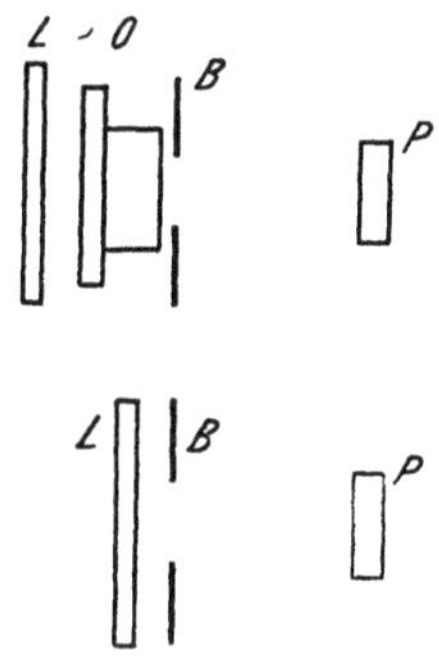

Abb. 179. Zur Messung der Durchlaßzahl

Bekanntlich ist der Strahlungsfluß mathematisch ein Produkt aus geometrischem Fluß, Strahldichte und Durchlaßgrad. Da die Strahldichte bei Einschaltung des Objektivs dieselbe ist wie bei Fortlassung, ferner der geometrische Fluß nur durch die unveränderte geometrische Beziehung zwischen Photoelement und Hilfsblende festliegt, so kann nur der geringere Durchlaßgrad des Objektivs die Anzeige des Photoelements verkleinern. Die Brennweite des Objektivs spielt dabei gar keine Rolle.

Man kann die Messung im weißen Licht machen, ebenso gut auch im farbigen Licht, wobei man erkennen wird, daß der Durchlaßgrad eine Abhängigkeit von der Farbe aufweist (geringere Werte im kurzwelligen Licht).

H. Die Messung des Streulichts

Jedes optische System liefert Streulicht, das durch mehrfache Spiegelung zwischen den Flächen, durch Einschlüsse im Glas, durch Kratzer, Staub, Fingerabdrücke und Beschlag auf den Flächen und durch feine Politurmängel hervorgerufen wird. Ohne daß es dabei unscharfe Nebenbilder auf der photographischen Schicht zu geben braucht, überlagert sich aber dem

[1] Von K. LEISTNER zusammengestellt in: Ergeb. d. angew. physik. Chemie, Bd. VI, S. 40–41.

Bild ein mehr oder weniger feiner Schleier, der den Kontrast beeinträchtigen kann. Um das Streulicht zu messen, bedarf es einer gut durchkonstruierten Apparatur, behelfsmäßig lassen sich keine genügend sicheren Ergebnisse erzielen.

J. GUILD beschreibt[1] eine derartige Einrichtung (Abb. 180) des britischen National Physical Laboratory, die sich auch für alle Arten von Lichtmessungen an optischen Instrumenten eignet. Das angewandte Meßprinzip der Streulichtbestimmung ist folgendes: Eine 1000-Watt-Projektionslampe in mindestens 10 m Entfernung vom untersuchten Objektiv strahlt unter bestimmten einstellbaren Neigungswinkeln Θ in das Objektiv O. Im Brennpunkt F' des letzteren sind Blenden B von verschiedenen Größen einschaltbar. Die in Wirkstellung gebrachte Blende wird durch ein optisches System S von hoher Apertur auf die Eintrittsöffnung E vor einer Photozelle Z abgebildet. Die Photozellenanzeige ist der Stärke des Streulichtes proportional, und zwar in Abhängigkeit vom Einfallswinkel der Strahlung.

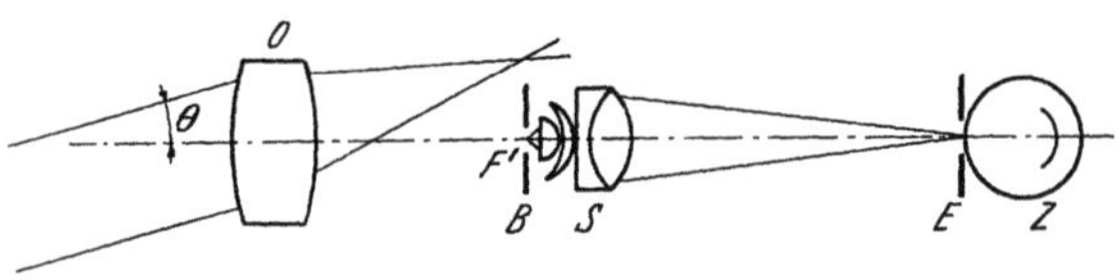

Abb. 180. Zur Messung des Streulichts

Diese Meßwerte werden nun noch auf die Beleuchtung bezogen, die von der Lichtquelle auf dem Objektiv hervorgerufen wird. Um dabei von den Lichtverlusten im Objektiv durch Spiegelung und Absorption sowie von der Öffnung des Objektives unabhängig zu werden, wird eine weitere Messung folgender Art ausgeführt. Die Lampe wird in die Objektivachse geschwenkt; eine Streuscheibe wird in einigem Abstand von der Lampe eingeschaltet, so daß der Abstand Lampe—Streuscheibe (d_1) und der Abstand Streuscheibe—Objektiv (d_2) etwa das Verhältnis 1 : 6 bilden. Objektivseitig wird an die Streuscheibe eine kreisförmige Blende von solcher Öffnung gesetzt, daß sie sich auf einem passenden Brennpunktsdiaphragma von der Fläche a_S zwei- bis dreimal größer als dieses (unscharf) abbildet. Dann zeigt die Photozelle einen Wert x_S an. Ist weiterhin k der Transmissionsgrad der Streuscheibe in der Normalen (z. B. k = 0,50 bis 0,55), so wird eine Größe

$$F = \frac{a_S\, d_2^2\, k}{x_S\, d_1^2\, \pi}$$

berechnet. Mit diesem Wert ist die Photozellenanzeige x_Θ der Streulichtmessung unter dem Winkel Θ zu multiplizieren und durch die Fläche a des hierbei benutzten Diaphragmas zu dividieren. Man erhält dann

$$\beta_\Theta = \frac{x_\Theta}{a} F$$

als „Streulichtfaktor" für den Einfallswinkel Θ. Aus den Meßergebnissen mit einer ausreichenden Anzahl von Einstrahlungsrichtungen Θ wird die Kurve (β_Θ; Θ) gezeichnet. Es wird sodann durch graphisches Interpolieren eine Größe

[1] Proceedings of the London Conference on Optical Instruments 1950. London: Chapman & Hall Ltd. 1951, S. 201—231.

$$\bar{g} = 2\pi \int_0^{\bar{\Theta}} \beta_\Theta \sin \Theta \, d\Theta$$

bestimmt und der sogenannte „Streulichtindex“

$$g = \frac{\bar{g}}{1 + \bar{g}}$$

berechnet. GUILD führt in der oben genannten Publikation an, wie der Streulichtindex eines Luftbildkameraobjektivs f = 500 mm, 1 : 6,3 mit zunehmendem Winkel Θ ansteigt. Zwischen $\Theta = 0$ und $\Theta = 30°$ steigt er schnell von 0% auf 2,6% an, sodann langsam bis 2,95% bei 90°. 90% des gesamten Streulichtes werden durch Zonen innerhalb 30° hervorgerufen, 98% durch Zonen unterhalb 60°. Da der steile Anstieg großenteils durch Staub oder Beschlag auf den Flächen hervorgerufen wird, stellt der Streulichtindex ein äußerst empfindliches Maß für die Flächensauberkeit dar.

Das Meßverfahren ist offensichtlich recht umständlich, aber nur so hinreichend exakt.

A. KRUIS und O. MACEK[1] messen das Streulicht von Photoobjektiven mit Hilfe eines einfachen visuellen Streulichtmeßgerätes; P. H. KECK[2] beschreibt einen visuellen „Kugel-Streulichtmesser“. Er gibt an, daß ein nicht entspiegeltes *Sonnar* 1 : 2, 10% Streulicht aufwies, gegenüber 0,45% eines entspiegelten *Sonnar* 1 : 1,5, f = 5 cm. H. S. COLEMAN[3] untersucht das Streulicht mit einer einfachen photoelektrischen Vorrichtung und definiert eine prozentische Maßzahl für die Kontrastwiedergabe. Über lichtelektrische Kontrastmessungen an photographischen Objektiven berichten ferner J. EULER und G. ZICKWOLFF[4].

I. Die Prüfung auf technische Unvollkommenheiten

Reflexe durch Spiegelungen an den Linsenflächen untereinander oder durch nicht geschwärzte Stellen der Fassungsteile lassen sich erkennen, wenn man in der Bildebene eine Klarglasscheibe anordnet, auf der man etwas seitlich aus der Mitte heraus ein kleines Stück schwarzes Papier aufgeklebt hat, und mit dem Auge dicht hinter der Klarglasscheibe gegen eine mattierte Glühbirne in einigem Abstand durch Glasscheibe und Objektiv hindurch beobachtet, wobei man die Glühbirne so weit seitlich stellt, daß ihr optisches Bild von dem schwarzen Papierstück zugedeckt wird.

Schlieren und Kratzer werden nach dem TÖPLERschen Schlierenverfahren sichtbar gemacht. Dicht vor dem Brennpunkt des Objektivs wird eine intensiv beleuchtete Lochblende angeordnet. Mehrere Meter hinter dem Objektiv wird diese im umgekehrten Strahlengang scharf abgebildet. Mit einem Stück schwarzen Papier, etwa von der Größe des Blendenbildes (nur wenig größer), wird letzteres zugedeckt. Dicht dahinter stellt man ein Fernrohr auf und blickt mit ihm gegen das Objektiv. Die Objektivöffnung des Fernrohrs muß größer als das schwarze Papier sein.

[1] Zeitschr. f. angew. Physik **2** (1950), S. 106–114.

[2] Optik **1** (1946), S. 169–187.

[3] Journ. Opt. Soc. Am. **37** (1947), S. 434–451.

[4] Optik **10** (1953), S. 206–215.

Das Fernrohr muß ein ausziehbares Okular haben, mit dem man auf die verschiedenen Linsen des untersuchten Photoobjektivs scharf einstellen kann. Etwa vorhandene Schlieren und Kratzer leuchten dann hell auf dunklem Untergrund auf.

Spannungen im Glas der Objektivlinsen kann man ebenfalls mit der TÖPLERschen Anordnung untersuchen, wenn man hinter der Lochblende ein Polarisationsfilter und auch an Stelle des schwarzen Papieres ein zweites solches Filter anbringt. Bei gekreuzten Polarisationsebenen muß das Gesichtsfeld im Fernrohr dunkel sein, wenn keine Spannungen vorhanden sind. Das Fernrohrobjektiv muß dabei soweit abgeblendet sein, daß kein Licht neben dem Polarisationsfilter in das Fernrohr eindringt. Sind Spannungen vorhanden, sieht man die Linsen des Photoobjektivs teilweise aufgehellt. Es muß aber ausdrücklich betont werden, daß Spannungsfiguren durchaus nicht immer schädliche Auswirkungen zu haben brauchen. Insbesondere stören regelmäßige Spannungsfiguren (Kreuze) keinesfalls. Es gehört besondere Erfahrung dazu, an Hand von Spannungsfiguren zu beurteilen, ob eine Beeinträchtigung zu befürchten ist oder nicht. Absolut spannungsfreie Gläser gibt es überhaupt nicht, auch nicht beim feingekühlten optischen Glas. Man muß in der Beurteilung sehr vorsichtig und vernünftig sein.

Zentrierfehler können die Bildqualität beeinträchtigen. wenn sie die rechnerisch festgelegten Toleranzen überschreiten. Es gibt zwei Arten von Zentrierfehlern: kleine Winkelabweichungen der optischen Achsen von Einzellinsen bzw. Teilgliedern des Gesamtobjektivs gegen die optische Achse des letzteren und geringe Parallelversetzungen der Teile senkrecht zur Systemachse. Man hat sich schon seit langem, in neuerer Zeit aber häufiger mit den Auswirkungen von Zentrierfehlern auf die Bildqualität theoretisch und praktisch befaßt[1] und folgende Erkenntnisse gewonnen. Bei Objektiven von großem Öffnungsverhältnis entsteht vorzugsweise Koma „auf der Achse", bei Objektiven mit großem Bildfeld vorzugsweise Dezentrierungs-Verzeichnung. Mit Hilfe des GAUSSschen Fehlerverteilungsgesetzes lassen sich partielle Dezentrierungstoleranzen festlegen. Man prüft ein Objektiv auf Zentrierfehler sehr einfach durch Spiegelung eines hell beleuchteten weißen Kreisringes in größerem Abstand auf der Systemachse, und beobachtet durch die ausgesparte Mitte des Kreisringes mit einem Fernrohr die Spiegelbilder von den einzelnen Linsenflächen. Bei Vorhandensein von Zentrierfehlern liegen einzelne Spiegelbilder exzentrisch.

[1] Ausgewähltes Schrifttum: Monthly Not. R. Astron. Soc. **79** (1919), S. 384. — Zeitschr. f. Instrkde. **61** (1941), S. 201. — Journ. Opt. Soc. Amer. **39** (1949), S. 847 bis 853, 1059. — Rev. d'Opt. **29** (1950), S. 1—24.

XII. Anhang

A. Die Entspiegelung[1]

Grundsätzliche Bemerkungen. Schon verhältnismäßig früh wurde erkannt, daß ältere Platten von der gleichen Glasart „lichtdurchlässiger" als frisch polierte waren. Diese Feststellungen sind mit den Namen FRAUNHOFER, Lord RAYLEIGH und TAYLOR verknüpft und konnten als Reflexionsveränderung der Begrenzungsflächen durch chemischen Oberflächenangriff (natürliche Alterung) am Glas gedeutet werden. Die von den Farben dünner Blättchen her bekannten dünnen Schichten waren um eine wichtige Anwendungsmöglichkeit reicher geworden, und dies um so mehr, als die Neuentwicklung hochwertiger optischer Systeme mit der Vermehrung optischer Einzelteile zwangsläufig verbunden ist. Die Bedeutung der *Lichtverluste* durch Reflexion an Grenzflächen gegen Luft und der damit verbundenen Zunahme des *Streulichtes* für den Wirkungsgrad eines optischen Systems ist an den beiden folgenden Darstellungen nach A. SMAKULA[2] zu ersehen. Abb. 181 zeigt die Abhängigkeit des Reflexionsverlustes von der Anzahl der Grenzflächen zwischen Luft und Glas bei senkrechtem Lichteintritt ohne (Kurve 1 und 3) und mit (Kurve 2 und 4) Berücksichtigung der Mehrfachreflexionen. Für die Kurven (1 und 2) beträgt der Reflexionsverlust pro Grenzfläche 4% des einfallenden Lichtes, das einer Brechungszahl des Glases von 1,5 entspricht. Bei den Kurven (3 und 4) ist ein Reflexionsverlust von nur 1% pro Grenzfläche zugrunde gelegt. Abb. 182 zeigt die entsprechenden Streulichtanteile für 4% bzw. 1% Reflexion. Da die Brechungszahlen der meist gebräuchlichen optischen Gläser zwischen 1,5 und 1,7 betragen (s. Abb. 85 auf S.153), kann also die Reflexion je Grenzfläche gegen Luft bei senkrechtem Lichteintritt 4 bis 7% erreichen.

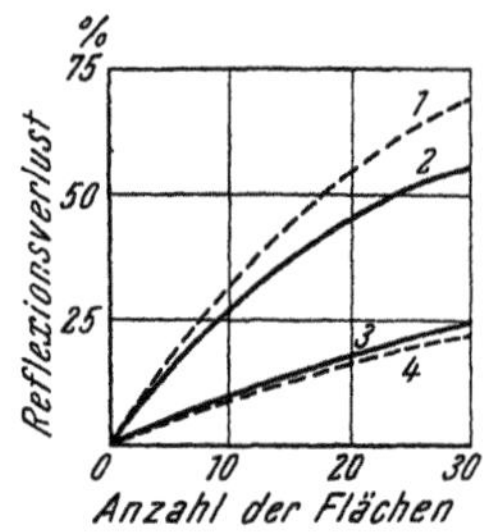

Abb. 181. Reflexionsverluste in Abhängigkeit von der Anzahl der Glas-Luft-Flächen an Kronglässern
Kurve 1: Ohne Entspiegelung; Mehrfachreflexionen nicht berücksichtigt;
Kurve 2: ohne Entspiegelung; Mehrfachreflexionen berücksichtigt;
Kurve 3: mit Entspiegelung; Mehrfachreflexionen nicht berücksichtigt;
Kurve 4: mit Entspiegelung; Mehrfachreflexionen berücksichtigt

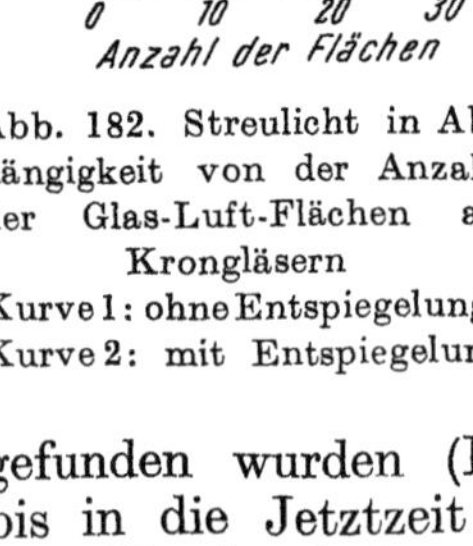

Abb. 182. Streulicht in Abhängigkeit von der Anzahl der Glas-Luft-Flächen an Kronglässern
Kurve 1: ohne Entspiegelung;
Kurve 2: mit Entspiegelung

Es ist daher verständlich, daß für eine künstliche Reflexionsverminderung viel Zeit und Mühe aufgewandt wurde, um der technischen Anwendung brauchbare Verfahren in die Hand zu geben. Nichts war naheliegender, als die natürliche Alterung durch chemische Behandlung der Glasoberflächen künstlich zu beschleunigen. Obwohl schon vor 50 Jahren geeignete Säurelösungen gefunden wurden (Brit. Pat. Nr. 29561, 1904) ist an diesen Verfahren bis in die Jetztzeit weitergearbeitet worden. Die chemische Behandlung der Glasoberfläche zum Zwecke der Herabsetzung der Brechungszahl

[1] Der Abschnitt A. Die Entspiegelung wurde von Herrn Physiker L. BIERWAGEN, Göttingen, verfaßt.

[2] A. SMAKULA: Glastechnische Berichte **19** (1941), S. 377.

und somit der Reflexion, fällt unter die subtraktiven Verfahren. Diesen stehen die additiven Verfahren gegenüber. Hier werden Fremdsubstanzen auf die Glasoberfläche gebracht, die entweder in Form von Lösungen im Schleuderverfahren oder durch Verdampfen der Substanzen im Vakuum niedergeschlagen werden. Brauchbare Verfahren haben aber lange auf sich warten lassen und sind mit den grundsätzlichen Untersuchungen von G. BAUER[1] eingeleitet und durch praktisch-technische Versuche von I. STRONG[2] und A. SMAKULA[3] fertigungsreif geworden.

Einen Überblick über die Vielzahl der Verfahrensmöglichkeiten und die Anwendung der zweckmäßigen Substanzen geben die deutschen Patente in Klasse 32b, Gruppe 6/50.

Amplitudenbedingung und Phasenbedingung. Auf eine grundsätzliche Herleitung der mathematischen Formeln zur Erfassung der Vorgänge beim Durchtritt von Licht aus einem Medium in ein zweites mit unterschiedlicher Brechungszahl kann in diesem Zusammenhang verzichtet werden. Dem interessierten Leser sei das Buch von H. MEYER[4] empfohlen.

Wie bereits im Absatz über Strahlungsverluste (S. 144) angegeben, wird der Reflexionsverlust bei senkrechtem Einfall des Lichtes an der Grenzfläche zweier optischen Medien durch die Formel von FRESNEL $\varrho = \left(\frac{n - n'}{n + n'}\right)^2$ erfaßt. Hierbei bedeuten n' = Brechungszahl des Glases; n = Brechungszahl der Luft = 1. Es ist dabei gleichgültig, ob das Licht von der Luft her oder aus dem Glase her auftrifft. Es ist sofort einleuchtend, daß die Reflexionsverluste für den einfachen Fall ausschließlich vom Brechungszahlensprung herrühren. Um die Reflexionsverluste herabzusetzen bzw. ganz zu beseitigen, kann ein *stetiger* Übergang von der einen zur anderen Brechungszahl mit Hilfe einer dünnen Schicht geschaffen werden. Solche inhomogenen Schichten sind eingesetzt worden. In der Praxis haben sie sich aber nicht bewährt. Ihre mechanische Festigkeit und chemische Beständigkeit waren unzureichend.

Seit der Anregung (BAUER, 1934), die störenden Reflexionsverluste durch *Interferenz* zu beseitigen, war dieses Problem auch mit einer homogenen nichtabsorbierenden Schicht zu lösen. Das große praktische Bedürfnis hat schnell brauchbare Verfahren heranreifen lassen.

Die Bedingungen, die eine solche Schicht für den praktischen Gebrauch zu erfüllen hat, sind:

1. die Brechungszahl der Schicht muß ganz allgemein kleiner als die Brechungszahl des Trägerkörpers (des Glases) und größer als die Brechungszahl des angrenzenden Mediums (Luft) sein;

2. die Brechungszahl der Schicht muß so gewählt werden, daß an den Grenzflächen Luft/Schicht und Schicht/Glas die Intensitäten der reflektierten Anteile gleich sind (Amplitudenbedingung);

[1] Ann. d. Phys. (5) **19** (1934), S. 434.

[2] J. Opt. Soc. Am. **26** (1936), S. 73.

[3] DRP Nr. 685 767 der Firma CARL ZEISS.

[4] Physik dünner Schichten. Stuttgart: Wissenschaftliche Verlagsgesellschaft m. b. H., 1950.

3. die *optische* Schichtdicke ist so zu bemessen, daß zwischen den reflektierten Anteilen an den Grenzflächen Luft/Schicht und Schicht/Glas eine Wegdifferenz von $\lambda/2$ besteht (Phasenbedingung). Da der an der Grenzfläche Schicht/Glas reflektierte Anteil die Schicht zweimal durchläuft, braucht die optische Schichtdicke $\bar{n} \cdot d$ selbst nur $\lambda/4$ zu sein ($\bar{n}$ = Brechungszahl der Schicht, d = mechanische Dicke der Schicht).

Um die richtige Brechungszahl für die Schicht ermitteln und somit die Amplitudenbedingung erfüllen zu können, brauchen nur die Schwächungskoeffizienten beider Grenzflächen gleich gesetzt zu werden.

Nach der Formel von Fresnel beträgt der Schwächungskoeffizient für die Grenzfläche zwischen Luft (n = 1) und Schicht ($\bar{n}$)

$$\sqrt{\varrho_1} = \frac{1 - \bar{n}}{1 + \bar{n}}$$

und für die Grenzfläche zwischen Schicht ($\bar{n}$) und Glas (n')

$$\sqrt{\varrho_2} = \frac{\bar{n} - n'}{\bar{n} + n'}.$$

Die Brechungszahl $\bar{n}$ der Schicht berechnet sich aus $\sqrt{\varrho_1} = \sqrt{\varrho_2}$ zu:

$$\bar{n} = \sqrt{n'}.$$

Ist die Brechungszahl der aufgetragenen einfachen homogenen Schicht gleich der Quadratwurzel aus der Brechungszahl des Glases[1], so sind also die reflektierten Anteile an den Grenzflächen Luft/Schicht und Schicht/Glas gleich. Die Schichtdicke selbst, d. h. die schon erwähnte Phasenbedingung, haben wir dabei noch unberücksichtigt gelassen.

Für die Reflexion eines senkrecht einfallenden Lichtstrahles erhält man allgemein den Wert

$$\varrho = \frac{\varrho_1 + \varrho_2 + 2\sqrt{\varrho_1 \varrho_2} \cos 2\varphi}{1 + \varrho_1 \varrho_2 + 2\sqrt{\varrho_1 \varrho_2} \cos 2\varphi}.$$

Er stellt das Verhältnis der Intensitäten des reflektierten zum einfallenden Licht dar. Dabei ist φ die Phasendifferenz zwischen den beiden reflektierten Anteilen von der Vorderseite und der Rückseite der Schicht.

Aus dem Verlauf der trigonometrischen Kosinusfunktion ergibt sich mit $\varrho_1 = \varrho_2$ als Phasenbedingung ($\varrho = 0$) für die erste Ordnung

$$\cos 2\varphi = -1,$$
$$2\varphi = \pi.$$

Da nun $\varphi = \frac{2\pi}{\lambda} \bar{n}\, d$ ist, berechnet sich die erforderliche optische Schichtdicke zu

$$\bar{n}\, d = \frac{\lambda}{4}.$$

Dem Leser wird aufgefallen sein, daß in den Fresnelschen Formeln bei der Darstellung der Zusammenhänge zwischen Brechungszahl und Schwächungskoeffizienten die Brechungszahlen in Lichtrichtung eingesetzt worden sind. Tut man dies, so wird der Schwächungskoeffizient negativ, wenn das Licht von der Luftseite her einfällt. Bei der Reflexion tritt in diesem Falle zusätzlich ein Phasensprung auf, und zwar sowohl bei der

[1] Allgemein gleich der Quadratwurzel aus dem Produkt der Mittel vor und hinter der Schicht.

Reflexion an der Grenzfläche Luft/Schicht, als auch bei der Reflexion an der Grenzfläche Schicht/Glas. Für die hier behandelten Erscheinungen homogener interferenzfähiger Einfachschichten ist dieser Tatbestand belanglos, da sich die Phasensprünge gegenseitig kompensieren. Auf der Lichtaustrittseite einer Linse sind derartige Phasensprünge überhaupt nicht vorhanden. Erfüllt die aufgebrachte Schicht die soeben erörterten Bedingungen $\bar{n} = \sqrt{n'}$ und $\bar{n}\,d = \lambda/4$, so ist die Reflexion beseitigt, d. h. $\varrho = 0$; also z. B. für $n' = 1{,}7$ mit $\bar{n} = 1{,}3$ und $d = \frac{\lambda}{5{,}2}$.

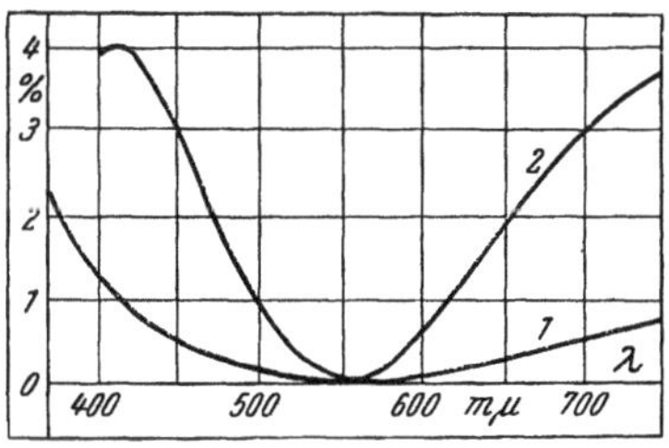

Abb. 183. Spektrale Verteilung der Reflexionen. Näheres siehe Text

Weiter sei der Hinweis erlaubt, daß die Betrachtungen sich auf eine nichtabsorbierende Schicht bezogen, bei der infolge des Fortfalles einer Absorption die Summe von reflektiertem und durchgelassenem Anteil gleich der einfallenden Intensität ist, da das Energiegesetz gilt. Eine Reflexionsverminderung muß daher eine gleich große Erhöhung der Durchlässigkeit zur Folge haben.

Wirkungsgrad der Entspiegelung. In der Praxis hat man es im allgemeinen mit nicht monochromatischem Licht zu tun. Die optische Schichtdicke kann also nur in einem kleinen Bereich des spektralen Gebietes im gewünschten Sinne reflexionsvermindernd sein.

Die Randgebiete im Spektrum erfahren dann noch eine Restreflexion, die der entspiegelten Glasoberfläche im reflektierten Licht den typischen Farbton verleiht. In Abb. 183 ist die Reflexion als Funktion der Wellenlänge für einen Trägerkörper mit der Brechungszahl $n' = 1{,}5$ und einer Schichtbrechungszahl $\bar{n} = \sqrt{n'} = 1{,}225$ für die optische Schichtdicke $\bar{n} \cdot d = \frac{\lambda}{4}$ mit $\lambda = 550\ m\mu$ (Kurve 1) aufgetragen[1]. Aus der Darstellung ist außerdem die starke Abhängigkeit der Restreflexion von der Ordnung zu ersehen (Kurve 2). Die optische Schichtdicke beträgt hier $\bar{n} \cdot d = \frac{3\,\lambda}{4}$ mit $\lambda = 550\ m\mu$. Für eine einfache Schicht kann also nur eine Schichtdicke von $\bar{n} \cdot d = \frac{\lambda}{4}$ zweckmäßigerweise in Frage kommen.

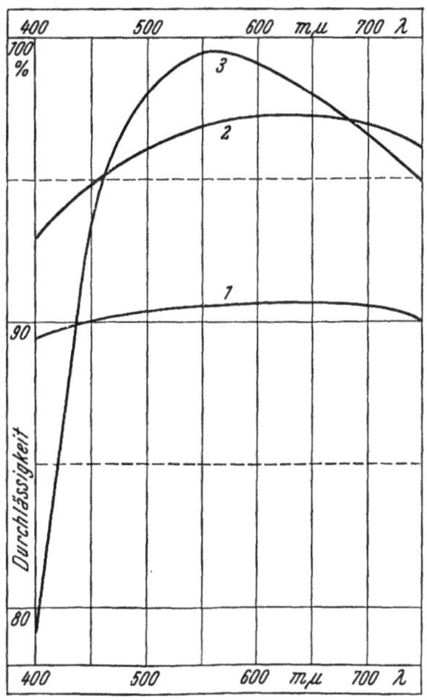

Abb. 184. Spektrale Verteilung der Durchlässigkeit einer Platte aus Kronglas

Kurve 1: nicht entspiegelt;
Kurve 2: mit zwei Einfachschichten,
Kurve 3: mit zwei Doppelschichten

Während die Phasenbedingung von der Wellenlänge abhängt, wird die

[1] Aus: H. MEYER, Physik dünner Schichten, loc. cit.

Amplitudenbedingung durch die Brechungszahl bestimmt. Theoretisch müßte jeder Brechungszahl des Glases eine ganz bestimmte Brechungszahl der Schicht entsprechen. Leider ist die Auswahl der von der Natur für die Einfachschicht zur Verfügung gestellten Substanzen recht klein. Ihre Brechungszahlen liegen zwischen 1,33 und 1,46. Als brauchbarste Substanz hat sich auf Grund ihrer chemischen, mechanischen und Entspiegelungs-Eigenschaften in der Praxis hauptsächlich Magnesiumfluorid eingeführt. Die Brechungszahl beträgt 1,38 und würde die Amplitudenbedingung bei einem Glas mit einer Brechungszahl von rund 1,9 erfüllen. Bei allen anderen Gläsern ist die Reflexionsverminderung mit einer einfachen Schicht für keine Wellenlänge auf den Wert Null herabzudrücken. Dies ist erst mit Hilfe von *Doppelschichten* möglich. Die Amplitudenbedingung lautet bei Doppelschichten $\frac{n_2}{n_1} = \sqrt{n'}$. Dafür nimmt aber die Reflexion in den spektralen Randgebieten erheblich zu. In Sonderfällen kann sie sich sogar nachteilig auswirken. Bei allgemeiner Beurteilung der Güte einer Entspiegelung kann nur der Integralwert als Maß herangezogen werden.

In Abb. 184 ist ein Beispiel aus der Praxis dargestellt. Als Schichtträger sind 3 mm dicke Glasscheiben mit einer für die Entspiegelung ungünstigen, für photographische Objektive verhältnismäßig niedrigen Brechungszahl ($n' = 1{,}525$) zugrunde gelegt. Aufgetragen sind die mit einem BECKMAN-Spektrophotometer Modell B gemessenen Durchlässigkeiten. Kurve 1 zeigt die Werte für die unbehandelte Glasplatte für den Bereich von 400 bis 750 mμ. Für die gleichen Wellenlängen zeigen die Kurven 2 (Einfachschicht) und 3 (Doppelschicht) die nach beidseitiger Entspiegelung eingetretenen Verbesserungen. Interessant ist, daß bei der Doppelschicht im kurzwelligen Bereich bis rund 430 mμ die Durchlässigkeit kleiner wird als bei der unbehandelten Glasscheibe. Auf Grund der theoretischen Erörterungen ist leicht einzusehen, daß bei größerer Brechungszahl des Schichtträgers (photographische Objektive) die Amplitudenbedingung von der einfachen Schicht besser erfüllt und somit das Maximum der Durchlässigkeit von Kurve 2 im gewünschten Sinne verschoben wird.

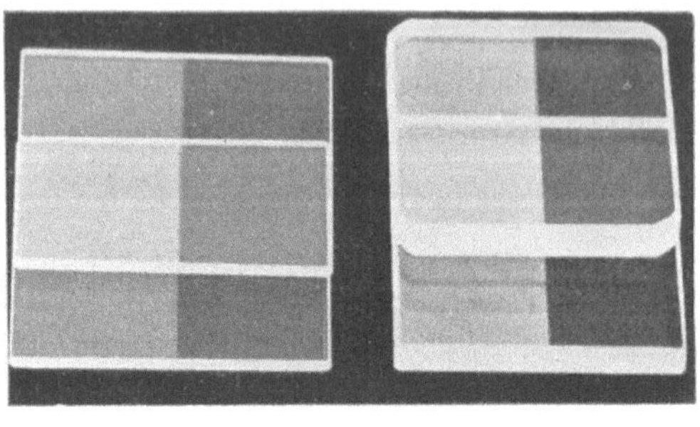

Abb. 185. Zur Veranschaulichung der kontraststeigernden Wirkung der Entspiegelung

Besonders eindrucksvoll zeigt Abb. 185 die Auswirkung der Entspiegelung. Hier sind Glasscheiben unterschiedlicher Brechungszahlen (links $n'=1{,}52$, rechts $n' = 1{,}73$) in halber Breite doppelseitig mit einer Einfachschicht entspiegelt worden. Je zwei gleiche Scheiben sind gegeneinander versetzt, auf ein grobes dunkles Tuch gelegt und von der Aufnahmeseite her schräg beleuchtet. Die Aufnahme zeigt 1. die Kontrastverschlechterung des Untergrundes durch Reflexion in den linken nicht entspiegelten Hälften der Gläser; 2. die Abhängigkeit des reflektierten Störlichtes von der Brechungszahl des Schichtträgers (vgl. linkes Bild gegen rechtes Bild) und von der Anzahl der Grenzflächen Luft/Glas (je nachdem, ob nur eine Platte oder zwei Platten über dem Tuch liegen); 3. die bessere Kontrastwiedergabe bei der höheren Brechungszahl der entspiegelten rechten Hälften.

Der Aufdampfprozeß. Im allgemeinen wird die Verfahrensweise durch die technische Einsatzmöglichkeit bestimmt. Für die Entspiegelung von Linsen für photographische Systeme hat sich als Standard-Verfahren das Verdampfen und Niederschlagen von Substanzen im Hochvakuum durchgesetzt. Die Entwicklungen von zweckentsprechenden Hochvakuumanlagen haben dafür die Voraussetzungen geschaffen. Einen wesentlichen Einfluß auf die chemische Beständigkeit und die mechanische Festigkeit der so hergestellten Schichten hat die Sauberkeit der Glasoberfläche vor dem Belegen. Es ist daher notwendig, daß man der Reinigung vor dem Belegen und den dazu benutzten Hilfsmitteln größte Aufmerksamkeit schenkt. Die auf den Glasoberflächen vorhandenen molekularen Wasserschichten infolge der Adsorptionseigenschaften des Glases werden erst kurz vor dem Belegen in der Vakuumanlage durch sogenannte „Glimmverfahren" beseitigt. Nach der Vakuumbehandlung werden die entspiegelten Glaskörper noch einige Zeit auf die für die Glaskörper zulässigen Temperaturen erwärmt.

Bei Einhaltung der hier kurz geschilderten Arbeitsweise sind die nach diesem Verfahren hergestellten Schichten genügend wischfest. Solche Schichten vertragen also die übliche Reinigung von Linsenflächen und haben sich außerdem als Schutzschichten für empfindliche Gläser in den Tropen bewährt.

B. Bildfehleranalysen von typischen Objektiven

Die nachstehenden Tabellen geben den Typus des analysierten Objektivs, den Markennamen, die erzeugende Firma, die relative Öffnung, das Bildfeld beiderseits der optischen Achse ($2\,\sigma_{B_1}$) und die Quelle für die Konstruktionsdaten an. Jede Tabelle ist durch eine in zwei Klammern stehende Zahl in Kursivschrift numeriert, auf die sich Hinweise im Text des Kapitels „Systematik" beziehen.

Die optischen Daten (r, d und s_B) sind häufig, aber nicht durchweg für f = 100 mm angegeben und nur Näherungswerte ohne fabrikatorische Genauigkeit.

Die mathematischen Symbole bedeuten:

- r Krümmungsradius der abbildenden Fläche,
- d Dicke der Linse bzw. Länge des Luftraumes zwischen aufeinanderfolgenden Linsen,
- n Brechungszahlen für gelbes Licht,
- n_F, n_C Brechungszahlen für blaugrünes und rotes Licht,
- ν ABBEsche Zahl (reziproke relative Dispersion),
- f Gesamtbrennweite des Objektivs,
- h_1 angenommene Einfallshöhe in der ersten Fläche bei der Durchrechnung des achsnahen Strahls von $s_1 = \infty$,
- σ_{B_1} angenommener Neigungswinkel in der Eintrittspupille bei der Durchrechnung des achsnahen Blendenstrahls,
- ε'_ν Brechungswinkel des achsnahen Strahls ($s_1 = \infty$) an der ν^{ten} Fläche (ν = Flächennumerierung),
- ε'_{B_ν} Brechungswinkel des achsnahen Blendenstrahls an der ν^{ten} Fläche,
- σ'_ν Aperturwinkel des achsnahen Strahls ($s_1 = \infty$) zwischen der ν^{ten} und $\nu + 1^{\text{ten}}$ Fläche,
- σ'_{B_ν} Neigungswinkel des achsnahen Blendenstrahls zwischen der ν^{ten} und $\nu + 1^{\text{ten}}$ Fläche,
- $\omega_\nu = \frac{h_\nu}{h_1}$; h_ν = Durchstoßhöhe des achsnahen Strahls ($s_1 = \infty$) durch die ν^{te} Fläche,
- p_ν nach (143),
- H Flächenteilkoeffizienten des Öffnungsfehlers nach (122),
- C Flächenteilkoeffizienten der Koma nach (142),
- A Flächenteilkoeffizienten des Astigmatismus nach (146),
- P Flächenteilkoeffizienten der PETZVALsumme nach (149),
- S Flächenteilkoeffizienten der sagittalen Bildfeldwölbung nach (153),
- W Flächenteilkoeffizienten der mittleren Bildfeldwölbung nach (155),
- M Flächenteilkoeffizienten der meridionalen Bildfeldwölbung nach (154),
- D Flächenteilkoeffizienten der Verzeichnung nach (151),
- Λ (s') Flächenteilkoeffizienten des Farbortsfehlers nach (193),
- Λ y'/y' Flächenteilkoeffizienten des Farbquerfehlers nach (204).

Über den Nutzen von Teilkoeffiziententabellen vgl. man die Ausführungen auf S. 51 und S. 68.

Typ	nicht achromatisiertes Simplett					(1)	Abb. 87 S. 166
r	+ 15	+ 19,7				„*Meniskuslinse*"	
s_1	d	2,5				HOUGHTON-BUTCHER	
∞	n_F	1,5306					
	$n_F—n_C$				s'_{B_2}	1 : 14	$2\,\sigma_{B_1}$ = ca. 50°
	ν	ca. 53			+ 5,0	Brit. Pat. 271186 (1927)	

Fläche Nr.	1	2				Σ		
$(f/h_1)\,\varepsilon'_\nu$	+ 4,355	+ 3,783						
$(f/h_1)\,\sigma'_\nu$	+ 2,311	+ 1,000						
$\varepsilon'_{B_\nu}/\sigma_{B_1}$	— 0,319	— 0,836						
$\sigma'_{B_\nu}/\sigma_{B_1}$	+ 0,832	+ 1,121						
ω_ν								
p_ν	+ 0,073	+ 0,221						
H	+ 67,1	— 6,9				+ 60,2		
C	+ 4,91	— 1,52				+ 3,39		
A	+ 0,356	— 0,336				+ 0,023		
P	+ 2,311	— 1,759				+ 0,552		
S	+ 2,670	— 2,095				+ 0,575		
W	+ 3,030	— 2,431				+ 0,599		
M	+ 3,389	— 2,767				+ 0,622		
D	+ 0,195	— 0,463				— 0,268		
						äquiv. ν		
$1000 \cdot \Lambda\,(s')$	+ 39	— 15				+ 40,8		
$\Lambda\,y'/y'\ ^0/_{00}$	— 2,87	+ 4,65				+ 1,78		

Bei dem vorliegenden Meniskus ist, um ein ausreichendes Bildfeld zu bekommen, nur auf Verschwinden des Astigmatismus Σ A korrigiert, was allerdings den Öffnungsfehler verschlechtert. Überraschend erscheinen die verhältnismäßig niedrigen Werte für die Petzvalsumme Σ P und für den Äquivalent-ν-Wert. Beides hängt mit der Tatsache zusammen, daß der Meniskus eine Bildweiten-Verkürzung durch Verlagerung des bildseitigen Hauptpunktes in den Dingraum hinein aufweist.

Öffnungsfehler und Bildfeldwölbung sind beträchtlich, aber nicht vermeidbar. Deshalb kann nur mit sehr kleiner Blende gearbeitet werden. Die Koma ist erträglich, die Verzeichnung ist kissenförmig. Der Farbfehler des Hauptstrahls ist ebenfalls unvermeidlich. Der Farbortsfehler beträgt rund 2,5% der Brennweite und ist beträchtlich unterkorrigiert.

Typ	achromatisiertes Simplett						*(2)*	Abb. 88 S. 167
r	+ 21	— 35	+ 38,82				„*Frontar*“	
s_1	d	3	1,25				GOERZ (F. WEIDERT)	
∞	n_F	1,5157	1,5577				1 : 9	$2\,\sigma_{B_1} = 34°$
	$n_F—n_C$					s'_{B_3}		
	ν	63,4	47,1			+ 11,5	USA. Pat. 1 643 865 (1924)	

Fläche Nr.	1	2	3			Σ	Σ (bei verkürztem Blendenabstand $s'_{B_3} = + 7,0$)	
$(f/h_1)\,\varepsilon'_\nu$	+ 3,142	— 4,221	+ 1,401					
$(f/h_1)\,\sigma'_\nu$	+ 1,620	+ 1,503	+ 1,000					
$\varepsilon'_{B_\nu}/\sigma_{B_1}$	— 0,093	— 1,349	— 0,861					
$\sigma'_{B_\nu}/\sigma_{B_1}$								
ω_ν								
p_ν	+ 0,029	— 0,320	+ 0,614					
H	+ 24,2	— 4,3	+ 0,07			+ 20,0	+ 20,0	
C	+ 0,71	+ 1,37	+ 0,04			+ 2,13	+ 3,40	
A	+ 0,021	— 0,438	+ 0,025			— 0,392	— 0,039	
P	+ 1,620	— 0,051	— 0,922			+ 0,647	+ 0,647	
S	+ 1,641	— 0,489	— 0,897			+ 0,255	+ 0,608	
W	+ 1,662	— 0,927	— 0,872			— 0,137	+ 0,569	
M	+ 1,683	— 1,365	— 0,847			— 0,529	+ 0,530	
D	+ 0,048	+ 0,156	— 0,551			— 0,346	— 0,349	
						äquiv. ν	äquiv. ν	
$1000 \cdot \Lambda\,(s')$	+ 25,4	— 13,7	— 9,8			+ 530	+ 530	
$\Lambda\, y'/y'$ ‰	— 0,74	— 4,38	+ 6,04			+ 0,92	— 0,65	

Gegenüber dem Meniskus *(1)* sind Öffnungsfehler und Koma verbessert (siehe vorletzte Spalte). Der Astigmatismus ist überkorrigiert, um angenähert Bildfeldebnung in übertragenem Sinne zu verwirklichen. Die Verzeichnung ist kissenförmig; der Farbortsfehler ist korrigiert. Der Farbfehler des Hauptstrahls ist etwa nur halb so groß wie bei dem einfachen Meniskus.

Der Korrektionsvorgang beruht auf drei bemerkenswerten Tatsachen:

1. Die erste Fläche wird vom Hauptstrahl nahezu senkrecht durchsetzt (vgl. ε'_{B_1}), daher wird p_1 klein, und trotz Unterkorrektionswirkung dieser Fläche für den Öffnungsfehler werden Koma und besonders der Astigmatismus an der ersten Fläche klein.

2. Die zweite Fläche ist zerstreuend, der Astigmatismus wird daher überkorrigiert. Die zerstreuende Wirkung ist aber mäßig, damit die Überkorrektion des Astigmatismus nicht zu stark wird. Dadurch reicht die zerstreuende Wirkung nicht aus, um den Öffnungsfehler auszukorrigieren.

3. Die dritte Fläche ist für den Aperturstrahl nahezu aplanatisch (vgl. ε'_3 mit σ'_3), deshalb bleibt sie auf Öffnungsfehler, Koma und Astigmatismus praktisch ohne Einfluß.

Das Objektiv ist also durch die zweite Fläche im Astigmatismus überkorrigiert, da erste und letzte Fläche für ihn einflußlos sind.

Allerdings bewirkt die aplanatische dritte Fläche eine ziemlich starke Verzeichnung.

Bei Verkürzung des Blendenabstandes auf 7 mm (letzte Spalte) wird die Koma schlechter. Der Astigmatismus verliert seine Überkorrektionswirkung und wird fast Null. Dadurch werden die fast zusammenfallenden Bildschalen ziemlich stark gewölbt. Die Verzeichnung bleibt kissenförmig, weil sich an der aplanatischen Eigenschaft der dritten Fläche nichts geändert hat. Der Farbortsfehler bleibt ebenso wie der Öffnungsfehler unverändert, weil beide blendenunabhängig sind. Der Farbfehler des Hauptstrahls schlägt in das andere Vorzeichen um.

Auch bei diesem Objektiv ist eine Verkürzung der Bildweite vorhanden, was günstig für ihre Verwendung in Box-Kameras ist.

Typ	Hinteres Glied eines zweilinsigen Doppelobjektives					(3)	Abb. 89, S. 167
r	— 20,8	— 17,5					
s_1	d	1,3				„*Periskop*“	
∞	n_d	1,5233				A. STEINHEIL	
s_{B_1}	$n_F—n_C$	0,00876				1 : 40	$2\,\sigma_B = 92^0$
— 6,3	ν	59,6				1865	

Fläche Nr.	1	2			$\overset{2}{\underset{1}{\Sigma}}$	Σ	Σ
$(f/h_1)\ \varepsilon'_\nu$	— 5,85	— 11,81			hintere Objektivhälfte allein	Doppelobjektiv $\beta' = —1$	Doppelobjektiv $\beta' = 0$
$(f/h_1)\ \sigma'_\nu$	— 3,06	+ 1,00					
$\varepsilon'_{B_\nu}/\sigma_{B_1}$	— 0,458	— 0,524					
$\sigma'_{B_\nu}/\sigma_{B_1}$	+ 0,761	+ 0,940					
ω_ν							
p_ν	— 0,078	— 0,044					
H	— 160	+ 430			+ 270	+ 82,0	+ 62,9
C	+ 12,5	— 19,1			— 6,6	0	+ 0,402
A	— 0,977	+ 0,845			— 0,132	— 0,140	— 0,136
P	— 3,063	+ 3,641			+ 0,578	+ 0,616	+ 0,616
S	— 4,040	+ 4,486			+ 0,446	+ 0,476	+ 0,480
W	— 5,017	+ 5,331			+ 0,314	+ 0,333	+ 0,344
M	— 5,994	+ 6,175			+ 0,182	+ 0,194	+ 0,208
D	+ 0,316	— 0,199			+ 0,117	0	— 0,009
					äquiv. ν	äquiv. ν	äquiv. ν
$1000 \cdot \Lambda\,(s')$	— 51,3	+ 69,5			+ 55	+ 51,6	+ 59,2
$\Lambda\ y'/y'\,^0/_{00}$	— 4,01	+ 3,08			— 0,93	0	+ 0,04

Die Fehlersummen für das Doppelobjektiv im Fall $\beta' = -1$ ergeben sich aus den Fehlersummen $\overset{2}{\underset{1}{\Sigma}}$ der hinteren Objektivhälfte folgendermaßen:

$$H = 2 \sum_1^2 H_\nu \cdot \left(\sigma_{B_1} / 2\sigma'_{B_2}\right)^3;$$

$$A = 2 \sum_1^2 A_\nu \cdot \left(\sigma_{B_1} / 2\sigma'_{B_2}\right), \text{ entsprechend für P, S, W, M;} \quad \frac{1000}{\nu} = 2 \sum_1^2 \frac{1000}{\nu_\nu} \cdot \left(\sigma_{B_1} / 2\sigma'_{B_2}\right)$$

Für C, D und $\Lambda\ y'/y'$ sind aus Symmetriegründen die Summen des Doppelobjektivs mit $\beta' = -1$ Null.

Bei Benutzung des Doppelobjektivs zur Landschaftsphotographie ($\beta' = 0$) ist die Symmetrie des Strahlendurchgangs nicht mehr vorhanden. Die letzte Spalte der Tabelle enthält die diesbezüglichen Summenwerte. Man sieht, daß sie sich eigentlich nur in Σ H und Σ C merklich von den entsprechenden Größen zu $\beta' = -1$ unterscheiden. Das kommt daher, daß für die Objektivhälfte $\sum_1^2 H_\nu$ und $\sum_1^2 C_\nu$ zu große Beträge haben. Legt man Wert darauf, daß eine derartige Empfindlichkeit gegen die Aufnahmeentfernung nicht besteht, so müssen die Objektivhälften allein schon genügend auskorrigiert werden.

Im vorliegenden Beispiel ist der Astigmatismus der Objektivhälfte recht gut korrigiert. Infolgedessen ist er es auch für das Doppelobjektiv in gleich gutem Maße, unabhängig davon, ob das Doppelobjektiv für $\beta' = 0$ oder $\beta' = -1$ benutzt wird.

Wenn daher bei einem Doppelobjektiv die Objektivhälften selbst genügend auskorrigiert sind, so genügt es, die Fehlersummen des Doppelobjektivs aus denen der Objektivhälfte nach den obigen einfachen Produkten abzuleiten, d. h. für $\beta' = -1$; für $\beta' = 0$ sind dann die Fehlersummen nur unwesentlich anders. Bei guten Doppelanastigmaten ist also dieses vereinfachte und zeitsparende Vorgehen durchaus anwendbar; natürlich nur bei völliger Symmetrie des Objektivs.

Der Öffnungsfehler hat große Zonenabweichung, weil seine Summe sich aus großen Flächenteilkoeffizienten bildet.

Typ	Aplanat (hintere Hälfte)					(4)	Abb. 90, S. 168
r	— 23,3	— 8,3	— 19,0				
s_1 — d	3,6	0,9				*„Landschaftsaplanat“*	
∞ — n_d	1,5803	1,6159				A. STEINHEIL	
s_{B_1} — $n_F—n_C$	0,01385	0,01684				1 : 10,5	$2\,\sigma_{B_1} = 60^0$
— 1,15 — ν	42,0	36,5				1867	
Fläche Nr.	1	2	3			Σ	Σ
$(f/h_1)\,\varepsilon'_\nu$	— 5,09	— 20,46	— 11,59			hintere Objektivhälfte allein	Doppelobjektiv für $\beta' = -1$
$(f/h_1)\,\sigma'_\nu$	— 2,96	— 3,40	— 1,000				
$\varepsilon'_{B_\nu}/\sigma_{B_1}$	— 0,602	— 0,225	— 0,697				
$\sigma'_{B_\nu}/\sigma_{B_1}$	+ 0,651	+ 0,646	+ 0,911				
ω_ν							
p_ν	— 0,118	— 0,011	— 0,060				
H	— 121,3	— 283,6	+ 450,0			+ 45,1	+ 14,9
C	+ 14,31	+ 3,12	— 27,05			— 9,61	0
A	— 1,690	— 0,034	+ 1,625			— 0,098	— 0,107
P	— 2,957	— 0,315	+ 3,764			+ 0,491	+ 0,539
S	— 4,647	— 0,349	+ 5,389			+ 0,393	+ 0,431
W	— 6,337	— 0,384	+ 3,615			+ 0,295	+ 0,324
M	— 8,026	— 0,418	+ 5,240			+ 0,197	+ 0,216
D	+ 0,548	+ 0,004	— 0,324			+ 0,228	0
						äquiv. ν	äquiv. ν
$1000 \cdot \Lambda\,(s')$	— 70,5	— 57,5	+ 129,3			+ 770	+ 700
$\Lambda\, y'/y'$ ‰	— 8,34	— 0,63	+ 7,81			— 1,16	0

Der Öffnungsfehler ist mit ziemlich großem Zonenfehler korrigiert, weil die Flächenteilkoeffizienten groß sind. Durch Verwendung von Gläsern größeren ν-Unterschiedes wäre der Zonenfehler kleiner zu bekommen, doch müßte dann der Blendenabstand für die astigmatische Korrektion so groß werden, daß schon für mäßige Bildfeldwinkel beträchtliche Linsendurchmesser nötig würden. Der Farbortsfehler ist korrigiert. Beide Fehler werden durch die Überkorrektion der Kittfläche wesentlich korrigiert, weil dort große Einfalls- und Brechungswinkel in den Aperturstrahlen (ε'_2) auftreten. Dagegen ist die Brechung der Hauptstrahlen an der Kittfläche gering (ε'_{B_2}), so daß diese Fläche zu den Bildfehlern in den seitlichen Bündeln praktisch nicht beiträgt (p_2). Durch die Blendenstellung ist der Astigmatismus etwas überkorrigiert, wodurch angenähert meridionale Bildfeldebnung erreicht wird, bei größeren Bildwinkeln Bildebnung im übertragenen Sinn. Dadurch ist ein großer Bildwinkel erreichbar, zumal durch die Symmetrie des Doppelobjektivs Koma, Verzeichnung und Farbfehler des Hauptstrahls behoben sind, jedenfalls für den Abbildungsmaßstab $\beta' = -1$. Für Landschaftsaufnahmen bleiben alle Bildfehler ebenfalls klein, lediglich der Öffnungsfehler wird um ein geringes abweichen, da dieser Fehler für die Objektivhälfte nicht genügend klein ist. Der Komafehler wird aber praktisch für jeden Objektabstand gut sein, so daß sich der Aplanat in dieser Hinsicht vorteilhaft verhält. Das ist ein Kennzeichen des Aplanattyps, der sich auch bei Doppelanastigmaten nach dem Aplanattyp günstig auswirkt.

Typ	PETZVALobjektiv							(5)	Abb. 91 S. 169
r	+86,59	—71,54	—640,78	+73,37	+48,55	+64,90	—296,49		

s_1	d	20,5	4,2	54,6	4,2	7,2	12,0		„*Neokino*“
∞	n_d	1,510	1,620		1,620		1.510		EMIL BUSCH
	n_F-n_C	0,00805	0,01706		0,01706		0,00805	s'_{B_7}	1 : 1,6 $2\,\sigma_{B_1} = 14^0$
	ν	63,4	36,3		36,3		63,4	+500	1928

Fläche Nr.	1	2	3	4	5	6	7	Σ
$(f/h_1)\ \varepsilon'_\nu$	+0,913	—1,865	—0,809	+0,224	+1,084	+0,450	—1,204	
$(f/h_1)\ \sigma'_\nu$	+0,466	+0,330	+0,639	+0,778	+0,363	+0,593	+1,000	
$\varepsilon'_{B_\nu}/\sigma_{B_1}$	—1,404	+1,067	—0,330	—1,406	—3,702	—2,083	+0,734	
$\sigma'_{B_\nu}/\sigma_{B_1}$	+0,289	+0,366	+0,492	—0,379	+1,038	—0,026	—0,274	
ω_ν								
p_ν	+1,53	+0,57	—0,41	+6,24	+3,40	+4,61	+0,61	
H	+0,587	—0,881	+0,259	—0,013	—0,081	+0,008	+0,447	+0,326
C	+0,898	—0,501	—0,105	—0,081	—0,275	+0,035	+0,271	+0,242
A	+1,374	—0,285	+0,043	—0,503	—0,936	+0,162	+0,164	+0,019
P	+0,466	—0,075	+0,071	+0,623	—0,942	+0,622	+0,136	+0,901
S	+1,840	—0,360	+0,114	+0,120	—1,878	+0,784	+0,300	+0,920
W	+3,214	—0,645	+0,157	—0,383	—2,814	+0,946	+0,464	+0,939
M	+4,588	—0,930	+0,200	—0,886	—3,750	+1,108	+0,628	+0,958
D	+2,814	—0,205	—0,046	+0,749	—6,380	+3,613	+0,182	+0,727
								äquiv. ν
$1000 \cdot \Lambda(s')$	+7,30	—14,40	+7,73	+2,35	—6,71	+2,05	+3,26	+634
$\Lambda y'/y'$ ‰	—11	— 8	+3	—15	+23	—9	+2	— 15

Das angeführte Beispiel ist eine moderne Weiterentwicklung für Kinoprojektionszwecke. Das alte PETZVALobjektiv ist aber Vorbild. Die beiden Objektivgruppen, deren vordere verkittet, hintere unverkittet ist, stehen ziemlich weit auseinander, so daß nur ein verhältnismäßig kleiner Bildfeldwinkel genügend vignettierungsfrei ausgeleuchtet wird.

Die Mittenschärfe ist infolge der ausgezeichneten Korrektion des Öffnungsfehlers und des Farbortsfehlers hervorragend. Der Astigmatismus ist praktisch korrigiert, jedoch ist die Bildfeldwölbung nicht gering. Das Korrektionsprinzip für den Astigmatismus ist interessant. Es wirkt bei ihm sehr wesentlich die 4. Fläche mit. Bei dieser ist der p -Wert von beträchtlicher Größe, und zwar, weil der Winkel ε'_4 des Aperturstrahls außerordentlich klein ist. Infolgedessen genügt eine geringe überkorrigierende Wirkung $H_4 = -0{,}013$, um eine starke überkorrigierende Wirkung $A_4 = p_4^2\,H_4 = -39 \cdot 0{,}013 = -0{,}503$ hervorzurufen. An dieser 4. Fläche wird der Aperturstrahl schwach gesammelt und dennoch überkorrigiert. Das ist der Fall, weil

$$0 \leqq \frac{\varepsilon'_4}{\sigma'_3} \leqq 1.$$

Die Überkorrektion des Aperturstrahls ($H_4 < 0$) wäre ein Extrem für

$$\frac{\varepsilon'_4}{\sigma'_3} = \frac{2}{3}.$$

Die Überkorrektion des Astigmatismus nimmt mit abnehmendem ε'_4/σ'_3 kräftig zu. Es ist also möglich, mit kleinen Werten von ε'_4/σ'_3 unter 1 ziemlich starke astigmatische Überkorrektion zu verwirklichen, bis diese ausreicht, einen vernünftigen astigmatischen Korrektionszustand des Gesamtobjektivs herbeizuführen. Eine weitere Abflachung der vierten Fläche in dem Objektivbeispiel würde ohne Beeinträchtigung der Korrektion des Öffnungsfehlers eine weitere Besserung der Koma, des Astigmatismus und der Bildfeldwölbung bedeuten. Auch würde eine geringe Abstandsverlängerung zwischen den beiden Linsengruppen günstig auf die Bildfeldwölbung wirken.

Da die Systemhälften im Farbortsfehler für sich auskorrigiert sind, ist auch die Achromasie der Bildgröße erreicht.

Typ	Vorläufer der Anastigmate						
r	+29,9	−99,6	+221,3	−58,3	+25,6	+45,4	−39,4
s_1	d	6,1	2,2	6,4+4,7	2,2	6,5	4,4
∞	n	1,51705	1,57710	Blende	1,57710		1,51705

(6)

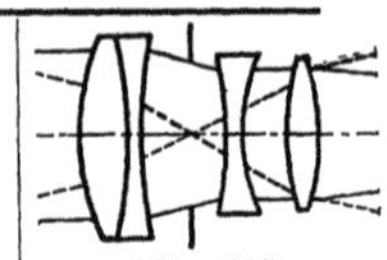

Abb. 195.

„Porträt-Antiplanet"

A. STEINHEIL

1 : 3,9 $2\,\sigma_{B_1} = 31^0$

DRP. 16 354 (1881)

Fläche Nr.	1	2	3	4	5	6	7	$\sum_1^3$	$\sum_4^7$	$\sum_1^7$
$(f/h_1)\,\varepsilon'_\nu$	+2,20	−1,99	−1,03	−1,72	+3,85	+1,80	−3,03			
$(f/h_1)\,\sigma'_\nu$	+1,14	+1,06	+1,44	+0,44	−0,97	−0,038	+1,00			
$\varepsilon'_{B_\nu}/\sigma_{B_1}$	−0,336	−0,886	−1,190	−0,715	−1,749	−1,206	−0,465			
$\sigma'_{B_\nu}/\sigma_{B_1}$	+0,825	+0,790	+1,225	+0,814	+1,453	+0,832	+0,989			
ω_ν	+1	+0,930	+0,903	+0,748	+0,738	+0,801	+0,803			
p_ν	+0,152	−0,443	−1,157	−0,413	+0,452	+0,666	−0,153			
H	+8,492	−0,734	+0,738	−6,465	−13,848	+5,721	+7,631	+8,496	−6,961	+1,535
C	+1,291	+0,325	−0,853	+2,672	−6,265	+3,813	−1,166	+0,763	−0,945	−0,182
A	+0,196	−0,144	+0,987	−1,105	−2,834	+2,542	+0,178	+1,039	−1,219	−0,180
P	+1,144	−0,025	−0,166	−0,630	−1,434	+0,753	+0,868	+0,953	−0,443	+0,510
S	+1,340	−0,170	+0,821	−1,734	−4,268	+3,295	+1,046	+1,992	−1,661	+0,330
W	+1,537	−0,314	+1,808	−2,839	−7,102	+5,836	+1,225	+3,031	−2,880	+0,150
M	+1,733	−0,458	+2,795	−3,944	−9,936	+8,378	+1,403	+4,070	−4,099	−0,030
D	+0,204	+0,075	−0,949	+0,717	−1,931	+2,196	−0,160	−0,670	+0,822	+0,152

Der Antiplanet überrascht durch die gute astigmatische Korrektion bei verhältnismäßig geringer mittlerer Wölbung, so daß man mit gutem Recht von einem Vorläufer der Anastigmate sprechen darf. Dabei ist auch eine gute Komakorrektion vorhanden, und der Öffnungsfehler ist so weit heruntergedrückt, daß die Blendenzahl 3,9 betragen darf. Das Korrektionsprinzip des Antiplanet hat diesen beachtlichen Erfolg grundlegend bewirkt, nämlich in den beiden Objektivgliedern vor und hinter der Blende entgegengesetzte Teilfehler anzuhäufen $\left(\sum_1^3 \text{ und } \sum_4^7\right)$, statt die Hälften einzeln auszukorrigieren.

Typ	Vorläufer der Doppelanastigmate (Hinterglied)					(7)	Abb. 120, S. 185
r	— 7,63	— 10.39	— 7,45			„*Pantoskop*“	
s_1	d	0,19	1,74			EMIL BUSCH	
∞	n	1,6079	1,5331			1 : 30	$2\,\sigma_{B_1} = 98^0$
s_{B_1}						1865	
—6,2							

Fläche Nr.	1	2	3			Σ	Σ
$(f/h_1)\,\varepsilon'_\nu$	— 14,6	— 8,94	— 27,2			hintere Objektivhälfte allein	für das Doppelobjektiv mit $\beta' = -1$
$(f/h_1)\,\sigma'_\nu$	— 8,9	— 8,46	+ 1				
$\varepsilon'_{B_\nu}/\sigma_{B_1}$	— 0,116	— 0,331	+ 0,202				
$\sigma'_{B_\nu}/\sigma_{B_1}$	+ 0,929	+ 0,945	+ 0,874				
ω_ν							
p_ν	—0,00798	— 0,0370	—0,00744				
H	— 3042	+ 0,4	+ 5265			+ 2224	+ 837
C	+ 24,3	— 0,0	+ 39,2			+ 63,4	0
A	— 0,194	+ 0,001	+ 0,291			+ 0,098	+ 0,112
P	— 8,874	+ 0,523	+ 8,358			+ 0,007	+ 0,008
S	— 9,067	+ 0,524	+ 8,649			+ 0,105	+ 0,120
W	— 9,261	+ 0,524	+ 8,940			+ 0,203	+ 0,232
M	— 9,455	+ 0,525	+ 9,231			+ 0,301	+ 0,344
D	+ 0,072	— 0,019	+ 0,064			+ 0,117	0

Die Urform des Doppelanastigmaten mit achromatisiertem HÖEGHschen Meniskus liegt hier vor, was man an den kleinen Beträgen für Σ P und Σ A erkennt. Allerdings wäre die anastigmatische Bildfeldebnung noch besser gewesen, wenn EMIL BUSCH, lediglich mit Hilfe des Blendenabstandes, den Astigmatismus restlos auskorrigiert hätte. Das ändert aber nichts an dem Prinzip, zumal auch — wie bei dem HÖEGHschen Meniskus — die Hauptstrahlablenkungen an den Glasluftflächen gleichsinnig sind.

Der Öffnungsfehler ist riesenhaft, deshalb konnte nur mit sehr kleiner Blende gearbeitet werden. Der nutzbare Bildwinkel ist aber mit 98^0 ein enormer.

Typ	Vorläufer der Anastigmate							(8) 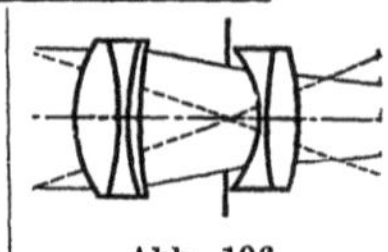 Abb. 196.
r	+19,1	—37,4	+37,5	+68,4	—12,3	+103,8	—22,9	
s_1	d	5,3	1,2	1,16	17,6+4,0	0,8	4,7	„*Dialytisches Objektiv*"
∞	n	1,517	1,575	1,517	Blende	1,517	1,575	PETZVAL (Nachlaß)
								1 : 5,2 | $2\,\sigma_{B_1} = 28^0$
								Z. Instrkd. 27 (1907) S. 5

Fläche Nr.	1	2	3	4	5	6	7	Σ	
$(f/h_1)\,\varepsilon'_\nu$	+3,451	—4,050	+0,761	—0,506	—3,764	+0,616	—3,153		$s'_7 +$
$(f/h_1)\,\sigma'_\nu$	+1,785	+1,630	+1,602	+1,774	—0,172	—0,148	+1,000		$+\Sigma d =$ $= 0{,}838\,f$
$\varepsilon'_{B_\nu}/\sigma_{B_1}$	+0,805	—2,262	—0,460	—1,339	—0,802	—1,415	—1,098		
$\sigma'_{B_\nu}/\sigma_{B_1}$	+1,417	+1,328	+1,349	+1,803	+1,388	+1,335	+1,736		
ω_ν	1	0,905	0,886	0,867	0,484	0,485	0,492		
p_ν	—0,234	—0,560	+0,605	—2,652	—0,214	+2,303	—0,349		
H	+31,96	—5,17	+0,025	+0,158	—29,51	+0,009	+5,32	+2,79	
C	—7,464	+2,898	+0,015	—0,420	+6,305	+0,020	—1,856	—0,502	
A	+1,743	—1,623	+0,009	+1,113	—1,347	+0,046	+0,647	+0,588	
P	+1,779	—0,065	—0,065	—0,497	—2,762	+0,023	+1,590	+0,004	
S	+3,522	—1,688	—0,056	+0,616	—4,110	+0,069	+2,237	+0,592	
W	+5,266	—3,310	—0,046	+1,728	—5,457	+0,115	+2,884	+1,180	
M	+7,010	—4,933	—0,037	+2,842	—6,804	+0,161	+3,531	+1,768	
D	—0,823	+0,945	—0,034	—1,634	+0,878	+0,159	—0,780	—1,288	

Dieses Objektiv aus PETZVALS Nachlaß bot eine große Überraschung, insofern nämlich Öffnungsfehler, Koma und Astigmatismus korrigiert und die PETZVALbedingung offenbar neben der Achromasiebedingung für den Farbort erfüllt waren. Das geht zwar nicht direkt aus den obigen Summenwerten hervor, doch überzeugt die trigonometrische Durchrechnung leicht davon. Es ist besonders auf die anastigmatische Bildfeldebnung hinzuweisen, die PETZVAL hier mit alten Gläsern nahezu gelungen ist. Heute wissen wir, daß sie eine typische Eigenschaft der Teleobjektive ist, und das besprochene Objektiv ist schließlich auch nichts anderes. Immerhin schmälert es das Verdienst PETZVALS nicht, da Teleobjektive damals ja auch noch unbekannt waren. Man kann das PETZVALsche dialytische Objektiv daher unbedenklich zu den Vorläufern der Anastigmate zählen.

Typ		Unsymmetrischer Doppelanastigmat					
r		+ 19,1	+ 9,0	+ 24,1	— 20,1	+ 36,1	— 20,9
s_1	d	3,3	2,9	2,2+2,2	1,4	2,6	
∞	n	1,6045	1,5152	Blende	1,5147	1,6092	
	ν	43,8	58,0		54,6	58,8	

(9) Abb. 92, S. 171

„Zeiss Protar“

P. Rudolph

1 : 7,5 — $2\,\sigma_{B_1} = 58^0$

DRP. 56 109 (1890)

Fläche Nr.	1	2	3	4	5	6	Σ
$(f/h_1)\,\varepsilon'_\nu$	+ 3,26	+ 8,91	+ 3,37	— 3,10	+ 3,52	— 5,42	
$(f/h_1)\,\sigma'_\nu$	+ 1,97	+ 1,48	+ 0,33	— 1,26	— 1,04	+ 1,01	
$\varepsilon'_{B_\nu}/\sigma_{B_1}$	— 0,386	— 0,253	— 1,028	— 0,666	— 0,837	— 0,762	
$\sigma'_{B_\nu}/\sigma_{B_1}$	+ 0,768	+ 0,782	+ 1,131	+ 0,790	+ 0,737	+ 1,026	
ω_ν							
p_ν	+ 0,119	+ 0,029	+ 0,307	— 0,216	+ 0,239	+ 0,141	
H	+ 32,97	— 42,37	— 6,38	— 22,09	+ 5,23	+ 43,86	+ 11,22
C	+ 3,924	— 1,211	— 1,958	+ 4,768	+ 1,248	— 6,206	+ 0,565
A	+ 0,467	— 0,035	— 0,601	— 1,029	+ 0,298	+ 0,878	— 0,021
P	+ 1,958	— 0,405	— 1,401	— 1,678	+ 0,107	+ 1,798	+ 0,379
S	+ 2,425	— 0,440	— 2,002	— 2,708	+ 0,405	+ 2,676	+ 0,358
W	+ 2,892	— 0,475	— 2,603	— 3,737	+ 0,703	+ 3,554	+ 0,336
M	+ 3,359	— 0,510	— 3,204	— 4,766	+ 1,001	+ 4,432	+ 0,315
D	+ 0,289	— 0,013	— 0,614	+ 0,585	+ 0,097	— 0,379	— 0,035

Das Doppelobjektiv besteht aus einem Altachromaten vor der Blende und einem Neuachromaten hinter der Blende. Die Kittfläche des Altachromaten ist zerstreuend und dient wesentlich zur Korrektion des Öffnungsfehlers. Hingegen ist infolge der eigenartigen Glaswahl die Kittfläche des Neuachromaten hinter der Blende sammelnd. Sie ist konvex zur Blende.

Typ		Unsymmetrischer				
r		+ 20,7	— 117,4	— 46,3	+ 21,2	— 34,5
s_1	d	3,5	2,1	1,4	2,1 + 2,1	1,4
∞	n	1,5912		1,5797	Blende	1,5115
	ν	64,1		41,4		64,0
Fläche Nr.		1	2	3	4	5
$(f/h_1)\ \varepsilon'_\nu$		+ 2,98	— 4,05	— 3,22	+ 4,00	— 1,55
$(f/h_1)\ \sigma'_\nu$		+ 1,76	+ 3,26	+ 1,39	— 0,075	— 0,87
$\varepsilon' B_\nu / \sigma B_1$		— 0,354	— 1,342	— 0,866	— 1,060	— 0,732
$\sigma' B_\nu / \sigma B_1$		+ 0,791	+ 1,288	+ 0,789	+ 1,177	+ 0,804
ω_ν						
p_ν		+ 0,119	— 0,332	— 0,268	+ 0,266	— 0,472
H		+ 24,79	+ 33,04	— 53,67	— 12,92	— 2,33
C		+ 2,946	— 10,975	+ 14,391	— 3,431	+ 1,101
A		+ 0,350	+ 3,646	— 3,859	— 0,911	— 0,519
P		+ 1,759	+ 0,310	— 0,777	— 1,697	— 0,961
S		+ 2,109	+ 3,956	— 4,636	— 2,608	— 1,481
W		+ 2,459	+ 7,602	— 8,495	— 3,519	— 2,000
M		+ 2,809	+ 11,248	— 12,354	— 4,430	— 2,519
D		+ 0,251	— 1,314	+ 1,243	— 0,693	+ 0,699

Statt Kittflächen sind „Luftlinsen“ zwischen den Gläsern vorhanden, und zwar eine zerstreuend wirkende Luftlinse (2. und 3. Fläche) und eine sammelnd wirkende Luftlinse (6. und 7. Fläche). Es ist also die notwendige Gegensätzlichkeit vorhanden, um bei Korrektion

Doppelanastigmat			(10)	
— 46,3	— 172,6	— 31,4	„*Zeiss-Unar*“	
1,4 0,1	3,5		P. Rudolph	
1,5115	1,6109		1 : 6	$2\,\sigma_{B_1} = 60^0$
64,0	57,2		DRP. 131 408 (1899)	

6	7	8	Σ		
— 1,45 — 0,38	— 0,071 — 0,42	— 3,74 + 1,00			
— 1,098 + 1,176	— 0,716 + 0,737	— 0,865 + 1,065			
— 0,756	— 10,093	— 0,231			
+ 0,36 — 0,271 + 0,205 + 0,716 + 0,921 + 1,126 + 1,331 — 0,696	+ 0,0013 — 0,013 + 0,133 — 0,215 — 0,082 + 0,050 + 0,183 + 0,833	+ 15,51 — 3,585 + 0,829 + 1,184 + 2,013 + 2,842 + 3,671 — 0,465	+ 4,78 + 0,163 — 0,127 + 0,319 + 0,191 + 0,064 — 0,063 — 0,143		

des Öffnungsfehlers auch anastigmatische Bildfeldebnung herbeizuführen. Die Aufspaltung mittels Luftlinsen läßt die Anzahl der frei verfügbaren Konstruktionselemente ansteigen, so daß die Möglichkeit besteht, eine bessere Korrektion zu erzielen als bei Aufspaltung durch Kittflächen.

Typ		Satzanastigmat				(11)	
r		$-15{,}4$	$-5{,}9$	$+37{,}9$	$-14{,}6$	*„Zeiss-Protar" Satzobjektiv*	
s_1	d		1,8	0,7	2,1		
∞	n		1,4967	1,5329	1,6128	P. Rudolph	
s_{B_1}						1 : 13	$2\,\sigma_{B_1} = 90^0$
$-1{,}7$	ν		64,9	55,1	56,6	DRP. 196 734 (1906)	

Fläche Nr.	1	2	3	4	Σ
$(f/h_1)\,\varepsilon'_\nu$	$-4{,}36$	$-15{,}19$	$+5{,}08$	$-8{,}61$	
$(f/h_1)\,\sigma'_\nu$	$-2{,}17$	$-2{,}54$	$-2{,}27$	$+1{,}00$	
$\varepsilon'_{B_\nu}/\sigma_{B_1}$	$-0{,}59$	$-0{,}20$	$-0{,}75$	$-0{,}53$	
$\sigma'_{B_\nu}/\sigma_{B_1}$	$+0{,}70$	$+0{,}70$	$+0{,}66$	$+0{,}86$	
ω_ν					
p_ν	$-0{,}136$	$-0{,}013$	$+0{,}148$	$-0{,}062$	
H	$-62{,}07$	$-116{,}17$	$+17{,}52$	$+197{,}42$	$+36{,}7$
C	$+8{,}44$	$+1{,}50$	$+2{,}59$	$-12{,}16$	$+0{,}38$
A	$-1{,}148$	$-0{,}019$	$+0{,}384$	$+0{,}749$	$-0{,}035$
P	$-2{,}171$	$-0{,}269$	$+0{,}086$	$+2{,}621$	$+0{,}267$
S	$-3{,}319$	$-0{,}289$	$+0{,}469$	$+3{,}370$	$+0{,}231$
W	$-4{,}467$	$-0{,}308$	$+0{,}853$	$+4{,}118$	$+0{,}196$
M	$-5{,}615$	$-0{,}328$	$+1{,}236$	$+4{,}867$	$+0{,}160$
D	$+0{,}451$	$+0{,}004$	$+0{,}069$	$-0{,}207$	$+0{,}317$
					äquiv. ν
$1000 \cdot \Lambda\,(s')$	$-33{,}48$	$-28{,}79$	$+3{,}52$	$+63{,}84$	$+197$
$\Lambda y'/y'\ {}^0/_{00}$	$-4{,}55$	$-0{,}37$	$-0{,}52$	$+3{,}93$	$-1{,}51$

Die 2. Fläche ist eine zerstreuende, den Öffnungsfehler korrigierende Kittfläche eines Altachromaten, die 3. Fläche ist eine sammelnde, die anastigmatische Bildfeldebnung ermöglichende Kittfläche eines Neuachromaten. Die hintere Linse des Altachromaten und die vordere Linse des Neuachromaten sind aus dem gleichen Glas, und zwar demjenigen der mittleren Linse, so daß das Protarsatz-Objektiv nicht vierlinsig, sondern dreilinsig ausgeführt werden konnte. Mit anderen Worten: die Beschränkung auf drei Linsen ist durch die typische Gläserreihenfolge möglich, im vorliegenden Falle nach steigenden Brechungszahlen von links nach rechts. Die ν-Werte sind derart geordnet, daß in der Mittellinse der niedrigste ν-Wert auftritt.

Das Protarsatz-Objektiv ist im Gegensatz zur Hälfte des Dagor-Objektivs (*12*) selbst genügend auskorrigiert (vor allem in der Koma), um mit Vorderblende als selbständiges Photo-Objektiv zu dienen. Verzichtet man auf die Dreilinsigkeit, sondern setzt Neuachromat und Altachromat in einer reell vorhandenen Kittfläche zusammen, so läßt sich die Korrektion noch weiter verbessern. Das ist bei Zeiss im Verlauf der Weiterentwicklung dieses Objektivtyps auch geschehen.

Man hat nun mit zwei einander geometrisch ähnlichen, in der Brennweite entsprechend unterschiedlichen Objektiven dieses Typs drei Möglichkeiten: nämlich jedes Objektiv für sich allein und beide zu einem Doppelobjektiv vereinigt. Stehen die Einzelobjektive im Brennweitenverhältnis 2 : 3, so folgen für die drei Möglichkeiten die Brennweitenverhältnisse

$$1{,}33 : 2 : 3.$$

Das ist die tiefere Bedeutung dieses Satzobjektives.

Typ	Doppelanastigmat (Hinterglied)					(12)	Abb. 93 S. 171
r	— 11,7	— 4,7	+ 12,9	— 10,9		„Goerz-Dagor“	
s_1	d	1,1	0,4	1,7		E. von Höegh	
∞	n	1,5150	1,5680	1,6131		1 : 8	$2\sigma_B$ = ca. 60°
s_{B_1}							
— 1,3	ν	56,4	52,9	57,0		DRP. 74 437 (1892)	

Fläche Nr.	1	2	3	4		Σ	Σ
$(f/h_1)\,\varepsilon'_\nu$	—5,642	—18,408	+11,329	— 11,099			
$(f/h_1)\,\sigma'_\nu$	— 2,905	— 3,548	— 3,219	+ 1,000			
$\varepsilon'_{B_\nu}/\sigma_{B_1}$	— 0,587	— 0,249	— 0,846	— 0,558			Doppel-objektiv für
$\sigma'_{B_\nu}/\sigma_{B_1}$	+ 0,698	+ 0,689	+ 0,664	+ 0,877			$\beta' = -1$
ω_ν							
p_ν	— 0,105	— 0,014	+ 0,075	— 0,050			
H	— 140,1	— 296,6	+ 93,3	+ 406,2		+ 62,8	+ 23,2
C	+ 14,57	— 4,01	+ 6,97	— 20,43		+ 5,12	0
A	— 1,515	— 0,054	+ 0,521	+ 1,028		— 0,020	— 0,023
P	— 2,905	— 0,475	+ 0,138	+ 3,487		+ 0,245	+ 0,279
S	— 4,420	— 0,529	+ 0,659	+ 4,514		+ 0,225	+ 0,256
W	— 5,935	— 0,583	+ 1,180	+ 5,542		+ 0,205	+ 0,233
M	— 7,450	— 0,638	+ 1,701	+ 6,570		+ 0,185	+ 0,210
D	+ 0,460	+ 0,007	+ 0,049	— 0,227		+ 0,289	0
						äquiv. ν	äquiv. ν
$1000 \cdot \Delta\,(s')$	— 51,4	— 24,1	— 3,5	+ 74,0		— 200	— 175
$\Delta\, y'/y'\,^0/_{00}$	— 5,36	— 0,34	+ 0,27	+ 4,09		— 1,34	0

Von den beiden Kittflächen ist die eine (r_2) zerstreuend, die andere (r_3) sammelnd. Die zerstreuende Kittfläche führt die ausschlaggebende Überkorrektion zur möglichsten Behebung des Öffnungsfehlers ein, indem die Aperturstrahlen dort große Einfallswinkel und Brechungswinkel ε'_2 bekommen. Aus diesem Grund ist die zerstreuende Fläche hohl zur Blende. Die andere Kittfläche ist konvex zur Blende. Die Hauptstrahlen haben daher große Einfalls- und Brechungswinkel ε'_{B_3}, so daß die Bildfeldfehler von ihr kräftig beeinflußt werden. Zudem ist diese Kittfläche sammelnd, so daß sie die anastigmatische Bildfeldebnung ermöglicht.

Da die Koma der Objektivhälfte nicht auskorrigiert ist, eignet sich die Dagorhälfte nur schlecht zur Alleinverwendung. Der Errechner des Objektivs hat sein Augenmerk auch nur auf die Benutzung als Doppelobjektiv gerichtet. Dieses ist dann auch tatsächlich sehr gut.

Typ	Doppelanastigmat (Hinterglied)				*(13)*	Abb. 94, S. 172
r	— 15,0	+ 36,4	— 6,9	— 15,6	„*Zeiss-Doppelanastigmat*“	
s_1 / ∞	d: 0,8	2,0	2,2		P. RUDOLPH	
	n: 1,4967	1,6128	1,6570		1 : 6,3	$2\,\sigma_{B_1} = 56°$
s_{B_1} / — 1,4	ν: 65,0	49,4	36,3		DRP. 196 734 (1906)	

Fläche Nr.	1	2	3	4		Σ	Σ
$(f/h_1)\,\varepsilon'_\nu$	— 4,50	+ 4,70	— 13,22	— 8,15			
$(f/h_1)\,\sigma'_\nu$	— 2,24	— 1,36	— 2,23	+ 1,00			
$\varepsilon'_{B_\nu}/\sigma_{B_1}$	— 0,606	— 0,699	— 0,170	— 0,566		Objektivhälfte	Doppelobjektiv $\beta' = -1$
$\sigma'_{B_\nu}/\sigma_{B_1}$	+ 0,699	+ 0,645	+ 0,641	+ 0,864			
ω_ν							
p_ν	— 0,134	+ 0,149	— 0,013	— 0,069			
H	— 67,9	+ 19,5	— 94,8	+ 172,1		+ 29,0	+ 11,3
C	+ 9,13	+ 2,90	+ 1,21	— 11,96		+ 1,30	0
A	— 1,228	+ 0,432	— 0,016	+ 0,831		+ 0,019	+ 0,022
P	— 2,237	+ 0,134	— 0,242	+ 2,570		+ 0,224	+ 0,259
S	— 3,465	+ 0,565	— 0,258	+ 3,401		+ 0,243	+ 0,281
W	— 4,694	+ 0,997	— 0,274	+ 4,232		+ 0,262	+ 0,303
M	— 5,922	+ 1,429	— 0,289	+ 5,062		+ 0,280	+ 0,325
D	+ 0,466	+ 0,084	+ 0,003	— 0,236		+ 0,317	0
						äquiv. ν	äquiv. ν
$1000 \cdot \Lambda\,(s')$	— 34,5	+ 20,0	— 74,7	+ 98,3		+ 109	+ 94
$\Lambda\, y'/y'\ {}^0/_{00}$	— 4,63	— 2,97	— 0,96	+ 6,83		— 1,73	0

Bei diesem Doppelanastigmat ist die Reihenfolge der Gläser, verglichen mit der beim Dagor *(12)* umgestellt. Hochbrechendes Kron, das beim Dagor in der letzten Linse steht, ist hier für die Mittellinse verwendet und Flint steht dafür hinten. Die zur Blende konvexe sammelnde Kittfläche ist in obiger Zusammenstellung nunmehr Fläche 2, die zerstreuende Kittfläche ist Fläche 3. Das Korrektionsprinzip ist unter Beachtung dieser Umstellung dasselbe wie beim Dagor.

Typ	Doppelanastigmat (Hinterglied)				
r	— 14,3	— 8,5	— 8,1	+ 42,0	— 14,7

s_1					
	d	1,2	0,1	0,7	2,7
∞	n	1,5399		1,5160	1,6101
s_{B_1}					
— 1,9	ν	59 4		51,8	58,8

(14)	Abb. 96 S. 172
„*Goerz-Doppelanastigmat*“	
E. von Höegh	
1 : 6	$2\,\sigma_{B_1} = 56°$
DRP. 107 358 (1899)	

Fläche Nr.	1	2	3	4	5	Σ	Σ
$(f/h_1)\,\varepsilon'_\nu$	— 4,12	— 13,37	— 9,19	+ 4,19	— 7,74	Ob-jektiv-hälfte	Doppel-objektiv $\beta' = -1$
$(f/h_1)\,\sigma'_\nu$	— 2,22	+ 2,47	— 2,22	— 1,94	+ 1,00		
$\varepsilon'_{B_\nu}/\sigma_{B_1}$	— 0,562	— 0,577	— 0,364	— 0,743	— 0,508		
$\sigma'_{B_\nu}/\sigma_{B_1}$	+ 0,696	+ 0,899	+ 0,713	+ 0,664	+ 0,856		
ω_ν							
p_ν	— 0,135	— 0,043	— 0,039	+ 0,175	— 0,065		
H	— 60,1	+ 745,8	— 807,0	+ 13,0	+ 150,3	+ 41,8	+ 16,6
C	+ 8,12	— 31,78	+ 31,59	+ 2,27	— 9,75	+ 0,445	0
A	— 1,096	+ 1,355	— 1,236	+ 0,399	+ 0,632	+ 0,054	+ 0,063
P	— 2,249	+ 3,757	— 3,798	+ 0,089	+ 2,348	+ 0,147	+ 0,172
S	— 3,345	+ 5,112	— 5,035	+ 0,488	+ 2,980	+ 0,201	+ 0,235
W	— 4,440	+ 6,467	— 6,271	+ 0,887	+ 3,613	+ 0,255	+ 0,298
M	— 5,536	+ 7,821	— 7,507	+ 1,286	+ 4,245	+ 0,309	+ 0,361
D	+ 0,452	— 0,218	+ 0,197	+ 0,086	— 0,193	+ 0,323	0
						äquiv. ν	äquiv. ν
$1000 \cdot \Lambda\,(s')$	— 37,9	+ 82,3	— 95,2	— 1,1	+ 55,7	+ 257	+ 220
$\Lambda\, y'/y'$ ‰	— 5,1	+ 3,5	— 3,7	+ 0,2	+ 3,6	— 1,5	0

Dieses Objektiv ist aus dem Dagor *(12)* abgeleitet worden, indem dessen zerstreuende Kittfläche durch eine dünne zerstreuende Luftlinse (2. und 3. Fläche) ersetzt wurde. Das bringt nach der Erkenntnis von E. v. Höegh Vorteile mit sich, weil man die Luftlinse unter Beibehaltung ihrer Brechkraft durchbiegen kann. Dieser zusätzliche Freiheitsgrad ermöglicht es nun, die Brechungszahl in der zerstreuenden Linse (3. und 4. Fläche) möglichst weit herabzusetzen, ohne daß die für die Behebung des Öffnungsfehlers notwendige Überkorrektionswirkung der dünnen Luftlinse beeinträchtigt wird. Gleichzeitig kann man aus demselben Grunde die Brechungszahl der Meniskuslinse (1. und 2. Fläche) wesentlich erhöhen. Dadurch gelingt es, neben der schon beim Dagor möglich gewesenen anastigmatischen Bildfeldebnung auch die Koma der Objektivhälfte vollständig zu korrigieren, so daß man sogar mit der Hälfte allein als Satzobjektiv Aufnahmen machen kann.

Diese Modifikation des Dagor ist als Grundtyp für eine große Zahl von sehr leistungsfähigen Anastigmaten aufzufassen. Besonders ist er von P. Rudolph im Plasmat der Firma Meyer verwertet worden, wo es sogar möglich wurde, die Gauss-Bedingung zu erfüllen. Als typisches Beispiel für eine moderne Ausführungsform dieses Typs bringen wir nachstehend die Analyse des Zeiss-Orthometar *(15)*, das bei der relativen Öffnung 1 : 4,5 das Bildfeld $2\,\sigma_B = 69°$ bemerkenswert verzeichnungsfrei auszeichnet, so daß es für Bildmeßzwecke gute Dienste leistet. Die Firma Ross hat auf diesen modifizierten Dagor-Typ ihr Wide Angle Xpres f: 4 gegründet[1].

Nicht unerwähnt bleiben darf die andere Möglichkeit, das Dagor durch eine Luftlinse aufzuspalten, nämlich an Stelle der sammelnden Kittfläche eine sammelnde Luftlinse einzuführen. Auch diese Abart des Dagor gewährt größere Freizügigkeit bei der Korrektion und dementsprechende Leistungssteigerungen. Als ein bekannter Vertreter sei das Leitzsche Mikrosummar erwähnt.

[1] E. P. 295 519 (1928).

Typ		Doppelanastigmat					
r		+ 25,9	— 96,1	+ 18,4	+ 23,8	+ 35,5	— 33,1
s_1	d	5,1	2,3	0,8	3,5	2,9 + 2,8	4,0
∞	n	1,6109	1,5399		1,5606	Blende	1,5606
	ν	55,8	47,4		61,1		61,1
Fläche Nr.		1	2	3	4	5	6
$(f/h_1)\ \varepsilon'_\nu$		+ 2,42	— 2,56	+ 5,06	+ 2,54	+ 1,83	— 1,97
$(f/h_1)\ \sigma'_\nu$		+ 1,48	+ 1,59	— 0,18	+ 1,24	+ 0,64	— 0,56
$\varepsilon'_{B_\nu}/\sigma_{B_1}$		— 0,302	— 0,953	— 0,719	— 0,541	— 1,103	— 0,694
$\sigma'_{B_\nu}/\sigma_{B_1}$		+ 0,816	+ 0,858	+ 1,110	+ 0,806	+ 1,201	+ 0,796
ω_ν							
p_ν		+ 0,125	— 0,372	+ 0,142	+ 0,213	+ 0,605	— 0,360
H		+ 13,87	+ 1,66	— 27,61	+ 13,60	— 0,60	— 6,99
C		+ 1,733	— 0,619	— 3,923	+ 2,904	— 0,361	+ 2,513
A		+ 0,216	+ 0,231	— 0,557	+ 0,620	— 0,218	— 0,903
P		+ 1,476	+ 0,030	— 1,920	+ 1,521	— 1,020	— 1,094
S		+ 1,692	+ 0,261	— 2,478	+ 2,141	— 1,238	— 1,997
W		+ 1,909	+ 0,491	— 3,035	+ 2,761	— 1,457	— 2,900
M		+ 2,125	+ 0,722	— 3,593	+ 3,381	— 1,675	— 3,804
D		+ 0,211	— 0,097	— 0,352	+ 0,457	— 0,750	+ 0,718
$1000 \cdot \Lambda\,(s')$		+ 26,5	— 2,2	— 33,3	+ 20,7	— 9,1	— 14,6
$\Lambda\, y'/y'\ ^0/_{00}$		— 3,31	— 0,81	+ 4,73	— 4,41	+ 5,50	— 5,27

(unsymmetrisch)				*(15)*	Abb. 115, S. 184	
— 22,7	— 18,1	+ 77,4	— 25,4	„*Zeiss-Orthometar*“		
4,0	1,6	1,9	5,6			
1,5606		1,5399	1,6109	W. Merté		
				1 : 4,5	$2\,\sigma_{B_1} = 69^\circ$	
61,1		47,4	55,8	EP. 278 338 (1926)		
7	8	9	10	Σ		
— 4,99 + 1,27	— 3,78 — 0,84	+ 1,77 — 0,75	— 4,45 + 1,00			
— 0,806 + 1,096	— 0,413 + 0,874	— 0,960 + 0,831	— 0,406 + 0,984			
— 0,162	— 0,109	+ 0,544	— 0,092			
+ 33,23 — 5,380 + 0,871 + 1,595 + 2,466 + 3,337 + 4,209 — 0,399	— 48,66 + 5,322 — 0,582 — 1,952 — 2,534 — 3,116 — 3,698 + 0,277	+ 0,49 + 0,264 + 0,144 + 0,037 + 0,181 + 0,325 + 0,468 + 0,098	+ 24,40 — 2,234 + 0,205 + 1,505 + 1,709 + 1,914 + 2,118 — 0,156	+ 3,40 + 0,222 + 0,025 + 0,178 + 0,203 + 0,228 + 0,252 + 0,007		
+ 24,4 + 3,96	— 35,1 — 3,84	— 1,4 + 0,77	+ 26,2 + 2,40	äquiv. ν + 471 — 0,28		

Typ		Doppelanastigmat (Hinterglied)				*(16)*	Abb. 95 S. 172
r		— 18,1	+ 7,3	+ 13,0	— 16,7	„*Steinheil-Orthostigmat*"	
s_1	d		0,5	2,25	2,25		
∞	n		1,5717	1,5385	1,6097		
s_{B_1}						1 : 7	$2\,\sigma_{B_1} = 56°$
— 2,6	ν		46,0	55,4	49,2	etwa 1900	

Fläche Nr.	1	2	3	4	Σ	Σ
$(f/h_1)\,\varepsilon'_\nu$ $(f/h_1)\,\sigma'_\nu$	— 3,523 — 2,018	+ 16,23 — 2,360	+ 10,1 — 1,892	— 7,65 + 1,000		
$\varepsilon'_{B_\nu}/\sigma_{B_1}$ $\sigma'_{B_\nu}/\sigma_{B_1}$	— 0,545 + 0,689	— 1,116 + 0,713	— 1,015 + 0,665	— 0,489 + 0,851	Ob- jektiv- hälfte	Doppel- objektiv $\beta' = -1$
ω_ν p_ν	— 0,155	— 0,069	+ 0,101	+ 0,064		
H	— 39,38	—158,53	+100,39	+140,44	+ 42,92	+ 17,4
C	+ 6,08	— 10,89	+ 10,09	— 8,98	— 3,69	0
A	— 0,940	— 0,748	+ 1,015	+ 0,575	— 0,099	— 0,116
P	— 2,016	— 0,189	+ 0,222	+ 2,275	+ 0,293	+ 0,345
S	— 2,956	— 0,937	+ 1,236	+ 2,850	+ 0,194	+ 0,229
W	— 3,896	— 1,685	+ 2,251	+ 3,425	+ 0,095	+ 0,113
M	— 4,837	— 2,432	+ 3,266	+ 3,999	— 0,004	— 0,003
D	— 0,457	— 0,064	+ 0,124	— 0,182	— 0,579	0
					äquiv. ν	äquiv. ν
$1000 \cdot \Delta\,(s')$	— 43,8	— 40,0	+ 23,6	+ 65,0	+ 210	+ 179
$\Delta\,y'/y'$ ‰	— 6,77	+ 2,75	— 2,37	— 4,15	— 2,24	0

Verglichen mit dem Dagor *(12)* sind infolge der Gläserumstellung beim Orthostigmat die Winkel ε'_ν kleiner, infolgedessen werden die Teilkoeffizienten H_ν ebenfalls kleiner, desgleichen der Gesamtöffnungsfehler $\Sigma\,H_\nu$. Dadurch bekommt der Öffnungsfehler einen bemerkenswerten kleinen Zonenfehler. Der Astigmatismus ist stärker überkorrigiert als beim Dagor. Dadurch ist das meridionale Bildfeld selbst bemerkenswert eben, jedoch überschneiden sich die beiden astigmatischen Bildschalen nicht. Das Korrektionsprinzip ist grundsätzlich das gleiche wie beim Dagor.

Typ		Doppelanastigmat (Hinterglied)				*(17)*	Abb. 97, S. 172
r		— 29,6	+ 36,6	+ 53,9	— 24,4	„*Goerz-Syntor (Celor)*“	
s_1	d	0,9	0,7	2,0			
∞	n	1,5356		1,6112		E. VON HÖEGH	
s_{B_1}						1 : 7,6	$2\,\sigma_{B_1} = 61°$
— 2,5	ν	50,9		58,6		DRP. 109 283 (1898)	

Fläche Nr.	1	2	3	4	Σ Objektivhälfte	Σ Doppelobjektiv $\beta' = -1$
$(f/h_1)\,\varepsilon'_\nu$	— 4,09	+ 11,24	+ 6,00	— 9,09		
$(f/h_1)\,\sigma'_\nu$	— 2,19	— 6,12	— 2,45	+ 1,00		
$\varepsilon'_{B_\nu}/\sigma_{B_1}$	— 0,60	— 1,18	— 0,72	— 0,71		
$\sigma'_{B_\nu}/\sigma_{B_1}$	+ 0,684	+ 1,095	+ 0,648	+ 0,922		
ω_ν						
p_ν	— 0,146	+ 0,104	+ 0,120	— 0,078		
H	— 56,5	— 601,6	+ 447,0	+ 220,4	+ 9,33	+ 2,97
C	+ 8,23	— 62,81	+ 53,62	— 17,12	— 18,08	0
A	— 1,198	— 6,557	+ 6,431	+ 1,329	+ 0,006	+ 0,007
P	— 2,193	— 1,774	+ 1,310	+ 2,895	+ 0,238	+ 0,258
S	— 3,391	— 8,331	+ 7,742	+ 4,224	+ 0,244	+ 0,265
W	— 4,589	—14,888	+14,173	+ 5,552	+ 0,249	+ 0,272
M	— 5,786	—21,444	+20,604	+ 6,881	+ 0,255	+ 0,279
D	+ 0,494	— 0,870	+ 0,929	— 0,328	+ 0,224	0
					äquiv. ν	äquiv. ν
$1000 \cdot \Delta\,(s')$	— 43,12	— 78,04	+ 64,80	+ 62,30	+ 168	+ 155
$\Delta\,y'/y'\ ^0/_{00}$	— 7,49	+ 5,77	— 5,38	+ 8,65	+ 1,55	0

Das System ist vom Typus eines Orthostigmaten *(16)*, bei dem jedoch die Mittellinse in Brechung und Dispersion bis an die Grenze des Möglichen heruntergesetzt, d. h. als Luftlinse ausgebildet ist. Dadurch wird die Objektivhälfte nur noch zweilinsig und die fertigungstechnische Schwierigkeit des genügend genau zentrierten Verkittens von drei Linsen ist umgangen. Die Syntorhälfte ist ein Neuachromat ohne Kittfläche, jedoch mit Luftzwischenlinse. Letztere wirkt zerstreuend (vgl. σ'_3 mit σ'_1). Dadurch ist es möglich, den anastigmatischen Neuachromaten auch im Öffnungsfehler zu korrigieren.

Verglichen mit der Orthostigmat-Hälfte ist aber die Koma der Syntor-Hälfte sehr erheblich. Daher ist das Syntor-Doppelobjektiv für die Abbildung unendlich entfernter Objekte gegenüber dem Orthostigmat im Nachteil. Der zweilinsige unverkittete Syntor-Typ ist eben nicht komatisch korrigierbar, wenn Astigmatismus und Bildfeldwölbung behoben werden. Man kann aber die Koma des Doppelobjektivs ausreichend korrigieren, wenn man von der Symmetrie des Syntor abgeht. Das ist beim Dogmar *(18)* erstmalig geschehen (siehe dieses).

Typ		Doppelanastigmat				
r		+ 43,5	— 70,4	— 55,9	+ 163,9	— 41,7
s_1	d	5,2	1,6	2,1	5,0 + 7,0	1,8
∞	n	1,6141		1,6051	Blende	1,5513
	ν	56,5		38,1		45,2

Fläche Nr.	1	2	3	4	5
$(f/h_1)\ \varepsilon'_\nu$	+ 1,424	— 3,600	— 2,422	— 0,365	— 1,816
$(f/h_1)\ \sigma'_\nu$	+ 0,874	+ 2,244	+ 0,778	+ 0,916	— 0,085
$\varepsilon'_{B_\nu}/\sigma_{B_1}$	— 0,431	— 1,406	— 0,874	— 1,131	— 0,627
$\sigma'_{B_\nu}/\sigma_{B_1}$	+ 0,736	+ 1,272	+ 0,741	+ 1,167	+ 0,823
ω_ν	1	0,955	0,919	0,902	0,792
p_ν	+ 0,303	— 0,391	— 0,361	— 3,105	— 0,345
H	+ 2,850	+ 20,956	— 24,311	+ 0,052	— 6,080
C	+ 0,863	— 8,185	+ 8,784	— 0,160	+ 2,100
A	+ 0,261	+ 3,197	— 3,174	+ 0,498	— 0,725
P	+ 0,873	+ 0,540	— 0,673	— 0,230	— 0,851
S	+ 1,135	+ 3,736	— 3,847	+ 0,268	— 1,576
W	+ 1,396	+ 6,933	— 7,021	+ 0,765	— 2,301
M	+ 1,678	+ 10,130	— 10,195	+ 1,263	— 3,027
D	+ 0,344	— 1,459	+ 1,390	— 0,832	+ 0,544
$1000 \cdot \Lambda\,(s')$	+ 15,47	+ 23,13	— 35,28	+ 3,25	— 17,52
$\Lambda\, y'/y'\ ‰$	— 4,69	+ 9,03	— 12,75	+ 10,10	— 6,05

Da bei der Syntor-Hälfte *(17)* die Koma sehr groß ausfiel, wenn auf anastigmatische Bildfeldebnung korrigiert wurde, so ließ sich aus zwei Syntor-Hälften kein für unendliche Dingweite komafreies System zusammensetzen. Der Typus des zweilinsigen Neuachromaten mit Luftzwischenlinse muß den Komafehler in Kauf nehmen. Deshalb ist beim Dogmar absichtlich eine *Unsymmetrie* eingeführt, derzufolge die Hälfte vor der Blende und die Hälfte hinter der Blende Teilsummen der Bildfehler H, A, P, S, W, M und $\Lambda\, s'$ mit verschiedenen

(unsymmetrisch)			(18)		
+ 41,7	+ 78,1	— 34,4			
1,8	3,6	5,7	„*Goerz-Dogmar*"		
1,5513		1,6141	W. ZSCHOKKE		
			1 : 3,5	$2\,\sigma_{B_1} = 47^\circ$	
45,2		56,5	DRP. 202 083 (1907)		
6	7	8	Σ	Σ	Σ
+ 3,088 — 1,183	+ 1,397 — 0,325	— 3,488 + 1,002			
— 1,634 + 1,402	— 0,986 + 0,798	— 0,384 + 0,944			
0,794 + 0,530	0,837 + 0,707	0,855 — 0,110	Doppel- objektiv	Vorder- glied	Hinter- glied
— 8,500 — 4,507 — 2,390 — 0,851 — 3,241 — 5,631 — 8,021 — 1,719	+ 4,150 + 2,935 + 2,075 + 0,486 + 2,562 + 4,637 + 6,712 + 1,811	+ 12,459 — 1,374 + 0,152 + 1,104 + 1,256 + 1,407 + 1,559 — 0,138	+ 1,576 + 0,456 — 0,107 + 0,398 + 0,292 + 0,185 + 0,078 — 0,059	— 0,453 + 1,302 + 0,782 + 0,510 + 1,292 + 2,074 + 2,856 — 0,557	+ 2,029 — 0,846 — 0,889 — 0,112 — 1,000 — 1,889 — 2,778 + 0,498
— 19,24 + 10,20	+ 12,69 — 8,97	+ 20,07 + 2,21	äquiv. ν + 388 — 0,91	äquiv. ν + 152 + 1,69	äquiv. ν — 250 — 2,60

Vorzeichen bekommen. Dieses Prinzip der Anhäufung von Teilfehlern entgegengesetzten Vorzeichens ist für die Gesamtkorrektion eines optischen Systems insofern noch besonders vorteilhaft, weil man dann auch die Fehler höherer Ordnung (Zonenfehler) verbessern kann. Tatsächlich hat das Dogmar eine ganz hervorragende Korrektion, auch in bezug auf die Zonenfehler, so daß es bis 300 mm Brennweite mit dem Öffnungsverhältnis 1 : 4,5 ausgeführt werden konnte.

Typ	Anastigmate aus drei Gliedern in der Reihenfolge „sammelnd — zerstreuend — Blende — sammelnd" mit sammelnder Kittfläche im letzten Glied							(19)	Abb. 102 S. 178
r	+20,1	∞	—66,0	+18,8	—81,1	+20,3	—33,6	„*Zeiss-Tessar*"	
s_1 d	3,1	1,7	1,0	2,4+1,9	1,0	3,1		P. Rudolph	
∞ n	1,6116		1,5831	Blende	1,5234	1,6073		1 : 6,3	$2\,\sigma_{B_1} = 60°$
ν	58,6		46,2		51,2	56,7		Z. Instrkd. 27 (1907) S. 79.	

Fläche Nr.	1	2	3	4	5	6	7	Σ
$(f/h_1)\ \varepsilon'_\nu$	+3,115	—3,073	—2,880	+5,160	— 0,427	+4,900	— 3,743	
$(f/h_1)\ \sigma'_\nu$	+1,903	+3,073	+1,438	—0,463	—0,686	—0,416	+1,000	
$\varepsilon'_{B_\nu}/\sigma_{B_1}$	—0,375	—1,241	—0,819	—0,984	—0,724	—0,845	—0,886	
$\sigma'_{B_\nu}/\sigma_{B_1}$	+0,771	+1,241	+0,766	+1,128	+0,750	+0,702	+1,037	
ω_ν p_ν	+0,120	—0,406	—0,292	+0,190	—1,690	+0,173	—0,237	
H	+29,79	+16,77	— 37,78	—31,97	+0,0045	+10,71	+16,17	+3,696
C	+3,583	—6,817	+11,041	—6,093	-0,0076	+1,848	—3,826	—0,265
A	+0,431	+2,771	—3,226	—1,161	+0,013	+0,319	+0,905	+0,051
P	+1,905	0	—0,563	—1,976	— 0,427	+0,170	+1,135	+0,243
S	+2,336	+2,771	— 3,789	—3,137	—0,415	+0,489	+2,040	+0,294
W	+2,767	+5,542	—7,015	—4,298	—0,402	+0,808	+2,945	+0,346
M	+3,198	+8,313	-10,241	—5,459	—0,389	+1,127	+3,850	+0,397
D	+0,281	—1,126	+1,107	— 0,598	+0,701	+0,084	—0,483	—0,034
								äquiv. ν
$1000 \cdot \Lambda\,(s')$	+32,5	+18,7	—32,4	—36,0	—3,90	+1,81	+23,8	+222
$\Lambda\, y'/y'$ ‰	—3,91	+7,56	—9,19	+6,86	—6,60	—0,31	+5,64	+0,05

Typ	Cooke-lens					
r	+ 19,4	— 128,3	— 57,8	+ 18,2	+ 311,3	— 66,4

s_1 / ∞						
d	4,3	1,6	0,9	2,0+10,9	3,0	
n	1,6110		1,5754	Blende	1,6110	
ν	56,3		41,7		56,3	

(20)

„Taylor, Taylor & Hobson Triplett“

H. D. TAYLOR

1 : 5,6 | $2\sigma_{B_1} = 68°$

DRP. 86 757 (1895)

Fläche Nr.	1	2	3	4	5	6	Σ
$(f/h_1)\ \varepsilon'_\nu$	+ 3,22	— 4,33	— 3,24	+ 4,60	+ 0,127	— 2,26	
$(f/h_1)\ \sigma'_\nu$	+ 1,97	+ 3,60	+ 1,74	+ 0,065	+ 0,143	+ 1,00	
$\varepsilon'_{B_\nu}/\sigma_{B_1}$	— 0,346	— 1,333	— 0,855	— 1,057	— 0,763	— 0,795	
$\sigma'_{B_\nu}/\sigma_{B_1}$	+ 0,787	+ 1,293	+ 0,801	+ 1,188	+ 0,722	+ 1,023	
ω_ν							
p_ν	+ 0,108	— 0,308	— 0,264	+ 0,230	+ 6,001	— 0,352	
H	+ 32,95	+ 41,07	— 56,10	— 17,38	+0,0008	+ 3,87	+ 4,40
C	+ 3,542	- 12,659	+ 14,808	— 3,995	+ 0,005	— 1,362	+ 0,339
A	+ 0,381	+ 3,902	— 3,908	— 0,918	+ 0,030	+ 0,480	— 0,034
P	+ 1,969	+ 0,298	— 0,636	— 2,021	+ 0,123	+ 0,575	+ 0,307
S	+ 2,350	+ 4,200	— 4,545	— 2,940	+ 0,152	+ 1,055	+ 0,273
W	+ 2,731	+ 8,102	— 8,453	— 3,858	+ 0,182	+ 1,535	+ 0,240
M	+ 3,112	+ 12,004	- 12,361	— 4,776	+ 0,212	+ 2,015	+ 0,206
D	+ 0,253	— 1,294	+ 1,199	— 0,676	+ 0,915	— 0,372	+ 0,025
							äquiv. ν
$1000 \cdot \Lambda(s')$	+ 35,0	+ 26,8	— 35,1	— 31,0	+ 1,15	+ 12,66	+ 115
$\Lambda\ y'/y'\ ‰$	— 3,77	+ 8,25	— 9,26	+ 7,13	— 6,91	+ 4,45	— 0,11

Typ	Triplett						(21)	Abb. 103 S. 178
r	+ 40,1	— 537	— 47,0	+ 40,0	+ 234,5	— 37,9	*„Taylor, Taylor & Hobson-Triplett"*	
s_1 / d	6,0	10,0	1,0	4,0+6,8	6,0			
∞ / n_d	1,613		1,621	Blende	1,613		H. W. Lee	
							1 : 3	$2\,\sigma_{B_1} = 43°$
ν	58,5		36,2		58,5		Brit. Pat. 155640 (1919)	

Fläche Nr.	1	2	3	4	5	6	Σ		
$(f/h_1)\,\varepsilon'_\nu$	+ 1,539	— 1,802	— 2,023	+ 2,532	+ 0,593	— 3,250			
$(f/h_1)\,\sigma'_\nu$	+ 0,944	+ 1,628	+ 0,371	— 0,599	— 0,235	+ 1,000			
$\varepsilon'_{B_\nu}/\sigma_{B_1}$	— 0,060	— 1,643	— 1,073	— 1,281	— 0,909	— 0,765			
$\sigma'_{B_\nu}/\sigma_{B_1}$	+ 0,961	+ 1,587	+ 0,932	+ 1,423	+ 0,867	+ 1,159			
ω_ν									
p_ν	+ 0,039	— 0,911	— 0,531	+ 0,506	+ 1,533	— 0,235			
H	+ 3,61	+ 3,21	— 11,78	— 4,12	+ 0,35	+ 10,36	+ 1,62		
C	+ 0,141	— 2,925	+ 6,255	— 2,089	+ 0,535	— 2,437	— 0,520		
A	+ 0,055	+ 2,664	— 3,320	— 1,058	+ 0,820	+ 0,573	— 0,264		
P	+ 0,944	+ 0,071	— 0,812	— 0,954	+ 0,161	+ 0,999	+ 0,410		
S	+ 1,000	+ 2,735	— 4,132	— 2,012	+ 0,981	+ 1,573	+ 0,145		
W	+ 1,055	+ 5,399	— 7,452	— 3,070	+ 1,801	+ 2,146	— 0,119		
M	+ 1,110	+ 8,063	- 10,772	— 4,128	+ 2,621	+ 2,719	— 0,384		
D	+ 0,039	— 2,491	+ 2,193	— 1,019	+ 1,505	— 0,370	— 0,143		
							äquiv. ν		
$1000 \cdot \Delta\,(s')$	+ 16,10	+ 11,06	— 27,1	— 20,8	+ 5,21	+ 18,0	+ 405		
$\Delta\,y'/y'\,^0/_{00}$	— 0,63	+ 10,07	— 12,61	+ 9,24	— 7,02	+ 3,72	+ 2,77		

Die Korrektion der Farbfehler wird bei diesem Typ durch zweckentsprechende Verteilung der Brechkraftwerte auf die Einzellinsen erreicht. Mit den Durchbiegungen werden Öffnungsfehler, Koma und Astigmatismus korrigiert.

Wegen des großen Wertes von p an der 5. Fläche ist diese Fläche für alle Bildfehler in schiefen Bündeln sehr empfindlich. Demgegenüber ist an der 1. Fläche p so klein, daß sie praktisch nur für den Öffnungsfehler, den Farbortsfehler und die PETZVALsumme von Belang ist. Die zerstreuende Mittellinse darf wegen ihres größeren Abstandes von der Frontlinse und der dadurch bedingten Einschnürung des axialen Bündels an dieser Stelle eine ziemlich starke negative Brechkraft haben, was neben der Glaswahl für die Erfüllung der PETZVAL-Bedingung, also für die Bildfeldebnung günstig ist. Das Schwergewicht der Korrektion liegt für alle Bildfehler wesentlich in der stark zerstreuenden Mittellinse. Die Krümmungen dieses Typs lassen sich relativ flach halten, so daß ein ziemlich großes Öffnungsverhältnis möglich ist, was auch für eine rationale Herstellung günstig ist, so daß er bei großen und kleinen Fabrikanten sehr beliebt ist.

Typ	Triplett				
r	+ 41,0	+ 25,8	— 583,8	— 44,8	+ 44,8
s_1 / d	1,6	3,6	8,1	1,6	3,0+5,1
∞ / n	1,5638	1,6080		1,5638	Blende
ν	42,8	56,7		42,8	
Fläche Nr.	1	2	3	4	5
$(f/h_1)\,\varepsilon'_\nu$	+ 1,559	+ 2,861	— 1,806	— 2,218	+ 2,218
$(f/h_1)\,\sigma'_\nu$	+ 0,879	+ 0,960	+ 1,643	+ 0,393	— 0,407
$\varepsilon'B_\nu/\sigma B_1$	— 0,376	— 0,178	— 1,904	— 1,278	— 1,617
$\sigma'B_\nu/\sigma B_1$	+ 0,787	+ 1,149	+ 1,868	+ 1,151	+ 1,733
ω_ν	+ 1	+ 0,986	+ 0,951	+ 0,818	+ 0,812
p_ν	+ 0,242	+ 0,623	— 1,056	— 0,576	+ 0,729
H	+ 3,346	+ 0,727	+ 3,246	— 13,702	— 2,630
C	+ 0,808	+ 0,453	— 3,426	+ 7,894	— 1,917
A	+ 0,195	+ 0,282	+ 3,617	— 4,548	— 1,398
P	+ 2,437	+ 1,584	— 0,066	— 2,230	+ 0,912
S	+ 2,362	+ 1,866	+ 3,550	— 6,778	— 0,485
W	+ 2,828	+ 2,149	+ 7,167	— 11,326	— 1,884
M	+ 3,023	+ 2,431	+ 10,784	— 15,874	— 3,282
D	+ 0,636	+ 1,163	— 3,748	+ 3,905	— 0,354
$1000\cdot\Lambda(s')$	+ 20,51	— 7,96	+ 11,43	— 23,86	— 15,14
$\Lambda y'/y'$ ‰	— 4,96	+ 0,35	+ 8,41	— 9,58	+ 7,74

Triplett			(22)	Abb. 104, S. 179	
+ 583,8	— 25,8	— 41,0			
3,0+5,1	3,6	1,6	„Voigtländer Heliar“		
Blende	1,6080	1,5638	H. HARTING		
			1 : 4	$2\sigma_{B_1} = 54^\circ$	
	56,7	42,8	DRP. 124 934 (1900)		
6	7	8	Σ		
+ 0,343 — 0,199	— 3,191 — 0,111	— 3,083 + 1,000			
— 1,088 + 1,073	— 0,599 + 1,088	— 1,155 + 1,505			
+ 0,845 + 3,168	+ 0,852 — 0,188	+ 0,854 — 0,375			
+ 0,073 + 0,231 + 0,733 + 0,171 + 0,904 + 1,636 + 2,369 + 2,863	+ 1,116 — 0,210 + 0,039 — 1,498 — 1,458 — 1,419 — 1,380 + 0,274	+ 8,694 — 3,257 + 1,220 — 0,997 + 0,224 + 1,444 + 2,664 — 0,084	+ 0,870 + 0,577 + 0,141 + 0,313 + 0,454 + 0,594 + 0,735 + 4,655		
+ 3,10 — 6,88	— 7,46 — 0,98	+ 22,13 + 5,81	äquiv. ν + 363 — 0,10		

Typ		Lichtstarke Triplettabkömmlinge					
r		+ 48,0	— 70,4	∞	+ 40,8	— 38,3	+ 75,3
s_1	d	13,3	1,7	0,5	13,3	1,5	4,1 + 2,1
∞	n	1,6102	1,6728		1,6043	1,5933	Blende
	n_F—n_C	0,01038	0,02100		0,01223	0,00976	
	ν	58,8	32,0		49,4	60,8	
Fläche Nr.		1	2	3	4	5	6
$(f/h_1)\ \varepsilon'_\nu$		+ 1,29	— 1,98	— 1,19	+ 0,59	— 3,32	— 1,14
$(f/h_1)\ \sigma'_\nu$		+ 0,79	+ 0,71	+ 1,19	+ 1,55	+ 1,57	+ 2,00
$\varepsilon'_{B_\nu}/\sigma_{B_1}$		— 0,121	— 1,251	— 1,468	— 0,546	— 1,381	— 1,673
$\sigma'_{B_\nu}/\sigma_{B_1}$		+ 0,926	+ 0,877	+ 1,468	+ 1,136	+ 1,146	+ 1,769
ω_ν		1	0,895	0,883	0,877	0,670	0,647
p_ν		+ 0,094	— 0,632	— 1,234	+ 0,920	— 0,416	— 1,469
H		+ 2,114	— 0,628	+ 0,955	— 0,179	+ 0,394	+ 0,849
C		+ 0,198	+ 0,397	— 1,179	— 0,165	— 0,164	— 1,246
A		+ 0,019	— 0,251	+ 1,455	— 0,151	+ 0,068	+ 1,831
P		+ 0,788	— 0,033	0	+ 0,921	+ 0,011	— 0,493
S		+ 0,806	— 0,284	+ 1,455	+ 0,770	+ 0,080	+ 1,338
W		+ 0,825	— 0,535	+ 2,910	+ 0,619	+ 0,148	+ 3,169
M		+ 0,843	— 0,787	+ 4,364	+ 0,467	+ 0,216	+ 5,000
D		+ 0,076	+ 0,180	— 1,796	+ 0,708	— 0,033	— 1,965
$1000 \cdot \Delta(s')$		+ 13,40	— 18,10	+ 13,19	+ 6,38	+ 5,31	+ 4,52
$\Delta y'/y'$ ‰		— 1,26	— 11,45	+ 16,27	— 5,87	+ 2,21	+ 6,63

Das Ernostar entstammt der Gruppe der Tripletts. Das vordere Sammelglied des Tripletts ist in zwei sammelnde Glieder aufgespalten, deren jedes sogar noch eine Kittfläche enthält. Die Fläche 6 steht aber bereits sehr nahe der Zerstreuungslinse und hat daher auch ein niedriges ω. Deshalb ist sie konkav, so daß sie zur Erfüllung der PETZVALbedingung beitragen kann, ohne jedoch eine unerwünschte Wirkung auf den Öffnungsfehler zu haben. Im Gegenteil, der Winkel $\sigma'_6 = +\ 2{,}00$ ist so groß, daß ε'_6 negativ ausfällt, nämlich $\varepsilon'_6 = -\ 1{,}14$, wodurch $H_6 = +\ 0{,}849$ positiv, also *unter*korrigiert ist. Dadurch wirkt sie auch auf den Astigmatismus genügend unterkorrigierend (+ 1,831), so daß sie in dieser Hinsicht die nicht geringe astigmatische Überkorrektion der einzelnen Zerstreuungslinse (Fl. 7 und 8) zum größten Teil aufwiegt. Die Kittfläche 5 ist nur sehr schwach sammelnd, weil die n-Differenz an ihr klein ist. Sie hat aber für den Farbortsfehler eine nicht zu übersehende unterkorrigierende Wirkung (+ 5,31), weil die ν-Werte beiderseits von ihr unge-

mit mehr als drei Gliedern					*(23)*	Abb. 105, S. 179
— 199,6	+ 24,0	+ 68,8	— 90,8		„*Zeiss-Ikon-Ernostar*“	
4,1 + 2,1	1,0	28,3	8,3			
Blende	1,6728		1,6225		L. Bertele	
	0,02100		0,0117		1 : 2	$2\,\sigma_{B_1} = 30^0$
	32,0		53,2		DRP. 401 274 (1922)	

7	8	9	10	Σ		
— 1,35 + 1,09	+ 1,74 + 0,39	+ 0,12 + 0,46	— 1,40 + 1,00			
— 1,049 + 1,068	— 2,117 + 1,918	— 1,710 + 0,851	— 2,015 + 2,744			
0,523 — 0,776	0,512 + 1,218	0,401 + 14,44	0,363 — 0,144			
— 3,585 + 2,782 — 2,159 — 0,201 — 2,360 — 4,519 — 6,679 + 1,832	— 0,404 — 0,492 — 0,599 — 1,672 — 2,271 — 2,870 — 3,470 — 2,767	— 0,0015 — 0,022 — 0,322 + 0,556 + 0,235 — 0,087 — 0,409 + 3,387	+ 0,507 — 0,073 + 0,011 + 0,421 + 0,432 + 0,443 + 0,453 — 0,062	+ 0,021 + 0,037 — 0,099 + 0,298 + 0,199 + 0,100 0 — 0,441		
— 14,82 — 11,50	— 11,17 + 13,60	+ 0,56 — 8,03	+ 3,66 + 0,53	äquiv. ν + 344 + 1,15		

wöhnlich abgestuft sind. Das dient dazu, der starken chromatischen Überkorrektion der zerstreuenden Kittfläche 2 und der einzelnen Zerstreuungslinse (7. und 8 Fl.) anteilmäßig entgegenzuwirken. Die 9. Fläche hat sehr kleines ε'_9, daher hat sie großen Einfluß auf den Astigmatismus. Von dieser Fläche gilt das, was bei dem Kino-Petzval-Objektiv *(5)* über die 4. Fläche gesagt wurde.

Die hohe Lichtstärke des Objektivs war möglich wegen der kleinen Teilkoeffizienten H_ν. Dadurch sind die Zonenfehler sehr niedrig. Dafür ist aber der nutzbare Bildwinkel nicht sehr groß, woran die Zonenfehler im Astigmatismus bei der geringen Schärfentiefe die Schuld tragen.

Bemerkenswert erscheint der große Betrag für $\sigma'_{B_{10}}$, so daß $\beta'_B = AP/EP = \sigma_{B_1}/\sigma'_{B_{10}} = 0{,}364$ bemerkenswert klein wird, was in gewissen Fällen für die naturgetreue Perspektive günstig ist (vgl. S. 131).

Typ		Lichtstarke Triplettabkömmlinge						
r		+ 74,0	+ 287,6	+ 50,9	+ 30,3	+ 96,7	— 454,8	+ 35,4
s_1	d	12,6	0,6	6,0	14,2	4,4	3,6	6,9 + 4,0
∞	n_D	1,638		1,617	1,638		1,673	Blende
	$n_F—n_C$	0,0115		0,0160	0,0115		0,0210	
	ν	55,5		38,6	55,5		32,1	
Fläche Nr.		1	2	3	4	5	6	7
$(f/h_1)\ \varepsilon'_\nu$		+ 0,825	—0,330	+ 0,725	+ 1,727	—0,649	—0,908	+ 1,629
$(f/h_1)\ \sigma'_\nu$		+ 0,526	+ 0,655	+ 1,102	+ 1,125	+ 1,378	+ 0,766	+ 0,111
$\varepsilon'_{B_\nu}/\sigma_{B_1}$		—0,106	—1,247	—0,287	+ 0,115	—1,639	—1,143	—1,320
$\sigma'_{B_\nu}/\sigma_{B_1}$		+ 0,931	+ 1,419	+ 1,243	+ 1,244	+ 1,882	+ 1,109	+ 1,640
ω_ν		+ 1	+ 0,934	+ 0,930	+ 0,864	+ 0,704	+ 0,643	+ 0,616
p_ν		+ 0,128	—3,770	+ 0,395	—0,067	—2,519	—1,259	+ 0,811
H		+ 0,588	+ 0,034	+ 0,034	+ 0,034	+ 0,206	—1,368	—0,568
C		+ 0,075	—0,128	+ 0,014	—0,002	—0,518	+ 1,722	—0,461
A		+ 0,010	+ 0,484	+ 0,005	+ 0,000	+ 1,305	—2,168	—0,374
P		+ 0,527	—0,136	+ 0,750	+ 0,026	—0,403	—0,089	—1,137
S		+ 0,536	+ 0,348	+ 0,756	+ 0,026	+ 0,902	—2,257	—1,511
W		+ 0,546	+ 0,832	+ 0,761	+ 0,026	+ 2,207	—4,425	—1,884
M		+ 0,556	+ 1,316	+ 0,766	+ 0,027	+ 3,512	—6,593	—2,258
D		+ 0,069	—1,313	+ 0,298	—0,002	—2,272	+ 2,841	—1,225
$1000\ \Lambda\ (s')$		+ 9,5	+ 2,2	+ 10,8	—7,0	+ 3,2	—12,3	—12,6
$\Lambda\ y'/y'\ ^0/_{00}$		—1,2	+ 8,2	— 4,3	—0,5	+ 8,1	—15,5	+ 10,2

mit mehr als drei Gliedern

					(24)
+ 121,3	— 34,0	+ 57,2	— 242,9		
6,9+4,0	13,7	3,6	9,1		*„Kodak-Fluro-Ektar“*
Blende	1,670	1,541	1,734		W. SCHADE
	0,0142	0,0114	0,0143		1 : 1,5
	47,2	47,5	51,3		US Pat. 2 397 565 (1946)

8	9	10	11		Σ		
+ 0,232 + 0,266	— 2,097 + 0,428	+ 0,477 + 0,488	— 1,208 + 1,000				
— 1,016 + 0,962	— 0,412 + 0,993	— 1,245 + 0,837	— 1,230 + 1,357				
+ 0,604 + 4,384	+ 0,567 — 0,197	+ 0,552 + 2,608	+ 0,507 — 1,018				
+ 0,004 + 0,019 + 0,084 + 0,331 + 0,415 + 0,499 + 0,583 + 1,819	+ 0,703 — 0,138 + 0,027 + 0,148 + 0,175 + 0,202 + 0,229 — 0,034	+ 0,001 + 0,003 + 0,009 + 0,126 + 0,135 + 0,145 + 0,154 + 0,353	+ 0,533 — 0,543 + 0,553 + 0,174 + 0,727 + 1,280 + 1,833 — 0,741		+ 0,202 + 0,043 — 0,065 + 0,318 + 0,253 + 0,189 + 0,124 — 0,207		
+ 2,0 — 8,7	+ 2,0 + 0,4	+ 0,4 — 1,0	+ 5,1 + 5,2		äquiv. ν + 310 + 0,91		

Typ	Lichtstarke Triplettabkömmlinge						
r	+ 57,00	+ 146,30	+ 36,20	+ 110,00	— 300,0	+ 23,70	+ 200
s_1 d	8,0	0,4	10,0	6,0	6,8	10,0+5,0	
∞ n	1,6185		1,6711	1,4645	1,6890	Blende	
$n_F—n_C$	0,01021		0,01420	0,00706	0,02206		
ν	60,6		47,3	65,7	31,2		
Fläche Nr.	1	2	3	4	5	6	
$(f/h_1)\ \varepsilon'_\nu$	+ 1,08	— 0,04	+ 1,15	— 0,83	—1,56	+ 2,14	
$(f/h_1)\ \sigma'_\nu$	+ 0,67	+ 0,68	+ 1,46	+ 1,56	+ 1,32	+ 0,45	
$\varepsilon'_{B}/_\nu\sigma_{B_1}$	+ 0,019	— 1,08	— 0,023	— 1,23	— 1,43	— 1,01	
$\sigma'_{B_\nu}/\sigma_{B_1}$	+ 1,01	+ 1,43	+ 1,40	+ 1,56	+ 1,34	+ 1,75	
ω_ν	+ 1	+ 0,946	+ 0,944	+ 0,798	+ 0,704	+ 0,614	
p_ν	— 0,018	— 28,34	+ 0,020	— 1,48	— 0,92	+ 0,47	
H	+ 1,273	+ 0,0004	+ 0,650	+ 0,230	— 1,373	— 0,946	
C	— 0,023	— 0,010	+ 0,013	— 0,340	+ 1,263	— 0,448	
A	+ 0,000	+ 0,297	+ 0,000	+ 0.503	— 1,161	— 0,212	
P	+ 0,670	— 0,261	+ 1,109	— 0,077	— 0,030	— 1,721	
S	+ 0,670	+ 0,036	+ 1,109	+ 0,426	— 1,192	— 1,933	
W	+ 0,671	+ 0,333	+ 1,109	+ 0,929	— 2,353	— 2,145	
M	+ 0,671	+ 0,630	+ 1,110	+ 1,432	— 3,514	— 2,357	
D	— 0,012	— 1,020	+ 0,022	— 0,630	+ 1,096	— 0,915	
$1000 \cdot \Lambda\,(s')$	+ 11,1	+ 0,2	+ 15,4	+ 3,6	— 15,3	— 17,2	
$\Lambda\, y'/y'$ ‰	+ 0,20	+ 6,43	— 0,31	+ 5,30	— 14,02	+ 8,14	

mit mehr als drei Gliedern

				(25)	Abb. 106 S. 180
+ 200	+ 30,70	— 152,64		„*Zeiss-Sonnar*“	
10,0+5,0	2,0	12,0		L. Bertele	
Blende	1,5647	1,6711		1 : 2	$2\,\sigma_{B_1} = 45^0$
	0,01011	0,01420		DRP 570 983 (1933)	
	55,9	47,3			

7	8	9		Σ		
— 0,11 + 0,38	+ 1,28 + 0,47	— 1,32 + 1,00				
— 1,15 + 1,11	— 1,37 + 1,01	— 1,44 + 1,59				
+ 0,547 — 10,38	+ 0,540 + 1,07	+ 0,483 — 1,09				
— 0,0033 + 0,034 — 0,357 + 0,180 — 0,176 — 0,533 — 0,889 + 1,828	+ 0,091 + 0,097 + 0,104 + 0,132 + 0,236 + 0,340 + 0,444 + 0,253	+ 0,600 — 0,656 + 0,717 + 0,263 + 0,980 + 1,698 + 2,415 — 1,071		+ 0,522 — 0,070 — 0,108 + 0,266 + 0,158 + 0,049 — 0,059 — 0,450		
— 0,6 — 6,36	+ 2,4 — 2,52	+ 5,4 + 5,90		äquiv. ν + 201 + 2,76		

Typ	Gauß-Objektiv (Hinterglied)					(26)	Abb. 98 S. 173
r	— 10,65	— 20,27	— 182,55	— 16,02		„Busch-Omnar“	
s_1	d	2,93	1,58	2,73		K. Martin	
∞	n	1,6031		1,4967			
s_{B_1}	n_F—n_C	0,01587		0,00743		1 : 4,5	
— 1,8	ν	38,0		67,0		Österr. Pat. 8 364 (1901)	

Fläche Nr.	1	2	3	4		Σ	Σ
$(f/h_1)\ \varepsilon'_\nu$	— 5,86	— 3,06	+ 1,17	— 8,42			
$(f/h_1)\ \sigma'_\nu$	— 3,53	— 2,38	— 1,80	+ 1,00			
$\sigma'_{B_\nu}/\sigma_{B_1}$	— 0,518	— 0,800	— 0,641	— 0,328		Objektivhälfte	Doppelobjektiv
$\varepsilon'_{B_\nu}/\sigma_{B_1}$	+ 0,687	+ 0,988	+ 0,671	+ 0,779			
ω_ν							$\beta' = -1$
p_ν	— 0,088	— 0,261	+ 0,545	— 0,039			
H	— 195,70	— 1,84	+ 4,17	+ 187,11		— 6,26	— 3,31
C	+ 17,27	+ 0,48	+ 2,28	— 7,27		+ 12,76	0
A	— 1,525	— 0,125	+ 1,240	+ 0,282		— 0,128	— 0,164
P	— 3,541	+ 1,860	— 0,182	+ 2,077		+ 0,214	+ 0,275
S	— 5,066	+ 1,735	+ 1,058	+ 2,359		+ 0,087	+ 0,111
W	— 6,590	+ 1,610	+ 2,298	+ 2,642		— 0,041	— 0,253
M	— 8,115	+ 1,485	+ 3,537	+ 2,924		— 0,169	— 0,417
D	+ 0,447	— 0,452	+ 0,576	— 0,092		+ 0,480	0
						äquiv. ν	äquiv. ν
$1000 \cdot \Lambda\ (s')$	— 93,2	+ 33,6	+ 10,0	+ 49,9		+ 4100	+ 3200
$\Lambda\ y'/y'$ /₀₀	— 8,2	+ 8,7	— 5,4	+ 1,9		— 3,9	0

Der Errechner des Omnar, K. MARTIN bei BUSCH in Rathenow, hat die Kronlinse von der Flintlinse genügend weit abgerückt, um gleichzeitig PETZVALbedingung und Achromasiebedingung unter Verwendung alter Gläser nach (268) erfüllen zu können. Die Omnar-Hälfte war somit das erste anastigmatisch-geebnet korrigierte Objektiv aus *alten* Gläsern. Die Vereinigung dieser Eigenschaft mit der Erfüllung der GAUSS-Bedingung stellte seinerzeit eine bemerkenswerte Neuerung dar, so daß die Photoanastigmate der Rathenower Firma BUSCH weltberühmt wurden.

Im obigen Beispiel ist die hervorragende Erfüllung der GAUSS-Bedingung indirekt an dem hohen Wert $\nu = + 4100$ erkennbar, denn er besagt, daß der Farbortsfehler auf der Achse wegen der Behebung der Sphärochromasie bedeutend kleiner sein darf, wenn ein Überschneiden der Öffnungsfehlerkurven für die beiden Nebenfarben in einer mittleren Zone noch erfolgen soll.

Typ	Gaußobjektiv					
r	+ 83,6	+ 321,0	+ 44,8	— 1150	+ 28,3	— 38,5
s_1 — d	10,8	1,7	15,6	5,1	8,9 + 10,0	5,1
∞ — n	1,6424		1,6231	1,5757	Blende	1,6727
$n_F—n_C$	0,01338		0,01093	0,01397		0,02086
ν	48,0		56,9	41,2		32,2
Fläche Nr.	1	2	3	4	5	6
$(f/h_1)\ \varepsilon'_\nu$	+ 0,728	— 0,283	+ 0,936	— 1,264	+ 1,982	— 1,223
$(f/h_1)\ \sigma'_\nu$	+ 0,468	+ 0,579	+ 1,161	+ 1,198	+ 0,474	— 0,349
$\varepsilon'_{B_\nu}/\sigma_{B_1}$	— 0,258	— 1,170	— 0,288	— 1,162	— 1,049	— 0,676
$\sigma'_{B_\nu}/\sigma_{B_1}$	+ 0,834	+ 1,292	+ 1,112	+ 1,146	+ 1,529	+ 1,073
ω_ν	+ 1	+ 0,950	+ 0,940	+ 0,759	+ 0,697	+ 0,607
p_ν	+ 0,354	— 4,133	+ 0,308	— 0,919	+ 0,528	— 0,553
H	+ 0,409	+ 0,022	+ 0,298	+ 0,135	— 0,786	— 1,740
C	+ 0,145	— 0,092	+ 0,092	— 0,124	— 0,415	+ 0,962
A	+ 0,051	+ 0,382	+ 0,028	+ 0,114	— 0,219	— 0.531
P	+ 0,468	— 0,122	+ 0,858	+ 0,0016	— 1,292	— 1,045
S	+ 0,520	+ 0,260	+ 0,886	+ 0,116	— 1,512	— 1,577
W	+ 0,571	+ 0,642	+ 0,914	+ 0,230	— 1,731	— 2,108
M	+ 0,622	+ 1,024	+ 0,942	+ 0,344	— 1,950	— 2,640
D	+ 0,184	— 1,074	+ 0,272	— 0,106	— 0,799	+ 0,871
$1000 \cdot \Lambda(s')$	+ 9,76	+ 2,19	+ 9,64	— 3,20	— 12,26	— 15,54
$\Lambda y'/y'$ ‰	— 3,46	+ 9,05	— 2,96	— 2,95	+ 6,47	— 8,57

Die Biotare nach den Rechnungen von MERTE waren die ersten ZEISS-Anastigmate höchster Lichtstärke und reichlicher Bildschnittweite, die bei 1 : 2 ein Bildfeld von über 50° und bei 1 : 1,4 ein solches von 35°—40° auszeichneten. Wegen der großen Schnittweite (im analysierten Beispiel s' = 65 bei f = 100) wurden sie gern an Kleinbildkameras benutzt,

(modifiziert)					(27)	
+ 50,5	— 53,2	+ 106,0	— 120,0			
5,1	21,2	1,0	13,9		„Biotar“	
1,6727	1,6424		1,6424		ZEISS (MERTÉ)	
0,02086	0,01338		0,01338		1 : 1,4	$2\,\sigma_{B_1} = 35°$
32,2	48,0		48,0		DRP. 485 798 (1927)	

7	8	9	10	Σ		
+ 1,612 — 0,378	— 1,551 + 0,229	+ 0,263 + 0,398	— 1,537 + 1,000			
— 1,511 + 1,101	— 0,447 + 1,278	— 1,038 + 0,610	— 0,264 + 0,712			
+ 0,625 + 0,938	+ 0,705 — 0,288	+ 0,703 + 3,935	+ 0,648 — 0,171			
— 0,095 — 0,089 — 0,083 — 0,022 — 0,105 — 0,188 — 0,272 — 0,099	+ 0,780 — 0,225 + 0,065 + 0,736 + 0,801 + 0,866 + 0,930 — 0,231	+ 0,0018 + 0,007 + 0,028 + 0,369 + 0,397 + 0,425 + 0,453 + 1,563	+ 1,162 — 0,198 + 0,034 + 0,326 + 0,360 + 0,394 + 0,428 — 0,062	+ 0,187 + 0,061 — 0,132 + 0,278 + 0,146 + 0,014 — 0,119 + 0,521		
— 7,19 + 6,73	+ 8,92 + 2,57	+ 2,48 — 9,75	+ 8,12 + 1,39	äquiv. ν + 108 — 1,49		

wenn der Abstand zwischen letzter Objektivfläche und Bildebene gewisse Grenzen nicht unterschreiten durfte. Die hervorragende anastigmatische Bildfeldebnung ist bereits den entsprechenden Teilkoeffizienten Σ S und Σ M zu entnehmen. Auch die Komakorrektion war unübertroffen.

Typ	Zincke-Sommer-Typ (Hinterglied)					(28)	Abb. 113. S. 183
r		+ 294,51	+ 62,72	+ 84,37	— 71,64	*Central-Ztg. f. Opt. u. Mech.* **46** (1925), S. 156	
s_1 / ∞	d	0,93	2,61	4,66		Zincke gen. Sommer	
	n	1,5750		1,5170			
s_{B_1} / — 24,87	$n_F - n_C$	0,01390		0,00859		1 : 6,5	$2\,\sigma_{B_1} = 70°$
	ν	41,4		60,2		1872	

Fläche Nr.	1	2	3	4	Σ	Σ
$(f/h_1)\,\varepsilon'_\nu$	+ 0,336	+ 3,62	+ 1,988	— 3,23		
$(f/h_1)\,\sigma'_\nu$	+ 0,194	— 1,129	— 0,100	+ 1,00		
$\varepsilon'_{B_\nu}/\sigma_{B_1}$	— 0,688	— 1,590	— 1,004	— 0,340		
$\sigma'_{B_\nu}/\sigma_{B_1}$	+ 0,604	+ 1,185	+ 0,666	+ 0,781		
ω_ν / p_ν	+ 2,043	+ 0,440	+ 0,505	— 0,105	Objektivhälfte	Doppelobjektiv $\beta' = -1$
H	+ 0,035	— 16,33	+ 9,79	+ 11,33	+ 4,83	+ 2,54
C	+ 0,071	— 7,18	+ 4,95	— 1,20	— 3,35	0
A	+ 0,145	— 3,156	+ 2,503	+ 0,126	— 0,382	— 0,489
P	+ 0,194	— 0,910	+ 0,632	+ 0,744	+ 0,659	+ 0,844
S	+ 0,339	— 4,066	+ 3,134	+ 0,870	+ 0,277	+ 0,355
W	+ 0,483	— 7,222	+ 5,637	+ 0,996	— 0,106	— 0,134
M	+ 0,628	—10,377	+ 8,139	+ 1,122	— 0,488	— 0,623
D	+ 0,692	— 1,787	+ 1,584	— 0,092	+ 0,397	0
					äquiv. ν	äquiv. ν
$1000 \cdot \Lambda\,(s')$	+ 4,7	— 31,8	+ 17,3	+ 18,4	+ 115	+ 90
$\Lambda\, y'/y'\,‰$	— 9,6	+ 14,0	— 8,9	+ 2,0	— 2,5	0

Typ		ZINCKE-SOMMER-Typ (Hinterglied)					(29)	Abb. 114 S. 184
r		+ 144,5	+ 48,2	+ 577,9	+ 67,4	— 52,2		
s_1	d	3,9	7,7	3,9	13,5		„*Meyer-Kino-Plasmat*“	
∞	n_D	1,6260		1,5463	1,6218		P. RUDOLPH	
s_{B_1}	$n_F—n_C$	0,01761		0,01193	0,01093		1 : 2,0	$2\,\sigma_{B_1} = 36°$
— 1,0	ν	35,6		45,8	56,8		DRP. 401 630 (1922)	

Fläche Nr.	1	2	3	4	5	Σ	Σ
$(f/h_1)\,\varepsilon'_\nu$	+ 0,599	+ 4,09	+ 0,941	+ 2,792	— 4,04		hemi-symme-trisches Doppel-objektiv
$(f/h_1)\,\sigma'_\nu$	+ 0,375	— 1,199	— 0,685	— 0,548	+ 1,000		
$\varepsilon'_{B_\nu}/\sigma_{B_1}$	— 0,619	— 1,110	— 0,685	— 0,832	— 0,318		
$\sigma'_{B_\nu}/\sigma_{B_1}$	+ 0,612	+ 1,039	+ 0,665	+ 0,625	+ 0,747		
ω_ν p_ν	+ 1,034	+ 0,272	+ 0,728	+ 0,298	— 0,079		
H	+ 0,22	— 23,63	+ 1,69	+ 2,30	+ 24,59	+ 5,17	+ 0,828
C	+ 0,23	— 6,42	+ 1,23	+ 0,69	— 1,93	— 6,21	+ 0,251
A	+ 0,234	— 1,744	+ 0,896	+ 0,205	+ 0,152	— 0,257	— 0,255
P	+ 0,375	— 1,124	+ 0,086	+ 0,063	+ 1,034	+ 0,433	+ 0,582
S	+ 0,609	— 2,868	+ 0,982	+ 0,268	+ 1,186	+ 0,176	+ 0,326
W	+ 0,842	— 4,612	+ 1,878	+ 0,472	+ 1,338	— 0,082	+ 0,071
M	+ 1,076	— 6,355	+ 2,773	+ 0,677	+ 1,490	— 0,339	— 0,184
D	+ 0,629	+ 0,779	+ 0,714	+ 0,080	— 0,093	+ 0,551	— 0,189
						äquiv. ν	äquiv. ν
$1000 \cdot \Lambda\,(s')$	+ 10,5	— 43,8	+ 11,8	— 4,7	+ 30,7	+ 222	+ 298
$\Lambda\, y'/y'$ ‰	— 10,9	+ 11,9	— 8,6	+ 1,4	+ 2,4	— 3,8	0,0

Typ	Weitwinkel				
r	+ 16,6	+ 23,3	+ 13,2	+ 10,9	— 10,9
s_1 d	6,4	0,03	0,7	10,1 + 10,1	0,7
∞ n	1,6185		1,7261	Blende	1,7261
$n_F—n_C$	0,01022		0,02503		0,02503
ν	60,5		29,0		29,0
Fläche Nr.	1	2	3	4	5
$(f/h_1)\,\varepsilon'_\nu$ $(f/h_1)\,\sigma'_\nu$	+ 3,64 + 2,25	+ 2,14 + 1,43	+ 2,82 + 3,48	+ 6,79 + 0,62	— 3,98 — 2,27
$\varepsilon'_{B_\nu}/\sigma_{B_1}$ $\sigma'_{B_\nu}/\sigma_{B_1}$	+ 0,174 + 1,108	— 0,809 + 1,417	— 0,200 + 1,270	— 0,096 + 1,311	— 0,056 + 1,271
ω_ν p_ν	+ 1 — 0,047	+ 0,853 + 0,376	+ 0,852 + 0,071	+ 0,827 + 0,014	+ 0,698 — 0,014
H C A P S W M D	+ 48,21 — 2,298 + 0,109 + 2,250 + 2,360 + 2,469 + 2,579 — 0,112	+ 0,154 + 0,058 + 0,022 — 1,603 — 1,581 — 1,559 — 1,537 — 0,595	+ 11,94 + 0,845 + 0,060 + 3,115 + 3,174 + 3,234 + 3,294 + 0,225	— 53,19 — 0,753 — 0,011 — 3,772 — 3,783 — 3,794 — 3,804 — 0,054	— 64,24 + 0,898 — 0,013 — 3,772 — 3,785 — 3,798 — 3,810 + 0,053
$1000 \cdot \Lambda\,(s')$ $\Lambda\, y'/y'$ ‰	+ 37,2 + 1,77	— 11,6 + 4,35	+ 60,3 — 4,27	— 81,5 + 1,15	— 69,7 — 0,97

Weitwinkel			(30)	ähnlich Abb. 117 S. 185
— 13,2	— 24,9	— 17,0		
0,7	0,03	6,7	„Topogon“	
1,7261		1,6185	ZEISS (RICHTER)	
0,02503		0,01022	1 : 6,3	über 90°
29,0		60,5	DRP. 636 167 (1933)	

6	7	8	Σ		
— 5,20 — 0,08	— 1,68 — 1,12	— 5,55 + 1,00			
— 0,346 + 1,417	— 0,524 + 1,092	+ 0,278 + 0,986			
+ 0,715 — 0,066	+ 0,715 — 0,311	+ 0,791 + 0,050			
+ 23,97 — 1,588 + 0,105 + 3,115 + 3,220 + 3,325 + 3,430 — 0,213	— 3,25 + 1,010 — 0,314 — 1,500 — 1,814 — 2,128 — 2,441 + 0,564	+ 41,26 + 2,067 + 0,104 + 2,197 + 2,301 + 2,405 + 2,508 + 0,115	+ 4,85 + 0,239 + 0,063 + 0,029 + 0,092 + 0,155 + 0,218 — 0,018		
+ 54,0 + 3,58	— 12,3 — 3,82	+ 27,7 — 1,39	äquiv. ν + 242 + 0,40		

Typ	Super-Weitwinkel				(31)	Abb. 121 S. 186
r	+ 25,0	+ 4,11	— 16,88	— 4,11	„*Zweilinsiger Weitwinkel*“	
s_1 d	2,00	7,58 + + 1,52	1,20		F. J. HAVLIČEK	
∞ n	1,523	Blende	1,523		1 : 10	$2\,\sigma_{B_1} = 200°$
					J. Opt. Soc. Amer. **41** (1951), S. 1058—1059	
Fläche Nr.	1	2	3	4	Σ	
$(f/h_1)\,\varepsilon'_\nu$	+ 0,27	+ 3,50	— 0,069	— 6,10		
$(f/h_1)\,\sigma'_\nu$	+ 0,142	— 1,059	— 1,096	+ 1,000		
$\varepsilon'_{B_\nu}/\sigma_{B_1}$	— 0,504	+ 0,482	— 0,341	— 0,102		
$\sigma'_{B_\nu}/\sigma_{B_1}$	+ 0,736	+ 0,571	+ 0,392	+ 0,427		
ω_ν						
p_ν	+ 1,864	— 0,138	— 4,943	— 0,017		
H	+ 0,016	— 13,7	+ 0,001	+ 130,4	+ 116,7	
C	+ 0,029	+ 1,888	— 0,035	— 2,181	— 0,299	
A	+ 0,055	— 0,260	+ 0,175	+ 0,036	+ 0,006	
P	+ 0,141	— 0,861	— 0,332	+ 0,861	— 0,191	
S	+ 0,196	— 1,121	— 0,157	+ 0,897	— 0,184	
W	+ 0,251	— 1,381	+ 0,018	+ 0,933	— 0,178	
M	+ 0,306	— 1,641	+ 0,193	+ 0,969	— 0,172	
D	+ 0,366	+ 0,154	+ 0,776	— 0,015	+ 1,281	

Das Objektiv besteht aus einer zerstreuenden Frontlinse und einer sammelnden Hinterlinse, deren Brennweiten entgegengesetzt nahezu gleich sind, und zwar den absoluten Beträgen nach etwa gleich der Gesamtbrennweite. Der Luftraum zwischen beiden Linsen ist ebenfalls nahezu gleich der Gesamtbrennweite, die Endschnittweite des Brennpunkts etwa gleich der doppelten Gesamtbrennweite. Das sind relativ lange Strecken, was aber im vorliegenden Fall nicht stört, weil das Objektiv nach Angabe des Errechners (F. J. HAVLIČEK) nur in der Brennweite 11 mm für Kleinbildphotographie benutzt wird.

Das Objektiv ist insofern mit dem HÖEGHschen Meniskus bis zu einem gewissen Grade wesensverwandt, als entgegengesetzt gleiche Brechkräfte kombiniert sind, bei HÖEGH Flächenbrechkräfte, bei HAVLIČEK Linsenbrechkräfte, und insofern, als sich die Gesamtbrechkraft durch den großen Abstand, bei HÖEGH die Linsendicke, bei HAVLIČEK die Linsenentfernung bestimmt. Demgemäß ist die *Petzval*summe hier wie dort praktisch erfüllt. Die von HAVLIČEK gewählte Aufteilung in entgegengesetzt gleiche Linsenbrechkräfte ist nicht neu, dieser Gedanke wurde schon 1901 im Unofokal von R. STEINHEIL verwirklicht. HAVLIČEK treibt aber diesen Konstruktionsgedanken für seine besondere Aufgabenstellung (die Photographie der Himmelsbewölkung) bis an die Grenzen des Möglichen und schafft so einen Weitwinkel von erstaunlichem Bildwinkel (200°), wenn auch mit erheblicher tonnenförmiger Verzeichnung. Das HAVLIČEKschePrinzip läßt dem Errechner ziemlich viel freies Spiel bei der Korrektion der Bildfehler, vor allem wegen des sehr großen Abstandes zwischen den Linsen und wegen ihrer voneinander unabhängigen Durchbiegungen. Es ist daher möglich, die Koma und die astigmatischen Bildfehler mit einer vernünftigen Blendenlage zwischen den beiden Linsen zu korrigieren, ohne einen Doppelanastigmaten zu benötigen. Der unvermeidliche starke Verzeichnungsfehler stört bei Himmelsphotographie nicht, er erweist sich sogar als wirksames Mittel gegen die natürliche Vignettierung. Die Farbfehler fallen nicht störend ins Gewicht, weil zur besseren Darstellung der Wolkendetails sowieso ein Gelbfilter benutzt werden muß.

Typ	Teleobjektiv						(32)	Abb. 124 S. 189
r	+ 12,4	— 65,5	+ 21,0	— 8,1	+ 200	— 11,8	„*Busch-Bistelar*“	

s_1	d	1,6	0.6	7,6+7,6	0,8	2,0
∞	n_D	1,6136	1,6136	Blende	1,5300	1,5100
	$n_F - n_C$	0,01112	0,01658		0,00914	0,00932
	ν	55,1	37,0		58,0	54,6

K. Martin

1 : 11	$2\varrho_{B_1} = 36°$

F. P. 357 071 (1905)

Fläche Nr.	1	2	3	4	5	6	$\overset{3}{\underset{1}{\Sigma}}$	$\overset{6}{\underset{4}{\Sigma}}$	$\overset{6}{\underset{1}{\Sigma}}$
$(f/h_1)\ \varepsilon'_\nu$	+ 4,85	— 4,39	+ 2,15	— 6,06	+ 1,37	— 6,14			
$(f/h_1)\ \sigma'_\nu$	+ 2,97	+ 2,97	+ 2,15	— 1,06	— 1,08	+ 1,00			
$\varepsilon'_{B_\nu}/\sigma_{B_1}$	— 0,013	— 1,15	— 0,84	— 0,053	— 1,36	— 0,22			
$\sigma'_{B_\nu}/\sigma_{B_1}$	+ 0,99	+ 0,99	+ 1,31	+ 1,28	+ 1,31	+ 1,37			
ω_ν									
p_ν	+0,0027	— 0,263	+ 0,388	- 0,0087	+ 0,987	— 0,036			
H	+ 113,5	0	+ 1,4	— 146,8	— 0,05	+ 40,6	+ 114,9	— 106,3	+ 8,64
C	+ 0,303	0	+ 0,527	+ 1,276	— 0,054	— 1,482	+ 0,830	— 0,260	+ 0,570
A	+ 0,001	0	+ 0,204	— 0,011	— 0,053	+ 0,054	+ 0,205	— 0,010	+ 0,195
P	+ 2,981	0	— 1,760	— 4,156	— 0,004	+ 2,782	+ 1,221	— 1,379	— 0,158
S	+ 2,981	0	— 1,556	— 4,167	— 0,057	+ 2,836	+ 1,425	— 1,388	+ 0,037
W	+ 2,982	0	— 1,352	— 4,178	— 0,110	+ 2,890	+ 1,630	— 1,398	+ 0,232
M	+ 2,983	0	— 1,148	— 4,189	— 0,163	+ 2,944	+ 1,835	— 1,408	+ 0,427
D	+ 0,008	0	— 0,603	+ 0,036	— 0,057	— 0,103	— 0,595	— 0,124	— 0,719
							äquiv. ν	äquiv. ν	äquiv. ν
$1000 \cdot \Lambda$ (s')	+ 54,0	— 22,8	— 20,7	— 33,0	+ 0,25	+ 23,8	+ 95	— 111	+ 660
$\Lambda y'/y'$ ‰	— 0,14	— 5,99	+ 8,01	— 0,29	— 0,25	+ 0,87	+ 1,88	+ 0,33	+ 2,21

Mit Ausnahme des Verzeichnungsfehlers und des Farbfehlers des Hauptstrahls sind für alle anderen Abbildungsfehler größere entgegengesetzte Fehlerbeträge im sammelnden Vorderglied und im zerstreuenden Hinterglied angehäuft, die sich zu einer befriedigenden Gesamtkorrektion ausgleichen. Dies ist ein typisches Kennzeichen aller Teleobjektive mit festem Abstand der beiden Glieder und ist vom Standpunkt der genannten Bildfehlerkorrektion günstiger als die praktisch fehlerfreie Korrektion gewisser Bildfehler in jedem einzelnen Glied. Gerade bei der Vielfalt der zu korrigierenden Bildfehler eines Photoobjektivs ist das oben im Beispiel belegte Korrektionsprinzip empfehlenswert, zumal Teleobjektive schon durch die Vorzeichenungleichheit der Brechkräfte der beiden Glieder förmlich dazu auffordern. Nur im Verzeichnungsfehler und im Farbfehler des Hauptstrahls summieren sich die Anteile der Glieder mit gleichen Vorzeichen, wodurch diese Fehler größer ausfallen. Der Verzeichnungsfehler würde noch größer werden, wenn man die Systemhälften im Öffnungsfehler und Farbortsfehler für sich auskorrigieren würde.

Typ	Teleobjektiv					
r	+ 24,25	— 46,57	— 46,57	+ 95,59	+ 95,59	— 120,34
s_1 d	3,7	0,12	1,4	16,6+10,6	2,9	4,4
∞ n	1,584		1,728	Blende	1,624	
$n_F—n_C$	0,01262		0,02561		0,01326	
ν	46,2		28,4		47,1	

Fläche Nr.	1	2	3	4	5	6
$(f/h_1)\ \varepsilon'_\nu$	+ 2,641	— 5,69	— 3,288	+ 0,460	— 0,535	— 2,482
$(f/h_1)\ \sigma'_\nu$	+ 1,539	+ 3,639	+ 1,243	+ 1,439	+ 1,103	+ 2,058
$\varepsilon'_{B_\nu}/\sigma_{B_1}$	+ 0,143	— 2,586	— 1,497	— 1,204	— 0,996	— 1,112
$\sigma'_{B_\nu}/\sigma_{B_1}$	+ 1,083	+ 2,040	+ 0,950	+ 1,457	+ 0,834	+ 1,262
ω_ν	+ 1	+ 0,944	+ 0,940	+ 0,922	+ 0,536	+ 0,504
p_ν	— 0,054	— 0,455	— 0,455	— 2,61	— 1,86	— 0,449
H	+ 17,00	+ 81,43	— 88,47	+ 0,140	— 0,308	+ 4,278
C	— 0,921	— 37,06	+ 40,24	— 0,367	+ 0,572	— 1,920
A	+ 0,050	+ 16,87	— 18,31	+ 0,959	— 1,064	+ 0,861
P	+ 1,541	+ 0,802	— 0,917	— 0,447	+ 0,407	+ 0,324
S	+ 1,591	+ 17,67	— 19,22	+ 0,512	— 0,657	+ 1,185
W	+ 1,641	+ 34,54	— 37,53	+ 1,471	— 1,721	+ 2,046
M	+ 1,690	+ 51,40	— 55,83	+ 2,430	— 2,784	+ 2,908
D	— 0,086	— 8,041	+ 8,744	— 1,339	+ 1,221	— 0,532
$1000 \cdot \Lambda\,(s')$	+ 33,32	+ 42,81	— 79,14	+ 6,30	— 3,808	+ 10,216
$\Lambda\, y'/y'$ ‰	+ 1,80	+ 19,48	— 35,98	+ 16,45	— 7,08	+ 4,59

Teleobjektiv				(33)
— 17,79	+ 41,34	— 205,4		„*Telomar*"
4,4	1,7	3,1		VOIGTLÄNDER (A. W. TRONNIER)
	1,583	1,755		1 : 5,4
	0,01382	0,02800		
	42,1	26,9		USA 2 662 446

7	8	9		Σ		
— 2,790 + 0,431	+ 0,511 + 0,486	— 1,192 + 1,000				
+ 0,036 + 1,282	— 1,718 + 1,098	— 1,673 + 1,818				
+ 0,415 + 0,013	+ 0,407 + 3,36	+ 0,392 — 1,40				
— 14,44 — 0,184 — 0,002 — 2,097 — 2,099 — 2,101 — 2,104 — 0,027	+ 0,002 + 0,005 + 0,018 + 0,152 + 0,171 + 0,189 + 0,207 + 0,574	+ 0,404 — 0,566 + 0,795 + 0,212 + 1,007 + 1,802 + 2,596 — 1,403		+ 0,037 — 0,196 + 0,177 — 0,022 + 0,155 + 0,332 + 0,509 — 0,899		
— 15,99 + 0,20	+ 2,637 — 8,87	+ 7,466 + 10,47		äquiv. ν + 263 + 1,15		

Typ		Spiegelobjektiv (MAKSUTOV)					(34)	
r		+ 47	+ 43	— 127 Spiegel			„*Mirrotel*“	
s_1	d	4	43 + 127					
∞	n	1,523	Blende				WOLLENSAK (USA)	
	$n_F—n_C$	0,00876					1 : 0,9	
	ν	59,6					USA Pat. 2 492 461 (1945)	

Fläche Nr.	1	2	3			Σ		
$(f/h_1)\ \varepsilon'_\nu$ $(f/h_1)\ \sigma'_\nu$	+ 0,849 + 0,445	+ 1,417 — 0,041	— 0,480 + 1,000					
$\varepsilon'_{B_\nu}/\sigma_{B_1}$ $\sigma'_{B_\nu}/\sigma_{B_1}$	0 + 1	0 + 1	0 + 1					
ω_ν p_ν	+ 1 0	+ 0,971 0	+ 1,087 0					
H	+ 0,488	— 0,648	+ 0,260			+ 0,100		
C	0	0	0			0		
A	0	0	0			0		
P	+ 0,444	— 0,485	— 0,957			— 0,998		
S	+ 0,444	— 0,485	— 0,957			— 0,998		
W	+ 0,444	— 0,485	— 0,957			— 0,998		
M	+ 0,444	— 0,485	— 0,957			— 0,998		
D	0	0	0			0		
						äquiv. ν		
$1000 \cdot \Lambda\ (s')$	+ 7,43	— 7,88	0			— 2222		
$\Lambda\ y'/y'$ ‰	0	0	0			0		

Fortsetzung der Objektivbeispiele auf S. 324 bis 327

Typ		Spiegelobjektiv					
r		— 168	+ 1271	∓ 340 Spiegel	— 1271	+ 168	+ 66
s_1	d	8	26	26	8	41	14
∞	n	1,518	1,617	1,617	1,518		1,518
	$n_F—n_C$	0,00877	0,01142	0,01142	0,00877		0,00877
	ν	59,0	54,0	54,0	59,0		59,0
Fläche Nr.		1	2	3	4	5	6
$(f/h_1)\ \varepsilon'_\nu$		— 0,386	+ 0,262	— 0,126	— 0,540	+ 0,103	+ 0,436
$(f/h_1)\ \sigma'_\nu$		— 0,200	— 0,183	+ 0,434	+ 0,467	+ 0,432	+ 0,657
$\varepsilon'_{B_\nu}/\sigma_{B_1}$		— 1,82	+ 0,17	— 0,93	— 2,12	— 0,83	— 0,05
$\sigma'_{B_\nu}/\sigma_{B_1}$		+ 0,06	+ 0,06	+ 1,79	+ 1,93	+ 2,21	+ 2,18
ω_ν p_ν		— 4,715	— 0,634	— 7,433	— 3,926	+ 8,134	+ 0,119
H		— 0,0454	+ 0,0034	+ 0,0167	+ 0,0252	+ 0,0012	+ 0,0003
C		+ 0,214	— 0,002	— 0,124	— 0,099	+ 0,010	0
A		— 1,009	+ 0,001	+ 0,924	+ 0,388	+ 0,079	0
P		— 0,200	+ 0,003	— 0,382	+ 0,003	— 0,200	+ 0,509
S		— 1,209	+ 0,004	+ 0,542	+ 0,391	— 0,121	+ 0,509
W		— 2,217	+ 0,006	+ 1,467	+ 0,778	— 0,042	+ 0,509
M		— 3,226	+ 0,007	+ 2,391	+ 1,166	+ 0,037	+ 0,509
D		+ 5,699	0	— 4,033	— 1,534	— 0,985	+ 0,006
$1000 \cdot \Lambda\,(s')$		— 3,393	+ 0,553	0	+ 1,002	— 0,541	+ 2,798
$\Lambda\, y'/y'$ ‰		— 16,10	+ 0,35	0	+ 3,94	+ 4,39	— 0,33

Dieses in der Zeitschrift für Instrumentenkunde **61** (1941), S. 177 näher beschriebene Objektiv von extrem hohem Öffnungsverhältnis bei verhältnismäßig großem nutzbarem Bildwinkel enthält als wesentlichen Aufbauteil einen aplanatischen sphärischen Linsenspiegel nach F. WEIDERT, der sich von dem bekannten MANGINspiegel dadurch unterscheidet, daß er eine Kittfläche enthält. Er ist daher in Öffnungsfehler und Sinusbedingung korrigiert. Die entsprechenden Teilsummen $\sum_1^5 H$ und $\sum_1^5 C$ sind, wie die Tabelle zeigt, auch tatsächlich praktisch Null. Es ist eine Eigenschaft aller korrigierten Spiegelsysteme, daß die Zonenfehler bemerkenswert klein bleiben, was in den niedrigen Teilkoeffizienten H_ν und C_ν ($\nu = 1$ bis 5) zum Ausdruck kommt. Die zusätzlichen Linsenglieder des FLÜGGEschen Spiegelobjektivs (Flächen 6 bis 9) sind sämtlich ohne Einfluß auf die Korrektion von Öffnungsfehler H und Koma C, weil die Linse mit den Flächen 6 und 7 eine aplanatische Linse, die Fläche 8 brenn-

Spiegelobjektiv			(35)	Abb. 136, S. 198
+ 96	+ 55	∞		
14	41 + 0	55		
1,518	Blende	1,518	(BUSCH) J. FLÜGGE	
0,00877		0,00877	1 : 0,6	$2\,\sigma_{B_1} = 34°$
59,0		59,0	DRP. 709 243 (1937)	

7	8	9	$\sum_1^5$	$\sum_6^7$	$\sum_8^9$	$\sum_1^9$
— 0,0035 + 0,659	0 + 0,659	— 0,659 + 1,000				
— 1,57 + 2,72	— 1,79 + 1,79	— 1,79 + 1,79	Linsen- spiegel	aplan. Linse	konzentr. Fläche	
— 448,1						
0	0	0	+ 0,0011	+ 0,0003	0	+ 0,00143
— 0,001	0	0	— 0,0017	— 0,0008	0	— 0,0024
+ 0,358	— 0,611	0	+ 0,384	+ 0,358	— 0,611	+ 0,130
— 0,350	+ 0,611	0	— 0,776	+ 0,159	+ 0,611	— 0,006
+ 0,007	0	0	— 0,392	+ 0,516	0	+ 0,125
+ 0,365	— 0,611	0	— 0,008	+ 0,874	— 0,611	+ 0,255
+ 0,723	— 1,222	0	+ 0,376	+ 1,232	— 1,222	+ 0,385
— 3,361	+ 1,535	0	— 0,853	— 3,355	+ 1,535	— 2,673
			äquiv. ν	äquiv. ν	äquiv. ν	äquiv. ν
+ 0,013	0	0	— 421	+ 356	∞	+ 2315
+ 5,80	— 5,78	0	— 7,42	+ 5,47	— 5,78	— 7,73

punktskonzentrisch und die Fläche 9 eine mit der Brennebene zusammenfallende Fläche ist. Diese Flächen 6 bis 9 dienen aber dazu, die Bildflächen des WEIDERTschen Linsenspiegels zu ebnen; sie vergrößern zudem die Apertur des Systems.

Die aplanatische Linse (Flächen 6 und 7) besorgt eine ausreichende Ebnung der sagittalen Bildschale. Dabei verschlechtert sich jedoch die meridionale Bildfeldwölbung. Letztere wird nun durch die brennpunkts-konzentrische sammelnde Fläche 8 ebenfalls zurückgebracht, während die sagittale Ebnung durch sie nicht beeinträchtigt wird. Auch der Farbortsfehler des Gesamtsystems ist hervorragend korrigiert, weil der Linsenpsiegel selbst farbig überkorrigiert ist.

Bemerkenswert an dem FLÜGGEschen Spiegelobjektiv ist, daß es seine Korrektionsqualität ohne Zuhilfenahme asphärischer Flächen erreicht, so daß es auch technisch genügend beherrschbar ist.

Typ		Besondere Form						
r		+ 114,3	— 381	+ 57,2	+ 87,6	— 87,6	— 41,0	+ 43,8
s_1	d	7,62	0,38	13,34	6,67	6,67	2,86	5,15+3,42
∞	n	1,694		1,694		1,747	1,652	Blende
	$n_F—n_C$	0,01267		0,01267		0,02699	0,01923	
	ν	54,8		54,8		27,7	33,9	
Fläche Nr.		1	2	3	4	5	6	7
$(f/h_1)\ \varepsilon'_\nu$		+ 0,516	—1,040	+ 0,538	—0,384	—1,228	—2,229	+ 1,732
$(f/h_1)\ \sigma'_\nu$		+ 0,358	+ 0,784	+ 1,158	+ 1,315	+ 0,398	+ 0,519	—0,165
$\varepsilon'_{B_\nu}/\sigma_{B_1}$		—0,342	—1,479	—0,377	—1,353	—1,056	—1,183	—1,270
$\sigma'_{B_\nu}/\sigma_{B_1}$		+ 0,763	+ 1,368	+ 1,107	+ 1,661	+ 0,874	+ 0,937	+ 1,439
ω_ν		+ 1	+ 0,973	+ 0,970	+ 0,815	+ 0,728	+ 0,701	+ 0,686
p_ν		+ 0,664	—1,428	+ 0,703	—3,533	—0,862	—0,533	+ 0,735
H		+ 0,161	+ 0,597	—0,081	+ 0,075	—3,613	+ 0,813	—0,978
C		+ 0,107	—0,853	—0,057	—0,266	+ 3,113	—0,433	—0,719
A		+ 0,071	+ 1,217	—0,040	+ 0,941	—2,683	+ 0,231	—0,529
P		+ 0,357	+ 0,107	+ 0,714	—0,466	—0,487	+ 0,080	—0,899
S		+ 0,428	+ 1,324	+ 0,674	+ 0,475	—3,170	+ 0,311	—1,428
W		+ 0,499	+ 2,542	+ 0,635	+ 1,416	—5,853	+ 0,542	—1,956
M		+ 0,570	+ 3,759	+ 0,595	+ 2,358	—8,535	+ 0,773	—2,485
D		+ 0,284	—1,891	+ 0,474	—1,678	+ 2,732	—0,163	—1,050
$1000 \cdot \Lambda\ (s')$		+ 6,49	+ 7,51	+ 6,56	+ 2,33	—23,8	+ 9,61	—13,7
$\Lambda\ y'/y'$ ‰		—4,31	+ 10,72	—4,61	+ 8,22	—20,5	+ 5,12	+ 10,09

Besondere Form					(36)	
— 114,3	+ 42,3	— 95,3	+ 257,2	— 75,8		
5,15 + + 3,42	2,86	10,48	0,38	7,62	„*Kern-Photo-Switar*“	
Blende	1,605	1,694		1,694	mit frdl. Genehmigung der Fa. KERN, Aarau	
	0,01583	0,01267		0,01267	1 : 1,8	$2\,\sigma_{B1} = 44°$
	38,2	54,8		54,8		

8	9	10	11	12	Σ		
— 0,279 — 0,334	+ 1,907 — 0,228	— 0,918 + 0,148	+ 0,081 + 0,204	— 1,950 + 1,000			
— 0,870 + 0,913	— 1,033 + 0,855	— 1,157 + 1,330	— 0,824 + 0,758	— 0,774 + 1,075			
+ 0,700 — 3,128	+ 0,710 + 0,544	+ 0,734 — 1,263	+ 0,733 + 10,18	+ 0,718 — 0,398			
— 0,006 + 0,019 — 0,058 — 0,329 — 0,387 — 0,446 — 0,504 + 1,212	+ 0,538 + 0,293 + 0,159 + 0,077 + 0,236 + 0,395 + 0,554 + 0,128	+ 0,173 — 0,219 + 0,276 + 0,429 + 0,705 + 0,981 + 1,257 — 0,891	— 0,000 — 0,004 — 0,039 + 0,159 + 0,120 + 0,081 + 0,042 + 1,217	+ 2,388 — 0,951 + 0,379 + 0,539 + 0,918 + 1,297 + 1,676 — 0,366	+ 0,068 + 0,029 — 0,075 + 0,281 + 0,206 + 0,131 + 0,056 + 0,066		
— 3,03 — 9,57	— 5,36 + 2,91	+ 5,00 + 6,32	+ 0,75 — 7,62	+ 10,4 + 4,14	äquiv. ν + 370 + 0,86		

C. Korrektionsbeispiel.

Wie schon auf Seite 67 bis 68 angedeutet wurde, folgen nun die Ergebnisse der Strahlendurchrechnung durch das als Beispiel gewählte *Xenon* 1 : 2,0, f = 5 cm, der Firma Jos. Schneider, Kreuznach. Die Erklärungen sind den jeweiligen Abbildungsunterschriften zu entnehmen.

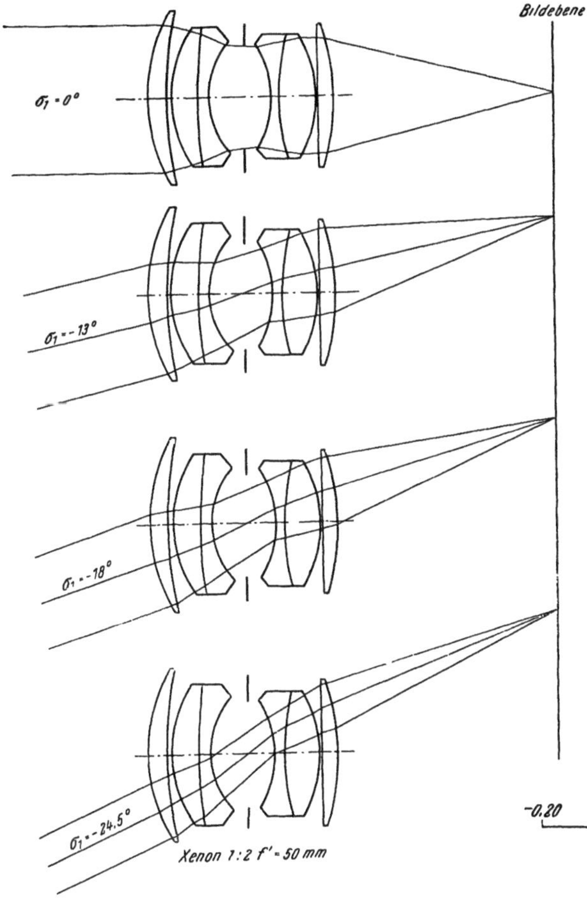

Abb. 186.

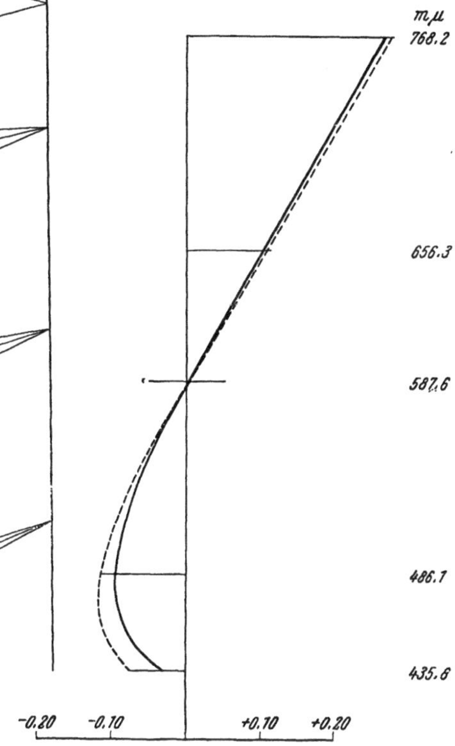

Abb. 187.

Abb. 186. „*Xenon*" 2,0/50 mm. Diese Darstellung enthält die Schnittzeichnung des 4gliedrigen, 6linsigen GAUSS-Doppelobjektivs mit dem Markennamen „*Xenon*" 2,0/50. In die vier Schnittzeichnungen sind die Büschelquerschnitte in Abhängigkeit vom Eintrittswinkel in der meridionalen Ebene eingezeichnet. Es wurden jeweils der obere und untere Komastrahl sowie der zugehörige Schwerpunktstrahl – der Hauptstrahl – eingezeichnet. Die Zeichnungen geben ein anschauliches Bild über die Ausdehnung des durchgehenden Büschels. Gleichzeitig wird durch den Hauptstrahl die Lage der senkrecht zur Zeichenebene liegenden Sagittalebene angedeutet

Abb. 187. Paraxiale Farbaberration. In der Abhängigkeit von der Wellenlänge zeigt dieses Bild die paraxialen Farbaberrationen für die Schnitt- und Brennweite. Die Aberrationswerte sind auf die Schwerpunkt-Farbe von der Wellenlänge 587,6 mμ bezogen

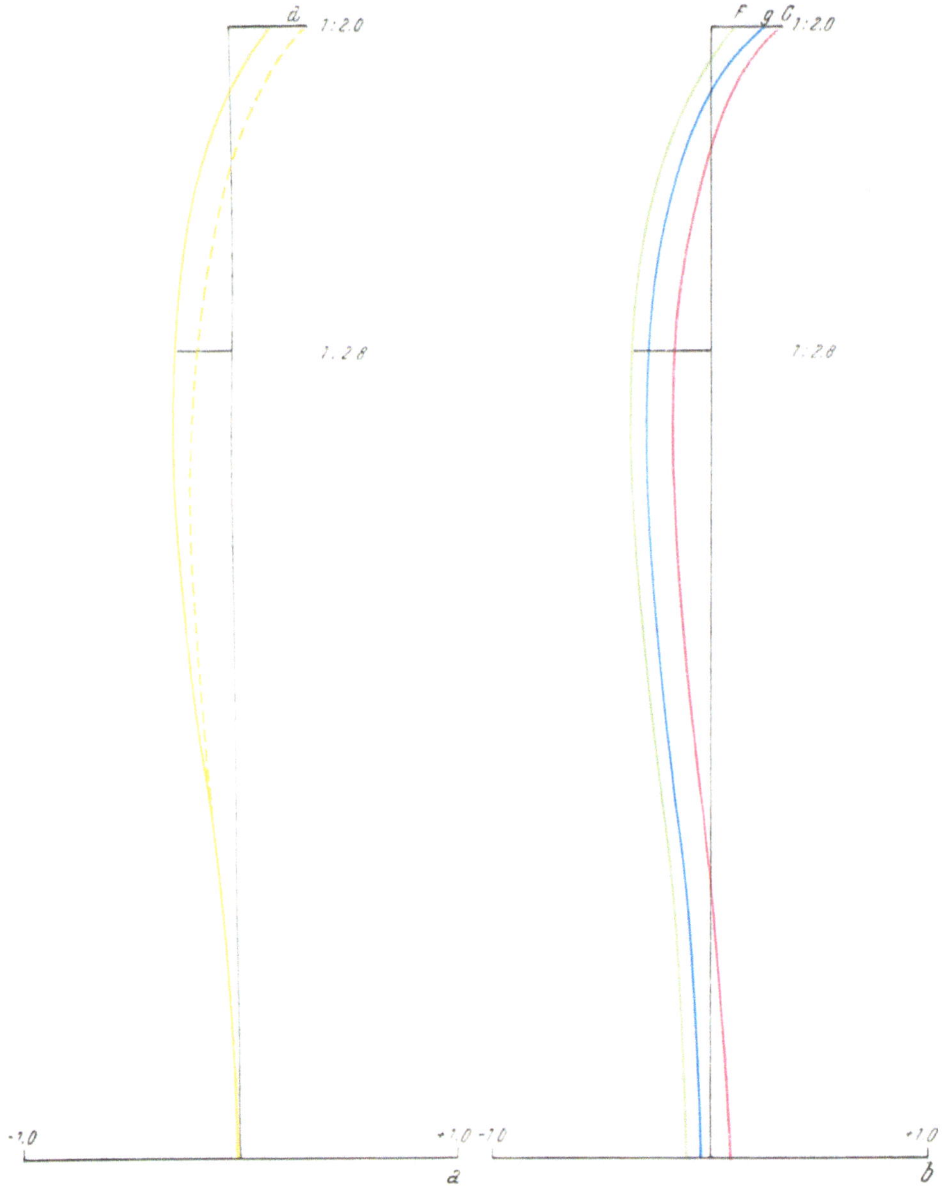

Abb. 188. Sphärische Aberration und Sinusbedingung. Die Darstellung zeigt die sphärische Aberration für achsparallel einfallende Strahlen in Abhängigkeit von der Einfallshöhe (relative Öffnung) für die Bildmitte. Die Kurven sind aufgetragen für die Wellenlänge *d* (Abb. 188a) sowie für die Wellenlängen *C*, *F*, *g* (Abb. 188b). Abb. 188a enthält weiter die sogenannte Sinusbedingung (gestrichelt)

Abb. 189. a) Laterale Farbaberration der Hauptstrahlen. Die Darstellung zeigt die Abweichungen der Durchstoßhöhe für verschiedene Eintrittswinkel in Abhängigkeit von der Lichtwellenlänge

b) Astigmatismus und Bildfeldwölbung. Diese Darstellung zeigt für die verschiedenen Bildwinkel die Größe des Astigmatismus und der Bildfeldwölbung für die Wellenlänge d (gestrichelt: meridional; ausgezogen: sagittal)

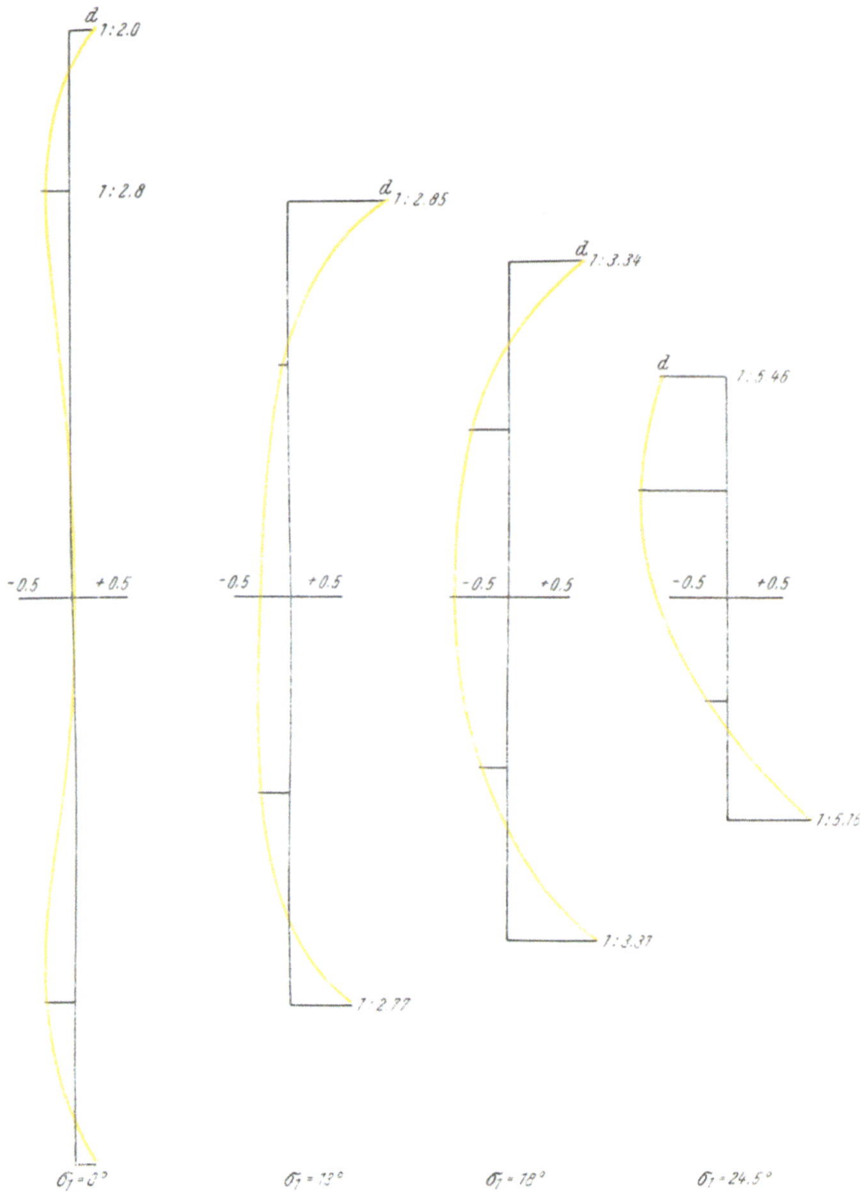

Abb. 190. a) Meridionale Koma als Längsaberration dargestellt. Die Darstellung zeigt für verschiedene Eintrittswinkel die Korrektion der meridionalen Koma in Abhängigkeit vom Büschelquerschnitt für die Wellenlänge *d*

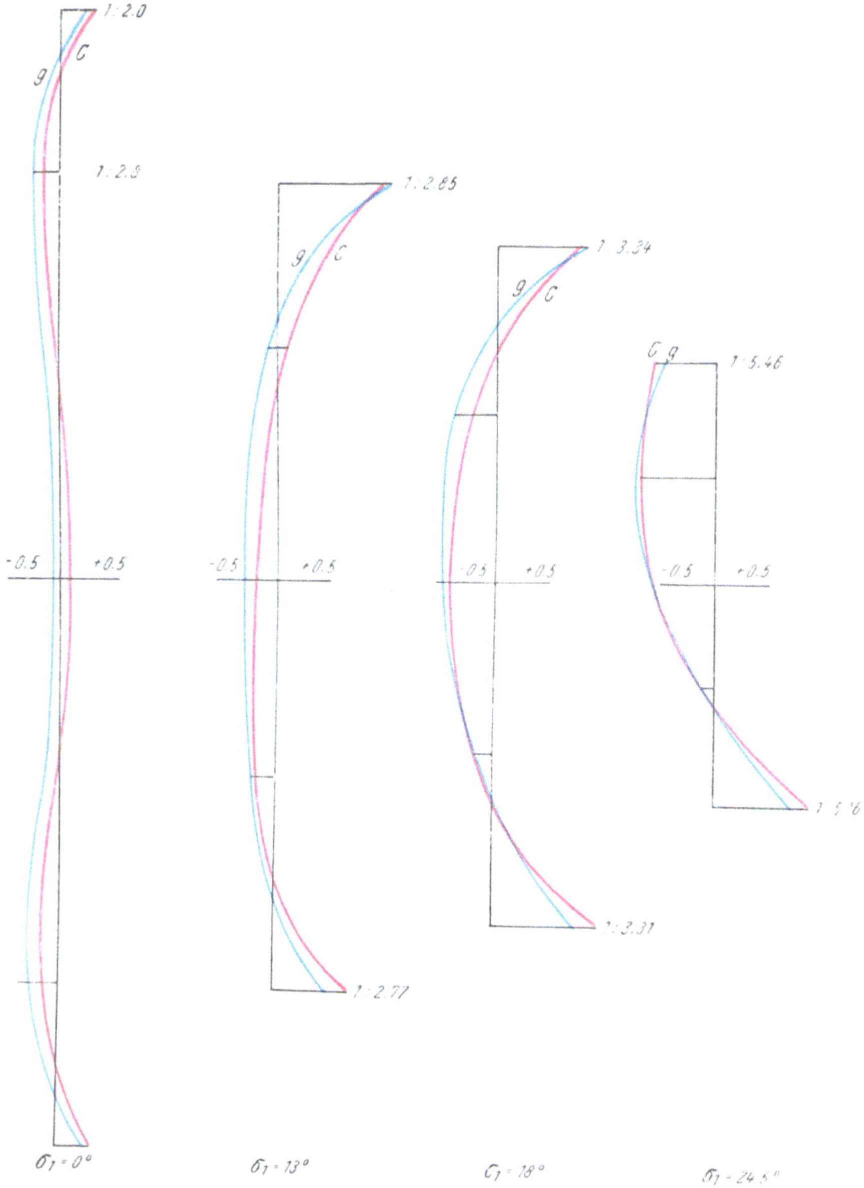

Abb. 190. b) Meridionale Koma als Längsaberration dargestellt. Die Darstellung zeigt für verschiedene Eintrittswinkel die Korrektion der meridionalen Koma in Abhängigkeit vom Büschelquerschnitt für die Wellenlängen C und g

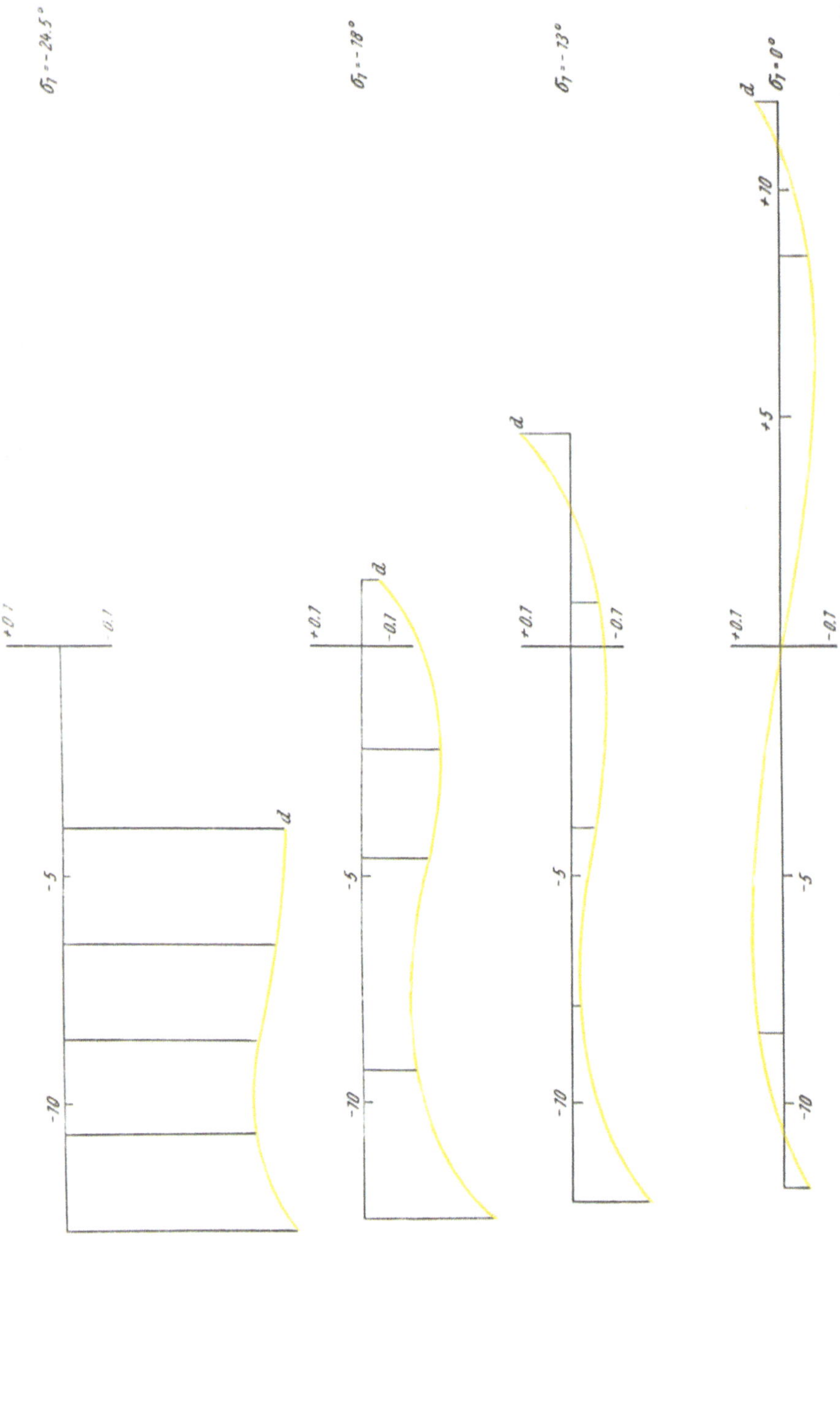

Abb. 191. a) Meridionale Koma als Queraberration dargestellt. Dieses Bild zeigt im Gegensatz zu der Abbildung 190a, die nach der von ROHRschen Methode aufgezeigt wurde, die meridionale Koma für verschiedene Bildwinkel in Abhängigkeit vom Büschelquerschnitt für die Wellenlänge *d*. Die Darstellung lehnt sich an die BEREKsche Art der Darstellung an

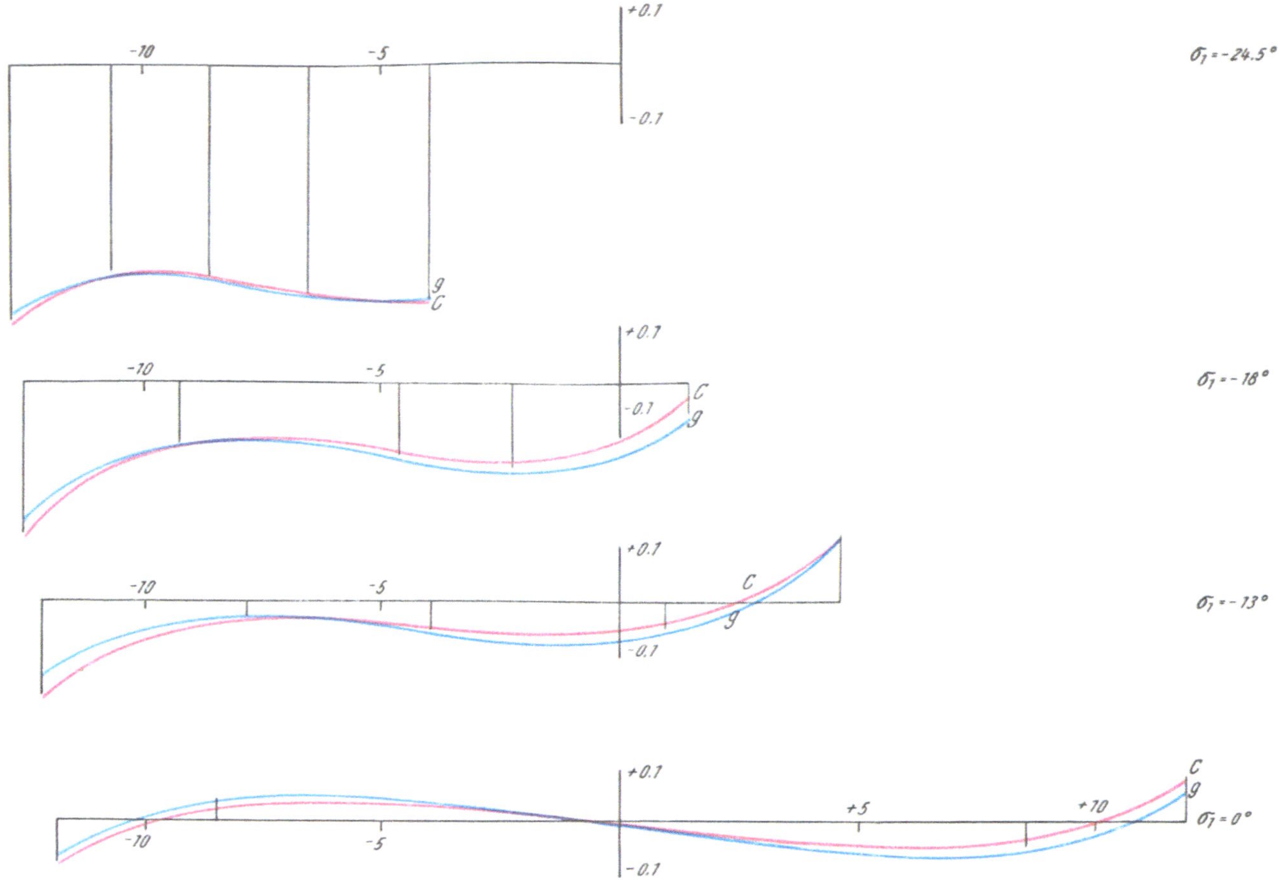

Abb. 191. b) Meridionale Koma als Queraberration dargestellt. Dieses Bild zeigt im Gegensatz zu der Abbildung 190b, die nach der von ROHRschen Methode aufgezeigt wurde, die meridionale Koma für verschiedene Bildwinkel in Abhängigkeit vom Büschelquerschnitt für die Wellenlängen *C* und *g*. Die Darstellung lehnt sich an die BEREKsche Art der Darstellung an

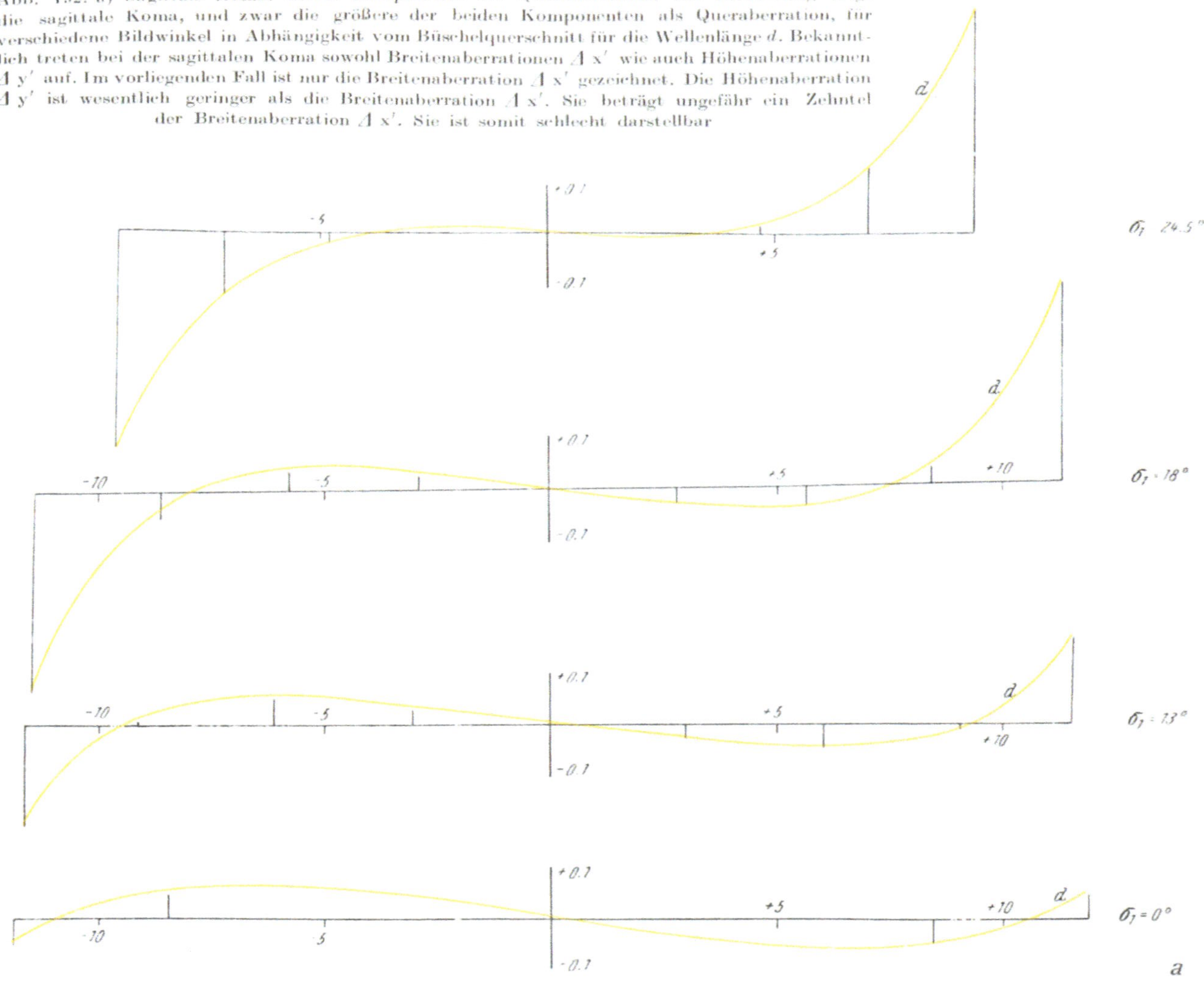

Abb. 192. a) Sagittale Koma. Große Komponente der Queraberration. Die Darstellung zeigt die sagittale Koma, und zwar die größere der beiden Komponenten als Queraberration, für verschiedene Bildwinkel in Abhängigkeit vom Büschelquerschnitt für die Wellenlänge *d*. Bekanntlich treten bei der sagittalen Koma sowohl Breitenaberrationen $\Delta x'$ wie auch Höhenaberrationen $\Delta y'$ auf. Im vorliegenden Fall ist nur die Breitenaberration $\Delta x'$ gezeichnet. Die Höhenaberration $\Delta y'$ ist wesentlich geringer als die Breitenaberration $\Delta x'$. Sie beträgt ungefähr ein Zehntel der Breitenaberration $\Delta x'$. Sie ist somit schlecht darstellbar

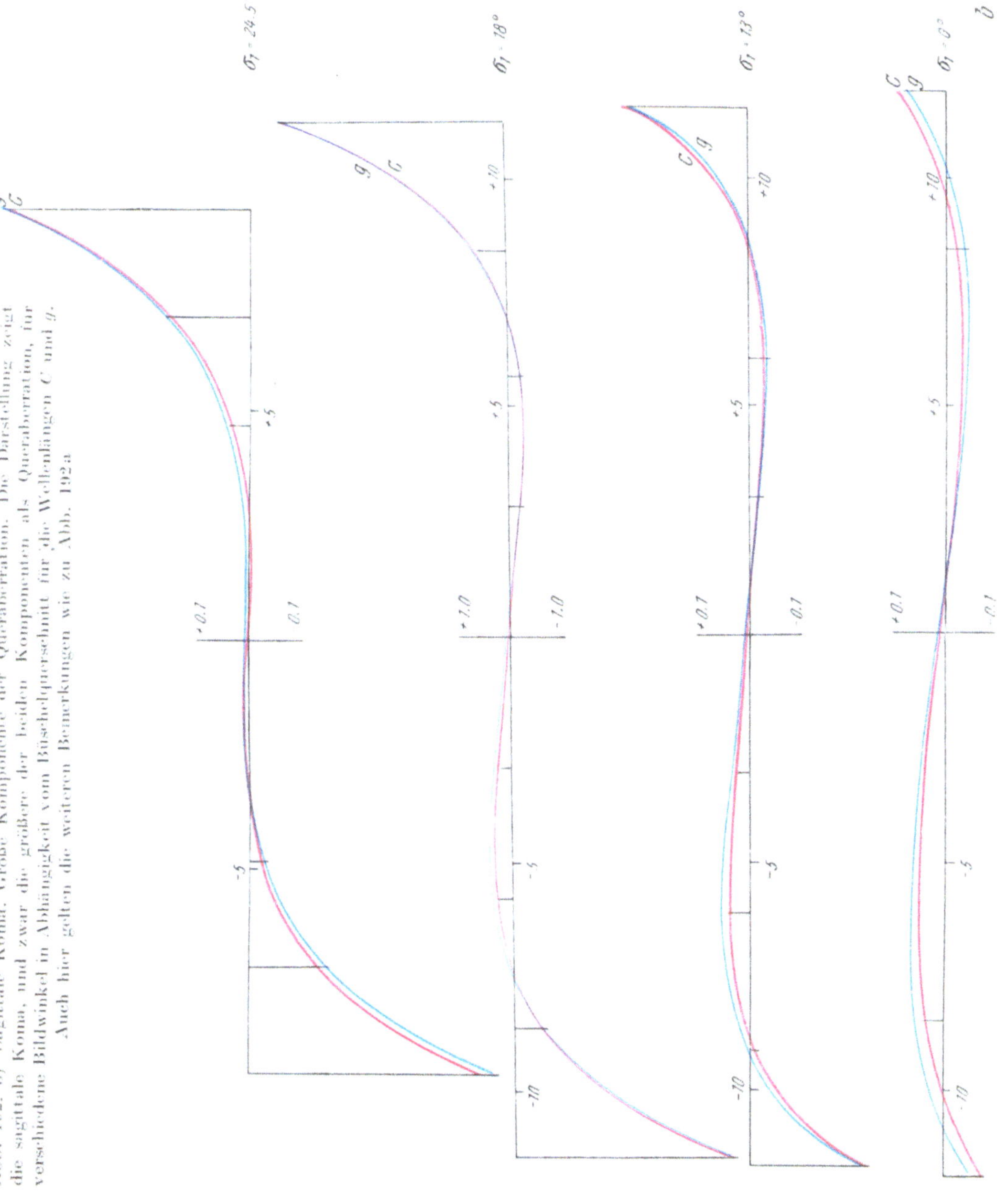

Abb. 192. b) Sagittale Koma. Große Komponente der Queraberration. Die Darstellung zeigt die sagittale Koma, und zwar die größere der beiden Komponenten als Queraberration, für verschiedene Bildwinkel in Abhängigkeit vom Büschelquerschnitt für die Wellenlängen C und g. Auch hier gelten die weiteren Bemerkungen wie zu Abb. 192a.

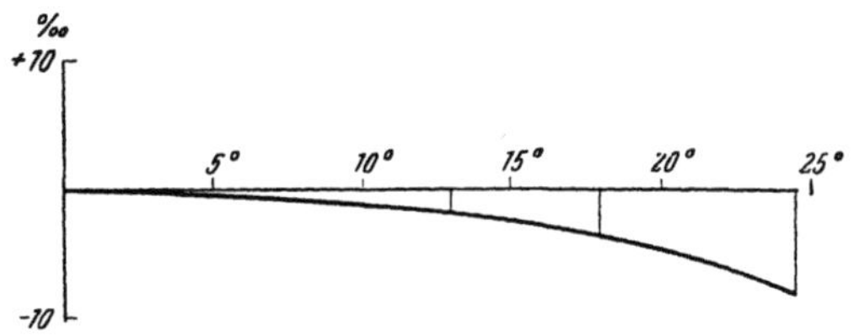

Abb. 193. Verzeichnung. Die Darstellung zeigt den Gang der Verzeichnungskurve in Abhängigkeit vom Bildwinkel. Sie entspricht den in Abb. 191a enthaltenen Werten für die meridionale Koma als Queraberration

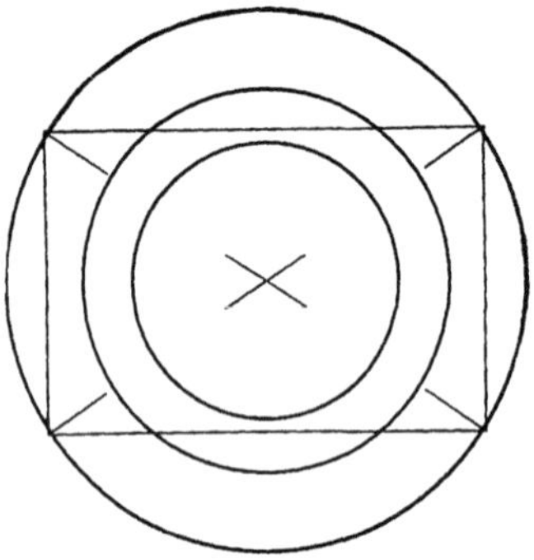

Abb. 194. Lage der den angenommenen Bildwinkeln σ_1 entsprechenden Bildkreisdurchmesser. Die Darstellung zeigt die örtliche Lage der den gerechneten Bildwinkeln entsprechenden Bildkreisdurchmesser für Format 24 × 36 mm

D. Übersicht über die bekanntesten photographischen Markenobjektive.

In den nachfolgenden Tabellen sind die bekanntesten photographischen Markenobjektive in einer von jeglicher Kritik freien Auswahl nach Typen zusammengestellt. Die Aufzählung enthält u. a. Angaben über Brennweiten, relative Öffnungen, Bildfelder, Bildformate und Anwendungszwecke, sowie über Merkmale des optischen Aufbaues. Die Angaben sind in derjenigen Vollständigkeit oder Unvollständigkeit gemacht worden, wie sie durch die Mitteilungen der befragten Erzeugerfirmen, bzw. durch Anzeigen und Prospekte zugänglich waren. Die Tabellen sind Ende 1954 abgeschlossen worden. Kurzbezeichnungen: KF Kleinfilm 8 mm breit, SF Schmalfilm 16 mm breit, NF Normalfilm 35 mm breit, KB Kleinbild 24 × 24 und 24 × 36 mm, A Aufnahme, Pr Projektion, V Vergrößerung.

Typ: *Simplett*

Hersteller	Markenname	f [cm]	1 : B	$2\sigma_B$	Formate	Anwendungen	Patente — Literatur	Bemerkungen
Astro	„*Fernbild*"	30	1 : 5		24 × 36 mm			achromatisch
„	„	40	1 : 5		24 × 36 mm			„
„	„	50	1 : 5		24 × 36 mm			„
„	„	64	1 : 5		24 × 36 mm			„
„	„	80	1 : 5		6 × 6 cm			„
„	„	100	1 : 6,3		6 × 9 cm			„
Kodak (USA)	„*Front Meniscus*"	4,9 bis 9,5	1 : 15	56°		Box-Kameras		nicht achromatisch
„ „	„*Portrait*"	12″ u. 16″	1 : 4,5	40°				Weichzeichner
„ „	„*Rear Meniscus*"	8,1 bis 9,4	1 : 12 bis 1 : 15	54°		Box-Kameras		nicht achromatisch
Rodenstock	„*Imagon*"	12 bis 48	1 : 4,5 bis 1 : 5,8	40°		Weichzeichner		achromatisch
Zeiss	„*Fernobjektiv*"	50	1 : 8	5°	24 × 36 mm	KB-Aufnahme		achromatisch

Typ: PETZVAL-*Objektive und Modifikationen*

Hersteller	Markenname	f [cm]	1 : B	$2\,\sigma_B$	Formate	Anwendungen	Patente — Literatur	Bemerkungen
AGFA	„*Ocellar*“		1 : 1,4			Kino-Projektion	angem.	Kron voran im Hinterglied
„	„		1 : 1,6					
ASTRO	„*Portrait*“	15	1 : 2,3		24 × 36 mm			Weichzeichner
„	„*Astro-Kino IV*“		1 : 1,5	15°		KF-, SF-Projekt.		verkittet
„	„*Astro-Kino V*“		1 : 1,4 u. 1,6	15°		„ „ „	Hdb.Erg.3;4/8	„
KODAK (USA)	„*Cine-Ektar*“	10,2	1 : 2,7	7°		SF-Aufn.		4 Linsen, 2 Glieder
„ „	„*Cine-Ektanon*“	5,1	1 : 1,6	14°		SF-Aufn.		4 „ , 2 „
„ „	„ „	1,3	1 : 1,9	26°		KF-Aufn.	USA 1 620 337	
„ „	„ „	3,8	1 : 2,5	9°		KF-Aufn.		4 Linsen, 2 Glieder
„ „	„ „	6,3	1 : 2,7	9°		SF-Aufn.		
„ „	„*Projection-Ektanon*“	5,1	1 : 1,6	14°		SF-Projektion	USA 2 076 190	mit Bildebnungslinse
„ „	„ „	2,5	1 : 1,6	12°		KF- „		4 Linsen, 2 Glieder
„ „	„ „	2,6	1 : 2	12°		KF- „		4 „ , 2 „
„ „	„ „	7,8	1 : 2	9°		SF- „		4 „ , 2 „
„ „	„ „	10,2	1 : 2,5	9°		SF- „		4 „ , 2 „
„ „	„*Projection-Ektar*“	5 bis 10,1	1 : 1,5	14°		SF- „	USA 2 541 484	mit Bildebnungslinse
„ „	„ „	5″ u. 7½″	1 : 2,3	20°		KB- „	USA 2 076 190	„ „
STEINHEIL	„*Selenar*“	7,5	1 : 1,5			NF-Projektion SF-Aufn.		4 Linsen
„	„	2,5	1 : 1,5			KF-Projektion		4 Linsen
„	„*Selenon*“	7,5	1 : 1,9			SF-Aufn.		4 Linsen
ZEISS	„*Kipronar*“	9 bis 25	1 : 1,9			NF-Projektion		4 Linsen, 2 Glieder

Typ: *Verkittete Doppelanastigmate*

Hersteller	Markenname	f [cm]	1 : B	$2\,\sigma_B$	Formate	Anwendungen	Patente — Literatur	Bemerkungen
SCHNEIDER	„*Angulon*“	6,5	1 : 6,8	80°	6 × 9 cm			Satzanastigmat
,,	,,	9	1 : 6,8	80°	9 × 12 cm			Vorderhälfte $2\,\sigma_B = 19°$
,,	,,	12	1 : 6,8	80°	13 × 18 cm			Hinterhälfte $2\,\sigma_B = 56°$
,,	,,	16,5	1 : 6,8	80°	18 × 24 cm			bei Abblendung in Sonderfällen bis 105°
,,	,,	21	1 : 6,8	80°	24 × 30 cm			
,,	„*Symmar*“	13,5 u. 15,0	1 : 5,6	65°	9 × 12 cm	Spezialobjektiv für technische Zwecke		Bei Abblendung bis 70°
,,	,,	18 u. 21	1 : 5,6	65°	13 × 18 cm	,,		Einzelhälften verwendbar
,,	,,	24	1 : 5,6	65°	18 × 24 cm	,,		,,
,,	,,	30	1 : 5,6	65°	24 × 30 cm	,,		} in Vorberietung
,,	,,	36	1 : 5,6	65°	30 × 40 cm	,,		} in Vorberietung
STEINHEIL	„*Orthostigmat*“	3,5	1 : 4,5	64°	24 × 36 mm			
ZEISS	„*Geodar*“	21	1 : 15	75°	18 × 18 cm	Aerophoto		

Typ: *Anastigmate aus vier etwa bi-förmigen Gliedern in der Reihenfolge „sammelnd — zerstreuend — Blende — zerstreuend — sammelnd“*

Hersteller	Markenname	f [cm]	1 : B	$2\sigma_B$	Formate	Anwendungen	Patente — Literatur	Bemerkungen
KODAK (USA)	„*Ektar*“	8″ u. 10″	1 : 7,7	46°		Aufnahme und Vergrößerung	USA 1 309 847	4 Linsen, 4 Glieder
„ „	„*Enlarging Ektar*“	10	1 : 4,5	44°		Vergrößerung	USA 1 309 847	4 „ , 4 „
„ „	„*Printing Ektanon*“	13 bis 19,3	1 : 10	42°		Photostat and Rectigraph Document Copiers		4 „ , 4 „
„ „	„*Process Ektar (Apo)*“	12″ bis 30″	1 : 10	40°		Graphic Arts	USA 2 544 901	7 Linsen, 5 Glieder
RODENSTOCK	„*Eurynar*“	18	1 : 4,5	ca. 55°	10 × 15 cm	} auch die Objektivhälfte ist zu verwenden		4 Linsen, 4 Glieder
„	„	21	1 : 4,5	ca. 55°	13 × 18 cm			4 „ , 4 „
„	„	24	1 : 4,5	ca. 55°	16 × 21 cm			4 „ , 4 „
„	„	30	1 : 4,5	ca. 55°	18 × 24 cm			4 „ , 4 „
„	„*Apo-Ronar*“	15 bis 60	1 : 9			} für Verkl. 1 : 4 bis 1 : 1 und Reproduktion		vermind. sek. Spektr.
„	„*Apo-Ronar S*“	80	1 : 9	ca. 50°				
SCHNEIDER	„*Isogon*“	4	1 : 4,5		24 × 36 mm	Weitwinkelobjektiv für Spiegelreflexkameras		4 Linsen, 4 Gliede

Typ: *Anastigmate aus drei Gliedern in der Reihenfolge „sammelnd — zerstreuend — Blende — sammelnd“ mit sammelnder Kittfläche im letzten Glied*

Hersteller	Markenname	f [cm]	1 : B	2 σ_B	Formate	Anwendungen	Patente — Literatur	Bemerkungen
AGFA	„*Solinar*“	5	1 : 2,8		24 × 36 mm	KB-Aufnahme	angem.	1 Kittfl. i. Hintergl.
,,	,,	7,5	1 : 3,5		6 × 6 cm			1 ,, ,, ,,
,,	,,	8,5	1 : 4,5		6 × 6 cm			1 ,, ,, ,,
,,	,,	10,5	1 : 4,5		6 × 9 cm			1 ,, ,, ,,
KODAK (USA)	„*Anastar*“	10,1	1 : 4,5	52°		Kodak-Tourist-Cam.		
,, ,,	„*Cine-Ektar*“	1,6	1 : 2,5	42°		SF-Aufn.	USA 2 308 007	
,, ,,	„*Ektar*“	8	1 : 2,8	52°		Spiegel-Reflex	USA 2 158 178	
,, ,,	,,	3,5	1 : 3,5	48°		Stereo-Realist-Cam.	USA 2 446 402	
,, ,,	,,	4,4	1 : 3,5	50°			USA 2 158 178	
,, ,,	,,	4″ bis 12″	1 : 4,5	50°				
,, ,,	„*Commercial Ektar*“	8 ½″ bis 14″	1 : 6,3	54°				
,, ,,	„*Enlarging Ektanon*“	7 ½″ u. 10″	1 : 4,8	42°		Vergrößerung		
,, ,,	„*Enlarging Ektanon*“	13,5 u. 16,1	1 : 4,8	50°		,,		
LEITZ	„*Elmar*“	5	1 : 3,5	45°	24 × 36 mm	Leica		4 Linsen, 3 Glieder
,,	,,	9	1 : 4	27°	24 × 36 mm	,,		4 ,, 3 ,,
,,	„*Stemar*“	3,3	1 : 3,5	46°	16 × 23 mm	Stereo-Aufn.		4 ,, 3 ,,
RODENSTOCK	„*Ysar*“	5	1 : 3,5	ca. 50°	24 × 36 mm			1 Kittfl. i. Hintergl.
,,	,,	7,5	1 : 4,5	ca. 55°	4,5 × 6 und 6 × 6 cm			1 ,, ,, ,,
,,	,,	8,5	1 : 4,5	ca. 55°	6 × 6 cm			1 ,, ,, ,,
,,	,,	10,5	1 : 4,5	ca. 55°	6 × 9 cm			1 ,, ,, ,,
,,	,,	13,5 u. 15	1 : 4,5	ca. 55°	9 × 12 cm			1 ,, ,, ,,
,,	,,	16,5 u. 18	1 : 4,5	ca. 55°	10 × 15 cm			1 ,, ,, ,,
,,	,,	21 bis 42	1 : 4,5	ca. 55°	13 × 18 bis 24 × 30 cm			1 ,, ,, ,,
,,	„*Ysaron*“	21	1 : 4,5		Negativ 13 × 18 cm	Vergrößerung		1 ,, ,, ,,

SCHNEIDER	„*Xenar*“	3,8	1 : 2,8	ca. 50°	24 × 24 mm	KB- u. KF-Aufn.		1 Kittfl. i. Hintergl.
„	„	4,5 u. 5	1 : 2,8	ca. 50°	24 × 36 mm	KB- u. KF-Aufn.		1 „ „ „
„	„	5	1 : 3,5	ca. 50°	24 × 36 mm			1 „ „ „
„	„	7,5	1 : 3,5	ca. 55°	6 × 6 cm			1 „ „ „
„	„	10,5	1 : 3,5	ca. 55°	6 × 9 cm			1 „ „ „
„	„	13,5	1 : 3,5	ca. 55°	9 × 12 cm			1 „ „ „
„	„	10,5 bis 48	1 : 4,5	ca. 55°	6 × 9 bis 30 × 40 cm			1 „ „ „
„	„*Xenoplan*“	1,3	1 : 1,9	ca. 25°		KF-Aufn.		mit zusätzl. Frontmeniskus
„	„*Xenagon*“	3,0 u. 3,5	1 : 3,5	ca. 60°	24 × 24 und 24 × 36 mm			verkitt. Hintergl.
STEINHEIL	„*Culminon*“	15	1 : 4	ca. 55°	9 × 12 cm u. Vergröß.			„ „
„	„	21	1 : 4,5	ca. 55°	13 × 18 cm u. Vergröß.			„ „
VOIGTLÄNDER	„*Color-Skopar*“	5	1 : 3,5		24 × 36 mm		USA 2573511	„ „
„	„ „	8	1 : 3,5		6 × 6 cm			„ „
„	„ „	10,5	1 : 3,5		6 × 9 cm			„ „
„	„ „	5	1 : 2,8		24 × 36 mm			„ „
ZEISS	„*Tessar*“	8,0	1 : 2,8	52°	6 × 6 cm			
„	„	4,5	1 : 2,8	50°	24 × 36 mm	KB-Aufnahme		1 „ „ „
„	„	5,0	1 : 2,8	45°	24 × 36 mm	„		1 „ „ „
„	„	5,0	1 : 3,5	45°	24 × 36 mm	„		1 „ „ „
„	„	7,5	1 : 3,5	55°	6 × 6 cm			1 „ „ „
„	„	10,5	1 : 3,5	53°	6 × 9 cm			1 „ „ „
„	„	7,5	1 : 4,5	40°	30 × 40 mm	für Dokumentat.		1 „ „ „
„	„	11,5	1 : 3,5	21°	24 × 36 mm	KB-Aufnahme		1 „ „ „
„	„*I. R. Tessar*“	50,0	1 : 5		30 × 30 cm	Luftbild		

Typ: *Triplett*

Hersteller	Markenname	f [cm]	1 : B	2 σ_B	Formate	Anwendungen	Patente — Literatur	Bemerkungen
Agfa	„*Agnar*"	10,5	1 : 6,3		6 × 9 cm	nur in Agfa-Kam.		3 freist. Linsen
„	„	8,5	1 : 4,5		6 × 6 cm	„ „ „ „		3 „ „
„	„*Apotar*"	5	1 : 3,5		24 × 36 mm	„ „ „ „		3 „ „
„	„	8,5	1 : 4,5		6 × 6 cm	„ „ „ „		3 „ „
Astro	„*Pantachar*"	15	1 : 1,8	bis 40°	6 × 9 cm	KF, SF, KB	Hdb. I, 11/8	Luftspalt im Hintergl.
„	„	10	1 : 2,3		6 × 6 cm			„ „ „
„	„	15	1 : 2,3		6 × 9 cm			„ „ „
„	„	12,5	1 : 2,3		6 × 9 cm			„ „ „
„	„*Astan*"		1 : 2,9	54°		A, Pr, V		
„	„		1 : 3,5	54°		A, Pr, V		
„	„		1 : 4,5	54°		A, Pr, V		
„	„*Kopiertachar*"		1 : 3	bis 36°		Film-Kopier		für $\beta' \approx 1:1$
„	„*Astrar*"		1 : 2,7	46°		KB	Hdb. Erg. 3/5	
„	„*Astro-Kino IV*"		1 : 1,5	20°		KF-, SF-Proj.		
Kern (Schweiz)	„*Yvar*"	7,5	1 : 2,8	ca. 10°		SF- Aufn.	Schweiz. Pat. 281 486	dicke Negativlinse
„ „	„	10	1 : 3,3	7°		„ „		„ „
„ „	„	15	1 : 4	5°		„ „		„ „
„ „	„	1,25	1 : 2,8	30°		KF-Aufn.		
„ „	„	1,5	1 : 2,8	48°		SF- „		
„ „	„	1,3	1 : 1,9	30°		„ „		„ „
„ „	„	1,6	1 : 2,8	44°		„ „		
„ „	„	2,5	1 : 2,5	15°		KF-Aufn.		
„ „	„	3,6	1 : 2,8	12°		„ „		

Typ: *Triplett*

Hersteller	Markenname	f [cm]	1 : B	2 σ_B	Formate	Anwendungen	Patente — Literatur	Bemerkungen
KODAK (USA)	„*Anastar*“	8,1	1 : 3,5	50°		Kodak Refl.-Cam.	USA 2 343 629	Aufgespaltene Frontlinse
„ „	„*Anaston*“	5,2	1 : 4,5	50°		„ Pony- „		
„ „	„	10,5	1 : 4,5	50°		„ Tourist- „		
„ „	„	10,4	1 : 6,3	50°		„ „ „		
„ „	„*Cine-Ektar*“	2,5	1 : 1,9	28°		SF-Aufn.	USA 2 432 387	Aufgespaltene Frontlinse
„ „	„*Cine-Ektanon*“	1,3	1 : 1,9	26°		KF- „	USA 2 503 751	
„ „	„ „	1,3	1 : 2,7	26°		KF- „		
„ „	„ „	1,6	1 : 2,7	42°		SF- „		
„ „	„ „	1	1 : 2,7	40°		KF- „		
„ „	„ „	2,5	1 : 2,8	26°		SF- „	USA 2 503 751	
„ „	„ „	3,8	1 : 2,8	9°		KF- „	USA 2 503 751	
„ „	„*Ektar*“	10; 10,5; 13,5	1 : 3,5	48°			USA 2 279 384	Vorder- u. Hinterglied verk.
„ „	„	6,3	1 : 4,5 und 1 : 8	44°		Microfile-Cameras	USA 2 279 384	Vorder- u. Hinterglied verk.
„ „	„*Enlarging-Ektanon*“	5,2 bis 10,5	1 : 4,5	46°		Vergrößerung		3 Linsen, 3 Glieder
„ „	„ „	8,9	1 : 6,3	44°		„		3 „ 3 „
„ „	„*Enlarging-Ektar*“	2″ und 3″	1 : 4,5	42°		„	USA 2 279 384	Vorder- u. Hinterglied verk.
„ „	„*Kodar*“	7,2	1 : 8	58°		Duaflex		3 Linsen, 3 Glieder
„ „	*Projection-Ektanon*“	10,1 bis 19,1	1 : 3,5 und 1 : 4	20°		KB-Projektion		3 „ 3 „
„ „	„*Television-Ektanon*“	3,5	1 : 3,3	64°		Fernseh-Kameras Weitwkl.	USA 2 279 384	Vorder- u. Hinterglied verk.
„ „	„ „	9	1 : 3,5	28°		Fernseh-Kameras		

Fortsetzung S. 348

Fortsetzung v. S. 347

Typ: *Triplett*

Hersteller	Markenname	f [cm]	1 : B	2 σ_B	Formate	Anwendungen	Patente — Literatur	Bemerkungen
LEITZ	„*Hektor*“	13,5	1 : 4,5	18°	24 × 36 mm	Leica		Mittellinse verk.
„	„	2,8	1 : 6,3	76°	24 × 36 mm	„		Vorder- u. Hinterlinse verk.
„	„	7,3	1 : 1,9	33°	24 × 36 mm	„	DRP. 526308	6 Linsen, 3 Glieder
„	„	12,5	1 : 2,5	20°	24 × 36 mm			
„	„	8,5 bis 25	1 : 2,5		24 × 36 mm	Projektion		4 Linsen, 3 Glieder
„	„*Focotar*“	5	1 : 4,5	45°	24 × 36 mm	Vergrößerung		5 „ 4 „
„	„	9,5	1 : 4,5		6,5 × 9 cm	„		5 „ 4 „
„	„*Dimaron*“	8,5 bis 15	1 : 2,8		24 × 36 mm	Projektion		3 „ 3 „
RODENSTOCK	„*Eurygon*“	30 bis 42	1 : 4,5	ca. 45°	13 × 18 bis 21 × 27 cm			Weichzeichner
„	„*Trinar*“	3,75 und 5	1 : 2,9	ca. 50°	24 × 24 u. 24 × 36 mm			3 Linsen, 3 Glieder
„	„	7,5	1 : 2,9	ca. 50°	4,5 × 6 u.			3 „ 3 „
„	„	8	1 : 2,8	ca. 50°	6 × 6 cm			3 „ 3 „
„	„	3,5 und 4,5	1 : 3,5	ca. 55°	24 × 24 u. 24 × 36 mm			3 „ 3 „
„	„	7,5	1 : 3,5	ca. 55°	4,5 × 6 u. 6 × 6 cm			3 „ 3 „
„	„	10,5	1 : 3,5	ca. 55°	6 × 9 cm			3 „ 3 „
„	„	5	1 : 4,5	ca. 55°	24 × 36mm			3 „ 3 „
„	„	7,5	1 : 4,5	ca. 55°	4,5 × 6 u. 6 × 6 cm			3 „ 3 „
„	„	10,5	1 : 4,5	ca. 55°	6 × 9 cm			3 „ 3 „
„	„	3,75 und 5	1 : 5,6	ca. 49°	24 × 24 u. 24 × 36 mm			3 „ 3 „
„	„	7,5	1 : 6,3	ca. 55°	4,5 × 6 u. 6 × 6 cm			3 „ 3 „
„	„	10,5	1 : 6,3	ca. 55°	6 × 9 cm			3 „ 3 „
„	„*Euron*“	3,8	1 : 2,8		3,6 × 4,8 mm	KF-Aufnahme		3 „ 3 „
„	„	7,5	1 : 3,5		7,2 × 9,6 mm	SF-Aufnahme		3 „ 3 „
„	„	1,25	1 : 2,5	26°	3,6 × 4,8 mm	„ „		3 „ 3 „
„	„*Splendon*“	20 bis 50	1 : 3,5 bis 1 : 10,5		8,5 × 10 cm	Diapositiv-Projektion		3 „ 3 „

Typ: *Triplett*

Hersteller	Markenname	f [cm]	1 : B	2 σ_B	Formate	Anwendungen	Patente — Literatur	Bemerkungen
RODENSTOCK	„*Projektions-Trinar*"	10	1 : 2,8		24 × 36 mm u. 3 × 4 cm	Projektion		3 Linsen, 3 Glieder
„	„ „	15	1 : 3,2		24 × 36 mm u. 6 × 6 cm	„		3 „ 3 „
„	„ „	10	1 : 3,6		24 × 36 mm u. 6 × 9 cm	„		3 „ 3 „
„	„*Ronar*"	1	1 : 1,9	30°	3,6 × 4,8 mm	Aufnahme		3 „ 3 „
„	„	1,25	1 : 1,9	26°	3,6 × 4,8 mm	„		3 „ 3 „
SCHNEIDER	„*Radionar*"	5	1 : 2,8	ca. 50°	24 × 36 mm			3 „ 3 „
„	„	8	1 : 2,9	ca. 55°	6 × 6 cm			3 „ 3 „
„	„	3,8	1 : 3,5	ca. 50°	24 × 24 mm			3 „ 3 „
„	„	5	1 : 3,5	ca. 50°	24 × 36 mm			3 „ 3 „
„	„	8	1 : 3,5	ca. 55°	6 × 6 cm			3 „ 3 „
„	„	10,5	1 : 3,5	ca. 55°	6 × 9 cm			3 „ 3 „
„	„	5	1 : 4,5	ca. 50°	24 × 36 mm			3 „ 3 „
„	„	7,5	1 : 4,5	ca. 55°	6 × 6 cm			3 „ 3 „
„	„	10,5	1 : 4,5	ca. 55°	6 × 9 cm			3 „ 3 „
„	„	13,5	1 : 4,5	ca. 55°	9 × 12 cm			3 „ 3 „
„	„*Kinoplan*"	1,25	1 : 2,7	27°		SF.-Aufn.		
STEINHEIL	„*Cassaron*"	4	1 : 3,5	56°	24 × 36 mm	SF-Aufn.		3 „ 3 „
„	„*Kino-Cassar*	3,6	1 : 2,8					3 „ 3 „
„	„*Vergrößerungs-Cassar*"	5	1 : 3,5		Negativ 24 × 36 mm			3 „ 3 „
„	„ „	7,5 u. 9	1 : 4,5		4 × 4 und 6 × 6 cm			3 „ 3 „
„	„ „	10,5	1 : 4,5		Negativ 6 × 9 cm			3 „ 3 „
„	„*Cassar*"	4,5 u. 5	1 : 2,8		24 × 36 mm			3 „ 3 „
„	„	4,5, 5	1 : 3,5		24 × 36 mm			3 „ 3 „
„	„*Cassar P*"	8	1 : 2,8		24 × 36 mm	Projektion		
„	„	15	1 : 3,5		24 × 36 mm	„		

Fortsetzung S. 350

Fortsetzung v. S. 349

Typ: *Triplett*

Hersteller	Markenname	f [cm]	1 : B	$2\,\sigma_B$	Formate	Anwendungen	Patente — Literatur	Bemerkungen
Steinheil	„*Cassar*“	7,5	1 : 3,5 und 1 : 4,5		6 × 6 cm			3 Linsen, 3 Glieder
„	„	10,5	1 : 4,5 und 1 : 6,3		6 × 9 cm			3 „ 3 „
„	„*Cassarit*“	4,5	1 : 2,8		24 × 36 mm			3 „ 3 „
Voigtländer	„*Color-Heliar*“	10,5	1 : 3,5	55°	6 × 9 cm		DBP 888 772	Vorder- u. Hinterglied verkittet
„	„*Apo-Lanthar*“	10,5	1 : 4,5	55°	6 × 9 cm		DBP 880 802	Vorder- u. Hinterglied verkittet
„	„ „	15	1 : 4,5	53°	9 × 12 cm		DBP „	Vorder- u. Hinterglied verkittet
„	„ „	21	1 : 4,5	55°	13 × 18 cm		DBP „	Vorder- u. Hinterglied verkittet
„	„*Vaskar*“	8	1 : 4,5		6 × 6 cm			3 Linsen, 3 Glieder
„	„	10,5	1 : 4,5		6 × 9 cm			3 „ 3 „
Zeiss	„*Triotar*“	8,5	1 : 4	28°	24 × 36 mm	KB-Aufnahme		3 „ 3 „

Typ: *Lichtstarke Triplettabkömmlinge mit mehr als drei Gliedern*

Hersteller	Markenname	f [cm]	1 : B	2 σ_B	Formate	Anwendungen	Patente — Literatur	Bemerkungen
ASTRO	„*Tachonar*"	7,5	1 : 1	bis 36°	24 × 36 mm	Röntgen- und Oszillogr.-Aufn.		5 Linsen, 5 Glieder
„	„*Tachar*"		1 : 1,5	26°		KF-, SF-Aufn.	Hdb. Erg.20/8	
KERN (Schweiz)	„*Switar*"	2,5 u. 5	1 : 1,4	30°		SF-Aufn.	Schweiz.Pat. 242655	
„ „	„	1,25	1 : 1,5	30°		KF-Aufn.	Schweiz.Pat. 246724	relativ große Schnittweite
KODAK (USA)	„*Cine-Ektar*"	6,4	1 : 2	11°		SF-Aufn.	USA 2481688	
„ „	„*Fluro-Ektar*"	11	1 : 0,75	14°		Kino-Fluorographie	USA 2604013	
„ „	„ „	5	1 : 1,5	40°		Fluorographie	USA 2397565	
„ „	„ „	11,1	1 : 1,5	40°		„	USA 2397565	
STEINHEIL	„*Quinar*"	13,5	1 : 2,8	ca. 18°	24 × 36 mm			5 Linsen, 4 Glieder
„	„*Selenon*"	1,25	1 : 1,9			SF-Aufn.		4 „ 4 „

Typ: *Lichtstarke Triplettabkömmlinge mit drei Gliedern*

Hersteller	Markenname	f [cm]	1 : B	$2\,\sigma_B$	Formate	Anwendungen	Patente — Literatur	Bemerkungen
Schneider	„*Tele-Xenar*“	7,5	1 : 3,8	25°	24 × 24 mm	KB-Aufnahme		4 Linsen, 4 Glieder
„	„ „	9	1 : 3,5	24°	24 × 36 mm	„ „		4 „ 4 „
„	„ „	13,5	1 : 3,5	18°	24 × 36 mm	„ „		4 „ 4 „
Steinheil	„*Culminar*“	5 u. 8,5	1 : 2,8		24 × 36 mm			4 „ 3 „
„	„	13,5	1 : 4,5		24 × 36 mm			4 „ 3 „
„	„	13,5	1 : 3,5		24 × 36 mm			4 „ 3 „
„	„	13,5	1 : 4,5		9 × 12 cm			4 „ 3 „
„	„	6	1 : 4,5		4 × 4 cm	Vergrößerung		4 „ 3 „
„	„	9	1 : 4,5		6 × 6 cm	„		4 „ 3 „
„	„	10,5	1 : 4,5		6 × 9 cm	„		4 „ 3 „
„	„	13,5	1 : 4,5		9 × 12 cm	„		4 „ 3 „
„	„*Quinon*“	5	1 : 2	50°	24 × 36 mm			6 „ 3 „ mit Rastenblende
Zeiss	„*Sonnar*“	5	1 : 1,5	45°	24 × 36 mm	KB-Aufnahme		7 Linsen, 3 Glieder
„	„	5	1 : 2	45°	24 × 36 mm	„ „		6 „ 3 „
„	„	8,5	1 : 2	28°	24 × 36 mm	„ „		7 „ 3 „
„	„	13,5	1 : 4	20°	24 × 36 mm			4 „ 3 „
„	„	13,5	1 : 3,5	32°	6 × 6 cm			5 „ 3 „
„	„	25	1 : 4	21°	6 × 6 cm			4 „ 3 „
„	„	18	1 : 4,8	33°	6 × 9 cm			5 „ 3 „
„	„	25	1 : 4	18°	6 × 6 cm			
„	„	25	1 : 5,6	18°	6 × 6 cm			4 „ 3 „
„	„	18	1 : 2,8	14°	24 × 36 mm	KB-Aufnahme		
„	„*R-Sonnar*“	5	1 : 1,5	45°	32 × 32 mm	Röntgen-Schirmbild		7 „ 3 „
„	„	10	1 : 1,5	48°	63 × 63 mm	Röntgen-Schirmbild		7 „ 4 „

Typ: *Gauß-Objektive und Modifikationen*

Hersteller	Markenname	f [cm]	1 : B	$2\sigma_B$	Formate	Anwendungen	Patente — Literatur	Bemerkungen
AGFA	„*Solagon*“		1 : 1,5			Kino-Aufnahme	angem.	6 Linsen, 4 Glieder
„	„	5	1 : 2		24 × 36 mm	KB-Aufnahme	DBP 833419	6 „ 4 „
„	„*Helostar*“	5	1 : 2,5		24 × 36 mm	KB-Aufnahme	angem.	5 „ 4 „
ASTRO	„*Gaußtachar*“	2,5 bis 10	1 : 2	bis 60°	bis 6 × 9 cm	SF-, NF-, KB-Aufn.		
„	„*Gaußtachar VS*“	2,5	1 : 2	57°		NF-Aufn.		mit Vorsatzlinse in $\overline{F}$ zur Veläng. d. Schnittw.
KODAK (USA)	„*Cine-Ektar*“	2,5	1 : 1,4	28°		SF-Aufn.	USA 2350035	
„ „	„ „	4	1 : 1,6	20°		SF-Aufn.	USA 2262998	
„ „	„*Printing-Ektar*“	9	1 : 3,8	10°		Motion Picture Printers		6 Linsen, 4 Glieder
„ „	„ „	10,5	1 : 2,8	10°		Motion Picture Printers		6 „ 4 „
„ „	„*Television-Ektanon*“	5	1 : 1,9	44°		Fernseh-Kameras	USA 2262985	6 „ 4 „
„ „	„*Wide-field-Ektar*“	8 bis 25	1 : 6,3	74°		Weitwinkel	USA 2518719	4 „ 4 „
LEITZ	„*Summitar*“	5	1 : 2	45°	24 × 36 mm	Leica	DRP 685572	7 „ 4 „
„	„*Summaron*“	3,5	1 : 3,5	64°	24 × 36 mm	„		6 „ 4 „
„	„	2,8	1 : 5,6	76°	24 × 36 mm	„		6 „ 4 „
„	„*Summarit*“	5	1 : 1,5	45°	24 × 36 mm	„		7 „ 5 „
„	„*Summarex*“	8,5	1 : 1,5	28,5°	24 × 36 mm	„	Brit. 481710 (1937)	7 „ 5 „
„	„*Summicron*“	5	1 : 2	45°	24 × 36 mm	„	USA 2622478	7 „ 6 „

Fortsetzung S. 354

Fortsetzung v. S. 353

Typ: *Gauß-Objektive und Modifikationen*

Hersteller	Markenname	f [cm]	1 : B	$2\,\sigma_B$	Formate	Anwendungen	Patente — Literatur	Bemerkungen
RODENSTOCK	„*Heligon*"	5	1 : 2	50°	24 × 36 mm	KB-Aufnahme		6 Linsen, 4 Glieder
,,	,,	3,5	1 : 2,8	63,5°	24 × 36 mm	KB- ,,		6 ,, 4 ,,
,,	,,	1,25	1 : 1,5	25°	3,6 × 4,8 mm	KF- ,,		6 ,, 4 ,,
,,	,,	2,5	1 : 1,5	14°	3,6 × 4,8 mm	KF- ,,		6 ,, 4 ,,
,,	,,	1,6	1 : 2	40°	7,5 × 10,4 mm	SF- ,,		6 ,, 4 ,,
,,	,,	2	1 : 1,5	35°	7,5 × 10,4 mm	SF- ,,		6 ,, 4 ,,
,,	,,	2,5	1 : 1,5	28°	7,5 × 10,4 mm	SF- ,,		6 ,, 4 ,,
,,	,,	5	1 : 2	14°	7,5 × 10,4 mm	SF- ,,		6 ,, 4 ,,
,,	,,	9	1 : 2,8	ca. 68°	6 × 9 cm	Linhof-Kamera		
,,	,,	9	1 : 3,2	ca. 68°	6 × 9 cm	,, ,,		
,,	„*Heligon C*"	5	1 : 2	50°	24 × 36 mm	KB-Aufnahme		6 Linsen, 4 Glieder; 2 Vorderglieder entfernbar
,,	„*Heligon C 35*"	(3,5)	1 : 5,6	64°	24 × 36 mm	,,		6 Linsen; anstelle der 2 Vorderglieder des Heligon C, f = 5, 1 : 2, einzusetzen
,,	„*Heligon C 80*"	(8,0)	1 : 4	30°	24 × 36 mm	,,		5 Linsen; anstelle der 2 Vorderglieder des Heligon C, f = 5, 1 : 2, einzusetzen
SCHNEIDER	„*Xenon*"	4	1 : 1,9	46°	24 × 24 mm			6 Linsen, 5 Glieder
,,	,,	5	1 : 1,9	46°	24 × 36 mm			6 ,, 4 ,,
,,	,,	5	1 : 2,0	50°	24 × 36 mm			6 ,, 4 ,,
,,	,,	8	1 : 2,0	50°	4,5 × 6 cm			6 ,, 4 ,,
,,	„*S-8-Kino-Xenon*"	1,3	1 : 1,5	24°	3,6 × 4,8 mm	KF- ,,		normal
,,	,,	2,5	1 : 1,5	12°	3,6 × 4,8 mm	KF- ,,		langbrennweitig
,,	„*S-16-Kino-Xenon*"	2,5	1 : 1,5	27°	7,5 × 10,4 mm	SF- ,,		normal

SCHNEIDER	„*S-16-Kino-Xenon*“	1,6	1 : 1,9	43°	7,5 × 10,4 mm	SF-Aufnahme		
„	„ „	5	1 : 2,3	16°	7,5 × 10,4 mm	SF- „		langbrennweitig
„	„*N-35-Kino-Xenon*“	2,8	1 : 2	50°	16 × 22 mm	NF- „		
„	„ „	3,5	1 : 2	43°	16 × 22 mm			
„	„ „	4	1 : 2	38°	16 × 22 mm	NF- „		normal
„	„ „	5; 7,5; 10; 12,5	1 : 2	32° bis 12°	16 × 22 mm	NF- „		langbrennweitig
„	„*Retina-Xenon C*“	5	1 : 2 bzw. 1 : 2,8	50°	24 × 36 mm	KB-Aufn.		6 Linsen, 4 Glieder 2 Vorderglieder entfernbar
„	„*Retina-Curtar-Xenon C*“	(3,5)	1 : 5,6	64°	24 × 36 mm	„ „		6 Linsen anstelle der 2 Vorderglieder des Retina-Xenon C, f = 5, 1 : 2 bzw. 1 : 2,8 einzusetzen
„	„*Retina-Longar-Xenon C*“	(8,0)	1 : 4	30°	24 × 36 mm	„ „		6 Linsen anstelle der 2 Vorderglieder des Retina-Xenon C, f = 5, 1 : 2 bzw. 1 : 2,8 einzusetzen
„	„*Xenogon*“	3,5	1 : 2,8		24 × 36 mm			
STEINHEIL	„*Quinon*“	5	1 : 1,9	50°	24 × 36 mm			6 Linsen, 4 Glieder
„	„	2,5	1 : 1,5	28°		SF-Aufn.		6 „ 4 „
„	„	3,5	1 : 2,8	50°	24 × 24 mm			6 „ 4 „
„	„	5	1 : 2	50°	24 × 36 mm	KB- „		6 „ 4 „ in Verschluß

Fortsetzung S. 356

Fortsetzung v. S. 355

Typ: *Gauß-Objektive und Modifikationen*

Hersteller	Markenname	f [cm]	1 : B	$2\,\sigma_B$	Formate	Anwendungen	Patente — Literatur	Bemerkungen
VOIGTLÄNDER	„*Ultron*“	5	1 : 2	bis 50°	24 × 36 mm	KB-Aufn.	USA 2 627 204 USA 2 627 205	
„	„*Nokton*“	5	1 : 1,5	45°	24 × 36 mm	„ „	USA 2 645 155 USA 2 646 721	
„	„*Rectaflex-Nokton*“	5	1 : 1,5	45°	24 × 36 mm	„ „	USA 2 662 447	verläng. Schnittweite
„	„*R-Nokton*“	10,5	1 : 1,5		6 × 6 cm	Röntgen-kamera für Leucht-schirmab-stand korri-giert		
ZEISS	„*Planar*“	3,2	1 : 2	48°	16 × 22 mm	NF		
„	„	5,0	1 : 2	48°	24 × 36 mm	KB-Aufn.		
„	„	8,0	1 : 2,8	52°	6 × 6 cm			
„	„	10,0	1 : 2,8	55°	6 × 9 cm			
„	„	15,0	1 : 2,8	52°	9 × 12 cm			
„	„	3,5	1 : 3,5	63°	24 × 36 mm	KB-Aufn.		
„	„	13,5	1 : 3,5	57°	9 × 12 cm			

Typ: *Unsymmetrische Vierlinser*

Hersteller	Markenname	f [cm]	1 : B	$2\,\sigma_B$	Formate	Anwendungen	Patente — Literatur	Bemerkungen
WILD (Schweiz)	„*Aviotar*“	21	1 : 4,2	60°	18 × 18 cm	Aerophotogramm	DBP 843 306	9 Linsen, 4 Glieder
„ „	„	17	1 : 4,2	60°	14 × 14 cm	„		9 „ 4 „
ZEISS	„*Biogon*“	3,5	1 : 2,8	63°	24 × 36 mm	Contax		7 „ 4 „

Typ: *Teleobjektive*

Hersteller	Markenname	f [cm]	1 : B	2 σ_B	Formate	Anwendungen	Patente — Literatur	Bemerkungen
ASKANIA	„*Teletriplet*“	20	1 : 3	12°	24 × 36 mm		DBP 861161	6 Linsen, 3 Glieder
„	„	30	1 : 3	8°	24 × 36 mm		DBP 861161	6 „ 3 „
KODAK (USA)	„*Cine-Ektar*“	15,2	1 : 4	5°		SF-Aufn.	USA 2559881	4 „ 2 „
„ „	„*Cine-Ektanon*“	15,2	1 : 4,5	5°		SF- „	USA 1897896	4 „ 2 „
„ „	„*Projection-Ektar*“	11″	1 : 3,7	10°		KB-Projektion	USA 2327759	4 „ 2 „
„ „	„*Television-Ektanon*“	13,5	1 : 3,8	14°		Fernseh-Kameras	USA 2231699	4 „ 2 „
LEITZ	„*Telyt*“	20	1 : 4,5	12°	24 × 36 mm	Leica		5 „ 4 „
„	„	40	1 : 5	6°	24 × 36 mm	„		
RODENSTOCK	„*Rotelar*“	18 u. 27	1 : 4,5 5,5	33°	6 × 9; 9 × 12			5 „ 2 „
SCHNEIDER	„*Tele-Xenar*“	7,5	1 : 3,8	bis 25°	24 × 24 mm	KB- u. SF-Aufn.		4 „ 4 „
„	„ „	9	1 : 3,5	24°	24 × 36 mm	KB		4 „ 4 „
„	„ „	13,5	1 : 3,5	18°	24 × 36 mm	KB		4 „ 4 „
„	„ „	10	1 : 3,8	7°		SF-Aufn.		5 „ 3 „
„	„ „	15	1 : 4,5	4,5°		SF-Aufn.		5 „ 3 „
„	„ „	20	1 : 5,5	bis 12°	bis 24 × 36 mm	KB		4 „ 2 „
„	„ „	36	1 : 5,5	bis 13°	bis 6 × 6 cm	KB u. Mittelformat		4 „ 2 „
„	„ „	18 bis 36	1 : 5,5	bis 35°	6 × 9 cm bis 13 × 18 cm	Großfeldformate		5 „ 4 „
STEINHEIL	„*Telequint*“	8,5	1 : 3,5		24 × 36 mm			5 „ 3 „
„	„*Tele-Quinar*“	20	1 : 4,5		24 × 36 mm	KB-Aufn.		5 „ 3 „
„	„ „	30	1 : 4,5		24 × 36 mm	KB- „		5 „ 3 „
VOIGTLÄNDER	„*Telomar*“	10	1 : 5,5		24 × 36 mm	KB- „	USA 2662446	5 „ 4 „
„	„	18	1 : 5,5		6 × 9 cm	Mittelformat-Kamera	„	5 „ 4 „
„	„	24	1 : 5,5		9 × 12 cm	„ „	„	5 „ 4 „
„	„	36	1 : 5,5		13 × 18 cm	„ „	„	5 „ 4 „
„	„	45	1 : 5,5		13 × 18 cm	„ „	„	5 „ 4 „
„	„*Dynaron*“	10	1 : 4,5		24 × 36 mm	KB-Aufn.	DBP angem.	6 „ 4 „
ZEISS	„*Telikon*“	75	1 : 6,3	31°	30 × 30 cm	Aerophoto	DRP 382977	

Typ: *Weitwinkel* ($2\,\sigma_B > 60°$)

Hersteller	Markenname	f [cm]	1 : B	$2\,\sigma_B$	Formate	Anwendungen	Patente — Literatur	Bemerkungen
KODAK (USA)	„*Television-Ektanon*“	3,5	1 : 3,3	64°		Fernseh-Kameras		Triplett
LEITZ	„*Summaron*“	3,5	1 : 3,5	64°	24 × 36 mm	Leica		Gauß-Typ
„	„	3,5	1 : 2,8	64°	24 × 36 mm	„		Gauß-Typ
„	„	2,8	1 : 5,6	76°	24 × 36 mm	„		6 Linsen, 4 Glieder
„	„*Hektor*“	2,8	1 : 6,3	76°	24 × 36 mm	„		Triplett-Variante
RODENSTOCK	„*Heligon*“	9 bis 12,7	1 : 2,8 bis 1 : 3,8	ca. 68°	6 × 9 bis 9 × 12 cm	Linhof-Kameras		Gauß-Typ
„	„	3,5	1 : 2,8	63,5°	24 × 36 mm	KB-Aufnahme		„ „
„	„*Perigon*“	9 bis 13	1 : 12	ca. 85°	9 × 12 bis 13 × 18 cm			durch Abblenden $2\,\sigma_B$ bis 95°
SCHNEIDER	„*Angulon*“	6,5 bis 21	1 : 6,8	80°	6 × 9 bis 24 × 30 cm			bei Abblendung bis 105°
„	„*Symmar*“	13,5 bis 36	1 : 6,8	65°	9 × 12 bis 30 × 40 cm			bei Abblendung bis 70°
„	„*Xenagon*“	3,0 u. 3,5	1 : 3,5	63°	24 × 24 und 24 × 36 mm			
„	„*Xenogon*“	3,5	1 : 2,8	63°	24 × 36 mm			
STEINHEIL	„*Orthostigmat*“	3,5	1 : 4,5	64°	24 × 36 mm			
VOIGTLÄNDER	„*Ultragon*“	2,4	1 : 5,8	85°	24 × 36 mm	KB-Aufnahme		mit verlängerter Schnittweite
„	„*Skoparon*“	3,5	1 : 3,5	63°	24 × 36 mm	„ „	Franz. Pat. 1 063 259	Triplett-Variation mit verlängerter Schnittweite
WILD (Schweiz)	„*Aviogon*“	10	1 : 5,6	90°	14 × 14 cm	Aerophotogramm	Brit. 680 185	neuer Typ
„ „	„	11,5	1 : 5,6	90°	18 × 18 cm	„	Brit. 680 185	„ „
„ „	„	15	1 : 5,6	90°	9 × 9″	„	Brit. 680 185	„ „

ZEISS	„*Topogon*“	2,5	1 : 4	80°	24 × 36 mm	Contax		neuer Typ
„	„	10	1 : 6,3	95°	18 × 18 cm	Aerophotogramm		
„	„	15	1 : 15	90°	9 × 9 cm	Aerophoto		
„	„*Topar*“	21	1 : 4	61°	18 × 18 cm	Aerophotogramm		
„	„*Pleon*“	7,5	1 : 8	135°		„		
„	„*Biogon*“	2,1	1 : 4,5	90°	24 × 36 mm	KB-Aufnahme		
„	„	3,5	1 : 2,8	63°	24 × 36 mm	„ „		
„	„	3,8	1 : 4,5	90°	6 × 6 cm			
„	„	5,3	1 : 4,5	90°	6 × 9 cm			
„	„	7,5	1 : 4,5	90°	9 × 12 cm			

Typ: *Objektive mit verlängerter Schnittweite*

Hersteller	Markenname	f [cm]	1 : B	$2\,\sigma_B$	Formate	Anwendungen	Patente — Literatur	Bemerkungen
Astro	„*Gaußtachar VS*“	2,5	1 : 2	57°		NF-Aufn.		Gauß-Typ mit zerstreuender Frontlinse
Kern (Schweiz)	„*Switar*“	0,55	1 : 1,8	48°		KF-Aufn.		
Kodak (USA)	„*Cine-Ektar*“	2,5	1 : 1,9	28°		High-Speed-Kam.	USA 2 548 569	
Schneider	„*Cinegon*“	0,65	1 : 1,9	50°		KF-Aufnahme	USA 2 612 077	
„	„	1,15	1 : 1,9	58°		SF- „	„	
„	„	2	1 : 2	56°		NF- „	„	
Voigtländer	„*Rectaflex-Nokton*“	5	1 : 1,5	45°	24 × 36 mm	KB- „	USA 2 662 447	Gauß-Typ
„	„*Ultragon*“	2,4	1 : 5,8	85°	24 × 36 mm	KB- „		
„	„*Skoparon*“	3,5	1 : 3,5	63°	24 × 36 mm	KB- „	Franz. Pat. 1 063 259	
Zeiss	„*Pleon*“	7,5	1 : 8	135°		Aerophoto		Topogon mit zerstreuender Frontlinse
„	„*Distagon*“	6,0	1 : 5,6	65°	6 × 6 cm			

Typ: *Besondere Objektivformen*

Hersteller	Markenname	f [cm]	1 : B	$2\,\sigma_B$	Formate	Anwendungen	Patente — Literatur	Bemerkungen
KERN (Schweiz)	„*Photo-Switar*"	5	1 : 1,8	44°	24 × 36 mm			7 Linsen, 5 Glieder
„ „	„ „	1,6	1 : 1,8			SF-Aufn.		
LEITZ	„*Elkinar*"	5 bis 8	1 : 1,3		7,5 × 10,5 mm	SF-Projekt.	DRP 889 077	6 „ 5 „
„	„*Elkinon*"	3,5	1 : 1,5	21°	7,5 × 10,5 mm	„ „		5 „ 4 „
„	„	5	1 : 1,9	15°		„ „		5 „ 5 „
WILD (Schweiz)	„*Aviogon*"	11,5	1 : 5,6	90°	18 × 18 cm	Aerophotogramm	Brit. 680 185	10 „ 6 „
„ „	„	10	1 : 5,6	90°	14 × 14 cm	„	Brit. 680 185	10 „ 6 „
„ „	„	15	1 : 5,6	90°	9 × 9″	„	Brit. 680 185	10 „ 6 „
ZEISS	„*Topogon*"	2,5	1 : 4	80°	24 × 36 mm	Contax		4 „ 4 „
„	„*Topar*"	21	1 : 4	61°	18 × 18 cm	Aerophotogramm		
„	„*Biogon*"	2,1	1 : 4,5	90°	24 × 36 mm	KB-Aufnahme		8 „ 5 „
„	„	3,8	1 : 4,5	90°	6 × 6 cm			8 „ 5 „
„	„	5,3	1 : 4,5	90°	6 × 9 cm			8 „ 5 „
„	„	7,5	1 : 4,5	90°	9 × 12 cm			8 „ 5 „

Typ: *Spiegel- und Spiegellinsenobjektive*

Hersteller	Markenname	f [cm]	1 : B	$2\,\sigma_B$	Formate	Anwendungen	Patente — Literatur	Bemerkungen
ASKANIA	„*Spiegellinsen-objektiv*“	60	1 : 2,73	6°				4 Linsen, 2 Spiegelflächen
DE OUDE DELFT (Holl.)	„*Fototel*“ *TD 50*	50	1 : 6,3	5°	24 × 36 mm	KB-Aufnahme		
„	„*Delca*“ *TE 100*	100	1 : 7	5°	4,5 × 6 cm	Agiflex-Kamera		
„	„ *TC 100*	100	1 : 8	2°	18 × 24 mm	NF-Aufnahme		
„	„ *TD 100*	100	1 : 7	2,5°	24 × 36 mm	KB- „		
„	„ *TC 200*	200	1 : 14	1°	18 × 24 mm	NF- „		
„	„ *TD 200*	200	1 : 14	1,5°	24 × 36 mm	KB- „		
„	„*I. R.*“	16	1 : 0,9		Ø 45 mm	Infrarot-Aufnahme		
„	„*I. R.*“	30	1 : 1,05		Ø 45 mm	„ „		
„	„*Odelca*“	16,5	1 : 0,75		7 × 7 cm	Röntgenbild-Aufnahme	Fortschr. Gebiet der Röntgenstrahlen **74** (1951) 578—584	
WOLLENSAK (USA)	„*Mirrotel*“	100	1 : 8	2,5°	18 × 24 und 24 × 36 mm	NF- u. KB-Aufnahme	USA 2 492 461 (1945)	
„	„	200	1 : 14	1,5°	18 × 24 und 24 × 36 mm	„	USA 2 492 461 (1945)	

Typ: *Veränderliche Brennweite bzw. Vergrößerung*

Hersteller	Markenname	f [cm]	1 : B	$2\,\sigma_B$	Formate	Anwendungen	Patente — Literatur	Bemerkungen
ASTRO	„*Transfocator*“			40°			DRP 650 907 DRP 622 046 DRP 667 375 DRP 676 946	Afokal 3 : 1
BUSCH	„*Vario-Glaukar*“	2,5 bis 8	1 : 2,8		16 mm-Film	Siemens-SF-Kamera		

Typ: *Weichzeichner*

Hersteller	Markenname	f [cm]	1 : B	2 σ_B	Formate	Anwendungen	Patente — Literatur	Bemerkungen
Astro	„*Portrait*“	15	1 : 2,3		24 × 36 mm			Petzval-Typ
Busch	„*Nicola Perscheid*“	21 bis 60	1 : 4,5					
Kodak (USA)	„*Portrait*“	12″ und 16″	1 : 4,5	40°				achrom. Simplett
Leitz	„*Thambar*“	9	1 : 2,2	27°	24 × 36 mm	Leica		4 Linsen, 3 Glieder
Rodenstock	„*Eurygon*“	30 bis 42	1 : 4,5	ca. 45°	13 × 18 cm bis 21 × 27 cm	Portrait-Objektiv		Triplett
„	„*Imagon*“	12	H 4,5	ca. 40°	24 × 36 mm bis 6 × 6 cm	regelbarer Weichzeichner		mit Siebblenden
„	„	20	H 5,8	ca. 40°	9 × 12 cm			„ „
„	„	25 bis 48	H 5,8	ca. 40°	10 × 15 cm bis 24 × 30 cm			„ „
Voigtländer	„*Heliostigmat*“	21 bis 34	1 : 2,5	ca. 30°				4 Linsen, 3 Glieder
Wollensak (USA)	„*Veritar*“	10″ und 14″	1 : 6		13 × 18 cm und 18 × 24 cm			3 „ 2 „

Typ: *Vorsetz-Systeme*

Hersteller	Markenname	f [cm]	1 : B	$2\,\sigma_B$	Formate	Anwendungen	Patente — Literatur	Bemerkungen
ASKANIA			1 : 2,8	49° → 70°		SF-Aufn.		Afokal, f verkürzend
KODAK (USA)	„*Ektar-Converter*“	2,54 → 1,58	1 : 1,4	28° → 40°		KF-Aufn.	USA 2582085	Afokal, f verkürzend
„ „	„*Vuedar-Converter*“	1,33 → 0,95	1 : 2,7	26° → 38°		KF-Aufn.	„ „	Afokal, f verkürzend
RODENSTOCK	„*Eutelon*“	1,3 → 2,6	1 : 1,9	24° → 12°	3,3 × 4,4 mm	„ „		Afokal, f verlängernd
„	„*Ronagon*“	1,3 → 0,65	1 : 1,5	24° → 48°	3,3 × 4,4 mm	KF-Aufn.		Afokal f verkürzend
SCHNEIDER	„*S-8-Longar* 2 ד	1,3 → 2,6	1 : 1,9	24° → 12°	3,3 × 4,4 mm	„ „		Afokal, f verlängernd
„	„*S-8-Curtar* 0,5 ד	1,3 → 0,65	1 : 1,9	24° → 48°	3,3 × 4,4 mm	KB-Aufn.		Afokal f verkürzend
STEINHEIL	„*Redufocus*“	3,5 → 2,8	1 : 2,8	50° → 70°	24 × 24 mm	KB-Aufn.		Afokal, f verkürzend
„	„	1,3 → 0,65	1 : 1,9	24° → 48°	3,3 × 4,4 mm	KF-Aufn.		Afokal, f verkürzend
„	„	2,5 → 1,25	1 : 1,5	24° → 48°	16 mm-Film	SF-Aufn.		Afokal, f verkürzend
ZEISS-IKON	*Vorsetzlinse*						DBP 850078	Eigene Blende
ZEISS	„*Anamorphot*“ 2 × 63					CinemaScope-Projektion		

Sachverzeichnis

MIX
Papier aus verantwortungsvollen Quellen
Paper from responsible sources
FSC® C105338

If you have any concerns about our products,
you can contact us on
ProductSafety@springernature.com

In case Publisher is established outside the EU,
the EU authorized representative is:
Springer Nature Customer Service Center GmbH
Europaplatz 3, 69115 Heidelberg, Germany

Printed by Libri Plureos GmbH
in Hamburg, Germany